新世纪美学译丛

主编 周宪 高建平

美学谱系学

〔加拿大〕埃克伯特·法阿斯 著

阎 嘉 译

商务印书馆

2017年·北京

Ekbert Faas
The Genealogy of Aesthetics
Copyright © 2002 by Ekbert Faas.
Chinese (Simplified Characters) Trade paperback copyright © 2011 by
The Commercial Press.
All Rights Reserved
本书根据剑桥大学出版社2002年英文版译出

《新世纪美学译丛》
编者前言

美学在当代中国的特殊地位,常常使外国同行既惊诧,又羡慕。

首先是人多势众,如果以一国来计,中国美学研究者人数当属世界第一。其次,在我们的大学教育中,在出版物中,在学术讨论中,美学常常扮演热门显学的角色,进入了公共学术论坛,这与美学在西方由一批专门学者进行专业内的探讨形成了鲜明对照。

回顾近代以来美学在中国建立的历程,有一个不争的事实,那就是西方美学著述的译介对这一学科的建构具有不可或缺的作用。老一辈美学家在新文化运动中引入西方美学,为中国现代美学提供了重要的参照系和丰富的理论资源。这也许可以视为中国现代美学建构过程中的第一波"西潮"。我们今天耳熟能详的诸多美学大师,如朱光潜、宗白华等都有许多重要的西方美学译著。改革开放以来,一些有识之士克服重重困难,恢复了译介西方美学著述的工程,这大约可以算作中国美学的第二波"西潮"。李泽厚主编了煌煌数十卷的《美学译文丛书》。除此之外,还有许多单本的译作问世。这些翻译工作有力地推动了中国当代美学发展。如果没有这些西方美学基本文献的译介,中国当代美学的发展是难以想象的。

今天,我们身处新世纪的起点上,全球化浪潮使得学术的交往和理论的旅行变得日益频繁,也日益重要。美学建设需要更广阔的视野和更丰厚的资源。然而,上世纪刊行的西方美学译著,大都限于从19世纪至20世纪中叶的西方美学。这以后的半个世纪里,出现了许多新的学派、理论和方法,出现了对美学这个学科对象和范围的种种新的理解,也出现与同时代的哲学、文学、艺术,以至文化研究、人类学、民族和区域等多种研究的互动和互渗关系。西方美学经过差不多两代学者的不懈努力,基本面貌已经发生了根本的变化。一些新的、有影响的美学论述出现了,一些新的理论框架产生了,美学上的论争开始在新的理论平台上进行。

美学界重新面临着由于不了解新的情况而丧失国际学术对话能力的危险,美学界重新出现了当年被老一代美学家们所批评的闭门构思一个又一个大体系的倾向。了解国际美学发展的现状,以我们自身的理论资源,参加到国际美学对话中去,这是新世纪中国美学的必由之路。

正是基于这样的认识,基于对发展中国美学尽我们绵薄之力的愿望,我们筹划了这套《新世纪美学译丛》。

王国维说:"中西二学,盛则俱盛,衰则俱衰,风气既开,互相推助。"中国现代学术的发展,证明此话并非夸大之言。就美学研究来说,情况亦如是。秉承前辈学者所开创的西方美学著述的译介工作,乃是我辈同仁不可推诿的责任。我们的想法是,这套文丛所选篇什尽力反映出西方美学的最新发展,揭橥西方美学研究晚近形成的新领域和新路径。总之就是借"他山之石",将中国当代美学提升到一个新的境界。

周宪　高建平

2002年7月

谨以本书献给

班古斯、玛丽亚和玛里琳

目　　录

插图目录…………………………………………………… 1
致谢………………………………………………………… 5
导言………………………………………………………… 8
第一章　柏拉图对审美价值的重新估价 ………………… 35
第二章　最初的尼采式的反对柏拉图的人们 …………… 60
第三章　古代晚期、普洛丁与奥古斯丁………………… 82
第四章　奥古斯丁的柏拉图式的城邦…………………… 103
第五章　中世纪…………………………………………… 123
第六章　文艺复兴………………………………………… 142
第七章　文艺复兴时期的学院、菲奇诺、蒙田与莎士比亚… 167
第八章　霍布斯与夏夫兹博里…………………………… 196
第九章　曼德维尔、柏克、休谟与伊拉斯谟·达尔文… 216
第十章　康德的伦理学目的论美学……………………… 247
第十一章　康德中年的转变……………………………… 277
第十二章　黑格尔、费尔巴哈与马克思………………… 302
第十三章　马克思的尼采式的要素……………………… 325
第十四章　海德格尔对传统美学的"破坏"…………… 355
第十五章　海德格尔对尼采……………………………… 384
第十六章　海德格尔、尼采与德里达 …………………… 413
第十七章　"延异"、弗洛伊德、尼采与阿尔托……… 436

第十八章	德里达的元先验论的"模仿"………………	466
第十九章	后现代的还是前尼采的？德里达、利奥塔与德·曼……………………………………………	494
第二十章	后现代对审美理想的复兴………………	520

后记………………………………………………………… 543

参考文献…………………………………………………… 579

索引………………………………………………………… 604

插 图 目 录

1. 乔托《最后的审判》,帕多瓦圆形小教堂中的壁画。朱塞佩·巴西莱《乔托的圆形小教堂壁画》(伦敦:托马斯与赫德森出版公司,1993),第 287 页以后。 …………………………………… 145

2. 乔托《最后的审判》,帕多瓦圆形小教堂中的壁画。朱塞佩·巴西莱《乔托的圆形小教堂壁画》(伦敦:托马斯与赫德森出版公司,1993),第 287 页以后。 …………………………………… 146

3.《站着的一对堕落者》,德国木板油画,约 1470 年,斯特拉斯堡圣母院美术博物馆。米歇尔·卡米耶《中世纪的爱情艺术,欲望的客体与主体》(纽约:哈里·N.艾布拉姆斯出版公司,1998),第 161 页,插图 147。 ………………………………………… 147

4. 塞巴斯蒂安·德·平波《圣亚加塔受难》,佛罗伦萨皮蒂宫。迈克尔·赫斯特《塞巴斯蒂安·德·平波》(牛津:克拉伦顿出版社,1981),插图 106。 ………………………………………… 148

5. 阿尔布雷希特·丢勒《描绘妇人的透视学者》,阿尔布雷希特·丢勒《画家手册》(1525),沃尔特·L.斯特劳斯译注(纽约:阿巴里斯丛书出版公司,1977),第 434 页。 ……………………… 150

6. 阿尔布雷希特·丢勒《裸体自画像》,1503—1518 年,魏玛施罗塞美术馆,格吕宁藏画。沃尔特·L.斯特劳斯《阿尔布雷希特·丢勒素描全集》,卷 2,1500—1509 年,第 688—689 页(纽约:阿巴里斯丛书出版公司,1974)。 ……………………………… 151

7. 提香《维纳斯与风琴演奏者》,约 1550 年,马德里普拉多美术馆。欧文·帕诺夫斯基《提香的难题:主要的肖像画》(伦敦:费顿出版社,1969),插图 137。 ………………………… 152

8. 乔尔乔内《睡着的维纳斯》,德累斯顿美术馆。帕奥罗·莱卡达诺编《乔尔乔内绘画全集》,塞西尔·戈尔德序,彼耶罗·赞佩蒂注释和编目(伦敦:韦登菲尔德与尼科尔森出版公司,1970[1968]),图版 52—53。 …………………………… 154

9. 阿尔布雷希特·阿尔特多费《命运及其女儿》,1537 年,维也纳艺术史博物馆。克里斯托弗·S.伍德《阿尔布雷希特·阿尔特多费与风景画的起源》(伦敦:里克提昂丛书出版公司,1993),第 268 页,插图 193。 ……………………………… 157

10. 彼耶罗·阿雷蒂诺《我经历过并且怀疑做爱》。新版全集,里卡多·兰姆编(罗马:牛顿袖珍丛书出版公司,1993),第 36—37 页。 ……………………………………… 158

11.《艺术的理念,寓言》,S.托马森根据埃拉尔雕刻,载弗雷亚尔·德·尚布雷《古代建筑与现代建筑的对比》,1702 年。符拉迪斯拉夫·塔塔凯维奇《美学史》(3 卷本),J.哈勒尔、C.巴雷特和 D.佩什编,亚当·泽尔尼亚夫斯基、安·泽尔尼亚夫斯基、R. M. 蒙特戈默里、C. A.基塞尔和 J. F.贝塞米雷斯译(华沙:波兰科学出版社;海牙、巴黎:穆顿出版公司,1970—1974),卷 3,第 220 页之后,插图 35。 …………………………… 162

12.《格拉夫特时期女性象牙小雕像》,俄罗斯阿维迪沃,约公元前 21000—前 19000 年。丹尼斯·维亚罗《史前艺术和文明》(纽约:哈里·N.艾布拉姆斯出版公司,1998),第 74 页:"脚踝部打出的孔使它们可以头朝下地悬挂在佩带者的脖子上。只有佩带者才能看见它们在自己胸前的正面。这几个裸女小雕像通常被追溯到旧石器时代,在它们身上装饰着雕刻出来的手镯、腰带和项圈。女性的身体第一次通过象牙或石头三维雕塑被理想化,再次通过装饰加以颂扬,它似乎又成了一种真正具有生命的存在。最后,以身体为中心的这种象征表现方式,通过把雕刻过和装饰过的身体当成真人身上有生命的装饰物,第三次得到了丰富。"… 181

13.《做爱》,科林斯镜盘,约公元前320—前300年,波士顿美术博物馆。安德鲁·斯图尔特《古代希腊的艺术、欲望和身体》(剑桥:剑桥大学出版社,1997),第178页,插图114。参见该书第177页:"使[这种情景]变得有趣的不仅是[它]明显的性行为,而且也在于这一事实:那女子被表现得是与那男子平等的伙伴,甚至采取了主动……她正面对着观众,突显出了乳房、腹部和阴唇;她在那情人进入她体内时把他的头向下搂着亲吻,直视着他的眼睛,这些举动使她的情人黯然失色。" …………………………………………… 182

14.《迦鞠逻河神庙的中楣雕塑》,印度北部阿拉哈巴德西部,公元10世纪,埃克伯特·法阿斯拍摄。参见雨果·芒斯特堡《印度和东南亚艺术》(纽约:哈里·N.艾布拉姆斯出版公司,1970),第98页:"迦鞠逻河神庙的雕塑中所描绘的很多情景都明显充满了情欲,表现了情人们各种姿势的性行为,其中很多都在印度著名的性爱手册《爱经》中有过描述。对充满基督教传统的清教伦理的西方人来说,这些主题对于一个旨在进行宗教崇拜的神庙来说显得极不合适,但对印度教徒来说,根本就不存在这样的反对意见,因为生活的每个方面都被看成是与那个经常将自身显现为男性生殖器像的湿婆神有关,他经常被认为有自己的女性配偶或'萨克蒂,'①陪伴着。" ································· 185

---

① "萨克蒂"(shakti)在梵语里的意思是"活力",是创造宇宙万物的动力。它是湿婆神的女性一面。——译注

致　　谢

大约一年前，我从瑙姆堡驱车前往萨尔茨韦德尔，意外地发现路边有一个对着我的被雨水冲刷旧了的路标，它指向一个主要使人想起很多著名学生的学校，那些学生中有费希特、诺瓦利斯、施莱格尔兄弟，而其中最著名的则是弗里德里希·尼采。Schulpforta！［按：德语"校门"］不消几分钟就沉浸在了它那中世纪的遗址之中，时间在那里停止不动了。我造访了小教堂和墓园，在修道院四周漫步，探访学生自修室、餐厅和宿舍——然后，他突然从有一排长方形铅框窗户的低拱走廊的远端朝我走来；一个高大的人影俯下身子像在查看地面，在明亮的阳光和傍晚深暗的阴影中时隐时现。当他走近来同我说话时，我可以看见那硕大的前额、浓密的褐色头发、粗浓的眉毛、小胡子以及作为一个盲人硕大、深邃、不知怎么有点无法聚焦的眼睛。我要把他带到那个西多会的小教堂去吗？那种过分注意细节的不露声色和文雅的举止，低沉、几乎听不见却又强烈的声音，就像他的生活要取决于那个正确的答案。我的回答响彻了修道院，直到通往左边的那些石头阶梯；接着，我意识到了，我们正在拍摄一个电视节目以纪念尼采逝世100周年。

扮演一个角色以答复那个人而不是别的什么人提出的问题的讽刺意味，有助于我回答（或者说如果需要提出答案的话）我在自己一生中问过自己的无数问题！那是一种深远而长期的受惠，至少可以通过从前的三部著作来追溯（如我的《特德·休斯》、《悲剧以及其后》和《莎士比亚的诗学》），然而，只有在目前这个答案中才完全明白。因而，在这里，是时间承认了它。

尽管如此，我对尼采全部著作更加系统的解读已经属于相对较近的时期。其中的一个原因在于我要为自己根据一种宽泛的尼采式的观点写下的前六章寻求进一步的支持，要终身吸取他的重要著作，却不时要细读他的某些重要著作。这种寻求导致了几项可喜的确证（例如，与我一样，尼采对色诺芬的偏爱超过了柏拉图对苏格拉底的偏爱），也导致了某些失望，如他显然没有评论柏拉图重新评价异教价值观的核心篇章，即《高尔吉亚篇》中苏格拉底和卡里克利斯的争论，因而没有恰当地开掘出由伟大的 E. R. 多兹提出的原本尼采式的论点。对尼采进行这些深入研究的第二个原因，源于我试图消除一种日益增长的、对于海德格尔、德里达、福柯、保罗·德·曼和后现代批评家们笼统地利用和滥用尼采所造成的不安。我以同样的努力开始研究近来的认知科学，尤其是新达尔文主义进化论的心理学，它为后现代主义超越宏大叙事的绝境、它恶意设想出并且肯定误称为"解构的"策略、加之它对尼采的盗用，允诺了一条更加着眼于未来的出路。然而，在这里，各种表面上新颖的观念和观点，在我看来正围绕着由那位哲学家本人提出的较早的各种观点在自然增长。

自从我应邀在蒙特利尔康科迪亚大学英语系讨论"美的谱系学"而开始写作本书以来已经过去了几十年。从那以来，我极大地得益于（由私人资助的）部分从前的学生、研究助手和朋友们的劳动，我希望他们记住这些事情以及我自己的爱好或者说至少是幽默：迈克尔·霍姆斯，我们一起编制了柏拉图、普洛丁和奥古斯丁的大型索引；玛丽亚·特罗巴科，我们进行过多次交谈，她还打印出了一些早期的草稿；肖恩·汤姆森，他查阅了3000多条参考书目、释义和引文；德里克·史密斯，他对《导言》和《后记》的早期文本进行过文字处理；亚当·查默斯，他帮助我校订、调整和最后确定了打印稿，完成了每章的卷首题词、注释、插图说明和文献目录；莫尼卡·麦凯尔和桑德拉·莫雷利帮助我编制索引和寻找出版本书的出版社。对我来说，这些事情始终都很有乐趣，如果它们对那些如此慷慨地帮助过我的人们来说不那么有趣的话，那么我不仅要向他们致以我的衷心感谢，而且也要请求他们善意的原谅。

作者和出版者要感谢以下机构帮助提供说明材料，以及友好地允许复制这些材料：波士顿美术博物馆、佛罗伦萨阿利纳里档案馆、斯特拉斯堡圣母院美术博物馆、魏玛施罗塞美术馆、马德里普拉多美术馆、德累斯顿国立艺术博物馆、古代大师美术馆、维也纳艺术史博物馆。

导　言

　　谈谈美的事物与丑的事物的根源。人类最古老的经验已经证明了,那些本能地即审美地使我们反感的东西都是有害的、危险的和值得怀疑的。审美本能突然开口发言(例如,在反感之中),包含了一种判断。美的事物因而要以有用、有益、增强生命之物的生物学价值的普遍范畴为基础;但这样一来,对于有用事物和状态的遥远回忆的丰富刺激,赋予了我们对美的事物的感觉,即增强了对于权力的感觉……

　　因此,美的事物与丑的事物被认为要依赖于我们最基本的自我保存的价值:离开这一点,要断定一切像美和丑那样的事物都是毫无意义的。美的事物很少像善的事物、真的事物那样存在着。

卷十二,554/《权力意志》,第804页

　　说善的事物与美的事物是一回事,对哲学家来说是一种耻辱:如果他接着说:"真的事物也一样"的话,那么人们就应该痛斥他。真理就是丑陋:我们拥有艺术,所以我们没有消灭真理。

卷十三,500/《权力意志》,第822页

　　谈谈艺术的起源。创造完美,认为完美的大脑系统的典型,需要过多的性能量……在另一方面,每一种完美与美都提

供了一种无意识的暗示,使人想到迷恋的状况和观看它的方式——事物的每一种完美,全部的美,通过接触(durch contiguity)而重新唤起了激发性欲的狂喜。在生理学上:艺术家创造的本能和精液通过血液传播……[原文如此]对艺术和美的渴望成了一种对性本能的欣喜若狂的间接渴望,因为它让自身与大脑交流。世界通过"爱情"变得完美起来。

卷十二,325—326/《权力意志》,第805页①

以下的叙述探讨了一个尼采式的命题,最好用这位哲学家本人的话来介绍。它与我们在传统上对美的"禁欲主义的"错误概念有关,尼采指责它是"对厄洛斯的妖魔化",②即对性欲、耽于声色、感官享受的妖魔化。这种情形出现在基督教"给厄洛斯喂了毒药"之时,③早在柏拉图那里,他通过对各种价值的普遍重估,颠倒了异教的真实概念。④

尼采打算在某种程度上更加详细地追溯禁欲主义之美的这种谱系。他在一些章节里多次谈到了迄今为止尚未解释过的美学或

---

① 本书不同章节所引用的尼采的警句,引自所讨论的重要作者的著作全集或选集的注释引文或参考文献,都列出了卷、章节和页码,没有列出作者名和著作的出版日期,除了在这种省略可能引起混淆之处以外。这些作者及其著作如在参考书目中所罗列的:阿奎那(1964);亚里士多德(1991);奥古斯丁(1947—);培根(1857—1874);波伊提乌(1844—1864);柯勒律治(1995);埃里金纳(1844—1864);黑格尔(1970);海德格尔(1976—);霍布斯(1966);休谟(1994);康德(1910—1955);曼德维尔(1988);马克思和恩格斯(1975—1992);尼采(1988);柏拉图(1973);夏夫兹博里(1981)。

② 卷三,73/尼采(1997),45——有改动。(译者按:厄洛斯是希腊神话中的爱神,这个词作为普通名词也指性爱。)

③ 卷五,102/尼采(1966),92——有改动。

④ 参见卷十二,253/尼采(1968),308。

艺术的生理学,[1]这构成他的重要著作《权力意志》的一部分。他在《道德的谱系》中写道,他希望"下一次更加充分地讨论"艺术,要"更加彻底得多地反对禁欲主义的理想而不是反对……科学"。柏拉图,"这个欧洲艺术最大的敌人因而极大地造成了……对这一点的本能感觉:……柏拉图与荷马相对立:在这里,我们遇到了全部的、真正的对抗;一方面是蓄意的先验论者和生活的贬低者,另一方面是生活的不自觉的颂扬者。"[2]

尼采不断地返回到这些计划之上。他在"艺术生理学"出现的地方草拟了各种目录,一会儿是在"真理的标准"一节下面,[3]一会儿是在"向价值开战"一节下面。[4] 他在"美学"、Aesthetica[5]或"反运动:艺术"[6]这样的标题下汇集了各种注释。他尝试对艺术生理学作了十八条概括,[7]或者说试图对美学如何持久地与"生物学的预设"相联系做出简要的、初步的说明:"有一种堕落的美学,也有一种经典的美学——'美本身'就像一切理想主义一样,是想象的虚构。"[8]

尼采甚至概述了从柏拉图经过圣保罗、奥古斯丁、中世纪、文艺复兴、蒙田、莎士比亚和康德到他自己时代禁欲主义之美的谱系的一些重要阶段。在这方面,柏拉图再次成了一个关键人物,并且

---

[1] 参见卷五,356;卷六,26;卷十二,246,284;卷十三,508,509,516,529,538;卷十四,396,424。

[2] 卷五,402−403/尼采(1956),290——有改动。

[3] 卷十三,516。

[4] 卷十四,396。

[5] 参见卷十二,341f,393f,433f,522f,554f;卷十三,498f。

[6] 卷十三,355。

[7] 参见卷十三,529−530。

[8] 卷六,50/尼采(1967),190。

是在三重意义上成了关键人物。正是柏拉图,通过重新评估异教的价值而破坏了异教;正是柏拉图,因此奠定了基督教本身得以盛行的道德基础;①还是柏拉图,提供了从一方通往另一方的"腐败的巨大中间桥梁(*die große Zwischenbrücke der Verderbniß*)",②不知怎么竟然能使有学问的人和富有的人去拥抱基督教。"在基督教的巨大灾难中,柏拉图提供了所谓'理念'的模棱两可性和迷惑力,它使古代的高贵性质错误判断了自身,并且走上了通往'十字架'的桥梁。"③

从柏拉图到基督教的路径经过了圣保罗这样的人物,以及他那不自觉的柏拉图主义,④首要的是,经过了奥古斯丁及其明确的却"庸俗化了的柏拉图主义……为奴隶的典型做了乔装打扮"。⑤在向外来入侵者投降之前,正是由于这样一些人,希腊和罗马的古风才腐化了,道德败坏了,从内部被打倒了。不是被击倒,"而是被狡诈、遮遮掩掩、看不见的、冷酷的吸血鬼们贬低和消灭了!不是被打败——只是被吸干了!……[原文如此]暗藏的复仇,可怜的妒忌成了主人……要认识到、要觉察到那些讨厌的家伙们结果取得了成功,人们只需要读一读那些基督教鼓动家们的书,例如,圣奥古斯丁,就可以明白这一点。"⑥

---

① 参见卷十三,487。
② 卷十二,580。
③ 卷六,156/尼采(1990),117——有改动;参见卷十三,625。
④ 参见卷十一,162:"Paulus wußte schwerlich, *wie sehr* alles in ihm nach Plato riecht."
⑤ 卷十四,447:"Verpöbelter Platonismus... zurecht gemacht für Sklaven-Naturen."也可参见卷六,248。
⑥ 卷六,248/尼采(1990),195——有改动。

如我们所知，尼采既没有完成《权力意志》，甚至也没有写出构成其中一部分的艺术或美学生理学，他有关后柏拉图时代的美学谱系学的零散评论，甚至比前文所提到的还要粗略。在他看来，柏拉图主义经过奥古斯丁，沿着一条直线通向中世纪和后来。它"对身体、对美等等的轻视……成了中世纪的序幕"。① 紧接着这些之后，在文艺复兴时期短暂地重现了异教的理想，例如在蒙田那里，而他的"最好的读者"②莎士比亚则采纳了这位法国哲学家的不信奉国教主义，③并在自己的十四行诗里探讨了基督教对性爱的妖魔化。④ 然而，由于路德和宗教改革运动，所有这一切都没有产生什么结果。"文艺复兴——一个毫无意义的时代，一个徒劳的伟大事件！"⑤启蒙运动试图颠覆柏拉图和基督教最初对价值重估的推进，却在康德及其追随者们——费希特、谢林、黑格尔甚至叔本华——的手下遭遇了相似的命运，在后来所有世俗化时代乔装打扮的禁欲主义牧师们，所有半自觉的伪造者们（unbewußte' Falschmünzer），就像那种名义的神学家们一样，"全都不过是面纱制造者（Schleiermacher）"。⑥

尼采在这方面的大多数讽刺漫骂都集中在《判断力批判》的作

---

① 卷十一，21。
② 卷一，444。
③ 参见《自由思想家》卷十一，159。
④ 参见卷三，73。就蒙田而言，尼采尊重他的无可匹敌的坦白直率（Redlichkeit）（参见卷十一，28；卷一，348），以及其精神的"敏锐大胆"（卷九，450），并把他归入自己偏爱的其他作者之列，如贺拉斯、卢克莱修、马基雅维里、拉罗什福科和司汤达（参见卷二，591；卷九，329；卷十，243；卷九，28，267），尼采感到了一种个人气质的吸引力和"精神上的……也许还有身体上的坚强意志（Muthwille）"（卷十四，476）。
⑤ 卷六，251/尼采（1990），197。
⑥ 卷六，174，361。也可参见卷九，329；卷十一，121；以及卷五，347。

者身上，尤其是集中在他的无关功利的愉悦的学说之上。与此同时，康德对尼采来说成了建立他自己的生理学美学的试金石：康德，使人丧失活动能力并崇拜他那深奥术语的哲学家；①康德，通过他那"危险的、陈旧的、概念的讨论"，②以及他那"通过秘密途径的哲学"，③使得在他之后的每个人都沿着"[返回]到那个古老理想的隐秘路径(Schleichweg zum alten Ideal)"爬行；④康德，"如已经证明了的"，是一个"最终骗人的基督徒"。⑤

对尼采来说，康德的"无关功利考虑"⑥的美学，是一种最终植根于柏拉图对艺术进行清教主义指责之中的谬论。尼采至多可能承认，如果历史地考虑，美的事物是对值得崇拜之物的表现，是对特定时代出现的最受敬重的人物的表现。⑦否则，那就使他的观点有了一种不证自明的印象，即"使[我们]与使[我们]愉悦的美的事物有一种功利的联系"，哪怕这一点并非始终都直接表现出来。"幸福、完美、宁静的表现，甚至艺术作品的沉默，服从于我们判断力的意愿——所有这些都要对我们的本能(Trieben)发言。"⑧毫不奇怪，尼采发现，从康德以来，"有关艺术、美、理解、智慧的一切

---

① 参见卷六，74,110。
② 卷五，365。
③ 卷六，121。
④ 卷六，176。
⑤ "ein hinterlistig[er] Christ zu guterletzt"，卷六，79；也可参见尼采(1968)，第64页，关于"在[康德的]价值观中隐秘的基督教"，他在追求"扬弃(aufheben)知识以便给信仰留下空间"(参见凯吉尔[1995]，193)的主要任务时，就变成了启蒙运动的一个主要反对者；也可参见卷三，172。
⑥ 卷五，52。
⑦ 参见卷十，243。
⑧ 卷十，293。

言论都[已经]造成了一种(vermanscht,按:德语'糟糕的')困境,都被'无关功利'的概念玷污(beschmutzt)了"。①

自相矛盾的是,在尼采看来,随着康德而来的这种混乱的美学思考的极端情况,竟然是 l'art pour l'art[按:法语"为艺术而艺术"]的学说。难道它的追随者们就没有试图消除使柏拉图败坏哲学、谴责艺术的那种道德化吗?即便如此,"为艺术而艺术"延续了并在某种程度上强化了后柏拉图式的对美学和艺术的非自然化。最终,它为了道德而变得与道德教条类似,如我们将看到的,在柏拉图把克制或自我控制重新界定为为了克制本身而克制时,它就成了重新估价异教价值中很明显的一个重要步骤。② 对他来说,为艺术而艺术就像其三位一体的类似物一样,不过是"对于现实的邪恶之眼的三种形式"之一,它通过使理想与现实分离而推倒了现实,使之枯竭并说现实的坏话。③ 换言之,"如果没有'引起情感的因素',如果没有'目的',如果没有外在于审美的需要",就没有真正的艺术,"……'反映','模仿':没错,但如何进行?一切艺术都要赞美、颂扬、推断、美化——它强化了某些估价"。④

一言以蔽之,用蒙田的话来说,尼采试图在别人"使自然艺术化"的地方"要使艺术自然化";⑤或者如他自己指出的,试图通过重新自然化(vernatürlichen)⑥而把美学从后柏拉图式的非自然

---

① 卷十,243。
② 参见下文第二章,注释 78 以下。
③ 参见卷十二,572/尼采(1968),168——有改动;参见卷十三,300。
④ 卷十二,405。
⑤ 蒙田(1965),666。
⑥ 参见卷十二,387。

化(*Entnatürlichung*)①中拯救出来。他取得了成功吗？可以理解，尼采有时并不知道自己是否成功了。考虑到随着康德而来的对禁欲主义理想的成功复苏，②他的答案主要都是悲观主义的。甚至更加使他泄气的是理查德·瓦格纳的流行，近代一种新的"假冒超越"的最极端的鼓吹者都谄媚"一切基督教的东西，一切表现了颓废的宗教的东西"。③

瓦格纳与他之前的奥古斯丁和康德等人一样，成了那些转向毕生都没有展现出禁欲主义理想的人物之一。要记住尼采在《悲剧的诞生》中曾经赞美这位作曲家表面上具有酒神精神的艺术，他热情地回想起青年瓦格纳曾经沿着费尔巴哈鼓吹的返回到"健康的感觉论"的足迹前进。"他最终重新获得了有关这一点的教训了吗？(*darüber umgelernt*)……讨厌生活在他身上占了上风吗？"尼采的回答是一种同情的肯定。"因为歌剧《帕西法尔》是一部恶意的、怀恨的、密谋毒害生命实质的作品……理查德·瓦格纳，表面上最大的胜利者，但事实上却是一个令人绝望的颓废者，他已经堕落了，突然变得无能和垮掉了，在基督教的十字架面前崩溃了。"④

由于这涉及尼采生活中最大的幻灭，所以瓦格纳的情形比其他一切都更加加剧了他对于禁欲主义理想可怕力量的感受，尤其是在其世俗的伪装方面——"全部都是理想化的欺骗(*Lügnerei*)

---

① 参见卷十二，388。
② 参见卷五，404f。
③ 卷六，43/尼采(1967)，183——有改动。
④ 卷六，431，431-432。

和对良知的削弱"①——因为它打败了最有勇气的人。尽管如此,他对瓦格纳音乐的回应却是严格的生理学上的。如他指出的,这并没有使他的呼吸轻松自如;这使他的音部变得很愤怒并且厌恶音步:他的音步所需要的是节奏、舞蹈、前进。"或者说,我的胃、我的心、我的血液都在流动吗?难道它们全都没有抗议?"②简言之,除了"实用生理学"③之外,美学是什么?

因而,与瓦格纳的艺术不同,真正的艺术是"生活的和为了生活的伟大促进因素"。④照此,它就成了我们最完美的"形而上学的活动",成了"生活的恰当任务"。⑤一切艺术都要冲击"肌肉和感官……它要对身体精微的应激性……发言"。⑥美的事物要激发我们的"感官快感(Lustgefühl)"⑦。首要的是,艺术诉诸我们"动物性的活力"。一方面,它构成了"意象和欲望世界中发展成长的肉体性的过度涌动",另一方面,它提供了一种"通过强化生活的意象和欲望对动物性功能的激励"。⑧尼采写道,他个人所需要的是那种神化了他身上的"动物性生命"的音乐,"要使它获得胜利,使[他]想舞蹈"。⑨一般来说,艺术必须诉诸感觉本能,⑩包括饮食的冲动,甚至人们对于疯狂(Rausch)和残忍的爱好。"审美意向"

---

① 卷六,432。
② 卷六,418。
③ 卷六,418。
④ 卷十三,230;参见卷十三,299;卷十二,394。
⑤ 卷十三,228。
⑥ 卷十三,296。
⑦ 卷十二,342。
⑧ 卷十二,394。
⑨ 卷十二,285。
⑩ 参见卷十二,393。

与傻瓜似的无关功利的思考状态不同,是一种"动物性的快乐(*Wohlgefühlen*)和嗜好(*Begierden*)非常微妙的差别的……混合物"。①

这并不是说,我们对美的事物的体验一直都局限于这样一些动物性的冲动。从种系的或个体发生学的观点来看,不久,"最习以为常的美就肯定了""相互激励和相互促成。一旦审美冲动(*Trieb*)在起作用,源于其他地方的其他很多完美,就围绕着'美的特定事例'具体化了"。然而,被柏拉图彻底变成了对美的反感觉主义的理想化,应当被看成是仅仅以生理需要为基础的一种片面的精神化,"这样一来,仅仅遥想有用事物和状态的丰富刺激物,就给予了我们对美的事物的感觉,即增强了对权力的感觉"。简言之,我们的美感是"以有用、有益、增强生命之物的生物学价值的普遍范畴为基础的"。②

尼采不断地把我们在文化上对美的精致感受追溯到更为原始的反应,我们一直以各种原始的生活形式享有它们,正如与今天进化论的认识论相一致一样,他把人类的认知追溯到一种原始的"推断为平等",或者说,追溯到更早的一种"创造平等",类似于"把恰当的材料合并为变形虫"。③ 对美的事物的感受,尤其是与丑的、令人反感或使人厌恶的事物形成对比时,可以追溯到相似的本能

---

① 卷十二,393。
② 卷十二,555/尼采(1962),423-424——有改动。
③ 卷十二,209/尼采(1968),274——有改动。有关查尔斯·达尔文相似的思考,参见勒杜(1998),108。为数很少的指出了达尔文主义者以及后达尔文主义进化论思想与尼采思想之间相似性的人之一,是丹尼尔·C.丹尼特(1996,特别参见461-467),他论述了尼采在实质上忽视和拒绝了达尔文的观念(同上书,138,181,182)。

冲动,最终是天生的或确切地说是遗传来的(*angeerbt*)①生物性,它最初与人类没有什么特殊的关系,更不用说与理性有什么特殊关系。像"善与恶"之间的对比一样,"美与丑"之间的对比因而"揭示了生存和增强的某些条件,不仅是人的生存和增强,而且也包括把自身与其对手分别开来的一切稳定和持久的合成物"。② 在这里,对使人反感之物的感受,例如,来自于被证明可能在营养上有害或有毒的东西,在进化上很可能是更原始的、有更鲜明轮廓的,因为更加强烈的感受正如痛苦一样,很可能比愉快要强烈得多。

尼采在很多评论中都提到了"谈谈美的事物和丑的事物的根源",认为人类"最古老的体验已经证明了那些本能地、[即]审美地使我们反感的东西,都是有害的、危险的和值得怀疑的"。相似地,我们对美的事物的感觉最初是在"增强生命……之物的生物学价值的普遍范畴"内起作用的。③ 甚至大多数在文化上雅致的、因而是习得的意义上,"美的和丑的事物都被认为是依赖于我们最根本的自我保存的价值"。④ 而且,在极大程度上,它们在生物学上都是天生的。没有哪种权威或教育能教导孩子们说某种旋律很美。与洛克和康德相反,在尼采看来,这样的估价在生物遗传的意义上,或者如我们现在所说的在遗传学遗传的意义上,都是天生的。与此同时,他绝没有不承认教育或学习过程有助于激发某种现今时髦词语所说的"密切相关的"情感。因此,当关爱孩子的人们在情绪上充满天然禀赋的倾向时,我们在遗传上被赋予的"情感程

---

① 参见卷十二,15。
② 卷十二,573/尼采(1968),168——有改动。
③ 卷十二,554-555/尼采(1968),423——有改动。
④ 卷十二,554/尼采(1968),423——有改动。

序"①可能就更容易展现出来。②

在这个问题上要求做出谨慎的评论。本书虽然在取向上是尼采式的,但它既不打算成为对这位哲学家的美学所做的一种新奇概括,③也不打算成为对他就柏拉图或康德美学所做的详细思考的重构。假如缺乏这样的评论,那么其中大部分都涉及那种已然进行过的、自以为是和不怀好意的努力。况且,有几位作者及其或禁欲主义的或反禁欲主义的议题,甚至还有下文讨论的亲尼采的议题,都由尼采在一种美学语境中公开讨论过了(如奥古斯丁、埃里金纳、波伊提乌、阿奎那、黑格尔和相对立的阿雷蒂诺、蒙田、霍布斯、曼德维尔),或者无论出于什么理由完全没有被他提及的人(例如菲奇诺、莎士比亚与相对立的阿雷蒂诺、柏克、伊拉斯谟·达尔文、马克思和恩格斯)。

本书也不打算界定艺术与自然、美与崇高这样的问题,不打算按照模仿、表现、形式或"自然主义"④这样的传统范畴来梳理其他人的理论。要简单地这么做,就要重复在其他地方早已提出过的各种论点,那就等于要证实连那些表现主义的和自然主义的美学家们显然拥有过、默认过的论点,或者使在这方面受过抨击的各种禁欲主义的和新禁欲主义的议题不受批判。因而,例如,柯勒律治的表现理论可以追溯到一位美学家,他坚持认为存在着一条不可

---

① 参见莱肯文集中 P.E.格里菲斯的文章(1999),517 以下。也可参见格里菲斯(1992),各处;以及贝克特尔和格雷厄姆文集(1998)中 P.E.格里菲斯的文章,197—203,尤其是199 以下。
② 参见卷十二,15。
③ 有关先前对尼采美学的研究,参见克马尔等人的著作(1998)和扬(1992)。
④ 有关近来的这种尝试,参见邦宁和詹姆斯-楚的文集(1996)中 S.加德纳的文章,229—256。

沟通的"鸿沟",它把我们的视觉和听觉美感与"情感、嗅觉和味觉"这些非审美的或"低级的"感觉区分开来。[①] 相似地,一位像左拉那样的自然主义美学家使艺术服从于科学的真理,仍然属于禁欲主义理想的新变种,举例来说,尼采曾经一般地抨击过它,[②]也抨击过那位小说家本人。[③] 左拉在 1880 年的宣言《实验小说》肯定证实了尼采的判断。左拉在其中把"实验小说家"说成是"指出了在人类与社会中科学主宰了各种现象这一机制"的人;或者说,他把"文学中的实验方法"界定为"科学中的实验方法",都是"解释自然现象——包括个人现象和社会现象——的方式,迄今为止,形而上学仅仅对它们做出过不合理的和超自然的解释"。[④] 对科学的这种信念不正是尼采所描述的实质上形而上学的信念,而不是左拉所主张的反面吗?如他指出的,"就连今天我们这些学生都成了无神论者和反形而上学者,点燃了千禧年信念的火炬:基督教的信念,那也是柏拉图的信念,即上帝就是真理,真理是神授的。"[⑤]

尼采的话附带地成了对于在他的美学生理学中加入头脑简单的自然主义的一种警告,也是对于把他同 20 世纪大陆哲学迄今强烈反科学的倾向联系起来,或者更糟糕的是坚持要他负责的一种告诫。先是胡塞尔、接着是海德格尔打算把世界的物质的或科学

---

① 柯勒律治,卷十一 i,381;参见贝特(1970),374—375。
② 例如,可参见卷五,400—401/尼采(1956),288。
③ 参见卷六,111,尼采在其中把左拉同康德("或者如理智人物那样的假话")和但丁("根据墓穴进行诗意化的残酷的人")等人归为一类,是他认为"不可能的人物"之一;或如卷九、576 里那样,左拉被加上省略号缩短为"三个蛇发女怪之一的左拉",或者是一个"为现代大众"提供了"精神甜点"的人物(der geistige Nachtisch jetzt für Viele)。
④ 亚当斯所编 E. 左拉文集(1871),658,659。
⑤ 卷五,400—401/尼采(1956),288。

的图景"加上括号",如他们所认为的,按照胡塞尔新先验论的现象学或者海德格尔前所未有的元先验论来看,那种图景是他们更加恰当地理解现实的障碍,从那以来,这些看法就变得流行起来。①尼采本人既不倾向于这样的"加括号",也不反对科学本身。因为责备某些科学家或艺术家对一种并不存在的、绝对的、科学的真理半宗教式的崇拜是一回事,尼采这么做过;但把这种头脑简单笼统地归咎于科学家和科学则是另一回事,尼采并没有这么做过;完全属于另一回事,甚至与尼采不合的是,大叫大嚷科学主义或无论何时由科学激发起来的哲学假设的化约,威胁到人们的基督教信仰或先验主义信仰,在海德格尔、德里达及其追随者们那里都成了一种明显的习惯。

在这个问题上,又需要一种防止误解的说明,因为它在以下的章节里是找不到的。这些说明的意图,尤其是在说明柏拉图、奥古斯丁、菲奇诺、夏夫兹伯里、康德、马克思和恩格斯、海德格尔和德里达时的意图,是要在他们的哲学作为一个整体的语境中,彻底反传统地或者说至少创新地重新解读这些作者的美学。我的论证可能有争议,也是尝试性的,因而并不想冒一出手就被当作教条打发掉的风险,所以必须按各个作者自己的术语、推理方式和总的体系来进行说明。因此,整部书时常陷入详细的、有时很挑剔的分析(如对海德格尔或德里达对尼采和柏拉图的理解的分析,或者对利奥塔盗用康德观点的分析)。

与学院派的美学家们进行对话只会进一步增加本书的篇幅,虽然在讨论我所论述的重要作者时只增加了很少一点说明。差不

---

① 参见邦宁和詹姆斯-楚所编文集中 D. E. 库珀的文章(1996),708 以下。

多从 18 世纪初以来,那时美学作为一项新的文化行业而出现,有那样几个杰出的理论家,我得益于其中的一些人,而在这些评论中却少有提及。[①] 且不说 A.C.丹托、[②]J.马戈利斯、[③]M.马瑟西尔、[④]R.斯克鲁顿[⑤]和 F.N.西布利[⑥]以及他们大量的新保守主义的议题,让我们简短地说说三位较有争议的理论家 E.H.J.贡布里希、N.古德曼和 G.迪基,把他们当作我们的例证。

在这些人中,贡布里希和古德曼对艺术创造和审美欣赏都有强烈的知性感受。贡布里希受到波普尔关于科学是一个猜想和证伪的推论过程的理论[⑦]的激励,认为艺术要通过相似的"图式和修正"的阶段而起作用。[⑧] 因此,艺术创造和艺术欣赏在实质上都是

---

① 有关这些人的一般信息可以在库珀等人的著作(1995)各处找到;邦宁和詹姆斯-楚的文集(1996)中 S.加德纳的文章,229-256。关于后者传记方面的信息,参见最近几期《英国美学杂志》、美国《美学与艺术杂志》、《哲学与文学》以及美国美学协会主办的"美学在线"(http://www.idiana.edu/~asanl)。

② 因创造了"艺术世界"一词和他的新黑格尔式地把现代艺术史理解为艺术终于使自身边缘化和剥夺了自身权利的过程而著名。参见丹托(1964),571-584 和 (1986),15 以下以及各处。

③ 马戈利斯接近于新康德主义者 P.F.斯特劳森,关注艺术在人类历史和文化的形而上学一般架构中的作用,近来关注解释的阐释学。参见马戈利斯(1989a)和 (1989b)对这些晚近的变化的描述。

④ 参见她 1984 年具有生动标题《回归的美》的著作,以及她在库珀等人的文集(1995)中论"美"的文章,44-51,她在文中提出,"哲学美学需要回归到美的本质的问题上,并力图以一种系统的方式提出对过往的哲学家们的洞见"(同上,51)。

⑤ 因复苏了康德的无关功利的愉悦的概念而著名(1979),1 以下,10,75-76 以及各处,以及最近(1990)的 8 以下,105 以下,以及各处,鼓吹一种在罗斯金、阿诺德等人传统的自然神学中占有一席之地的艺术。

⑥ 因试图区分审美特征和非审美特征而著名。例如,可参见菲舍尔文集中 F.N.西布利的文章(1983),7 以下。

⑦ 参见邦宁和詹姆斯-楚的文集(1996)中 D.帕皮诺的文章,291 以下。

⑧ 贡布里希(1989),116 以下。

符号的编码和解码。① 相似地,对纳尔逊·古德曼来说,无论是创造还是接受,美学观就是对"解释"现实的认知。艺术并不反映一个客体,而是通过在一个具有语义和象征性的表意结构中进行编码,而提供一种"对客体的看法或解释"。②

认为对艺术和美学的这样一种理解仍然是对两者片面的知性化,并不是要极端轻视贡布里希或古德曼的见解的复杂性,对此我很难在这里作出判断。不过,这种倾向所没有表达出来、更不用说作出判断的,正是在尼采和本书作者的观点中要提出的情感的、本能的或遗传上生来就有的天性,美感的这些更加微妙的方面将围绕着它们自然增长。黛安娜·拉弗曼与贡布里希、尤其是古德曼的美学理论进行争论,提出了由认知科学所提供的一批新数据。因此,例如,我们对于"对象的形体、色彩、程度和材料"的某些核心审美反应,有可能"在信息方面被压缩了",即"像信仰、记忆和作出决定那样的认知系统的影响在很大程度上都无法渗透"。③ 此外,我们聆听或观看艺术作品,在神经生理学上被划分成了几个各自

---

① 参见贡布里希(1982),16。
② 古德曼(1968),9。
③ 库珀等人所编文集中黛安娜·拉弗曼的文章(1995),318。拉弗曼也对近来由谢泼德和乔丹(1984)、勒达尔和杰肯多夫(1983)和哈丁(1988)所做的研究进行了很好的概括,表明审美知觉,即使在选择、分类和构成体验的较高层次上,都在很大程度上具有神经病学上的程序,与此同时又"被压缩了"。"例如,很有可能的是,听众将不断听到[一段音乐的]声音间隔在长短方面是不一致的,哪怕在告诉了他们是一致的之后。因而,虽然知觉在认识上无疑在很多方面都可被渗透——你(明显)认识到了,一幅画满了人物肖像的画在视觉上可以从色彩混乱的混合中筛选出一个人的形象,你(明显)相信一个曲调具有一种时间顺序,而另一个曲调则可能彻底改变你所听见的韵律模式——但它不可能成为可塑性的,对更深刻的认识过程来说不可能成为可渗透的,与古德曼和其他人所认为的不同"(同上,318)。也可参见拉弗曼(1993),尤其是11—35,《音乐知觉的认知理论》,以及99—123,《使纳尔逊·古德曼自然化》。

独立的部分。因此,人们已经表明了,在观看、理解、欣赏(或评价)如一幅画或活动雕塑时的观点有多么不同,这个领域特别得到了明显受到限制的大脑单元划分的授权,因而可以说,对第四区(它解读色彩符码)或第五区(它解读运动符码)的损伤,会削弱或抑制对色彩和运动的审美欣赏,却不会使其他一切审美倾向受到损害。如塞米尔·泽基指出的,从神经生物学上说,"不是存在着一种视觉美感,而是存在着很多种,每一种都与视觉大脑中功能上专门的程序系统的活动相联系"。[①] 面对肖像画这种"视觉美学的单元划分"更是分门别类,对肖像画的充分欣赏取决于至少两个进一步的、分别起作用的大脑部位,一个部位负责识别熟悉的面孔或面孔本身,另一个部位则负责觉察面部表情。[②]

非常奇怪的是,缺乏对这些非理性倾向加以关注的传统美学家们,结果却可能把艺术本身过分知性化了。勋伯格[*]的十二音音乐明显没有获得大量观众可能就是这方面恰当的例子。根据对遗传赋予的音乐普遍原理的存在所进行的实验研究,这种失败也许同这一事实有关系:这样的音乐违背了我们"本能地"、即天生地程序化了的审美倾向[③]——这并不是说十二音音乐很糟,更不是说它属于毫无趣味的音乐:假如我们随着人类的进步过度地知性化,这些音乐就可能给我们证明,恰恰是因为它轻视这些基本的情感倾向。不过,如果它在这些倾向上失败了,那么大部分现代音乐

---

① 泽基(1999),87。
② 参见同上,177,179,181。
[*] 1874年出生于维也纳的犹太音乐家,早年自学作曲,曾得到奥地利作曲家泽林斯基的帮助。——译注
③ 参见库珀等人所编文集中 D. 拉弗曼的文章(1995),319;也可参见勒达尔和杰肯多夫(1983);杰肯多夫(1996),125-155;杰肯多夫(1994),165-183,尤其是168。

最终就会实现黑格尔的艺术终结的预言,虽然具有讽刺意味的是这位哲学家提出那些预言的理由恰好相反。因此,近来的音乐和艺术在总体上[1]也许清楚地说明了艺术的终结,如黑格尔所认为的,并非因为它们不可避免地"受到了直接感官要素的影响",[2]并因此在它们实质性的任务中没有进一步"表现'神圣性'",[3]而是相反,因为艺术本身最终已经被一种非自然化的艺术理论毒害了,那种理论是由从柏拉图、经过奥古斯丁、康德和黑格尔直到今天的哲学家们提出来的。

这就把我们带向了乔治·迪基的"艺术世界",这是他从阿瑟·丹托那里借来的一个概念。他解释说,"一件艺术作品就是一件创造出来呈现给公共艺术世界的人工制品。"[4]这样一种界定,哪怕把它扩大四倍,分别去界定"艺术家"、"公共"、"艺术世界"和"艺术世界体系",[5]到底说明了什么?如果"公共艺术世界"代表了过去误认为的美学、势利和投机的艺术收藏混合的现状,正如在很大程度上所是的那样,那么人们就不会貌似有理地认为,伟大的艺术家经常创造艺术作品不是当作呈现给艺术世界的某种东西,而是当作有意忽视、冒犯、有时要颠倒那个艺术世界的标准的某种东西吗?像迪基的"艺术世界"那种借助任何既定词语的定义,到

---

[1] 因为对绘画、诗歌和舞蹈的相关研究提出,相似的思考可以运用于20世纪和早期的这些艺术形式的创造;参见伦奇勒等人编的文集(1988)中F.特纳和E.珀佩尔;W.西格弗里德;G.鲍姆加特纳;杰尔·利维、玛丽安娜·里加德和T.兰迪斯;O.-J.格吕塞尔、T.泽尔克和B.齐恩达的文章,71—90,117—145,165—180,219—242,243—256,257—293;杰肯多夫(1994),165—183。
[2] 黑格尔(1993),11。
[3] 同上书,9。
[4] 迪基(1984),80。
[5] 参见库珀等人所编文集(1995)中G.迪基的文章,113。

底使我们想到了什么,除了需要进一步界定它的各个词语、接着以界定这些词语同样的方式继续进行下一级词语的界定,直到穷尽词典,我们最后返回到原初的词语之上?① 否则,我们全都要通过事实证据的证伪来使用或指各种概念通行的定义,或者通过它们在一种全面的论证中所起的没有说服力的作用而使之无效。其他一切像"艺术与美哪个在先"这种独立式的定义,哪怕用严格启发式的词语来表述,在我看来都是不恰当的,至少现在是这样。近来对于美学的进化论的、环境论的和神经病学的再评价,我在本书《后记》中有不少介绍,已经揭示了足够多的东西,并使我们认识到,在做出这样的尝试之前,我们需要知道更多的东西。正如本书试图证明的,对传统美学从柏拉图开始并持续到今天的理论化来说,同样也是如此。因为如果尼采是正确的,那么在传统上对艺术和美的非自然化的理解也必须服从于一个重新自然化的复杂过程,然后,这样的界定才有可能。我要强调复杂这个词,因为这样一种重新自然化不能通过简单的颠覆来进行,如人们有时错误地归咎于尼采那样。它既不能通过一种海德格尔式的 *Destruktion* [按:德语"破坏"]或德里达式的解构来进行,如我们将在后面详细看到的那样,它们只会导致禁欲主义理想的复苏。尼采本人谈到过根据(*Grundverschiebung*)的普遍转移,②或重新学习(*Umlernen*)的过程,③或相反的转化(*zurückübersetzen*)。④ 如何逐一进行这样的实践,将是未来研究的任务,而不是本书研究的任务。

---

① 有关蒙田和培根对这种词典学的恶意循环的评论,参见法阿斯(1986),87。
② 参见卷五,51。
③ 参见卷五,184;卷六,180。
④ 参见卷五,169。

我所谈到的对美学问题不断进行过度知性化更令人吃惊,因为谈论对身体、耽于声色和性欲的重新评价,已经成了现在由自立的宗教教师、心理学家、女性主义者、哲学家乃至美学家们所传播的很平常的风尚。① 有一些著作的标题是《通过身体进行思考》、②《创造现代的身体》③和《身体语义学》,④以及相关的女性主义研究著作,如《要紧的身体》、⑤《想象的身体》⑥或者《身体的复活》。⑦ 像其他引人注目的后现代用语,如文本、*écriture*[按:法语"文字"]、权力、*différance*[按:法语"延异"]或语言游戏一样,在一部批评著作里只提及"身体",对于理所当然的开创性以及像福柯、德里达和德勒兹那些被认为至关重要的思想家来说,具有一种深厚的韵味,他们的哲学体系隐隐出现在它的后面。然而,具有讽刺意味的是,这类著作中的大部分都很少涉及人类的身体,却涉及科学技术的、"男性中心的"、资本主义的社会加诸身体的东西;与其说它们涉及从神经病学到分子生物学、生理学和认知科学等各学科对身体的揭示,倒不如说涉及科学划分成各个独立部分,如何为权力服务,乃至以前所未有的阴险却有效的方式"刻写"、分离和奴役人类的身体。

毋庸说,如此滥用科学来蛊惑性地制造赞同,已经成了、并将

---

① 作为例证,可参见 R. 舒斯特曼的《身体美学:学科计划》(2000),262—283。
② J. 盖洛普著(1988)。
③ C. 加拉格尔与 T. 拉克编(1987)。
④ 霍斯特·鲁思罗夫著(1997),一部值得注意的著作,弥补了 R. W. 小吉布斯(1999)、乔治·拉科夫、马克·约翰逊(1999)以及其他人从更加传统的哲学观点所进行的研究。
⑤ J. 巴特勒著(1993)。
⑥ M. 加滕斯著(1996)。
⑦ N. 戈登堡著(1990)。

继续成为一个可悲的事实;必须关注和分析它的动态,比如说,马尔库塞、阿尔都塞、福柯、乔姆斯基和众多女性主义思想家构成了近几十年最富有成果的努力之一。然而,有时内含于这些批评中的趋势,即被说成是由同样力量"构成的"对科学的削弱,由于"线性关系"、"简化论"、"决定论"和"科学主义"以过分简单化的方式消除科学,已经使它的大部分陷入了它自己造成的一种不必要的死胡同之中。由几个追随福柯和德里达进行研究的女性主义者所提出的有关身体的理论,提供了典型的例证。琳达·伯克在最近的《女性主义哲学指南》中写道:"虽然近来的女性主义著作在把身体描述为文化标记和能指时坚持文化的偶然性,但它们几乎没有超出身体的表面。"[1]这种抱怨绝不是孤立的。蒂纳·钱特在同一本《指南》中评论说,"从1970年代到1980年代的女性主义性别修辞学中几乎不缺乏身体",这"在实际上不仅抹杀了身体的特殊性,而且也差不多附带地使身体本身变得看不见了"。从那以来,据说在前面提到的一些著述中就已经明显有了"一种试图恢复在女性主义理论中被践踏了的身体的回应",[2]但随之而来的变化看来不大。因此,朱迪思·巴特勒的《性别麻烦》至少对桑德拉·李·巴特基来说,仍然是"女性主义哲学文献中对于身体的也许最彻底的后现代论述",因而"使生物学的、'自然属性的'、'自然的'身体无处藏身",[3]并且在"福柯和解构主义者"的影响之下进行了论证,因而南希·霍尔姆斯特罗姆补充说,"没有任何身体先于男性中心

---

[1] 贾格尔和扬所编文集(2000)中 L. 伯克的文章,203。
[2] 同上书中 T. 钱特的文章,266。
[3] 同上书中 S. L. 巴特基的文章,327。

主义的观点对它的建构"。①

简言之,除了一些"免疫学话语的研究,很少有人认为身体是生物学上的"。为什么?伯克道出了原因,并全心全意地认为与此有关:生物学 tout court[按:法语"仅此而已"]"对女性主义来说可能成为麻烦",因为它的论点过于经常地"支持性别划分"。"因而,在政治上,女性主义者们倾向于反对生物决定论,坚持某种形式的社会性别或其他社会范畴(如有性状态)的构成论"。② 这意味着科学数据在经过仔细查看其有效性之前,由于不适合某个政治议题就应当掩盖起来吗?伯克表面上似乎不为这些问题所动,凭借"[其他]女性主义者的著作来挑战生物学观念的哲学和理论基础"。③ 不用说,人们可以利用这些努力中的大量研究著作。《科学与性别:生物学及其有关女性的理论的批判》、④《性别神话:有关女人和男人的生物学理论》、⑤《DNA 的奥秘:作为偶像的基因》、⑥《爱情、权力和知识:走向对科学的女性主义改造》、⑦这些仅仅是其中的几个书名。琳达·伯克所钟爱的是海伦·朗吉诺所著的《作为社会知识的科学》,因为它探讨了科学的"线性模式",并设想"大脑是一个'黑箱',被定位于荷尔蒙与行为之间,认为有机体缺乏代理者;行为产生于按照黑箱硬连线行动的荷尔蒙"。⑧ 根据

---

① 同上书中 N. 霍尔姆斯特罗姆的文章,285。
② 同上书中 L. 伯克的文章,194,198。
③ 同上书,194。
④ R. 布莱尔著(1984)。
⑤ A. 福斯托-斯特林著(1992)。
⑥ D. 内尔金和 S. 林迪著(1995)。
⑦ H. 罗斯著(1994)。
⑧ 贾格尔和扬所编文集(2000)中 L. 伯克的文章,109。

这些评论来判断,看来细读这些著作并没有启发读者想到可能出现的新的科学发现,却主要以这种幻觉进一步肯定了它们:消除人们面对生物学的不安最容易的办法,就是坚持社会建构的核心教条,不仅是有关身体的教条,而且也有关于生物学和科学的一般教条,它也使人免除了必须对付各门学科令人厌烦的复杂性。①

从尼采提出的对于身体的亲感觉论的和以科学为基础的理解,不可能进一步得出什么东西。然而,具有讽刺意味的是,正是他,通过《道德的谱系》中的一些评论,促成了福柯式的概念,因而对女性主义者和后现代批评家产生了普遍的影响,即人类的身体是一块 tabula rasa〔按:拉丁文"白板"〕,镌刻着由那些有权力的人所实施的规训和惩罚。我说"促成"而不说"激励",因为在这里起作用的影响是后现代对尼采思想的几种滥用之一,其他的一些,主要是出自海德格尔和德里达之手,将在下文讨论。对尼采来说,通过惩罚、折磨和使肢体残缺而"有权利答应饲养一种动物"的原始方法,教会个体"记住五六次'我不愿'……给他权利参与社会福利"这种可怕的全过程,②是一种谱系学的方法,在其中,一切"德行"都被看成是逐渐发展的"生理学的条件"。③ 认为身体是一种"刻写过的事件的表面",或者如福柯在《尼采、谱系学、历史》中提出的那样,是一种"永恒分裂中的汇集",在这种无文字的、主要是生理学的过程中完全没有意义。相反,福柯本人特有的"价值、道

---

① 也可参见高维蒂(1997)。在那些著名的持反对意见的著作中,有一些对科学具有令人印象深刻的见地,却又追寻一种实质上建构与解构的论证思路,参见莉丽·E.凯吸引人的《谁写下了生命之书》(2000);以及 T.勒努瓦的《铭记科学》(1998)。

② 卷五,293,297/尼采(1956),190,194。

③ 尼采(1968),148。

德、禁欲主义和知识的谱系学",如他所强调的,"从来就没有把它本身与探寻它们的'起源'混淆起来",肯定"与物种的进化不相似"①(如尼采本人肯定会做的一样,尽管他对反达尔文主义的漫骂的看法不恰当②)。相似地,这两位哲学家对身体的基本理解之间的差异也是根本性的,如女性主义批评家伊丽莎白·格罗斯恰当地概括的那样:

> 尼采所说的身体与福柯所说的一样,被权力所刻写,铭记着要创造一种记忆,但这正是由于身体的力量、忘却的力量是如此强大。对尼采来说,身体的力量就是抵抗的场所,因为它们具有动力和能量,而不完全是因为它们的处所或拒不服从。③

一言以蔽之,"尼采的身体概念……比福柯的概念要积极和丰富得多",福柯像追随他的大多数后现代、尤其是女性主义批评一样,"似乎剥夺了其力量之多重性的有形存在本身"。④

如果我们在以下的章节里使用身体这个词语的话,那么它就是在这种原初的尼采式的意义之上,而不是在福柯或其他后现代的意义之上。在这么做时,我们也应当注意尼采经常告诫的,反对根据一种片面以身体为方向的认识论、道德或美学来替代它们在传统上过分知性化的对应物而简单地滥用这个词语。对他来说,

---

① 福柯(1984),80,81,83。
② 丹尼特(1996),181 以下解释了这种悖论。
③ 格罗斯(1994),146—147。
④ 同上书,147。

身体无论如何都是身体—大脑—心灵的复合体不可分离的和构成的一部分,或者说,是由生物学、生理学和形态学所描述的相互联系的力量具有"惊人的多重性"[①]的"集体性"。也是在这种意义上,他才坚持身体在谱系学和进化论上对心灵的优先性,坚持"生理学对神学、道德主义、经济学……政治学的霸权",也许,我们还可以加上美学。与传统哲学相反,虽然不是与达尔文或今天的发展心理学相反,人们必须"从身体出发,把它当作指南",[②]去指引所谓更高的心灵和精神现象。

> 身体和生理学是出发点:为什么?——我们获得了有关我们主体统一性之本质的正确观念,即作为一种集体性(不是作为"心灵"或"生命力")的首要的统治,也是这些统治依赖于被统治者,以便能使整体和部分成为条件的劳动进行划分与分工……然而,最重要的事情是:我们把统治者及其臣民理解为同类,具有同样的情感、意志、思维——无论我们在身体中发现了什么或神圣的活动,我们都记住要得出结论说:有一种属于它的主体的、看不见的生命。[③]

相似地,达尔文主义者具有类似的、尼采更加经常坚持的信念。比如说,像蝙蝠生来就具有人类所缺乏的回声定位机能一样,"我们只能感受到经过知觉选择过的东西",即"与我们为了保存自

---

① 尼采(1968),271,281。
② 同上书,78,289。
③ 同上,271。

己而有关的东西",①或者如我们所知,是由自然选择所形成的东西。尼采显然只是通过像赫伯特·斯宾塞那样的普及者失真的透镜才知道了达尔文,用有点不同的方式提出了这一点。他写道:"形态学向我们揭示了感觉、神经和大脑如何与寻找营养的难度相称地发展。"②我们觉察、知道、思考的东西,要受到环境强制因素的支配,而不是受先验喜好的支配;那是一种本能地或在遗传上预先安排好的、对于表面世界而非真实世界的看法。"人们不应当把这种强制条件理解成要建构概念、物种、形式、目的、法律……似乎它们能使我们把真实世界固定下来;而是作为一种为我们自己安排好一个能在其中生存的世界的强制条件。"已经"使我们感到非常明确"的东西,就是"'同样表面的世界'始终都会再次出现,因而获得了真实外貌"③的是特殊的生物学需求,它们因各个物种而不同。我们对自然、彼此之间、我们的双手和大脑的作品的审美反应,不允许免除这些进化的强制条件。就认识来说,"善"与"美"的意义"都应在一种严格的、狭义的人类中心论的和生物学的意义上来看",接着这又受到"特定物种为维持自身和增强其力量"的冲动的强制。正如"所有感知[因而]都渗透着价值判断(有用的和有害的——结果是愉快的或不愉快的)"的情况一样,④尼采讨论了丑或美的话题,那是自 B.柏林和 P.凯伊率先探讨了我们基本的色彩术语以来所讨论的话题,⑤它占据了认知科学的认识论思索的

---

① 同上,275。
② 同上,272。
③ 同上,282。
④ 同上,266,275。
⑤ 参见柏林和凯伊(1969),各处;也可参见哈丁和马菲(1997)。

中心舞台。他写道:"每种个别的色彩对我们来说也都是价值的一种表现(虽然我们几乎不承认这一点,或者说只有在惟独相同的色彩延长了的印象之后才会如此……)。因此,昆虫也对不同的色彩有不同的反应。"①

尼采在概述这些观点时不时出错,达尔文也是如此。然而,后者是一个例外,没有哪个重要的思想家,包括从海德格尔到福柯和德里达这些可能成为尼采的后现代继承者的思想家,像他那样追随达尔文到了那种地步,即早就考虑到当代的认知科学。而且,只有尼采为一种仍然有待阐述的新美学提供了一个总体的框架,事实上这个总体框架正通过当代科学家以及像我自己一样得益于他们的发现的批评家们的努力而出现。在从前把康德的"理想的美"描述为那位哲学家"独身者想象"的臆造之后的打算之一是:"如果你需要一位能理解美的生物学功能的哲学家的话,那么就要理解尼采。"②我在后记中将力图更加详细地追寻这些关系。

---

① 尼采(1968),275。
② 米勒(2000),283。

第一章 柏拉图对审美价值的重新估价

[柏拉图主义]颠倒了"真实"的概念并且宣称:"你们当作真实的东西是一个错误,我们离'理念'越近,离'真理'就越近。"——明白这意思吗?这就是最大的重新命名:由于基督教接受了它,这个令人震惊的事实竟然流传下来,不为我们所察。

卷十二,253/《权力意志》,572

虽然我们对柏拉图之前的美学所知甚少,但有证据使人想到,柏拉图在这个领域里完成了一次重大的重新定向。在他之前,艺术模仿在什么地方被谴责为实质上是对真实的歪曲?它以各种具体媒介对其题材的体现在什么地方被贬低成了"虚幻的影子"或"极少具有真实性的玩物"?[①]它对感官令人愉快的吸引力在什么地方被谴责为无法控制或者被各种严重的怀疑所包围?诚然,柏拉图的责难主要是针对各种模仿性的艺术。但是,从某种意义上说,哪种艺术又不是模仿性的?如柏拉图不断提醒我们的,甚至连音乐在某种程度上都可能是模仿性的。

如人们所料,柏拉图对各门艺术之中音乐这种最不具有模仿性、最数学化的艺术的见解,多半要归功于先前的理论家们。按照

---

① 1445:《法律篇》,889d。

毕达哥拉斯学派的看法,音乐与柏拉图所偏爱的"严肃的、古典的"①艺术类型一样,是"根据数字来模仿的",②达成了"各对立面的和谐",③具有"使人净化"④的力量,能够使激情平静下来。⑤ 然而,即使就音乐而言,柏拉图的见解也会碰到一个特定的边界。音乐可以导致清醒。⑥ 它在教育年轻人方面是必不可少的。⑦ 它可以通过减缓迷惑力来帮助受教育的人们。⑧ 也有很多要回避的问题,如风笛或演奏风笛仅仅"煽动情欲的愉悦",⑨"靠的不是衡量的尺度,而是手指演奏时偶然的弹动"。⑩ 雅典在公元前404年衰落之后,曾一直反对柏拉图所偏爱的那类"严肃的、古典的"音乐。相应地,在柏拉图看来,古典音乐经历过一场"在形式方面的普遍混乱",⑪退化成了旋律、节奏、自由形式和"非音乐性的放纵"。⑫ 新型的、自命不凡的音乐家们"迷恋于发狂的、亵渎的、享乐的淫欲",不了解"在缪斯的领地里什么是正确的与合法的……以赞歌玷污了挽歌,以对酒神的赞美歌玷污了对日神的赞美歌"。⑬ 为了防止这样的混乱,一位特地指派的"音乐指挥"⑭应该"在强调情感

---

① 1374:《法律篇》,802c。
② 塔塔凯维奇(1970—1974),I,85。
③ 同上书,I,87。
④ 同上。
⑤ 参见1175:《蒂迈欧篇》,47d。
⑥ 参见649:《理想国》,404e;655:《理想国》,410a;1374:《法律篇》,802e。
⑦ 参见1175:《蒂迈欧篇》,47c—d。
⑧ 参见1262:《法律篇》,665c;1383:《法律篇》812c。
⑨ 789:《理想国》,561d。
⑩ 1137:《法律篇》,56a;参见1144:《斐利布篇》,62c。
⑪ 1294:《法律篇》,700d—e。
⑫ 1294:《法律篇》,700d;参见1266:《法律篇》,669a—670a。
⑬ 1294:《法律篇》,700d。
⑭ 1383:《法律篇》,813a。

的前提下把好音乐对灵魂的模仿"与糟糕的音乐"区分开来"。①他应当把仅仅吸引人们感官的音乐与充满严肃目的、②维护"歌曲的公共标准"③的音乐区分开来。最令柏拉图满意的一种音乐,是排除了作为有可能唤起激情之要素的旋律与节奏,以致产生出具有"平和清晰"之声音的"纯粹音调的单一系列"。④

柏拉图对美学的理论化的重新估价,在他评论美术时变得更为明确。像波利克里特那样的雕塑家可能会强调说,这些作品应当按照黄金分割、对称和比例均衡⑤来模仿,因而预见到了柏拉图会强调衡量尺度和数字在总体上构成了艺术的基础。⑥ 但在这里,主要的先例都终结了。波利克里特在观察数字的比例时并没有试图减少其媒介或题材的感受性,更不用说超越或消除感受性。相反,一个当地的处所,多半是裸露的人体形式,无论有怎样空想的、数学性的虚无,除了明显的差别之外,都一定会展现出生命之躯的全部感性吸引力。正是通过把相同前提悖论性地颠倒,柏拉图想要画家们把比例当作一种超越艺术的具体感受性的手段,使其绘画成为抽象构成的地步,这预示了20世纪像彼得·蒙德里安那样的极简主义者——"直线或圆的,车床或木匠尺和直角尺产生的平面与立体形。"⑦他自己时代的雕塑和绘画艺术,由于同样低

---

① 参见 1382—1383:《法律篇》,812c。
② 参见 1264:《法律篇》,667e。
③ 1371:《法律篇》,800a;参见 1253—1254:《法律篇》,656d—657b;1294:《法律篇》,701a。
④ 参见 1133:《斐利布篇》,51d。
⑤ 参见塔塔凯维奇(1970—1974),I,77。
⑥ 参见 1137:《斐利布篇》,55d—e。
⑦ 参见 1132:《斐利布篇》,51c。

劣而给他以冲击。它们过多地力图取得致幻的效果,过少致力于忠实地反映真实,大多是"以见解为基础进行表面的模仿",而不是"以认识为基础的科学模仿"。① 例如,在创作大型绘画和雕塑时,艺术家们弄错了人体的比例,以致抵消了从远处看去人体各部分的比例在视觉上的缩小。"所以,艺术家们置真理于不顾,在创作形象时不按照真实比例,而只要创作出来的形象显得美丽。"② 柏拉图也不赞成"投影法"(skiagraphia),它本身利用了类似于制作整齐的或凸面物体之方法的效果,通过沉浸在水中而看上去是弯曲的或凹陷的。他告诫说,"因而,投影法利用了我们天性中的这个弱点,只不过是巫术魔法。"③

不过,与那些由诗歌和其他写作形式所引起的危险相比较,呈现给其公民的音乐、雕塑和绘画这些堕落的形式的危险是最小的。首先,由于煽动激情,由于歪曲真实,由于迎合群氓对于快乐的贪婪,而不是诉诸有见识的少数人有节制的趣味,所以文学具有其姊妹艺术引起腐败的可能性。更重要的是,由于使用了相同的词语媒介,它对哲学造成了一种威胁。柏拉图想到的毫无疑问是在这场"哲学与诗之间的古老争论"中占了上风的那些人。④

在柏拉图的前辈们中,有哪些人表达了相似的担忧?就算品达和赫西俄德那样的诗人承认过,在试图使"难以置信的事情为人们所相信"时,他们的"寓言增添了各种吸引人的虚构",并且违背

---

① 引自柯尔斯(1978),114;参见 1016:《智者篇》,267e;参见 978:《智者篇》,235d—e。
② 978—979:《智者篇》,236a。
③ 827:《理想国》,602d;参见 814:《理想国》,586b。
④ 832:《理想国》,607b。

了或"超越了真相"。① 然而,就连梭伦也抱怨说,"诗人们撒了很多谎"②绝不等于在原则上不加选择地谴责模仿性艺术在撒谎。就绝大部分而言,诗人的谎言被认为是可以原谅的必然,或者说,甚至被认为是值得赞扬的必然,这要看他在左右听众愿意悬置怀疑的技巧。智者高尔吉亚声称:"悲剧借助传说和情感创造了一种欺骗,欺骗者在其中比非欺骗者更加诚实,被欺骗者在其中比未被欺骗者更加聪明。"③

除了阿里斯托芬就诗人们应当教训人们的效果做了一些假心假意的评论④之外,没有任何人想迫使艺术接受教育的计划,也没有任何人想照柏拉图做的那样谴责艺术无缘无故地诉诸人们对快乐的爱好。某些智者的辩解甚至解释说:"诗人们书写自己的作品不是为了真理,而是为了给人们以快乐",⑤或者解释说雕像"是对真实身体的模仿……要[给予]观看者以快乐,而不是为任何实用目的[服务]",⑥他们可能会抨击柏拉图之前的大多数艺术家完全是多此一举。艺术意在使人快乐、高兴,或者换言之,意在使人们摆脱忧虑,这被认为是理所当然的。⑦ 甚至连认为这些对快乐的诉求主要应当被引向眼睛和耳朵,⑧而不是针对人的全部情感和本能感受的限制,似乎都是后来才附加到这样的理论化之上的。

---

① 塔塔凯维奇(1970—1974),I,39。
② 同上。
③ 同上书,I,107。
④ 参见同上书,I,76。
⑤ 同上书,I,105。
⑥ 同上书,I,104。
⑦ 参见同上书,I,32 以下。
⑧ 参见 1551—1552:《大希庇阿斯篇》,298a。

荷马显然有意使自己的听众欣赏自己的诗,就像他们喜爱宴会、"舞蹈、服饰的变化、温暖的沐浴、恋爱和睡觉"一样。① 诗与宴饮的联系——当人们坐在"大厅里的宴席旁聆听歌手演唱"并一边宴饮时——甚或在交欢之时,都极为平常,以至成了口头禅(cliché):"这是什么艺术,什么魔力抵得上忧虑的威胁? 这是怎样的歌唱之道:因为这里无疑选择了全部三样东西、欢乐、爱恋和甜蜜的睡眠。"②

如我们所知,柏拉图对这些美学概念的重新阐述,涉及对社会及其法律彻底的、尽管是乌托邦式的重新改造。因而,一种治国之才的"普遍艺术"应当坚持对其他一切艺术的统治,③一个至高无上的柏拉图在老迈之时以更加严格的形式做出了限定。他写道:"社会的法律书应当按照正义和理性来证明,当我们打开它之时,它是全部文献中最杰出和最精湛之作;其他人的作品也应当与它相符,或者说,倘若表现出不一致,就会引起我们的轻蔑。"④ 立法者由于比诗人了解得更多,⑤ 所以应当保护我们不受像荷马那种人的"虚构的欺骗",例如,他试图使我们相信奥林匹亚人是窃贼和说谎的人。总而言之,颂扬的、讽刺的诗歌与其他话语形式,都被认为充满了有争议的害处和毫无意义的承认。"一切之中的一块可靠的试金石,就是立法者的文本。好法官在自己胸中具有作为其他文本之解毒药的文本。"⑥

---

① 《奥德赛》,VIII,248,IX,3;参见塔塔凯维奇(1970—1974),I,30,35。
② 塔塔凯维奇(1970—1974),I,38。
③ 参见 1077:《政治家篇》,305e。
④ 1419:《法律篇》,858e。
⑤ 参见 1488:《法律篇》,941c。
⑥ 1502:《法律篇》,957d。

当用法律书这块试金石来检验时,柏拉图发现很少有几个诗人是够格的。赫西俄德、荷马、牟希阿斯、俄耳甫斯、品达、西蒙尼德斯[①]——对柏拉图来说,他们作为人类聪明的和有知识的教育者的声名,是一种危险的和可以证明的谎言。这尤其符合赫西俄德和荷马这两个希腊城邦的宗教源头的情形。他的伟大导师苏格拉底,难道不是因为据称批评了那种宗教而受到了审判吗?对柏拉图来说,那些指控应当颠倒过来:荷马与赫西俄德才应该被指控提供了对诸神的虚假描述以及使年轻人腐化。[②] 他们没有在自己的诸神谱系中散布经常发生的忤逆事件吗?[③] 或者说"波塞冬的儿子忒修斯和宙斯的儿子庇里托俄斯骇人听闻地抢劫妇女",[④]那会怎么样?或者说宙斯本人屈从于对赫拉的性欲,或者更糟的是这种性欲"超过了他们'瞒着自己亲爱的双亲'初次交欢时的强烈欲望"[⑤],那会怎么样?即便真的如此,赫西俄德与荷马讲述的这些和那些有关诸神的虚假故事,也不应该传给"天真单纯的年轻人"。[⑥] 柏拉图出于塑造年轻人心灵的目的或者为了向其他公民援引"赞美诸神和称赞好人的诗歌",[⑦]可能会允许讲述经过删改的神话,[⑧]但是,无论允许诗歌或其姊妹艺术在城邦的教育计划中起着什么样的作用,就把它们整个放逐出柏拉图可谓整体的乌托

---

① 参见 315 中他们与智者派的比较;普罗塔戈拉,316d;参见 624:《理想国》,377d 以下;533—534;《会饮篇》,179d—e;652:《理想国》,408b。

② 参见 624:《理想国》,377d;参见 820:《理想国》,595b。

③ 参见 624:《理想国》,377e—378a;参见 173:《攸弗叙伦》,5e—6a。

④ 636:《理想国》,391c—d。

⑤ 635:《理想国》,390c;参见荷马《伊利亚特》,XIV,294 以下。

⑥ 624:《理想国》,378a。

⑦ 832:《理想国》,607a。

⑧ 参见 624:《理想国》,377c。

邦而言,都要以这些勉强的保留或谴责来加以限制。

一言以蔽之,赫西俄德与荷马那样的诗人远远不是人类的教育家,他们歪曲了事实、英雄和诸神。[1] 多半会腐蚀自己听众的心灵,[2]经常依靠的是煽动错误的情感。[3] 因此,诗歌使人迷惑的"魔力"要受到深刻的怀疑。[4] 如果人们不坚持"一种与[这种]迷惑力相反的魅力",[5]那么就不应该接纳这样的魔力。换言之,古典的文学要么必须修订、重写,要么就必须完全废除。柏拉图早期认为应当以这种方式进行删改的例子,涉及神或英雄的不端行为的各种形式,以及宗教教义的各种要点。诸神既不互相谋害,也不互相争斗;[6]不应当认为他们会突然爆发出笑声;[7]宙斯本人"在行为和言辞方面完全是单纯和真实的",不应认为他会改变自己或者欺骗他人;[8]把他描绘成"把善与恶降给凡人的人",[9]是极为愚蠢的举动的一个征兆。因为这个"诸神之中最杰出和最公正的神",[10]怎么可能由于这个世界的种种邪恶而受到责备?我们必须"在别的事物中而不是在神身上"[11]寻找邪恶的原因。

柏拉图对文学的否定态度大多是在《理想国》中表达出来的。

---

[1] 参见 832:《理想国》,606e 以下;633:《理想国》,388a—c;612:《理想国》,365e。
[2] 参见 820:《理想国》,595b。
[3] 参见 828:《理想国》,603a 以下(尤其是 603d)。
[4] 参见 832:《理想国》,607c;参见 825:《理想国》,601b。
[5] 833:《理想国》,608a。
[6] 参见 625:《理想国》,378b。
[7] 参见 634:《理想国》,389a;参见荷马《伊利亚特》,I,599。
[8] 参见 630:《理想国》,382e。
[9] 626:《理想国》,379e;参见荷马《伊利亚特》,XXIV,527 以下。
[10] 173:《攸弗叙伦》,5e—6a。
[11] 626:《理想国》,379c。

他在其中说:"诗歌,以及一般的模仿性艺术创造出一种远离真理的产物……而且与我们身上远离理智的那个部分相联系。"① 他为这么说写下了很多理由,我们可以在这里把各种问题做一个简要的概括:关于他把模仿定义为通过呈现"事物显现出的样子"② 而反映了与真理隔了两层的真实,③ 或者关于对其理想国来说,他拒绝承认除了"赞美诸神和称赞好人的诗歌"之外的一切诗歌:因为倘若你们要承认抒情诗或史诗的话,那么"快乐和痛苦就将成为你们城邦的主人,而不是法律成为城邦的主人"。④ 柏拉图对诗歌和艺术听起来更像是否定性评论出现在《理想国》第十卷而不是前几卷。正是在这里,即在《理想国》的末尾,柏拉图也许是为了回应对他早先言论的讨论,决定要对照先验的理念世界来权衡一下艺术的模仿潜力。他总结说,艺术无法呈现那些终极的真实,而更糟的是,在其追求中造成了一种危险的障碍。⑤

艺术模仿造成与真理隔了两层的论点,刚刚出现很快就在柏拉图的哲学关怀中消失了。他后来的所有著作再也没有进一步提到这一论点(更不用说他那个与神有关的睡榻、木工和画家的例子)。在《智者篇》里,他倒是思考了"制造相同"和"制造相似"之间的差别;⑥ 或者说,他在《理想国》中试验了一种四重划分,而不是三重划分:艺术要么是神的,要么是人的,"神的技艺的产物"要么是"原创的",要么是"影像的",人类艺术的产物要么制造了各种客

---

① 828:《理想国》,603b。
② 823:《理想国》,598b。
③ 参见 820:《理想国》,595c 以下。
④ 832:《理想国》,607a。
⑤ 参见 819:《理想国》,595a 以下。
⑥ 979:《智者篇》,236c。

体,要么就是模仿性的反映:"我们会说在建造中创造了一座真实的房子,在绘画中创造了另一种不同的房子,这是由于它是为清醒的眼睛人为制造一个梦境?"①从这里一直到《法律篇》,对艺术模仿的讨论很明显地主要是因为它们的缺席。

当它们恢复了时,柏拉图的主要注意力就是致力于确定,如何能够最有效地利用艺术模仿来尽力对年轻人的心灵形成一种魅力,以便使他们追求"凭借这些相同的模仿表现出来的德行"。②首先要确定艺术家选择了正确的题材;其次要保证这些题材忠实地按照科学模仿的路线来进行表达,正如先前在《智者篇》里提出的那样;③最后要坚持恰当运用各种方法,以产生艺术相伴的魅力或愉悦——以这样的愉悦在道德上无害以及不会成为据以判断艺术家功绩的标准为条件。④甚至当柏拉图一度恢复了自己先前批评艺术模仿是造成"虚幻的影子"的观点时,他也主要是关注艺术长久存在的促使"年轻人不敬神的流行病"的可能性。⑤

很明显,如果柏拉图不是受到了困扰的话,那么他也已经专注于其他问题了。E.R.多兹把那个困扰叫做他在建立一个由"纯洁人之精英"⑥所统治的理想国的希望破灭之后的"根本绝望"。⑦ 柏拉图本人谈到过一种"怀疑的弊病",他的代言人建议要赶紧"预防"它。⑧ 人们不知道在这个时期里,这种治疗法在哪种程度上能

---

① 1014:《智者篇》,266c。
② 1383:《法律篇》,812c。
③ 参见 1016:《智者篇》,267e;参见 1265:《法律篇》,668b。
④ 参见 1264:《法律篇》,667d—e。
⑤ 1445:《法律篇》,889d—890a。
⑥ 多兹(1973b),216。
⑦ 同上。
⑧ 1050:《政治家篇》,283b。

够使那种无所不在、使柏拉图苦恼的、腹语男巫反驳的声音①平息下来。假定存在着"一种公正、美或善的形式"。② 然而,"毛发、泥土或者污垢"也存在着一种形式吗?③ 他最初的回答是否定的,但接着就追问这种否定是除了保证以外的一切东西:"我有时有点不安,不明白为什么在一种情况下真实的东西,在所有情况下也许是不真实的。当我想到这一点时,我却被迫后退,因为担心跌入蠢行的无底深渊之中。"④使柏拉图明确表达出这些反对他自己的强有力的论点,是其伟大的标志之一;而且很可能没有任何例子比这更令人印象深刻的这种宽宏大量了,除了巴门尼德的"精心杰作"(*tour de force*),即关于"一[那个]既是一切事物、又不是任何事物"⑤的学术讲演之外,直接仿效与苏格拉底的争论。

但是,大约从《智者篇》以降,柏拉图的语调就已变得很忧郁,并且采取守势。那篇对话的大部分都致力于试图"穷追"⑥那些"假冒的哲学家"、⑦"长着许多脑袋的智者"⑧和"错误的制造者",⑨他们把每次论证都变成了"一场拔河",⑩为的是"剥夺我们的话语",并因此剥夺"哲学"。⑪ 与此同时,柏拉图也在同一帮哲学家

---

① 参见 997:《智者篇》,252c。
② 924:《巴门尼德篇》,130b。
③ 参见 924:《巴门尼德篇》,130c。
④ 924:《巴门尼德篇》,130d。
⑤ 950:《巴门尼德篇》,160b。
⑥ 1008:《智者篇》,261a。
⑦ 959:《智者篇》,216c。
⑧ 983:《智者篇》,240c。
⑨ 984:《智者篇》,241b。
⑩ 1006:《智者篇》,259c。
⑪ 1007:《智者篇》,260a。

进行另一场修辞学辩论,对他们来说,"他们无法紧握在自己双手之中的一切东西,完全就是虚无"。① 它采取了赫西俄德那种战争的形式,那是在天上的奥林匹亚"相的朋友"②或唯心主义者,与"土生土长的巨人"③或唯物主义者之间进行的战争。就连"令人敬畏的"巴门尼德④(柏拉图受惠于他就像儿子受惠于父亲一样)在这种两败俱伤的战斗中也没有闲着。柏拉图突然停止了俄底浦斯式的"弑父者"的话题,不再担心自己在"自辩"时对"父亲巴门尼德"的影响。⑤ 他没有让"任何顾虑妨碍"他不把"不孝的双手"放到巴门尼德的看法之上,⑥在盘问它们时使用了一种"程度适中的拷问"。⑦

在《政治家篇》的这些辩驳中散发出来的苏格拉底式的反讽依然很明显,柏拉图在其中重新开始思考他未来的乌托邦。他放弃了由圣洁的守护者来管理理想国的理念,现在选择了第二等好的"看护人类的科学"。⑧ 指向那个目标的合法尺度将包括大规模的放逐或灭绝。因此,整个城邦都必须得到净化,"为了城邦更加健康,必须处死或者放逐一些公民"。⑨ 我们被告知,所有这一切都必须在这一基础之上进行,即"依循基本正义的、合理的科学原则"。⑩

---

① 992:《智者篇》,247c。
② 992:《智者篇》,248a。
③ 993:《智者篇》,248c。
④ 888:《泰阿泰德篇》,183e。
⑤ 985:《智者篇》,241d。
⑥ 参见 985:《智者篇》,242a。
⑦ 980:《智者篇》,237b。
⑧ 1031:《政治家篇》,266e。
⑨ 1062:《政治家篇》,293d。
⑩ 1063:《政治家篇》,293d。

第一章　柏拉图对审美价值的重新估价　47

其他"看护民众的技艺"[1]包括通过安排良好婚姻进行种族繁衍,[2]以及一部实施普遍审查的法典,以控制这些个别的作为修辞和公共言说的艺术。[3]

公民精神生活的所有方面都会受到监控。古代的神话必须"立即"不予考虑,因为它们除了"一些原始故事"之外,什么都没有提供。[4] 必须采取更加严格的措施来对付"我们现代人的各种启蒙理论"、[5]散文作家和诗人一类的人,他们在散布"年轻人反对宗教的流行病"。[6] 柏拉图在驳斥这些"可怕信条"[7]时的激烈程度不言而喻,因为它们已经引起了"城邦和家庭中年轻人的普遍腐败"。[8] 他告诉我们,这样的一个信条告诫说,"诸神绝不存在";第二个信条说,即使诸神确实存在,但"他们并不关心人类的行为";第三个信条说,"虽然诸神关心人事,但他们很容易被献祭和祈祷所安抚。"[9]更普遍地说,这些理论已经散播到了"全人类",[10]它们声称物质先于心灵,因此把神的世界变成了持久流动中的"尘土和石块"[11]的混合物。[12] 于是,在它们背后隐约呈现的,是整个一系列前苏格拉底的哲学,包括赫拉克利特、恩培多克勒、德谟克利特、阿

---

[1] 1032:《政治家篇》,267d。
[2] 参见 1083:《政治家篇》,310b 以下。
[3] 参见 1076:《政治家篇》,304d。
[4] 1442:《法律篇》,886d。
[5] 1442:《法律篇》,886d。
[6] 1445:《法律篇》,890a。
[7] 1445:《法律篇》,890b。
[8] 1445:《法律篇》,890b。
[9] 1444:《法律篇》,888c。
[10] 1446:《法律篇》,891b。
[11] 1442:《法律篇》,886e。
[12] 参见 1448:《法律篇》,893a 以下。

那克萨哥拉、阿那克西曼德和阿克劳斯,以及那些智者派,他们宣称人是万物的尺度,断言诸神"不是真实而自然的存在,仅仅是一种凭借了合法惯例的人造存在",①并且宣传他们所称的"'真正自然公正的生活',即真正支配他人的生活,而不是按惯例服务于他人的生活"。② 在柏拉图看来,大多数哲学家都错误地宣称灵魂从属于身体,这种错误"颠倒了整幅图景,或者更准确地说,毁掉了他们自身"。这也使他们卷入"众多背信的指控"之中,而且如柏拉图补充的——他很有可能想到了包括他自己在内的苏格拉底的追随者们——"唤起了诗人们把哲学家比作疯狗吠月而斥责他们"。③

柏拉图反驳这些"反对宗教的学说"④的几个论点,采取了劝告那些想象中被它所腐蚀了的年轻人的形式。⑤ 然而,柏拉图并没有让事情到此为止。应当有一种由三重责问作指导的"反对不敬神的法律":⑥(1)诸神存在着,(2)他们关心人类,(3)他们不可能被收买。这些信条应当极为严格地得到实施,尤其是在与柏拉图为谋杀和偷窃一类"常规的"犯罪提供的刑事法典进行比较之时。人们要向当局告发通过言语或行动冒犯了这三个信条的人,如果被证明有罪,就应当判处不少于五年的单独监禁,囚禁在一个恰当的监牢里,使他们在那里能得益于由"午夜法庭"(Nocturnal Council)所实施的宗教宣传。如果他们仍不思悔改,就要把他们

---

① 1445:《法律篇》,889e。
② 1445:《法律篇》,890a。
③ 1512:《法律篇》,967b—c。
④ 1447:《法律篇》,891d。
⑤ 参见 1443:《法律篇》,888a 以下;1459:《法律篇》,903b;1460:《法律篇》,904e。
⑥ 1463:《法律篇》,907d。

处死。[①]

柏拉图有了这个假设提出的很恰当的体系,就可以让自己对待诗人和艺术家们较为宽容一点——即只要他们遵守自己防止异教的共同体的各种规则,并且在城邦的教育计划之内活动。只有这样,"具有诗歌天赋的人"才会被允许"创作他们应该创作的东西"。[②] 更重要的是,古老的诗歌,即使是那种口头诗歌,都必须经过详细审查,如果"读起来令人满意,就加以接受,而任何一首有缺陷的作品……都要……加以修改和纠正"。[③] 尽管立法者们在这个过程中拥有最终决定权,但他们将接受"诗歌和音乐方面的专家的意见"。[④] 因此,要有分别审查各种艺术和诗歌的委员会,无论是颂歌[⑤]、抒情诗[⑥]、滑稽诗,还是讽刺诗[⑦]。

甚至一些有灵感的诗人的意见,尽管经常具有矛盾性,[⑧]也要用同样专制的仁慈方式来处理。不用担心"[已经同意了]诗人的判断"[⑨]之后说出来的话听起来会是非理性的。审查者要分清良莠。因为诗人的任务不是要确定"自己的再现是好是坏"。[⑩] 他的责任是对他的媒介而言,而不是对内容而言的。只有涉及"音阶和节奏"这样的问题,他的判断才是"无法避免"的。[⑪] 至于题材,诗

[①] 参见 1464:《法律篇》,909a。
[②] 1257:《法律篇》,660a。
[③] 1373:《法律篇》,802b。
[④] 1373:《法律篇》,802b。
[⑤] 参见 1373:《法律篇》,802a 以下。
[⑥] 参见 1395—1396:《法律篇》,829d。
[⑦] 参见 1485—1486:《法律篇》,935d—936b。
[⑧] 参见 1310:《法律篇》,719c。
[⑨] 1310:《法律篇》,719c。
[⑩] 1267:《法律篇》,670e。
[⑪] 1267:《法律篇》,671a。

人应该依靠立法者们,他们会告诉诗人如何写作献给诸神的祈祷文,①或者如何解释其法律的精神。举例来说,立法者要告诉诗人,对"那些[要]享受快乐生活的邪恶的人"来说,那在事实上是不可能的,或者说那些坚持对立面的人应当遭受一种"简直可以说是柱刑的处罚"。②

因而,《法律篇》里所确定的诗人的主要任务,是"要通过使意义具有节奏,使笔调具有美妙的旋律,而用他高尚的和精湛的词句去表现那些纯洁的、勇敢的人们,一句话,去表现那些良善的人们"。③ 因此,甚至连如果不加约束就很危险的诗人的媒介使人着迷的魅力,都要被用于有价值的目的,用来迫使那些也许不那么良善、纯洁和勇敢的听众或读者们去追求美德。④

柏拉图在其乌托邦式的理想国的框架内彻底改造那个时代的艺术理论,与彻底重新估价早先真、善、美的意义,是并驾齐驱的。在这一切当中,美自然是与艺术关系最为密切的,尽管柏拉图在这种语境中极少谈到美。众所周知的例外,就是他抱怨说"声音与视觉的恋人……[他们]在美妙的音调、色彩和形状中取乐,在艺术据此塑造出来的一切之中取乐",但却"无法理解和接受在美本身的本质意义上的快乐"。⑤ 这个评论成了柏拉图总体上反对艺术的特征,但并不代表他通常在更加抽象的意义上使用这个概念。

对他来说,美既是先验的理念王国中的一种永恒形式,也是人

---

① 参见 1372:《法律篇》,801a-b。
② 1259:《法律篇》,662b-c。
③ 1257:《法律篇》,660a。
④ 参见 1267:《法律篇》,671a。
⑤ 715:《理想国》,476b;参见 646:《理想国》,401c。

的一种属性,或者就它们分享到"绝对的美"而言,也是美的对象。① 不用说,只有开创者才能领悟到这种终极的"不可知的"美。② 因为它既不可能为我们的两眼所看见,也不可能"以任何其他感官"③来领悟。苏格拉底对于"大众是否可能默认或者相信与美的事物的多样性相对立的美本身的真实性"④这个问题的回答,明显是否定性的。同时,柏拉图有理由抱怨说,有很多人"看见了很多美的事物,却看不见美本身"。更糟糕的是,有些人"无法按照别人的指引看到美本身",⑤甚至还拒绝这么做。

为了更加具有启发性,至少有两种方式可以进入这个充满"难以言表的美景的"⑥领域。探寻者以这两种方式从凝视沉思"单个身体之美"⑦当中获得自己最初的冲动。《会饮篇》中的狄奥提玛对这种潜在的性冲动或"繁衍本能"所具有的令人敬畏的鉴赏力,与柏拉图本人完全不一样。她解释说,"在人类的繁衍中"存在着"一种神圣性,可朽的人类存在着某种不朽的性质",它由美这个主宰"这个命运和分娩的女神"⑧统辖着。正像叔本华的"意志"或奥古斯特·魏斯曼的种质(germ plasm)一样,对她来说,"通过繁衍,凡人的生命才能延续和不朽"。⑨ 只有通过这种生殖本能,身体

---

① 82:《斐多篇》,100d;参见 423:《克拉底鲁斯篇》,439c。
② 参见 928:《巴门尼德篇》,134c。
③ 48:《斐多篇》,65d。
④ 730:《理想国》,493e。
⑤ 719—720:《理想国》,479e。
⑥ 839:《理想国》,615a。
⑦ 561:《会饮篇》,210a。
⑧ 558、559:《会饮篇》,207a,206c—d。
⑨ 559:《会饮篇》,206e。

"与其他一切暂时的东西才能分享到永恒"。① 柏拉图的代言人苏格拉底虽然承认了狄奥提玛"令人印象最为深刻的论点",却不知道她是否正确,并讽刺性地评论了她那种"内行的权威性口吻"。②除此之外,还要求她提出赞扬性欲的证据。于是,她不得不解释另一种更加严格的柏拉图式的在精神上而非肉体上繁衍后代的方式。③ 当然,这就是对探寻者通过一架"天梯"④逐渐从沉思"单个身体之美",⑤朝"发现美的真正灵魂"⑥上升的著名描述。

如我们所知,这种"神奇的美景"⑦包括了凭借感官认识到最终无法达到的某种东西。因为美本身并不具有能被看见、听见、感受到或测量到的面部、身体或客体的形式。"它既不是言辞,也不是知识,它不存在于别的事物中,如动物、尘土、天空之类的任何事物。"⑧因此,用《巴门尼德篇》中讨论存在问题的、在哲学上更加深刻的论点来说,美不只是"对我们来说不可知的"。⑨ 在某种终极的意义上,它就是一种虚无。用狄奥提玛的话来说,因为美"自存自在,是永恒的一"⑩,属于"归谬法"(reductio ad absurdum),巴门尼德把单一归之于这种"令人敬畏"⑪东西。⑫

---

① 560:《会饮篇》,208b。
② 560:《会饮篇》,208b—c。
③ 参见 560:《会饮篇》,208a—b。
④ 563:《会饮篇》,211c。
⑤ 561:《会饮篇》,210a。
⑥ 563:《会饮篇》,211d。
⑦ 562:《会饮篇》,210e。
⑧ 562:《会饮篇》,211a。
⑨ 928:《巴门尼德篇》,134c。
⑩ 562:《会饮篇》,211b。
⑪ 888:《泰阿泰德篇》,183e。
⑫ 参见 935:《巴门尼德篇》,141d—e。

如果沉迷于思考"美真正的自身"①这种虚无之中的爱好者被认为"迷狂了",②那并不足怪。相反,他看不起一切性欲方面的或其反面的美的事物,它们纯然的冷漠"常常使[他]大吃一惊"。③狄奥提玛走的就是这么远。除了要求美"不受污染、没有杂质、不是可朽的血肉身躯之美"④之外,她没有表达出对柏拉图对话中其他地方显现出来的世俗之美的轻蔑,或者说没有表达出厌恶"不文雅的、令人反感的"涉足于"性交"的人们。⑤

在《斐德罗篇》里,就连那些在性交中使自己的爱情达到顶点并由此实现了那些无知的"大众认为是极乐的"⑥全部欲望的恋人们的美,仍然得到了相对宽容的对待。既然他们"在天路上"走出了"最初的几步,那么[他们]就再也不会返回到地下黑暗的小路上,而会一道过上一种光明而幸福的生活"。⑦ 但在其他方面,把灵魂上升到纯洁之美说成是经过"一队飞马及其会飞的驭马者"⑧的灵魂的意象来达到的,这种次要的描述表现出了柏拉图始终都厌恶性行为的特征。那位探寻者没有意识到"在远处的美自身",因而只具有看见"被叫做这里的美"的眼睛,等于是一只"四条腿的野兽",产生出肉体的后代,与肆无忌惮相伴,"在追逐反常的快乐方面毫无畏惧和羞耻感"。⑨

---

① 563;《会饮篇》,211e。
② 496;《斐德罗篇》,249e。
③ 563;《会饮篇》,211d。
④ 563;《会饮篇》,211e。
⑤ 1552—1553:《大希庇阿斯篇》,299a;参见 1148;《斐利布篇》,65c—66a。
⑥ 502;《斐德罗篇》,256c。
⑦ 502;《斐德罗篇》,256d。
⑧ 493;《斐德罗篇》,246a。
⑨ 497;《斐德罗篇》,250e—251a。

这种原始清教主义态度的主要原因,看来是心理学上的。因为在《斐德罗篇》里,灵魂分裂成了由两匹马所代表的两种相互对抗的原则:一个是善良、高贵、可敬、留心和有节制的;另一个则是邪恶、令人厌恶、难以驾驭、容易激动、渴望"爱情交合之乐"并渴望"怪异和被禁止的行为"。① 这两者之间的冲突不断受挫,乱作一团,甚至有使驾驭者追求"真正的美"②出轨的危险,这种冲突产生于这一事实:灵魂被束缚在了身体的"牢房"③里,这个概念在早期的《斐多篇》里就已经做过详细叙述。④ 新的含义在于暴力,它是

---

① 500:《斐德罗篇》,254b。
② 496:《斐德罗篇》,249e。
③ 参见 497:《斐德罗篇》,250c。
④ 参见 66:《斐多篇》,82d 以下。在这里和在《高尔吉亚篇》(275:《高尔吉亚篇》,493a)里发现了对心灵与身体之关系的这种理解的预知(也可参见 49:《斐多篇》,67a),柏拉图在其中表明了一种使个体灵魂或"psyche"(精神,灵魂)充满源自它与身体相联系之罪过的重担的偏分。但是,人的内心生活受到两种"相反的冲动"(829:《理想国》,604b)的支配——一种较好,一种较坏(参见 672:《理想国》,431a),一种是理性、悄然的禁令(参见 783:《理想国》,554d),另一种则受到欲望、激情或发脾气的支配,"迫使人们违背自己的理性"(682:《理想国》,440b),去做绝对非理性的事情——这种"双重人"(783:《理想国》,554e)的出现是在后来的时期。柏拉图预想到了中世纪的道德剧,把这种内心冲突具体化到了人的灵魂成了一种寓言式的、内讧的、灵魂争斗的地步。在"年轻人灵魂的城堡"(788:《理想国》,560b)里是形形色色"嗡嗡作响的欲望"(799:《理想国》,573a),各种恶习采取了美德的伪装。这些邪恶的冲动涌现为"吹牛说大话","关闭了他们内心的忠实堡垒的大门……[因而]在冲突中盛行,把他们'愚蠢地'提出的无耻的、难以捉摸的东西说成是敬畏。他们把节制称为'缺乏勇气',傲慢无礼地排斥它,他们告诫说节制和有序的花费是'粗俗无知'和'吝啬',他们与一套无益的和有害的欲望结合在一起,并把它们推到了边沿上"(789:《理想国》,560c—d)。

早期对灵魂追求善、美和真的说明,渴望灵魂逃脱身体的牢房(参见 49:《斐多篇》,67a;63:《斐多篇》,80c 以下),已经被某种更加戏剧性的东西所取代。"我们每个人都让自己处在内心冲突的状态之中",我们在《法律篇》开篇就读到了这句话(1228:《法律篇》,626e)。

听腻了这种柏拉图式的灵魂争斗,就像人是一个木偶一样,要靠诸神拉动自己希望恐惧、痛苦和快乐的绳子(参见 1244:《法律篇》,644d 以下),它具有明显的异教的

第一章 柏拉图对审美价值的重新估价   55

那驾驭者用以坚持自己对那匹"任性的马"①"自我控制"的最终胜利的法则。那驾驭者再次在"爱情交合之乐"的方向上偏离了目标,突然想起了"受到节制一方推崇的"真正的美,因而强迫那匹劣马趴下来屈服:"[他]怀着比以前更加强烈的忿恨……向后猛拉那劣马的马嚼,用责骂的言辞进行诋毁,他的训斥带着怒气,强迫他趴下以使他感到极度痛苦。"②

与此同时,人们可以发现,普遍之美在实质上的虚无,以其清白无瑕的不可见性使观看者头晕目眩,它将要被各种具体的、神学的概念所充塞。对美的追求的这些自然增长,进一步变成了善与恶之间为了征服灵魂的一场战斗。侵占了"没有色彩或形状的……真正存在"③之纯洁领域的,是惩罚性的末世学,它刚刚才被固定

涵义。但是,作为"恶习"与"美德"之间冲突的生活(1244:《法律篇》,644e),其结果是不得不在今后付出代价,并预示了相似的基督教的概念。柏拉图在以前的著作中经常描述到永恒毁灭的恐怖,以及哈得斯等待着恶人的痛苦较少的折磨(例如,参见 303:《高尔吉亚篇》,523a 以下;838:《理想国》,614b 以下),不必重复《法律篇》里的这些问题。但是,在《第七封信》里,其中包括了他过去写下的最后的哲学遗言,他劝说自己的追随者们要记住:"我们必须经常对古代的和神圣的学说表示我们真诚的赞同,它们告诫我们说,我们的灵魂是不朽的,他们断定,在我们脱离了身体之后,他们遭受了最严厉的惩罚"(1583:《书信十三封》,VII,335a)。

在基督教把人的存在变成极度痛苦的灵魂争斗之前很久,柏拉图就要求其乌托邦的羊羔们以相似的形式去表现他们自己的生活。这就是生活在其法律统治之下的公民虽然表面上比他的"理想国"的居民对艺术更加宽容,却依然不让悲剧演员进入他们当中的奇怪原因。他们为什么要这样?因为他们不需要看戏。"实际上,我们的整个政体都已经被建构成了一种对高贵完美生活的戏剧化;这就是我们事实上掌握了最真实的悲剧的原因。因此,你们是诗人,而我们也是具有同样称号的诗人,是作为对手的艺术家和演员,那是一切戏剧之中最优美的,它确实只能凭借一种真正的法典来创造——或者说,至少这是我们的信念。所以,你们不必指望我们会无忧无虑地同意你们在我们的集市广场上搭设你们的货摊"(1387:《法律篇》,817b—c)。

① 501:《斐德罗篇》,256b,255e。
② 500:《斐德罗篇》,254a—b,e。
③ 494:《斐德罗篇》,247c。

在时间与永恒的明晰概念之中,与各种"地下的惩罚"或奖赏在"天堂的某个区域"①里面享乐有关。惩罚或奖赏应当给予那些在追求存在于时间之外的普遍之美方面失败或者成功的人们。

同时,柏拉图不断地用更加热烈的词语详细阐述终极的虚无之美。他在《理想国》里的描述正好使苏格拉底的听众们提出,在试图使那种终极的"不可理解之美"具有强烈感染力方面,"夸张法再也进行不下去了"。②苏格拉底把善或美同太阳进行了比较;他解释了那追求者如何通过"几何学和类似的技艺"以及"辩证法的力量"③得到提升;他在其有关洞穴的比喻中,把以前将太阳与善进行的类比,同灵魂被囚禁在身体之中的概念④联系起来;他也解释了洞居者迄今为止只看见了真正的真实投射下的阴影,当他们转身时却因为普遍之美的阳光而失明,然后才逐渐使自己沿着漫长而倾斜的洞穴接近清晰的亮光。

在对"灵魂上升到可以知解的领域"⑤的这些描述中,没有哪种描述返回到了从《斐德罗篇》开始为人们所熟悉的善与恶的力量,以及把那追求者从试图"达到那上升的顶点"⑥拉回来的非理性的和肉体力量之间的内在斗争。然而,正是在《理想国》中,柏拉图却比以前更加经常地返回到对于由"相反冲动"⑦所支配的"双

---

① 495:《斐德罗篇》,249a。
② 744:《理想国》,509c,a。
③ 746:《理想国》,511b—c。
④ 参见45;《斐多篇》,62b。
⑤ 749:《理想国》,517b。
⑥ 752:《理想国》,519d。
⑦ 829:《理想国》,604b。

重人"①的讨论上来;他在其中进行了一种几乎像"埃弗里曼"*那样的比喻性描述,说明了这些力量如何在"年轻人灵魂的城堡"里以及围绕着它决一雌雄。②

在《理想国》之后,柏拉图的代言人极少注视普遍之美,即"把目标对准"普遍之美的"太阳"。③ 相反,他们对各种问题的审视接近于根底。他们焦虑地注视着人们屈从于快乐"危险的、勾引的讨好",④注视着那种"对邪恶最大的刺激",⑤或者说,他们怀着特别的反感注意到人们受到"性欲的狂乱"⑥的驱使,其行为比动物都要糟糕。对狄奥提玛来说,繁衍的本能代表了"我们的必死性中不死的和永恒的要素",⑦现在却变成了"带着其任性欲火的生殖淫欲"。⑧ 世俗的"这种'极乐的天堂'"⑨,已经变成了一个真正的地狱。在《斐德罗篇》里,那些追寻美的人们在性交中使自己的爱情变得完善,仍然还被允许某一天"在灿烂的极乐生活中走在一起"。⑩ 然而,到了《斐利布篇》,其中谈论的美是与这种世俗的肉体愉快明显对立的:"当我们看见某个人在体验愉快时,无论他是谁——我认为这尤其适合于最大的愉快——我们都会在他们身上

---

① 783:《理想国》,554e。
* "埃弗里曼"(Everyman),原为15世纪英国道德剧中的主人公。——译注
② 788:《理想国》,560b。也可参见前文注释。
③ 1453:《法律篇》,897d。
④ 1234:《法律篇》,633d。
⑤ 1193:《蒂迈欧篇》,69d。
⑥ 1404:《法律篇》,839a。
⑦ 559:《会饮篇》,206e。
⑧ 1358:《法律篇》,783a。
⑨ 1405:《法律篇》,840b。
⑩ 502:《斐德罗篇》,256d—e。

觉察到一种荒谬可笑或极其丑陋的因素,以至我们自己都感到了羞耻,并竭力去掩盖它和隐瞒它。"①

在《法律篇》里,我们终于发现柏拉图在寻找那种将激起"普遍担心"的东西,通过它,"所有人的心灵都将被征服",以避开同性性关系、女同性恋关系和除了生殖的性交之外的一切性活动。② 为了强行节制性欲而采取的其他措施包括:第一,艰苦的劳动能够"控制这些淫欲的全部狂热的发展",靠的是把它们"上升的趋势"重新引向"其他某种身体渠道";第二,逐渐灌输"一种羞耻感",以留意"性放纵";第三,建立一部有关名誉的法典,借以把性放纵过度的人标记为"自身恶习的奴隶"。③ 除了所有这些试图压制"性欲的狂乱"④的措施之外,他还建议"发展对于一种精神的而非肉体之美的激情"。⑤

与此同时,柏拉图一直宣称,上升到"难以置信的美"本身(eo ipso),对于那些无知的群氓来说是无法达到的。后者完全不可能懂得"美本身的真实性是与美的事物的多样性相对立的"。⑥ 认识"美本身"已经成了刚刚入门的精英们的特权,他们将达到顶点,与那些像猪一样在"无知的泥淖"⑦里打滚的次要的兄弟们不一样,"人们小小的各种不幸"⑧由此显得是最无关紧要的事情。使这些

---

① 1148:《斐利布篇》,65e—66a;参见 1210:《蒂迈欧篇》,91b—d。
② 参见 1404:《法律篇》,839c,838e—839a。
③ 1405—1406:《法律篇》,841a—c。
④ 1404:《法律篇》,839a。
⑤ 1406:《法律篇》,841c。
⑥ 730:《理想国》,493e;参见 999:《智者篇》,254b。
⑦ 767:《理想国》,535e。
⑧ 750:《理想国》,517d;参见 735:《理想国》,500b—c。

"睿智的恋人[们]"与"神圣的秩序"①联系起来的,是一种"灵魂的转化",②是一种出于他们自身的完全内在的转变,结果是一种一切在传统上坚持的信仰的颠倒——光明变成了黑暗,真实变成了不真实,善变成了恶,美变成了丑。柏拉图在很多年里都使自己确信,这样一种转化是不可能传授的。教育充其量可以刺激初学者到自然发生的程度——"突然间,就像由跳跃的火星点燃的火焰那样",直到心灵"充满着光明"。③

车轮已经转动了整整一圈。为了引起自然的愉悦而曾被称为美的一切,已被揭穿了是对真实的歪曲,被斥责为是邪恶的诱因,或者被辱骂为十足的丑陋或羞耻;被称之为美的东西是一种超越了真实的虚无。同时,美的这种最终虚无主义的概念,已经成了操纵性神学的一部分,旨在对一般人进行洗脑,使他们接受柏拉图的新学说。柏拉图明确地说:"人们对诸神的信仰已经变了,因而法律也必须改变。"④他坚持确信,"年轻人的心灵会相信任何东西,只要他们不辞劳苦地相信它。"⑤如果他的学说是谬误的话,那么它们还是会成为人们曾经听说过的最"有用的虚构"。⑥

---

① 736:《理想国》,500d。
② 751:《理想国》,518d;参见 991:《智者篇》,246d。
③ 1589,1591:《书信十三封》,Ⅶ,341d,344b。
④ 1494:《法律篇》,948d。
⑤ 1260:《法律篇》,664a。
⑥ 1260:《法律篇》,663d。

第二章　最初的尼采式的
　　　　反对柏拉图的人们

　　严格地说,柏拉图的苏格拉底是一幅漫画;因为他使人感到颓丧,他的特征比单个人身上的特征加起来还要多。要在一场对话中捕捉住苏格拉底的形象,柏拉图还不是一个够格的戏剧家。它甚至是一幅变化无常的(*fliessende*)漫画。对比之下,色诺芬的《回忆录》却描绘了一副真正忠实的形象;然而,人们必须能够理解这部著作。

VIII,327

　　再来看一下早期有关美的各种概念,就会进一步凸显出柏拉图的规划的激进性。就我们所知,在柏拉图之前没有哪个艺术家或哲学家似乎要把美界定为是与性欲、肉体和感官之乐相对立的。美就像美丽的身体或住所一样,是使人愉快的东西。在这种意义上,这个概念就与其他一些也使人愉快的品质有联系,诸如"善"、"比例"与"合适"。像德谟克利特那样的人是个例外,他指出,"肉体的美[仅仅]是动物性的,除非呈现出了知性",[1]但他并没有谴责动物性的或肉体的美本身。肉体之美只有通过使它本身与知性结合起来,其价值才会得到提高。画家和雕塑家们以相似

---

[1]　塔塔凯维奇(1970—1973),I,95。

第二章 最初的尼采式的反对柏拉图的人们 61

的注重实际的方式谈到过对称和比例构成了他们在感性上具体的各种表现。他们通过从自然美中进行选择和增添而把自然理想化。根据西塞罗讲述的一则著名轶事,宙克西斯为了画海伦的画像,挑选了五个最美丽的克罗顿女人作为模特儿,"因为他认为,他力图在一幅美的画像中集中的所有品质,不可能在一个人身上找到"。①

但是,假如缺乏柏拉图之前对艺术或自然中的美的讨论,那么就很难详细证明柏拉图修改了或颠覆了这些讨论。可能的例外是由历史上的苏格拉底所提出的见解,其中没有哪种见解是由他本人记录下来的。然而,除了柏拉图的著作之外,我们在这方面还有另一个重要的来源,即色诺芬的《回忆录》和《会饮篇》,他描绘了一幅完全不同于柏拉图主要代言人的图画。在色诺芬的苏格拉底就各门艺术而不得不说的话当中,没有哪些话具有柏拉图的苏格拉底所提出的看法所特有的否定性口气。与后者不同,色诺芬的苏格拉底被描绘成使真实的艺术家和工匠②一边在他们的家里和作坊里忙碌,一边进行着交谈。然而,另一个来源却告诉我们,当上演欧里庇得斯的新戏时,苏格拉底从来就没有错过到剧院去看戏。③ 对一个被柏拉图配备了一切相反品质的人来说,这是很奇怪的行为,柏拉图显然给一个热爱艺术和戏剧的苏格拉底披上了他本人的厌恶艺术的外衣,每当主人再也无法反驳他时,他就把盗用来反对艺术的各种论点放进苏格拉底的口中。这就是柏拉图在

---

① 塔塔凯维奇,I,210。
② 参见色诺芬(1965),231 以下。
③ 参见多兹(1973a),84。

一封信里谈到的那个"被修饰过和时髦化了的"[1]苏格拉底吗?

首先,色诺芬的苏格拉底在任何地方都没有追寻过"绝对的美"或"美本身";[2]他从来就没有表示自己的旨意是有目的、合适或恰如其分不可能被包括在这种美的概念之中;[3]他也没有不赞成那些把美等同于"通过看和听"[4]而体验到之愉快的人们。他根本不会感到一本正经的嘲笑和厌恶,那是柏拉图的苏格拉底对那些把美的概念扩大到嗅觉、食物或性欲这些事情之上的人们持有的态度,认为比如性交就表现了"不文雅的、令人反感的景象",只应当在没有人看见的地方去行事。[5]

打动了色诺芬之苏格拉底的美的事物的范围,完全要广泛得多和世俗得多。它肯定包括了像狄奥多特那样的性爱之美,他靠自己令人愉快的逗笑迷住了一个名妓,[6]或者包括了吹风笛的女子,她与"一个非常有吸引力的男孩子"[7]一起为苏格拉底表演了许多能激发起性欲的舞蹈,而且还招待他的同伴在宴席上做客。[8]色诺芬的苏格拉底从来不就克里托布鲁斯的主张进行争论,克里托布鲁斯认为美不仅可以在人类中发现,而且也可以在"马、牛和许多无生命的物体之中"[9]发现。他可能会强调说,美具有较多的理智的方面,但不会借以说到与肉体吸引力相反的那些方面。苏

---

[1] 1567:《书信十三封》,II,314c。
[2] 1542:《大希庇阿斯篇》,289d,c。
[3] 参见 1547:《大希庇阿斯篇》,294b。
[4] 1558:《大希庇阿斯篇》,303d。
[5] 参见 1553:《大希庇阿斯篇》,299a。
[6] 参见色诺芬(1965),239 以下。
[7] 色诺芬(1990),230。
[8] 参见同上,230 以下。
[9] 同上,252。

格拉底说,"在那男孩表演了舞蹈……之后,你发现了那男孩有多美吗,他在舞蹈中的形体看上去甚至比他静止不动时还要漂亮得多?"[1]在以查米德斯名义举行的另一次晚宴上,其气氛充满了这样的情绪,使查米德斯做出荷马式的评论说,这种"青春之美与音乐的结合,减轻了人们的忧虑,唤起了爱情的念头"。[2]

对美和艺术的这些讨论,偶尔显得正好与柏拉图式的立场相吻合。因此,色诺芬《回忆录》里的苏格拉底采纳了《大希庇阿斯篇》里已经讨论过的某些观点,按照至少一位批评家的说法,他这么做,借助了颠倒《大希庇阿斯篇》中提出的各种理论的方法。[3]柏拉图的苏格拉底所否定的观点,得到了与他同名的人的明确肯定;一切事物——无论是房屋、食物,还是身体上的勇猛——"相对于它们非常适合的那些目的来说,都是善的和美的,相对于它们不适合的那些目的来说,都是坏的和丑的"。[4]

这样的目的性以及它可能包含的基本比例,与概念化的抽象无关,必须服务于一个具体的目的。因此,一付胸甲或一块盾牌既要求比例相称,也要求美,只要它适合于为其打造的那个人。[5]像宙克西斯那种用五个女人来创造完整之美的画家,与某种几何学的结构没有关系,或者更糟的是与任何东西都没有关系,但却要描绘出他的每个模特儿身上最美的东西;正如苏格拉底对画家帕哈西乌斯说的:"在你描绘美的形象时……你要把很多人物的最美的

---

[1] 色诺芬(1990),233。
[2] 同上,235。
[3] 参见马钱德(1965),ⅹⅶ。
[4] 色诺芬(1965),221。
[5] 参见同上,237以下。

部分结合起来,这样创造的整个形象显得非常美丽。"[1]

在这里和别的一些地方,色诺芬的苏格拉底在探索一种艺术理论,那是其柏拉图式的对手永远都急于要从他的理想国中排除、贬低或禁止的。富有特点的是,他常去与之交谈的艺术家们,据说都从他的评论中获得过益处。所有这些都再次与柏拉图的苏格拉底所怀有的类似理论完全相反。当后者谴责在诗歌、音乐和戏剧中表现人类无法控制的激情时,色诺芬的苏格拉底却告诉感到惊讶的帕哈西乌斯说,画家们在描绘人类时,也应当捕捉住他们的情感。他提出,人们"对自己的欢乐显得喜形于色,对自己的悲哀显得垂头丧气……此外,高尚与尊严,自卑与奴态,谨慎与理解,目空一切与粗鄙,都反映在面部和身体的姿态上,无论身体处于静止还是运动状态之中"。[2]

简言之,色诺芬的苏格拉底提倡一种引起错觉的忠实描绘真实的手法,与柏拉图对这类技巧的谴责完全不一致。他在克莱顿雕塑的"赛跑者、摔跤者、拳击者和战士"身上看出的美的一个重要部分,来自于它们创造了"生活的错觉,这是它们吸引观看者的最大魅力"。[3] 另外,对于艺术家应当详细地描绘真实,还是由概念决定、普遍概括地描绘真实,这两个同名的人都坚持完全相反的观点。按照色诺芬的苏格拉底的看法,画家在试图描绘自己主体的外表和情感时,应当"准确地按照受到姿势影响的那样呈现出身体的不同部分——皱起的还是绷紧的肉体,收缩的还是伸开的四肢,

---

[1] 色诺芬(1990),164。
[2] 色诺芬(1965),233。
[3] 同上,235。

紧张的还是松弛的肌肉"。① 对比之下,柏拉图的苏格拉底却谴责对生活的这些微小细节的模仿——"风、欢呼、车轴和辘轳的声音,喇叭、风笛和排箫的音调,以及……狗、羊和鸟的叫声"。② 他在这么做时,在这种油滑的抽象通道之上开创了西方的艺术理论,此后它就一直成为其主流的倾向。

假如柏拉图把美等同于善,人们还是受到吸引要把他对较为传统的各种美学概念的颠倒,描述为对价值的重新估价。的确,至少在柏拉图的善与恶的概念(以及这些概念对其艺术观的影响)中,有很多内容看来与尼采在其《道德的谱系》里所概述的某些理念相一致。用尽可能最简洁的词语来说,这个谱系把主人的道德当作出发点,那种道德认为善(*agathos*)就是吸引贵族的一切东西——诸如坚忍、勇猛和"成功的自我肯定"③——而恶(*kakos* 与 *deilos*)则是与奴隶相联系的一切相反的品质。他们感到的"可怜"和"不幸"(尼采沿用了"*deilos*[坏], *deilaios*[低贱], *poneros*[工作奴隶], *mochtheros*[负重的牲畜]"这些希腊词语,最后两个词语恰当地表达出了普通人作为做苦工的人和负重的牲畜的特征④),实质上决定了反射式的行为模式,是由奴隶在受到处罚、折磨和胁迫,履行了主人强加给他们的职责之后形成的。

由于所有的人,无论是奴隶还是主人,都受到权力意志的驱使,所以在这个大部分是无意识的过程中的主要因素,就是对生命冲动的压制和内在化,并产生了怨恨、苦难、恶意和愿意受到惩罚。

---

① 色诺芬(1965),235。
② 641—642;《理想国》,397a—c。
③ V,270/尼采(1956),170。
④ V,263,272/尼采(1956),163,171—172。

后来，这些反常的反应又产生了它们自身的道德信条。"奴隶在道德上的造反开始于积怨的创造性转变和各种价值的产生——被剥夺了行动之直接出路的积怨，通过一种想象性的报复来进行补偿。"①通过鉴别贵族们认为善的东西，恶得到了重新界定；善被等同于由奴役所产生的所有虚假价值。

如我们已经看到的，柏拉图的著作证明了这一事实：他的道德体系及其强烈的反感觉论的倾向，至少在理论上相当于对他那个时代流行的较为传统的价值体系做了一种普遍的重新估价。一方面，他要求激情、欲望和身体的快感——它们通过对灵魂的奴役、监禁和成为灵魂的坟墓②而构成了邪恶的主要根源③——必须受到控制、约束、压制，或者最好是完全否定；另一方面，他乞灵于各种相反的学说，它们要么否定这种约束的可能性，为一种享乐主义的感觉论辩护，要么就以牺牲其弱势的弟兄们为代价，鼓吹强人获得成功的自我肯定的权利。④

很明显，柏拉图有很多理由抱怨说，大多数人都不相信心灵支配身体的力量。"他们却认为知识是奴隶，会受到所有其他影响的欺骗。"⑤有一些思想家，如一些智者，鼓吹无耻地追求快乐，或者更糟的是，"一些平庸的作家和诗人"声称，"根本不存在任何绝对真实和自然的正文……他们承认不能取消的正义意味着人们高举双手赞同的东西"。⑥ 如果允许用柏拉图的对话来说，这些人中的

---

① V,270/尼采(1956),170。
② 参见49：《斐多篇》,66d;66;《斐多篇》,82e-83d;275;《高尔吉亚篇》,493a。
③ 参见48-49：《斐多篇》,66;1194;《蒂迈欧篇》,70e。
④ 参见266-267;《高尔吉亚篇》,483e-484c。
⑤ 344；《普罗泰戈拉篇》,352b-c。
⑥ 1445；《法律篇》,890a,889e,890a。

一个就是塞拉西马库斯,他对"头脑简单的苏格拉底"[1]解释说,所谓正义充其量就是"占优势者的优势",[2]而"非正义在极大程度上就是比正义更强大、更自由和更专横的东西"。[3] 显然,柏拉图的苏格拉底以前就已经听说过这样的话,抱怨"无数的"人们絮絮不休地使他的耳朵充满了像这样的论点。[4] 然而,自然也存在着差异。

与尼采所描述的那种无意识的过程不同,柏拉图提出的对各种价值的重新估价,类似于一场改变信仰的运动,它或多或少是一个孤立的预言家反对占优势的力量的战斗。甚至在快到生命的尽头之时,柏拉图依然认为自己是其哲学之独特标志的一位"先驱"。[5] 他沮丧地回想起"在[他]有关人类理想的理论中"的各种倒霉的企图,它们是针对那些有权力和接近权力的各式人等的,为的是使那些理想产生"实际的效果"。[6]

就连柏拉图的主要代言人也完全被描绘为一个先驱人物,知道他的外表、行为和教诲的特殊风格。有些人骂苏格拉底是一个"瘟疫似的爱管闲事的人",[7]是一只"带刺的苍蝇",[8]或者是一个"腐败者和邪恶的天才";[9]有些人则称赞他是一位魔术师或"巫师"。[10] 但是,朋友们和反对者们都赞同说,他是"绝对独一无二

---

[1] 593:《理想国》,343d。
[2] 597:《理想国》,347e。
[3] 594:《理想国》,344c。
[4] 参见 606:《理想国》,358c。
[5] 1592:《书信十三封》,VII,345c。
[6] 1576:《书信十三封》,VII,327a。
[7] 9:《申辩篇》,23c。
[8] 17:《申辩篇》,30e。
[9] 19:《申辩篇》,34a。
[10] 363:《美诺篇》,80b。

的"。① 因此，无论按照什么标准，他都是这样一个人——"像斯巴达猎狗那样迅速地发现猎物，紧紧跟踪着［一个］论点的踪迹"，②但也是一个可以适应抽象③和听取奇谈怪论的人。④ 苏格拉底，或者确切地说是柏拉图所呈现的他的"修饰过的和现代化了的"⑤翻版，是世界上最聪明和最正直的人。⑥ 他是某个认识到了自己使命⑦的人，最终由于坚持自己的信念而作为无辜的殉难者死去。

苏格拉底本人的独特之处，就是他对自己的听众具有使之麻木和感到困惑的影响力。⑧ 对有些人来说，他看起来简直就很糊涂。美诺对他说："即使以前我遇见过你，他们还是告诉我说，事实上你自己就是一个感到困惑的人，并且使别人都感到困惑。"⑨美诺对苏格拉底的实际体验，比他所预料的还要糟糕。美诺发现，他本人是一个熟练的演说者，经常就美德的本质对一大群听众滔滔不绝地发表演讲，到了"甚至他都无法说出［美德］是什么"的地步：

> 此刻我感到，你们正在对我施行魔法和巫术，确实想使我被你们的符咒迷住，直到我完全无能为力为止……我认为，你们不仅在外表上，而且在其他方面也都很像人们在大海上遇见的扁平的鳐鱼。无论人们在什么时候接触到它，它都会使

---

① 572;《会饮篇》,221c。
② 922;《巴门尼德篇》,128c。
③ 参见 529;《会饮篇》,174d 以下。
④ 参见 17;《申辩篇》,31d 以下。
⑤ 1567;《书信十三封》,II,314c。
⑥ 参见 7;《申辩篇》,21a;1575;《书信十三封》,VIII,324e。
⑦ 参见 16;《申辩篇》,30a。
⑧ 参见 368;《美诺篇》,84b。
⑨ 363;《美诺篇》,79e—80a。

人麻木,而这就是看来你们现在要对我做的那种事情。我的心灵和四肢确实麻木了,我已没有什么话要回答你们。①

阿尔西比亚德虽然对苏格拉底十分同情,但还是发现自己由于朋友而有"下等人之中最下等"②的感觉。他坦承,苏格拉底是世界上唯一能使他感到惭愧的人。③ 有关他的哲学,确实存在着某种很奇怪的事情:它对你的影响就像你已经"被击中了心脏或心灵"。它"像蝰蛇一样缠绕着所能缠住的任何年轻而有才华的心灵,它缠绕起来就像它喜欢那么做一样"。④ 更糟的是,这使得阿尔西比亚德感到似乎自己的"整个灵魂都[已经变得]乱七八糟的"。⑤

阿尔西比亚德对苏格拉底的描述与柏拉图的自我评价相吻合,即他认为自己确实在"鼓吹"一种新的"生活方式",⑥他使那些具有特殊才能的年轻人⑦当中最为"真诚的人们皈依了[他的]哲学"。⑧ 这也与柏拉图的这一感觉相一致,即这种转变要求入门者清扫自己的内心,直至其心灵,"因为这将其全部力量发挥到了人类能力的极限,充满了光明"。⑨ 它是一个绝对的过程,是一种沿着"一条迷醉之路"前行的旅途,"他必须立刻全力以赴前行,否则

---

① 363:《美诺篇》,80b,80a—b。
② 567:《会饮篇》,215e。
③ 参见 567:《会饮篇》,216b。
④ 569:《会饮篇》,218a。
⑤ 567:《会饮篇》,215e。
⑥ 1577:《书信十三封》,VII,328a。
⑦ 参见 1586:《书信十三封》,VII,338c。
⑧ 1588:《书信十三封》,VII,340d。
⑨ 1591:《书信十三封》,VII,344b。

就会在尝试中死去"。①

明确地说,包含在这样一种彻底的"心灵转变"②之中的是什么?举例来说,入门者必须彻底改变自己对待身体的态度。正如E.R.多兹告诉我们的,"灵魂"(psyche)这个词语毫无清教主义的味道,丝毫没有使人联想到5世纪雅典人形而上学的状况。"'灵魂'绝不是身体的不情愿的囚徒;它是身体的生命或精神,并且在身体中感到很自在。"③然而,早期毕达哥拉斯学派和俄耳甫斯派的各种学说的信徒们,逐渐开始认为人具有一种与身体不一致的源于神圣的神秘自我。使一方面与另一方面分离的技巧意在赎罪,否则那些罪行会在来世给犯罪者带来严厉的惩罚。但是,甚至在柏拉图在世期间,这些新的禁欲主义的信条(罗德恰当地称之为"希腊人血管中的一滴异己的血液"④)对人们普遍的信仰体系来说仍然是边缘的;在柏拉图之前从未有人把这种否定生活的混杂物中的异己部分结合成一个连贯一致的哲学体系,更不用说以柏拉图的热情去传播它。

难怪后来像奥古斯丁那样的基督教作者在寻找自己憎恶身体的前辈时,会直接依靠柏拉图。例如,尤其使两者厌烦的是性器官特有的难以控制性,它们公然反抗受到意志控制的各种企图。如奥古斯丁指出的,生殖器已经成了"淫欲的私有财产,淫欲使它们如此彻底地受到支配,以至它们在这种情欲失败时,在它没有自发

---

① 1588:《书信十三封》,VII,340c。
② 991:《智者篇》,246d。
③ 多兹(1973b),139。
④ 同上。

地唤起或者没有对刺激产生反应时,就毫无动力"。① 在与这种近乎冷静的陈述进行比较时,柏拉图的先例显然说得更加刺耳:他写道,"像动物不服从理性并且受到淫欲的刺激而发狂一样",男性的"生殖器官……力图取得绝对的支配权,所谓的子宫或母体的情形也一样"。②

如柏拉图告诉我们的,他从"俄耳甫斯派诗人"和其他一些来源③那里获得了他的有关身体是牢狱的某些基本见解——灵魂被扣为囚徒,直到为一个人一生所犯下的罪过进行偿还的惩罚为止。但是,他猛烈抨击使灵魂"迷醉和发狂"④的"身体的欲望与罪恶"的激烈程度,看起来完全属于他自己。因此,他在阐述那些陈词滥调时的说教性的强求和比喻的精心复杂,也可能是借用别人的。在《斐多篇》里,苏格拉底有关哲学家试图使自己从身体的牢狱中解放出来的小小训诫,就是典型的例证。⑤ 很独特的是,"尽可能把灵魂与身体分开"⑥的艺术,相当于一门"科学",⑦柏拉图过分地把它说成是最高级的,通常用于他的那些最高级的理念,如美和善。它是"科学的科学",由于成了一门"它本身的科学","缺乏科学的科学"⑧就类似于"完全听不见声音的那种聆听"。⑨ 假定有这些悖论性的夸张,最终还是会令人扫兴地发现,柏拉图把这种超科

---

① 奥古斯丁(1984),581。
② 1210:《蒂迈欧篇》,91b—c。
③ 参见 437:《克拉底鲁斯篇》,400b—c。
④ 441:《克拉底鲁斯篇》,404a。
⑤ 参见 66:《斐多篇》,82d—83c。
⑥ 50:《斐多篇》,67c。
⑦ 111:《卡尔米德篇》,165c。
⑧ 112:《卡尔米德篇》,166e。
⑨ 113:《卡尔米德篇》,167d。

学等同于简单的节欲或 sophrosyne[节制],后一概念的历史可以追溯到英雄时期和古风时期。然而,与最初被看见相比,对它来说显然还有更多东西。

尤其是关于"不可知的"美(它本身与这种自我排除的"科学的科学"①密切相关),柏拉图打出了他自己的节欲的牌子。他虽然使用的是旧词,却赋予了新的意义。或者如柏拉图可能会做的那样,他要从这个词语较为晚近的外壳之下发掘出它"永远不变之实质"②的原初意义。因为在很多情况下,"现代漂亮时髦的语言已经扭曲、掩盖[或]完全改变了"词语的"原初意义"。③

既然有海伦·诺思对于从荷马、赫西俄德直到早期教父著作文献中的"节制"(sophrosyne)的权威性研究,就无需用文献来详细证明这种重新估价。④ 只要指出一点就足够了:柏拉图的苏格拉底在不得不说到这个概念以及相关概念时,会再次发现自己与大多数同时代人的意见相反,更为特别的是,与他在色诺芬那里的对应人物的意见相反。后者再三坚持有教养的人需要自我认识和自我控制。但是,这样的约束从来就没有为了它本身而被实行,更不用说作为一门"缺乏科学的科学"。相反,它是达到目的一种手段,即使那目的是勇气、适当的节俭或享受生活。因为正是"自我规训,才首先引起了愉悦"。"自我放纵不会让我们忍受饥饿、口渴或性欲……它们是使饮食和性交变得愉快的唯一东西。"⑤

---

① 参见 112;《卡尔米德篇》,166e;121;《卡尔米德篇》,175d—e。
② 434;《克拉底鲁斯篇》,397b;参见 458;《克拉底鲁斯篇》,423e;459;《克拉底鲁斯篇》,424b。
③ 453;《克力同篇》,418b。
④ 参见诺思(1966),尤其是 150 以下。
⑤ 色诺芬(1990),204。

对柏拉图的苏格拉底来说,这种"自我控制……由于是在更为流行的意义上来理解的",①所以完全是声名狼藉的享乐主义的另一种形式。它是一种"简单的""节制"(sophrosyne),是根据一种特殊的"放纵(akolasia)"和"自我放纵"②来实行的。真正道德上的"节制"观念,必须推断为与色诺芬所鼓吹的那种"完全粗俗的概念"是明确对立的,"它以相对的情感价值为基础"。③ 难怪这个本身作为"一种对一切……情感之净化"④的产物的观念,为了它在实际上的不存在而要竭力追赶"不可知的"美。正如他的苏格拉底指出的,柏拉图的净化概念再一次利用了先前的理论,即那些"进入未曾进入和未被照亮之来世"的人们,"将处于困境之中,而那些到达了净化过和照亮过的来世的人们,则将留居在诸神之中"。⑤然而,甚至在这方面,柏拉图也超过了他的前辈们,把他独特的"节制"概念与普遍的宇宙秩序联系起来。

在《高尔吉亚篇》里,苏格拉底沉迷于他惯有的一种语言学戏法中,"奸诈地借助希腊语的习惯用法,相当轻而易举地从 kosmos[世界]含义宽泛的 taxis[译按:希腊语"外部秩序"],⑥偷偷滑向了 kosmos 含义有限的 sophron[节制]"。⑦ 因此,宇宙秩序或 kosmos psyche[世界精神]就被变成了包含着一种末世学,意在威吓

---

① 51;《斐多篇》,68c。
② 51;《斐多篇》,68e;参见诺思(1966),162;485;《斐德罗篇》,238a;51;《斐多篇》,69a。
③ 52;《斐多篇》,69b。
④ 52;《斐多篇》,69b—c。
⑤ 52;《斐多篇》,69c。
⑥ 参见 289;《高尔吉亚篇》,506e2。
⑦ 参见 289;《高尔吉亚篇》,506e6;参见多兹(1979),333。

那些由于蔑视节制而被引诱犯下"滔天"罪行的人们。因为他们将不得不目睹那些在过去犯下了相似罪行的人们"永远遭受最大的、最痛苦的和最恐怖的折磨"。①

柏拉图为"节制"增加的惩罚性内容,也扩大到了理想国。它的建构类似于有节制的灵魂,它具有在公民中保证奉行节制的任务。在这方面,世俗的刑法体系起着类似于上天刑法体系的作用。两者都颠倒了"以牙还牙的惩罚法"(lex talionis),主要目的是要进行矫正和威吓。② 通过受到惩罚,犯罪者"或者应当由此得到改善和益处,或者会成为对其他人的一种鉴戒"。③ 当然,有些犯罪者可能被证明是不可救药的。结果,他们就不得不在此生遭受死刑,④并在来世永远罚入地狱。⑤

我们回想起柏拉图提出了一种两者之间的折衷办法。这种"惩罚"给反对国家宗教的犯罪者以不少于五年的改造的最后机会。

> 在整个这一时期中,除了午夜法庭的成员之外,他们与任何公民都没有交流,午夜法庭的成员看望他们的目的是进行劝告和拯救他们的灵魂。当限制期满时,如果囚犯被认为已经返回到了正确的思想,那么就将处于正确的想法之中,而如果没有返回到正确的思想,并且再次受到同样的指控,那么就

---

① 305:《高尔吉亚篇》,525c。
② 参见多兹(1979),254。
③ 305:《高尔吉亚篇》,525b。
④ 参见 1464:《法律篇》,909a。
⑤ 参见 305:《高尔吉亚篇》,525a。

将遭受死刑。①

柏拉图把这种教养院叫做"节制的牢房"(sophronisterion)。②

所有这一切中最关键的是,犯罪者要养成对惩罚的恰当态度。他愿意并且谦卑地接受惩罚并不够。实际上,他必须寻找到一种方式,像病人跑去看医生那样,耐心地让自己接受治疗。思考这样的正确思想,使人想起与苏格拉底的相似性:正像医生要医治身体、惩罚者要治疗犯罪者的灵魂一样,因而苏格拉底要医治错误推理和错误信念的听信者。"要使贵族们服从[我的]论点,"他要求说,"就像你们去看医生一样,要肯定或否定我的问题。"③

很有特点的是,苏格拉底通过推断与"羞耻"和"邪恶"相反的"美"来开始其论证,④然后进一步确定"灵魂的邪恶"(即无节制,不公正,怯懦和愚昧)是"最大的羞耻"和"一切邪恶之最"。⑤他按照自己习惯的逐渐夸张的路径,以一个悖论作为结束。有一种邪恶甚至比患病的灵魂更加严重:即一个人在受到如此折磨时却回避治疗的态度。换言之,"所有邪恶中最大的邪恶就是作恶并逃避惩罚。"⑥因此,犯罪者必须经受惩罚,正如他应当恭顺地和不加思考地接受外科医师的开刀和烧灼术一样,"留意的不是痛苦,但如果他的过错行为值得鞭挞,那么就要受到鞭挞;如果需要监禁,那就监禁;如果需要罚款,那就因此支付罚款;如果要流放,那就流

---

① 1464:《法律篇》,909a。
② 参见诺思(1966),160,注释18。
③ 258:《高尔吉亚篇》,475d。
④ 参见257:《高尔吉亚篇》,475a。
⑤ 261:《高尔吉亚篇》,477d,477e。
⑥ 263:《高尔吉亚篇》,479d。

放；如果要处死，那就处死"。①

苏格拉底第一个指出，这些主张颠倒了他那个时代流行的各种设想。② 然而，即使整个世界都反对他，包括他当时的对话者玻卢斯在内，那又怎么样？为了获准向玻卢斯陈述自己的情况和理由，声称自己是一个证人，并最终"只让[他]参加选举"，就是他所要求的一切。③ 但是，没有哪个人受到了苏格拉底假装的谦虚的欺骗。作恶并逃避惩罚是所有邪恶中最大的邪恶的论点，对玻卢斯来说显得"难以置信"，尽管与苏格拉底通常的推理方式相当协调。另一位听众卡里克勒斯不知道苏格拉底是在开玩笑呢，还是认真的。④ 卡里克勒斯比玻卢斯更加明智，意识到了苏格拉底想要干什么。他嘲笑地说，他不知道苏格拉底是在认真地说话，还是在开玩笑地说话。因为卡里克勒斯评论说，如果苏格拉底真的很严肃，所说的话都是真的，那么我们就处处都在"做与我们应当做的相反的事情"，而"我们的尘世生活就一定会被颠倒"。⑤

我们已经从阿尔西比亚德那里听到过相似的评论。但是，与他不同，卡里克勒斯并不是要发表"对苏格拉底的颂辞"。他要提出的反倒是对苏格拉底学说的反驳，因而，正如耶格尔指出的，不止一位学者热情地、有说服力地和强有力地相信，卡里克勒斯代表了"一个虚构的柏拉图"，他"深深地埋藏在《理想国》的地基之下"。⑥ 更重要的是，卡里克勒斯以各种方式论证了后来由尼采所

---

① 264：《高尔吉亚篇》，480c—d。
② 参见 258 以下：《高尔吉亚篇》，475d 以下。
③ 参见 258 以下：《高尔吉亚篇》，475d 以下。
④ 参见 264：《高尔吉亚篇》，481b。
⑤ 265：《高尔吉亚篇》，481a。
⑥ 多兹(1979)，14。

阐述的一些预示性的关键理念。

他们两人的出发点都是有关主人的道德或自然(physis)法的设想,在其中,善与恶是按照"强者对弱者的统治权和优势"来界定的。① 其反面是习惯(nomos)法,完全掩盖了奴隶们在试图控制高贵者和傲慢者时软弱无能的忿恨。卡里克勒斯把这种"道德方面的奴隶造反"看成是一种处于劣势者的阴谋,而不是一种无意识过程的结果。他论证说,那些制定各种规则的人们"都是较为软弱的人,是大多数"。在这么做时,"他们为了自身和自身的优势而制定各种法律……以防止强者……获得对他们的优势,他们威胁强者说,超过他人是羞耻的和邪恶的"。②

与此同时,卡里克勒斯意识到了滋生嫉妒和忿恨的压迫的权力,或者说意识到了这一事实:被压迫者在被迫怀着这些情绪之后,最终将把"羞耻"和"邪恶"重新命名为贵族们称为"善"与"有道德"的东西。卡里克勒斯用来表示"压迫"的词语是 kolazein[惩罚]。他们通过让自己的"爱好尽可能膨胀"的方式,在"胜利的自我肯定"时却无法放任自己的各种欲望,"他们就会说放纵[akolasia]实际上是羞耻的"。"当他们没有能力去实现自己的快乐时,他们[将]因为自己的懦弱而称赞节制与公正。"③

无论无意识过程或蓄意的阴谋是什么,结果对卡里克勒斯和尼采来说都是相似的:自然的道德被"颠倒"了;从前对善与恶的估价经历了彻底的变化。从前的善变成了羞耻和邪恶(böse),从前的恶(schlecht)具有了从前的善的品质。卡里克勒斯甚至预言了

---

① 266:《高尔吉亚篇》,483d。
② 266:《高尔吉亚篇》,483b—c。
③ T.欧文译本(1979),65—66:《高尔吉亚篇》,491e—492b。

尼采对 schlecht 与 böse 所做的语义区分，前者表示主人对自己奴隶的评价，后者表示奴隶对从前的主人忿恨的谴责。按照 E.R. 多兹的看法，böse 相当于 to nomo adikon［人为的罪行］，而 schlecht 则相当于 to physei adikon［自然的罪行］。①

柏拉图在确定使人们遵循其学说的唯一可靠的方法就是反复灌输"羞耻和恐惧"②之前，也考虑过其他手段。主要的手段是给予那些受命寻找其惩罚的人们一种供服从的强大典范。这方面显而易见的人选是苏格拉底，他在"以他不相信那个城邦所相信的诸神，却引来了其他奇怪的 daimonia［译按：希腊语'魔鬼'、'精灵'］为由"③被认为有罪之后，被判处了死刑。

为了使这个历史典范适合其学说的目的，柏拉图让苏格拉底为这一悖论性的学说增添了另一个花样：即"所有邪恶中的最大邪恶就是作恶并逃避惩罚"。④ 即使那惩罚可能错了，受虐狂一般渴望的主体因自我谴责却要寻求惩罚，但受罚者也将意识到情况毕竟还不那么糟。因为"作恶比受恶更坏，更可耻"。⑤ 卡里克勒斯提醒苏格拉底说，倘若某一天他被"某个极为卑鄙可耻的人"⑥逼进了法庭，那么事情也许看起来就会有点不同。但苏格拉底却向他保证说，他完全准备好了为自己的信念而殉难。"我相信你会发现我将平静地对待死亡。因为没有人会如此非理性，懦怯到害怕

---

① 参见多兹(1979),390。
② 1585:《书信十三封》,VII,337a。
③ 色诺芬(1996),11。
④ 263:《高尔吉亚篇》,479d。
⑤ 290:《高尔吉亚篇》,508b—c。
⑥ 302:《高尔吉亚篇》,521c。

死亡;只有作恶者才害怕死亡。"①

在这个问题上,苏格拉底变得很有预见,不仅预见到了在后来的审判中针对他的各种指控,而且也预见到了拒绝凭借"阿谀奉承的花言巧语"②来挽救自己的性命。他后来对《审判的想象》——"柏拉图的末世学神话中最简短和最简洁的,事实上也是最早的"③——圆满结束了这个 vaticinium ex eventu[译按:拉丁语"事情结束后才做出的预言"],为他渴望作为一个无辜者而遭受死亡提出了一个进一步的理由。因为苏格拉底与那些起诉他的邪恶的人不同,那些人最终将待在"他们称为'塔塔罗斯'的惩戒的监狱并受到惩罚",而苏格拉底则像其他过着"虔诚和正义"生活的人,将直接走向"赐福的诸岛"(the Isles of the Blessed)。④

涉及实际审判的对话进一步说明了无辜殉难的意象。苏格拉底表达了自己由于错误而回归正确的意愿,或者说表达了清白地死去的意愿,而没有选择不合作主义的道路。⑤ 无论是在《克力同篇》、《斐多篇》,还是在《申辩篇》里,遍及各处的这种虔诚的情绪,都得到了奖励或惩罚来世将临的顺从或不服从的思想的强化。在《克力同篇》里,那些充满希望的或可怕的前景,是通过那些法律的守护者们来表达的,这些法律的守护者将在苏格拉底最后的苦难时刻安慰他。⑥

如人们所期望的那样,色诺芬的苏格垃底丝毫都没有展现出

---

① 303:《高尔吉亚篇》,522d—e。
② 303:《高尔吉亚篇》,522d。
③ 多兹(1979),372。
④ 303:《高尔吉亚篇》,523b。
⑤ 参见 36:《克力同篇》,51b 以下。
⑥ 参见 39:《克力同篇》,54b—c。

这些像殉难一样的特点。在回答他自己"是统治者还是被统治者过着更加愉快的生活"这一问题时,他说起话来更像是卡里克勒斯,而不像那个柏拉图式的苏格拉底。始终都有一些人要统治,有一些人要被奴役。如果情况不是这样,那倒好了。

> 我相信你能看出来,强者懂得如何使弱者集体地和个别地遭受痛苦,把他们当作奴隶来对待。你没有意识到吗,有些人砍掉了别人种下的玉米,砍下了别人栽下的树,给那些拒绝服从他们的下等人施加各种压力,直到最终诱使他们宁可做奴隶,也不反抗强者的权力?在个人生活方面,你不知道勇敢和强大的人把胆怯和无力的人变为奴隶,然后利用他们吗?[①]

色诺芬在任何地方都没有让苏格拉底依次说出与这一要旨相矛盾的话:犯罪者应当寻求对自己的惩罚,最大的邪恶就是在作恶之后逃避惩罚,无辜地遭受痛苦比起作恶来不那么羞耻。他根本不可能把苏格拉底树立为这种殉难的典范,不可能坚持向那些想沿着这条可疑之路追随他的人们许诺天堂的极乐。色诺芬《苏格拉底的申辩》中的苏格拉底没有丝毫关于来世的想法。然而,与那些责备他没有表达出这些柏拉图式情绪的人们的主张相反,他对待死亡的态度绝不是卑微的。他年老了,预见到的只是衰老和"因疾病造成的痛苦",[②]因此决定利用审判作为结束自己生命的一个机会。[③] 色诺芬在《苏格拉底的申辩》开篇的陈述中提出,在使苏

---

① 色诺芬(1990),103。
② 色诺芬(1996),11。
③ 参见同上,10。

格拉底说这些话时,他很可能会试图纠正在其他"申辩"中发现的对苏格拉底的自我辩护有点过于玄虚的描绘,包括柏拉图的《申辩篇》:"现在,关于这一点,其他人都已写到了,全都涉及他谈话的自夸方式……然而,他们却完全没有搞清楚,他早已相信,对他自己来说死亡比生存更可取,因而他那种自夸式的谈话就显得相当轻率鲁莽。"①

---

① 色诺芬(1996),9。

第三章　古代晚期、普洛丁与奥古斯丁

像使徒保罗那样的人怀着狠毒的眼光看待激情的这些本质；他们学会了只从其中发现猥亵、玷污和使人伤心的东西：因此，他们理想主义的冲动旨在消灭激情。他们把神圣看成是彻底清除激情。与保罗和犹太人很不一样的是，希腊人把自己的理想冲动恰好集中在激情之上。他们心怀激情，提升激情，颂扬激情，崇拜激情。他们在通过激情去领悟时，显然感到不仅比别人更加幸福，而且也比别人更加纯洁和更加神圣。

III，488—489/《快乐的科学》，III，139

柏拉图懂得相关的是什么：审查制度、洗脑、大规模灌输、反复灌输有关在来世遭受永久折磨的恐惧，如果有必要，还有监禁、酷刑、处死，大规模放逐或大规模处死。简言之，以各种相互结合的方式调动全部这些武库，首先是由奥古斯丁时代信仰基督教的罗马皇帝进行的，然后是由中世纪的神权政治国家实施的，最后是由时代更加晚近的《1984》式的极权统治进行的。人们或者个别或者 en masse［译按：法语"全体"，"一齐"］地同意把自己的内心掏出来，把自己对于善、欲求和美的最珍爱的信念变成它们的对立面，在一种新的法律面前卑躬屈膝地鼓吹最大的邪恶就是作恶并且逃避惩罚,被一种"超科学本身"①采纳了的所有这一切,训导他们要以毫无理由、毫无目的的方式来压抑自己的各种本能冲动。

但人们却不这样想。

柏拉图要在西西里岛实现其政治理想的双重企图失败了。如柏拉图对话中提到的,他的大多数同时代人都充分意识到了他那相当于完全重新估价各种价值的规划,认为它是疯狂的、反常的,甚至是有害的;他们都认为柏拉图的代言人苏格拉底是一只讨厌的牛虻,一心要使人们糊涂,而他自己却经常都不糊涂。与《会饮篇》里的阿尔西比亚德不同,柏拉图的大多数同时代人都明确拒绝使自己的信念变得"混乱"。②甚至连为受到不公正惩罚而自豪的无辜的苏格拉底的信条,在柏拉图的几部著作里得到过精心阐述的信条,也并未能诱使其他人去接受相似的殉难。

这种失败是由于时代的风气,在几个世纪里使柏拉图式的使命变得模糊不清。这位哲学家于公元前347年死去之后的数十年——地中海日益帝国化统治的一个时期——几乎没有为其改革计划提供滋生的基础。执政者们很少有心思去了解自我惩罚的好处,而那些有可能领悟它们的人却找不到机会通过把自己的价值观强加于他人而上演"道德方面的奴隶造反"。

然而,这并不是事情的结局。由于那些追随被无辜钉在十字架上的上帝的人们——这种信条将具有柏拉图试图赋予苏格拉底之死的那种力量——柏拉图的价值重估得到了长期延续,而经过几个世纪的实行之后,终于取得了胜利。诚然,使柏拉图主义与基

---

① 112:《卡米德斯》,166e。
② 567:《会饮篇》,215e。

督教相融合的企图,至少可以追溯到亚历山大学派的克莱门特(约公元215年),及其信徒奥利金(公元185/186—254年),那时,像奥利金本人那样的基督徒都是各种迫害的受害者,那些迫害一直持续到伽利埃努斯皇帝(公元268年)颠覆其父的反基督教政策为止。然而,柏拉图主义和基督教的最终融为一体,并且为基督教神学提供了哲学基础,可以追溯到《米兰敕令》(公元313年)之后基督教逐渐崛起成为国家宗教的时期。还有,实际上正是由于圣奥古斯丁(公元354—430年)一个人的成就,才把柏拉图主义者称赞为异教哲学家中天然最接近于基督教的人们。

这就提出了一个使人好奇的问题,即柏拉图是公认的我们西方哲学传统之源,援引怀特海的名言来说,西方哲学不过是对柏拉图的注释。如果没有奥古斯丁这个中介,柏拉图今天怎么会被人们铭记呢?比起西皮尤斯波斯、色诺克拉特斯、阿塞西劳斯、卡涅阿德斯,以及在查士丁尼大帝于公元529年关闭其学园大门前在那里讲学的其他后继者来,柏拉图要好得多吗?毫无疑问,在今天被归于他的西方形而上学思想中,他从来就没有起过关键性的作用。[1]

对普洛丁(约公元205—270年)也许可以说同样的话,在讨论奥古斯丁本人之前,我们必须从他开始。因为在阐述柏拉图时,在那位圣徒[译按:指奥古斯丁]之前的这位最有影响的柏拉图的后继者,提出了几个新的概念,接着就出现在奥古斯丁那里,并由此进入了基督教的神学和美学。而且,他的传记作者波菲利告诉了

---

[1] 有关奥古斯丁在柏拉图与延续到笛卡尔之后的欧洲哲学传统之间十分重要的中介作用,参见约翰·霍尔丹载于古滕普兰所编著作(1998)中的文章,333—338。

我们一件不太重要的事情,说一个异教的柏拉图主义者试图完成柏拉图的规划,却没有成功。这是比较出人意外的,因为进行这种努力的各种环境在普洛丁生活的时代远比柏拉图生活的时代有利得多。罗马帝国正在土崩瓦解;它的公民们生活在持续的焦虑和恐惧之中。反对古代罗马价值观的殉道会明显处于上升之中。普洛丁本人实践了基督教博爱的美德,让他的追随者们把自己的财富施舍给穷人。而且,他在罗马拥有大批追随者,包括皇帝伽利埃努斯及其妻子萨洛妮娜,如波菲利告诉我们的,他俩都"极为尊重和崇拜普洛丁"。①

与此同时,柏拉图最初的学园几乎没有为推动这位大师的使命作出过什么贡献。在其追随者当中,柏拉图救世主似的热情早已陷入了卖弄学问和诡辩的困境。普洛丁感到,必须在学园的围墙之外恢复真正的柏拉图主义。因此,他提出了创建一个真正柏拉图式的理想国的计划。波菲利写道:"在坎帕尼亚,按照传统,曾经伫立着一座'哲学家之城',现在则成了一座废墟;普洛丁请求皇帝重建这座城市,并把周围地区改造成新打造的城邦;居民们要按照柏拉图的法律生活;该城市要取名为柏拉图式的城邦。"②然而,世界再次做出了另外的决定。按照波菲利的说法,虽然普洛丁可以"毫不费力"地对皇帝为所欲为,但"在宫廷上[还是突然]出现了反对意见,是由猜忌、恶意或某种类似可鄙的动机引起的"。③

还有,普洛丁犯了一个重要的策略错误。甚至在一位明确阻止迫害基督徒的皇帝手下,这位哲学家还不断地反对他们。尤其

---

① 普洛丁(1956),9。
② 同上。
③ 同上。

是,他抨击那些变成了基督徒的前柏拉图主义者的立场,那些人声称柏拉图"并没有看透'知性存在'的深刻之处"。[1] 正如我们将在后面较详细地看见的,奥古斯丁对普洛丁的态度倒是相反,对这位圣徒来说,普洛丁这位哲学家对柏拉图的理解"比别的所有人都更加透彻,至少比所有现代人都要透彻"。[2]

奥古斯丁有理由这么说。普洛丁不顾自己反基督教的立场,在几个方面甚至比柏拉图本人都更加接近于基督教。这是由于一种对邪恶的着迷,它预示了奥古斯丁在其《忏悔录》里焦虑地追问邪恶的原因。[3] 普洛丁用一种清楚明白的摩尼教徒的语调谈论了"首要的邪恶"和"绝对的邪恶",[4]把它置于"问题的无限性"[5]之中,接着把这个问题说成是"邪恶的必然性"。[6] 在不完全成功的努力中,他试图驱除自己的着迷,认为"反诺斯替教;或者反肯定宇宙创造者以及宇宙本身的人,就是邪恶"。[7]

诺斯替教在承认一种双重异教时,被指控亵渎和无礼的傲慢(或 tolma[勇敢])。[8] 首先,他们断定了人和宇宙之中的一种邪恶原理。其次,他们沉迷于闻所未闻的极端放荡的生活之中,却辩解他们所作所为是清白无辜的。按照普洛丁的看法,他们的推理有点像这样:如果存在着"绝对的邪恶",那么他们的邪恶行为最多

---

[1] 普洛丁(1956),11。
[2] 奥古斯丁(1984),355。
[3] 参见奥古斯丁(1961),138—139。
[4] 普洛丁(1956),68。
[5] 参见同上,116。
[6] 同上,72。
[7] 参见同上,132—152。
[8] 参见多兹(1965),24。

就是那种"首要的邪恶"的偶然表演。因为他们会说:"如果这一切都是真的话,那么我们自己就不是邪恶的;邪恶先于我们的存在;那种攫住了人们的邪恶能使他们违背自己的意志。"①伊壁鸠鲁否认天命,鼓吹快乐是向无意义之宇宙中的人们开放的唯一途径,这已经足够坏了,"然而正在讨论中的学说却还要更加放肆;它对'天命'和'上主'吹毛求疵;它蔑视我们都懂得的每一条法律;它把古老的美德和所有约束都变成了笑柄"。②

与此同时,在一个"无休无止的战争"③世界里,在一个动物相互吞噬和人类相互欺骗、折磨和屠杀的世界里,能存在什么秩序和美?在探索答案时,普洛丁为诺斯替教徒指派了不满现状的反叛者的角色,他们目光短浅地辱骂一个特定事件表面上的丑陋(例如,一件通奸案或囚犯的强奸案),而有正义感的人则从中看出了全面的、天意的计谋。"换句话说:两个人住在一座高贵堂皇的房子里;其中一个人攻击房子的设计和建筑师……另一个人则毫无抱怨,[并]肯定建筑师的能力。"④然而,换一种方式,对坏人来说显得丑陋的"人类与野兽的仇家之战",⑤对有正义感的人来说则显得是合理的和良善的。"因此:除了通奸和强奸的囚犯之外,自然过程会生产出优秀的孩子,也许他们会成长为优秀的人;而在邪恶的暴力破坏了很多城市的地方,其他宏伟的城市会在恰当的地方崛起。"⑥

---

① 普洛丁(1956),70;参见多兹(1965),596,600。
② 同上,147。
③ 同上,172。
④ 同上,151。
⑤ 同上,173。
⑥ 同上,178。

普洛丁没有试图根据诺斯替教徒否认这样的美来思考他们。反之,他的回答却带着使人吃惊的怀疑和令人发指的责难:"他们怎么能否认上主的存在呢?""在那些提出这些野蛮主张的人当中,谁像宇宙那样非常有序、那么聪明?"[①]人类完全没有任何抱怨的理由。因为无论触动我们的是什么,如琐碎的丑陋、痛苦和邪恶,当它们被认为是整体的一部分时,就不再是如此的了。那些抱怨宇宙之邪恶的人,就像毫不了解艺术的人认为"绘画中每个地方都五颜六色并不美"一样,然而事实上"艺术家已经在每一个点上涂上了恰当的色彩"。[②] 在普洛丁用来说明这种美学神正论的所有类比之中,没有哪个比把世界与一出戏进行比较更加生动的了。剧作家以这种特殊的变体展现了生活的本来样子,"受过努力奋斗的折磨",但他完成的戏剧却"使各种冲突的要素达到了一种最终的和谐,把相互冲突的人物的整个故事编成了一部作品"。[③]

这个类比一半使人想起了亚里士多德的要求,即诗人反映生活(不是生活本来的样子,而是生活应当的样子),靠的是动机纯净的、具有开头、中间和结尾的完整戏剧情节来解决生活的各种偶然事件。然而,亚里士多德在任何地方都没有通过使其创始者摆脱生活遗传下来的邪恶和痛苦,而把这种诗学概念普遍地运用于宇宙。对比之下,这恰恰是普洛丁所看重的。他像那些将追随他的神学家们一样,甚至把这种类比扩大到包含那些将遭受地狱折磨的人们痛苦的嚎叫。"在宇宙中,一切都是公正的和善的,"他带着使奥古斯丁或阿奎那感到为难的天真写道,"每个演员在其中都被

---

① 普洛丁(1956),148,149。
② 同上,170。
③ 同上,175。

安排了非常合适的位置,尽管在黑暗和地狱中不得不发出那些在那里非常合适的可怕声音。"[1]普洛丁的美学神正论也包含了那些有罪过的人要在此生为前世犯下的恶行遭受痛苦。"使人成为奴隶"的原因不是偶然的;"没有哪个人偶然就成了囚徒;每种身体上的暴行都有其应有的原因。人曾经做过坏事现在就要遭受痛苦。"[2]就连 Adrasteia[译按:希腊神话中的"司惩罚和报应的女神"阿德拉斯忒亚]或"不可避免的报应",也是神意的"奇妙艺术"的一部分。[3] 所以要当心!因为即使你没有获得那种"对难以接近之美的洞察",[4]最终还是为上帝神奇智慧的和音贡献一份力量,或者由于悲叹自己下一次化体的悲痛,或者由于在地狱的黑暗中嚎叫。[5]

另外,普洛丁很少说到艺术之美或艺术 *per se*[译按:拉丁语"本身"]。据说谈得很多的是,他把视觉艺术、音乐和诗重新界定为一种积极的"对具有精神形态的事物的投入"。[6] 在《九章集》里,很少有什么内容证实了这样一种主张,而在像亚里士多德、甚至柏拉图那些先前的哲学家们那里更多地使之显得不是原创的而是有所意图的东西。甚至在论述作为一种"有意的美的创造"的艺术时,普洛丁还认为后者是"难以接近的美",[7]要通过人们相反的

---

[1] 普洛丁(1956),177。
[2] 同上,171。
[3] 参见同上。
[4] 同上,62。
[5] 参见同上,177。
[6] 塔塔凯维奇(1970—1974),I,322。
[7] 普洛丁(1956),62。

倒退来达到,"那是一种向身体、物质的倒退"。① 相似地,他把美与一种严格的柏拉图式的 sophrosyne[节制]联系起来,它"丝毫没有参与身体的快乐";② 他把感官局限于给视觉和听觉增加美感;③ 他把美的反面丑界定为"深受身体败坏的影响"。④ 他完全像柏拉图那样,因为"模仿的艺术""主要以尘世为基础"而不予考虑。所有这些模仿艺术,"绘画、雕塑、舞蹈、哑剧的手势……都仿效凭感觉见到的模样,因为它们复制了各种形式和运动,再造出可见的对称美;因此,除了间接地通过人的'理性原则'之外它们不可能涉及更高的领域"。⑤ 简言之,艺术"是一个模仿者,创造出晦暗无力的摹本——玩物,没有多大价值的东西"。⑥

普洛丁试图以预示了柯勒律治的"多样统一"⑦的术语来界定美可能更具独创性。普洛丁写道:"只有复合物才可能是美的,从来就没有什么东西不是由各个部分组成的,"并接着说:"若干部分将具有美,不仅在于它们本身,而且在于这些部分共同产生了一个合适的整体。"⑧ 普洛丁在为一些艺术家辩护时,援引了类似的统一体的概念,这些艺术家反对那些由于模仿了自然对象而鄙视他们的人如柏拉图,但 de facto[译按:拉丁语"事实上"],他们通过补充了"自然缺乏的东西"而"返回到了自然本身从中产生的'理性

---

① 普洛丁(1956),60。
② 同上,61。
③ 参见同上,56。
④ 同上,60。
⑤ 同上,440—441。
⑥ 同上,269。
⑦ 柯勒律治,XI:1,372;参见 XI:1,369。
⑧ 普洛丁(1956),56。

原则'"。① 这一切听起来非常像亚里士多德著名的尝试,即把艺术从柏拉图的攻击中抢救出来,声称艺术不是在被模仿物的背后与理念隔了两层的摹本,而是抓住了内在于对象的终极原理或富有生气的理念;换句话说,它们模仿现实,不是照它本来的样子,而是照它应该的样子——完成了自然没有完成的工作。② 然而,人们怎么使这种亚里士多德式的立场,与普洛丁反复表述的把艺术当作现实的"晦暗无力的摹本"③而不予考虑的立场相吻合,或者说,怎样与他不断告诫的不要屈从于肉体引诱的立场相吻合,却又肯定不会认为艺术是"摹本、痕迹、影子"?④ 普洛丁的传记作者波菲利讲的一则轶事告诉我们,普洛丁深深地信奉柏拉图的二元论的本体论。波菲利告诉我们,普洛丁对肉体存在感到如此根深蒂固的羞耻,以至于他从不回答有关自己的祖先、父母或出生地这些问题。有关这个问题,他也进一步表明了:

> 一种不可遏制的不愿为画家或雕塑家做模特儿的意愿,当阿梅琉斯坚持劝他允许为他画一幅肖像时,他问道:"保持自然已经囊括了我们的这种形象,难道还不够吗?你真的认为,我也必须像一个渴望向后代展示的人那样,赞同留下一个形象的形象吗?"⑤

---

① 普洛丁(1956),422—423。
② 参见亚里士多德,I,340。
③ 普洛丁(1956),269。
④ 同上,63。
⑤ 同上,1。

柏拉图和普洛丁所没有完成的,最终由奥古斯丁完成了。与柏拉图的理想国或普洛丁的"居民们要按照柏拉图的法律生活"[①]的柏拉图式的城邦不同,这位圣徒的上帝之城不只是乌托邦而已。一个隐喻变成了历史的真实,在很大程度上是由于奥古斯丁本人的努力。在他的一生中,"上帝的教会"[②]日益获得了对罗马帝国残余的世俗势力的优势。奥古斯丁的老师圣安布罗斯宣布说,"皇帝在教会之内,而不是在教会之上"。[③] 到公元390年,他开除了狄奥多西大帝的教籍,并强迫这位皇帝在被允许重返教徒行列之前,降低自己在米兰大教堂中的地位。奥古斯丁完成了其老师的工作。

我们无法说明促使他追求他自己柏拉图式的价值重估的各种力量,更重要的是,也无法说明使他通过为一个神权政治国家提供模式来完成这种转变的各种力量,而那个神权政治国家将在后来数个世纪中统治着欧洲。尽管足以说,奥古斯丁的双重功绩实际上使人震惊,但很难根据柏拉图在8个世纪之前为他本人所确立的不可能的任务来评判那些功绩。至少像他的信徒所描述的那样,柏拉图的同时代人认为,苏格拉底是一个讨厌的惹是生非的人,试图颠倒他们的传统价值观,却没有成功。他是一个孤独的先驱者,似乎要毁谤已经确立的希腊宗教,提出了反常的新学说,成了后来的基督教世界所称的信奉左道邪说的人,并且为其颠覆性的理念付出了可以预料的代价。

从那以来,各种事情发生了剧烈的变化。柏拉图来世的、对身

---

① 普洛丁(1956),9。
② XLI,387/奥古斯丁(1984),524。
③ 《哥伦比亚百科全书》(1993),80,2728—2729。

体不满的轻蔑(E.R.多兹称之为对人类来说"最难企及、也许是所有[古代希腊人的]礼物中最有疑问的"①),按照这位哲学家一生当中希腊文化的脉络,仍然只相当于"一滴异己的血液"。② 然而,在跨越罗马帝国缓慢衰落的"焦虑时代"期间,③这样一种态度已经逐渐演变成了一种被广泛接受的和在哲学上编码的学说,像奥古斯丁那样的理论家们则可以为此利用多种资源。柏拉图的价值重估已经变成了一种共识,有正义感的人们、哲学上的开明人士以及渴望得到生活在永恒骚动、不安全感和恐惧之中的一般大众认同的人们都热情宣传。结果,奥古斯丁在使自己成为他那个时代把这种重估结合进基督教神学和美学中去的最重要的代言人方面,几乎没有经历苏格拉底或柏拉图那样的风险。

可以肯定,奥古斯丁感到毫无理由隐瞒自己对柏拉图主义者的感激。对他来说,"没有哪个人比他们更接近于[基督教信仰]"。④ 他断定,各种神学问题"要同柏拉图主义者进行讨论,而不是同其他什么哲学家进行讨论"。⑤ 他沉思道,如果只有他们才能"使此生重新与我们同在,那么他们就会成为基督教徒"。⑥ 与此同时,柏拉图的苏格拉底被誉为第一流的思想家,他通过使哲学服从于一种新型禁欲主义的、反感觉论的道德,指出了通往奥古斯丁自己的那种基督教神学的道路。按照这种新的苏格拉底学说,

---

① 多兹(1965),29。
② 多兹(1973b),139。
③ 参见多兹(1965)。也可参见米克斯(1993),130 以下("作为符号的身体与问题");124 以下("对终结的感受");麦克马伦(1988)。
④ XLI,229/奥古斯丁(1984),304。
⑤ XLI,229/奥古斯丁(1984),304。
⑥ XLI,229-230/奥古斯丁(1984),304。

人们必须使自己身体欲望的灵魂洁净,以便能够"上升到永恒的领域,并用纯粹的知性,去思考无形的、不变的光明,在那里寓居着一切造物的原因"。① 奥古斯丁甚至不知道柏拉图惊人地接近于基督教的可能的根源。② 他断定,那是因为柏拉图或者读过《圣经》的一些部分,或者通过口头传说了解《圣经》。作为例证,奥古斯丁从类似于《创世记》的《蒂迈欧篇》中援引了那则创世神话,接着说:"柏拉图也许读过《圣经》的这个段落,或者从那些读过它的人那里知道了它。"③

如果我们考虑到知识的侵袭、矛盾和倒退在导致奥古斯丁综合柏拉图主义和基督教的功绩的漫长道路,那么这种功绩就更加令人吃惊:早期经过其母亲莫妮卡接触到基督教;他朝摩尼教的转向;以及他最后阅读西塞罗、④亚里士多德,⑤和"[他]所能找到的所谓人文学科的所有书籍",⑥而后来都打上他一生中最大错误的烙印。他在《忏悔录》中承认,他对那些有害的学说有着那么强烈的兴趣,以至它们使他"以[自己的]诡辩术难倒了好多知识比较浅薄的人"。⑦ 这也决定了他在若干年里阅读和研究的主要路径。这些努力的一个产物就是《论美与适宜》,大约在 26 岁时写成的已经失传的论文。⑧

---

① XLI,227/奥古斯丁(1984),301—302。
② 参见 XLI,235—236/奥古斯丁(1984),313—314。
③ XLI,334—336/奥古斯丁(1984),453。
④ 参见 XXXII,685/奥古斯丁(1961),58。
⑤ 参见 XXXII,704/奥古斯丁(1961),87。
⑥ XXXII,705/奥古斯丁(1961),88。
⑦ XXXII,692/奥古斯丁(1961),69。
⑧ 参见 XXXII,704,701/奥古斯丁(1961),87,83。

第三章 古代晚期、普洛丁与奥古斯丁

很有特点的是,促使奥古斯丁写作《论美与适宜》的是他对肉体之美的着迷。他对不仅能使视觉和听觉愉悦,而且能使触觉、嗅觉和味觉愉悦的一切的敏锐感觉,[1]这在整部《忏悔录》中都谈到了。因此,他对这些"短暂之美"[2]的敏感性,就是很有希望的性欲的愉悦。《论美与适宜》本身实际上写道,因为他充溢着这样的情感。

> 我喜欢一种较低秩序(*pulchra inferiora*)的美,它们深深地吸引着我。我常常问自己的朋友们:"除了它们是美的之外,我们还喜欢什么东西吗?那么,什么是美,它存在于什么之中呢?吸引我们并使我们倾向于自己喜欢之事物的是什么?如果不是它们之中存在着美和优雅,那么它们就毫无力量赢得我们的心灵。"[3]

他对美与合适所做的区分——"如我对它们的界定一样,美凭借的是它本身,合适凭借的是它与别的某种东西在功能上的关系"[4]——借助了从肉体形式(*per formas corporeas*)中专门抽取出来的具体例证。[5] 这样的例证包括"整个身体与其任何肢体之间适当的平衡,或者如鞋子适合于双足等等"。[6] 由于对肉体的这种强调,对灵魂可能的知性美的思考,就受到了冷落。奥古斯丁发

---

[1] 参见 XXXII,679,796 以下/奥古斯丁(1961),48,233 以下。
[2] XXXII,676/奥古斯丁(1961),44。
[3] XXXII,701/奥古斯丁(1961),83。
[4] XXXII,703。
[5] XXXII,703。
[6] XXXII,701/奥古斯丁(1961),83。

现灵魂在线条、色彩或形状方面是无法想象的,并确定他完全不可能看见它(*putabam me non posse videre animum*)。① 那么,比起把美奉献给这种不可见的东西,还有什么更荒谬的吗?奥古斯丁虽然写了这篇论文,仍然很少表现出对于凭借"灵魂的内在眼睛"发现柏拉图式的美有什么兴趣,而他后来却赋予了它以重要性。他在《忏悔录》里谈到《论美与适宜》时一再强调说,它的作者看不见这样的精神光辉,反而被肉体形式的世界吸引住了。②

奥古斯丁在《忏悔录》中提到那篇论文时所用的不予考虑的语调,来自于那样一个时期,如希波的主教一样,那时他卷入了与他从前的摩尼教同行的长期争吵之中。因此,他借迷恋于邪恶以掩盖从前的自我。我们一再读到那个年轻的摩尼教追求者"试图找到邪恶的根源",③或者提出这样一些问题:"那么,邪恶来自何处?""在[上帝]创造宇宙的物质之中,可能存在着某种邪恶的东西吗?"④

他后来的、新柏拉图主义的和基督教的答案——他在《忏悔录》里唯一称赞地谈到的事情——不应当使我们无视这一事实,即由于接近于他早年生活的整个十年,他才持有根本不同的善恶观。他没有把一种"神圣意志"断定为创造的唯一根源,却相信善与恶、光明与黑暗的两个基本原理。他认为这"两种本质"中的后者是某种"无形的、可怕的主体",⑤它们像醒着时的噩梦一样缠绕着他。

---

① XXXII,703。
② 参见 XXXII,704/奥古斯丁(1961),86—87。
③ XXXII,736/奥古斯丁(1961),138。
④ XXXII,736,736—737/奥古斯丁(1961),138,139。
⑤ XXXII,715/奥古斯丁(1961),104。

甚至在皈依柏拉图主义和基督教前后,奥古斯丁在试图想象这种邪恶的本质时,他那极度苦恼的思想也仍然幻想出了"各种可怕的和恐怖的形状。它们是对自然秩序的歪曲,但仍然还是形状。而我名之为'无形',不只是指缺乏形状,而是指具有某种十分怪异和怪诞的形状,如果我要去看它,那么我的感官就忍受不了,在它面前我的人类的脆弱就会胆怯。"①因此,为了理解《论美与适宜》的大意,最好用那个年轻摩尼教徒从诡辩术、深奥的学问和异教学说的转向,来代替老年奥古斯丁在《忏悔录》中自责性地认为那篇论文不值一提,奥古斯丁在同样的篇章里不断谴责这些罪恶。这样的替代使人想到:那个雄心勃勃的年轻演说者,会把与其当时的善恶感有关的美和丑,界定为两种同样有力、同样永恒的本质。

奥古斯丁在脱离其异教的嗜好身体之美时,甚至在他皈依柏拉图主义之后,似乎度过了一段艰难的时光。他的第一部著作《驳学园派》比《忏悔录》更加使人信服地捕捉到了这种逐步的变化。在谈到他发现了一些柏拉图主义者的著作时,②他把它们的影响比作阿拉伯香料和几滴珍贵的油膏散布到了他正在增长的精神启蒙的火焰之中。他坦承,这是"难以置信的",在想起这些著作的影响时,他两次重复了同一个表示惊奇的词:"它们马上就在我身上燃起了这样的大火……难以置信……真的难以置信;也许超过了你对我的信任:我还能说什么?我几乎无法使自己相信这一点。"③《驳学园派》和《忏悔录》都表明,阅读那些柏拉图主义者④所

---

① XXXII,827-828/奥古斯丁(1961),283。
② XXXII,740;参见 XXXII,750;参见奥古斯丁(1961),144,159。
③ 参见 XXXII,921/V,138。
④ 参见 XXXII,749-750/奥古斯丁(1961),159;XXXII,740/奥古斯丁(1961),144。

写的书,促使奥古斯丁研究了圣保罗的著作,[1]并由此发现这位传道者在几个重要问题上都同意那些柏拉图主义者的意见。其中的一个问题是,认识到了真理是无形的,或者如圣保罗所指出的,上帝的本质是不可见的,但借着上帝的造物就可以了解。[2]

什么的影响更大,是柏拉图主义,还是圣保罗的基督教?就连在写作《忏悔录》的时候,奥古斯丁还认为,他的福分是经由柏拉图主义到达了基督教,而不是经由基督教到达了柏拉图主义。因为在后一种情况下,柏拉图的著作"可能会推翻[他]虔信的基础",或者说,至少使他相信了这样一种可能性:"一个除了柏拉图主义者的著作之外什么都没有读过的人,只从这些著作中就[可以]获得同样的[基督教]精神"。[3]《驳学园派》、《论幸福生活》和《论秩序》都写于公元 386 年晚期,[4]那时是在奥古斯丁据说已经转向了柏拉图主义和基督教之后,它们再次描绘了一幅有点不同的图画。首先,这位年轻的皈依者依然很少显示出对基督教的虔诚。相反,他在很大程度上陷于柏拉图的论点之中,对柏拉图主义者大加赞扬,而后来他则有各种理由为此而懊悔。在他写下的《劝谕两篇》里,比如《驳奥古斯丁》中,他收回了"[他]对柏拉图、柏拉图主义者或学院派哲学家不再合适的称赞"。[5] 奥古斯丁怀着同样的愤慨回想起了这些错误投入的热情的结果之一,即他说到 *philocalia* [爱美]是 *philosophia* [爱智慧]的姐妹时"完全空洞和愚蠢的"[6]

---

[1] 参见 XXXII,747/奥古斯丁(1961),155,以及 XXXII,921-922/V,139。
[2] 参见 XXXII,746/奥古斯丁(1961),154;《新约·罗马书》1:20。
[3] XXXII,747/奥古斯丁(1961),155。
[4] 参见布朗(1969),74。
[5] XXXII,587/XL,10。
[6] XXXII,586/XL,9。

方式。《劝谕两篇》自相矛盾地认为——又以独特的柏拉图化的方式——在最高的、无形的现实层面，*philosophia* 与 *philocalia* 并不是姐妹，而是同一的。①

老实说，作者也许要指出：他在撰写《驳学园派》时的美的概念，与一个自尊的柏拉图主义者、基督徒或异教徒称为精神的东西仍然相去甚远。十分准确的是，奥古斯丁把这个与罗马人所称的快乐相反的词语界定为"海滨胜地，美丽的公园，令人愉快和精致的盛宴，私人剧场的表演"。② 然而，他对内在之美的称赞却从人类的"仁慈"中散发出来；"因此，极端的优美；因此，万物的光辉和井然有序的安排——到处都反映出来的美的魅力，装点着一切"，③说要使自身摆脱其异教的支撑物可能很难。或者，你认为奥古斯丁对斗鸡的以下描述怎么样？正如他试图努力的那样，我们刚刚完成的皈依无法使我们相信，在观看斗鸡时，他的主要快乐产生于对一种超越实际争斗的极度诉求之上的理性之美（*pulchritudo rationis*）的沉思：

——正如我们看到的那些鸡：低着的头向前伸出去，鸡冠膨胀起来，有力的冲击，小心翼翼的躲闪，在无理性的动物的每次运动中，没有什么是不恰当的——正因为有另一种"理性"从高处支配着一切事物。最终，赢家的规律是：得意洋洋地啼鸣，成员们排成几乎完全圆形的队列，英武霸气。而斗败的标志是：鸡脖子上的纤毛被啄下来，无论保持着体态还是在

---

① 参见 XXXII,586—587/XL,9。
② XXXII,922/V,139。
③ XXXII,922/V,140。

啼鸣,都全身湿透——正由于这个原因,不知怎么[*nescio quomodo*]有点美,与自然法则(*concinnum et pulchrum*)相谐和之。①

在这里就像在别的地方一样,奥古斯丁最早有案可稽的对美的评论,表明了他在刚刚接纳的信仰的约束下扭动着的天然的异教气质。

对比之下,有一个问题,即在柏拉图主义者的著作中,尤其是在普洛丁《九章集》中的恶的问题,对他来说立刻就解决了。在这里,只有一次,奥古斯丁在《忏悔录》里的说明与他早期著作中的说明相一致。我们在《论秩序》中读到,恶一旦产生,就变成了上帝的秩序的一部分("*malum... cum esset natum, Dei ordine inclusum est*"②)。正如《忏悔录》提出的:"凡存在的事物,都是善的;至于恶,我要努力发现其根源的恶却不是一种实体,因为它如果是一种实体的话,那么它就是善。"结果,对奥古斯丁来说很明显的是,"因此万物分别来看都是善,而总的来看则是至善,因为我们的上帝所创造的,一切都甚好"。③ 在这位前摩尼教徒断定恶具有一种与上帝永远并存的不可改变的性质,④现在他却使自己相信:就连死亡和腐朽都具有一种按上帝旨意在实质上有目的的功用。"在我看来很清楚,甚至那些要腐朽的事物都是善的。"⑤

---

① XXXII,989/V,262—263。
② XXXII,1005/参见 V,298—299。
③ XXXII,743/奥古斯丁(1961),148。
④ 参见 XXXII,595/XL,32—33。
⑤ XXXII,743/奥古斯丁(1961),148。

第三章　古代晚期、普洛丁与奥古斯丁　101

奥古斯丁的《忏悔录》掩盖了这一事实：他通过一种美学神正论而不是一种堕落的神正论实现了这种重估。正如他后来的著作所阐明的，这种学说在他皈依之后不久写下的那些著作中明显缺失了。那时，奥古斯丁试图证明，宇宙实质上的善和美反倒是不断地依靠艺术、手艺、建筑和一般的人类计划。就各种情况而言，他以十足普洛丁式的方式论证说，我们所谓丑和恶给我们这样的印象，不过是因为我们从一种过于狭隘或自私的观点去回应它们。如果我们能把这些丑或恶看成是整个创造的一部分，那么它们在我们看来就是美的和善的。因此，在一大块马赛克上只看见一小片的人，会错误地指责艺术家缺乏条理和计划；[1]有些人像固定在其位置上的雕像一样，只能看见一个巨大、漂亮的建筑的一部分，却无法欣赏到建筑整体结构之美；一首诗中的三个音节，如果使之活跃起来并在短暂的诵读中听见它们的存在，几乎就不可能欣赏到诗的韵律和全诗的吟诵。[2] 反过来，如果某种东西由于有吸引力而打动我们，那么我们就会认为它越发是如此，似乎我们能够看出它所形成的只有一个部分；如果某种东西打动了我们，它之所以如此，仅仅是因为我们没有看出它是一个更大的、和谐整体的一个小小枝节。[3]

与此同时，先前热爱"肉体之罪"[4]和自然与艺术中的尘世之美的人，在试图使自己从这些罗网中解脱出来时，不断地经历各种

---

[1] 参见 XXXII,978/V,240。
[2] 参见 XXXII,1180/IV,355—356。
[3] 参见 XXXII,1000—1001/V,288—289。
[4] XXXII,675/奥古斯丁(1961),43。

艰难。他的双脚仍然"陷在此世之美的劳苦之中",①《忏悔录》中不断这样抱怨。虽然人们会通过上帝的造物发现他不可见的本质,②但"他对这些物质东西的热爱[还是]很强烈"。③ 然而,斗争逐渐导致了期望的结果。他越是试图努力压制自己对尘世之美的异教之乐,他就越是彻底地使自己相信:真正的美一定是与他在《论美与适宜》里谈到的正好相反的东西。

---

① XXXII,801/奥古斯丁(1961),241。
② 参见《新约·罗马书》1:20。
③ XXXII,783/奥古斯丁(1961),213。

第四章　奥古斯丁的柏拉图式的城邦

对上帝负债的想法变成了人的刑具。他授以"上帝"他所能发现的完全相反的东西,那是他在自己真正的和逃避不了的动物本能中发现的。他把这些动物本能重新解释为对上帝负债的证据(Schuld)(就像针对"主"、"父"、始祖和世界根源的敌意、反抗和暴动一样)。他把自己置于"上帝"与"魔鬼"的矛盾之中。他对一切都掷以否定,否定自我,否定自然,否定自身的自然性和真实性,他把从自身控出来的东西都具体化为一种肯定,具体化为存在、肉身、真实,具体化为上帝、上帝的神圣性、上帝的审判、上帝的刽子手,具体化为超越,具体化为永恒,具体化为无尽的折磨,具体化为地狱,具体化为无穷无尽的惩罚和罪孽。这种心理上的残酷带来了一种前所未有的意志疯狂:人情愿认为他自己是罪孽的和卑鄙(verwerflich)的"意志",甚至是无法挽救的;他情愿相信自己应受惩罚,那是与他的罪孽不相称的惩罚;他要用惩罚与罪孽的问题来影响和毒害事物最深刻之基础的"意志",以便坚决地断绝他逃离 idées fixes[译按:法语"固定观念"]的这种路径;他要树立一个理想的"意志"——"神圣上帝"的理想——以便给他自己明显的证据,证明他毫无价值。啊,人是多么疯狂、多么糟糕的畜牲!

V,332/《道德的谱系》,II,22

奥古斯丁在《论幸福生活》中提出,他 *de facto*[译按:拉丁语"事实上"]阅读过"柏拉图的各种著作",①这使人想到了参与创造这种新学说的明显资源。由 *Deus creator omnium*[译按:拉丁语"万能的造物主"]②所创造的宇宙之美(*pulchritudo universitatis*)③是不可见的。虽然它可以被心灵感知,却无法用肉眼(*corporeis oculis*)④看见。真正的美"是由灵魂的内在眼睛看见的,而不是由肉体的眼睛看见的"。⑤对感官来说显得美的无论是什么,都不过是分享了这种不可见的 *prima pulchritudo*[至美]。⑥显现在物质领域里的美,可能存在于身体之中,但绝不可能"属于"身体。⑦

由于日益增长的对身体亵渎的恐惧,奥古斯丁也终于像柏拉图一样对艺术产生了怀疑,即怀疑艺术在具体之中体现了精神,怀疑艺术主要诉诸感官。像他之前的这位希腊哲学家一样,他对音乐的喜爱超过了其他艺术,因为音乐在媒介和表达方面是最不具有感官性的。与柏拉图一样,他借毕达哥拉斯的数字学来确定构成音乐和其他艺术真正的美的基础。⑧奥古斯丁认为,除此之外,我们不会那么重视艺术作品,尤其不会重视模仿性的艺术作品。⑨

---

① 参见 XXXII,961/V,48。
② 参见 XXXII,1191/IV,375—376。
③ 参见 XXXII,979/参见 V,241。
④ 参见 XLI,800;参见 XLI,231/奥古斯丁(1984),308。
⑤ XXXII,732/奥古斯丁(1961),132;参见奥古斯丁(1959),70。
⑥ 参见 XXXII,1001/V,289;参见 XXXII,801/奥古斯丁(1961),241。
⑦ 参见 XLI,780—781/奥古斯丁(1984),1062。
⑧ 参见 XXXII,1153 以下/IV,308 以下;参见 XXXII,1263 以下/LIX,157 以下。
⑨ 参见 XL,90/LXX,199。

第四章 奥古斯丁的柏拉图式的城邦 105

  他也重复了柏拉图模仿艺术对真正现实的反映隔了两层的批评——尽管有一点差异。与那位希腊人不同,一方面,他在任何地方都没有断定本体与现象之间存在一种实际分裂,另一方面,他也没有断定现象与模仿的再现之间存在一种实际分裂。对他来说,这种三重分裂是一个流动的渐变的问题,而不是严格的分离。因为每种事物,包括艺术,都是上帝的创造,无论上帝创造的是什么,一定都像他本身一样是善的。因此,尽管奥古斯丁后来憎恶肉体的亵渎,但他似乎从来就没有不加控制地要谴责肉体。他也没有谈到灵魂堕入物质,也没有把身体描述为灵魂的牢狱。相反,他在《上帝之城》里用了整整一章来驳斥"柏拉图有关身体与灵魂的理论",认为它"要肉体的本质为一切道德过失负责"。[①]

  由于各种类似的原因,他在柏拉图不加选择的谴责中剔除了模仿性艺术。一方面,他告诫说,它们的力量要毁损我们对最高智慧的追求;另一方面,他指出,艺术家们只不过再次上演了全能上帝的艺术(*Ars illa summa omnipotentis Dei*)。因为正是上帝,才指引艺术家的双手"创造出美的和均衡的事物"。艺术家们通过自己的身体活动表现在其创造物之上的(*quae per corpus corpori imprimunt*)同样和谐的构造,是由上帝的智慧灌注进去的。[②]

  就他的某些美学理论的建构而言,奥古斯丁求助于普洛丁,他认为普洛丁"对柏拉图的理解比其他所有人都更加透彻",[③]其《九章集》似乎属于使他转变为柏拉图主义者的 *quosdam Platonico-*

[①] XLI,408/奥古斯丁(1984),554。
[②] 参见 XL,90/LXX,198;参见 XXXII,801/奥古斯丁(1961),241。
[③] XLI,265/奥古斯丁(1984),355。

rum libros[译按:拉丁语"柏拉图派的著作"]。① 在《上帝之城》里,奥古斯丁想起了普洛丁论"美"的一段文字,②认为那些不能领略至美的人,是非常不幸的,无论他在其他各种本领方面可能具有多么丰富的禀赋。③ 他还解释了普洛丁论述"神旨"的论文所证明的结果,举了花朵和树叶之美的例子,认为"来自上帝的旨意向下延伸,它的美是可以理解的和无法言喻的,它一直延伸到尘世上那些低等的事物":"可以说,一切不能展示完美形式的世俗之物都注定很快消亡,[普洛丁]坚持认为,他们不可能在其外形中展现出这种优雅和谐的完美,这并不是由于他们从可以理解和不变之'形式'的永恒住所获得了自己的形式,那种'形式'在其本身之中包含了它们全部。"④在这里就像在别处一样,这位"伟大的柏拉图主义者的"⑤各种理念,几乎是在与圣经的启示同等的基础之上被援引的。就普洛丁的上帝创世时的上天秩序的美的概念而言,正是基督本人,由于发布了相同的信息而被征引。

> 你想野地里的百合花怎么长起来:它也不劳苦,也不纺线。然而,我告诉你们,所罗门在他极荣华的时候,他所穿戴的还不如这花一朵呢!你们这小信的人哪!野地里的草今天还在,明天就丢在炉里,上帝还给它这样的妆饰,何况你们呢!
> [《新约·马太福音》6:28 以下]

---

① 参见 XXXII,740;参见 XXXII,750;参见奥古斯丁(1961),144,159。
② 参见普洛丁(1965),62。
③ 参见 XLI,293—294/奥古斯丁(1984),394。
④ XLI,292/奥古斯丁(1984),392;参见普洛丁(1965),171。
⑤ XLI,279/奥古斯丁(1984),374。

第四章 奥古斯丁的柏拉图式的城邦　107

当然,正如在别的地方一样,人们留下的印象多半不是同样的说服力,而是强迫性,即奥古斯丁试图强迫用圣经来证明其柏拉图式的说服力。就其中一些而言,他极少得到圣经的支持,以至我们发现他一再重复那一点点相同的、孤立的词句,如圣保罗说的"上帝的永能和神性是明明可知的,虽眼不能见,但借着所造之物就可以晓得"(《新约·罗马书》1:20)。[①] 就另一些而言,他还是提出了他自己的看法,并因此使之成为基督教神学和美学的一部分,但他也几乎没有得到任何支持。他采纳普洛丁关于恶的观点就是一个例证。我们在圣经的任何地方都找不到那种煞费苦心的美学神正论,如奥古斯丁在《忏悔录》里所说,那种神正论让他"像出自[他]负载过度的系统中的呕吐物一样","呕吐出"他从前的摩尼教信仰。[②] 相反,他从《九章集》里借到了自己论点的几乎每个细节,包括几个用来解释其论点的类比。他对信奉新教义的迫切性,很难使他去探索新教义内在的各种矛盾。在把宇宙颂扬为一件完美的艺术作品突然出现之前,有些对艺术抱柏拉图式怀疑的人,难道就没有犹豫不决吗? 奥古斯丁没有犹豫不决。对他来说,宇宙之美(*pulchritudo universitatis*)[③]就像一幅画或一出戏的美一样。画以各种暗淡的色来描绘,戏则反映了生活的殊死战斗。但是,只有无知者才会指责它们的创造者在其作品里囊括了那些表面上丑陋的细节。

如果把一幅画当作一个整体,那么其中深暗的色彩也许

[①] XXXII,746,745,742,782/奥古斯丁(1961),154,151−152,147,213。
[②] 参见 XXXII,734/奥古斯丁(1961),135。
[③] 参见 XXXII,979/参见 V,241。

会非常美,因而,人类生活的全部争夺,是由上帝不变的神意恰当地指引着的,上帝把不同的角色分派给被征服者和胜利者,参与者、旁观者和沉思上帝的宁静者……所有人都具有自己的职责和被规定的局限,以便确保宇宙的美。当我们想到宇宙是一个整体时,我们作为其中任何一部分所憎恨的东西,都会给予我们最大的快乐。①

奥古斯丁对这种绘画类比的喜爱,使这段文字成了基督教神学 loci classici[译按:拉丁语"最有权威性的章节"]之一:"当一幅画在合适的地方具有各种深暗的色调时,它可能是美的;同样,如果人们把宇宙看成是一个整体,那么整个宇宙都是美的,甚至对其罪人来说也一样,虽然在他们审视自己的内心时,他们的丑陋是令人作呕的。"②阿伯拉尔为了援引后来的许多例证之一,明显借助了奥古斯丁的先例。

因为一幅画之中如果包括了某些本身很丑的色彩的话,那么与只有单一的色彩相比,这幅画常常更加美并且值得称赞,因此,由于混合了各种邪恶,宇宙就变得更美并更值得称赞。③

正如奥古斯丁忽视了柏拉图对艺术的怀疑与普洛丁的美学神正论之间的矛盾一样,他也顺便地忽略了一切可能的世界中最好的世界的悖论性,就像在普洛丁那里一样,那些可能的世界包含了

---

① XXXIV,156/奥古斯丁(1959),74,73。
② XLI,336/奥古斯丁(1984),455—456。
③ 引自洛夫乔伊(1964),72。

被罚入地狱的痛苦。如果有什么不同的话,那就是他更进一步使这些荒谬性混合起来。奥古斯丁在接受普洛丁普遍的美学神正论时发现,新柏拉图主义者对神的惩罚的理解,既宽大,也有限。人们不仅必须承载着自己罪孽的重担,而且还必须为宇宙的一切邪恶和堕落承担罪孽。普洛丁的美学神正论得到了堕落的神正论的补充。那位"伟大工匠"的宇宙绘画中暗淡的色点,不仅要由整个设计来证明,而且也要由人类最初的不顺从来证明。"那种罪孽的影响要使人类的本性从属于我们看到和感觉到的整个堕落过程,并因此而从属于死亡。"①然而,此生中的惩罚也还不够。作为堕落的结果,整个人类都当罚入地狱。惟有通过上帝意志的直接恩典,一些选民才能避免在来世永受折磨的生活。

在坚持对人类可怕前景的看法时,奥古斯丁不仅背离了普洛丁,而且也背离了他的某些基督教祖先。例如,奥利金这位试图把基督教和柏拉图主义综合起来的重要先驱,就接受了通过不断赋予灵魂以新的肉体而给予的神之惩罚的异教概念。对他来说,正如对普洛丁来说一样,这样的惩罚主要是补救性的。上帝的公正要为涤罪的目的服务,而不是为复仇的目的服务,因此,与永远罚入地狱不相容。②

奥古斯丁同奥利金和普洛丁进行了争论。他对灵魂转生的观念极表轻蔑,那种观念认为"母亲可能作为骡子返回来并被其儿子骑"③是可能的,而他则谴责了那些为"堕落的同情"④辩护的人们,

---

① XLI,420/奥古斯丁(1984),571。
② 参见多兹(1965),129。
③ XLI,310/奥古斯丁(1984),417。
④ XLI,739/奥古斯丁(1984),1005。

他们出于一种被误解了的"心灵的敏感",[1]有可能对罚入地狱所遭受的痛苦加以时间限制。如奥古斯丁以一种若无其事的旁白告诉我们的,对这种惩罚之严厉性的终极证明,"也许是不可思议的"。[2] 那位"全能艺术家"[3]"不顾是非曲直地"[4]把他"恩典的礼物"给予选民的正当性,也是如此。最后,这种无缘无故的残酷性甚至被重新命名为仁慈。"正是在这种正当性之中,人们才发现了上帝的充分仁慈;因此,《诗篇》说,'你们要尝尝主恩的滋味,便知道他是美善'[《旧约·诗篇》34:8]。"[5]

那些依然怀疑这种仁慈的人,因其有局限的眼光而受到了指责:"永恒惩罚对人们的感受力来说显得严厉和不公正的原因,在于这种虚弱无力的状况……人们缺乏对最高和最纯粹的智慧的感受力,那种感觉应当能使他在最初的不顺从行为中感到恶的危险性。"[6]对比之下,宗教上的启蒙,乃至在永恒中被罚入地狱受折磨的火焰,都可以看成是"整个设计"的一部分,"在其中,那些很小的部分,那些对我们来说讨厌的部分,形成了一种有序之美的格局":"因此,永恒之火的本质在于毫不怀疑有一个崇拜的主体,虽然对被定罪之后的坏人来说,它将成为惩罚之火。因为比火焰更美的东西,具有其火光的全部活力和其明亮的光辉吗?"[7]

基督教的解释者们有可能因为捍卫人的身体、反对柏拉图有

---

[1] XLI,731-732/奥古斯丁(1984),995。
[2] XLI,728/奥古斯丁(1984),990;参见 XLI,363/奥古斯丁(1984),489。
[3] XLI,781/奥古斯丁(1984),1061。
[4] XLI,740/奥古斯丁(1984),1006。
[5] XLI,740/奥古斯丁(1984),1006。
[6] XLI,726-727/奥古斯丁(1984),988。
[7] XLI,352/奥古斯丁(1984),475-476。

关身体是灵魂的牢房的见解而赞美奥古斯丁。然而,奥古斯丁的理由却是教条的,并没有受到对他捍卫之对象的喜爱的激励。虽然奥古斯丁具有柏拉图病态性的对一切肉体东西的厌恶,但他仍然坚持反对柏拉图式的基督教批评者——其中最重要的是普洛丁的遗稿保管人、传记作者和门徒、"著名哲学家"[①]波菲利——既反对基督的肉身化,也反对先于"末日审判"的身体的复活。然而,奥古斯丁在这方面的逻辑只不过给柏拉图对身体的轻蔑以一种新花样。首先,有一些被挽救的人,假如要生活在精神之中的话,他们将类似于僵尸,而不是有血有肉的造物,尽管是在肉体中被复活的。如人们会料到的那样,如果没有性冲动和正常身体的本能欲望,他们也将起作用。而且,他们将成为瞎子和聋子。因为他们唯一关心的是要沉思他们的创造者,如奥古斯丁援引显然是柏拉图式的先例指出的,这是一个"心灵眼光"的问题,而不是"身体感觉"[②]的问题。"至于那位使徒的话,'面对面'(《新约·哥林多前书》13:12)并不能迫使我们相信,我们将凭借这肉体的脸以及肉体的眼睛看见上帝。我们将凭借精神看见上帝。"[③]无论这些行走的幽灵保留着什么真正的肉体功能,都将(以各种"完全超出[奥古斯丁]想象力"[④]的方式)"照亮我们理性的心灵,借助使理性满意的美所给予的快乐去称赞那位伟大的'艺术家'"。[⑤]

唯一被允许保留自己真正肉体的那些人,就是被罚入地狱的

[①] XLI,215/奥古斯丁(1984),285。
[②] XLI,799-800/奥古斯丁(1984),1085。
[③] XLI,799-800/奥古斯丁(1984),1085。
[④] XLI,801/奥古斯丁(1984),1088。
[⑤] XLI,801/奥古斯丁(1984),1087-1088。

人。这一点的原因很简单:因为不这样的话,如奥古斯丁解人疑虑的实话实说,他们就"不可能感到随复活而来的肉体的折磨"。① 当终于讨论到这样一些问题之时,奥古斯丁试图详尽地证明自己的观点,并借助了文献、谎话或诉诸神的创造的奇迹。他认为,人们可能提出,真实的肉体无法在火焰的永恒折磨中生存下来。但是,某些自然历史学家难道没有告诉我们,传说中的火怪如何在火焰里生存吗?奥古斯丁本人在曾经被当作一只被烘烤的迦太基孔雀之后,难道还不能看出,"万物的'创造者'赋予了[那种造物]在死后抵抗腐化的力量"?② 确实,那位"全能者"将进一步提出,意外的奇迹(它再次使奥古斯丁的想象力落空)③将确保那些按照"他"不可测知的天意自远古以来被罚入地狱的人们,最终能充分感受到自己永久折磨的极度痛苦。"我已经充分论证过,"他写道:

> 有生命的造物有可能在火焰中仍然还活着,被焚烧却不会毁灭,感到痛苦却不会遭受死亡;而这靠的是万能的"造物主"的奇迹。任何认为这对"造物主"来说是不可能的人,都不会认识到是谁在为他从整个自然界中发现的所有奇迹负责。④

这种普洛丁美学神正论的扩大版,有一种最后的、观淫癖的花样。罚入地狱的极度痛苦不仅会增强上帝创造的总体上的美,而

---

① XLI,377/奥古斯丁(1984),511。
② XLI,712/奥古斯丁(1984),968。
③ 参见 XLI,801/奥古斯丁(1984),1088。
④ XLI,724/奥古斯丁(1984),985。

且也将有助于提高得救者的福分,使他们能够看出罚入地狱者的永久折磨。当然,奥古斯丁并不是这么说的第一位基督教神学家。他的前辈德尔图良比起他来在哲学上不那么严谨,却没有操心去确定选民是凭肉眼还是凭精神享受这种富有启发性的奇观。他那泰然自若的对"末日审判"思想的沉思,没有为这些细微的区别留下任何余地:

> 什么景象将唤起我的惊叹,当我看见所有那些国王,那些伟大的国王,在上天(我们被告知)迎候,连同朱庇特,连同那些谈到自己在黑暗的深渊里上升、呻吟的人们,什么将唤起我的笑声、我的欢乐与狂喜![1]

这个一般的理念再一次成了中世纪神学的一部分,在阿奎那那里最为明显。对阿奎那来说,有福者源于目睹被罚入地狱者受难的快乐,已经成了教义的一个要点。正如他在《神学大全》里指出的:"天国的有福者将目睹被罚入地狱者受难,这样,他们的福分将使他们更加快乐。"[2]有福者高兴地目睹被罚入地狱者受难的观念,在德尔图良那里被解释为对基督教殉道者遭受痛苦的反应,更无缘无故,有悖常情。

最先援引德尔图良并带着特定的厌恶予以回应的人,是《罗马帝国衰亡史》的作者。[3] 另一个人则是吉本的赞赏者尼采,对他来说,德尔图良还有托马斯·阿奎那的那些话,都是人类价值最终堕

---

[1] 德尔图良(1984),296;引自尼采,V,284/尼采(1956),183。
[2] 引自尼采,V,284/尼采(1956),183。
[3] 参见吉本(1845),I,537。

落的例证。对尼采来说,这同样适用于但丁《地狱》门楣上的题词。"在我看来,"我们在《道德的谱系》中读到,"当但丁带着令人困窘的天真在地狱的门楣上题写下'我,也是永恒之爱所造'时,他犯下了一个重大错误。无论如何,基督教天堂的门楣上的题词,及其'永恒的极乐',都要更恰当地理解为'我,也是永恒之恨所造'——假如把门楣上的真理调整为谎言是合适的话。"①

折磨罚入地狱者的火焰,如同有助于上帝创造之美的一种奇观一样:这样的理论建构让人们觉得奥古斯丁就像是一个传道士。因为其中寄寓了他最强大的力量:他那加深人们的堕落感、使之渴望把生活的苦难当作自己的罪孽来承担的能力;要使他们努力为十恶不赦之事赎罪,甚至要使他们为自己作为上帝不可测知之智慧的一部分而遭受永恒折磨的可能性感到荣耀;简言之,存在于他为了十全十美而表现出来的才能之中,尼采把这种才能说成是苦行牧师的作用,他们"为了治疗……必须首先创造出病人来"。②"每只受苦的羔羊都对自己说:'我在受苦;这一定是某个人的过错。'但是,他的牧师,苦行派牧师,却对他说:'你说得完全正确,我的羔羊,某个人一定在这里出了错,但那个人就是你自己。'"③

奥古斯丁的布道词证明了,他能够在自己的会众中激起情感上的骚动。当他坐在人群密集的会堂的"主教席"上讲话时,人们站着聆听,呻吟声和喊叫声很平常。在会堂的远端,徘徊着"大群坚定的、不动摇的 paenitentes[译按:拉丁语'忏悔者']",对他们的惩戒是把他们排除在教派之外,而献身的贞女们则在"纯白色大

---

① V,283—284/尼采(1956),182—183。
② V,375/尼采(1956),263。
③ V,375/尼采(1956),264。

理石栏杆"后面站成一排。① 然而,就连那些纯洁之中的最纯洁者,也被拒绝给予精神健康的准确无误的证明。每个基督徒虽然照理都要通过洗礼来赎罪,但奥古斯丁却告诉自己的信众,他们在教会的"客栈"里,终身都不过是病人和康复中的病人。② 除非依靠上帝的恩典,人们遗传下来的罪孽是无法消除的。这位圣徒不时提醒自己呻吟着的羔羊要想到永恒折磨的恐怖,那是他们的主为他们大多数人准备的。奥古斯丁用所有这些方式把公众意见拉到自己一边,同时也确定了未来几个世纪的意识形态基调。"一种依赖心理;强调人性的绝对必要性,强调人种'大崩溃'的理念,在此之外,没有任何人敢宣称靠自己的实力来崭露头角;这些就是将要支配中世纪早期的观念。"③

存在着阻力,但是,没有哪种阻力能够抵挡住他的教会的审问法。奥古斯丁在这方面再次成功地实行了他那伟大前辈仅仅在理论上使自己满足的东西。奥古斯丁与柏拉图非常相似,致力于如何压制正确信念的各种敌人的广泛论辩。作为"宗教法庭的第一个理论家",④他成了早期教会唯一的辩护士,以充分证明国家有权压制非天主教徒。他的反对多纳图派的论文之一,强烈要求皇帝出于下述理由惩罚那些信奉异教者:"大众让自己的内心遵从自己的眼睛,而不是遵从自己的内心。如果血液从一个濒死者的肉体中喷射出来,那么谁看见了都会发呕;但如果与基督的宁静分离

---

① 布朗(1969),249。
② 参见同上,365。
③ 同上,367。
④ 同上,240。

了的人们死于这种教派或异教的亵渎……那么就很可笑。"①奥古斯丁不仅以自己的学说支配着他那个时代的精神风气,而且也日益利用帝国当局的强力方式来强化它们。

埃克拉农的朱利安的故事就是一个例子,说明了那些试图反对他的人们的遭遇。朱利安是今天贝尼文托地方的天主教主教,也许是"最有才能和始终如一的伯拉纠主义的斗士",②奥古斯丁一生的最后几十年一直关注那种异教。伯拉纠本人曾经非常正当地追问过奥古斯丁的恩典观和命定论。他拒绝接受遗传的原罪和主张自由意志,就是说,支持人们能够自我拯救的自由意志,直接打击了奥古斯丁关于天主教会是基督教信仰的唯一保证人的学说。他坚持认为,儿童的纯真,也因为宽恕其原罪的婴儿洗礼的权利而变得毫无意义,因而使"阴险煽动之……王牌"③的奥古斯丁具有被免职的危险。相似地,对他的气恼在于这一事实:朱利安在伯拉鸠派早已遭受了毁灭性失败——主要是由于奥古斯丁在皇宫的游说——之后,发起了他自己的抨击。由帝国敕令和罗马主教佐西莫的《解释敕函》提出的对伯拉鸠的放逐,由于佐西莫之死而暂时停止了。因此,朱利安领导下的意大利的伯拉鸠派,试图重新开始论争。然而,奥古斯丁、他的知心朋友阿利比乌斯和他们的势力,得以阻止了伯拉鸠派让他们的论辩上闻于宫廷的努力。如彼得·布朗所转述的,阿利比乌斯在一次游说活动中,"承诺提供80匹努米底亚种马,在教会的领地里养肥了,作为给骑兵军官的'贿

---

① XLIII,43/引自布朗(1969),232。
② 《新版沙夫—赫佐格宗教知识百科全书》(1958—1960),VI,261。
③ 布朗(1969),385。有关晚近对奥古斯丁和埃克拉农的朱利安的论争的讨论,可参见布朗(1988),408—415;佩格尔斯(1989),131—145;里斯特(1999),321—327。

礼',他们对恩典的见解被证明了是有决定性作用的"。①

结果,朱利安(连同另外17位主教)被免除主教教职,逐出意大利,并在流放中度过了余生。正是在这个时候,朱利安发动了对奥古斯丁的接二连三的抨击,以至这占据了奥古斯丁最后几十年的时间。朱利安最初的重要努力就是批判奥古斯丁的《论婚姻和欲望》的 4 卷本著作,名为《在骚乱之际》。这促使奥古斯丁写下了第二部论述婚姻和欲望的著作,朱利安接着在其 8 卷本的《反驳奥古斯丁第二部论婚姻之书的荣耀》之中对它进行了抨击。在完成 6 卷本的《驳朱利安》之后,奥古斯丁竭力"咒骂、谴责和诅咒"自己的对手,他在写作反驳朱利安的第二部重要著作时死了,我们知道他的那部著作名为《驳朱利安的著作残篇》。

朱利安的真实论文已经失传了,但奥古斯丁从中援引的文字表明,反对他的学说的人当中这位最难对付的人,更多的是在内心里而不是在一些琐细的神学问题上反驳他。他在总体上要驳斥的,是对基督教—柏拉图学说混合体的再重估。在名义上,朱利安是作为一名基督徒而死的,其墓碑上写着:"这里躺着朱利安,天主教的主教。"② De facto[译按:拉丁语"事实上"],他最热烈地鼓吹的伯拉鸠派天主教的那个特殊分支,"坚定地依赖于古老的异教伦理理想的基本原则"。③

奥古斯丁认识到了朱利安试图颠覆的是他耗费了半生精力所颠倒了的东西,他反复说到其对手的反驳正是这样一种努力。对

---

① 布朗(1969),362。
② 同上,383。
③ 同上,367。

他来说,争论的焦点在于性欲"这种恶",朱利安称之为"天然的善"。① 相似地,他斥责朱利安是个摩尼教徒,或者更糟,是一个放荡的异教的"夜间活动监管者"②和"欲望的拥护者",③凭借个人经验的力量,勾引他人去实践其放荡淫逸:"这就是你对它的体验吗?那么,这种恶(你的善)没有受到已婚的约束吗? 确实,既然它非常愉快,那么无论它在何时使人兴奋,就让已婚者情感奔放地和冲动地相互寻求;不要否定这种欲望,或者推迟到适当的性交时刻:无论你的这种天然的善何时自发地表现出来,肉体的结合都要合法化。"④

朱利安习惯于用原初尼采式的愤慨来攻击奥古斯丁最脆弱的缺点。他在反驳双重命定论的学说时,把奥古斯丁的上帝说成是充满了婴儿和儿童之地狱的创造者。"那么,告诉我,告诉我:是谁对那些清白无辜的造物施以了惩罚? ……你的回答是:上帝。上帝,你说!上帝!是他把他的爱托付给了我们,是他爱着我们……你说,就是他,用这种方式审判我们;他是新生儿的迫害者;他就是那个把幼小婴儿送进永恒火焰中去的人。"⑤

虽然朱利安痛斥奥古斯丁,认为"不值得"⑥为了接受这些意见而与之争论,但他却继续不停地抨击。因而,他认为,奥古斯丁由于声称孩子们必须在宣告有罪中降生,便把父母亲置于孩子的

---

① XLIV,802/XXXV,274。
② XLIV,802/XXXV,274。
③ XLIV,777/XXXV,232。
④ XLIV,716/XXXV,131;参见布朗(1969),391。
⑤ 布朗(1969),391。
⑥ 同上。

谋杀者的地位。[①] 更普遍地说，在朱利安看来，奥古斯丁的学说相当于荒谬地断言：人是"由上帝为了从属于魔鬼的合法权利的目的而创造出来的"。[②] 朱利安以同样的风格，向奥古斯丁的新柏拉图主义的美学神正论大肆讽刺挖苦。如果上帝的天国秩序包括了邪恶和魔鬼，"那么最好是服从于魔鬼，因为这样一来，就发现了上帝建立的秩序"。[③] 由于相似的荒谬原因，"魔鬼扰乱了[相同的天国]秩序，邪恶才肯定起来造反吗？"[④]

但最尖锐的是，朱利安把自己的蔑视对准了奥古斯丁对性行为的好色的着迷。这个老头儿太"虔诚"啦，他有可能成为朱利安的父亲，关心的是"生殖人员的活动"！[⑤] 他专注于要证明：天堂里的生殖"不会有情欲的羞耻"，[⑥] 或者说，在堕落之后，生殖器被赋予了一种它们自己的意志，变成了"欲望的私有财产"！[⑦] 朱利安不可能不关心："倘若男性成员在原罪之前也很活跃，那么那种罪过就没有引进任何新东西。"[⑧] 对他来说，整个问题充其量是一个可笑的问题。因此，他要在奥古斯丁对性欲的看法，与两个暧昧的摩尼教派成员所坚持的更加可怕的看法之间取得平衡。与奥古斯丁一样，那些男性家长和美女们把公共领域描述为"覆盖着污物和各种杂质"；他们认为，"魔鬼创造了人的身体从腰到脚的部分，而

---

① 参见 XLIV,808/XXXV,285。
② XLIV,712/XXXV,123。
③ XLIV,863/XXXV,377。
④ XLIV,863/XXXV,377。
⑤ XLIV,768/XXXV,220。
⑥ XLI,434/奥古斯丁(1984),590；参见 XLIV,756—757/XXXV,200。
⑦ XLI,427/奥古斯丁(1984),581；参见 XLI,432—433/奥古斯丁(1984),587。
⑧ XLIV,768/XXXV,219—220。

上帝则把上半部分放到了这样的基座之上。"①

然而,在这样的挖苦下面,朱利安隐藏着对他自己的强烈信心。就让奥古斯丁把他叫做欲望的拥护者吧!欲望并没有任何错误,除非人们过度地沉迷于其中。对朱利安来说,性欲就像一种第六感官,像一种中性的能量,②像一种将不断地在天堂里享受的极乐。③他怀着原初劳伦斯式的热情宣称:"它的种属处于生命之火中;它的种类处在生殖行为之中。"④

除了咒骂、"谴责和诅咒"⑤之外,奥古斯丁仍然无动于衷。朱利安的热情爆发只不过显现出了最强大的审问官冷酷的暴怒。奥古斯丁家长似地屈尊假装出于爱而关心这位失败了的年轻人,在自以为是的愤怒中爆发出来的怒气,都是严厉的讽刺、"憎恶、反驳和谴责",⑥但绝不是微笑。朱利安幽默的妙语却是带着谨慎的庄重表达出来的。它们不考虑那种自认为百分之百正确的人使人妒忌的地位。

如果有什么不同的话,那就是朱利安迫使他的对手而对其早期观点做了相当果断的教义上的修正。曾经有一段时间,奥古斯丁思考过如何在不受到压抑的情况下,通过男人与妻子之间的友谊改变性交的可能性。⑦ 然而,此时在他心目中,性欲已经变成了原罪之中的原罪。那就像是他要重新回答他认为自己早已解决了

---

① XLIV,800/XXXV,270。
② 参见布朗(1969),390。
③ 参见 XLIV,716/XXXV,130。
④ XLIV,715/XXXV,130。
⑤ XLIV,800/XXXV,271。
⑥ XLIV,822/XXXV,309。
⑦ 参见 XL,375/布朗(1969),390。

的所有问题。"那么,邪恶来自何处?它所由生长出来的根源或种子是什么?"①在《忏悔录》中,他已经传播过了普洛丁的美学神正论的这些问题。现在,他则暗示生殖器是邪恶的真正根源和种子。"Ecce unde[译按:拉丁语'看那里']。那个地方!就是那个地方,原罪从那里出现。"②

这是根本性的悖论。正是在实现上帝要多产和繁殖之训喻的行为中,人类必定会招致并且会散播邪恶。因为"如果没有欲望,就连高尚的生殖也不可能存在"。③ 而且因为"倘若没有它,就无法播种任何人,倘若没有它,就无法生下任何人"。④ "通过一种传播",⑤性交把人类的每个成员同其他每个人、过去、现在和未来联系起来。正如邪恶的高贵之路要经过人类的繁衍一样,这就是"原罪由此患上的那种疾病"。⑥ 它标志着所有人通往罚入地狱的必由之路,无论他们是否沉迷于它那原罪的兴奋刺激之中。甚至对那些不可能这么做的孩子来说,也要因为在其该死的快乐的冲动之中被生下来而被罚入地狱。⑦

不幸的是,残存在奥古斯丁抄本中的朱利安反奥古斯丁的文字,很少告诉我们他对美和艺术的看法。然而,很容易想象到,在那些著作中随处可见,这位异教徒会怎样带着同样的坦白直率,赞许地谈到美和艺术在感性上、甚至在情欲上的刺激效果,以及他所

---

① XXXII,736/奥古斯丁(1961),138。
② 引自布朗(1969),388。
③ XLIV,806/XXXV,281。
④ XLIV,812/XXXV,291。
⑤ XLIV,855/XXXV,365。
⑥ XLIV,687—688/XXXV,81。
⑦ 参见 XLIV,808—809/XXXV,285。

颂扬的肉体及其快乐。奥古斯丁使人想到了这一点,他在向朱利安谈论这些问题时,对美和艺术采取了一种特殊的否定立场。在朱利安的鼓动下,他区分了"必须受到理性约束的欲望的撩拨",与"对美、甚至肉体之美的思索,无论是在色彩和形状中见到的,还是在歌曲和曲调中听见的,这种思索只对理性的心灵来说才是恰当的"。①

同样,奥古斯丁感到有必要告诫朱利安"要因为天地之美……而不是因为强烈的欲望,来赞美天地";或者说,他告诫说,就连神的音乐也可能激起原罪的情感。"灵魂确实可能被听见一首赞美诗时的虔诚情感所感动,然而,即便在这时,如果那是对声音的欲求,而不是对意义的欲求的话,就不可能得到赞成;如果在空虚的甚或令人不快的小调中得到了快乐,那么快乐就会少得多吗?"②朱利安称赞过后者吗?或者说,他说过他在闻香时体验到的快乐吗?对这位疲劳的老主教来说,它们全部,即使只是徘徊在我们的记忆里,都是对罚入地狱的潜在诱惑:"一个人,无论他多么小心地戒备肉欲,在进入一个充满香气的房间时,怎么可能抵挡对他来说惬意的香气呢?"③

---

① XLIV,775/XXXV,230。
② XLIV,770/XXXV,223。
③ XLIV,771/XXXV,224。

第五章　中世纪

> 不是古代的"道德腐败",而正是其过度的道德化(Ver-moralisierung),才成了只有基督教能够制服它的条件。就其重估了其价值(seine Werthe umwerthete)并喂以清白无辜的毒药而言,道德上的狂热(简言之:柏拉图)毁灭了异教信仰。
>
> XII,487/《权力意志》,438

对很有理智的人来说,前两章读起来很像宗教压迫的历史,而不是美学史。换句话说,中世纪之前和中世纪的美学,最好被理解为禁欲主义体系的重要部分,那个体系按照奥古斯丁的模式,在中世纪的神权政治中被具体化了。不用说,这绝不是在一个完整的连续线索中出现的。奥古斯丁死于他的城市被汪达尔人围困之时,那时,约8万汪达尔精兵为了征服到当时为止未被触碰过的罗马帝国治下的北非,跨过了直布罗陀海峡。奥古斯丁死后,希波被大火焚毁。然而,奥古斯丁的图书馆似乎借着某种象征性地暗示了将对未来数个世纪行使权力的奇迹,毫未受损地逃过了大火。①

在当时,奥古斯丁试图把西方教会的旧线编织进教义和政治

---

① 参见布朗(1969),424,432。有关涉及以下段落的各种历史事件的概览,参见科利什(1998),25以下(《奥古斯丁》),42以下(《摇摇欲坠:传达者与禁欲生活》),66以下(《加洛林文艺复兴》)等处。

统一体里去的网络，伴随着罗马帝国崩溃的混乱被撕成了碎片。除了很少的例外，哲学，美学更是如此，在接下来的几个世纪都处于蛰伏状态。与此同时，穆斯林通过逐渐使北非、中东的大部分和西班牙臣服于其宗教统治而进行的征服，重新划定了犹太教—基督教受希腊罗马文化影响的边界。

与穆斯林不同，入侵罗马帝国的北方人或迟或早都向基督教屈服了。然而，在奥古斯丁死后的几个世纪里，他们深深地卷进了权力斗争，并不太注意文化上的各种努力。奥古斯丁及其支持者们广泛的网络，在开始瓦解的整个地中海地区，把罗马天主教会散乱的成员们聚集在一起。

一个至少是部分重组的时机，随着加洛林王朝取得统治地位而出现了。在查理曼大帝的统治下，加洛林王朝在使自己不断延伸的帝国与教会残存的教士和寺院的权力结构结盟之后，终于统治了欧洲的大部分核心地区。在这个方向上的决定性步骤，是由查理曼大帝的父亲矮子丕平篡夺王位之时采取的。为了报答国王地位得到教皇的承认，丕平捍卫了反对伦巴第人的教皇统治。在那些战役中被征服的土地，都割让给了教皇，这为罗马教皇的国家奠定了基础。查理曼大帝延续了相似的政策，并最终被教皇加冕为皇帝，他由此使自己对西欧的前罗马帝国地区的管理权合法化了。

加洛林王朝从使自己与可以追溯到古代晚期的整个僧侣阶层的结盟中，获得了明显的政治优势，王朝由此建立起来。教士们是唯一能够通过阅读和写作而发掘古老文化资源的人群。另外，这种结盟在很大程度上出乎意料的结果，在教皇统治与欧洲大部分地区的各种世俗统治者之间的未来关系中，越来越重要。那些统治者不断把主教们任命为自己的官员,因而赋予了教会在世俗事务方面日益增长的权力。众所周知的是,在英诺森三世的统治下,这导致了教皇统治对几乎每个欧洲国家的支配地位。圣安布罗斯的名言说,世俗统治者应该当政,但不应凌驾于教会之上。这句话以奥古斯丁只可能梦想的方式实现了。教会本身变成了一种世俗政权,在西方起着政治主宰者的作用。

同时,它强化了对一般民众的控制。在很长的时间里,主教们行使着审查和起诉异端邪说的权力。但是,到中世纪盛期的各个教皇时,这些个人主义的任意手段,似乎再也不适合在整个欧洲强化正确的信仰了。需要某种更加集中化的东西,而复苏一种古老的异教——摩尼教,那时被更名为阿尔比教——为这样的集中化提供了直接的契机。虽然教皇英诺森三世发动了阿尔比教的十字军东征,由此开始了一场长达二十多年的战争,但他的继任者教皇格里高利九世却建立了一个法律审查体系,打击异教徒的残余势力,并在这个过程中建立了宗教法庭。在几十年的时间里,它将其程序大大地激进化了。被控告者被剥夺了自己原有的辩护权。教皇英诺森四世允许有系统地使用酷刑。大部分所谓的持异端邪说者,都受到了那些被允许匿名的人的谴责,被证明有罪,被处以罚金,被监禁或被焚烧。他们的财产由民事当局没收,当局也可能让出其中一部分给教会。世俗统治者们因此受到吸引,利用宗教法庭来使自己致富,也利用宗教法庭的权力来镇压像圣殿骑士团那样的特殊反对者。

有这样一些事实,可以使人想到中世纪神权政治控制着生活大多数方面的程度。西班牙的宗教法庭在按照原来的罗马模式加以改进之前,曾经较为彻底地推行过柏拉图式的心灵控制的乌托邦。各种艺术以及人们对艺术的看法,都不允许有脱离这种控制的例外。

在查理曼大帝及其直接继任者的统治之下,教会不断发出了它对大量宗教会议的各种指令:这在很大程度上与偶像破坏运动有关,这个后来热烈争论过的问题,为各种不同意见留下了某种余地,使教会采取了一种表面上自由主义的姿态。然而,仔细考察一下,这种表面上的容许,相当于一连串详细禁令和说教的理论基础,它们原则上已经获得了像柏拉图那样积极审查艺术的观点的充分赞同。法兰克福的教区会议(公元794年)虽然反对故意破坏偶像,却谴责了它们实际上的崇拜,而阿拉斯的教区会议(公元1025年)则确定了"没有受过教育的人可以通过一幅画来思索他们无法凭借文字来了解的东西"。[①]

围绕着这些指令,我们发现了一堆通过奥古斯丁和柏拉图而为人所熟悉的概念。因而,图尔的教区会议(813年)警告说,"上帝的牧师们"反对在思索那些有可能玷污灵魂的艺术作品时,屈服于"耳朵和眼睛的诱惑"。[②] 按照查理曼大帝的宫廷哲学家阿尔昆的观点,避免同样的视觉上和听觉上的欲念,是一个自我规训或"灵魂命令"的问题。[③] 因此,人们应当"选择那些更高的东西,即上帝,支配那些较低的东西,即身体";人们应当热爱"永恒之美"(aeterna pulchritudo),抵制其"低级的"对应物(infima pulchri-

---

[①] 塔塔凯维奇(1970—1974),II,104,105。
[②] 参见同上,II,101。
[③] 同上,II,99。

tudo）。①

几十年之后,约翰尼斯·斯科图斯·埃里金纳撰文评论波伊提乌,写出了他自己的哲学著作,并在写作中吸取了希腊教父以及奥古斯丁的观点。他也翻译过假狄奥尼修斯、后来据信是阿里奥帕吉特的圣狄奥尼修斯的著作。结果,埃里金纳比他的同时代人更加善于从中世纪之前的美学中吸取各种反感觉论的 *loci communes*[译按:拉丁语"神学要义"]。例如,他聪明地把眼睛的欲念追溯到性欲本能。他认为,因为视觉感官"可以被那些怀着渴求的欲念追求可见形式之美的人们滥用,正如我们的主在《福音书》里所说:'凡看见妇女就动淫念的,(*libidinoso appetitu*),这人心里已经与她犯奸淫了',在其中,'妇女'这个字眼儿被用来表示总体上的整个感官创造的美"。② 因此,对他来说,思索一个艺术对象的恰当方式,一定要避免所有那些欲望,如贪婪、贪心,当然还有性欲(*nulla libido contaminat*)。③

埃里金纳在谈到神的至美,④以及它在其世俗对应物中显现出来的踪迹或回响⑤时的绝对程度,是针对假狄奥尼修斯的。然而,它们也可能来自于奥古斯丁或奥古斯丁的新柏拉图主义与柏拉图主义的根源。对埃里金纳的感觉来说同样适用的是,我们叫

---

① 参见塔塔凯维奇(1970—1974),II,99。它在这里也许具有提示作用,即我们所关心的是中世纪美学理论的某些方面,而不是中世纪的艺术,那些艺术在很大程度上具有非基督教的或非柏拉图主义的特征。例如,可参见乔治·亨德森在《中世纪早期》(1993)中的经典研究,35 以下《蛮族的传统》;97 以下《对古代的利用》等处。

② CXXII,975/埃里金纳(1987),659。

③ CXXII,828/埃里金纳(1987),485。

④ 参见 CXXII,678/埃里金纳(1987),305,以及狄奥尼索斯(1975),95—98。

⑤ 参见 CXXII,678/埃里金纳(1987),305,以及塔塔凯维奇(1970—1974),II,30,34。

做丑的东西,一旦被确认是"已经确立的整个宇宙之美(pulchritude totius universitatis conditae)"①的一部分时,就可以证明是美的。他有可能从圣大巴西略(有关世界的神学目的结构)的"潘卡利亚"(pankalia)概念借用来的东西,与后来又吸取的《创世记》和斯多噶哲学的内容,②也许很容易经过新柏拉图主义的美学神正论到达他那里。③ 就柏拉图的著作而言——中世纪美学经过奥古斯丁的间接源泉——除了《蒂迈欧篇》的片段之外,它们仍然不为人们所知。用E.R.库尔提乌斯的话来说,柏拉图主义无处不在,但真正的柏拉图在任何地方都不存在。④

然而,这里的要点并不在于要追寻特定的起源,而是要提出中世纪早期美学在总体上可以互换的派生性。它的各种核心概念,逐渐摆脱了它们原本在柏拉图的价值重估时的所有踪迹。换言之,它们越来越被认为理所当然;对它们的日益极端主义的阐述,在一种天真姑娘 ça va sans dire[译按:法语"不言而喻"]的精神之中游戏,就像硬币一样被交换。一旦偶像破坏的论争尘埃落定,就很少有进一步的讨论了。在谈到美和艺术时,正统的神学家们基本上都在重复既有的概念。一直到托马斯·阿奎那,他们也许会设想出不同的意义层次,确定新的细微差别,甚至会缓解某些过分严格、反感觉论的限制。但是,他们却没有提供任何新的选择。

不可见之美的概念提供了一个例证。对埃里金纳来说,"各种可见的形式并非为了它们本身,而是出于不可见之美的概念,而被

---

① CXXII,637/埃里金纳(1987),255。
② 参见塔塔凯维奇(1970—1974),II,17。
③ 参见同上,II,108。
④ 参见库尔提乌斯(1953),108。

创造出来并对我们显现,神旨凭借它们使人类的心灵回想起真理本身的纯粹的和不可见之美。"①对圣维克多的休来说,这些不可见的形式仅仅是手段,我们可以通过它们接近不可见之美。

> 我们的心灵不可能追溯不可见之事物的真相,除非借助对可见事物之思考的引导……然而,由于不可见的创造者在可见的与不可见的美之间设立的模仿关系,在它们之间存在着某种相似性,可以说,在其中,它们各个部分的微光形成了一个意象。由于这一点,人类的心灵完全被唤起了,从可见之美上升到了不可见之美。②

对圣维克多的理查德来说,可见事物的一切形式都"不过是不可见之物的影像",③从可见向不可见的这种上升,遵循着六种不同的方式,从想象开始,经过理性,止于一种与理性"明显相反的""外在于理性"的心理状态;④通过这些不同心理状态要被思索的各种对象,相似地从质料开始,经过形式、自然、自然作品、艺术作品和人类机制,直到神的机制为止。⑤

有关这种"眼睛看不见,耳朵也听不见"⑥的美应当如何被感知,人们找到了各种相似的变体。对圣波纳文图拉来说,它是通过

---

① 塔塔凯维奇(1970—1974),II,104。对中世纪美学的"超越之美"的更加普遍的讨论,参见艾柯(1986),17 以下。
② 塔塔凯维奇(1970—1974),II,197;参见同上,II,200。
③ 同上,II,195。
④ 参见同上,II,201。
⑤ 参见同上,II,202。
⑥ 同上,II,186。

visus spiritualis[译按:拉丁语"精神视觉"]被看见的,因而与 *visus corporalis*[译按:拉丁语"肉体视觉"]截然不同。① 奥维涅的威廉把我们外在的视觉(对外在美的证明)同内在的视觉区别开来。② 通过后者,我们发现了"内在的和在理智上认识到的美",被另外命名为"实质性的美(*essentialiter pulchrum*)"。③ 托马斯·阿奎那以富有特点的彻底性,区分了这样的几种非感觉的视觉形式,叫做 *visio intellectiva*[译按:拉丁语"理智的视觉"], *mentalis*[译按:拉丁语"心灵语言"], *imaginativa*[译按:拉丁语"想象"], *supernaturalis*[译按:拉丁语"超自然的"], *beata*[译按:拉丁语"巧遇"]和 *per essentiam*[译按:拉丁语"本质上的"]。④

这种自我挫败的术语学诡辩的丛林,时常变得无法穿越。例如,对圣维克多的理查德那样的神秘主义者来说,最高的、神的视力和不可见之美,都只有通过对一种异乎寻常的复杂性"在内心的疏离"(*mentis alienatio*)才能获得。在获得这种终极的视力之前,有三种方式补充了六种方法和七种思索的对象,通过这三种方式,虔信、赞美和迷醉,心灵可以同它本身疏离。因此,"它受到神的光辉的启发,悬置于对最高之美的赞美中,上升到高处,仿佛被它本身攫住了"。⑤

虽然中世纪的美学家们很少有创新,但他们设想出一种在总体上脱离了实体的艺术形式,把柏拉图主义的推动力带向其 *ne*

---

① 参见塔塔凯维奇(1970—1974),II,238。
② 参见同上,II,221。
③ 同上。
④ 参见同上,II,247。
⑤ 同上,II,203。

plus ultra[译按：拉丁语"顶点"]，而这在表面上是不可能的。对他们来说，音乐在实质上是一门处理数字的科学。因为他们从波伊提乌那里吸取了这种理解，波伊提乌则称赞过毕达哥拉斯探讨了一种不借助听觉(relicto aurium iudicio)而感知到的音乐。① 波伊提乌在《论音乐的构成》里提出，正如心灵超越了身体一样，以理性认识为基础的音乐知识，比起以手艺和效果为基础的音乐来，要辉煌得多；②由于一切艺术和科学在本质上都比手工艺更加令人肃然起敬，③因而，音乐的哲学家和理论家，而不是作曲家，更不用说艺术从业者，才是真正的音乐家。而且，这种"真正的"音乐家致力于"音乐科学，不是为了去实践它，而是出于思辨的兴趣"。④ 他的艺术与无论什么样的"淫"声都毫无关系，那些声音只会使以其为乐的心灵堕落。⑤ 音乐是一门和谐的科学，提供产生于数字的快乐(quidquid in modulatione suave est, numerus operatur)。⑥ 它所反映出的均衡对称符合灵魂中类似的均衡对称，因此把快乐赋予了心灵(iucunditatem mentibus intonat)。⑦

中世纪的理论家们几乎不厌其烦地重复波伊提乌对音乐的三重划分。相应地，有宇宙音乐、人间音乐和器乐，其中，只有最后一种，人们才可能（但不一定）在真正的声音之中体现出它那听不见的美。然而，所有这三种音乐，尤其是宇宙音乐和人间音乐，被认

---

① 参见塔塔凯维奇(1970—1974)，II,74。
② 参见 LXIII,1195/波伊提乌(1989),50。
③ 参见 LXIII,1195/波伊提乌(1989),50—51。
④ 塔塔凯维奇(1970—1974),II,75。
⑤ 参见 LXIII,1168/波伊提乌(1989),2。
⑥ 参见塔塔凯维奇(1970—1974),II,75。
⑦ 参见同上。

为在感官感知之外具有一种理想的存在。因为,正如没有哪个人实际上能够听见天体的音乐一样,也没有哪个人能 de facto[译按:拉丁语"在实际上"]听见灵魂的内在和谐。只有心灵通过努力觉察"那些在上天观察到的东西",或者通过"深入到他自己的自我之中",[1]才能感知这两者。

我们再一次发现了术语学上的细微差别,但对于这样的理论建构来说,没有任何真正的选择。对列日的雅各布来说,音乐,在这个词的一般意义上,"在某种意义上适合于一切事物,适合于上帝及其精神的和物质的、上天的和人间的造物,适合于理论的和实践的科学"。[2] 穆捷-圣让的奥勒利安把波伊提乌的三重划分再划分为宏观宇宙的音乐与微观宇宙的音乐。[3] 其他人,如普吕姆的雷吉诺和富尔达的亚当,则把宇宙音乐和人间音乐归入自然音乐的共同标准,它们与艺术家的音乐形成了对比。[4] 但是,他们全部都赞同,前者是后者的源泉,或者说,"上天的音乐",作为"世界上一切音乐的原理",是人间音乐和器乐的根源。[5]

在中世纪早期和盛期,有关器乐在实质上是精神性的、因而超感官的性质,存在着相同的赞成意见,认为器乐只是对人间音乐和宇宙音乐严格的超验性的回响。正像对波伊提乌来说,音乐家就是数的比例的审查者和行家。埃里金纳写道:"这里有一件奇怪的事情,对心灵本身来说很难理解:即它并非创造出和谐之甜蜜的别

---

[1] LXIII,1171/波伊提乌(1989),9。
[2] 塔塔凯维奇(1970—1974),II,133。
[3] 参见同上。
[4] 参见同上,II,134。
[5] 同上,II,135。

样的声音,而是声音的协调,以及声音之间的均衡性,它们的关系只在心灵之中才被容纳,并且被内在感官所欣赏。"①

这种官方的"音乐学",得到了实际规则的补充。中世纪的教会音乐在实际演奏时,受制于精心设计的礼仪模式。圣本笃会为寺院礼拜活动的每个特定时刻都规定了合适的圣歌。② 应答轮唱的圣歌集激发了一种相似的组织精神,这种圣歌集为各种宗教职能和仪式都规定了音乐。它也把官方音乐的音律编纂成典籍,供整个天主教世界采用,③这部典籍就是现在为人们所知的《格里高利圣歌》或无伴奏齐唱乐。罗马的一所特殊学校,斯科拉·康托朗姆学校,保证要使这样的音乐以其质朴性和纯粹性流传下来。

《格里高利圣歌》得到了教会统治者和世俗统治者的传播,他们都认为圣歌是加强各色人等的团结以服从自己统治的一种手段。④ 圣歌采用的拉丁文是有学问和有权势的人们的通用语言,为在语言和族群上被分割的地区提供了强有力的联系纽带。它那按照普遍规则为音乐配上的拉丁文歌词,提供了另一条、在情感上甚至更加强有力的纽带。富尔达的亚当写道:"通过数的规则和正确比例,音乐使人们倾向于人的正义、平等和一种合适的政治体系。它使精神得到提升,使心灵得到振奋,因而使人们更能承担劳动。"⑤

正如伴随着这些制定规则的措施的经常性鉴戒与威胁所表明

---

① CXXII,965/埃里金纳(1987),647—648。
② 参见塔塔凯维奇(1970—1974),II,73。
③ 参见《哥伦比亚百科全书》(1993),2163。
④ 参见塔塔凯维奇(1970—1974),II,73。
⑤ 同上,II,137。

的,中世纪神权政治的官方理论家们在强化自己纯净的艺术观方面,并非没有遇到挑战。因而,813年的图尔教区会议警告教士们要"避开所有那些对耳朵和眼睛的诱惑……因为当[这些]……使人着迷时,大量的错误就会渗透到灵魂之中"。[1] 这样的担心是有理由的。进行礼拜和寺院惩戒的地方,以及牧师的服饰,都对眼睛提供了大量的诱惑。人们处处都能看见"美丽的绘画和各种雕塑,它们都装饰,漂亮而昂贵的涂层,涂着不同色彩的美丽挂饰和漂亮昂贵的窗户,涂着宝石蓝的彩画窗,交织着黄金的斗篷和十字裾,镶嵌着宝石的金质圣餐杯和书籍上镀金的文字"。[2] 教士们会感到奇怪,这些东西中的任何一件,除了满足"眼睛的贪婪"(*oculorum concupiscentia*)[3]之外,还能干什么? 克勒沃的圣伯尔纳问道,寺院内部是,弟兄们的礼拜场所,为什么要展示"战士和吹着号角的猎人"的形象,或者展示"肮脏的猴子、发怒的狮子、怪异的半人半马怪物、阉人和有条纹的老虎"的图画? 这些"可笑的怪物",这些"丑陋的美和美的丑陋",无疑不可能服务于任何神圣的目的。[4]

还有一些理论问题。一种完全脱离了实体的艺术形式,人们可能以某种理由在音乐领域里谈到它,却不可能在声乐、诗、绘画和雕塑中实现。在它们之中,必须容忍和证明某种程度的感染力、实质内容和具体形象。因此,中世纪的美学家们追随奥古斯丁和假狄奥尼修斯,渴望为了超越的、不可见之美的踪迹、回音或微光

---

[1] 参见塔塔凯维奇(1970—1974),II,101。
[2] 同上,II,174。
[3] 同上。
[4] 参见同上,II,189—190。有关讨论,参见亨德森(1993),95以下。

而审视身体的和艺术的美,那种美是人们认为他们要构成的一个部分。术语学在这里再次有了变化,但对一切真正世俗之美的证明都指向了它们在上帝之美中的真正根源,达成了一种共识。《亚历山大大全》仿效奥古斯丁就自然美所说的话,对所有在神学上正当的艺术美来说,都同样适用。"创造之美是一种踪迹(vestigium),人们根据它达到对非创造之美的认识。"①因此,从古代到温克尔曼以及其后的美学家们,只要他们总是提醒自己,他们只关注把焦点集中在自然与艺术中物质之美的细节,尽其所能地,用文献来证明这种细节对神、善和真的透明性,那么,就可以允许他们停留于喜欢关注这种细节。

同样奢华的装饰,顶住了克勒沃的圣伯尔纳的言辞谴责,在其他地方找到了其辩护士。费康教堂由于装饰了丝绸、黄金和银子,被称为"天堂之门"。② 圣德尼修道院院长苏杰作出了一条特殊的着眼于未来的评论。他在逐渐对一座"工艺精湛和奢华辉煌"③的祭坛出神入迷时,援引了奥维德的《变形记》来说明其效果:那祭坛的技艺胜过了质料。与此同时,它那以"黄金、宝石和珍珠"所完成的奢华,将只对他本人那种受过教育的人展现出它那使人振奋的品质。

> 我对上帝之宅的美很高兴,斑斓的色彩和宝石的美观……把我从质料带向了非质料的领域,使我倾向于反思神

---

① 塔塔凯维奇(1970—1974),II,219,224;参见同上,II,30,45,62,64,81,290,292。
② 同上,II,176。
③ 同上,II,175;参见奥维德(1983),28(卷II,第5行)。

圣美德的多样性；因而在我看来，我正处在某个奇妙的领域里……借助上帝的恩典，我能够以同样的方式从下界转变到上界。①

由当时的教士们为中世纪的宗教艺术所做的大多数辩护，听起来并非那么不真诚。然而，在面对肯定打动了他们的其教堂和寺院 de facto [译按：拉丁语"事实上"]无法辩解的奢华时，它们全部都带着辩护士们辩解的印记。在真实的人体或容貌成为辩护对象的地方，这一点变得更加明显。这也许会激起大多数人的独出心裁，去想象任何人的容貌之美怎么能够立刻(a)毫无瑕疵,(b)具有某种雅致的趣味，以及(c)拥有某种多彩的魅力和吸引旁观者情感的肢体。但是，诸如此类的东西，正是西多的托马斯所主张的。"第一个是通过从原罪中净化产生的，第二个是通过禁欲生活产生的，第三个是通过恩典隐蔽的激发而产生的。"②

神学家们无论在哪里证明了物质之美是正当的，他们在确定五种感官中哪一种——如果有的话——涉及对它的欣赏，都会给自己留下相似的机动灵活的余地。按照理念，五种感官中没有哪种涉及物质之美，因为就连视觉与听觉也能唤起低级和淫荡的幻想。然而，假使这样的排除不切实际，大多数理论家们追随古人，至少可以让视觉和听觉被说成是最纯洁的，并与理性具有最密切的联系。③ 有些人甚至进一步扩大了这个范围。像圣维克多的休那样的神秘主义者，比大多数经院哲学家都更少关注从理性上设

---

① 塔塔凯维奇(1970—1974),II,175—176。
② 同上,II,188—189;参见同上,II,188。
③ 参见同上,II,191。

想出来的比例与和谐,却能够通过各种感性知觉,找到接近美的更高形式的途径。"色彩的美使视觉得到享受,曲调的愉悦使听觉得到抚慰,气味的芬芳——嗅觉,香料的好滋味——味觉,身体的圆润——触觉。"①对休来说,这样的感性知觉不只是包含了神的痕迹,也是走向获得绝对之美的 sine qua non[译按:拉丁语"必要条件"]。因为"我们的心灵不可能接近不可见之物的真相,除非通过对可见之物进行思考的引导"。②

正如我们对中世纪盛期的研究一样,这些表面上获得自由的趋势,从重新得到的亚里士多德的一些著作中获得了重要的推动力。在这方面的主要影响来自于他的形而上学和心理学,而《诗学》在文艺复兴之前还是一个不为人知的存在。③ 如我们所知,亚里士多德废除了柏拉图对理念与事物之间的分割,按照那种分割,后者仅仅带有前者的踪迹。亚里士多德这么做靠的是把两者拆解为一,理念或圆极,此刻是充当推动事物走向其自我完善的推动力的。因此,一个对象的超越之美——迄今为止仅仅是在散乱的痕迹和回声中被瞥见——已经更加明显地显现在了其形式之中。受亚里士多德影响的中世纪理论建构中,这样的见解可能仍然显得是与柏拉图主义和新柏拉图主义的见解并肩在一起。阿尔贝大帝把形式叫做"统一了一切事物"的美,然而,与此同时,又乞求于古老的概念,把世俗之美界定为由和谐与明晰构成的"精神之美的一种反映",④但是,在很大程度上,阿尔贝的《美与善散论》不过是把

---

① 塔塔凯维奇(1970—1974),II,198。
② 同上,II,197。
③ 参见同上,II,242,215。
④ 参见同上,II,243。

这些背道而驰的观念融合在了一起。对（最终不可见）的超越之光的透明性，变成了一种实际上可见的、从对象形式散发出来的光辉。美被宣称为存在于"超越质料按比例安排好的各部分之实体的或真实的质料的形式的显现之中"；或者说，它的实质被说成是存在于"超越按比例安排好的质料的各部分之上，或超越各种可能性和行动之上的形式的显现之中"。①

对传统美学的另一种表面上的解放，源于一种日益增长的趋势，即一种着眼于客体的对美的评价——奥古斯丁的和阿奎那的"一件事物并非由于我们热爱它才是美的；而是因为它是美的，我们才热爱它"②——转向了一种更加心理学的评价，即对美的评价与感知的主体有关。对奥维涅的威廉来说，美唤起了爱（*ad amorem sui allicit*），使心灵愉快（*animum delectat*），靠它本身使我们高兴（*per se ipsum placet*）。③《亚历山大大全》说："我们倾向于把美的名称给予那些包含了看上去令人愉快之特点的东西。"④对于把保守的奥古斯丁主义同亚里士多德的心理学融合在一起的波纳文图拉来说，美是除了使人惬意和使人健康之外的（*triplex ratio delectandi*: *pulchri*, *suavis*, *salubris*）⑤愉快的三个主要来源之一。那些很少受到正统经院哲学行话妨害的作者们，如寺院编年史作者奥塞尔的圣热尔曼，也许会瓦解这些区分，做出一种古怪的异教的评论，从思考人工制品中推导出同样的身体愉快和使人

---

① 塔塔凯维奇(1970—1974)，II, 243。
② 同上，II, 249。
③ 参见同上，II, 215。
④ 同上，II, 223。
⑤ 参见同上，II, 233。

健康的效果。"一幢建筑令人愉快的美,支撑着人类的身体并使其精神振作,使心灵高兴和坚强。"①

但是,中世纪美学的所有这些表面上的解放——根据对美的感知所提供的愉快来界定的美,或者从其先前居住的天上降低到更加世俗的地上的美——或者是谬误的,或者是短暂的。同样是那个波纳文图拉,可以把源于美的愉快,转变为身体的愉快和有益于健康在某个点上的接近,却号召谴责身体的美,而又在另一方面支持其精神上的对应物。② 相似地,使美学从麻醉中苏醒的可能的推动力,被一种适时的、以主体为方向的新术语学的阉割所抵消了。这就是托马斯·阿奎那的著作,他把从前 *à la*[译按:法语"按照……的方式"]柏拉图和奥古斯丁的主流的反感觉论美学的形而上学前提,置于源于亚里士多德的更加心理学的基础之上。用隐喻的方式来说,传统的 *sophronisterion*[节制的牢房]或美学监狱的某些古老的同住者,变得过分焦虑,阿奎那对这个问题的解决靠的是很快给它们以新的难题和任务。

阿奎那仿效亚里士多德,区分了两种愉快,一种以本能为基础,另一种以对纯粹和谐的感知为基础。他以牡鹿的声音为例。对一只饥饿的狮子来说,听见那种声音是愉快的,因为它有可能成为食物;对一个人来说,同样的声音,就像一切声音或形状和色彩的构造一样,也可能引起愉快,但却是一种完全不同的愉快。像那只狮子一样,人凭借感官感知去听那牡鹿的声音,但伴随着的愉快并不是由满足一种本能欲望的希望所引起的,而是"*propter con-*

---

① 塔塔凯维奇(1970—1974),II,173。
② 参见同上,II,237。

venientiam sensibilium"[因为它们对感官来说是愉快的]。①

阿奎那比他的经院哲学的前辈在心理学上更加敏锐,承认存在着使审美与本能混合起来的愉悦。例如,人们对女性美的情感,或者由女性香味唤起的情感,可能很容易跨越这两个范围。但是,人们绝不可能把这样一种混合叫做"美学的"。因此,阿奎那显然专注于只把我们对美的感知重新放到视觉和听觉之上。因为这两种感觉"在认知中最为活跃","虽然要服务于理性",却与美具有一种特殊联系:"因此,我们说到了美的景象和美的声音,却没有说到美的味道和气味:我们并不是根据其他三种感觉来谈论美。"②但是,为了把我们对肉体之美的感知重新放到视觉和听觉之上,只运用心理学的行话,对阿奎那来说是不够的。毕竟,我们的五种感觉中这两种在想象上多半以理性为指向的感觉,有可能因为引起欲望、甚至性欲的幻想而玷污灵魂。因此,与这些情绪相联系的一切,都应当被断绝。假使有新的心理学的工具,阿奎那就会通过断定美是一种既不唤起本能欲望、又不唤起令人愉快的利益的特殊力量,来完成这两件事。为此,必须把美从善中分离出来。"尽管美与善具有相同的主体……但它们在概念上不同,因为美通过使善从属于认知力量而补充了善。"③换句话说,我们希望获得善的东西,但我们却对纯粹的、无关功利的对美的沉思感到愉快:"当'美'被感知到或者被沉思时(*cuius ipsa apprehension placet*),它就提供了赋予愉悦的东西。"④在哈奇生和康德之前很久,我们就

---

① 托马斯·阿奎那,XLIII,21。
② 托马斯·阿奎那,XIX,77。
③ 塔塔凯维奇(1970—1974),II,259。
④ 托马斯·阿奎那,XIX,77。

有托马斯·阿奎那谈到把艺术当作一种无关功利的愉快来欣赏了。

第六章 文艺复兴

基本见解：什么是美和什么是丑。没有什么比我们对美的感受更有依赖性，或者我们会说，没有什么小心眼比得上我们对美的感受。任何试图认为美是从人类彼此感到的高兴（*Lust*）中分离出来的人，都会立刻丧失其立足点。在美之中，人类称赞自己是一个物种（*Typus*）；在极端的情况下，他们崇拜自己。对一个物种（*Typus*）来说很自然的是：它只能通过它自身的影像变得快乐；很自然的是：它肯定它本身，而且只有它本身。人类几乎看见了被美所淹没了的世界，他们始终都用他们自己的"美"来淹没它；就是说，他们相信一切美的事物，那些事物使他们想到对它们的完美感受，作为人类，他们寓居于万物之中。

XII, 498

一个男人坐在桌旁，正在描绘一个女人。她靠在枕头上，躺在他面前的桌旁。他正在其上写生的那张纸，画上了一个个方格子，在处于它们之间的透明屏幕上也可以看见方格子。一个像方尖碑形状的玩意儿，对着他的右眼球，帮助他聚焦在那裸女的身上。那男子正在研究透视法。他的双眼和双手颇引人注目，前者在仔细观看对象，后者则记录着他从自己面前的几何形格子上看见的东西。他身体的其余部分由于沉思和艺术上的努力被绷得很紧。几何形构成的小水罐和盆栽植物，被修整成一个近乎完美的球形，放置在他背后的窗台上，进一步增加了心灵战胜物质的象征性。有关那男子和围绕着他的一切，都突出了他在智力上努力的严肃性。

对比之下，那女人完全是不经心的恣意和沉迷。她两眼闭着。不是在做白日梦，就是在睡觉。由于那透视学家在仔细观看她的身体引人注目地按透视法缩短了的弯曲部分，她的双腿摆放得离他最近，而她的头则离他最远，我们看到她那妖娆的身体横陈在我们面前。她那丰满而坚实的乳房和腹部翘起对着我们。她的阴部虽然被束起的、从她大腿下面伸出来的被单的一角覆盖着，却成了一个特别引人注目的焦点。她的左手连同手臂，若无其事地放在她的腹部和大腿上，指向它们。

我们受到诱惑去玩味她的异性魅力，仅仅是为了意识到自己好色的观淫癖与那绘图者理智上的努力之间讽刺性的反差吗？或者说，这幅画属于那些典型地为大男子主义的观淫癖提供的一幅作品，以及艺术家为自己的委托人提供的、如女性主义批评家们可能认为的那样、无助地暴露在男性观众的淫荡幻想面前的裸女身体的又一个事例吗？无论属于哪种情况，这幅画都充满了悬而未决的冲突。

在丢勒去世之前几年刚刚完成的这幅没有标题的蚀刻版画，为各种艺术的、美学的和形而上学的问题提供了一幅艺术家毕生奋斗的多彩画像。透视学，尺度的运用和限度，美的本质——像这样的一些问题，那幅画中的绘图者似乎正在思索的，丢勒却关注了一辈子。在一系列的教科书中，他开始教导自己落后的德国同胞们说，几何学"是一切绘画的恰当基础"，"如果没有正确的比例，任何图形都不可能是完美的"。① 然而,早在这幅蚀刻版画完成之前,对于把数学上构想出来的比例用于描绘裸体的这种态度,早已意见纷纭。到1507年,丢勒放弃了自己从前试图使人体符合几何学模式的做法,②从此以后试图推演出他自己理想的度量,或者直接从自然推演出来,或者从《阿波罗观景楼》或《美第奇的维纳斯》那样的经典模式中推演出来。

他对美的理解同样四分五裂。他在告诉我们美是什么时,终止于他觉得使他烦扰的一种多元论:美是正确,恰当,合适,和谐,均衡,具体;美是我们应当从"许多美的事物"③中集合起来的那种宙克西斯的聪明,"从一个地方得到头部,从另一个地方得到胸部,再从其他地方得到肩、腿、手臂、双手和脚";④美是我们应当根据大多数人在很多世纪里认为理应如此而决定的东西;⑤或者说,美是由实践的艺术家们而不是由易变而无知的大众来决定的东西。⑥

在最终的分析中,丢勒不得不承认一种有关美之最终实质的总体上的不可知论。"美可能是什么,我不知道。"⑦只有上帝知道什么是最美的人的外形。⑧"美的形式和原因"像它们是混乱的一样是多方面的。⑨ 我们关于美的判断是"那么不确定,以至人们会

---

① 塔塔凯维奇(1970—1974),III,257。
② 参见克拉克(1959),41。
③ 塔塔凯维奇(1970—1974),III,259。
④ 同上;参见同上,I,210。
⑤ 参见同上,III,258。
⑥ 参见同上。
⑦ 同上。
⑧ 参见同上,III,259。
⑨ 参见同上,III,247。

发现有两种美的和使人愉快的人（*beede fast schön und lieblich*），他们彼此在每一点上和每个部分上、在比例和性质方面都迥然不同"。① 丢勒作为一个艺术家的真正的实践活动，也有相似的矛

1. 乔托《最后的审判》，帕多瓦圆形小教堂中的壁画。

---

① 塔塔凯维奇(1970—1974)，III，258。

2. 乔托《最后的审判》，帕多瓦圆形小教堂中的壁画。

盾。他对人体的描绘是依据他的"恰当的尺度"的理念，甚至那些作于1507年之后、今天打动了大多数人的作品，比起他的那些出自自然、未经事先考虑的素描来，并不那么成功。

有一幅裸体的自画像，他在其中用这种即兴的、未经测定的方式描绘了他自己的身体：他的双臂和双腿或者隐藏着，或者被截去

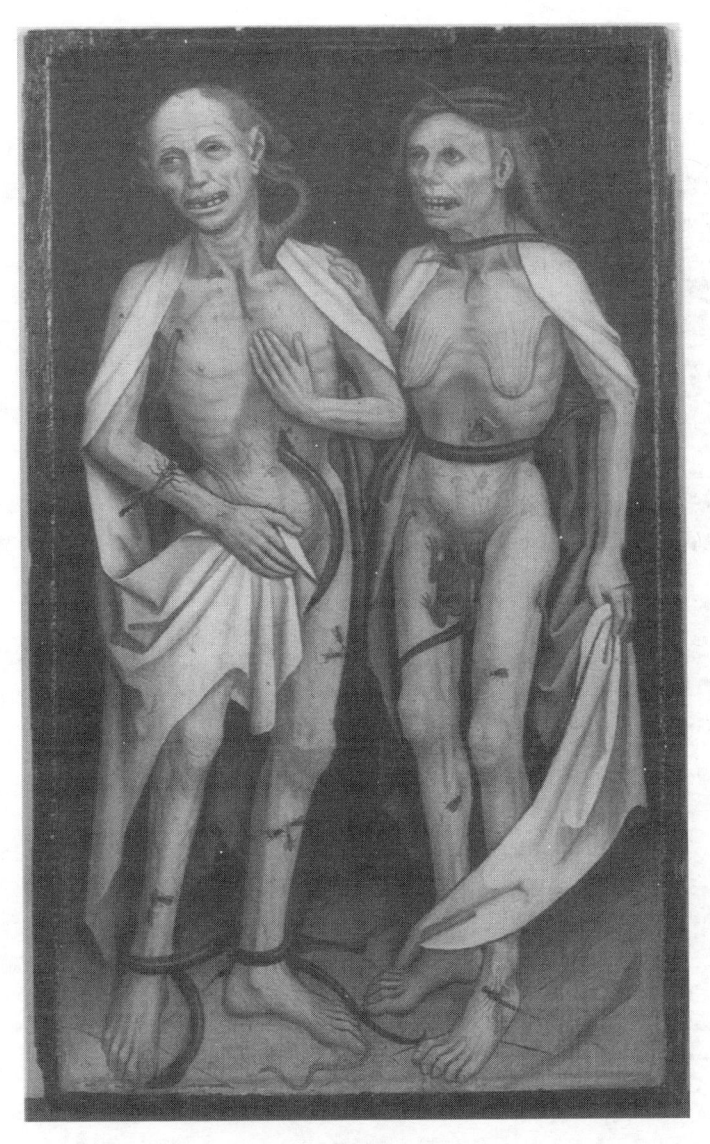

3.《站着的一对堕落者》,德国木板油画,约1470年,
斯特拉斯堡圣母院美术博物馆。

80

4. 塞巴斯蒂安·德·平波《圣亚加塔受难》,佛罗伦萨皮蒂宫。

了；略微矮小的身体因某种突然的运动而扭曲了，他似乎对着我们，他的嘴唇丰满而肉感，出自他那略微倾斜的双眼的深刻、机警的目光，牢牢地吸引住我们自己；悬挂着的生殖器以这种显著的方式勾勒得像要使它们显出生物性的活力。他的自画像就像蚀刻版画的裸体那样，虽然以其暗示了性活动而吸引观众，却很少注意到和谐与比例。也是在素描中，丢勒在表面上摆脱了勉强的理智方面的努力，他的绘图者试图用理智方面的努力把女性身体的轮廓压缩到透视法强求一致的规则中去。

那幅蚀刻版画使人想到的理论与实践之间悬而未决的冲突，是丢勒那个时代的普遍特征。照此，它们标志着一种日益分裂的开端，从此以后一直伴随着我们：一种经历了根本变化的艺术与一种顽固坚持其基本的宗教形而上学信仰的美学之间的分裂；一种新的创造冲动的对立，从异教的、前柏拉图的模式中吸取了灵感，反对一种扎根于后柏拉图模式的艺术理论。

自然，这种分裂在描绘裸露的人体方面最为明显，在这个方面，文艺复兴时期的艺术从历史的先例中找到了它最为引人注目的出发点。我们记得，中世纪对裸体的描绘，总的来说还局限于受痛苦和折磨的狭小范围。基督或殉教者受难，罚入地狱的痛苦——无论想象到的痛苦是要唤起同情的怜悯，还是要唤起心满意足的赞同——这两种情况下总的信息都证明了后柏拉图的基督教美学的基本前提：身体作为灵魂的牢房，必须受到处罚、折磨、毁灭。如果允许它的生物功能得到描绘，那么它们就打上了人类堕落状态的印记。饮食和吃喝变成了讨厌的饕餮，性欲成了淫荡，对性行为的描绘被限制于可怕的强奸形式，阴间的妖怪要使之遭受罚入地狱以及其他形式的折磨。对于在精神分析方面受过启蒙的

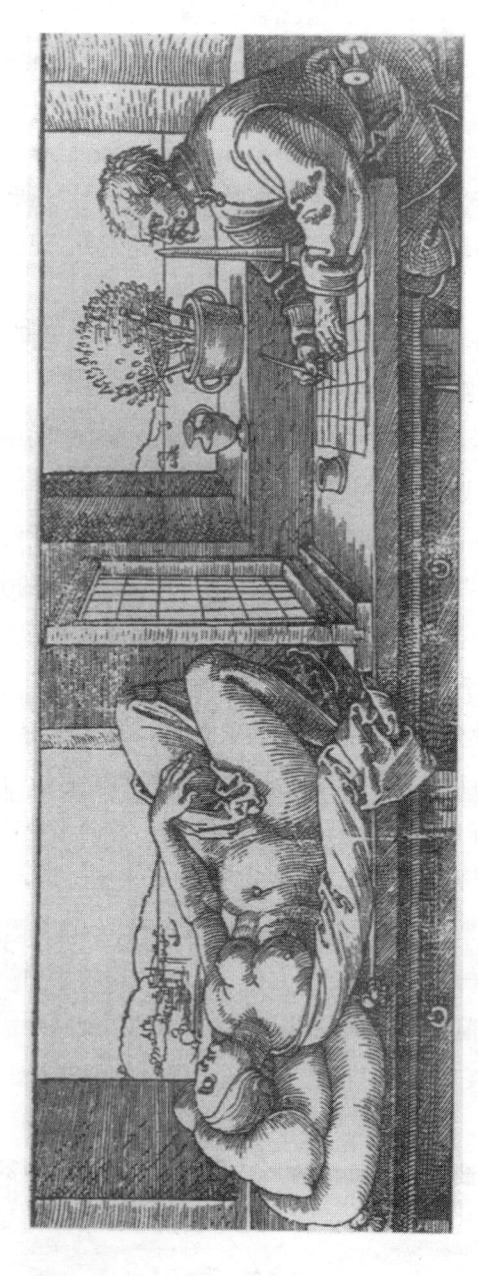

5. 阿尔布雷希特·丢勒《描绘妇人的透视学者》，阿尔布雷希特·丢勒《画家手册》（1525）。

第六章 文艺复兴 151

6. 阿尔布雷希特·丢勒《裸体自画像》,1503—1518年,魏玛施罗塞美术馆,格吕宁藏画。

7.提香《维纳斯与风琴演奏者》,约1550年,马德里普拉多美术馆。

现代观众来说,这样的性欲可能被认为是压抑的征兆,或者包含着危险的、对那些应对这种不正当的刺激时在心理上有严重疾病的人们来说是受虐与施虐的诱惑。尽管如此,它在唤起愉悦感的意义上却很难算是情欲的。

随着文艺复兴时期艺术的来临,我们将朝着这种可能性走得更近。对于像丢勒、克拉纳赫、阿尔特多费、乔尔乔内、提香那样的画家和其他人来说,裸体不再只是一种对身体的普遍轻蔑在其上铭刻其残忍、仇恨和否定的空白。很自然,这个时期的艺术家们继续在描绘痛苦和受难的主题,但在同时,他们却开始为了裸体而描绘裸体,经常带着明显感觉论的癖好,有时就像在阿尔特多费的《命运及其女儿》中一样,沉溺在情欲的游戏之中。他们中的一些人受到异教原型的激励,也创造了我们现在叫做色情艺术的东西。

举一个流传久远的例子,朱利奥·罗马诺——莎士比亚偶然提到其名字的唯一一位文艺复兴时期的雕塑家——创作了带有性内容的素描,它们不久以后便产生了一个小小的色情产业,从业者的身份不低于阿雷蒂诺。当教皇克雷芒七世因为雕刻这些素描而监禁了马坎托尼奥·拉蒙迪时,据说这种"君主的惩罚"确保了马坎托尼奥通过向教皇说情而被释放,仅仅是为了给那些画加上他的《淫欲的十四行诗》。在一封给朋友的信中,阿雷蒂诺接着为这种艺术进行了勇敢的辩护,并且对自称是其审查者的虚伪大加嘲弄。他写道:"我对他们卑鄙的责难和禁止眼睛去看那些最悦目之物的居心丑恶的法律完全失去了耐心,"

见到一个男人拥有一个女人到底有什么错?在我看来,[85]
在本性上被赋予我们保存种族的那东西,应当像装饰物一样

8.乔尔乔内《睡着的维纳斯》,德累斯顿美术馆。

戴在脖子上,或者像饰针那样钉在帽子上,因为它是养育所有人的源泉,并且是这世界在其最幸福的日子里令人愉快的美食。①

倘若阿雷蒂诺系统地阐述过他自己的艺术理论的话,那么它在那个时代一贯反对情欲的美学之中,将成为一个单独的例外。然而,我们所拥有的,却是一些零散的评论。除了其嘲弄传统观念的语调外,它们给人以一种明显莎士比亚式评论的印象。因而,人们喜爱一种"浑然天成"②的艺术,或者说"在事实上就像生命本身一样生气勃勃"的艺术。③ 巴萨尼奥称赞波提亚的画像的,④或里昂提斯肯定罗马诺的赫耳弥俄涅雕像的,⑤都是阿雷蒂诺在提香等人的人体描绘中所发现的值得称赞的东西。对阿雷蒂诺来说,它们似乎"因生命力的脉动而富有活力,因生命的精神而使人兴奋"。⑥ 唯有天工,这样的作品才会激发起近似于由真实的身体所唤起的那些情感。因此,雅各布·桑索维诺用来装饰曼图亚侯爵卧室的维纳斯雕像,"对生活来说是那么真实,那么生动",⑦以至"谁看见它……都会充满各种欲念"。⑧ 与这种充满情欲刺激的艺术相对比,米开朗基罗《末日审判》中对"因其生殖器被[极度]拉长

---

① 阿雷蒂诺(1967),124。关于阿雷蒂诺《淫欲的十四行诗》之来源的简要说明,参见阿雷蒂诺(1993),8-14。
② 莎士比亚(1974),1589(《冬天的故事》,IV,iv,92)。
③ 阿雷蒂诺(1967),200。
④ 参见莎士比亚(1974),270(《威尼斯商人》,III,ii,115以下)。
⑤ 参见同上,1602-1603(《冬天的故事》,V,iii,20以下)。
⑥ 阿雷蒂诺(1967),38。
⑦ 同上,33。
⑧ 同上。

了的"男性裸体的描绘,使阿雷蒂诺充满了反感。

这样一些观念通过一位朋友,得以渗透到文艺复兴官方艺术理论的外围,但仅此而已。罗多维柯·多尔斯在其《关于绘画的对话》中把阿雷蒂诺当作自己的代言人,反对米开朗基罗描绘"一个精力旺盛的人,拖着一个巨大的影子,紧握着自己的睾丸,以致由于痛苦而咬住自己的手指"。[1] 像阿雷蒂诺一样,多尔斯喜爱像提香那样的艺术,它"随着自然的步调运动,因而他的每一个人像都具有生命、动态和跳动着的血肉"。[2] 在一封描述提香的《维纳斯与阿多尼斯》的信中,多尔斯甚至敢于大胆赞颂这样的绘画在情欲上富有刺激的吸引力。他写道,"我发誓":

> 任何目光敏锐、有辨别力的人,在看见她时都会相信她活着;任何因为年龄而变得冷漠或在性格上如此冷酷的人,都会感到自己变得热情和温柔起来,并感到自己的全部血液在血管里激荡。毫不奇怪;因为一尊大理石雕像,加上它的美的利箭,如果穿透了年轻人的骨髓,使他留下了瑕疵,那么这种用血肉做成、本身就是美、像在呼吸着的雕像还应当做什么?[3]

然而,这样的坦率直言,在多尔斯有关美学的较为正式的文字中却很少见。在这里,他显然不重视阿雷蒂诺为马坎托尼奥唤起情欲的版画所作的辩护,哪怕他把阿雷蒂诺当作自己的代言人。在阿雷蒂诺的书信中(或者说在多尔斯本人的书信中),在原理上

---

[1] 多尔斯(1968a),167。
[2] 同上,185;参见同上,320。
[3] 多尔斯(1968b),215—217。

9. 阿尔布雷希特·阿尔特多费《命运及其女儿》,1537年,维也纳艺术史博物馆。

10. 彼耶罗·阿雷蒂诺《我经历过并且怀疑做爱》。

为情欲艺术所作的全部辩护，被变成了半心半意地为色情艺术进行恳求，仅仅成了在严格的私人范围内可以允许的一种消遣。这样，对其基本的道德诚实来说毫无疑问的是，多尔斯把这种辩护与对米开朗基罗传闻的有伤风化攻击联系起来。"这并非有伤风化，"多尔斯的阿雷蒂诺认为，

> 因为艺术家偶尔要创作这样的作品，当作一种消遣。例如，在古代就早已有一些诗人用普里阿普斯的形象……公开

创作出了挑动情欲的戏剧,然而……人们始终都应当注意到体面正派。如果米开朗基罗的这些人物形象多些体面正派,而在其绘制上不要那么完美,那么这就比人们实际上看见的十全十美和极端的有伤风化要好得多。①

在与阿雷蒂诺原初的说明进行比较时,多尔斯为亲感觉论的艺术所进行的辩护就显得很贫乏,这在文艺复兴时期的美学家们用以讨论描绘人体的、炫学的伪善言辞中,仍然是一个罕见的例外。因为在很大程度上,那些理论家们只是彼此不断保证自己对人体美的纯洁反应,以求重申或阐述陈腐的柏拉图式的陈词滥调。有人试图使我们相信:"身体的美以神圣的光辉向我们显现其自身。"②也有人认为,那些"使灵魂狂喜并使之走向特殊之爱"的东西,"不是在味觉、嗅觉和触觉这三种物质性感觉中发现的,而只能在视觉和听觉这两种精神性感觉的对象中找到"。③ 还有人试图使我们相信,严格地说,就连听觉也不应该包括在像视力和思想那样的人类能力之中,那些能力保证了总体上脱离了肉体的反应——因此,声音和肉体都不可能被叫作美的("Voces autem et corpora pulchritudines appellari non possunt"④)。

美学家们在努力使自己相信艺术在定义上就使它所描绘的一切对象免除了所有感官刺激之时,忽视了一些简单的事实。因为艺术无论使用什么媒介,都要通过暗示起作用,而它所引起的反

---

① 多尔斯(1968b),165。
② 塔塔凯维奇(1970—1974),III,124。
③ 同上,III,125。
④ 参见同上,III,109。

应,绝不限于其特殊的媒介;相似地,像视觉那种所谓最纯洁的感觉,很可能比其他一切感觉更容易唤起贪欲和贪婪那样的情绪。然而,他们没有思索这样的事实,却选择了一种简单化的心理学上的简化论;或者说,在被证明了不恰当时,他们就找出同样历史悠久的形而上学的论点来证明对裸体来说什么是"美的",根据的是根本性的毕达哥拉斯的比例原理,而不是那些对感官有直接吸引力的东西。

根据隐蔽而不可见的 *species incorporea*[译按:拉丁语"非肉体的形貌"]、*Idea*[译按:拉丁语"观念"]、*disegno*[译按:意大利语"设计"]或 *bellezza di concetto*[译按:意大利语"美的概念"]来证明何为人体的吸引力的这些努力,得到了重新发现的古代维特鲁威《建筑十书》的大力推动。对很多人来说,维特鲁威为某种不可见的、根本的、透露出使我们的感官感到美的事物的基本见解,提供了重要的类比法,并得到了运用。正如菲奇诺在回应这部论著时指出的,有关一座房子最实质性的是"建筑师非物质的'观念'",而不是用来建造房子的材料。[1]

由维特鲁威帮助传播的这种见解,不仅与建筑有关,而且也与人体有关。由此形成的著名的"维特鲁威人"的基础,是相当精细的。他在指出了神的大厦应当像男性的身体那样比例均衡之后,为这种观念提出了一种可能的理论基础:他认为,男人的身体是一个比例的模特儿,因为加上伸开的两臂和两腿,它适合于矩形和圆形,而这两种形体是所有几何形中最完美的。[2] 这个公式证明是

---

[1] 参见塔塔凯维奇(1970—1974),Ⅲ,110。
[2] 参见克拉克(1959),36。

第六章 文艺复兴　161

无可反驳的。无论它在实际中是否不起作用,却使一些人像维特鲁威的评论者塞萨里亚诺那样赋予男人体像大猩猩一样的比例,或者像列奥纳多·达·芬奇那样试图修正它。"维特鲁威人"概念像少数别的概念一样迷住了文艺复兴思想,连同几个基本的后柏拉图的艺术概念一道,得以保持它们对此后美学理论建构的控制。阿尔伯蒂和列奥纳多的一位朋友卢卡·帕乔利,部分地解释了这种迷恋,认为上帝用人体的比例来揭示"自然最深处的秘密"。①

《裸体》(很有特点的副标题是《理想形式研究》)的作者肯尼思·克拉克,从20世纪的视点说明了这一点。他认为,对文艺复兴时期来说,维特鲁威人"是整个哲学的基础。再加上毕达哥拉斯的音乐音阶,它似乎正确地提供了感觉与秩序、美的有机体基础和几何学基础之间的联系,它是(也许仍然是)哲学家的美学基石"。② 有关维特鲁威人、毕达哥拉斯的比例原理和柏拉图式对感官的等级划分的理论建构,也在为批评家们渴望解释或掩盖大多数文艺复兴时期艺术在情欲上的刺激吸引服务。20 世纪对提香所描绘的各种维纳斯的解释表明,从那时以来,很少有什么变化。

保存下来的提香对自己创作的评论,不足以解释这位艺术家在描绘那个爱的女神时的意图到底是什么。但是,有些绘画,尤其是 5 幅表现那位裸体爱神处在一群各种各样、衣冠楚楚、都转过头凝望着她的男性音乐家当中的画,足够清楚地揭示了那些意图。在其中两幅画里,男人的眼睛若无其事地盯住那女人的阴部,那也成了观看那幅画的一个焦点;③在一幅画中,音乐家对那妇人的性

---

① 利维(1967),121—122。
② 克拉克(1959),36。
③ 参见潘诺夫斯基(1969),图版 136 和 137。

11.《艺术的理念,寓言》,S.托马森根据埃拉尔雕刻,载弗雷亚尔·德·尚布雷《古代建筑与现代建筑的对比》,1702年。

魅力的专心致志使他停止了演奏乐器;[1]在那两幅保存下来的画中,维纳斯似乎将要用二重唱对她年轻的崇拜者唱小夜曲,她的左手轻轻地握着一只长笛,那件乐器具有明显的性暗示,它是提香在另一幅堪称情欲暗示的画作中曾经用过的。[2] 它给观众留下了想象的剧情,在其中,维纳斯也许会在跟着教练学习乐器时陪伴着她那演奏乐器的朋友。对文艺复兴时期的思想来说,这种 *viola da gamba*[古大提琴]似乎是由女人演奏的,它具有由其意大利名称所暗示的相当有趣的内涵。在描绘这些画作时,提香想到过他的

---

[1] 参见潘诺夫斯基(1969),图版135。
[2] 参见同上,图版138和139,也可参见同上,图版110:《男人的三种年龄》。

第六章 文艺复兴

朋友阿雷蒂诺所说的,音乐具有开启女人贞洁之门的力量吗?①

在表现维纳斯由一个风琴演奏者陪伴着的两幅画作中,背景中肖像的细节和其他细节强调了情欲性的前景描述。② 头顶喷泉的森林之神③在传统上是阴茎力量的象征;那牡鹿是公认的情欲的标志;在画面左边行走的男女是一对恋人,等等。至少在两幅画中都在那女神耳边说悄悄话的丘比特,④会试图说服她把自己身体上的魅力展示给那入了迷的崇拜者吗?答案看起来显而易见。

然而,即使在20世纪,解释者们多半都急于否认,或至少要轻视那些画作的情欲信息。对他们来说,据说它们说明了一个有关"感官中的等级制"的论点,就此而言,奥托·布伦德尔从菲奇诺、莱昂·埃布雷奥、本博和卡斯特格里昂的著作中援引了众多类似的观点。⑤ 自然地,嗅觉、触觉和味觉感官甚至不为这种竞争所承认。另一位评论者埃德加·温德则把那位音乐家凝视神性裸露的魅力,解释为柏拉图式的探究者"对这一观点的颠覆,即一个凡人只凭借它就能希望面对超验的美"。⑥

欧文·潘诺夫斯基在追问温德"极端柏拉图式的"解释时,实质上仍然与布伦德尔的观点一致,指出那些画作看上去是一个系列,证明了一种"对美的视觉经验全面战胜美的听觉经验的脆弱的、却清楚明白的转变"。⑦ 在最初的画作中那位音乐家被他所看

---

① 参见利维(1967),103。
② 参见潘诺夫斯基(1969),图版136和137。
③ "森林之神"(satyr)这个词亦有色情狂的含义。——译注
④ 参见同上,图版136。
⑤ 参见布伦德尔(1946),68—69。
⑥ 温德(1968),123,注释1;参见潘诺夫斯基(1969),123—124,注释38。
⑦ 潘诺夫斯基(1969),124。

见的东西弄得不知所措,以致他实际上停止了演奏,①现在则要伴着诗琴对维纳斯唱小夜曲,而她似乎准备好了要伴着长笛与他同唱。②对潘诺夫斯基来说,传统上认为视觉在等级上高于听觉,已经变成了一种辩证的综合。"提香、音乐家和画家,最终赋予了听觉和视觉感官同样的尊严。"③一位更晚近的、只评论了5幅画中的一幅的批评家,虽然把他解释的基础按照列维-斯特劳斯的方式置于结构的对立而不是按柏拉图的方式置于形而上学的陈词滥调之上,却在实质上得出了相同的结论。盯着那女人阴部的音乐家,"并没有像森林之神可能做的那样在性欲方面回应她。他过于文明或过于自命不凡,表现出要把自己对她的欲望转变为艺术的各种迹象"。④

换言之,我们在裸体的维纳斯身上要寻找的,并不是她在性方面的吸引力,而是一种脱离了肉体之美或艺术的理念。用文森佐·丹提的话来说,正是那 parte occulta di bellezza corporale[译按:意大利语"肉体之美的隐蔽部分"],⑤才是丢勒那幅蚀刻版画中的艺术家试图去发现的,他通过自己面前的一个几何形格子凝视着桌旁的那裸体。虽然这种精神之美要通过视觉和听觉这些"精神性的感官"来推测,⑥但它最终只能凭借理解来领悟。不管是按毕达哥拉斯的或维特鲁威的比例理论来界定,还是按照某种

---

① 参见潘诺夫斯基(1969),图版135。
② 参见同上,图版139。
③ 同上,125。
④ 赫德森(1982),61。
⑤ 参见塔塔凯维奇(1970—1974),III,207。
⑥ 参见 sensi spirituali[译按:意大利语"精神性感官"],引自布伦德尔(1946),68;参见潘诺夫斯基(1969),121。

第六章 文艺复兴

在想象上源于伟大工匠心灵的柏拉图式的理念来界定,它最终都是不可见的。菲奇诺在试图使我们相信身体本身不具有任何美时所谈到的,正是这种 species incorporea[译按:拉丁语"非肉体的形貌"]——"因为不仅灵魂之美德的美,而且身体和声音所固有的美,都是非肉体性的"。[1]

丢勒的那幅正在描绘妇人的透视学家的蚀刻版画,提供了一个早期的例子,说明了这种观念化的术语试图掩盖的身体真实,有可能不顾一切地表明自身。因而,人们有可能认为那位绘图人是一幅文艺复兴时期美学家的漫画,他们试图使真实被预想的、理想的、强求一致的模式所接受。出自弗雷亚特·德·尚布雷《古代建筑与现代建筑的对比》(1702)[2]的一幅名为《艺术的理念》的寓意画,以更加意味深长的方式,使人想到了同样的悖论。

那个形象左手拿着一个圆规,双眼仰望天空,右手在一块木板上描绘着她超凡的幻想——所有这些已经确认的象征,很容易根据这幅寓意画预示着要说明的概念来解释。然而,与此同时,那形象暗含着一种与它声称所要传达的不一致的信息。"理念"是一个女人,她表现出了一种与丢勒的那位透视学家正在仔细研究的、令人喜爱的妖娆裸体明显的相似性。她那裸露着的乳房对着我们,双腿半伸开着,一块厚厚的、有皱的布单伸向她那隐秘的阴部。这些都成为这一形象引人注目的中心。女性主义者们会正确地指责说,这幅寓意画的创作者为其好色的男性观众提供了一种在观念

---

[1] 塔塔凯维奇(1970—1974),III,108。
[2] 参见同上,III,接着 220 的说明。

借口的伪装之下的色情画形象。但是,很明显,这仅仅是真相的一部分。

第七章　文艺复兴时期的学院、菲奇诺、蒙田与莎士比亚

[在爱情中]我们遇到了作为一种有机功能的艺术,埋藏在生命的大部分天使般的本能之中,是生命最伟大的刺激物……恋人变得更加宝贵、更加强壮。在动物之中,这种状况产生出新的实体、色素、色彩和外形;首要的是,新的运动,新的节奏,新的求偶叫声和引诱。在人类之中,没有任何差别……恋人变成了挥霍者:他能担负得起。他变得大胆起来,成了一个冒险家,成了一个宽宏大量和天真的傻瓜;他再次相信上帝;他相信德性,因为他相信爱情;作为幸福的傻瓜,他甚至使翅膀和新的才能生长出来;通往艺术的真正大门向他开启。如果我们从诗歌的音调和词语中去掉这种内在狂热的踪迹,那么诗歌和音乐还会剩下什么?……[原文如此]L'art pour l'art[译按:法语"为艺术而艺术"]也许是:艺术鉴赏家孤独的青蛙般的呱呱叫声,在其沼泽中的绝望……[原文如此]爱情创造了其他一切。

XII,299－300/《权力意志》,808

人们认为,从15世纪到17世纪的美学思想"在今天已经过时",就像"古代和中世纪的美学"在那些时代是"过时的"一

样。① 至少在某种意义上，这种评论实在很广泛。从阿尔伯蒂那样的人物开始，文艺复兴时期的艺术在实践和理论上的世俗化，代表了与中世纪明确的分道扬镳，在某种程度上，承担起了对中世纪价值观的蓄意的拒绝。甚至对维特鲁威人的着迷（虽然在今天看来是倒退和古怪的），也帮助丢勒和达·芬奇那样的艺术家把注意力集中在自己主题的内容和方法的实际方面。一个裸露的身体，即使为寻找并不存在的比例理论而进行过详尽研究，也必然会暴露出它很少具有几何学的特质。

然而，在另一种意义上，从15世纪到17世纪的美学，尤其是在与此前进行比较时，甚至比人们已经提到过的还要陈腐。因为其陈腐已经变得专制了。中世纪的神权政治形成了十分严密的强制体系，不允许出现任何可能需要压制的理论上的异议。匿名的艺术家们顺从地劳作，以完成其指令：作曲家们试图接近各个领域中听不见的和声；雕塑家和画家们则把身体描绘成一座应当把灵魂从中解放出来的牢房，或者把它描绘成灵魂必须在其中遭受折磨的牢房。在他们萌生出有计划的理论建构之前，对各种规范的背离就被抹去了。

美学作为一种镇压或伪装的手段，恰当地说，成了后续时代的一种发明。我们早已看见过批评家们试图解释或证明画出来的裸体在情欲上的吸引力，他们认为艺术家真正在追寻的是一种非肉体的、超验的、超越于其主题和媒介等 *sine qua non*〔译按：拉丁语"必要条件"〕的美。更一般地说，从前代继承下来的各种规范，有助于谴责那些从其严格的观点来看无法控制的、或者需要引回到

---

① 塔塔凯维奇(1970-1974)，III, xviii。

第七章 文艺复兴时期的学院、菲奇诺、蒙田与莎士比亚

更加传统之渠道的东西。总之,文艺复兴时期的美学已经过时,它那些继承下来的指令,变成了要对艺术起着一种全新作用的东西。过去被用来提供净化和围堵政策的东西,现在则日益服务于谴责、缩减、隔离的目的,或者有选择地服务于官方认可的哲学和道德目的,以及同样过时了的各种路线。

也有实际上的变化。随着社会的日益世俗化,对要求艺术家们遵循的规则的管理,从神职人员的控制中脱离出来。评判什么是合适的、端庄的和美的新仲裁者来自各界人士:他们可能是像菲奇诺那样的哲学家,像瓦拉那样的学者,像帕乔利那样的数学家,像丢勒那样的艺术家,像薄伽丘那样的诗人,像卡斯蒂蓼内那样的外交官,像埃布雷奥那样的医师,或者偶尔甚至也有像本博那样的旧式神职人员。我们唯一没有发现专业的美学家或批评家。

不过,存在着文艺复兴的学院,它为这种新阶层的发展提供了温床。像文艺复兴一样,它代表着一种再生,并且是最宽泛意义上的再生。菲奇诺设在佛罗伦萨的柏拉图学院,是后来大多数各种学院直接或间接的先声,它以柏拉图在雅典的学园为模式。在它之后,要列举出较为著名的、都设在佛罗伦萨的波塔尼学院和瓦萨里的设计学院,设在罗马的维特鲁威学院,还有马德里和哈莱姆的各种学院,最后是17世纪在法国社会上层盛行的各种学院,这类机构在那时达到了它对诗人、艺术家和音乐家具有特殊约束力之影响的顶点。

所有这些学院的共同点十分明显:表面上,学院的学者们都支持启蒙和进步。而实际上,他们却尽力要把正在出现的亲感觉论的艺术推回到否定生活的、后柏拉图主义的模式中,尽管经常是无

意识地。巴黎绘画与雕塑学院创立于1641年,①它弄清楚了对其前辈来说什么是更加不言而喻的议程。从程序上说,它开始把艺术家从行会系统解放出来,并把在中世纪丧失了的自由交还给他们,那种自由是他们的前辈在古代曾经享有的。因此,它的格言是:*libertas artium restituta*[译按:拉丁语"复兴艺术自由"]。②但是,这样的自由是有代价的,要用柏拉图最先铸造的货币来支付,那时他公开指责对艺术来说是精粹的一切理想:即艺术的主题、媒介和吸引力的自然特性,都是低下的。因而,学院的学者们所注意的是创造性中的观念要素,而不是据说的它在总体上的、全部的对应物。与那些被认为要回避作曲的卑下工作,更不用说演奏真实音乐的中世纪音乐家们非常相似,如学院所吹嘘的,"天才人物"不应当陷入"优美艺术的实际方面"之中。③

柏拉图不正当的、却在哲学上牢固的、有关创造冲动的 *reductio ad absurdum*[译按:拉丁语"归谬法"],已经被降低到了新的、*ça va sans dire*[译按:法语"这不用说"]的不知所云的空话层面:艺术家被许诺的自由取决于他服从指令的意愿,即要求他与自己实际的媒介断绝关系的指令。从前或此后的美学家们绝不会试图以更加荒谬的书生气的方式坚持这种反艺术的前提:有些规则涉及全面的设计,有些规则与不同性别和年龄的人的体形之正确比例有关,有关于写作和表达的规则,有关于正确运用色彩、光影的规则。④ 艺术要坚决地被固定在既不属于历史变化、也不属于

---

① 参见塔塔凯维奇(1970—1974),Ⅲ,318。
② 参见同上,Ⅲ,401。
③ 同上。
④ 参见同上。

第七章 文艺复兴时期的学院、菲奇诺、蒙田与莎士比亚

地理变化的一种永恒的观念基质上。按照弗雷亚尔·德·尚布雷对上一章讨论过的那幅奇怪地矛盾的寓意画《艺术的理念》的看法,美无论何时何地总是相同的。让每个时代或民族都提出自己的美的定义,是愚蠢的错误。①

并非所有文艺复兴时期的学院都像法国人那样异乎寻常地具有强迫性。然而,大多数学院都想方设法地重新阐述了某些后柏拉图主义团体的反感觉论的原则,同时又用各种新的变体来强化它们。马德里学院背后的主要理论家胡安·巴蒂斯塔·维拉潘多提倡一种艺术,要反映出微观与宏观世界从音乐上感知到的和谐,以及一种以人的外形的几何形结构为模式的建筑。早在1542年,相似的关注就已经促成了维特鲁威学院在罗马创立。②

大多数这些努力的主要根源,是菲奇诺的柏拉图学院以及后继的所有这类机构,它也给以后时代的美学留下了最深刻的烙印。这是双重的悖论。像柏拉图一样,菲奇诺并不非常关心艺术。还有,他所声称的有关柏拉图主义的重新发现,很少有什么新意。正如在历史上经常出现的那样,表面上的新之所以流行,是因为它敲击了不只是为某个时期鸣响的旧弦。菲奇诺也许是把柏拉图的希腊文原文翻译成文艺复兴时期的拉丁文的第一人。但是,在解释柏拉图的哲学方面,他遵循了一切路径之中最普通的梯级路径,即奥古斯丁的基督教柏拉图主义的路径。事实上,正是通过菲奇诺,奥古斯丁才被允许再次断言他对未来世纪的美学理论建构的威胁。③ 从彼特拉克(《忏悔录》的一位热情赞赏者)直到文艺复兴晚

---

① 参见塔塔凯维奇(1970—1974),III,401。
② 参见同上,III,39,211。
③ 参见克里斯特勒(1964a),37,39。

期的人文主义者,主要由于菲奇诺,奥古斯丁的柏拉图主义才成为文艺复兴时期重要的思想潜流。"到16世纪末,当弗朗西斯科·帕特里齐试图再次复兴新柏拉图主义之时,他又明确地提到了奥古斯丁的判断。"[①]

有关菲奇诺的柏拉图主义的最明显的事情,就是对惧怕一切肉体的和性欲的东西的厌恶。这位文艺复兴时期的哲学家就"猥亵"和"伤风败俗"[②]所说的话,超过了我们在中世纪和早期基督教的清教徒主义中所发现的大多数内容,或者说,就此而言,超过了我们在奥古斯丁那里发现的大多数内容。菲奇诺不遗余力地谴责好色之人是"病入膏肓",[③]或者是一种"发疯的和可怜的……动物"。[④] 这个卡列班[*]颠倒了自己天赐的种族,生活得乱七八糟,"企图用鼻子、嘴和手指抓住不断往下沉的所有东西"。[⑤] 菲奇诺对《会饮篇》很有影响的评论,猛烈抨击了野兽般的爱情的疯狂;[⑥]或者说,它借用了对中世纪来说如此亲切的山猫之眼的意象,以致可以渗透到隐藏在美丽外表之下令人讨厌的内部。[⑦] 结果,菲奇诺对柏拉图的这一观念几乎没有耐心,即灵魂应该通过一步一步上升到天堂而逃离身体的牢狱。他的这种每次都上升几级的自我上升的观念在一种基督教语境中得到了重新安排,[⑧]尤其是在这

[①] 克里斯特勒(1969),371;参见杰恩(1963),14—38。
[②] 克里斯特勒(1964b),293,215。
[③] 同上,296。
[④] 同上,294。
[*] 莎士比亚戏剧《暴风雨》中的野蛮人。——译注
[⑤] 克里斯特勒(1964b),293。
[⑥] 参见菲奇诺(1956),244—245/菲奇诺(1985),158。
[⑦] 参见菲奇诺(1956),236/菲奇诺(1985),142。
[⑧] 参见菲奇诺(1956),94—95。

一观念与柏拉图的其他观念相结合时,如回忆或神的疯狂,更是如此。①

菲奇诺对一切身体性的东西的嫌恶,也给他对美的感受打上了标记。不必说,美不可能凭借触觉、味觉和嗅觉这些低级感觉来感知。然而,就连视觉这种最纯洁的感觉都充满了危险。菲奇诺援引《圣经》的话来告诫"眼睛之淫欲"②的危险,或者劝告情人们要避免眼睛接触像瘟疫一样的东西。③ 对他来说,眼睛是通往身体之爱的疾病的主要原动力。④ 菲奇诺援引柏拉图的话——对他来说,柏拉图甚至是一个私下的模特儿("他的生活完全是有节制的,如圣奥古斯丁所断言的那样,是朴素的"⑤)——坚持认为,一个无法超越"其[双眼]所能看见之外形"的人生活于堕落之中;因为"这样的人要受到那种伴随着淫乱和贪欲之爱的折磨"。⑥ 简言之,真正的美是非肉体的(Pulchritudo est aliquid incorporeum),⑦因而对我们的身体不具有任何吸引力(Nullam igitur naturam corporis ardet)。⑧

与艺术美一样,它的创造者也是如此:一般说来,艺术家直接从他迫使自己的心灵与肉体相分离来说都会取得成功。因为"心灵与这种身体结合得越深刻,它就越有缺陷;而离身体越远,它就

---

① 参见菲奇诺(1975—1981),I,44。
② 《新约·约翰一书》2:16。
③ 参见菲奇诺(1956),256/菲奇诺(1985),167。
④ 参见菲奇诺(1956),254/菲奇诺(1985),166。
⑤ 菲奇诺(1975—1981),III,37,91。
⑥ 同上,I,44—45。
⑦ **参见菲奇诺(1956),182/参见菲奇诺(1985),87。**
⑧ **参见菲奇诺(1956),184/参见菲奇诺(1985),89。**

越能前进"。① 如果菲奇诺不坚持这种观点的话,他就什么都不是。他写道:"无论谁在任何高贵的艺术方面取得了某种伟大成就,多半是在他脱离了身体之时取得的。"②或者说:"所有那些发明了伟大事物的人……当他们躺在灵魂的避难所、脱离了身体之时,尤其能做到这一点。"③艺术家的成功有赖于他压抑自己身体功能的程度。作为艺术家,在创作时,必须控制身体,这样他的外形就使自身在物质中留下了印象。④

菲奇诺奇特的退化的柏拉图主义,慢慢超出了他的学院的界限。然而,一旦它超出了界限,就像鬼火一样蔓延到了欧洲的各个角落。菲奇诺对柏拉图的《会饮篇》的评论所产生的所谓 *trattati d'amore*[《论爱情》],⑤建立了一种文艺复兴时期的畅销书类型,深深影响了其他文学形式,如英格兰的绮丽体小说。与菲奇诺的拉丁文著作不同,它们是用本国文字写成的,其中的一些,如本博的《阿索拉尼》和莱昂·埃布雷奥的《爱的对话》,被翻译成了法语、西班牙语和英语等其他语言。其中一些在初版后的10年或20年内发行了很多版本。⑥

《论爱情》的大部分内容,除了仿效菲奇诺的理想主义之外,继承了他对身体和性欲的嫌恶。马里奥·埃奎科拉的《论爱情的本质》,只不过重复了说到 *la spurcitia del coito*[译按:意大利语"性

---

① 克里斯特勒(1964b),289。
② 同上,216。
③ 同上,304。
④ 参见菲奇诺(1964),176/塔塔凯维奇(1970—1974),III,110—111。
⑤ 参见纳尔逊(1958),82。
⑥ 参见同上,69,102—103。

交的刺激"]时的①一般常识。性爱,那种 rabbia Venerea[译按:拉丁语"对性活动的愤怒"],②不过是"愚蠢的混乱"。③ 与柏拉图的《会饮篇》不同,《论爱情》再次回想起了菲奇诺与奥古斯丁,描绘了一幅特别严酷的、同性恋的、nefaria sceleratezza[译按:拉丁语"大逆不道"]的图画。④ 马里奥·埃奎科拉把它称为 horrendo vitio[译按:拉丁语"腐败的恐怖"]。⑤

有一个例子足以使人想到,《论爱情》把菲奇诺自炫博学的哲学变成了通俗的陈词滥调。卡斯蒂廖内的《朝臣之书》虽然不是《论爱情》本身,却详细描述了柏拉图的上升理论,并且是在这样一个回想往事的框架内这么做的,即争论那种风格的俱乐部的特定情节。在文艺复兴时期普及菲奇诺的柏拉图主义的所有出版物中,它是最有影响力的。到 1700 年,它已经发行了 20 多个意大利文版本,并且被翻译成了法文、西班牙文、英文、荷兰文、德文和拉丁文。在莎士比亚一生中,至少出现了四种不同的托马斯·霍比的英译本。⑥

按照卡斯蒂廖内的代言人本博的看法,肉欲之爱是"我们借以上升到真正爱情的最低一级阶梯"。⑦ 在原则上,性欲是兽性的,⑧而且"在各种年纪都很坏"。⑨ 为了懂得"如何以超越粗俗的兽群

---

① 参见纳尔逊(1958),70。
② 参见同上,77。
③ 同上。
④ 参见同上,71。
⑤ 参见同上。
⑥ 这些译本出现于 1561 年,1577 年,1588 年和 1603 年。
⑦ 卡斯蒂廖内(1959),340。
⑧ 参见同上。
⑨ 同上,339。

的方式去爱",①爱的人必须"避免粗俗之爱的一切丑陋",②把自己的"欲望从身体完全转移开"。③ 因为后者如本博不止一次地解释的,"是某种与美非常不同的东西"。④ 在最终的分析中,只能"凭借心灵的眼睛"才能看见美。⑤ 假定"一位女人可爱的眼神瞥见了我们",⑥我们感到了愉悦。但是,与"灵魂得以看见神圣之美时所充满的"⑦愉悦相比,这就算不了什么。"易朽的身体"⑧的美,充其量只是一种错觉;它在最坏的情况下,则是"无数邪恶、仇恨、战争、死亡和破坏"⑨的刺激物。一旦它达到顶点,就会造成厌烦、反感和挑衅:"因此,所有那些以他们所爱的女人来满足自己不贞洁之欲望的恋人们,都会遭遇到两种邪恶之一:因为只要他们拥有了他们欲求的东西,他们要么会感到餍足与厌烦,要么就会对所爱的对象怀有一种仇恨。"⑩总之,美是非肉体的,只有那些压抑身体的人们才能感知到或创造出美。

对文艺复兴时期的这种一致看法,也不乏不同意见,尤其是在文艺复兴末期。乔达诺·布鲁诺不顾精神之美的概念,称赞美的物质对应物是一种把普通人变成诗人和英雄的力量。⑪ 伽利略在

---

① 卡斯蒂廖内(1959),346。
② 同上,347。
③ 同上,351。
④ 同上;参见同上,350。
⑤ 同上,353。
⑥ 同上,354。
⑦ 同上。
⑧ 同上。
⑨ 同上,341。
⑩ 同上,337—338。
⑪ 参见塔塔凯维奇(1970—1974),III,295。

一封信中把雕塑置于绘画之上,因为它的呈现物可以触摸。[1] 笛卡尔不顾柏拉图的美 *per se*[译按:拉丁语"本身"]的概念,把对美的主观感知同个体的记忆联系起来:无论我认为某物是美或丑,都取决于对象在我心里所引起的联想。在这方面,我类似于一条狗,它在反复听着小提琴的声音而被鞭打之后,一旦再听见琴声,就会发出呜呜声跑走。[2] 但是,在这些孤立的意见中,没有哪一条会对美学史产生重要的影响。

这对蒙田和培根来说同样如此,他们至少有可能成为霍布斯之前最激进的革新的美学家。他们两人都以不同的方式从根本上抨击了后柏拉图的团体。培根回顾了"人类记忆和学习所延伸"[3]的两千多年,注意到一种一直在进行着的"迷信以及……神学对哲学的腐蚀"。[4] 这种腐蚀的一个主要原因是由毕达哥拉斯及其追随者们提供的,另一个"更加危险和微妙的"主要原因则是由"柏拉图及其学派"[5]所提供的。对毕达哥拉斯学派和柏拉图学派来说,共同点在于把精神与物质、灵魂与身体、形上之学与形下之学相分离的倾向,或者就柏拉图的特定情况而言,是理念的推断或"从物质中绝对抽离出来的、不受物质限制和决定的形式"。[6] 培根没有详细讨论绝对的、纯粹的美的理念,它无疑属于同样的、大体上有关抽象理念的保留。

---

[1] 参见塔塔凯维奇(1970—1974),III,297。
[2] 参见同上,III,373。
[3] 培根,IV,77。
[4] 培根,IV,65。
[5] 培根,IV,66。
[6] 培根,III,355。

宽泛地说，在他看来，"对人的探究并不能发现实质性的形式"。① 我们所能确定的事物的唯一形式，是"绝对真实的那些律法和确定性，它们支配和构成了一切单纯的性质，如每一种物质与容易受它们影响的主体之中的热、光、重量"。② 这提出了一个更深一层的问题。美是这样的一种形式吗？或者说它是一种完全主观的、心理上的反应，在事物之中毫无根基，如笛卡尔和斯宾诺莎③将会提出的那样吗？培根再次没有回答这个问题。但是，他反对美是在事物之下的一种几何结构或完美的历史悠久的概念。"人们无法说出是阿佩里斯*，还是阿尔布雷希特·丢勒更加不务正业；他们一个因为几何比例成为名人，另一个则由于从各种面孔取其最佳部分合成至美的脸面而著名。"④对培根来说，"卓越的美"而不是这种自夸的人为的完美，始终都具有"在比例方面总有奇异之处"。⑤ 更普遍地说，培根对艺术以及对那些欣赏艺术的人们产生的影响，采取了一种清新的快乐论的观点。对他来说，诗歌是一株"产生于世俗贪欲的植物"。⑥ 它是"想象力的一种愉悦或游戏"，而"不是一种工作或在其中的职责"。⑦ 绘画和雕塑，连同美学、化妆术和医学，都是适合于身体的愉悦、力量、美和健康的 *artes voluptuariae*［译按：拉丁语"快乐的艺术"］。⑧

---

① 培根，III，355。
② 培根，IV，146。
③ 参见塔塔凯维奇（1970—1974），III，361，369。
* 阿佩里斯（Apelles），古希腊画家。——译注
④ 培根，VI，479。
⑤ 培根，VI，479。
⑥ 培根，IV，318。
⑦ 培根，III，382。
⑧ 塔塔凯维奇（1970—1974），III，308。

第七章 文艺复兴时期的学院、菲奇诺、蒙田与莎士比亚

培根对西方文化史具有一种决定性的、经常是概括的感受,因为他一开头就很不顺利地遇到了柏拉图和毕达哥拉斯那样的思想家。对他来说,他们"对人类理性的整个构造",就像一个"毫无任何基础的宏大结构"。① 因此,"理解的全部工作"必须"重新开始"。它的目标是"恢复一种合理的和健康的状况",②这在德谟克里特、赫拉克利特、恩培多克勒和阿那克萨哥拉等前苏格拉底哲学家那里依然很明显。③ 然而,在性情方面,培根具有过多柏拉图的清教徒的偏向,以致不允许他从根本上抨击柏拉图对价值的重估。他的一篇文章把爱情、尤其是"不贞洁的爱情"界定为"荒唐之子"。④

蒙田的对立也是如此。一方面,他嘲笑柏拉图是一位"补文缀字的诗人",⑤苏格拉底是一个把理性当作"一根很多端的棍子"⑥一样挥舞着的人,或者嘲笑他们的哲学不过是一种"诡辩的诗学";⑦另一方面,他缺乏培根那种对原初的价值倒置的感觉,这种倒置造成了西方思想否定生活的和唯心主义的先发制人的倾向,他在其他地方对此作过十分敏锐的分析。他完全具有完成这一任务的素质。对非西方的、外来文化的敏锐兴趣,为他提供了必要的视点;对他自己在性方面和身体其他方面的快乐,具有一种怀着个

---

① 培根,IV,7,40。
② 培根,IV,40。
③ 参见培根,IV,39,73—74,108—109。
④ 培根,VI,398。
⑤ 蒙田(1965),401;参见同上,407。
⑥ 同上,496。
⑦ 同上,401。

人冲动的满不在乎的愉悦。

甚至在这件事几十年之后,他还愉快地回想起自己一直是最不适合性接触的人。① 与柏拉图、奥古斯丁和后来的康德不同,蒙田完全逃避了随着年龄增加而变得愈加清教徒式的综合病症。年龄变老只不过使他在捍卫自己年轻时的无节制方面变得越发坦率直言。他断言:"世界的全部运动把它本身溶解成了并导致了这种偶合。它是一种被彻底灌注了的物质,它是万物都要仰望的中心。"②

显然,蒙田不喜欢"那种野蛮的智慧,它会使我们成为培育身体的倨傲的仇敌"。③ 他也讨厌"我们的各种疾病中最残暴的疾病",它使我们"轻视自己的存在"。④ 他按相似的脉络,诅咒了"我们有病的、扼杀欢乐的心灵",它会使我们对自己身体上的愉悦感到厌恶。⑤ 蒙田虽然继续着自己惯有的细心谨慎,却也指向了这种反常的主要的始作俑者。奥古斯丁认为性交"必然与隐藏和羞耻有关",对蒙田来说,这种看法受到了神学家们"过度软弱和恭敬态度"的鼓动。⑥ 然而,在这里,在已出版的书中省略了的一条评论里,有蒙田想起的奥古斯丁的一个理念,即在"末日审判"时应当把女人恢复为男人,以便使我们不再受进一步的诱惑。"Si c'estoit à elles de dogmatizer en telles choses diroient elles pas que pour cette raison il vaudroit mieux que ce fut à nous de changer

---

① 蒙田(1965),679;参见同上,681。
② 同上,652。
③ 同上,849。
④ 同上,852;参见同上,681。
⑤ 参见同上,148,254,484,449。
⑥ 同上,441。

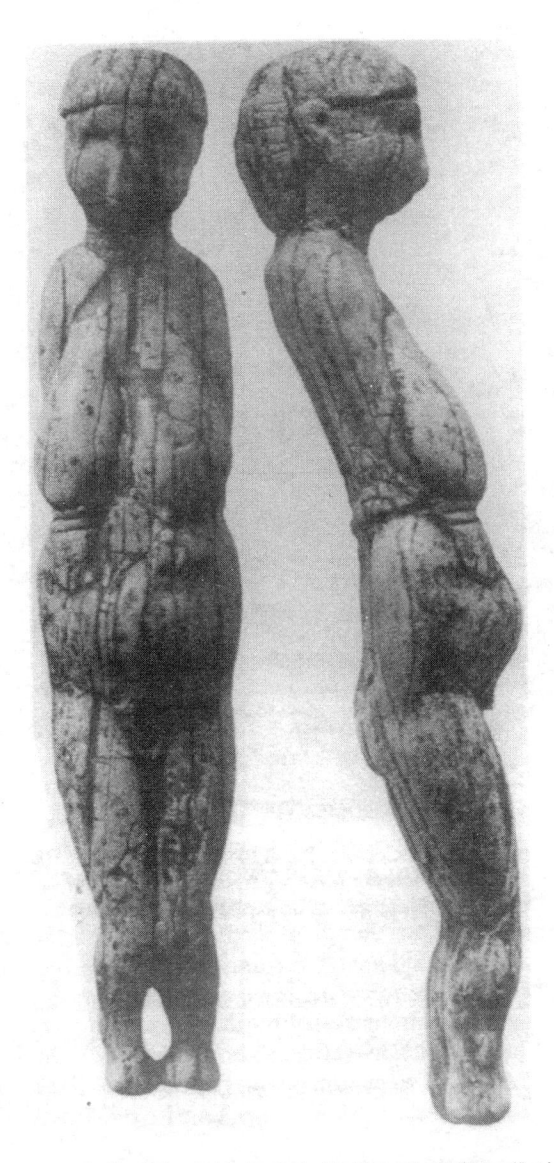

12.《格拉夫特时期女性象牙小雕像》,俄罗斯阿维迪沃,约公元前21000—前19000年。

13.《做爱》,科林斯镜盘,约公元前320—前300年,波士顿美术博物馆。

en elles?"①[译按:本句法文的大意是:如果用这些东西向他们传授并非为了使他们领悟教义,那么还有比让我们变成他们更加可笑的事情吗?]蒙田以同样的讥讽,把柏拉图对阴茎的描述说成是

---

① 蒙田(1965),962;参见同上,654。

一个"不顺从的和残暴的部分,它就像一个狂暴的动物,凭借其欲望的暴力保证要让一切都服从于它自己"。① 很有特点的是,柏拉图的厌恶在蒙田的解释中变成了拉伯雷的快乐。"同样对女人来说",他写道,诸神

> 赋予了一种饕餮般的和贪婪的动物,如果按照季节拒绝给予它食物,它就会发疯,对延迟没有耐心,并且,把暴怒发泄到它们的身体上,堵塞通道,屏住呼吸,引起了上千种疾病,直到它在普遍渴望的果实中吮吸,于是在子宫深处大量地灌溉和授精。②

无论是男性还是女性,对蒙田来说,生殖器都是"我们各个器官中最令人愉快和最有用的"。③ 对他来说,性的愉快是"肉体生命唯一真正的愉快;其他愉快比较起来都睡着了"。④ 然而,"很多人都对它们怀着一种极端的仇恨";⑤实际上有那么多人,以至蒙田不得不冒险到欧洲文化以外去寻找对他自己相反的观点的支持。

他在这方面超乎其他一切的轻信,显示了他好争辩的热情。他转述说,在世界上的大多数地方,生殖器都遭到了否定;埃及的妇人们在酒神节上在脖子上戴着木制的阴茎,"制作精巧,大而厚重,依每个人的地位而定";⑥在另一些不明场所,处女们公开展示

---

① 蒙田(1965),654。
② 同上。
③ 同上,42。
④ 同上,248。
⑤ 同上,42。
⑥ 同上,653。

她们的阴部,男性们则拥有特殊的同性恋妓院;①在参加仪式之前,礼拜者们在教堂里为了这种表达的目的而同男孩和女孩们交媾。②对于使性活动精神化的各种努力,他感到了与不安形成对照的由衷高兴。按照他的说法,他认为自己是苏格拉底的对立面,苏格拉底"凭着理性的力量纠正了[他的]天然的性情"。③ "其他人研究了如何提升自己的心灵,并紧紧地提升它们;我,则研究过如何使自己的心灵变得谦卑,并让它安静下来。"④更有甚者,大多数假装轻视"性愉快"的人也这么做,因为他们已经丧失了享受它的能力。对比之下,蒙田更愿意使自己的"灵魂充满各种有用的放肆念头,以便让它得到安宁",⑤甚至在他老朽之时。其他一切都是伪善和伪装:"色诺芬以克里尼亚斯的胸怀写下了反对亚里斯蒂皮克耽于声色的著作。"⑥在真实生活中,看来没有任何人会被"对于苏格拉底以身体交换灵魂的高贵的欲望所攫住,不会以[其夫人的]大腿为代价去购买哲学的和精神的智慧与产物"。⑦ 更一般地说,蒙田反对使灵魂与身体相分离,或者说反对为源于这样一种分离的情感留下"爱情"的标签。灵魂并不企图逃离感性的愉悦,无论是性愉悦,还是其他愉悦,灵魂应当"请求她自己加入到它们之中"。⑧我们还有什么别的选择?人们可能会认为,爱情主要"涉

---

① 参见蒙田(1965),80。
② 参见同上,652。
③ 同上,811。
④ 同上,623。
⑤ 同上,638。
⑥ 同上,757。
⑦ 同上,684。
⑧ 同上,681;参见同上,855。

第七章 文艺复兴时期的学院、菲奇诺、蒙田与莎士比亚 185

14.《迦鞠逻河神庙的中楣雕塑》，印度北部阿拉哈巴德西部，公元10世纪，埃克伯特·法阿斯拍摄。

及视觉和触觉";①实际上,它"只建立在愉快之上"。② 无论我们是否喜欢它,爱情都"只不过是对于一个欲求对象的性快乐的渴望"。③

对蒙田来说,美像爱情一样,牢固地植根于性欲之中。他很方便地把自己限制于《会饮篇》中狄奥提玛的演说之上,让苏格拉底把"爱情界定为对于通过美的调节而进行生产的欲望"。④ 蒙田为他自己发言,更坦率地提出了各种问题:"*Au lict, la beauté avant la bonté*"⑤[译按:法语"美先于仁慈"]是他所发现的一条适用于他本人、也适用于一般男女的规则。"我经常看见[男人们]借口自己心灵软弱以利于自己身体的美;但我从来没有见过为了我们心灵的美……他们愿意赞同身体有丝毫的衰弱。"⑥

蒙田把美界定为在原初意义上的性刺激,给他留下了关于什么能唤起这种渴望的问题。他那广泛的人类学兴趣帮助他说明了美的主观性质。"东印度群岛把它描绘为黑色和朦胧的,加上巨大肿胀的双唇和宽大扁平的鼻子……在秘鲁,最大的耳朵是最美的,他们尽最大可能人为地把它们伸展开……在别的地方,有些民族极为关注把他们的牙齿抹黑,对看见白色牙齿表示轻蔑;在另一些地方,他们把牙齿染成红色。"⑦关于什么美是"本质上的和普遍

---

① 蒙田(1965),627。
② 同上,649。
③ 同上,668。
④ 同上。
⑤ 蒙田(1950),229;参见蒙田(1965),142。
⑥ 蒙田(1965),684。
⑦ 同上,355。

的",①甚至存在着更大的混乱。像培根一样,蒙田讨厌把美变成像球体、金字塔或矩形那样的几何形体的企图;②在他谈论到内在的、精神的美的地方,③或者在谈到灵魂之美的地方,他的确是比喻性地而不是从本体论上去谈的。

他也不具有文艺复兴时期把人体神化为美之 *ne plus ultra*[译按:拉丁文"顶点"]的一般倾向。相反,"我们在美之中超越了很多动物"。④ 对蒙田来说,甚至从一种严格的性的观点来看,也是如此。"确实,当我想象完全裸露的人们时,是的,即使在性似乎具有美的较大部分时,想象他们的缺点,他们天然的从属地位和他们的不完美时,我认为我们比其他任何动物都更有理由掩饰我们自己。"⑤因此,对他来说,自我修饰的艺术是一种催欲剂,以增强人们可能在其他地方找不到的性的吸引力。人们装饰着羽毛、皮毛和丝绸,以及从比我们更具备奇异的性诱惑、被称为美的动物身上掠夺来的物品。⑥ 然而,时装和化妆术绝不是沿着这些路线运转的仅有的"艺术"。比培根更适当的是,蒙田在谈论绘画和雕塑时可能使用 *artes voluptuariae*⑦[译按:拉丁文"快乐的艺术"]这一普通的命名;或者说,他也许会把音乐和诗歌包括在相同的范畴内。对优美艺术的评论在蒙田那里很罕见,但这个例外表明了他的可以预言的偏好。因而,他借用了阿雷蒂诺的朋友多尔斯也提

---

① 蒙田(1965),355。
② 参见同上,356。
③ 参见同上,138。
④ 同上,356。
⑤ 同上。
⑥ 参见同上。
⑦ 参见塔塔凯维奇(1970—1974),III,303。

到过的那件轶事,即那个男孩十分倾心于普拉克希特利斯的维纳斯雕像,以致他用自己的精液玷污了她;① 或者说,他不断地详述皮格马利翁的故事,皮格马利翁"在建造了一个异常美丽的女人的雕像之后",对它变得如此迷恋,"以至他爱上了它并为它服务,就像它是活人一样":

> 他献出了亲吻,以为它们是被归还的吻;
> 追赶并抓住,以为那肉体屈服了
> 在他的指头下面,将驻留着恐惧的痕迹。②

思考这样的诗句有助于成熟的蒙田使自己的灵魂充满使之安宁的美好的放肆念头。这位随笔作家显然对情欲刺激的艺术和诗歌具有敏锐的兴趣。他列举的 10 多本书,如斯特拉托的《论肉体的结合》或阿里斯托的《论情爱仪式》,在他的著作里都是最长的。③ 他很熟悉并援引过《普里阿佩阿》和佩特罗尼乌斯的《爱情神话》,他认为卡图卢斯、维吉尔、卢克莱修与贺拉斯属于"[在诗歌方面]第一流的"。④ 他对拉伯雷以及薄伽丘的《十日谈》和约翰尼斯·塞康德乌斯的《亲吻》这些属于最近"值得为娱乐消遣而阅读"⑤的书籍的偏爱,表明了他显然对那些令大多数同时代人心烦的问题并不过敏。他觉得特别有趣的是一个"好人"的故事,那个

---

① 参见蒙田(1965),672。
② 同上,293,449;参见奥维德(1983),243(卷十,282—284 行)。
③ 参见蒙田(1965),652。
④ 同上,298。
⑤ 同上。

第七章 文艺复兴时期的学院、菲奇诺、蒙田与莎士比亚

好人为了使人们不屈从于眼睛的强烈色欲,拆除了自己城市里的大多数雕像。为了达到他的最终目的,那个人不也应当除掉毛驴和马,或者确切地说除掉"所有物种"吗?为了加强自己的观点,蒙田从他认为"诗歌中最有成就的"维吉尔的《农事诗》里援引了他喜爱的诗句:

> 是的,大地上的一切,人种和野兽,
> 大海里的鱼儿,羊群,以及色彩华丽的鸟儿,
> 都冲进了充满热情的火焰中。①

但是,蒙田对诗歌在情欲上有刺激的吸引力的兴趣,超过了对诗歌主题的关注。就读者所关注的而言,他要求诗歌要使我们"狂喜","压倒"我们,使我们"万分激动","穿透"我们,②并使我们"满足"。③ 很有特点的是,他通过解释维吉尔的《埃涅阿斯纪》和卢克莱修的《物性论》描述性交的两个段落,说明了这一见解。在其中一个段落里,维纳斯与伏尔甘做爱,④在另一个段落里,那位女神受到劝告要让自己完全投身于马尔斯:

> 用你的拥抱抓住他,女神,让他融为一体
> 在他躺着时用你那圣洁的身体;让甜蜜的话语

---

① 蒙田(1965),653。
② 同上,171。
③ 参见同上,665。
④ 参见同上,664;参见维吉尔(1965),178 以下(卷八,387 行以下)。

从你的嘴唇倾泻而出。①

蒙田赞扬了这两位诗人用以处理自己主题的判断力和精致——然而，仅仅是为了指出这些谨慎处理加强了内容在性方面的吸引力。对他来说，"维纳斯并不"像她在维吉尔笔下"那么美丽地完全裸露、充满活力和呼吸着"。② 维吉尔和卢克莱修"把挑动情欲处理得很客气和离散"，"较为忠实地揭示和说明了它"。③

更特别的是，诗歌怎样"再创造出一种比爱情本身更加多情的不确定情绪"？④ 蒙田通过详细分析引自那两位诗人的诗句告诉了我们。他认为，因为诗歌要"充实和夺取"⑤读者的心灵，就必须得到诗人在移情作用下融入其主题的支持。只有这样，他的语言才会超越它本身而达到词语的"意味超出了它们所说"的程度，此时它们不再是"气息"，似乎就像是"血和肉"。"它是[诗人]提升和增大词语的想象力的愉快"，⑥并且使我们忘却了我们不是处在它们所演绎的真实事件面前：

当我反思 *rejicit*[讥嘲]、*pascit*[贪婪]、*inhians*[夸口]、*molli*[温柔]、*fovet*[抚弄]、*medullas*[活力]、*labefacta*[颤栗]、*pendet*[暂缓]、*percurrit*[挥霍]以及高贵的 *circumfusa*

---

① 蒙田(1965)，664；参见卢克莱修(1975)，5(卷一，第33行)。
② 参见蒙田(1965)，645。
③ 同上，671。
④ 同上，645。
⑤ 同上，665。
⑥ 同上。

第七章 文艺复兴时期的学院、菲奇诺、蒙田与莎士比亚

[混合]时,我不会说:"这是说得很好",我会说"这是想得很好"。①

总之,诗歌应当涉及而不是避免性欲的重要性,在这么做时增强了而不是不重视它们在情欲上的吸引力。或者如蒙田指出的:"无论什么人从缪斯女神那里夺走了她们多情的爱好,就将剥夺她们所拥有的最好的主题……无论谁使爱情丧失了与诗歌的交流和效劳,就将使他解除自己最好的武器。"②因此,蒙田对文艺复兴时期的《论爱情》同样很蔑视,它把诗歌引向了相反的方向:"我的重要事情是做爱和理解爱。莱昂·赫博雷奥和菲奇诺对他的理解是:他们谈论他、他的思想和他的行动,然而他却丝毫不理解它……如果我要从业,那么我会使艺术自然化,就像他们使自然人工化一样。让我们不管本博和埃奎科拉吧。"③

莎士比亚从来没有 *expressis verbis*[译按:拉丁语"明文"]提及文艺复兴时期的《论爱情》,但他在《爱的徒劳》里对文艺复兴时期学院的论述,与蒙田针对本博、埃奎科拉、莱昂·赫博雷奥和菲奇诺的咒骂一样,成了他们的柏拉图主义之主张的一幅有力的讽刺画。即使按照莎士比亚的标准,喜剧也是非常好色的。它那不礼貌的"生殖器"的猥亵刺破、破坏、最终严重破坏了那瓦拉的那些尊严而有礼貌的学者们的纯洁渴望,他们已经向"这俗世欲望的庞大军队"宣战了。④

考斯塔德在与杰奎妮姐通奸、并破坏了那侍臣三年禁止以任

---

① 蒙田(1965),664—665。
② 同上,644—645。
③ 同上,666。
④ 莎士比亚(1974),179(《爱的徒劳》,I,i,10)(译按:译文中凡涉及莎士比亚作品的译文,均以朱生豪先生的译本为准,个别地方略有改动)。

何形式与女人接触的禁令时,他那煽动性的挑衅发作了。他坦率地"承认了通奸",①吹牛说那"女孩子对[他]很有用",②并且没有不适当地考虑剧本的要旨,争论说那是"愚蠢的世人对肉体的需要也同样洗耳恭听"。③ 唯有侍臣俾隆意识到了"必然性将使[他们]全都打破誓言",④加入到这种好色的逗弄之中,与罗瑟琳坠入情网:对他来说,丘比特是"年少的老爷,矮小的巨人"。⑤

但是,最糟糕的猥亵出现在鲍益与一个侍女诙谐的巧妙应答之间,那侍女的性魅力快要使那些礼貌的文人学士违背自己生活哲学方面的誓言,⑥打破与他们的爱情交战的誓言,⑦打破"把世间一切粗俗的物质的欢娱丢给伧夫俗子们去享受"的誓言。⑧ 一旦考斯塔德加入争论,在狩猎队迅速蜕变为图解式的污迹期间,交流着双关语。对现代读者来说,伊丽莎白时代的狩猎行话很难理解,但在性方面的双关语,如"攻击"相当于"性交","靶子"就指"阴部",现在和那时一样很明显。

> 鲍益:要说打,就说打,我请姑娘瞧一瞧。靶上如果按红心,放射就能有目标。
>
> 玛利娅:离开足有八丈远! 你的手段实在差。

---

① 莎士比亚(1974),182(《爱的徒劳》,I,i,283)。
② 同上,(《爱的徒劳》,I,i,299)。
③ 同上,181(《爱的徒劳》,I,i,217)。
④ 同上,(《爱的徒劳》,I,i,149)。
⑤ 同上,190(《爱的徒劳》,III,i,184)。
⑥ 同上,185(《爱的徒劳》,II,i,13—35)。
⑦ 参见同上,179(《爱的徒劳》,I,i,9)。
⑧ 同上,(《爱的徒劳》,I,i,29)。

第七章　文艺复兴时期的学院、菲奇诺、蒙田与莎士比亚

考斯塔德：的确他得站近点儿，不然没法射中靶。

鲍益：如果我的手段差，也许你的手段强。

考斯塔德：她要是占了上风，大伙儿就全得缴枪。①

当然，在《爱的徒劳》中，不只是这些"不雅不俗的言语"②要拆解那些文人学士们反感觉论的奇特行为。莎士比亚以一种复杂的多重戏拟的技艺，让那侍臣利用为人所熟悉的、柏拉图式的、有关天堂之爱与美的陈词滥调，试图证明打破他们信奉相同价值的誓言有道理，更加巧妙地取得了同样的效果。一个很好的例子是朗格维称赞同样"天仙般的"玛利娅的十四行诗，我们早已听到过他与鲍益和考斯塔德反复不断地说污言秽语。观众自始至终都知道是什么使十四行诗的作者借用了他那"女神"的"天仙之爱"，以便把他的背信弃义解释过去。玛利娅用以"焚烧他血液"的，正是那"狂热"。③ 正如俾隆指出的："一个人发起疯来，会把血肉的凡人敬若神明，把一只小鹅看做一个仙女；全然的，全然的偶像崇拜！"④正如凯瑟琳在评价由另一位倾心于成为柏拉图主义者的人所写的一首相似的诗时指出的那样，那是"一大堆假惺惺的废话"。⑤

戏拟把俾隆所要求的论据变成了证明文人学士们的"恋爱是合法的，[他们的]信心并没有遭到损害"。⑥ 他的演说对这种结果

---

① 莎士比亚(1974)，192(《爱的徒劳》，IV,i,131—136)。
② 同上，(《爱的徒劳》，IV,i,142)。
③ 同上，196(《爱的徒劳》，IV,iii,94—95)。
④ 同上，195(《爱的徒劳》，IV,iii,72—73)。
⑤ 同上，202(《爱的徒劳》，V,ii,51)。
⑥ 同上，198(《爱的徒劳》，IV,iii,281)。

来说,无异于一种反柏拉图主义的美学,类似于蒙田的那种美学。对他来说,性欲,或者说"从一个女人的眼睛里学会了恋爱",[1]是艺术创造和其他创造背后的主要原动力。如我们回想起的,对菲奇诺来说,创造性行为的成功,与创造者与自己身体相分离的程度有着直接的正比关系。俾隆颠倒了这种关系:创造方面的成功,取决于对人们感官的肯定;那些完全留在或"都局限于脑海中"的"艺术",[2]被当作"沉重"[3]和"迟钝";[4]它们"徒劳的旅人"因为费了"极大的艰苦还是绝无收获"而受到嘲笑。[5] 真正的创造性要从一种泛性论的力量中获得推动力,用蒙田的话来说,它"灌注于"整个生命之中,是"万物仰望的中心":[6]

> 可是从一个女人的眼睛里学会了恋爱,
> 却不会禁闭在方寸的心田,
> 它会随着全身的血液,
> 像思想一般迅速地通过百官四肢,
> 使每一个器官发挥出双倍的效能。[7]

艺术家和诗人越是充分地让自己受到自己身体以及真正的性

---

[1] 莎士比亚(1974),198(《爱的徒劳》,IV,iii,324)。
[2] 同上,202(《爱的徒劳》,IV,iii,321,325)。
[3] 同上,198(《爱的徒劳》,IV,iii,318)。
[4] 同上,(《爱的徒劳》,IV,iii,321)。
[5] 同上,(《爱的徒劳》,IV,iii,322—323)。
[6] 蒙田(1965),652。
[7] 莎士比亚(1974),198(《爱的徒劳》,IV,iii,324—329)。对俾隆的演说和作为整个剧本的更详细的说明,参见法阿斯(1986),120以下。

第七章 文艺复兴时期的学院、菲奇诺、蒙田与莎士比亚

冲动的激励,他们的艺术就越具有力量。正如在蒙田那里一样,传统的后柏拉图主义美学背后的价值重估,要得到再重估。不仅是对性欲的压制,而且也有对它的肯定,都应当成为艺术努力的主要原因。否定身体的 *sophronisterion*[节制的牢房],已经变成了一种机制,在其中,研究、学习、科学和创造性,简言之,人类普罗米修斯式努力的全部华丽服饰,都把身体的冲动,包括性欲,当作其主要的冲动。

> 从女人的眼睛里我得到这一个教训:
> 它们永远闪耀着智慧的神火;
> 它们是艺术的经典,是知识的宝库,
> 装饰、涵容、滋养着整个世界。①

在这里就像在其他地方一样,蒙田与莎士比亚之间的种种关联是显著的。那位哲学家警告说,切断诗歌与性欲的联系就使诗人解除了"他的利器";②那位剧作家笔下的俾隆认为,世俗之爱在诗的创造中是不可缺少的前提:

> 诗人不敢提笔抒写他的诗篇,
> 除非他的墨水里调和着爱情的叹息。③

---

① 莎士比亚(1974),198—199《爱的徒劳》,IV,iii,347—350)。
② 蒙田(1965),644—645。法阿斯(1986)详细论及蒙田与莎士比亚诗学之间相似性的各处。
③ 莎士比亚(1974),198(《爱的徒劳》,IV,iii,343—344)。

第八章　霍布斯与夏夫兹博里

说一说逻辑学的起源。对于被推断为平等、认为平等的根本偏好，要靠有用、损害和成功来修改，在控制中坚持：从中产生了一种适应……它使［有机体］满足自身却不否定和危及生命。这个过程正好与那外在的、机械的过程相应……通过它，原生质不断地创造出使平等适合于自身以及使它适合于其形式与图式（Formen und Reihen）的东西。

XII，295－296/《权力意志》，510

有些美学评价比道德评价更加根本（fundamentaler）；例如，对有序之物的愉悦，很容易一目了然、界定、重复：这些都是为一切有机体相对于其处境的危险或寻找食物的艰难所共有的对于安宁的感受。熟悉之物引起了愉悦；看见我们希望轻而易举地制服的某种东西引起了愉悦等等。对安宁的逻辑的、算术的和几何学的感受，提供了美学评价的基本原料。某些生存（Lebens-Bedingungen）条件被认为如此重要，与它们对立的现实如此地逼人注目和强有力，以致看见这些形式就造成了愉悦。

XI，509－510

将西方美学的主流与一种后柏拉图主义的 sophronisterion ［节制的牢房］或牢狱进行比较，使我们在这个问题上要向后投去一瞥。如早已指出的,奥古斯丁的柏拉图主义美学的核心概念逐渐丧失了其根源的所有踪迹,它们不断如此直到中世纪盛期乃至之后。它们类似于囚徒,不知怎么忘却了是什么使它们落入监狱,或者说忘却了在它们入狱前生活像什么样子。每隔几个世纪,整个体制都要经历广泛的革新,但是,这些努力有各种明确的限制。监狱毕竟是监狱,无论经历什么内在的变化。它是囚禁犯人的牢房,不能让囚徒们逃跑。

只有极为罕见的新来者还在牢房之外散布着一种独立生活的流言。还有,对那些新的囚徒来说,要剥夺他们对于根源的记忆,一旦进了监狱,就要迅速服从于自古以来的修正过的常规。虽然如此,反叛越来越多。它们先被镇压,继而变得不屈不挠,随着时光的流逝,直到它们导致了实际的逃跑。然而,对于看守和在狱友中的大多数老者来说,他们能观察到的只有一种进展:他们越来越老态龙钟,直到他们一个接一个老迈而死。

西方美学主流的未来发展遵循着相似的路线。因为在某种程度上,它的大多数基本概念从来就没有使自身从其柏拉图式地修正过的牢房中解放出来。就算主要的牢房自中世纪盛期以来就已经进行过改革。由于阿奎那和其他一些人,囚徒们从奥古斯丁以来所要服从的严苛的处罚条件,就让路于不那么有惩罚性的对待——以及正在繁殖的改革者们悖论性的结果,他们以报复性地恢复奥古斯丁的体系而告终。在文艺复兴期间,大部分僧侣看守人把自己的职位让给了世俗的看守或哲学家们。因此,囚徒们本身被允许以更加世俗的方式来协调自己。然而,由于这些不成熟的解放,出现了麻烦。牢狱管理者一旦按某种共同的学说团结起来,就在自己内部开始了争吵。改革者们接过了一部分目标,其中的一些人在到那时为止自己隔离的牢房之中恢复了新的僧侣统治。这一点接着便引起了较为传统的看守们加紧控制,并且要在仍然处于他们权限下的住所之中严厉地摧毁更新了的、反叛的爆发。

于是,某种空前的事情发生了。有一类杰出的新理论家们,虽然最初对旧牢狱的法则嘴上说得好听,却以那些全新的方式改写了如美和丑那样的基本概念,以至在理论上使他们摆脱了如此长久地陷入其中的处罚体制。他们突然认识到各种牢狱法则都是以迷信和幻想为基础的,于是就威胁要破坏整个体制。其中一个人把绘画和雕塑算做像化妆术一样的骄奢淫逸的艺术。另一个人则爱好有点色情描写的诗歌在美学上不道德的思想,他组建了一个有关它的小小的图书馆;他提出,诗歌应当依靠诗人在性生理学上的冲动和把它们告知读者来维持其生存。第三个人在一部戏中戏拟了其同时代人柏拉图式的渴望,那部戏提出了一种由性欲和爱情所鼓动的更加真正的创造性。这三个人已经恢复了一点点丧失已久的、对于完全被囚禁在牢狱中的记忆。但是,由于各种具体的原因,他们的劳动在很大程度上都荒废了。第一个人缺乏渗透到根本之中的深刻性,那根本就是首先应当有一座美学牢狱的原因。第二个人充分意识到了那原因,却以这种粗略的和不系统的方式进行书写,以至于很容易被误读。第三个人通过一种中介发言,很难看透和揭示出对于诗歌的间接性、戏拟和睿智的误解。

然而,约五十年之后现出了第四个新理论家,他改变了所有这一切。以前,哲学从来就没有让自身与他的那种同样常识性的心理学洞见结盟;它从来就没有怀着这种直率和对于此前大部分东西的真正轻蔑而发言。举两个例证,他把善界定为某人之欲望或爱好的无论什么对象,把美界定为具有暗示这样一种善的外表之物。谈论一切更加抽象的东西,而不是他所认为的绝对愚昧,嘲弄那些隐藏在陈旧权威背后的人们,而不是替他们自己思考。

他的同时代人在极大程度上都诽谤、憎恨和谴责他——他对这一切都以沉默来回应。他肯定没有把他的反对理由付梓出版。然而,这当然就是他们在意识到他对他们的既得利益所造成的威胁之时所做的。那位年老的僧侣看守谈到了要焚烧他。在焚烧未能实现时,他们为眼见到他在地狱里被油煎、青烟从他那受到折磨的身体上持久地升腾起来的前景而自鸣得意。在那时,出现了近代全新的新柏拉图主义的学派,他们享有对那庞大监狱和那些老年僧侣看守的管理权力,他们花费了大量时间去反驳、或者干脆就辱骂他。到 1700 年,牧师们和教授们已经出版了上百本反对他的书籍和小册子。与此同时,他本人的一些书籍也登上了 *Index librorum prohibitorum*[《禁书目录》],或者被完全禁止。一位宣称信仰他的学说的孤立的大学同道,从其职位上被解雇,被迫公开声明放弃自己恶魔般的错误信念。然而,那位同道并没有重新获得自己的工作。一位表示出同样忠诚的诗人,据说受到威胁,在其临终前的病榻上改变了论调,他的病榻前经常有两位新理论家最强悍的对手出现。

然而,每个人都在阅读他的著作并讨论他。就连那些憎恨他的人,也不得不承认他的散文风格的出色、他的逻辑的不妥协和他的方法的严密性。他们越是强烈地反驳他,他的论点就越是切中肯綮。还有,他的那些主要在心理学方面的广泛发现,脱离了他的一般哲学,甚至会转而反对他。

由此出现了整整一群新奇的心理道德家,他们学会了运用他的实际观察的结果,试图凭借他自己的策略来击败他。在他只发现了爱好和欲望的地方,那些两面派的信徒们却重新发现了所有陈旧的观念。他们用自己的伪科学武装起来,造访那些年迈的狱友,告诉他们关于自己的"真实"本质。与此同时,他们仅仅是用心理学的、与囚徒们的"内在自我"有关的枷锁,取代了囚徒们的形而上学的枷锁。美的非肉体的本质,迄今为止凭借它与真和善的联系而被认可,并且与一种所谓的内在感官联系了起来,他们或者用呆板的心理学行话来加以解释,或者简单地把它推断为一种神秘的 je ne sais quoi [译按:法语"我不知道是什么"]。他们虽然改变了行话,却维持着狱友的服刑状况。那些探寻灵魂的道德家们如此聪明,以至于他们逐渐地、几乎觉察不到地从僧侣和哲学看守们的手中篡夺了监狱的统治权。

我不应当以这种讽喻性的叙述进一步往下说,而应当填补某些历史事实。紧接着培根、蒙田和莎士比亚之后,第四位新理论家,他把美叫做"凭借某些明显的标志暗示了善的东西",把丑叫做"暗示了恶的东西",①当然,他就是托马斯·霍布斯。这两个定义听起来无关利害,却具有一种新哲学的足够分量,这种新哲学把培根彻底的经验主义,与一种新的联想论心理学和一种马基雅维里式的人类本质观结合在一起。人类受到一种天生的权力意志的驱使,而不是受到上帝赋予的向善的倾向的驱使。理性远远无法控制我们的各种情绪,它已经成了一个有助于满足我们爱好的仆人;或者用霍布斯格言式的话来说:"思想像侦察员和间谍一样,要在

---

① 霍布斯,III,41。

广阔的范围中去追寻欲望,并寻找到通往所欲求之物的道路。"①善是对欲望来说有吸引力之物,恶是其反面。谈论一切更加抽象之物会导致错误。"因为善、恶和可鄙这些词语不断地在与使用它们的那个人相关的情况下使用:没有任何事情会这么简单与绝对。"②美或丑也同样如此。与此同时,新的联想论使霍布斯重新界定了创造的过程和想象力,③使后来的像埃拉斯谟·达尔文和阿奇博尔德·艾利森那样的美学家,得以把我们对美的感受说成是有条件的、像反射一样的反应。

甚至在与围绕着马基雅维里《君主论》出版之后的流言飞语进行比较时,有关霍布斯的激烈争吵,达到了欧洲历史上可能无与伦比的极点。许多主教都谈到了希望看见他被烧死。④罗伯特·沙罗克在1673年发布的一篇布道词里描绘了霍布斯在地狱里被焚烧的生动图画,说"他那痛苦的青烟不断地升腾起来"。⑤ 1666年,英国下议院把霍布斯的无神论说成是伦敦的大火和灾祸可能的"原因",下令详细调查他的著作。⑥《论公民》和《利维坦》上了《禁书目录》。⑦迟至1683年,牛津大学颁布法令,禁止那两部著作并公开焚毁。⑧ 1669年,剑桥大学科普斯·克里斯蒂学院的研究员丹尼尔·斯卡吉尔,在前一年失去了自己的职位之后,被迫放弃、

---

① 霍布斯,III,61;参见布雷特(1951),30。
② 霍布斯,III,41;参见布雷特(1951),30。
③ 参见卡利克(1970),30。
④ 参见明茨(1970),62。
⑤ 同上,56。
⑥ 参见同上,62。
⑦ 参见同上。
⑧ 参见阿克斯特尔(1965),102。

憎恶和痛恨自己公开地、虚荣地要成为"一名霍布斯主义者和一名无神论者",①宣称与之断绝关系。虽然国王为了斯卡吉尔而亲自干预,但这位前霍布斯主义者并没有被恢复自己的研究员资格。②

1680年,诗人、朝臣和"他那个时代最敢作敢为的自由思想家"③罗切斯特伯爵,在自己临终的病榻上做出了相似的取消前言的声明,在他的病榻前经常有两个霍布斯最激烈的反对者约翰·费尔博士和托马斯·皮尔斯博士前来造访。他承认,使他不安的是"那种荒谬和愚昧的哲学……它得到了晚年的霍布斯先生的传播"。④

这位哲学家在生前和此后差不多一个世纪里的影响是否定性的,至多是间接的。他没有留下任何门徒。然而,他设法迫使那些阅读、反驳和诽谤他的人们部分接受他那些严格的逻辑标准和精确的哲学方法。⑤还有,人们借用了他的"无须确认的理念,甚至用它们来攻击他"。⑥最重要的是,霍布斯使自己的反对者们重新审视、澄清和追问了他们曾经长期认为理所当然的那些理念。

虽然霍布斯没有培养出一群追随者,但他却制造了一群反对者。剑桥的柏拉图学派为霍布斯所困扰,是一个有详实文献记录的史实。不用说,这个学派产生于柏拉图主义,但"霍布斯主义却是凝炼其思想、引导其方向的手段",⑦一位历史学家写道,"无论是通过暗示,还是通过直接的攻击",另一位则争论说,"剑桥的柏

---

① 明茨的引文(1970),51。
② 参见阿克斯特尔(1965),109—111。
③ 明茨(1970),141。
④ 同上。
⑤ 参见同上,149。
⑥ 罗杰斯和瑞安(1988),199。
⑦ 塔洛克(1874),25—26。

拉图学派把视霍布斯为敌手当作 *sine qua non*[译按：拉丁语'必要条件']"。[1] 然而，哲学家们并非为霍布斯所困扰的唯一人群。到 1850 年[译按：原文如此。从上下文看，疑为 1650 年之误]，在出版物上攻击霍布斯已经成了一项重要的产业，加上书籍、布道词和小册子，有时一年有十多种，它们在这位哲学家在世和进入下一个世纪初的几十年间从出版物上倾泻出来。到 1670 年，至少有 50 种这样的东西，到 1700 年已经超过了 110 种。[2]

由于这些东西中没有哪一样具有与美和艺术有关的意义，所以我们在这里不必加以关注。在对霍布斯的攻击中，即使像亨利·摩尔、拉尔夫·卡德沃斯和约瑟夫·格兰维尔这些重要的剑桥柏拉图主义者，都忙于捍卫自己的核心信念（例如，在绝对理念方面，人的自由意志和基本的善，"伟大的存在之链"，邪恶与魔力[3]），以致没有注意到像美和艺术的本质这样更短暂的问题。[4] 为了反击霍布斯而阐述这样一种理论，留给了一位后来的、剑桥柏拉图学派的门徒安东尼·阿什利·库珀，夏夫兹博里第三伯爵（1671－1713）。

正如他在随笔《睿智与幽默》中所表明的，夏夫兹博里采取了与他的 17 世纪前辈极为相似的姿态，继续反对霍布斯的战斗。例如，为了反对后者的 *homo homini lupus*["人对人是狼"]，他把人断定为一种天生慈善的造物。但是，调子已经改变。在霍布斯的僧侣反对者们堕入恶言相向之处，或者在柏拉图主义者们沉溺于

---

[1] 明茨(1970)，80。
[2] 参见同上，62，157－160。
[3] 参见卡西尔(1953)，166－167。
[4] 参见同上，81，97，103。

深奥难解之处,夏夫兹博里却复活了柏拉图的辩证法的逗弄取笑。一位霍布斯式的代言人及其对严格定义的坚持,被揭露为一个无关利害的行为古怪的人,一定不能让他"根据他们对社会的爱,或者按人性和常识的推断"来谈论人们。① 驳斥和漫骂没有达到的东西,嘲笑和 ça va sans dire[译按:法语"那不用说"]也许可以吸引舆论。冷漠的横暴取代了严肃的争论。这就是柏拉图学派的美学家们从那时到现在所仿效的方法。

夏夫兹博里为了加强自己对于传统意见的诉求,为《特征》的第二版增加了一些图版。在《睿智与幽默》一文的序言里,我们发现了一幅小小的图像,表现俄耳甫斯在弹奏七弦琴,一头狮子睡在他脚旁,还有聚集在他周围的鸟儿和动物。面对他的是一位艺术家,正在描绘一位全副武装、跨在敌人尸体上的武士。把夏夫兹博里的俄耳甫斯所展现的平和的友谊,与霍布斯的艺术家把生活描绘成一场殊死的战斗并置在一起,可以由一幅较小的救主之羊羔的寓意画,与霍布斯的狼的对比来加以强调。②

然而,就他对霍布斯的"残杀精神"③的敌视而言,夏夫兹博里显然发动了他自己的战争。它就是为人所熟悉的柏拉图式的身体和本性之战。倘若夏夫兹博里不坚持使美与人们"野兽般的部分"④以及"强有力的世俗魅力"⑤相分离,那么他就毫无意义。他不屑于思考我们享受到的与美食快感有关的美的东西的可能

---

① I:iii,64;参见谢泼德(1976),183。
② 参见谢泼德(1976),183—184。
③ I:iii,54;参见谢泼德(1976),182。
④ II:i,358。
⑤ II:i,364。

性。① 与"狂乱的心灵,迷恋于感官"不同,"属于理性文化"②的有德行的人懂得,"在身体之中不存在美的原理",③或者说,"美、美好的事物、标致,从来都不在物质之中"。④

在夏夫兹博里的理论建构中,更多的是相似的预言:如他以善、真、成比例与和谐来确证美,或者把美同它们联系起来;⑤或者如他按照"已死亡的形式"、"构成的形式"、"最高的和独立自主的美"或"一切美的源泉"⑥这三重尺度对它进行等级划分,它是如此"隐秘和深邃",⑦以至于它对其他那些具有特殊视听感官的人来说,都是难以接近的。夏夫兹博里向我们保证说,没有任何东西"像美"那么神圣,"它不属于身体,也不具有任何原则或实在性,而是存在于**心灵**和**理性**之中,只有凭借这种占卜者的角色,才会发现与获得"。⑧

一种新的不耐烦感践踏着哲学的细节。显然,夏夫兹博里并不具有柏拉图或普洛丁的那种关注,即关注 *anamnēsia*[回忆]的艰难,神秘的转化,或为达到绝对之美的超越脑力的努力。使之满足的是一种并不清楚的、一方面叫做"无关利害的"⑨"内在**眼睛**"⑩,但另一方面却与一种天生的道德感同一。⑪ 甚至更为混乱

---

① 参见 II:i,356。
② II:i,360。
③ II:i,330。
④ II:i,332;参见图夫逊(1967),85。
⑤ 参见 I:ii,222—224。
⑥ II:i,334—336。
⑦ II:i,328。
⑧ II:i,360—362。
⑨ 参见 I:iii,124;I:ii,222—224。
⑩ II:i,344。
⑪ 参见布雷特(1942),135。

的是，夏夫兹博里把这种内在感觉等同于"真正的鉴赏力"，①然后以他那个时代的社会与种族主义的偏见来指责后者。这个概念在结果上的排他性，是令人惊愕的。自然，它把平民百姓都挡在了门外，②虽然它在实际上也谴责一切非欧洲的国家和它们所创造的艺术。③

那么，谁是具备特有的"内在眼睛"和真正鉴赏力的人呢？可以预料，那些有身份的鉴赏家圈子是一个特别狭窄的圈子。它肯定排除了普通的"野蛮人"，或许也排除了像霍布斯甚或约翰·洛克那样"反名家"④的人们。它一般排斥更加传统的对手，如职业学者或神职人员。夏夫兹博里对他们的处理，借助了显然处于抨击本身之后、富有特征的社会阶级的傲慢。"有身份的人纯粹的娱乐活动"，他的《对作者的劝告》就是如此，"比学究们的渊博研究更具有精炼的基础"。⑤ 或者说，"成为一名艺术鉴赏家（就与一位有身份的人相称而言），是走向成为一个具有美德和良好感觉之人的更高一步，而不是成为这个时代我们所称的学者"。⑥ 被排除在真正的鉴赏家内部核心之外的其他人，包括"超思辨哲学"⑦的各种各样的支持者，他们可能与自己的老师们、剑桥柏拉图学派有联系。

这种排他性使人对这一问题感到奇怪，即它可能的学科或方

---

① II;i,326。
② 参见霍夫斯塔特与库恩斯(1964),266,268。
③ 参见同上,268。
④ 参见布雷特(1942),145。
⑤ I;i,266；参见布雷特(1951),196。
⑥ I;i,266；参见布雷特(1951),130。
⑦ I;i,212。

法,可以把艺术鉴赏家提升到实际上一切传统的竞争者之上,同时又授予他使时代变得完美、使"公众的耳朵"[1]变得高雅的特权。被赋予这种"自我交谈的练习","自我表达的实践",或自我与灵魂之间的"宗教交往和对话方法",[2]的各种各样的标签,都表明了夏夫兹博里附加在它上面的重要性。至少初看起来,他对方法的讨论显得十分有迷惑力。夏夫兹博里借用德尔斐神庙的神谕"认识你自己",或对于一种内在"恶魔、天赋、天使或精神守护者"[3]的古老信念来代表这种方法。否则,实践听起来就是有关未来的,几乎就是现代的。实质上,孤独的"自我考察者和彻底的对话者",[4]使人想到了把他自己分裂为二,[5]为他"自己的迷恋"[6]加上省略号,并且把他心灵最幽深之处[7]"晦涩的暗示性语言",[8]变成"独白的家乡方言"。[9] 要求从这种"独立自主的补救和系统的独白方法"[10]之中产生的结果,甚至更加优越。这位灵魂的探寻者[11]在让自己经受了"独白的预期补救"[12]之后,将成为"一个二流的创造者"和"朱庇特主神之下的公正的普罗米修斯",他"像那位至高无上的艺

---

[1] 引自格里安(1967),253。
[2] 参见 I:i,56,54。
[3] I:i,62,60。
[4] I:i,58。
[5] 参见 I:i,62,46。
[6] I:i,84。
[7] 参见 I:i,60。
[8] I:i,62。
[9] I:i,62。
[10] I:i,84。
[11] 参见 I:i,58。
[12] I:i,46。

术家或宇宙的造物主一样",可以"模仿上帝"。①

不过,在更仔细地考虑之时,这些最高要求所归结为的东西,都是令人惊异地陈腐。分裂的自我的一般心理学框架——更高贵、更好的一半反对较低下的一半,②理性的力量反对欲望的力量——却回到了中世纪的灵魂争斗或柏拉图的原处。正如苏格拉底在《高尔吉亚篇》③里劝告自己的对话者,要像病人服从外科医生那样服从他的学说,因而夏夫兹博里也告诫他的读者"病人",要欣然使自己服从于他的"手术"。④ 更一般地说,这种设想认为,我们"各自在自己的自我之中都有一个病人",我们都完全成了"我们自己实践的主体":

> 我们于是都成了正当的从业者,在依靠一种内心深处的隐秘时,我们……发现了灵魂的某种奸诈,并把我们的自我划分为两个人……其中一个会立刻确认自己是一个值得尊重的圣人;带着一种权威的神情把他自己树立为我们的顾问和统治者;同时,另一个人除了卑鄙的和奴性的东西之外,一无所有,他只满足于仿效和服从。⑤

一旦我们仔细考察夏夫兹博里有关普罗米修斯的"二流的创造者"⑥的不当比喻,那么这种盘根究底的自我细察的结果,就同

---

① I:i,110。
② 参见 I:i,198。
③ 参见 258:《高尔吉亚篇》,475d。
④ I:i,82。
⑤ I:i,60,82。
⑥ I:i,110。

样是传统的。拒绝从属于那种"自我交谈的练习"①的艺术家们将"只按照身体来谋划",②然而,那些愿意使自己经历这种"自我考察的……预备学科"③的人,将"根据另一种生活去抄袭","研究心灵的优雅和完美",简言之,成为"道德艺术家"。④

有关整个过程的创新有两点:第一,传统美学近乎总体的内在化;⑤第二,有关这样一种新的、心理美学与它迄今为止所依赖和服从的宗教及形而上学相分离、并超过它们的论点。夏夫兹博里对"超思辨哲学"⑥的重要主张的拒绝,与拒绝那些宗教的主张一样是无条件的。因为宗教"在最大程度上……要适应于真正最平庸的才能,不能指望这种思索凭借它应当公开成为进步的"。⑦

> 自我利益在那里被当作是普通百姓所持有的……以同样的方式,就像天上的现象在神的祭品里,一般是按照普通的想象和那时流行的天文学体系和自然科学来对待的;因而,道德外貌在很多地方毫无改变地按照平民的偏见,以及利益与自我之善的一般概念被保存了下来。⑧

夏夫兹博里虽然把自己新艺术鉴赏家美学置于独立的、确实

---

① I:i,56。
② I:i,108。
③ I:i,110。
④ I:i,108—110。
⑤ 至少肤浅地说,这种功绩尤其令人吃惊,因为夏夫兹博里批判了新联想主义有关人类心灵的概念,虽然他坚持对天生观念的信念。参见布雷特(1942),135。
⑥ I:i,212。
⑦ I:i,198。
⑧ I:i,198—200。

也是至高无上的基础之上,但他也要赶紧预防对于新艺术鉴赏家美学刚刚巩固之霸权的各种可能的挑战。这样的挑战之一,有可能来自某些人类心灵的调查者,他们在不被承认的霍布斯的领导之下,正在像约翰·洛克那样"考察[人类]理解的能力和原理"。①因为这些调查分析有可能破坏夏夫兹博里的努力,即把上帝赋予人类向美和善的精神倾向,从霍布斯使它们潜逃到无意识的黑暗深渊的冲击中挽救出来,没有任何人能够理解那种无意识,除非通过自己"独立自主的补救和独白的锻炼方法"。② 按照夏夫兹博里的意见,对人类理解的系统探索,远远不能与这个问题相比较,导致了某种"比单纯的无知和白痴更加糟糕"的东西。③ 他暗讽地评论说,"变得愚蠢的最有独创性的方式,就是凭借一个系统。"④

一般而言,第二个威胁来自科学,夏夫兹博里以同样不容分说的方式不予考虑:

> 人们会从那些生理学家和模式与实体的研究者那里期望它出现,这在他们的理解中是那么尊贵,并得到了在其他人之上的科学的丰富,以致它们应当同样处于他们的激情和情感之上……然而,如果他们对此世这架机器和他们自己身体的伪知识,既不能对这些人、也不能对其他人产生出任何有益的东西;那么我就不知道这样一种哲学能服务于什么目的,仅仅除了关上反对更好的认识的大门,并借着权威最大的支持而

---

① 参见 I:i,210。
② I:i,84。
③ I:i,210。
④ I:i,210。

引进鲁莽无礼和狂妄之外。①

总之,正是由于夏夫兹博里的特殊天赋,他才正确地理解了时代的征兆,抓住了恰当的契机,并抢救了留待抢救的东西。很明显,唯心主义的哲学与美学处于可怕的困境之中。它们近代的剑桥鼓吹者们在回答霍布斯和像斯宾诺莎那类人的论点时,仅仅证明了它们站不住脚。接着,神学家们在捍卫自己反对新哲学的信念时,被证明了无能为力。因而,善、真、美这些古老的价值只要没有完全丧失,就不得不被授予新的守护者。但是,这些人来自哪里?夏夫兹博里再次偶然发现了正确答案:不是来自于形而上学或神学,而是来自艺术领域本身,它如此明显地泰然自若,要篡夺宗教的角色。禁欲主义的牧师以新外衣的招牌伪装起来,配备了时尚的新口号,不得不被变成美学牧师,或者变成夏夫兹博里所称的鉴赏力、艺术鉴赏家、道德艺术家或有身份的鉴赏家那类人。

就连夏夫兹博里似乎都猜到了他在更深的层次上要做的事情。因此,他不仅把自己的"自我交谈的实践"叫做宗教实践,而且也告诉我们说它就相当于一种"伪禁欲主义的实践"。② 无论是哪种情形,这种策略都成功了。老旧的美学牢狱再度坚固。毫不奇怪,夏夫兹博里怪异的、虽然听起来为人所熟悉的挽救举动,引起了直接的、热切的掌声,此后一直回荡在劳教所的大厅和走廊。

假定有可以预料的像贝克莱主教那样的老守护者的不同意,他们谴责夏夫兹博里缺乏宗教的坚定性。③ 但是,众多卷入社会

---

① I;i,210—212。

② I;i,54。

③ 参见卡西尔(1953),168。

119 论战的有身份的业余艺术爱好者们感到巨大安慰。夏夫兹博里的《特征》在1711年到1790年期间发行了11版。① 在英国,他的著作给一大批诗人和美学同行留下了深刻印象,如弗朗西斯·哈奇逊、詹姆斯·汤姆森和马克·艾肯塞德。② 它们以一种更加普遍的方式影响到了这个领域里的几乎每个作家。③ 夏夫兹博里在法国的崇拜者包括勒·克莱尔、伏尔泰和狄德罗;在德国,他的名声最大,那里的崇拜者有莱辛、门德尔松、赫尔德、歌德、威兰德、康德和席勒。更晚近的美学家、新康德主义者以及剑桥柏拉图学派热情的党派、史料编纂者恩斯特·卡西尔,称夏夫兹博里是"英国产生的第一个伟大的美学家"。④ 在卡西尔看来,夏夫兹博里奠定了"18世纪美学的基础",⑤把美学置于内在形式和"无关利害的愉悦"⑥这一对概念之上,据说后者是夏夫兹博里"对美学最重要的个人贡献"。⑦

夏夫兹博里的"man of Toola"甚至更有影响力,尤其是在英国这个概念早在夏夫兹博里本人深奥的理论建构中把它奉为神圣之前,就已经凸显了出来。约瑟夫·艾迪生是最先记录了这种新现象的人之一。"在近来我们特别喜爱的所有词语中,没有一个词像鉴赏力那样时尚,也没有一个词像它那样长久地受到尊重",他写道:"由一位特别受喜爱的作者所写的一首论鉴赏力的诗,似乎

---

① 参见图夫逊(1953),267。
② 参见布雷特(1951),187,168—169。
③ 参见图夫逊(1953),267。
④ 卡西尔(1953),166。
⑤ 同上,196。
⑥ 同上。
⑦ 卡西尔(1951),326;参见格里安(1967),255。

一开始就使它流行了起来。另一位诗人发现了那首诗的成功之处,写了一篇他所称的《有鉴赏力的人》,于是使这个词语得到了更多的运用。"①

20世纪的研究已经收集到了证实艾迪生之观点的无法抗拒的证据。一位学者评述说:"早在18世纪,艺术鉴赏的风行就已经近乎狂热。"②艺术本身之外还有很多东西,使我们自封的名家忙于确定其时代。早在约瑟夫·艾迪生在世期间(1672—1719),就有由法国作者所撰写的大量著作,帮助那些想成为鉴赏家的人们获取、扩展和提炼正确的鉴赏力。N.布瓦洛、J.德·拉·梅纳迪埃和R.拉潘在诗学方面给予了他们启发;J.B.迪博对他们说明了如何批判地反思诗歌与绘画;A.费利比安、C.A.弗雷努瓦和A.博塞就绘画、画家、设计和版画给了他们教诲;H.小泰斯特兰教导他们了解绘画与雕塑的一些实际的方面;F.布隆代尔、弗雷亚尔·德·尚布雷、S.勒·克莱尔、C.E.布里瑟和克劳德·佩罗就现代建筑和古典建筑以及维特鲁威的理论给了他们教导。更一般地说,D.布乌尔就 de bien penser dans les ouvrages d'esprit[译按:法语"很好地思考精神作品"]的恰当方法给过他们劝告;伊夫-玛丽·安德烈和J.P.克鲁萨告诫过如何确定美,而P.尼科尔则奉劝过如何区分虚假的美与真实的美。紧接着布瓦洛翻译的朗吉努斯著作的译本于1674年出版之后,有不断增加的法文和英文研究著作出现,引导更加富有进取心的鉴赏家们进入崇高这个令人敬畏的新领域。③

---

① 柏克(1757),XXVII。
② 图夫逊(1967),81。
③ 参见蒙克(1960),21以下。

随着我们接近19世纪,洪水般增长的类似著作添加了几个新的重点,例如对以下重点的空前关注:天才(如 W.达夫)、别致(如威廉·吉尔平,乌维戴尔·普赖斯爵士),音乐与其他姊妹艺术之间的密切关系(如丹尼尔·韦布,安塞姆·贝利),以及园艺(如乔治·梅森,威廉·钱伯斯)。它也提供了一些自学类型的手册,如 M.皮尔金顿的《绅士与鉴赏家的画家词典》,本雅明·拉尔夫的《历史绘画中之表现的学生指南》,或塞兰·德·拉·图尔的《与鉴赏力有关的感觉的和判断的艺术》。

与此同时,理论家们日益强调自己主题的理论的和哲学的方面。理查德·佩恩·奈特不满于仅仅就鉴赏力进行的写作(如 J.阿姆斯特朗,J.贝利,A.杰勒德,A.汤姆森),也不满于仅仅就美而进行的写作(如 I.H.布朗,乌维戴尔·普赖斯爵士),从事着《对鉴赏力原理的分析性探究》(1805),阿奇巴尔德·艾利森则探究了《鉴赏力的本质与原理》(1790),弗朗西斯·哈奇生进行了《论美和德性两种观念的根源》(1725)的探索,而埃德蒙·柏克则有《对我们的崇高和美之观念的起源的哲学探究》(1757)。业余爱好艺术的美学家穿上了职业哲学家的外衣。查尔斯·巴托为我们呈献了《被归为相同原理的美的艺术》(1746),亚历山大·鲍姆加登给我们献上了他的《美学》——这同类书中在书名上冠以美学的第一部重要著作——以及 J.G.祖尔策奉献了他的《美的艺术的一般理论》。自那以来,类似内含广泛的"美学"已经为数众多,并且如我们所知,一直持续到今天。

为数很少的抵抗这种稳定增长之洪水的努力之一,来自于一个人,他所引起的喧嚣仅次于马基雅维利在16世纪和霍布斯在17世纪曾经激起过的骚动。菲利普·哈思写道,与《君主论》和

《利维坦》非常相似,《蜜蜂的寓言》"激励人们去重新考察自己的思维方式,以便证明自己的恼怒是正当的。"

对约翰·布朗来说……霍布斯和曼德维尔都是"讨厌的名字"!……约翰·韦斯利第一次读了《蜜蜂的寓言》之后在其杂志上写道:"到现在我都在想象,世界上从来都不曾有过像马基雅维利的著作这样的书。然而,德·曼德维尔却远远超过了这一点。"确实,对一个匿名的18世纪的诗人来说,他的同时代人是反基督的:"而且,如果出现了废止上帝与人的堕落,/那么掌握着堕落的人,人与魔鬼就是他的名字。"[①]

[①] 曼德维尔(1723/1728),7—8。

第九章　曼德维尔、柏克、休谟与伊拉斯谟·达尔文

美学

我们在其中把一种光辉和丰富性（*Verklärung und Fülle*）赋予各种事物，并使它们变成有关它们的诗歌，直到它们再次与我们的丰富性和 *joie de vivre*［*Lebenslust*］［译按：法语"生活之乐"］产生共鸣的状态，是性冲动，陶醉，宴饮，跳跃，战胜敌人，嘲笑，虚张声势的行为，残酷，宗教情操的入迷。最重要的是三种要素：性冲动，陶醉，残酷，它们全部构成了人类最古老的节日欢乐的部分；它们以同样的方式，全部都在最初的"艺术家"之中突显出来。反过来，当我们碰到展现了这种光辉和丰富性的事物之时，我们身上的动物性［*das animalische Dasein*］就依靠在收藏了所有这些欢乐情感的领域中被唤起来而加以回应。动物性的快乐与欲望的这些真正微妙的隐蔽之处的混合，就是美学的特性［*der aesthetische Zustand*］。

XII, 393/《权力意志》, 801

有关《蜜蜂的寓言》的喧嚣，由于一个为人熟悉的原因很少对美学产生什么结果。像蒙田、培根和霍布斯一样，曼德维尔对艺术只具有一种次要的兴趣。还有，他在一生中很晚才接触艺

第九章 曼德维尔、柏克、休谟与伊拉斯谟·达尔文

术。然而,在读了夏夫兹博里的著作之后,美学上的关注才成为他的一个小小困扰。他在《探寻社会的本质》中告诉我们,"这位高贵的作家"

> 认为,由于人是为社会而创造的……就把美德与恶行看作是永恒的现实,那种现实在一切国家和一切时代里一定是永远相同的,并设想一个有健全理解力的人,通过遵循良好理性的法则,便可以……发现道德、艺术作品和自然之中的 Pulchrum[美]与 Honestum[诚实]。①

对夏夫兹博里的批判处于1723年的《探寻》的中心,并且像一根红线贯穿了他最后的两部著作《蜜蜂的寓言》第二部(1729年)和《探究基督教在战争中之荣誉和用处的根源》。这两部著作都借夏夫兹博里的一位崇拜者霍雷肖与赞成曼德维尔观点的克里奥米尼之口的广泛对话。②

曼德维尔的主要策略是要在对付自己的对手方面转败为胜。夏夫兹博里的论点则借助讽刺性的倒置,提出"没有任何奚落能够被强加于真正的伟大和善之上",③这个论点是以高贵的作者④"有教养的写作方式"、⑤"有趣的体系"⑥和崇高的主题⑦来证明的。连

---

① I,323—324。
② 参见 II,107,20。
③ II,53。
④ 参见 II,51,53。
⑤ II,20。
⑥ II,43。
⑦ 参见 II,44。

续的质问从来就没有停止过。夏夫兹博里的风格是如此动人,他的语言是如此文雅,他的推理是如此有力![1] 他"对自己的同类具有最宽容的看法,并且用一种特殊的方式来赞美它的高贵"。[2] 他那"完整的绅士画像"多么有魅力!"当他理解世界时,并且具有极为良好的教养……那种具有了不起的出生和运气、自然对其绝不吝啬的人的形象"[3]多么令人消魂!

当然,曼德维尔所要模仿的,是那位绅士和夏夫兹博里本人的讽刺画。与后者为每个人所喜爱的作品非常相似,他暗讽地评论说,它们的好处"在他所推荐的舆论精神涉及最自私的商人之前"[4]还不会充分显现出来。我们的名人绅士们在吟诵着"美德"这个"非常时尚的"词语时所意指的含义,实际上只不过是他们自己"对一切威严或崇高之对象的伟大崇敬,以及[他们]对一切庸俗或不恰当之对象同样的厌恶"。[5] 更一般地说,并不存在"夏夫兹博里勋爵所提到的善行、仁慈或其他社会美德的任何例证,而具有良好感官和知识的人会懂得去实践……并不依据相当于虚荣的原理"。[6] 坦率地说,夏夫兹博里的"有趣的体系"[7]与曼德维尔的体系"完全相反"。[8] 他们两个人的对立并不"比他的贵族身份"[9]和他自己的身份更加对立。

---

[1] 参见 II, 53。
[2] II, 51。
[3] II, 63。
[4] II, 51。
[5] II, 12;参见霍恩(1978),45。
[6] II, 65。
[7] II, 43。
[8] II, 43。
[9] I, 324。

第九章 曼德维尔、柏克、休谟与伊拉斯谟·达尔文

夏夫兹博里对"这种'美'与'诚实'"的探寻,"并不比荒谬无益的追求好多少"。[1] 为了证明自己的论点,曼德维尔运用了蒙田、霍布斯、贝利等人为人熟悉的论据。[2] 在罗马、君士坦丁堡和北京询问"哪个宗教最好",会得到三种不同的答案,每个答案都"同样绝对和断然"。[3] 性方面的习俗又怎样呢?"多妻制在基督徒中是可憎的……但对伊斯兰教徒来说,一夫多妻并非不正当"。[4] "美"也同样如此。例如,"布置花园的合理方式几乎是数不清的,其中被叫作美的东西依不同民族和时代的趣味而不同。"[5]

更特别的是,曼德维尔嘲笑夏夫兹博里为艺术的辩护突出了"人类行为的……高尚"、"英雄和崇高"的方面。[6] 毫无疑问,他偏爱通俗戏剧,如同约翰·盖伊对亚历山德罗·斯卡拉蒂的意大利歌剧那种方式,或者如布罗威尔和奥斯塔德的风俗画对普桑和洛兰所作的新古典主义绘画那种方式。

两幅未经确认的《耶稣降生图》,一幅为荷兰艺术家所作,另一幅为新古典主义画家所作,为他提供了范例。前者描绘了乡村小旅店的情景,详细描绘了写实主义的细节,如牛头、较多的家畜、马槽、草料架、麦秸和干草,后者则突出了相反的东西:驴和牛半隐藏在巧妙神秘的明暗法所造成的暗影之中;马棚换成了准确无误地设计成对称的华丽宫殿,还有优美的科林斯式圆柱和透视画法的景色。

---

[1] I,331;参见曼德维尔(1732),47。
[2] 参见 I,331 以下。
[3] I,331。
[4] I,330。
[5] I,328。
[6] 参见保尔森(1974),117;参见霍恩(1978),44。

为了配合讽刺,曼德维尔让他的代言人克里奥门尼斯设想了一个像霍拉修那样的夏夫茨博里式的艺术鉴赏家,虽然他变成了弗尔维亚,但他代表作者说话,公开向她承认完全缺乏艺术鉴赏力。像莎士比亚一样,那位女士喜欢一种像自然那样的艺术,因为那似乎是天造的,或者如她指出的,那种艺术能欺骗她的眼睛到这种程度,以致她能看见"画家努力要再现的真实事物"。① 在这种意义上,荷兰人的《耶稣降生图》就成了她所偏爱的选择:"世界上肯定没有任何事物更近似与自然。"② 但是,那两个男性鉴赏家却极为粗野:

> 像自然一样! 那就更糟:确实,表妹,很容易看出你对绘画不在行。画上要表现的并非自然,而是令人愉快的自然,*la belle Nature*[译按:法语"美的自然"];一切卑鄙的、低下的、可怜的和平庸的事物,都要小心地加以回避,不要去看;因为对真正有鉴赏力的人来说,它们与那些使人震惊的事物一样讨厌,而且确实很肮脏。③

弗尔维亚坚持反对。按照她那位对话者的标准,耶稣降生就不该画出来。④ 这触犯了她要找到一位艺术家,只因为研究过建筑,就应当把马厩换成罗马皇帝的宴会大厅的常识。⑤ 人们不会

---

① II,32—33。
② II,33。
③ II,33。
④ 参见 II,33。
⑤ 参见 II,34。

第九章　曼德维尔、柏克、休谟与伊拉斯谟·达尔文　221

以为艺术是对自然的一种模仿吗？①

但是，正如亚里士多德教导我们鉴赏家的那样，艺术家应当模仿各种事物，但不是照它们本来的样子，而是照它们应当的样子。而且按照夏夫茨博里的说法，他们必须追求进一步的任务，这对普通人来说虽然不可理解，但最终会使每个人的鉴赏力变得高雅。"这些事情对你来说也许显得很奇怪，夫人，但它们对公众极为有用：我们能把我们种属的优点带得越高，那些美好的意象就越能以它们自身尊贵的有价值和合适的理念来充实高贵的心灵。"②

然而，弗尔维亚仍然不相信。她所谓"真正有鉴赏力的人们评价绘画"③时是否也具有良好的判断力？受到冒犯的霍拉修要求她遵守秩序，而她却道了歉。"对不起，先生，假如我有所冒犯的话。"④但是马上，她又说到了这件事。她告诉那些男人们，奥吉亚斯王的牛厩"即使在赫拉克勒斯清扫它之前，对我来说也不会比那些刻有凹槽的柱子更让我吃惊"。⑤ 与她的判断力相拗的作品无法取悦她的眼睛。

她的那些名人对话者假装辩护，越发求助于人身侮辱。弗尔维亚丝毫不懂绘画。⑥ 她的鉴赏力很低下。⑦ 人们劝她读读像理查德·格雷厄姆的《绘画艺术》那样的书，那本书就在"图书馆楼上"。霍拉修不止一次要求她遵守秩序，因为她把他觉得能提高修

---

① 参见 II, 35。
② II, 36。
③ II, 33。
④ II, 33。
⑤ II, 34。
⑥ 参见 II, 33。
⑦ 参见 II, 35。

养的东西描述得荒谬可笑。

> 霍拉修：夫人，多么可笑啊！看在老天份上——
> 弗尔维亚：先生，请原谅，我这么说。①

弗尔维亚终于逃跑了，半开玩笑地宣称她相信自己的鉴赏力低下，她要寻找自己的避难所，虽然霍拉修尽力扮演了自己完美的有教养之绅士的角色。

> 弗尔维亚：我相信我自己的理解力很狭隘，我要去拜访一些人士，我将同他们一起站在更高的层次之上。
> 霍拉修：你要我离开，以等着你去找自己的教练，夫人。②

虽然这出闹剧结束了，但曼德维尔对夏夫兹博里式的艺术鉴赏家的探究才刚刚开始。那位鉴赏家绅士作为试图把自己同样陈腐的观点强加于全世界其他人的垂死的社会阶级的代表，是一类新的禁欲主义的牧师，他们利用历史悠久的传统，贬低一切肯定生活和令人欢乐的东西。他是不适合于"劳作和刻苦"的寄生虫，但却完全适合于"僧侣生活愚蠢的快乐"。③

曼德维尔扩大了的这种"懒惰之人"的画像，尤其是针对与他相似的人物来描绘的、有世俗思想的、骄奢淫逸的和野心勃勃的

---

① II,37。
② II,41。
③ I,333。

第九章 曼德维尔、柏克、休谟与伊拉斯谟·达尔文 223

"行动的人"①的画像,已经触及尼采所预言的禁欲主义牧师的画像。懒惰的人在基本上是受压迫的、内向的、自以为是的和报复性的。他"把自己的眼光向内转到自己身上,在自己身上以极大的放任看待一切事情,称赞自己的才华并对其感到高兴,无论这种才华是天然的还是习得的:因此,他很容易走向轻视别的一切人……尤其是权势人物和富有者"。② 他的价值观很像那些一直"受到压制"③的人们的价值观。然而,倘若他偶然被授予支配他人的权力,那么他的傲慢将"具有一种混合着那种激情的报复性,这经常会使那种激情变得非常有害"。④ 对比之下,行动的人则放任自己的各种激情和野心。因此,他很少有动机去滥用自己的情感,或者很少通过间接地报复自己的人类同伴、一般的世界甚或自己,从而使作为结果的怨恨具体化。"为了在身体和心灵的健康与力量中看出一个非常不错的阶层的人,那些毫无理由抱怨世界或命运的人们,实际上却轻视世界和命运,对于值得赞美的目标心怀一种自愿的贫乏,这是极为罕见的。"⑤

不止是上述观点使人们要把尼采增添到大卫·休谟、亚当·斯密、杰里米·边沁乃至查尔斯·达尔文、马克斯·韦伯和凯恩斯勋爵这些人的名单之上,据说曼德维尔靠自己也预示了他们的观点。⑥ 于是,我们发现他探究了一种对价值的创造性重估,道德、形而上学和美学,甚至从柏拉图以来就被禁锢在那些价值之中。

---

① II,113,115;参见 II,170,167,112。
② II,112。
③ II,122。
④ II,122。
⑤ II,114。
⑥ 参见海克(1966),133,138—139。

这些思索虽然是断断续续和不完整的,却代表着自柏拉图本人以来最早的这种重要努力,在尼采之前,马克思和马克斯·施蒂纳是可能的例外,也继续了这种努力。

回顾柏拉图的《高尔吉亚篇》,它似乎就像曼德维尔重述而卡里克利斯放弃的论述。我们记得,后者把苏格拉底对价值的倒置描述为一种道德方面的奴隶造反;①出自压迫的深仇和愤恨使弱者声称"放纵(akolasia)是可耻的"。"而且由于他们本身不能获得自己在快乐方面的满足,他们便被自己的怯懦引向了赞美节制和正义。"②由于曼德维尔,这种倒置将要被颠倒过来。柏拉图所重估的价值,将要开始被再重估。曼德维尔在这个方面的早期尝试,仍然是在柏拉图 physis-nomos[自然与人为]的二分法之内进行的。一方面,存在着自然的"威权和强者对于弱者的优势",③另一方面,按照卡里克利斯的看法,弱者所依据的法律规则,把赞赏和责备赋予了"他们自己和他们自己的长处",以便防止强者"获得对他们的优势"。④

曼德维尔在其 1714 年的《探究道德德行的根源》中,既没有把这种道德谱系进一步追溯到苏格拉底,也没有把它进一步追溯到《高尔吉亚篇》里的卡里克利斯。在他看来,自然人在使自己天然的本能满足于他所选择的伙伴之外,很少显示出社会倾向。他们受制于欲望和完全无法控制的约束,"毫无抵抗地屈从于各种肉体

---

① 参见 265 以下:《高尔吉亚篇》,482 以下,尤其是 266;《高尔吉亚篇》,483a。
② 274:《高尔吉亚篇》,492a—b。
③ 参见 266:《高尔吉亚篇》,483b;参见曼德维尔(1723/1728),II,132,204—205。
④ 266:《高尔吉亚篇》,483b—c。

第九章 曼德维尔、柏克、休谟与伊拉斯谟·达尔文

的欲望,并且没有运用[自己的]理性能力,却提升了[自己的]感官愉悦"。① 早期试图用这种原始人去统治他那强大贵族利益的努力,没有产生任何结果。对原始人来说,"由于极为自私、顽固以及狡猾的动物性","不可能只凭强力使自己变得驯良"。② 因此,"立法者和聪明人"③想到了不同的行动路线。他们注意到了自己较少的同胞的力量和弱点,发现"没有任何人会原始到不会陶醉于赞美,也没有任何人会卑鄙到有耐心忍受耻辱"。④ 于是,答案就是要使那些容易受骗的人们高兴地相信,自我否定(或 sophrosyne[节制])是最值得赞美的,自我放纵(或 akolasia[放纵])是最值得轻蔑的。

曼德维尔作为人类本性的机敏的观察者,已经注意到了阿谀奉承和谎言在运用于儿童时的力量。因而,可以用一点花言巧语让一个顽皮少女行优雅的屈膝礼,或者使一位淘气的男孩子行动俨如船长、市长大人或国王,达到他将使出"自己的全部能力去显示出他所相信的那浅薄头脑中的意象"的地步。⑤ 同样,按照曼德维尔早期的看法,"野蛮人"被"机警的政治家们"的"老练管理"⑥"弄垮了":

> 他们借阿谀奉承这种狡猾的方式使自己迂回潜入人们的内心,开始以荣誉和羞耻的概念去指教他们;把这个人表现得

---

① I,43。
② I,41—42。
③ I,42。
④ I,42。
⑤ I,54。
⑥ I,46,51。

像所有恶魔中最坏的,把那个人表现得像凡人都可以渴望的最高的善:他们所做的是要提出这些崇高生物的尊严多么不体面,因为他们挂念的是满足种种欲望,而那是他们与畜牲所共有的欲望。①

用尼采的标准来判断,曼德维尔的道德谱系遗漏了某些重要步骤,诸如原始人分裂为主人和仆人,对后者的压迫产生了愤恨,以及愤恨培育了一种内在的对价值的重估,它最终在道德方面一种普遍的奴隶造反之中被外表化了。与此同时,有足够的东西使人想到,晚期的曼德维尔将思考其中的一些问题。因此,他暗示了尼采的主仆二分法,区分了强有力的、友善的行动者,与其懒惰的、起反作用的、报复性的对应者。或者说,他勾画了他的有身份的艺术鉴赏家的"漫画",一个尼采式的禁欲主义牧师变成了美学牧师,要满足那个时代日益世俗化的要求。

更重要的是,曼德维尔最终结束了传统的 *physis-nomos*[自然与人为]的二分法,借 F.A.哈耶克的隐喻来说,它进行了一种自古希腊以来被束缚于牢狱中的相似的理论建构。② 从来没有哪个人认可由曼德维尔与霍布斯的传说中的立法者所制定的社会契约概念,③曼德维尔到晚年也放弃了自己早年的这种变相的简单化叙事,即老谋深算的政治家和"精明的道德家"④恭维普通的乌合之众压制自己的欲望,信奉与其本能的兴趣完全不一致的价值

---

① I,43。
② 参见哈耶克(1966),129。
③ 参见戈德史密斯(1985),52 以下,77;哈耶克(1966),136。
④ I,58。

第九章 曼德维尔、柏克、休谟与伊拉斯谟·达尔文

观。社会进步远不能归因于由某些立法者所安排的计划,它是由整个社会的各种偶然努力集合的结果,因为它凝聚了许多代人来之不易的经验。它是一个令人惊异的前进过程,意想不到的彻底转变,而不是游牧文明、畜牧文明、农业文明和商业文明这四环链,这是从杜尔阁、弗格森、亚当·斯密等18世纪理论家以来为人们所熟悉的。①

曼德维尔从零开始了他的谱系学。原始人既没有在先的理念、语言、社会本能,也没有善恶感。最早的文化移入是由家族或氏族以及为彼此保护不受野兽侵袭的相同单位的成员们完成的。② 不过,就连这种简单的代际联系也产生了复杂的情感,曼德维尔凭借心理分析方面的机敏详细分析了这一点。最初的父亲在惩罚自己的孩子们时,被愤怒和怜悯所分裂,虽然受罚的人的回应是恐惧和爱,但"我们对远胜过我们的每一种事物都怀有这两种激情,还有尊敬",都会引起"我们叫做敬畏的那种混合物"。③ 曼德维尔做出了一个同样弗洛伊德式的解释,以阐明原始人在成长到不能再适应早期兽性的阶段之后,如何传达出自己对于最初的父亲在上帝这个父亲面前的矛盾心理。④

一旦原始人已经关注自己直接的需要并保护自己免受动物敌人的危害,我们就达到了曼德维尔新的谱系学叙事的第二个阶段。因为这时,他那天然的自爱就已经有时间发展成一种"对于优越的

---

① 参见米克(1976),5—36;戈德史密斯(1985),77。
② 参见 II,231—232,236—243。
③ II,202;参见弗洛伊德(1990),204—205。
④ 参见 II,208—209;参见戈德史密斯(1985),69;参见 II,279。

欲望"，[1]"权力的本能"，[2]以及对于自己的人类同伴"支配的欲望"。[3] 在接着发生的斗争中，身体和心灵两方面的强者将胜过弱者，使他们服从立法的基本形式，[4]劳动的初步分工，[5]以及以自我约束为基础的基本道德规范。[6]

曼德维尔用相似的谱系学方式探讨了语言的演化，它在巩固这种社会秩序方面起着一种重要的催化剂作用。最初，原始人靠"无声的信号"、[7]姿势和没有语言的声音来交流，即使在这种最早的阶段，他们也凭借各种前语言的技巧胜过了动物。像其他一切艺术、手艺和科学一样，语言本身间歇性的演化非常晚，"缓慢地渐进"，并且经过相当"长的时间"[8]。"文字的发明"，[9]使这个缓慢运动的文化移入过程得以完成，它本身是走向语言进一步扩展的一块重要跳板。

曼德维尔在所有地方都没有认真解决人类最初评价的变化或倒置的问题，因而没有说清楚和表明在语言中所经历的、从第一阶段到第二阶段的变化或倒置的问题。但是，他在去世前一年出版的《探究荣誉的起源》中对拉丁文词语 *virtus*［美德］的评论，表明他探索过这样一种普遍理论。他的方法再次预示了尼采相似的语

---

[1] II,132。
[2] II,275,281。
[3] II,204。
[4] 参见 II,210。
[5] 参见霍恩(1978),41。
[6] 参见 II,223—224。
[7] II,286。
[8] II,287。
[9] II,283。

第九章 曼德维尔、柏克、休谟与伊拉斯谟·达尔文

源学思索。①

我们回想起,对1723年的曼德维尔来说,"勇敢"这个"非常流行的词语"②由于为夏夫兹博里所运用,早已变成了一个"通往虚伪的入口"。③勇敢是一种很容易由理性、常识和良好教养激发起来的人类天生的倾向,这种主张是一种喧嚣的,尽管在很大程度上是一种无意识的主张,处在艺术鉴赏家可以纵容自己的一部分懒惰、一部分怨恨、一部分报复性的背后。④现在,整整10年之后,我们发现曼德维尔并不知道,当原始人第一次用这个新词语来编码他自己的某种感受时,virtus[勇敢]可能代表着的东西。在道德谱系中,在以那些"优越者的斗争"⑤为特征的第二阶段,表现出了这一点吗?曼德维尔在 virtus 和希腊文 aretē[德行]最初的含义中找到了答案,它源于战神 άρηξ,意指尚武的德行。"拉丁语中相同的词语……源自 Vir[译按:拉丁语'英雄']",⑥因此,其词义是坚韧和刚毅。曼德维尔推测,Virtus 最初可能表示一种像动物一样的特质,在时间上先于后来的好与坏、善与恶的区别。因而,他写道,有理由设想,

> 即最初 Virtus 没有别的什么含义,只是指大胆和无畏……从来就没有被用来指凶猛和如野兽般的勇气;就如塔西佗在《历史》第四卷中明显在这种意义上对它的使用那样。

---

① 参见尼采,V,261—264/尼采(1956),162—165。
② II,12。
③ I,331。
④ 参见 I,332;II,12;霍恩(1978),45。
⑤ 参见 II,132;II,204。
⑥ 曼德维尔(1732),iii。

他说，即便是野兽，如果使它们都闭上嘴，那它们就将丧失其凶猛。①

曼德维尔可能注意到了与 honestum[诚实]有关的相似变化，它最初意指"丰富"，或者说与 pulchrum[美]有关，最初表示"美好"、"强壮"和"有力"。或者，他也许会指出，fortis[弗尔蒂斯]的意思是"身心强健"，它也被用来指美丽的女人。甚至 bellus[漂亮的]在表示美 per se[本身]时逐渐取代了 pulchrum[美]，它由此进入法语和英语，具有了与流行的表示亲昵的 bonus[好]相似的内涵（这种关系早已被普里西安所确认），意思是"好的"与"勇敢的"。② 他没有探究这样的细节，可能是因为今天很容易由查阅语源学词典来解决的问题，在那时却是一项重要的博学的技艺。他详细探讨的 Virtus 这个例证，足以证明他拆解像"美"、"美德"或"爱"那样的当代概念的方法，或者用他自己的词语去"拆解"③当代概念的方法，自动指向在总体的价值重估中已经丧失、改变或转化了的早期意义。

"爱情"，以及更为特殊的"柏拉图式的恋爱"，为他提供了另一个例证。方法与他用于"美德"的方法是相同的。与懒惰的艺术鉴赏家一样，"柏拉图式的恋人们通常都是两性之中面色苍白、冷漠迟钝、体格虚弱的人们"。④ 对比之下，"健壮、精力充沛、脾气暴躁的性格和面色红润的肤色，绝不会接受任何精神性的爱情，以至于

---

① 曼德维尔(1732),iv。
② 参见埃尔努和梅勒特(1985),543—544,249—250,69,73。
③ I,151。
④ I,144。

第九章　曼德维尔、柏克、休谟与伊拉斯谟·达尔文

排斥与身体有关的一切思想和希望"。①"爱情"在总体上"并不是一种真正的欲望,而是一种掺假的欲望,或者确切地说,是几种矛盾的激情混合为一体的……混合物"。②它越是得到升华并且越是脱离"一切好色的念头,就越具有欺骗性,它就越是脱离其真正原初的和原始的单纯性"。③

这个过程可以追溯到那个时代,那时原始人被虚荣心得到满足所"制服",认为把人的性欲表达出来是邪恶的,而抑制性欲就是好的。或者说,性欲是令人厌恶的,而它那贞洁的对应物"爱情"则是高尚的。正是那种为人熟悉的曼德维尔式的说法,即唯有那种被赋予了深广的社会含意的性欲,才需要比其他一切"恶性"更加严格、更加警觉的遏制。因此,"欲望这个名称,虽然对人类的延续来说是最需要的,却成了可憎的,而通常与贪欲相关联的恰当称谓,则是污秽的和令人憎恶的"。④

同时,曼德维尔对这样的重估应当做什么并没有留下任何疑问。因而,像"美德"、"爱情"和"美"这些受到了影响的概念,应当从它们原初意义所附着和再产生的那些传统中解脱出来。人们曾经认识到的、还能做的其他事情,例如"爱情",不就是"被习俗和教育"以及经常是非理性的与邪恶的结果"所歪曲了的自然产物"⑤吗?

---

① Ⅰ,144。
② Ⅰ,146。
③ Ⅰ,145。
④ Ⅰ,143。
⑤ Ⅰ,146。

啊！在考虑我们所有的自我否定时，我们拥有多么巨大的奖赏！当人们思考在这种程度上被施加在我们这些奴隶和其他人身上的欺骗和伪善时，有谁严肃得能弃绝笑声，与使我们人类显得……比其真实的面目更为高贵相比，我们毫无其他的回报。①

但是，看来没有哪个曼德维尔的同时代人对这些尼采式的努力有所准备。或者说，如果存在这样的人，那么他们并没有使自己在出版物上为人们所知。那个世纪新型的美学牧师气定神闲地主宰着，他们对曼德维尔或者加以诽谤，或者不予理睬，直到1757年柏克的《对我们的崇高和美之观念的起源的哲学探究》出现。为了适应他的新意识形态，人们成功地恢复了种种职责，并且赋予了使他们忙碌起来的各种任务。每个人总有事做。夏夫兹博里曾经提出，他们要通过一种令人生畏的、神秘的"宗教交往和……他们与自己灵魂对话"②的方式来探寻美，他的追随者哈奇生针对同样的目标谈到过一种不那么费力的路径。所有人都必须激发起某种特殊的内在感官。然而，那些企图很快发现为了那种效果而要求具备鉴赏家技巧的人们，就像夏夫兹博里的"伪禁欲主义者"③一样，远远超出了自己的领悟力。不过，始终都存在着各种选择。霍布斯发现、洛克命名、由丹尼斯、艾迪生、哈奇生等人带入美学的各种

---

① I,145。
② 夏夫兹博里，I:i,54。
③ 夏夫兹博里，I:i,54；参见蒙克(1960),65；卡利克(1946),645；希普尔(1957),26以下。

观念的联系,①提供了把谜一样的美聚集起来的各种可能性,那种谜由因果关系、相似性或连续性支配着,通过内省的追忆连接起来。

对所有这些表面上世俗化的倾向来说,一些较古老、较严格的规则,由尚未衰减的严厉性予以强化。无论是被内在感官感知到的,还是通过联想记忆无意识的滤网所过滤了的,美都必须以严格的无关利害的和精神的方式来欣赏。与以往的美的守护者一样,他们用更加新颖的内在感官使自己胜任这些任务,而限制他们的同道运用天然感官;现在与以往一样,思考过视觉和听觉的思想较为自由的人,只有喜欢视觉的、像杜格尔德·斯图尔特那种孤单的例外。②无论如何,要把美说成是对于嗅到、尝到或触到的某种东西的反应,更不用说在性方面唤起的某种东西,是毫无疑问的。跨越把视觉和听觉同触觉、嗅觉和味觉这些"低级感官"割裂开来的"鸿沟"的最些微的努力,都被倾注了嘲笑和蔑视。柯勒律治的《天才批评的原理》,在这位诗人看来是他曾经写过的最好的批评文章,附和了可以追溯到夏夫兹博里以来的18世纪目空一切的沙文主义与憎恶的大合唱。

[柯勒律治写道]格林兰人偏爱鲸油胜过了橄榄油,甚至胜过了葡萄酒,我们马上凭借自己有关气候与生产的知识作出解释,他对此很熟悉。如果人们像柏拉图那样有教养,那么他的味觉仍然会发现与它最习惯之物最适合的东西。但是,

---

① 参见卡利克(1970),35以下。
② 参见希普尔(1957),82。

易洛魁人的酋长被带领着观看了巴黎最完美的建筑范例之后,他说没有看见过什么东西会像厨具店那么美之时,那么我们会毫不犹豫地把这种情况归之于智力的野蛮状态,并且明确地推断说,美感在他心里要么是完全处于睡眠状态,要么最好说就是很有缺陷的。①

一般来说,旧式的处罚措施没有任何必要在可能的背离之外去激起错误的指责。这些背离毕竟都是心理上的征兆(很容易通过适当的心理疗法来治疗),而不是宗教上的异端。简言之,经过改造的美学牢狱的狱友,日益达到了类似于毫无嗅觉、味觉、触觉和性本能的机器人的地步,却装备了可以互换的智力机械装置,并且被调整得适合于广泛的目标,如美、崇高和别致,以及它们不断增殖和变化的分支。有关这些问题的论争越多,对忙于虚假反对的游戏总想成为反叛者的人来说就越好——那就是说,只要看守们迅速发现可能引起混乱的异常者,并且能在术语学的戏法方面非常熟练地把它们归于基本上旧有的标签之下。

当艾迪生首先使崇高脱离了美之时,②这样一种危险就出现了。自然,对于这种具有扰乱作用和难以逆料之新范畴的过度迷恋,很容易使漫长的驯服过程围绕着美学竖立起来的各种障碍土崩瓦解。但是,看守们很快就封闭了裂口以及那位孤单却无害的自由思想家的思考,而那种思考在外表上越发显得向下层民众让步:也许,人们至少可以允许一小部分低级感官的感知通过联想的

---

① 柯勒律治,XI:i,381;参见贝特(1970),374—375。
② 参见蒙克(1960),70。

第九章 曼德维尔、柏克、休谟与伊拉斯谟·达尔文

后门,就是说,按照在结果上正确地适合于精神的聚集物所完全确立了的条件。根据 W.J.希普尔(经典研究著作《18 世纪英国美学理论中的美、崇高与别致》之作者)的看法,18 世纪的美学家无一例外地"同意,知识趣味的原初对象——审美对象——是看得见或听得见的"。①

要寻找另外的、像大卫·休谟那样接受这种一致意见、不妥协的经验主义者和怀疑论者,有力说明了它那无法抵抗和使人失去判断力的力量。确实,一个曾经远远走到要拆解有助于上帝赋予的道德、自我的实在性、因果关系的律法甚或数的同一性原理之主张的人,会使人们恰恰期望其反面。而霍布斯主义者们注意到了,休谟在 29 岁时出版的《人性论》,确实受到了这样一种明确的反柏拉图主义的影响。这部著作认为,"快乐和痛苦不仅是美与畸形必然的伴随物,而且也构成了它们真正的实质。"②

但是,到休谟出版其重要的美学理论著作、一篇成功地命名为《论趣味的标准》的论文时,他的语气彻底地改变了。在原则上,他依然确信,要否定一切相信美是一种永恒的赠予、是一种先验实体之存在的信念。如休谟指出的:"美并不是事物本身之中的任何特质:它只存在于思忖它们的心灵里;而每个心灵都感知到一种不同的美……寻找真正的美或真正的畸形,就像假装要确定真正的甜或真正的苦一样,是一种徒劳的探寻。"③

然而,说了那么多,休谟接着证明了反面,或者说,他至少在每个转折点上都使用了回避实质性问题的实在论的术语。什么是

---

① 希普尔(1957),220。
② II,96。
③ III,268—269。

"完美"或"普遍之美"?① 我们怎么能确立使我们区分各种不同的美、并把"高级的美"与"最不重要的美"区分开来的"美的一般法则"?② 哪一个是真正的、决定性的和普遍的趣味标准,感性、反思、学习和具有艺术经验的人可借以启发自己不那么熟练的人类同伴?③

　　休谟所暗示的答案,避开了对实在论的原理来说一切直接的承诺。它们也像他在别的地方争论过的一样,回避了美与善和真的传统问题。④ 然而在另一面,它们同样避免提及他先前独独用快乐来证明美、用痛苦来证明畸形。休谟反而指出了一条总的来说更加主流的路线。最高的和最卓越的那种美,涉及在诉诸"心灵较优美的情感"⑤时的"打算和推理"。⑥ 欣赏它的唯一可靠的方式是通过"心灵的一种完全的平静",⑦不止一位批评家把它与无关利害的愉快相比较。⑧ 唯一能确定完美的人,是那些有身份的艺术鉴赏家,他们广泛的描绘会使夏夫兹博里感到自豪。尽管他确实是一个罕见的范例,但他"很容易凭借[自己]理解力的健全和[自己]才能的优越而在社会中成为杰出的"。⑨ 他被"赋予了良好

---

① III,272,271。休谟在撤回有关其著名的个人身份之"包裹理论"方面,采取了相似的路线。参见载于古滕普兰(1998),345 中的埃德温·麦卡恩的文章:"休谟本人在《人性论》的'附录'中就他的描述表达了深深的保留,没有返回到他后来重写的《人类理解论》中的主题。"
② III,273,276,278。
③ 参见 III,278—280,277。
④ 参见罗斯(1976),226。
⑤ III,270。
⑥ III,278。
⑦ III,271。
⑧ 参见蒙克(1960),64;希普尔(1957),41。
⑨ III,280。

第九章　曼德维尔、柏克、休谟与伊拉斯谟·达尔文　237

的感觉与敏锐的想象力",极大地从那些"几乎是对美的模糊的和不确定的感知"①开始,进入对它们来说以别的方式不可接近的领域之中。

然而,有身份的鉴赏家们还具有更多的调整任务。为一切人所信奉的趣味的"真正的和决定性的标准"②的守护者,虽然无关利害并"摆脱了一切偏见",③但都应当谴责和严惩无论在哪里所宣布的背离,要搜寻出不正当的、道德上丑恶的和明显的不健康,④并引起注意,例如注意"一切异教神学体系的谬论",或者比方说在荷马和希腊悲剧中经常出现的"缺乏人性和得体"。⑤ 因为"在一个人凭借判断自信那种道德标准正确之处,他恰恰是在猜忌它,片刻都没有误解自己内心的情绪,以及它对任何作者所写下的一切的讨好"。⑥

柏克的《探究》与《论趣味的标准》在同一年(1757)出版,但它在1753年就差不多完成了,⑦那时作者只有24岁,而且更糟糕的是他正在追逐一个女人。⑧ 因此,按照《探究》1958年版的编辑 J. T. 博尔顿的看法,"审美与非审美天然的混淆",模糊了柏克对美的分析。⑨ 对博尔顿来说,柏克"可能受到过他在自己后来的妻子

---

① III,280。
② III,279。
③ III,276。
④ 参见 III,278,270—271。
⑤ III,283,282。
⑥ III,283。
⑦ 参见柏克(1958),LXX。
⑧ 参见韦克特(1938),1112—1114。
⑨ 参见柏克(1958),LXV。

简·纽金特身上看见的那种美的影响"。① 抱怨即时出现,频频重复,即使柏克的批评者们并不熟悉柏克是如何向钮金特女士求爱的。德国人莫塞斯·门德尔松首先暗示了这一点,他在1758年对《探究》的广泛评论,被康德适时地读到了。② 门德尔松写道,柏克把美局限于"某种单纯的感觉特质"之上,促使我们把注意力集中在美第奇的维纳斯身上,那尊雕塑对那位爱之女神的表现因其情欲上的吸引力而声名狼藉("er verweist seine Leser auf die fleiBige Betrachtung der mediceischen Venus")。③

一位匿名的"绅士[F.普卢默]所写的一封《致他在牛津的侄子的信》(1772)",嘲笑了柏克"对于女人的趣味"。④ 奥古斯特·威廉·施莱格尔嘲讽说,按照柏克的判断,美是一个"可以容忍的漂亮妓女",而崇高则是"一个蓄着大胡子的掷弹兵"。⑤ 在杜格尔德·斯图尔特看来,"在柏克先生撰写自己的著作时,女性美的观念在他心里显然是最主要的",从而提出了一种比他所能想起的一切"本身更加错误的、支撑更加无力的"⑥学说。与让性扭曲了自己心灵的柏克相反,斯图尔特竭力主张一种方法,即人们通过"从只对眼睛产生影响的各种对象"⑦中收集例证,借以达到"普遍之美"的观念。

今天的读者很有可能会对柏克的同时代人很少被激怒的程度

---

① 柏克(1958),LXXV。
② 参见同上,CXXV。
③ 门德尔松(1968),II,217,219。
④ 引自柏克(1958),LXXV,注释75。
⑤ 引自温姆萨特和布鲁克斯(1967),260。
⑥ 斯图尔特(1855),V,220,注释2。
⑦ 同上,V,220—221,注释2。

第九章 曼德维尔、柏克、休谟与伊拉斯谟·达尔文

感到吃惊。"眼睛注意到的一个美丽女人的也许最美的那个部分，大约是脖子和胸部，光滑；柔软；从容而难以觉察的隆起；……具有欺骗性的迷惑，不安定的眼光轻浮地在它们之上滑动，毫不知道固定于何处或者是否被打动了。"① 当然，柏克的《探究》还有比他对女人胸部的描述更让18世纪甚或20世纪的批评家们感到激怒的地方，如它完全"无视已经确立了的"（较为晚近的）"各种审美预设"，② 或者更糟的是，它实际上把人们原初的有关美的观念植根于性欲之中。同样，美成了一种特质，或者说，其中的一些是身体借以"唤起爱或类似于爱的某种激情"。③ 柏克在这方面的理论建构的总体倾向，虽然在谱系学的意义上说是初步的，从人类学上说是天真的，但却是无可争辩的。

柏克把"激情"划分为产生于自我保存、崇高领域的激情，和起源于社会的、根本的性本能、美的领域的激情。第一种以"痛苦和危险"为特征，第二种以"满足和愉快"为特征。更有甚者，柏克委婉地指出，"最直接地从属于这一目的的那种愉快，具有一种充满活力的特征，兴高采烈并且强烈，无疑是最大的感性愉悦。"④ 柏克在提出自己源于性愉快的、美的基本概念时，似乎预料到了自己的读者的愤怒，因而明显地把人类与动物区分开来。有鉴于野兽满足自己的性欲是以本能的不加选择的方式，而人类在寻求满足同样的冲动方面，要受到人类特殊的吸引力、所谓美的指引去选择自己的伙伴。简言之，"美"是特定的人类性欲的一种副产品，然而只

---

① 柏克(1958)，115。
② 同上，lvii。
③ 同上，91。
④ 同上，40。

不过是性欲而已。只有在后一个问题上,性生成的美的概念投射在具有广泛社会性和悦人性的其他对象上:"我们因此叫做爱的那种混合激情的对象,就是性的美。"①

柏克到处都没有解释过,美之中原初性欲的、然后是更普遍的社会愉悦,最终如何包含了由艺术所提供的那种愉悦。总而言之,他把自己局限于对诗歌的讨论。不过,在这么做时,他那可以预料的着重点是在方法上,即诗人用以再创造自己感受到的东西、并让读者重新体验那些经验的方法。柏克对女人最美的部分的描述,那就是说"与脖子和胸部有关的部分",②成了他为这一目的而推荐的技巧的完美例证:并不像在交流"感受到的"东西时"强烈表现"和有说服力的暗示那样的精确描述与细节。③

除了犯下了把美与性联系起来的美学家的原罪之原罪之外,柏克还犯下了与这个领域里几乎每个同行相互抵触的更为战术性的错误。艾迪生、约瑟夫·斯宾塞等人都把美与"各部分的对称和比例"联系起来;④柏克则嘲笑大多数这种思索之基础的"维特鲁威"派陷入了一种做作的、不自然的和不恰当的姿态。⑤ 荷加斯、杰拉德等人曾把美同合适与有用联系起来;柏克则反对这样做,由此看来,"像楔子一样的猪嘴,以及它终端坚韧的软骨,小而凹陷的眼睛,构成头部的整体,都非常适合猪拱地的要求,它就会是很美的"。⑥ 夏夫兹博里、斯宾塞和哈奇生都复兴了柏拉图的用真与善

---

① 柏克(1958),42—43。
② 同上,115。
③ 同上,175。
④ 艾迪生和斯蒂尔(1958),II,281。
⑤ 参见柏克(1958),lxiv,100。
⑥ 同上,105;参见同上,lxiv。

第九章 曼德维尔、柏克、休谟与伊拉斯谟·达尔文

来证明美;柏克则认为,这样的等式已经"引起了无限多的古怪理论","它们"完全混淆了我们关于美的各种观念"。① 门德尔松总结了自己时代对于这种反传统观念理论的极端厌恶。他认为,柏克在讨论比例、合适、完美和美德方面最缺少哲学上的深刻性,辩护说那将超出他作为评论家的范围,以至于要正式地反驳柏克的论点。无论如何,这项任务都留给了伊曼努尔·康德,他早期对《探究》的认识,似乎都来自于门德尔松的评论。②

毫不奇怪,柏克的美学,除了极少的例外,既没有找到同情者,也没有找到追随者。约翰逊博士保持了自己与美学家们的诡辩式争吵的距离,称赞《探究》是"一个真正批评的例子"。③ 德国的莱辛会容忍很多从此文中受益却不鸣谢的人。因此,他的《拉奥孔》不赞成阿里奥斯托根据身体的所谓比例来描述一个漂亮女人,极力主张这种柏克式的暗示,即要使读者"感受到真正见到美人时理应感觉到的温柔的血液流动"。④ 此外,莱辛发现,柏克的原理"没有太大的价值",⑤或者说,他附和了门德尔松的感觉,即柏克充其量汇集了"一个完美体系的一切材料",⑥其中两个无意中指向了康德的《判断力批判》。

英国的舆论也接近于一致。理查德·佩恩·奈特本人是《对鉴赏力原理的分析性探究》的作者,他说他很难遇到任何有学问的

---

① 柏克(1958),112;参见同上,lxiii。
② 参见同上,cxxi。
③ 同上,lxxxi。
④ 莱辛(1910),132;引自柏克(1958),cxxiv。
⑤ 鲍桑葵(1956),203;引自柏克(1958),cxxiii,注释 8。
⑥ 鲍桑葵(1956),203;引自柏克(1958),cxxiii,注释 8;参见门德尔松(1968),209—227。

人,柏克论文的哲学在他们那里"与其说被轻视和嘲笑,不如说其风格的出色和活泼得到了赞同与赞美"。① 奈特表明了两个例外中的一个,即几部论述别致之著作的作者乌维戴尔·普赖斯,他使自己相信了"柏克先生之体系总体的真实和正确",并把它变成了"[他]自己的基础"。② 另一个例外是查尔斯·达尔文的祖父。

埃拉斯谟·达尔文的成就如当时和现在被承认的,是令人惊愕的。对柯勒律治来说,他是全欧洲最文雅、最有独创思想、在哲学上善于创造和知识渊博的人。③ 他以英国最优秀的医生而著名。他是一位很有影响的诗人和预示了进化论的著名科学家。他最先解释了喷水井的工作方式、肥料和某些云彩的形成;他几乎完整地描述了光合作用;他还开创了对人类精神疾病的治疗。总之,埃拉斯谟·达尔文与列奥纳多·达·芬奇和歌德一起,属于一小群伟大的博学家。④ 由于各种为人熟知的原因,当时和20世纪的批评家们评价达尔文在美学上广泛的理论建构,都不那么慷慨大方。

达尔文本人承认自己受益于柏克,就像柏克受益于荷加斯一样,柏克在《探究》的第二版中⑤承认荷加斯1753年的《美的分析》与他自己的某些见解相当。柏克有理由这么做。他与荷加斯一样把我们最初关于美的概念与女性身体联系起来,几乎足以使达尔文把应当更恰当地归因于柏克的成就归因于这位画家。与柏克非

---

① 引自柏克(1958),lxxxii。
② 普赖斯(1971),I,92—93;引自柏克(1958),lxxxii。
③ 参见金-赫尔(1968),23,25。
④ 参见同上,11。
⑤ 参见达尔文(1804),附注105;参见柏克(1757),lxx。

第九章 曼德维尔、柏克、休谟与伊拉斯谟·达尔文

常相似的是,荷加斯描述了"形式的复杂性",或者更专业地说,他把"那种引导眼光作水性杨花之追逐"的"波形和蜿蜒的线条"描述为最典型的美;①他还列举了"对女性肌肤来说很特殊的"②圆润丰满作为例证。但是,与柏克不同,他到处都没有提及女性的胸部,而这对达尔文特殊的、第一个弗洛伊德式的理论建构来说却很重要。

与柏克相比,达尔文研究美学的方法更是谱系学的。从系统发生学上说,眼睛,特别是双手,能够使我们的动物祖先们发展出合理的能力,以逐渐把他们划分为人类。相似地,人类从对快乐的喜爱中发展出了著名的美感,那种喜爱是为他们所谓的低级感觉所提供的——如他们的温暖感、触觉、嗅觉、味觉、饥渴感。③ 从个体发生学上说,婴儿对母亲乳房的感知在这方面起着决定性的作用。什么是美对成年人来说源自一种原初的联系,即"母亲乳房的形状;婴儿用双手对它的拥抱,用双唇挤压它,用两眼注视它;由此获得了比对于气味、香味和温暖更加准确的、有关母亲胸脯的观念,婴儿对它们的感知是凭借自己的其他感官"。④ 柏拉图对感官的等级划分被颠倒了。虽然视觉被认为是文明的、成年人感知美的最重要的感官,但它在原初概念系统发生学的发展或(用尼采的话说)谱系学的发展之中出现得最晚。先是嗅到的、尝到的、触到的、最后才是看见的东西,最终被投射到其他事物之上。"因此,在我们成熟的时期,当一个视觉对象呈现在我们面前时,它凭借其具

---

① 参见荷加斯(1753),25。
② 同上,65。
③ 参见达尔文(1794—1796),I,200;引自洛根(1936),62。
④ 达尔文(1794—1796),I,200—202;引自洛根(1936),62。

有与女性胸脯之形状相似的波形的或螺旋形的线条……我们便感到了一种高兴的普遍温暖感,它似乎影响到了我们的所有感官。"①

20世纪的埃拉斯谟·达尔文的批评家们,即使在总体上对他怀有同情感,都把他关于婴儿在母亲怀里习得的美的例子提高到了一种普遍范例的层面,以至抛弃了整个理论——一方面称之为"可疑的",②另一方面则说它"狭隘得荒谬"。③ 更为随便的是,J. T.博尔顿称柏克的美的定义是没有证明原因的"确然的错误"。④ 更加同情地看,达尔文的(像柏克的一样)婴儿对于自己母亲乳房的个体发生学的范例,是一种大胆的(尽管有可能是不正确的)尝试,即努力达到把握一种较为普遍的理论,我们关于美的各种概念,包括柏拉图之后的各种概念,由此可以被解释为在被提升到日益抽象的、理智的层面之前,最初产生于感性的和本能的感知。达尔文根据他的《动物法则》以及再版的《自然的神殿,或社会的起源》而对美所作的界定,恰恰提出了这种普遍的理论。它表明,"我们对美的感知存在于我们凭借对那些对象的视觉得来的认识之中,首先,它先于由愉快所激发起的我们的爱,那种愉快把它们给予了我们的很多感官;像我们的温暖感、触觉、嗅觉、饥饿感和口渴感;其次,它具有与这些对象在形式上的一切类似性。"⑤

由于20世纪的批评家们表明无法欣赏达尔文有关美的各种

---

① 达尔文(1794—1796),I,200—202;引自洛根(1936),62—63;参见达尔文(1804),附注106。
② 金-赫尔(1968),158。
③ 洛根(1936),63。
④ 柏克(1958),lx。
⑤ 达尔文(1794—1796),I,200;参见达尔文(1804),附注105—106。

第九章 曼德维尔、柏克、休谟与伊拉斯谟·达尔文

思想,所以从他的同时代人那里很少能指望别的什么看法,尤其是在紧接着法国大革命之后的那些压制性的年代里。《反雅各宾派》里《植物的爱情》的一个重要的戏拟,[①]以及对《动物法则》[②]和《自然的神殿》[③]里怀有恶意的评论,都促使了他的衰落。柯勒律治曾经长期憎恨达尔文的无神论,[④]他像其他很多人一样,终于对达尔文的诗歌像对他的进化论的思索一样"感到了厌恶"。[⑤] 我们不知道他对达尔文有关美的观念的看法,但人们可以根据他对达尔文的这一意见的反应来进行推测,即猩猩可能是人类的原型。柯勒律治认为这是一场"可怕的噩梦"。[⑥]

使《探究》免于受到相似的被抹掉之厄运的,是柏克在其他领域里作为作者日益增长的名望,尤其是在其著名的《对法国大革命的反思》中他成了欧洲保守派最主要的代言人。还有,批评家们都一致称赞《探究》在平淡写作之中的天才笔致。因此,《探究》所具有的那种赞颂、嘲笑、不承认和使人畏惧的相互交替的作品的作用,一直延续到现在这个世纪。一位使柏克"兴奋的天才"的作家,已经陷入了那部早期著作在哲学上的荒谬了吗?杜格尔德·斯图尔特回答了他的问题,声称柏克在其"有关人类心灵、经验科学审慎的规则的探究"[⑦]之中已经失察了。无论情况如何,他和其他美学家朋友们都被迫要阅读柏克的《探究》,以彻底努力"排除主要的

---

① 参见洛根(1936),18。
② 参见同上,44。
③ 参见同上,20。
④ 参见同上。
⑤ 参见柯勒律治(1895),I,164。
⑥ 洛根(1936),20。
⑦ 斯图尔特(1855),V,218。

绊脚石,那是一种由如此杰出的名字所推荐的理论",它已经阻挡了他们的道路。唯有到了 1810 年,当斯图尔特这么说之时,那种倒退的理论建构的功绩,才最终完成。

第十章　康德的伦理学目的论美学

　　然而,另一个反对康德的词语是道德家。一种美德必须是我们的发明,是我们最为个人的自卫和需要:在其他各种意义上,它只不过是一种危险。如果它不能维持我们的生命,就要损害它。如康德所希望的那样,一种诞生于尊重"美德"这个概念的单纯情感的美德,是有害的。"美德","职责","善本身",以非个人和普遍为特征的善,都是大脑的错觉,使人想到衰落、生命的最终枯竭、柯尼斯堡的中国式劣根性。自我保存和成长的最深刻的法则,要求颠倒这一点,即每个人都发明了他自己的美德,发明了他自己的绝对律令。

Ⅵ,177/《反基督徒》,11

考虑到康德的《判断力批判》坚定的反感觉论的偏见,如果不谦恭地对待柏克,那么康德就毫无意义。他提出了他自己对崇高和美的定义。他承认柏克以对爱的论述为基础,坚持认为"要使欲望远离这种爱"。[①] 他指出,柏克对美与崇高的区分,或者是"由与感觉有关的想象力"唤起的,或者是"由与理解力有关的想象力"唤起的。[②] 他甚至承认,愉快和痛苦——对柏克来说是美与

[①]　Ⅴ,277/康德(1987),138。
[②]　Ⅴ,277/康德(1987),139。

崇高的根源——"最终总是属于身体的",不管"它们是来自于想象力,还是来自于对理解力的表达"。① 总之,在一种严格的心理学意义上,柏克的判断是"极为出色的"。② 它们也"为经验主义人类学所喜欢的研究提供了丰富的材料"。③ 实际上,在包括了德国以"纯经验"的方式论述过这个主题的"众多敏锐的人们"中,柏克被赋予了"最为重要的作者"的首要地位。④

虽然如此,康德与柏克的不一致,迄今为止超过了一致意见。他认为,如果我们把美等同于魅力或情感,那么我们就不可能指望其他一切人都同意我们的判断。因为关于这些问题,每一个个体确实要考虑到他个人的感觉。"但是,如果情况如此,那么对趣味的一切责难也将停止,除非其他人在自己的判断中通过偶然的和谐所提出的例证,被变成了我们(也)赞成的一种命令。然而,在这样一种原则上,假如我们加以拒绝,诉诸自然权利,使基于自己舒适的直接情感的判断服从自己的感官而不是别人的感官。"⑤于是,除此之外,就是反对。因此,这是不可能的,却是必须的。

有关美与崇高的论争,已经进入了法庭,在其中,论争者诉诸自己个人的理解力和天然权利,而在同时又坚持要求普遍的正义——导致它失去了可能具有的东西。一定存在着一种原则,它将向每个人发布这样的赞同意见。各种无情的命令未经证明,却强行向它们可以预料的自我确认推行错综复杂的法律措辞。对

---

① V,277/康德(1987),139。
② V,277/康德(1987),139。
③ V,277/康德(1987),139。
④ 参见 V,277/康德(1987),138。
⑤ V,278/康德(1987),139—140。

《判断力批判》来说并非不典型的是,下面一段长达12行的德语原文包含了六个"必须"、"可能"和"应该",要求趣味判断的优先权,相当于一种无条件的命令(Gebot),强行要求普遍赞同,并命令我们(gebieten)如何去判断。这一切都被说成是一种从句关系的复杂难题,概括表达了条件、关系词、说明、附加说明的限定词和无可置疑的断言,由一种导致所谓不证自明之先决条件的因果关系的要求所构成。①

因此,由于肯定不允许把趣味判断看成是以自我为中心的,而是根据其内在的本质,也就是它本身,不是由于各种实例、其他人规定了自己的趣味而被认为是多元论的,如果人们把它推尊为同时可以命令每个人都同意的,那么它就必须具有一种优先的原则(无论它是主体的,还是客体的),这个先天法则是人们通过探查心理变化的经验法则永远达不到的,因为后者仅仅使我们知道我们如何做出判断,但并不要求我们应该如何判断,而且在某种程度上,这样一种命令是无条件的;它恰恰就是趣味判断所要求的先决条件,因为它们要发现直接从属于一种表现的[审美]愉快。②

在这里,就像在三大"批判"的其他地方一样,康德的句法和术语人所共知的纠缠扭曲,很有说服力地论证了这位哲学家在与自己的问题进行角力时引人入胜的深刻性、令人难忘的严密和极端

---

① 参见凯吉尔(1995),78以下。
② V,278;参见康德(1987),140;参见康德(1978),I,132。

自省。在最为复杂的论证之中,没有留下疑惑、彷徨和可能的异议。在进行论证时,其主要论点被不知疲倦地重复,惟恐我们会错过主要思路;主要论点展开为无数的从属问题后,直到《批判》快到终篇,还没有哪个问题得到了解决。康德的批判不是一步一步地、缓慢地从推论到推论,而是显得受到某种隐蔽律令的困扰,迫使他去证明那些未必是相反的东西——它们全部都是我们的阐释必须重视的。为了公平对待康德的美学,我们不得不因此重新追溯这些扭曲的由来,并通过他的总体哲学尤其是通过他的道德哲学来接近它。

海因里希·海涅在一则有关康德的仆人兰珀的幽默寓言中,捕捉到了康德同时代人当中的某种惊恐状态,他们在完全放弃研究康德的文章多年之后,逐渐理解了他所做的事情。他们发现,康德"曾经袭击了天国,杀死了天国的全部守备,上天的最高统治者未经证明就倒在他的血泊中:现在再也没有了仁慈宽恕,没有了慈父般的善行,没有了来世的奖赏,因为人们在此世非常节制;灵魂的不朽行将断气——发出了临死的呻吟——老迈的兰珀的胳膊下夹着雨伞站着,一个悲伤的证人,眼泪和冷汗从他的脸上淌了下来。"①

海涅提出,康德的《纯粹理性批判》已经创造了一个真空。上帝、不朽、自由和事物的真正本质,对于人类理性来说都已经成了不可接近的。我们所有与它们有关的逻辑论证都土崩瓦解成了同样合理的反面或二律背反。"一个绝对必要的存在属于这个世界,或者作为它的一部分,或者作为它的原因,"②这一信念,已经被相

---

① 海涅(1979),VIII:i,89。
② A452/B480(提示读者:照康德学术中的传统做法,将按照第一[A]版和第二[B]版标准的标记页数来援引《纯粹理性批判》。)

同的逻辑断言抹杀了,即一种"绝对必要的存在在这个世界上到处都不存在,也不是作为世界之原因而存在于世界之外"。① 由于上帝存在的一切证据都被归结为 ad absurdum[译按:拉丁语"荒谬的"],所以它就好像基督教的 deus absconditus(隐蔽的上帝)一样,得到了启示的保证,返回到了一种空虚之物里。就连笛卡尔通往传统本质论的 cogito ergo sum[我思故我在],也已经变成了一种"完全空虚的表达"。②

康德承认 cogito[我思]是一切感知和判断的 conditio sine qua non[译按:拉丁语"必要条件"],却拒绝得出结论说"ergo sum"[故我在]是在一种本质论的 res cogitans[所思之物]③的意义之上,"所思之物"导致笛卡尔再次去证明上帝和世界的存在。一个希望发掘终极而探究她自己的人,只会发现她在凝视镜子时所看见的东西。即使我们跟随自然进入其物理的、生物的和其他法则最幽深的隐秘之处,我们也绝不可能回答有关上帝或人类超自然的灵魂的问题。我们对此的理由在于

> 这种统一性的先验基础,无疑也处于幽深的隐蔽之处,并非是一种可以服务于我们的工具,通过内在感官只能知道我们自己不过是外表,要找出仅仅是外表之外的其他一切东西,我们想要探究的就是这种非感性的原因(nichtsinnliche Ursache)。④

---

① A453/B481。
② A355。
③ 参见 IV,220,239,366 以下。
④ IV,179;A278 以下。

《纯粹理性批判》初版约四年之后,康德在其《实践理性批判》分析性的绪论《道德形而上学原理》(1785)里重复了相同的告诫。各种术语几乎都是相同的。康德写道:"甚至关于他自己……人类也只有通过内在感官,通过其本质的外观及其意识被作用的方式,获得有关他自身的信息。"[①] 然而,康德不只是重复了他自己的观点。如果他再次强调说,纯粹理性不可能洞察到外表的限度以外,那么这就是为了指出一种选择,它毕竟可以使我们接近那种超感知。在方法上,他所提出的路径类似于笛卡尔的"我思故我在",但却有一种差异。笛卡尔的"我思故我在"在《纯粹理性批判》中被证明不可能独立存在,要被一种道德上的变体取代。我根据职责行动,[②] 就是说,因此我存在,是一个自由的、超越纯粹外表的"意会世界的成员"。[③] 我们知道《原理》和第二"批判"的其余部分仿效了一种类似笛卡尔式的偏见,把我们先验道德本质的这种假定的事实作为基础,以提出有关我们的自由、我们的不朽、我们在一个普遍"以自身为目的的王国"[④] 中的成员地位、作为这个王国之"唯一绝对的立法者"[⑤] 的上帝的实践的、虽然不是知识的、却是可知的概念。

然而,为什么我们应当首先按照这样一种道德律感受到行动的动机?[⑥] 与柏拉图的 *sophrosyne*[节制]并非不同,康德的纯粹道德的运作独立于一切源于我们的本能、倾向和兴趣的自然动机。

---

① IV,451/康德(1998),56。
② 参见 IV,398/康德(1998),11。
③ IV,454/康德(1998),58。
④ VI,462,433/康德(1998),66,41。
⑤ IV,439/康德(1998),46。
⑥ 参见 IV,460/康德(1998),63-64。

第十章 康德的伦理学目的论美学

因此,对康德来说,根据人们的职责采取行动,相当于一种在总体上没有根据的、"无关利害的"[①]行动形式,它将与这些自然动机进行斗争,压制和牺牲它们,而不是仿效它们。

还有什么会促使人类根据职责去行动？康德正式提出了他著名的绝对律令。因此,你们必须"行动,应该把行动准则通过自己的意志变为一种普遍的自然律法"。[②] 然而,我们要问,我们怎样确立一种"普遍的自然律法",尤其是因为在普遍的、先验的意义上,自然是我们的认知能力无法接近的吗？或者说,当我们遇到一种要求立刻补偿的道德困境之时,我们怎能不顾决定去思考这样一种难题？只要提及这一事实,即没有任何律令、律法或命令,无论可能得到多么清晰而有说服力的阐述,都能一直使我们按照它自身的理由去理解它。

康德的自由观念,即独立于身体原因、而与一种更高的、以自身为目的的王国、严格超越感觉的律法相一致的行动,只是为同样未解决的僵局增加了另一个问题——康德必须对他自己承认这一点。康德认为,在这方面存在着"一种循环",也许"无法从中逃离",那就是说,"把自己想成在目的序列中是为了按照终极命令服从道德律法的,我们认为自己在作用因的序列中是自由的;反之,我们由于赋予自己以意志自由,所以把自己想成服从于这些律法"。[③] 毋庸说,康德迅速地要继续解决这种不道德的循环,承认在所提出的解决办法中有一种最终难解的要素。他得出结论说,有关"绝对律令如何可能"的问题,"确实可以在这种程度上来回

[①] IV,439/康德(1998),46。
[②] IV,421/康德(1998),31。
[③] IV,450/康德(1998),55。

答,即人们可以提出的唯一可能的前提就是自由的理念,只有根据它才有可能,……[然而]这种前提本身如何可能,是人类理性所无法探测的"。①

最终,我们就"道德律令在实际上无条件的必然性"所能理解的一切,就是"它的不可理解性"。而且,"这就是能够公正地要求于一种哲学的一切,而哲学在其原则上要努力达到人类理性的真正的边界"。② 与此同时,康德在这种不可理解性之中看出了某些不容置疑的好处。至少,它会阻止那些人,他们"以损害道德的方式在感觉世界里探究最高动机,以及一种虽可以理解却属经验主义的利益"。③《纯粹理性批判》把神圣变成了深不可测的空虚,它已经在一种同样难以理解的道德之中找到了一种合适的对应物。

同时,在这种形而上学的荒原里,有两样东西从来就没有支吾其词:其一是康德的基本信念,即上帝虽然潜逃了,却具有一种"绝对必要之存在(eines schlechterdings nothwendigen Wesens)"的地位;④其二是,人类神圣的本质由于在道德律法中显而易见,虽然不可理解,却是一个无可争辩的事实。对这种所谓不证自明的诉求大量存在。甚至连"最老练的无赖"都会被"目的正直、遵循善之格言的坚定性、同情心和普遍的善行"⑤所感动。就连"最顽固的宿命论者……只要凭智慧和职责去做时,一定还是始终都像他是自由的那样去行动"。⑥ 促使我们根据职责并按照自由的理念去

---

① IV,461/康德(1998),64。
② IV,463/康德(1998),66。
③ IV,462/康德(1998),65。
④ V,142/康德(1997),118,注释。
⑤ IV,454/康德(1998),59。
⑥ VIII,13/康德(1996b),10。

行动的良心,在每一个人身上都能起作用。① 由于良心必定具有普遍的有效性,所以它起作用的方式——它的无关利害性,它的既不寻求此生也不寻求来世的回报,它的独立于天然倾向等等——也被认为是不证自明的。道德行为与按照自然因果关系之绳索来操纵的"单纯的木偶戏表演"②的不同之处是什么? 康德早在1783年评论J. H. 舒尔策的《道德学说导论初探》时就主张,"除非我们认为自己的意志摆脱了"这些约束,否则"这种律令就是不可能的和荒谬的,留给我们的就只有等待和服从上帝根据自然原因将施加于我们的那些决定。"③

与此同时,康德排斥性否定的道德决定,逐渐使他处在了一种他自己的木偶戏表演之中。他的《原理》还表明了他努力维护一种非概念性的、超越感觉的术语学,它与不是依靠我们的自然感性(如"病态的爱恋")、也不是依靠一种由此可以达到的目的所促使的道德行为有关。④ 但是,接下来,靠别的什么呢? 康德回答说,依靠我们对律法的尊重,依靠把职责界定为"根据对律法的尊重(Achtung)而行动的必然性"。⑤ 同时,他急于防止这样的反对意见,即他只不过是要寻求"庇护所,在一种晦涩的感觉之中躲在尊重这个词语的背后,而不是凭借一种理性的概念来明确地解决这个问题"。⑥ 然而,既然不可能存在这样一种概念,这个问题就只有用别的方式来"解决"。尊重律法是一种不同于其他情感的情

---

① 参见普拉华(1987),xliii。
② VIII,13/康德(1996b),9。
③ VIII,13/康德(1996b),9;参见 V,147/康德(1997),122。
④ 参见 IV,399/康德(1998),12—13。
⑤ IV,400/康德(1998),13。
⑥ IV,401—402/康德(1998),14。

感。它是一种"根据理性概念自我形成的情感,因此与一切情感尤其不同……它可以变成倾向或畏惧"。①

尽管有这些免责声明和反免责声明("我确实还没有发现这种尊重以什么为基础"),②某些具体事物暗示的隐喻性要素,开始渗透到良心难以理解的空虚之中。人们的"立法理性"一旦注意到由绝对律令所规定之物的普遍适用性,就会"要求(abzwingt)我予以直接的尊重"。③ 强迫的理念需要其他的、更加丰富多彩的细节。举例来说,"强迫(Zwang)"④会激起人们的"需要和倾向"的"强有力的平衡力","完全满足他们在幸福名义下所集合起来的东西"。⑤ 在相反的一面,理性如此"不间断地(unnachlaßlich)"⑥发布它反对这些自我放纵的规则,以至于使有过失者对职责给予适当的尊重。

在《实践理性批判》中,"尊重(Achtung)道德律法"⑦已经成了某种使人困扰的东西。康德在《原理》中出于对它的疑虑,辩解性地把这个概念重新界定为一种"自我形成的情感(selbstgewirktes Gefühl)",⑧或者说,非情感显然被撤开了。像人们对善的唯一动机一样,⑨尊重加入了像良心那样的概念行列,它们完全都是不证

---

① IV,401/康德(1998),14,注释。
② 参见 IV,403/康德(1998),16。
③ IV,403/康德(1998),16。
④ 康德(1998),16,注释 p。
⑤ IV,405/康德(1998),17。
⑥ IV,405/康德(1998),17。
⑦ V,78/康德(1997),67。
⑧ IV,401/康德(1998),14,注释。
⑨ 参见 V,152/康德(1997),126。

自明的。它是"唯一的,无疑也是道德上的动机"。① 甚至那还不够。尊重并不是道德(Sittlichkeit)的推动力,而是"道德本身",虽然"在主观上被认为是一种动机"。② 可以把它理解为一种先在,正因为它是"唯一否定性的",③就是说,与造成我们根据身体的、情感的和实际的冲动而行动的一切事物相反。它是主干,人们据此可以嫁接一切良好的道德意向,"最好的,确实唯一的,以防止不光彩的和腐败的冲动侵占心灵"。④ 在这里,就像在《道德形而上学》(1797年)中一样,由尊重所进行的这些预防性的工作,使人想到了一种日益寓言式的故事情节,在其中,康德愈加抽象的术语学遭到了某些进一步的扭曲。举例来说,道德律法本身击倒了自负,由此赢得了我们的最大尊重,并因此成为"一种积极情感的基础,它不具有经验主义的根源,它被认为是一种先在"。⑤

与前面提到的 J.H.舒尔策可笑的木偶戏表演⑥相比较,康德的法庭的故事情节,即犯人在自己内心"法庭(Richterstuhl)"⑦前被强迫审讯,包含了值得思考的严肃性。真正的辩护律师的辩护,无论多么软弱无力,却代表了犯人的天然倾向,而全能的内心起诉者则引导着指控。⑧ 这个故事的其余部分是,良心如何按照最大

---

① V,78/康德(1997),67。
② V,76/康德(1997),65。
③ V,72/康德(1997),63。
④ V,161/康德(1997),133。
⑤ V,73/康德(1997),63;参见 V,79/康德(1997),68。
⑥ 参见 VIII,12—13/康德(1996b),9 以及 V,98/康德(1997),83 和 V,147/康德(1997),122。
⑦ V,152/参见康德(1997),125。
⑧ 参见 V,98/康德(1997),82—83。

的"正义的严格性"[①]宣告被告无罪或者谴责被告,它是在《道德形而上学》里讲述的,该书在《实践理性批判》出版九年之后出版。康德提出,人类灵魂作为一个正在进行的法律过程的场所,要被认为是"一种双重人格"或"双重自我",同时行使着犯人、辩护律师、检察官和法官的功能。然而,在这一切的背后,隐约出现了在这个内心法庭里上演着的道德律法的最终不可预测性。当诉讼程序结束时,作为具有权力之人的内心法官,"宣告了幸福或痛苦的判决……我们的理性不可能进一步行使他在这种职责中的权力(作为世界的统治者);我们只能敬畏他那无条件的 iubeo[命令]或 veto[意志]"。[②] 显然,康德的道德信念已经变得更加严格和不妥协。即使被宣告无罪,被告却绝不会得到奖赏。相反,他不得不使自己满足于逃脱惩罚。因此,康德写道:"在人们的良心安慰性的鼓励之中所得到的幸福,不是积极的(欢乐),而完全是消极的(免除了先前的焦虑);而这本身就是可以归之于美德的东西,是一场反对人类之中邪恶原理的影响的斗争。"[③]

这种情绪使每个地方都显得很黯淡。《实践理性批判》还有人的自尊(Achtung für uns selbst),它取决于人在"内心的自省"不愿发现自己在自己眼中是可鄙而无耻的。[④] 这种话听上去很严重,却正是《道德形而上学》所推荐的、出自"下降到自我认识之地狱"的遥远的呼声。[⑤] 在(根据感觉世界)提出自由时,不朽(能使

---

① VI,440/康德(1996a),190。
② VI,439/康德(1996a),189,注释。
③ VI,440/康德(1996a),191。
④ 参见 V,161/参见康德(1997),133——有改动。
⑤ 参见 VI,441/康德(1996a),191。

我们履行一种在人们一生中绝不会履行的职责)、上帝(作为最高的善、最终目的以及要靠我们的行动实现的终极目标),成了我们尊重道德律法的必要条件,《实践理性批判》虽然强调这些条件的假定性质,但依然提出了一种真实的承诺。因此,如康德在其中指出的,道德律法"要求我们无关利害的尊重……[一旦它]变成积极的和主导的,就首先会让我们浏览那个超感觉的领域,虽然只是淡淡的一瞥"。①

在《道德形而上学》中,同样的尊重已经引人注目地变得狭窄了。最高的善,②先前被称为世界上一切神圣的、受尊崇的、睿智③的造物,④已经变成了一名难以理解的法官,"在道德良心的自我意识方面受到了限制(即使仅仅是以一种模糊的方式)"。⑤ 上帝已经被变成了一种难以捉摸的道德变体,在不断追寻一种未知的和难以达到的目标的道德努力之中具体化了。他已经成了"世界无限的、难以接近的统治者"。⑥ 然而,如同他是难以接近的一样,他所要求的"只有职责",而作为回报的却是允许我们"没有任何权利反对他"。⑦ 承诺已变成了拒绝。我头上的星空和我心中的道德律,曾经要求我们仰慕和敬畏,⑧却已经变成了一种激发起极度痛苦和恐惧、不可逃避的迷津。⑨

---

① V,147/康德(1997),122。
② 参见 V,108,144/康德(1997),91,119。
③ 参见 V,131/康德(1997),109-110。
④ 参见 V,145/康德(1997),120。
⑤ VI,439/康德(1996a),190。
⑥ VI,489/康德(1996a),231。
⑦ VI,488/康德(1996a),230。
⑧ 参见 V,161/康德(1997),133。
⑨ 参见 VI,439-440/康德(1996a),190。

倒不是《道德形而上学》或者自《实践理性批判》以来的康德的其他一切有关道德哲学的著作都具有富有意义的学说的出发点。良心和上帝的最终的不可理解性,作为对世界的整体否定的道德自由,我们为了一个除了在某种假定的不朽以外不可达到的目标毫无回报的奋斗,乃至我们最终不可救赎的罪孽[1](哪怕我们努力奋斗[2])——它们全部都在"第二批判"中得到了预示。然而,却存在着一种差异。在最初的两部"批判"中所使用的抽象的哲学术语是人们去猜测,但不是得出结论,促成了与康德起初严格的批判性著作有关的宗教冲动。论述道德哲学的著作中的这种变化,始于《理性自身限度内的宗教》(1793年)。它们突然揭示了在第一"批判"和第二"批判"中模糊的东西,让康德的宗教气质走上了前台,而把他的哲学道具和服饰都转变成了背景。这种变化与增加使用《圣经》的语言携手并进。

康德描述了一个学会了在自己的内心法庭前永远审判自己的人,他脱去了"旧人",换上了"新人",开始了"把肉体钉上十字架上的"自我献身的终身奔跑,康德借用了一些热中于虔信派教徒[3]的文字段落,[4]如那些在1732至1740年间在弗列德力中学教过他的人们。[5] 其他《圣经》方面的参考文献,诸如圣保罗力劝我们要

---

[1] 参见 V,155/康德(1997),127-128。
[2] 参见 V,155/康德(1997),127-128,以及 VI,392-393/康德(1996a),155。
[3] 例如,可参见阿恩特(1979),83-86 以下;厄尔布(1983),9;布朗(1978),116以下,121以下。
[4] 参见 VI,68/康德(1960b),68;参见《新约·歌罗西书》3:9-10,《新约·以弗所书》4:22-24,《新约·罗马书》4:2-6,和《新约·加拉太书》5:24。
[5] 参见康德那里的格林(1960b),xxiii。

"怀着恐惧和颤栗完成自己的拯救",①被援引来支持似乎能复活奥古斯丁的《上帝之城》或加尔文的《基督教教义》、而不是早期的"批判"在学说上的思考。然而,又是在这里,有关道德哲学的晚期著作只不过使在早期的批判性著作中早已提及的东西变得清晰起来。

加尔文有关"天使们本身敬慕的[上帝的]不可理解的计划"②令人惊奇的不可理解性的学说,提供了一个例证。"神的智慧的神圣范围"③和"上帝计划的隐蔽的避难所",④对人类的认识来说都是永远无法接近的。否则,那些敢于"进入迷宫"的人们,"[他们]从中能发现迷宫没有出口"。⑤ 加尔文引用了奥古斯丁的话来力促人们不要试图看穿"上帝的秘密计划"。⑥ "你希望同我争论吗?使我感到惊奇并大声叫道,'啊,深刻!'让我们两人在畏惧中达成协议吧,以免我们坚持错误。"⑦ 而且,在加尔文那里,就如在康德那里一样,"上帝不可达到的隐秘"具有一个实际的目的,那就是说,"那些被贬抑和被降低了的,我们会懂得对其审判感到颤栗,并敬重他的仁慈。"⑧

要论证康德在其有关道德的后批判著作中表达了相似的概念,意味着既无助于关于他那重要的、对虔信派、路德教教义或加

---

① Ⅵ,68/康德(1960b),62;《新约·腓力比书》2:12。
② 加尔文(1960),Ⅱ,947。
③ 同上,Ⅱ,922。
④ 同上,Ⅱ,957。
⑤ 同上,Ⅱ,973。
⑥ 同上,Ⅱ,949,194。
⑦ 同上,Ⅱ,945。
⑧ 同上,Ⅱ,960。

尔文教教义的宗教倾向的论争,[①]也无助于刷新他作为"新教哲学家"的形象。[②] 在这方面与这一论点更加有关的是,与卡夫卡进行比较,他的《审判》为我们呈现了加尔文教之虔诚的虚无主义的变体,虽然没有明确提及加尔文。因此,处于加尔文和卡夫卡中间的康德,受到激励要把基本的、加尔文教的(或者说,就这个问题而言,是奥古斯丁的或保利努斯的)、有关人类与超感觉的关系的各种概念,翻译成一种理性主义的哲学,它甚至在其最具有宗教性的装饰上,都采取了在卡夫卡和其他现代主义作家那里看到的走向空洞的超越的重要步骤。

而且,康德有关道德和宗教的著作中的加尔文教特征,到处都很明显。[③] 因此,对康德来说,"被一条深不可测的鸿沟彼此分隔开"的地狱与天堂的理念,虽然是比喻性的,"却在哲学意义上是正确的"。[④] 人作为不可救赎的恶魔,要依赖上帝的恩典。[⑤] 康德甚至还认可加尔文的双重宿命的学说,如他写道的,它"必定涉及一种智慧,它的统治对我们来说是一种绝对的神秘之事"。[⑥] 还有,上帝的不可理解性,尤其是作为我们的法官,要得到称赞而不是谴责。因为围绕着上帝及其计划的普遍的神秘性,具有其隐含的意义——因此,"对我们来说有利的是,只要知道和懂得存在着这样

[①] 参见德斯普兰(1973),3 以下;参见博哈特克(1966)。

[②] 参见保尔森(1899);施马伦巴赫(1929);舒尔茨(1960)。

[③] 由于 J. 博哈特克 1966 年的著作,我们也知道了在 J.F. 斯塔普费多卷本的《保护宗教的基础》"这部有强烈加尔文教倾向的著作"(德斯普兰[1973],103)之中的这些倾向可能的重要根源。

[④] VI,60/康德(1960b),53,注释。

[⑤] 参见 VI,143—144/康德(1960b),134—135。

[⑥] VI,143/康德(1960b),134。

一种神秘性,而不是去理解它"。① 甚至未来有些人下地狱和有些人的救赎,"虽然包含着一种恐怖的因素,却是非常崇高的(sehr erhaben)"。②

就算在早期的"批判"中找不到这些较为明显的加尔文教的任何表述。然而,即使在早期批判中,其宗教哲学的基础显然非常明显。在第一"批判"中,有不可理解的上帝,无法为理性和逻辑证据所接近;在第二《批判》中,我们不可理解的良心要使我们奋斗,虽然绝不会达到,却存在着与目的本身同样神秘的王国的这个神秘的保证人;最后,我们对一种神秘的 je ne sais quoi[我不知道它是什么]的感受,被称为美,那个目的本身难以捉摸的道德王国的神学对等物,在自然形式之中显现了出来。与此同时,它们全部的不可理解性,也许会成为担忧的根源,或者确实使我们中的一些人很苦恼,但对康德来说却是有关它们的最好的事情——正像它们对加尔文、奥古斯丁或圣保罗来说一样。上帝"难以理解的智慧,我们通过它而存在",对康德来说,"就是要尊重那些拒绝我们的东西,就像尊重那些对我们显现出来的东西一样"。③

这一点最终把我们带回到了《判断力批判》,它刚好出版于康德第一部较为明显的宗教著作《理性自身限度内的宗教》之前三年。鉴于迄今为止所说过的话,这本书看来最合适的是倒着解读。我们不去追寻康德把我们的审美判断和目的判断追溯到它们所谓的条件的一步步的论证方式,而将考查这些条件如何起源于人们所谓的道德自由及其两个基本条件,即我们的不朽和上帝。

---

① VI,139/康德(1960b),130,注释。
② VI,60/康德(1960b),53,注释——有改动。
③ V,148/康德(1997),122——有改动。

在某种程度上,康德自己提出了这样一种路径。正如他在《纯粹理性批判》的"修订"再版里指出的,哲学应当"使知识无效(aufheben),以便为信仰留下空间",①信仰涉及自由、不朽和上帝。康德的《道德形而上学原理》(1785)和他的《实践理性批判》(1788),把这种对于道德律法的信仰之基础和限度,详细规划为要由良心来决定。《判断力批判》延续了同样的努力,尤其是在其结束的几页里,康德以人们熟悉的谜一般的方式详细说明了信仰。信仰是理性在赞同理论认知无法达到之物时的道德思维方式。换言之,要"具有信仰(简单地这么说),就是要相信我们将达到一个目标,那目标是我们有职责去促进的,不用我们去洞察达到它是否可能"。②

我们从康德论述道德哲学和宗教哲学的著作中那种为人熟悉的卡夫卡式的世界里,得到了支持。由于不为人知的原因,良心促使我们努力追求一个目标,却又阻止对于达到它的可能性的认识。然而,我们可能达到它的承诺"向我们证明了赞同那些条件是正当的"(即自由、不朽和上帝这几个基本条件),"只有按照这些条件,我们的理性才可能设想那种实现的可能性"。③ 那就是说,能够使我们按照"自然目的中不可测知的艺术性"④来传递趣味之审美判断的自然目的论,被显现在了自然产物的美之中——这是第三"批判"的重要主题——它依赖于甚至更不可靠的基础。因为最终超感觉的目的支撑着其他一切,所以它本身能够产生出这样一种目

---

① B,xxx。
② 参见 V,472/康德(1987),365。
③ V,471,注释 90/康德(1987),365。
④ V,477/康德(1987),372。

的论,无法从理性上来证明。我们从第一"批判"中得知,纯粹理性毫无办法把我们引向上帝的"最终概念"。① 我们从第二"批判"中得知,唯一的选择是通过实践理性及其基本条件的指引。换句话说,维系着一种普遍的自然目的论的超感觉的目的,"只能在世界的道德创造者的概念中找到"。② 类似地,"只有道德目的论才可能为我们提供适合于一种神学的世界唯一创造者的概念",③并且,通过延伸,也适合于一种自然对等物,它接着又为我们有关美的趣味的审美判断提供了基础。正是在这些可疑的基础之上,《判断力批判》完成了它的三重规划:(a)表明自然目的论的判断(作为植根于有关"最高的道德上的终极目的"④伦理学目的论的基本条件),如何使我们在主观上认识到其他方面的"自然目的之中的不可测知的艺术性";⑤(b)论证有关趣味的审美判断如何能使我们通过其他方面的、显现在自然产物之中的、"隐藏在自然形式背后的不可测知的伟大艺术"⑥来欣赏美;(c)阐明有关情感的审美判断如何评价所谓的崇高,无论是一种自然现象使人想到力量的无限,还是引起想象力借实践理性预设的不朽与上帝来回避的巨大。

很有特点的是,康德"通过一种理性概念(*durch einen Vernunftbegriff selbtgewirktes Gefühl*)而自我形成的"⑦尊重的概念,

---

① 参见 V,470/康德(1987),364;V,477/康德(1987),372。
② V,470/康德(1987),364。
③ V,481/康德(1987),376。
④ V,471/康德(1987),365。
⑤ V,477/康德(1987),372。
⑥ V,445/康德(1987),334。
⑦ IV,401/康德(1998),14,注释。

对第二"批判"来说至关重要,①在第三"批判"中则起着相似的重要作用。② 后者的最后几章总结了几个取代较为低调的 Respekt[尊重]的类似概念,如 Hochachtung[敬重],Ehrfurcht[敬畏],Verehrung[崇敬]。就实践理性而言,"我们对道德律法的敬重(Hochachtung)……[使我们]想象到我们天职的终极目的";我们真诚的敬重(wahrhafteste Ehrfurcht)使我们把一个"与终极目的协调一致的原因"纳入"道德景仰"。③ 审美的和目的论的判断不过强化了我们对于由道德律法所预示的终极目的的尊重。因此,我们"对自然美的赞美",以及"由自然如此多变的目的所唤起的情感",激发起了对于道德和"有才智的世界创造者"的尊重和宗教敬畏。④ "因此,看来他们主要是根据类似于道德评判的方式……按照对于未知原因的感激和崇敬(Verehrung)的道德情感而行动的"。⑤

因而,康德在总体上"为了给信仰留下空间而使知识无效"的努力,⑥给予我们向后解读《判断力批判》的一个直接理由——或者说,较少地从形而上学上说,从道德和宗教信仰的观点看,它们促使他写下了这本著作。追寻同样路径的另一个更加直接的方法论动机,是由康德的论辩所提供的,我们可以把它从伦理学目的论推进到自然目的论,但绝不能从自然目的论推进到伦理学目的论。

---

① 参见 V,71—89/康德(1997),62—75。
② 参见 V,209—210,221—222,245,249/康德(1987),51—53,67—68,98,104—105。
③ V,481—482/康德(1987),377——有改动。
④ V,482/康德(1987),377,注释 105。
⑤ V,482,注释/康德(1978),II,159。
⑥ B,xxx。

第十章 康德的伦理学目的论美学

因此,那部著作的导论再一次引起了对于把纯粹理性的认识世界与实践理性的先验世界分离开来的"巨大鸿沟"的关注。康德坚持认为,不可能在纯粹理性与实践理性之间架设一座桥梁——因为"感觉不可能确定主体之中的超感觉"。①

看来有可能的是反面。在纯粹理性无法提供对于超感觉的洞见之处,"自由的概念"可以提供。这种"可能性包含在通过自由的因果关系的概念之中,其效果要在世界中产生"。② 因为这种因果关系使我们能够"预设可能按照它[达到]这种终极目的的条件"。③ 换句话说,以实践理性为基础的目的论判断,预设了这种先决条件,而在同时作为"自然概念与自由概念之间"的中介。④

于是,前进的序列是从良心到职责,从职责到自由、不朽和上帝;或者说,是从伦理学目的论到自然目的论,从自然目的论到美与崇高。这一点接着再使有审美倾向的人类与道德律法联系起来,或者间接通过自然目的论(美),或者更直接地通过逃避到实践理性的不朽(崇高)的基本条件之中。康德不断地、毫不含糊地强调崇高与美在这种同时连续和循环的相互联系之中最终对于目的论和道德的依赖。然而,来自于相反方向的、他关于我们对于自己道德上的崇高和美的情感的这种最终依赖性的核心主张,已经在他的解释者们当中引起了不适当的惊惶和否定。因此,看来值得更加详细地研究一下这些不同的依赖性。

人们关注实践理性对于目的判断的霸权,伦理学目的论对于

---

① V,195/康德(1987),35,36。
② V,195/康德(1987),36。
③ V,195—196/康德(1987),36。
④ V,196/康德(1987),36。

自然目的论的霸权。康德不止一次地否决从自然目的论本身得出最终超感觉之目的性的证据或基本条件的企图。① 他反对在同样的追寻中把自然的目的与伦理学的目的混为一谈(Vermengung)。显然,对他来说,这样一种证据或基本条件"真正的神经"存在于别的地方。② 因此,"能够赋予人的存在以一种绝对价值,并涉及世界之存在能够具有一种最终目的的唯一[东西],就是"对于道德上的善之"欲求的权力(Begehrungsvermögen)"。③ 康德接着说,自然目的论"无法做到这一点"。④ 总之,我们对于包含其他一切的终极的自然目的论之目的的设想,必须成为我们的道德良心之基本条件中的支撑,这样一种目的只不过是"我们的实践理性的一个概念"。⑤

崇高植根于相同的道德基础之中。一般而言,它是一种由使人想到在尺寸上的无限(数学上的崇高)或力量(力学上的崇高)的现象所引起的情感。由于它们超过了我们想象力,便造成了一种阻碍(Hemmung),⑥迫使心灵把注意力集中在"包含了较高目的性的观念"⑦之上,"那种目的性在完全独立于自然的我们自己之中"。⑧ 换言之,崇高是一种情感,它唤醒了我们在努力履行道德

---

① 参见 V,473/康德(1987),367。
② 参见 V,462/康德(1987),354;参见 V,376/康德(1987),255—256。
③ V,443/康德(1987),332。
④ V,444/康德(1987),333;参见 V,447/康德(1987),336—337;V,474/康德(1987),368。
⑤ V,454/康德(1987),345。
⑥ 参见 V,245/康德(1987),98。
⑦ V,246/康德(1987),99。
⑧ V,246/康德(1987),100。

律法之时对于处在自然和我们的思维能力①之下的超感觉的基础的尊重,以及我们对于"超感性的使命(Bestimmung)"②的尊重。因此,对于崇高的审美判断是必然的和普遍的,仅仅因为"它在……倾向于对(实践)观念的情感之中具有其基础,即倾向于"人之中的"道德情感"。③ 康德一再强调了相同的独立性。对崇高的体验是以一种道德情感为基础的,"即心灵具有一种完全超越自然领域的使命……它与我们的判断把对象呈现[为]具有主观目的有关",④那就是说,是崇高。从相反的角度看,崇高"令人感兴趣,仅仅因为我们把它呈现为一种心灵的力量,要凭借道德原则超越某些感性的障碍"。⑤

因此,崇高不顾它在心理结构上"反目的性的"⑥间接性(以及在个体理性意识到他或她在道德律法之下的使命时寻求避难所的失败了的想象力),成了与人的道德情感有关的直接目的性。反之,对美来说也一样。引起我们称其为美的无论什么东西,都具有一种对于感官的直接诉求,而同时又以确实间接的方式显示出它的道德目的性。用康德的话来说,崇高成了直接的"与道德情感有关的目的",美则要通过"反思的理解力"。⑦ 然而,美与"道德上的善"本身的联系不顾这种间接性,使我们要求具有自己对于它的判

---

① 参见 V,255—256/康德(1987),112。
② V,257/康德(1987),115。
③ V,265/康德(1987),125。
④ V,268/康德(1987),128。
⑤ V,271/康德(1987),132。
⑥ V,245/康德(1987),99。
⑦ V,267/康德(1987),127。

断力,正如具有对于崇高的判断力一样,这必然是普遍的。① 此外,"无论谁对……自然之中的美感兴趣,只能在这种程度上这么做,即他早已预先牢固地确立了一种对于道德上的善的兴趣"。② 总之,对于美的一种真正的趣味"最终分析起来,是一种批判能力,它根据感觉来判断对于道德观念的呈现(ein Beurtheilungsvermögen der Versinnlichung sittlicher Ideen)"。③

但是,怎样详细地进行这种"最终分析"? 康德本人较为随便的看法再次提供了答案。它们提出,我们试图找到的,是一种"对于那种密码(Chiffreschrift)的真正破译,自然通过它以其美的形式象征性地对我们发言"。④ 我们要寻找的是一种对于"不可测知的伟大艺术"的理解,"它隐藏在自然形式的背后",⑤或者是对于"自然目的之中不可测知的艺术性"的理解。⑥ 它是一种理解,然而却是有限的,是对"自然美"如何"向我们显现为一种技艺"⑦或"作为艺术之自然概念"⑧的理解。因此,无论我们在什么地方有可能赞美自然之美,我们都确实是在欣赏既超越这种美、又在这种美之下的某种东西,即在这种美之中显现出来的一种"技艺","不

---

① 参见 V,353/康德(1987),228。
② V,300/康德(1987),167。
③ V,356/康德(1978),I,227;参见 V,353/康德(1987),228:"道德上的善是趣味所期待的可理解性";参见 V,354/康德(1987),230:"可以说,趣味能使我们造成从感官的迷恋向习惯的道德兴趣转变"。
④ V,301/康德(1987),168——有改动。
⑤ V,445/康德(1987),334。
⑥ V,477/康德(1987),372。
⑦ V,246/康德(1987),99。
⑧ XX,204/康德(1987),393;参见 XX,215/康德(1987),403;XX,217-218/康德(1987),405-406;XX,219/康德(1987),407;XX,251/康德(1987),440-441;V,204/康德(1987),393。

仅是凭借偶然,可以说,是有意根据一种律法的安排"。①

作为例证,就拿"一片草叶"②来说,它具有形式的美,以及它在目的性上与世界上其他造物的相互联系,正如我们可能设想的那样,是由"一位最高的建筑师"创造的!③ 康德告诫说,就我们在考察它时可以推进自然科学而言,"从自然本身来说,我们绝对没有任何可能获得各种基础去解释在目的方面的各种结合"。④ 如果我们试图根据一种想当然的目的性上移到表面上显得是那叶片的形式指向最终原因的紧靠茎的一端,那么我们就会迷失在兴高采烈的状态之中,"理性在其中受到诱惑而误入诗歌般的胡言乱语的歧途"。⑤ 如果我们设想存在着一位"最高的建筑师",⑥把先在性下降到他所创造的各种自然形式,那么我们就会完全迷失在沉溺于幻想的各种解释之中。"因为我们并不知道……自然借以存在的原理是可能的"。⑦ 总之,在自然之中没有什么能解释自然按照一种终极目的作为艺术的技艺或概念,除非我们"在我们自身中寻找它,即在构成我们存在的终极目的之物中去寻找:我们的道德使命"。⑧

对比之下,如果我们试图根据自然目的论来推断这样一种终极目的(试图解释隐藏在自然形式背后不可测知的伟大艺术),⑨

---

① V,301/康德(1987),168。
② V,409/康德(1987),294。
③ V,410/康德(1987),295。
④ V,410/康德(1987),294。
⑤ V,410/康德(1987),295。
⑥ V,410/康德(1987),295。
⑦ V,410/康德(1987),295。
⑧ V,301/康德(1987),168。
⑨ 参见 V,445/康德(1987),334。

那么我们就完全被这一事实愚弄了:这样的推断无意之中与"为了证明"这样一种"最高理解力"的"道德基础"混为一谈了。① 同样错误的是,设想这一道德目的论的假定方法,即假定一种最高目的不过补充了"为了证明[这种神性之存在]的自然目的论的基础"。② 相反,道德目的论为自然目的论提供了它无法产生出它本身的那种基本条件。"自然目的论如果凭借它本身一直展开,而不是悄悄地借用道德目的论,就不可能为任何东西提供基础,而只能提供一种鬼神学。"③

为了说明这个论点,康德对谱系学批判做了两次罕见的尝试性介入。他声称,如果听任自然目的论自行其是,产生的就不是一种神性的概念,而是这样一种鬼神学。④ 因此,原始人受到恐惧的驱使而创造了几个神(如各种魔鬼),而不是一个神,在别的方面"却忽视了自然的目的论"。⑤ 然而,实践理性却不顾这样的忽视,"凭借其道德原则",逐渐使早期的人提出了"上帝的概念"。⑥ 后来,这种道德目的论的基本条件产生出了自然目的论的附属物——早期的人对于"[他]为了一个目的而存在的内在道德目的"的感觉,补偿了"[他]对自然的认识方面的不足"。换句话说,它促使原始人把某种东西添加到那种"其原则只从伦理学上满足理性的目的"之上,即"最高原因的思想……由于拥有的各种性质而能

---

① V,477/康德(1987),372。
② V,444/康德(1987),334。
③ V,444/康德(1987),333。
④ 参见 V,444/康德(1987),333。
⑤ V,447/康德(1987),336。
⑥ V,447/康德(1987),336。

第十章　康德的伦理学目的论美学　273

够使它让自然的一切都服从于那唯一的意图"。①

从人类学上说,康德断定人的道德感同样在谱系学上优先于他自然目的感,也优先于他对美(作为这样的目的在自然产物的形式中之显现)的欣赏。他解释说,原始人在形成自己最早的道德和宗教概念时,孵化出了大量的胡言乱语。但是,一旦他"开始反思正确与错误时",他行进的主要路线显然就被规定了,即使他依然"对于……自然的合目的性无动于衷"。② 在我们的祖先获得这样的认识之前,他们必须得出这样的判断:"即一个人无论是诚实地还是骗人地行动,就结果而言绝不是一回事":"那就像他们听见了一个内心的声音说:事情必定不是这样的。因此,他们一定也还有一种潜在的概念,即使是一种模糊的概念,他们也感到是有责任为之奋斗的某种东西。"③解决"一种内在的最终目的……与一种最终目的要在其中实现、但它本身没有任何最终目的性的外在自然之间"作为结果之"矛盾"的唯一方式,就是通过设想出"一种最高原因,它按照道德律法支配着世界"。④

其他一切都是作为回想而出现的:有关自然目的论的宇宙秩序类似于先在的、道德目的论的宇宙秩序的设想,以及对于这种自然目的的最高艺术通过自然形式的美对我们发言的正在增加的感受。从谱系学上说,"很可能正是通过这种道德上的兴趣,人们首先注意到了美和自然的目的"。然而,甚至当人们对于设想出来的自然的合目的性和美的感受发展得更加充分之时,它仍然要依赖

---

① V,447/康德(1987),336。
② V,458/康德(1987),349。
③ V,458/康德(1987),349-350。
④ V,458/康德(1987),350。

于原初的有关道德原因和世界支配者的观念。①

并不令人吃惊的是,康德身后发表的有关进步的文章,提出了自莱布尼茨与沃尔夫以来在形而上学方面几乎没有提出过的自然目的论的或美学的各种论点,它们都在第三"批判"中讨论过。它简洁地宣称,提出一种"在世界中遇到的自然合目的性,可以极大地推动对于道德合目的性的接受"。② 否则,"我们就绝不可能认知任何超感性对象的性质";③而信仰不过是"推定的感知和知觉,它依靠它们而忘却了那些观念是由我们自己任意创造出来的(*von uns selbst wilkürlich gemacht*)"。④

出自《进步》(1804)的这些阐述,所述的仍然是较早的《判断力批判》中的内容——除了这篇遗作坦率地谈到了任意创造出来的观念之外,第三"批判"在论证方面所提出的观点,是通过相反地使各种预设和条件无效的一种句法迷宫。如我们在那部著作的最后几页里读到的,信仰"是心灵坚定的原则,它把我们必然预设为[达到]最高的道德终极目的之可能性的条件,设想为真实的……尽管事实上我们丝毫没有看出(达到)这种目的是否可能,或者是否……不可能"。⑤

康德对这个界定的解释性脚注,比第三"批判"里的其他一切都更能使我们瞥见促使他写下它的动机。而它却是以另一个有关信仰的界定开始的:

---

① 参见 V,459/康德(1987),350。
② XX,300/康德(1983),135。
③ XX,296/康德(1983),127。
④ XX,300/康德(1983),135。
⑤ V,471-472/康德(1987),365。

> 信仰是对于道德律法之承诺的一种信念；然而，道德律法并没有包含这种承诺：是我把它置于其中，并且是在一种道德上充足的基础之上。因为没有任何理性的法则能够命令[我们去追求]一种最终目的，除非理性也承诺，即使不具有确定性，承诺这种最终目的是能够达到的，因此也向我们证明了有理由赞同我们的理性只有在其下才能想到的那种可以实现的条件。①

这句话就像康德著作中的其他很多话一样，使人回想起出自加尔文的《基督教教义》的"上帝计划的隐蔽的避难所"，②或者就这个问题而言，使人回想起卡夫卡《审判》里的秘密法律。加尔文警告说，"如果有人无忧无虑地自信能侵入这个地方的话，那么他满足不了自己的好奇心，他将进入一个他找不到出口的迷宫。"③康德仿效了相同的论点，但是却有一种差异。在某种意义上，他对加尔文的告诫的详述，靠的是拆解从奥古斯丁到莱布尼茨和沃尔夫等神学家与哲学家们提出的有关上帝的证据。然而，在另一种意义上，他甚至对加尔文的 *deus absconditus*[隐蔽的上帝]置疑，把他从启示的保证人中提升出来，又重新把他置于人类、道德良心的陷阱之中，最终像隐蔽的上帝本身一样难以理解。在这个方面，他迈出了走向现代性的巨大一步。神所留下的东西，就是磨光了的难以理解的道德律法，强化了其律令，却把我们留在了终极的黑暗之中，以至成了我们在服从其指令中所能收获的可能的奖赏。

---

① V,471/康德(1987),365,注释90。
② 加尔文(1960),II,957。
③ 同上,II,922－923。

正如 K. 被告知的："没有必要接受一切作为真实的东西，人们只需接受作为必要的东西。""K. 说：'一个令人悲哀的结论。它把说谎变成了一个普遍的原则。'"①

然而，康德却从这一切之中得出了一个不同的结论。他接着他对信仰的界定说道："实际上，*fides*[译按：拉丁语信仰]这个词早已表达出了这一点，而令人疑虑的是这个词和这个特殊的观念怎么会使自身进入道德哲学之中：因为它们最初是与基督教一起引入的，使用这个词就像是对基督教语言的一种讨好的模仿（*eine schmeichlerische Nachahmung seiner Sprache*）。"②

---

① 卡夫卡(1969)，276。
② V,471—472/康德(1987),365—366,注释 90。

第十一章　康德中年的转变

康德说过:"美是无关功利而使人愉快的东西。"无关功利!人们应当把这个定义与真正的"观众"和艺术家司汤达阐述过的另一个定义进行比较,他曾经把美叫做 une promesse de bonheur[译按:法语"一个幸福的承诺"]……谁是正确的,是康德,还是司汤达?——无论如何,我们都会有点嘲笑那些美学家们所付出的代价,他们不知疲倦地站在康德一边权衡说,美的魅力甚至允许我们能够"无关功利"地去观看女性裸体的雕像。

V,347/《道德的谱系》,III,6

反对康德。当然,我与那种通过一种功利而使我愉快的美有联系。但是,这一点并不十分明显。对幸福、完美、静止的表现,乃至艺术作品的静默,它让其本身接受判断,它们全部都对我们的直觉发言。——最终,我体验为"美"的东西,不过是契合我自己直觉的理想("幸福")之物。

X,293

康德的道德哲学的核心概念,是对基督教语言的一种讨好的模仿!人们也许会通过用"隐秘的奥古斯丁式的或加尔文主义式的神学"来取代"基督教",以详细说明康德的供认,并且通过把他的批判事业描述为试图用这样一种神学所提供的哲学词语,来重新阐述对《纯粹理性批判》中提出的三个问题的回答,以详细说明这种供认。"1,我能知道什么? 2,我应该做什么? 3,我会希望什么?"① 第一"批判"提供了证明,表明神学的 *deus absconditus*[隐蔽的上帝],以及我们的不朽和道德自由,都不可能成为人类认识或理性主义证明的对象。如我们所知,第二"批判"重新引进了作为基本条件的,或者作为受到良心命令的、对于道德律法来说"必须服从之条件"的三个概念,虽然它们最终不可测知,却被当作是不证自明的。② 第三"批判"的大部分,以及康德后来有关宗教的著作,都致力于我们在此世和来世所能希望之物。

并不是康德的哲学阐述,而是在一次有关伦理学的讲演中对良心的寓言式的界定,暗示了在有关认识论、道德、美学以及最后的宗教这一切理论建构背后的终极推动力。它认为,良心"代表了我们内心神圣的裁判席位:它以神圣和纯粹的法律尺度来衡量我们的意向与行动;我们不可能欺骗良心,最后,我们也不可能逃避良心,因为它像神的无所不在一样,始终都与我们同在"。③ 良心追随着我们,"像[我们试图]逃避的一道影子"。正是《旧约》中被内心化了的上帝,才"包含(即使只是以一种朦胧的方式)在[我们的]道德自我意识之中"。④ 用传记的说法来说,康德在哲学上废除的是那个惩罚性的、报复的上帝,但他却无法在情感上逃避他。

---

① A804—805/B832—833。
② 参见 V,30;康德(1987),xliii;凯吉尔(1995),189—190,324。
③ XXVII,133;参见凯吉尔(1995),125。
④ VI,439/康德(1996a),190。

像他的那个虽然不可知、却制定了"正确的最高法则"[1]的"隐蔽的上帝"一样,康德的良心概念在语调和学说方面完全是加尔文主义的。对加尔文来说,良心是一个内心的法庭;可以说,它处在上帝与人之间,使后者不致遭受"在他自己的内心压制他所知的东西";[2]它是基督教的自由的一个重要方面,会激励人无止境地、不知疲倦地追求一个最终被隐藏在上帝持久的、不可理解的智慧之中的目标。

要把良心与上帝相联系的假说追溯到同样的根源或另外的根源,要追溯到加尔文本人坚持首先要归之于的奥古斯丁的基督教与柏拉图主义的混合体,将会超出本书的范围。只要指出这一点就足够了:康德在这种语境中所使用的术语,显然展现出了不同的特征。自由,自主性,自发性,意志,欲望的力量,善与恶,愉快,幸福——这些词语和更多词语被界定的方式,都把它们归入了价值重估的 ne plus ultra [译按:法语"更加偏激的"]极端,那是由柏拉图首先系统化了的、由对身体的普遍否定所造成的极端。

有几个例证肯定足以证明这些语义上的肃清、颠倒和变戏法似的行为,比方说,通过它们,奴隶身份对于一个未知的上帝来说成了自由,或者在总体上否定一切身体冲动成了欲望的最高力量(Begehrungsvermögen)。[3] 人们对自由的习惯感受,似乎完全被康德的能力界定成了"愿意去做的做,否则就不做"。[4] 但对康德来说,后者会成为任意的(Willkür)或者"动物性的选择[arbitri-

---

[1] 加尔文(1960),II,952。
[2] 同上,I,848。
[3] 参见 VI,213/康德(1996a),13;ⅩⅩ,245—246/康德(1987),434—435。
[4] VI,213/康德(1996a),13。

um brutum]"。对比之下,对他来说,真正的选择自由是一方面"摆脱了由感性冲动决定的独立性",①另一方面按照道德律法的指令去行动。② 与此同时,*Wille*[译按:德语"意志"]远不是强烈的欲望、意图或者决定要做什么的能力,而在一种意义上是"自我决定的力量,独立于一切通过感性冲动的强迫",③在另一种意义上是"实践理性本身",在道德律法基础之上是"因为它能决定选择"。④

康德作为一个有坚定信仰的人,在使用现存词语而不是新造词语⑤进行写作时,具有一种把拥有极为具体含义的词语变成没有实质之抽象的诀窍。自发性,作为一种本能的、自主的、自然的行动方式的共通思想,变成了一种消除了所有"自然基础"、"感性冲动"和"倾向"的思想;它不是遵循"事物照它们本身呈现在外表上的秩序",却构成了"一种它本身按照观念、它所适应的经验条件的秩序";⑥由于它在理论上类似于我们按照道德因果关系去行动的自由,因而成了开始"它本身的行动"的理由,"不要求根据与[自然的]因果关系的法则相一致的先在原因来决定行动"。⑦

无论康德在哪里玩弄或不玩弄重新界定的把戏,他都进行了详细的补充。尊重道德律法,是一种"通过理性概念自我形成的情

---

① Ⅵ,213/康德(1996a),13;参见 A541/B569 和 A534/B562,在其中,自由被界定为"独立于通过感性冲动的强迫"。
② 参见 Ⅵ,214/康德(1996a),13。
③ A534/B562。
④ 参见 Ⅵ,213/康德(1996a),13。
⑤ 参见 Ⅴ,9,11。
⑥ A548/B576。
⑦ A533/B561。

感",①因此不同于其他一切情感。"无条件的服从,满足于自身和满足于不需要任何别的影响"②被叫做"善本身"。这就把它同普通的"善"区分开了,普通的善只不过与"自然本身施加于我们"的东西一致,倘若它与职责相抵触,那就是"极恶"。③ "愉快(*Lust*)"由于涉及它本身的内心力量,同时又接近另外两种力量(认知力量和欲望力量),使康德陷入了特殊的术语学的杂技之中。*Lust* 作为由身体情感引起的最低级的情感,被称为"与习惯和冲动有关的愉快"。④ 作为由人们按照实践理性的绝对律令而遵守职责所引起的愉快,被称为"道德愉快"⑤或"独特的……愉快"。⑥ 由美的事物引起的愉快叫做审美愉悦或高兴(*Wohlgefallen*),在美的情况下是积极的,在崇高的情况下则是否定性的。道德愉快和审美愉快两者,都是以全部"自由感的倾向(*propensio intellectualis*)"⑦为基础的理智的愉快,因为有关我们欲望的审美的和道德的决定先于愉快,而不是由某种感性之物引起的愉快决定了欲望。

在康德的批判事业中,断定心灵对于物质的普遍霸权的独特性,寻找到了大量的类似物。正如"人内心的内在法庭"⑧决定了善与恶,无关乎"行动及由此产生的结果,而与形式和行动本身所遵循的原则有关"⑨一样,因而,一种更加普遍的法庭,必须通过

---

① IV,402/康德(1998),14,注释。
② VIII,279/康德(1996b),282;参见 VIII,282/康德(1996b),284。
③ VIII,282/康德(1996b),284。
④ VI,378/康德(1996a),143;参见 VII,230 以下。
⑤ VI,378/康德(1996a),143。
⑥ VI,221/康德(1996a),15。
⑦ VI,213/康德(1996a),13。
⑧ VI,438/康德(1996a),189。
⑨ IV,416/康德(1998),27。

"得到确认的法律行动的方法"确立人的认知能力,因为它们决定了感性经验,而与感性经验如何影响我们的认知能力无关。[1] 哲学家必须成为"人类理性的立法者",[2]而人类理性则是"自然的立法者"。[3] 像人的内在法庭要判断形式而不是判断一种行动的结果或意想的结果一样,支配着人的认知能力的法庭必定涉及它本身,与自然的"物质性"[4]无关,却与"自然的形式(方面)"[5]有关,或者换句话说,它与一切经验对象的必然的合法性有关,因为它们是可以认识的一种先在。[6]

我们据以传递趣味(美)与情感(崇高)的目的判断和审美判断的合法性,要从属于同样的特性。纯粹的、理论的理性,通过我们先在的知识的基本原理来界定各种范畴,要为自然立法;实践理性通过为最高的道德上的善而奋斗的道德条件,[7]要为意志立法;[8]判断虽然不能为其本身立法,却设想出了类似于实践理性所立之法的准律法或准原则。因此,我们按照自然的目的性来传递客观的自然目的论的判断,类似于决定目的本身的道德王国中自由之因果关系的律法。我们传递的趣味的审美判断,与作为无目的之合目的性的美(自然的自然目的论由于以伦理学目的论为基础,所以在主观上以自然产物的形式显现出来)有关。或者说,我们传递

---

[1] 参见 A751/B779;参见 A395。
[2] A839/B867。
[3] A126。
[4] IV,295/康德(1996c),63。
[5] IV,296/康德(1996c),63。
[6] 参见 IV,296。
[7] 参见 V,174 以下。
[8] 参见 IV,427/康德(1998),36。

有关崇高的情感判断,无论什么时候某种东西使人想到了大小和力量上的无限,都使我们的想象力变得矮小到了那种地步,以至于使我们直接想到了我们在目的本身之王国中的公民权。

身体与理性之间或功利性与道德之间无法调和的分离,成了康德的批判事业在总体上的标志,这在他的呼语"布满群星的天空在我之上,道德律法在我心中"①里,得到了最为著名的表达。因此,"可以说,第一次看见大千世界的无穷无尽,消除了我作为动物性的人的重要性……第二次看见……则无限地提升了我作为智慧之无形生命体的价值。"②然而,通常对这种二分法的讨论,利用了身体感觉腐蚀了心灵、心灵试图使自身脱离身体的比喻。只有在"不存在任何感觉的混合"③之时,一种呈现才是纯粹的。各种激情对于"纯粹的实践理性"④来说,是"毒瘤般的痛处","没有例外,都是邪恶的"。⑤ 我们的感动对我们的道德自由来说是极为有害的,⑥就像链条阻止了我们肢体的成长一样。当然,在我们的"自然基础"和"感性冲动"之中,没有哪一个能够像受到真正的道德要求那样"产生出一种责任"。⑦ 相反,后者毫无疑问来自"内心道德自由之原则"或"内在的立法自由的原则"。⑧ 使它来自"与习惯和冲动有关的愉快"或者"幸福论"(幸福原则),将是"一切道德的安

---

① V,161/康德(1997),133。
② V,162/康德(1997),133。
③ A50/B74。
④ VII,266/康德(1974),133。
⑤ VII,267/康德(1974),134。
⑥ VII,267/康德(1974),134—135。
⑦ A548/B576。
⑧ VI,378/康德(1996a),143。

然去世(安乐死)"。①

人们早已表明了,康德所谓的有关美的趣味的审美判断,是由相同的二分法决定的。更特别的是,人们也许会接着说,首先,一种有关美的趣味判断,是以从道德上推断、而非天然显现出来的一个对象之目的性为基础的;②其次,这样一种判断更直接地类似于实践理性,是"判断一个对象的能力,或一种呈现它的方式,靠的是完全没有任何功利的喜欢或不喜欢";③第三,这种喜欢或不喜欢是普遍有效的④和必然的,⑤本身毫不涉及概念。在这里,要暂时回想起所涉及的类似物,按照康德的看法,道德律法当然既是普遍的,又是必然的。而且,我们根据那种律法的努力完全没有任何功利,因为它的律令是必然的,"不会以其他任何"更加世俗的"目的为基础,并以之作为[它们的]条件"。⑥ 与"动物的选择(thierische Willkür)"⑦不同,一种纯粹的或"善的意志,并不因它所促成的事物而善……而仅仅由于意愿而善"。⑧ 甚至在它失败之处,它也将像宝石一样闪光,像"本身具有充分价值的某种东西"⑨那样。

正像一种完全没有理由的、作为难以理解的"没有科学之科学"⑩的 sophrosyne[节制]强烈地影响了柏拉图一样,那种"能够

---

① VI,378/康德(1996a),143。
② 参见 V,221/康德(1987),66;V,236/康德(1987),84。
③ V,211/康德(1987),53。
④ 参见 V,219/康德(1987),64。
⑤ 参见 V,240/康德(1987),90。
⑥ IV,416/康德(1998),27。
⑦ VI,213/康德(1996a),13。
⑧ IV,394/康德(1998),8。
⑨ IV,394/康德(1998),8。
⑩ 112;《查密迪斯》,166e。

属于它本身、并能立刻决定意志之基础"的律法,最终作为一个对人类理性来说无法解决的问题而击中了康德。然而,这个问题当然不会使他停止下来。因此,他迷恋于作为一种完全自发的、"自我形成的"、无关功利的和非概念之情感的道德律法的"尊重"概念。相似地,他也关注作为美之中同样自我创造的、无关功利的和非概念之愉快的美学。第三"批判"最初的导言,在确立作为"道德本身、在主观上被认为是一种动机"①的尊重时,通过回想起《实践理性批判》如何"无法从各种概念引出这种情感",②详细地描述了那些类似物。"同样",《判断力批判》开始证明(a)一种表明了相似尊重的反思的审美判断,如何以一种先在的、却不确定的概念(即那种"形式上的……对象的主观目的性"的概念)为基础,(b)它如何不可能从各种确定的概念中引出这种不确定的概念。③

在根据他的范畴表来评价有关美的审美判断时,就迄今为止所讨论的而言,这种判断对有关自然的自然目的论、最终是伦理学目的论的理解的依赖,是按照"关系"的范畴来概括的。与此同时,其余三者差不多相当于这个核心范畴的点缀。在性质上,这样一种判断肯定不同于身体快感,那就是说,摆脱了对我们可能欲求、希望变成我们自己的、用于我们实际需求或者作为感性愉悦的享乐的一切真实的或想象的对象的兴趣;例如,我们可能发现的有关菜肴的美,不在于使我们想吃它,而在于某种别的隐藏着的要素。④

---

① V,76/康德(1997),65。
② XX,230/康德(1987),419。
③ 同上。
④ 参见 V,204/康德(1987),45。

在数量上,这样的非快感虽然毫无世俗的功利,却必定具有普遍的有效性,即使它不可能要求一种凭借这种普遍性而预设的推理的概念性;例如,在给予我们愉快的一朵玫瑰花的美之中的那种普遍有效性,不在于它作为一朵玫瑰花这一事实,而在于别的某种隐秘的东西。① 属性,即按照它的必然性、偶然性、可能性或不可能性,这样的非物质的愉悦与一种推理的概念性毫无关系,必定具有一种要求"每个人都赞同"的律法的有效性;②那就是说,作为美放射出来的光辉并非基于感性愉快的某种有疑问的令人愉快,而是一种神秘的"我不知道它是什么",它像受良心支配的道德律法一样,要坚持它的普遍要求。

在每种情况下,这种隐藏着的要素、隐秘的东西或神秘的"我不知道它是什么",到底是什么? 它就是那种假定的、超越一切世俗或机械目的的更高的目的性,如康德可能要我们相信的,它通过自然产物的美向我们显现它本身。而我们对这种更高的目的性有什么了解? 什么都没有,除了我们可以设想它类似于一种同样设想出来的、凭借我们不可测知的良心所假定的道德目的之目的以外。然而,对我们思索一种目的本身的道德王国、一种相似的宇宙目的性或者源于沉思这种假定的无目的之目的性的美或愉快来说,所有这一切难道不正是一个似是而非的基础吗? 完全相反! 因为我们的良心及其不可知的目的的不可测知性,使我们更加渴望努力达到那个目标。"因此,对自然和人类的研究在其他方面充分教给我们的东西,在这方面可能也是如此:即我们借以存在的不

---

① 参见 V,215/康德(1987),59。
② V,237/康德(1987),86。

可测知的智慧,并不是毫无价值的否定我们的崇敬,而是承认我们的崇敬。"①

虽然康德到处都提出了这样一种直截了当的概述,但他的批判方法却没有使他相应地进行下去。他反而要证明那种早已被当作理所当然之物。他将通过一种推理的认识论的 *tour de force* [译按:法语"力量倒转"],来确立那些道德的和宗教的假设。比如说,他将通过反复利用我们在传统上把美与道德上的善的非感觉化、无关功利的联系,来提出这些假设。而且他将通过遭到尼采等人正确地嘲笑的范畴压榨机,来挤压出可以更加直率地说明的观点。结果成了一种说谎术的动机,由于它那毋庸置疑的看法无情的强制性,甚至为康德式的批判标准所拒绝。

这里并不是全面清点他最经常使用的用语的地方——诸如"人们都想知道","我们可以轻易地看出","每个人都必须承认","他必须相信","确实","必须","应当具有","我们始终要求他人同意","那是愚蠢的"或"可笑的"——它们经常几个一起出现在一个段落里,几乎在每一页里传播着康德的"审美判断的分析"。② 让我们转而看看几个例证,它们是康德在术语学上更加倾向于控制旧的差别、夸张的术语和发明新术语的嬉戏的取向。例如,在这方面有他的某些创造新词语的赘语,以确定一种严格说来假定的、自然目的论的目的性,它本身以一种同样假定的伦理学目的论的目的性为基础:"单纯形式上的目的性","内在目的的因果关系","在呈现一个对象时主观的目的性","有关形式的目的性","形式

---

① V,148/康德(1997),122。

② 参见 V,205,212,211,213,202,205,213,214,212/康德(1987),46,55,54,56,48,46,56,57,55。

上客观的目的性","缺乏目的","无目的的目的性"或概念,"其目的不可知的目的性"。① 或者说,在这方面有一些康德为了刻画想象力的运作特征的术语学的 membra disiecta[译按:拉丁语"内容片段"]:"知解力"之间"相称的协调","知解力之间相应的主观和谐",知解力的"自由游戏"中的"主观的普遍可传达性"。② 在这方面最后还有他的新标记"天然良好的判断",如人们会期望的那样,它完全有别于一般所称的"常识(sensus communis)"。因此,康德的伦理学的常识"不是由情感来判断的,而始终是由概念来判断的,即使这些概念一般都只是模糊地想到的原则"。③

康德倾向于控制他自己的术语学的一个例子,可以在他试图证明有关美的审美趣味判断的绝对无关功利性之时找到。他从前在表面上已经明显解决了的我们对于世俗之善的"功利"追求与我们对于最高的道德上的善的非功利的追求之间的差别,④他却突然抹去了那条分界线,声称所谓功利的东西也扩大到了"绝对善的东西,以及各个方面,即像道德上的善一样,它使之具有最高的功利"。⑤ 根据内在的一致性,康德也许会更好地通过把它重新命名为功利本身或自我形成的功利,而把这种更高的功利与其世俗的伙伴区分开来。

相反,康德颠倒了自己从前使美与道德和更高的功利相分离

---

① V,226,222/康德(1987),73,68;参见 V,222,221,220,228,228,220,226,236/康德(1987),68,66,65,74,65,73,84,注释 60。

② 参见 V,219,219,218,217,217/康德(1987),64,64,63,62,62。

③ V,238/康德(1987),87。

④ 参见 IV,416/康德(1998),27——参见前文,注释 46;IV,394/康德(1998),8——参见前文,注释 48。

⑤ V,209/康德(1987),51。

的做法,即通过把美重新界定为一种"道德上善的象征"而使我们追求"绝对善的东西"。① 或者说,他声称,至少从谱系学上说,"它很有可能是通过人们最初注意到自然之……美的这种道德旨趣"。② 他接着论证说,毕竟,就连在文明人之中,这样的审美欣赏仍然要依赖于"有关道德原因和世界之支配者"的原初观念。③ 因此,

> 无论谁在自然美之中获得了……一种兴趣(Interesse),都只可能在这种程度上做到:他早已在道德上的善之中预先牢固确立了一种兴趣(Interesse)。因此,如果有人对自然之美具有直接的兴趣(unmittelbar interessiert),那么我们就有理由推想,他对一种善的道德态度至少具有一种倾向性。④

康德的 Einbildungskraft[译按:德语"想象力"],为我们提供了 ne plus ultra[译按:拉丁语"最高的","极点的"]例证,说明在他使用如直觉、自发性或尊重等其他概念时,简单词语的过度夸张也很引人注目。可以预言,他所追求的那种想象力,完全不同于由感官感知和联想法则决定的经验的⑤或记忆的类型。我们对崇高的体验表明了在起作用的这两种不同的力量。对一般的想象力来说,比如由布满群星的天空所唤起的无限,使人想到一种可怕的空

---

① V,353/康德(1987),228。
② V,459/康德(1987),350。
③ V,459/康德(1987),350。
④ V,300—301/康德(1987),167。
⑤ 参见 V,314/康德(1987),182。

虚,[1]而对更高的想象力来说,它展现了我们无限的道德天职的令人欣喜的前景。[2] 对一般的想象力来说,"依照联想法则行动"和"依赖[某种]自然物",[3]只可能把这种无限体验为痛苦的。相反,当"依照……理性及其观念"行动时,[4]同样的力量将迅速地探究同样的、类似于在"完全超越了自然领域"[5]的永恒之中的道德天职的无限。结果,这种所谓的创造性的想象力将获得"一种扩展和一种超越它所奉献之力量的力量"。[6]

创造性的、自主的和自由的想象力,[7]在有关美的趣味的审美判断中起着同样重要的作用,尽管这个作用有点更为复杂。在第三"批判"里对它的第一次重要讨论,把康德带到了不容置疑的断言的真正失控之中。可以预料,一种更高的、创造性的想象力不仅将、而且必定会为"那个难题[*Rätsel*]"[8]提供解答,即"在一种趣味判断之中,愉快感先于对对象的判断,还是判断先于愉快感"。[9]

在《判断力批判》的导论里,我们看到康德探讨了一种推理的、认识论的对等物,相当于自然所假定的超感觉的或自然目的论的目的性,正如通过自然产物之美显现出来的那样,只有在与由道德律法所预示的伦理学目的论的目的性类似时才可以理解。因为,如果这样一种心理能力能够被证明存在着的话,那么就可以为超

---

[1] 参见 V,265/康德(1987),124。
[2] 参见 V,268-269/康德(1987),128-129。
[3] V,269/康德(1987),129。
[4] V,269/康德(1987),129。
[5] V,268/康德(1987),128。
[6] V,269/康德(1987),129。
[7] 参见 V,240-241/康德(1987),90;参见 VII,167/康德(1974),44。
[8] V,169,191,214,216/康德(1987),7,31,58,61。
[9] V,216/康德(1987),61。

感觉的世界提供一条捷径,而那个世界却被第一"批判"非常有力地排除了。① 就这种"两种心理力量(想象力与理解力)协调的作用"而提出的各种主张,"因其相互的和谐而加快了",②加上提供了创造性的自由的想象力和理解力的合法性,③随着我们转入真正的《判断力批判》之中而逐渐增强。想象力和理解力与"被感知为目的"④的对象之间的普遍和谐,成了这些心理力量对自然的霸权。不仅是"在我们感觉到之前我们就想到了[自然]主观的目的性",⑤而且我们真的认为这样一种主观目的性把后者强加到了自然身上。当我们通过"想象力的作用"来探究自然的目的性时,"正是我们怀着好感接纳了自然,而不是自然照顾了我们(wo es Gunst ist, womit wir die Natur aufnehmen, nicht Gunst, die sie uns erzeigt)"。⑥ 最后,还有第二创造者的概念,这使人想到了夏夫兹博里和柏拉图的《蒂迈欧篇》,人们认为第二创造者是第一"批判"坚决废除了的一个概念。

迄今为止,我们对自然技巧及其最高建筑师的意识,已经成了我们通过自然产物之美而瞥见的某种东西。或者说,我们按照类似于道德秩序的自然目的论来推断它。但是,想象力已经具备了前所未有的新力量,于是我们突然被投射进了柏拉图式的造物主的大脑之中。康德写道,想象力在其作为创造性的、认知的力量方面,"可以说(gleichsam),在它创造出另一个自然之时,是非常有

---

① 参见 V,190,191/康德(1987),30,31。
② V,219/康德(1987),63。
③ 参见 V,287/康德(1987),151;V,318/康德(1987),186。
④ XX,221/康德(1987),409;参见 XX,233/康德(1987),422。
⑤ XX,224/康德(1987),413。
⑥ V,350/康德(1987),224。

力量的"。① 康德的追随者们为了恢复有关美和艺术的先验论假设的全部武库而必须做的一切,就是要排除 gleichsam [可以说]这个词。倘若他们排除了,谁会指责他们? 即使康德本人保留了这个扭捏的"可以说",但他自从完成《纯粹理性批判》以来的思维要点都指向了同样的方向;没有想到竟会提及这一事实:那些能够理解言外之意的人一定感觉到了,就连第一"批判"也受到了其作者自始至终对于神圣的特殊设想的鼓动。换言之,康德受制于他竭力要证明自己相信一种不可测知的道德神圣性,反对当时流行的上帝存在的证据,并在总体上反对本质论思索的各种假设。正如他在自己不那么经意的一个评论中指出的:"也许人们就崇高所说的东西……只不过是'爱希斯'(埃及神话中的生育与繁殖女神)神庙上的题词所说的,'我是那一切现有的、曾有的和将有的,没有任何人撩起过我的面纱。'"②

康德在《判断力批判》中对于想象力之力量的过度扩大,与他从前对这个词语的使用比较,显得尤其惹人注目。甚至就《纯粹理性批判》来说也是如此,该书最先涉及想象力或"吸引力"③这个概念,想象力在自由与合法性之间的摇摆中是创造性的,而不是对经验的接受。④ 第一"批判"也相信想象力是灵魂的"一种盲目的、却绝对必要的功能,如果没有它,我们对一切东西都将毫无认识"。⑤ 然而,可以说,在任何地方都不把想象力归因于那种超验的力量,

---

① V,314/康德(1987),182。
② V,316/康德(1987),185。
③ 参见凯吉尔(1995),248;参见 VII,174-177/康德(1974),50-53。
④ 参见凯吉尔(1995),248;参见 VII,239-242/康德(1974),107-110。
⑤ A78。

即能够在创造"另一个自然"①时重新确立上帝本身的自然目的论。

虽然如此,第一"批判"对想象力的评价,却标志着一种相对于康德前批判的著作中那种能力要狭隘得多、主要是否定性的描述的"近乎全面的逆转"。② 康德写于1763年的《把否定之重要性的概念引入哲学的尝试》,充其量反思了想象力不仅是保持和排斥的力量,而且或是破坏或是引起一种呈现的力量③——一种复杂的活动,"隐藏在我们心灵的深处,[并且]在它进行之时也未被注意到"。④ 正如在他的1766年的《一个精神预言家的梦想》里,或在他从18世纪70年代早期以来有关逻辑学的《布隆贝格讲演录》里一样,通常前批判的康德或者指责想象力是认识的一种障碍,⑤或者把它的某些假象追溯到这一事实:对它的呈现"同时伴随着大脑神经组织或神经力量方面的某些运动"。⑥

康德从1770年之前的早期著作向批判时期的转变,以其他类似的转向和改变为标志。一种对无意识的心理过程的强烈兴趣,让位于日渐非心理学的对有意识、推理的心理过程的考察。他对可能的自反性,乃至对道德行为自私动机的开明的、多元主义的探究,让位于他那"成熟的"、著名的道德学说的严格性。⑦ 他早期的、洛克式的迫切要求把他新的"人类理性之限度的科学"置于"经

① V,314/康德(1987),182。
② 凯吉尔(1995),247。
③ 参见II,191以下/康德(1992),228以下。
④ II,191/康德(1992),229。
⑤ 参见IX,79。
⑥ II,345/康德(1992),332。
⑦ 参见希尔普(1960),58以下。

验和常识的质朴基础(*auf dem niedrigen Boden der Erfahrung und des gemeinen Verstandes*)"之上,被执着于确立"纯粹"理性和无法凭借"反常的"身体反应、即没有任何"感觉的混合"[1]所获得的判断的合法力量所取代。

康德谈到过这些转向是他从他自己教条状态中醒悟过来,这要归功于大卫·休谟;而到这时,大多数学术创造都被耗费在了试图确定这种醒悟的准确时间和知识框架上。人们也许会更加恰当地说,康德并没有从其教条沉睡中醒悟过来,而是抛弃了他在1766年左右的"准休谟式的"[2]立场,以便转入批判计划的新经院哲学的沉睡之中,那些计划从那时起就一直使哲学家们忙于争论认识论和美学在其限度之内的重要前提。康德本人成功地确立了这些边界,以便要求一个理性法庭,来决定康德派哲学时代的各种哲学的和美学的论争。[3]

他宣称,这样一个法庭不是要确定一种道德秩序,而是"重新担负起最艰巨的任务,即认识自己这一任务"。[4] 然而,就其"得到承认的合法行动的方法"(根据"它本身设立的基本原理,没有任何人可以追问其权威性的基本原则"[5])而提出的要求,与人的道德良心神圣的被认可的权威性所提出的要求一样是教条的。因此,那个法庭将在所谓的经验主义(例如大卫·休谟)与理性主义(例如柏拉图和莱布尼茨)之间进行仲裁,它们两者都同样被认为是错

---

[1] II,368/康德(1992),354—355;A50/B74。
[2] 康德(1996c),140。
[3] 参见 A395。
[4] Axi。
[5] A751/B779。

误的。我们已经进入了"批判的时代",①那些在其中不合适的东西将被重新命名(例如经验主义的分析,教条的怀疑主义),各种真正的论争在其中将被改道进入虚假的论争,伪装的不赞同将按一种新的、虚假分析的术语学伪装旧的一致意见。

很典型的是,康德的大多数前批判著作都因为批判计划而受损。② 康德在 1797 年 10 月 13 日的一封信中被要求认可他的一部次要的著作集时坚持认为,计划好的文集不包括他 1770 年的《论感性与知性世界的形式和原理》之前的任何著作。③ 他有理由这么说。因为正是在那篇"最早的论文"中,康德放弃了寻求一种在"经验和常识的质朴基础"上的"人类理性之限度的科学",④而开始致力于发展一种不受任何"感性混合物"约束的(*von aller...Beymischung des Sinnlichen praeservirt*)⑤新的形而上学。康德学派大体上都默认了这位哲学家对其 1770 年之前的 25 部著作的结论。援引霍华德·凯吉尔的话来说,"那些文本都已经相对地被忽视了,尤其是在与围绕着批判性文本的解释性研究进行比较之时;很多前批判著作仍然没有被翻译,甚至对很多康德的研究者来说仍然是 *terra incognita*[译按:拉丁语'未知的领域']。"⑥

一个典型的例子是康德 1764 年的《论优美感与崇高感》。在很多方面,这部文本使人想到了奥古斯丁写于从摩尼教转向柏拉图主义和基督教之前的《论美与合适》。只要提及几个相似之处中

---

① Axi。
② 参见 Axxi。
③ 参见凯吉尔(1995),326。
④ II,368/康德(1992),354—355。
⑤ X,98。
⑥ 凯吉尔(1995),327。

的一个,康德和奥古斯丁两人都在自己所谓的"成熟"著作里,把伊壁鸠鲁有关身体愉悦的理论作为一个主要的对比物来指出"真正的美",如奥古斯丁指出的,"是凭灵魂的内在眼睛看见的,不是凭肉体的眼睛看见的",①或者如康德认为的,我们对美的喜爱完全应当是非功利的。②按照《判断力批判》的观点,这意味着纯粹的趣味判断是独立于"魅力和情感"的,③更不用说性欲了。例如,老年康德解释道,倘若我们说"这是一个美女",那么"我们所想的无非是大自然在她形象中美丽地表现了女人身体结构中的那些目的。因为我们还必须越过这单纯的形式而望见一个概念,以便对象借这种方式通过一个逻辑上被决定了的感性判断得到设想"。④

奥古斯丁和康德,在年轻时对美都有更加愉快乐观的东西要说。假如康德的生活中很少有什么能与奥古斯丁迷恋于"一种较低秩序的美"⑤相比较,那种迷恋曾经使奥古斯丁"对那种多重的和繁杂的淫欲很疯狂"。⑥但是,就连这位哥尼斯堡的单身汉也曾有过被某个雅各比和她的女友在那座城市的街巷里追逐的时刻,⑦也曾有过为某个弗劳伦·夏洛特·冯·克诺布洛赫⑧写过有关斯威登堡*的鬼故事的时刻,为的是向"带着这样一种不优雅性

---

① 奥古斯丁(1961),132。
② 参见 V,204—205,277—278,331/康德(1987),45—46,139,201。
③ V,223/康德(1987),69。
④ V,312/康德(1987),180。
⑤ 奥古斯丁(1961),83。
⑥ 同上,43。
⑦ 参见 X,39。
⑧ 参见 X,43 以下。
* 伊曼纽尔·斯威登堡(1688—1772),瑞典科学家及神学家,他的通灵幻象及著作启发他的信徒们在他死后建立了新耶路撒冷教会。——译注

质的故事"闯入"一个像她那么漂亮的太太的卧室"道歉。① 虽然康德终身都是一个单身汉,但他却在他的《论优美感与崇高感》中对性行为表现出了一种令人吃惊的开明思想。

人类通过获得性快乐而实现了"自然的伟大目标"。② 围绕着自然通过人类的性冲动(Geschlechtertrieb)"追求其伟大目标"的方式而自然增长的精妙之处,"不过是点缀和最终从那个真正的根源借助了它们的魅力"。③ 简言之,它是"人类本性最优美和最活跃的品性都植根于其上的"一种冲动。④ 39岁的康德与《爱的徒劳》里的俾隆非常相似,没有让自己关注不屑一顾的"柏拉图式的恋爱",⑤很重视从一位女士的美目,而不是在"书本、艺术、学问"那里获知性欲。⑥ 女人凭借"自己优美的外形、快乐的天真和娇媚的友情"为男人补偿了"他们书本知识的不足",⑦尤其是当女士在性方面的吸引力使自身与道德之美合而为一之时。⑧ 普遍而言,"性倾向"⑨虽然使男人变得高贵,但美丽的女人甚至更胜一筹。⑩

在区分一种"道德"感方面的美与一种"非道德"感方面的美时,康德预言性地对前者或"适当感觉到的美"⑪的评价要比后者

---

① X,43。
② II,238/康德(1960a),90;参见 II,235/康德(1960a),86。
③ II,235/康德(1960a),86。
④ II,234/康德(1960a),84。
⑤ 参见 II,240/康德(1960a),93。
⑥ 莎士比亚(1974),199(《爱的徒劳》,IV,iii,349)。
⑦ 参见 II,241/康德(1960a),94。
⑧ 参见 II,240/康德(1960a),94。
⑨ II,240/康德(1960a),94。
⑩ 参见 II,240/康德(1960a),93。
⑪ II,236/康德(1960a),87。

更高。虽然如此,性欲构成了一个女人之魅力的基础,哪怕她试图把它隐藏"在沉着镇静的风度和高贵的举止之下"。① 相似地,康德把"粗俗的趣味"②(即渴望获得由它感知为美或性吸引力的东西所许诺的性愉快)的等级划分得低于"更精巧的趣味"(能够欣赏一个女人道德之美,因为这种道德美通过她身体的吸引力而放射出光辉)。③ 虽然如此,男人确实与"性欲"有关的"健康的和粗俗的趣味",不应当"由于这个缘故而被蔑视。因为绝大多数人都通过它而遵循伟大的自然秩序"。④ 还有,康德接着说,有一些过度精致的危险,这无疑对他本人投去了嘲讽的一瞥。

因此,"一种非常精致的趣味"虽然夺走了"一种冲动倾向的野性",并且使我们的趣味变成"正派的和礼貌的",但"通常都错过了自然的伟大目标"。⑤ 它没有设法应付自然已经提供的东西,而是忙于创造完美的造物,它们被赋予了自然极少结合在一个人身上的一切高贵和美好的品质,由此"出现了延缓以及最终完全抛弃婚姻契约",⑥这就是这位成熟的单身汉自己所要经历的。

总之,康德的前批判美学承认性欲是人在美方面的愉快的重要推动力,并且像它的总体哲学架构一样,是一种"准休谟式的"、半自高自大的甚至在表面上异教的立场。后来,从 1770 年起,存

---

① II,236/康德(1960a),87。
② II,235,237/康德(1960a),86,88。
③ 参见 II,236/康德(1960a),87。
④ II,235/康德(1960a),86;参见 II,238/康德(1960a),90:"性倾向方面相当简单和粗俗的情感直接导向自然的伟大目标,并且由于它满足了她的要求,所以它直接给予人本身愉快。"
⑤ II,238/康德(1960a),91。
⑥ II,239/康德(1960a),91。

在着一个康德隐秘的奥古斯丁式的虔诚以及他那在很大程度上属于新柏拉图主义的美学所提出的没有实质之抽象的世界。这种变化似乎如此剧烈，以至使人想到了奥古斯丁经历过的那种转变。但是，是什么有可能引起这种变化？我们需要一部丰满的康德及其时代的新传记，特别是一部探索1781年第一"批判"出版之前"沉默的十年"康德生活之精神的、宗教的和哲学的框架的传记，来给出可能的答案。

同时，它使我们自己想到了一些著名的、围绕着"各种转变"①，先于他康德在所谓批判时期最初的、新教条论的堑壕的一些著名的围绕"各种转变"的事实。康德在家里和腓特烈中学所受的虔信派教育，他后来对这两者明显矛盾的反应，无疑在这方面提供了基础。一方面，他对父母的虔诚怀着深深的敬意——崇敬"那种冷静，那种平静，那种内心的平和，不为任何激情所动"②——另一方面，他轻视腓特烈中学所激起的那种虚伪的、卖弄的、寻求回报的虔诚。宽泛地说，后者有可能促使他暂时逃进一种"准休谟式的"怀疑论，以及按照埃德蒙·柏克的方式逃进一种美学的异教；而前者则使他坚持自己父母对一种正当的、却难以理解的神圣性的信念，从1770年以后，他把这种信念变成了迂回复杂的批判话语，尽管并非刻意为之，但正如他自己半意识到的，这种批判话语只是一种对源自圣保罗、奥古斯丁和加尔文的"基督教语言的讨好的模仿"。③

对一种隐蔽的上帝以及对一种自我激励、无须回报的道德典

---

① X,55:"*mancherley Umkippungen*。"
② 引自卡西尔(1981),18。
③ V,472/康德(1987),366,注释90。

范的信念——主要是由其父母传给他的精神遗产——成了始终不变的重要东西;可以说,就是这种总体的态度,在19世纪60年代[译按:原文如此。此处疑有误,似应为18世纪60年代,因为康德卒于1804年]采取了一种原存在论的姿态。他写于1764年的《论优美感和崇高感》结尾的几个段落,就是这方面的典型。他告诫说,在试图避开"虚空,无论形而上学的蝴蝶翅膀向我们显现了什么目的"①之时,我们必须进行这样的观察,不是只根据"理解力所理解到的",而是根据"感觉所感到的"的东西。② 或者说,他并不赞成那些其道德行为依赖于希望在一种超越中获得回报的人们,他们出于自私自利的原因来确定他们应当无偿去做的事情,他们始终在考虑人类理性难以理解的问题。康德对这些自称无所不知的伪善圣徒的忠告,是以他的前批判著作中很典型的幽默逗弄的方式来表达的,这在他成熟时期的著作中明显缺乏:等待着发现,直到达到那儿,然而仍然要努力。

但是,既然我们在那个未来世界的命运很有可能极大地取决于我们在这个世界里如何使我们自己按照自己的过去来表现,所以我的结论将是这一忠告,那是伏尔泰在经历过如此多徒劳的学究式的争论之后给予他那忠实的老实人的:让我们关注自己的幸福,到花园里去劳作吧!③

康德的哲学大体如此。然而,它大大剥离了由圣保罗、奥古斯

---

① II,368/康德(1992),355。
② II,225/康德(1960a),72。
③ II,373/康德(1992),359。

丁和加尔文所激发的一切较为特殊的基督教的虔诚,1770年之后,那种虔诚又重新进入他的批判哲学。如康德指出的:"因为无论人们对一个孩子有多少了解,他们在后来作为成年人时肯定都对此一无所知,而造诣深厚的人最终都成了自己年轻时奢侈放纵的诡辩家。"[1]

---

[1] 引自卡西尔(1981),81。

第十二章　黑格尔、费尔巴哈与马克思

"在本质上。"从前我们被问到：什么是可笑的？在我们之外似乎有一些东西，可笑乃是附着于其上的一种品质……现在我们要问：什么是笑？笑是如何产生的？我们已经仔细考虑过各种情形，最终意识到：没有什么善的东西，没有什么美的东西，没有什么崇高的东西，没有什么本质上邪恶的东西；相反，有种种心理状态，处在这种心理状态中，我们把上述词语为外在于我们和内在于我们的各种事物贴上标签。我们已经取消了对各种事物的断定，或者说我们至少能够想起，正是我们，才把这些断定给予了它们。

III,189—190/《朝霞》,IV,210

艺术使我们想到了动物活力的状况；一方面，那是一种繁盛的肉体存在的过剩和溢出到意象与欲望的世界之中；另一方面，动物功能的觉醒要通过强化了的生命意象与渴望；一种生命感的提升，一种对它的刺激物。

XII,394/《权力意志》,802

尽管很少有人怀疑康德的《判断力批判》对后来的美学所产生的全面影响，但却有马丁·海德格尔，他本人是本世纪最有影响的美学家之一,对他来说,黑格尔的《美学演讲录》构成了"对西方所拥有的艺术本质的最为全面的反思"。① 海德格尔至少正确地感觉到了,《判断力批判》几乎没有就艺术本身说出任何看法。它那压倒一切的关注是在自然美方面,有点悖论性的是,自然美被认为类似于人类的艺术作品。正如在其他地方具有两面性一样,康德断言,这种"作为艺术的自然概念"②或技艺,是一种严格的探索原则或者"作为我们研究自然的一种原则的单纯观念",③同时又坚持认为,人类艺术所具有的一切值得赞扬的东西,本身都来自于自然。只有天才,才能创造出伟大的艺术,而天才的行为就像一种时常无意识的媒介,通过这种媒介自然既创造出人类的艺术,又创造出源于它的各种法则。换言之,天才是"天生的精神倾向[ingenium],自然通过它赋予艺术以法则"。④ 康德在这方面的构想,预示了荣格就幻想艺术之没有预先计划的创造性,它告诉了艺术家他事先并不知道的那些东西。⑤ 康德写道,"天才本身"

不可能科学地描述或说明它如何创造出自己的作品,它相当于赋予规则的自然。这就是一个作者如果把一件作品归于他的天才、但却不知道如何凭借各种观念达到它的原因,也是他不知道它在能力所及的范围内随心所欲或遵循计划设想出这样的作品的原因。⑥

---

① 海德格尔(1993),204;参见海德格尔(1991),I,84。
② XX,204/康德(1987),393。
③ XX,205/康德(1987),394。
④ V,307/康德(1987),174。
⑤ 参见荣格(1972),101。
⑥ V,308/康德(1987),175。

显然,康德想到了"自然美对艺术美的优越性"。[①] 他举出这种优越性的主要例证是鸟语,它"似乎包含了比人类的歌唱更多的自由,因此提供了更多可鉴赏的东西,甚至在这种人类的歌唱按照音乐艺术的一切规则来演唱之时"。[②] 或者以"夜莺迷人的美妙歌声"为例,在被"某个调皮捣蛋的年轻人模仿时,他(以芦笛或口哨)懂得如何以一种非常接近于自然之声的方式模仿那种歌唱"。那些最初受骗的人一旦意识到被骗时,就会怀着不耐烦甚至反感而厌恶他们听见的声音。因为"对我们来说要能够对美本身产生直接兴趣,它就必须是自然的美,或者说我们必须认为它如此"。[③]因此,对艺术来说绝对需要隐藏其技艺。因为"只有在我们意识到那是艺术、而在我们看来又像自然之时,技艺才能被叫做优美[schön]艺术"。[④]

黑格尔颠倒了康德的着重点。在他关于美学的导论性演讲中,他拒绝从范畴上讨论"自然美",[⑤]断言"艺术美高于自然":"因为艺术美是由心灵产生和再生的美;而且心灵及其产物比自然及其现象高多少,艺术美也比自然美高多少。"[⑥]因此,康德所说的模仿夜莺的"某个调皮捣蛋的年轻人",对黑格尔来说并没有证明自然美对艺术美的优越性,倒是证明了一种声称艺术应当成为一种单纯的"对自然的模仿"的学说的错误性。[⑦] 简言之,艺术的创造

---

① V,299/康德(1987),166。
② V,243/康德(1987),94。
③ V,302/康德(1987),169。
④ V,306/康德(1987),174。
⑤ 黑格尔(1993),4。
⑥ 同上。
⑦ 同上,47;参见同上,48。

作为心灵的表现,优越于自然的创造,后者只不过是物质性的。"因为一切精神性的东西都要高于自然产品。此外,艺术可以表现神圣的理想,这却是任何自然事物所做不到的。"①

黑格尔承认康德的《判断力批判》是"艺术美的真实概念的出发点",②并采纳了其中一些最不利的特点,如康德按照质、量、关系和属性对美进行的四重分类。因此,康德从质上把对美的审美趣味判断确定为"摆脱了一切功利",③被重新表述为"没有欲念功能的关系"。④康德从质上把美界定为"不借助概念,却普遍受到喜爱的东西",⑤被变成了"不借助概念,即不借知解力的范畴,而被感知为一种引起普遍愉快的对象"。⑥ 在关系上,美是一种"对象的合目的性的形式,如果这形式无须一种目的的表象而在对象身上被感知到的话",⑦被重新界定为"向我们展现为目的性"的东西。⑧ 属性,在康德那里是"没有概念而被认为是必然喜欢的对象",⑨在黑格尔那里却成了"必然愉快的对象","与概念完全没有关系,即与理解力的范畴没有关系"。⑩

然而,黑格尔发现了康德的哲学计划在总体上的错误。康德引以为傲的他最重要的批判成就是发现了我们的认识与现实本身

---

① 黑格尔(1993),34。
② 同上,66。
③ V,211/康德(1987),53。
④ 黑格尔(1993),64。
⑤ V,219/康德(1987),64。
⑥ 黑格尔(1993),64。
⑦ V,236/康德(1987),84。
⑧ 黑格尔(1993),65。
⑨ V,240/康德(1987),90。
⑩ 黑格尔(1993),65。

之间不可逾越的鸿沟,对黑格尔来说这却成了他的最大错误。因此,在黑格尔看来,康德"又后退到了主观思想与客观事物固有的对立之中"。① 黑格尔的判断应当被颠倒过来。因为,至少在传统的意义上,还是黑格尔与其他一些康德的追随者们,如谢林和费希特,他们在这个问题上按自己的形而上学进行的理论建构,已经落后于哲学中的哥白尼式革命。② 如康德也许会指出的,黑格尔在思索上帝、天意和 Weltgeist[译按:德语"世界精神"]时,显然试图重建那些虚空之中的城堡,无论形而上学的蝴蝶翅膀把康德之前的哲学家们提升到了什么地方。③ 如黑格尔就这些告诫的最大轻蔑所写的,哲学的洞见之一就是,"世界历史只不过呈现了天意的计划":

> 上帝统治着世界;他的统治的内容,或者说他的计划的执行就是世界历史。理解这一计划是世界历史之哲学的任务;它的前提是理想得到实现,只有符合这种观念才具有现实性……哲学要领悟这种内容,把握神圣观念的这种现实性,并不再责备受到极大诽谤的现实性。④

尽管历史有它所承受的冲突和悲剧性的苦难,但它"在实质上是进步的(ist wesentlich Fortschreiten)",而不是"令人厌烦的永

---

① 黑格尔(1993),62。
② 参见 B, xvi。
③ 参见 VI,368/康德(1996),134;参见 VI,342/康德(1996),113。
④ 黑格尔(1955),I,77—78。

恒轮回的历史"。①

毫不奇怪,悲剧为黑格尔提供了他所喜欢的那种辨证冲突的例证,导致了人类的苦难,Weltgeist[世界精神]通过它制定了以进步为方向的设计。拿埃斯库罗斯的《奥瑞斯提亚》和索福克勒斯的《安提戈涅》来说,黑格尔视之为"人类的努力曾经创造出来的两部最崇高、在各个方面都最完美的艺术作品"。② 在这两出戏里,辨证的冲突是在"作为道德关系之自然基础的家庭"与"它的社会普遍性中的伦理生活"③之间展开的。"家庭权利植根于血缘关系"④这个论题而言,与它的反题"作为自由与合理意志之实现的……国家的公共法律"⑤相抵触。再者,一种整体的妥协把这个论题归入它的较高的反题,形成了一种综合的下一个论题,逐渐走向精神的最终自我实现。在《安提戈涅》中,这一点采取了"国家的公共法律与本能的家庭律法和悌睦"之间冲突的形式:"双方的每一方都只认识到了道德力量的某一面,都只具有道德力量某一面的内容……而永恒正义的意义显现在这之中,正因为双方是片面的,他们才以非正义告终,虽然双方同时也获得了正义。"⑥

像《奥瑞斯提亚》和《安提戈涅》那样的悲剧,表现了艺术如何显现上帝或世界精神的一个特殊个案,正如上帝或世界精神通过历史显露出来。与此同时,对黑格尔来说,一切伟大的艺术都以这

---

① 黑格尔(1955),I,70。
② 黑格尔(1975b),178;参见同上,74。
③ 同上,68。
④ 同上,177。
⑤ 同上,178。
⑥ 同上,178,325;有关对《奥瑞斯提亚》的类似解释,参见同上,68,74,177 以下,以及法阿斯(1986),14,28 以下,以及各处。

种或那种方式提供了对神的感知。更直率地说,如黑格尔指出的,"艺术的内容就是理念",①而艺术的美就是"理念的感性显现"。②这里的关键词是"感性",它伴随着那个古老的柏拉图式的难题。因为理念的显现正如它要以艺术来象征一样,受到了艺术的"感性要素"③的污染。因此,黑格尔对艺术的五个重要范畴——建筑,雕塑,绘画,音乐和诗歌——的划分,随着这样的污染而递减,建筑被归为最低,诗歌被归为最高。④ 这些种类的划分与艺术发展相应的历史划分一致,像历史本身一样,要适应"世界精神"进步的自我显现。在这方面,黑格尔区分了三个阶段——象征的,古典的和浪漫的——或者说,是"艺术领域中理念与形象的三种关系"。⑤他或许把一个推断出的第四阶段即一种无形的艺术阶段算在了其中,它有利于囊括一切非欧洲的艺术。"因此,例如中国人、印度人和埃及人的艺术形象,例如神像和偶像,是无形式的或形式虽明确但丑陋而不真实,都无法获得真正的美;因为他们的神话观念……本身至今都是不明确的,或者说虽明确却低劣。"⑥然而,这种无形式的艺术,由于被说成是完全缺乏对理念的恰当把握,所以毫无艺术价值。如黑格尔指出的:"形式的缺陷产生于内容的缺陷。"⑦

恰当地说,即从欧洲中心论上说,艺术的开端与"艺术的象征

---

① 黑格尔(1993),76。
② XIII,151。
③ 黑格尔(1993),11。
④ 参见同上,96。
⑤ 同上,88。
⑥ 同上,80-81;参见同上,83。
⑦ 同上,80。

形式"相一致,在其中,"抽象的理念具有了外在于它自身的外在形象"。① 因此,par excellence[译按:法语"最卓越的"]象征艺术是石头建筑的优美艺术,它像其他一切以进步为方向的艺术一样,开拓了下一个阶段,或为神性在雕塑中的"完满实现"②开辟了道路。这种情况发生在神以"个性的闪电般的光芒"照耀并渗透那"无生气的物质堆里,不再只是用对称的形式,而是用心灵本身的无限形式"进入神殿之时。③ 在古典雕塑中,神具有人的外形,由于像其他一切明显说明了的理由一样,这是"适合于表现心灵的唯一的感性现象"。④

在这个问题上,艺术明显碰到了柏拉图对于它的古老的限制。迄今为止,黑格尔通过仿效普洛丁和亚里士多德的榜样,消除了柏拉图对于艺术是虚假现实的模仿的谴责。他否定了模仿的概念,⑤让艺术使理念具体化,⑥并根据艺术能否通过弥补"自然之缺陷"⑦来显现艺术的主题在目的上指向自我完善的动力。因此,艺术肯定不会向我们呈现像莎士比亚的《李尔王》那样的"绝对邪恶和堕落的景象",也不会沉湎于像黑格尔的同时代人E.T.A.霍夫曼所叙述的那种"令人生厌之事物的幽默"。⑧

然而,就黑格尔要努力赋予艺术以一种服务于"世界精神"的

---

① 黑格尔(1993),82。
② 同上,90。
③ 同上,91。
④ 同上,85。
⑤ 参见同上,47以下;参见同上,47。
⑥ 有关普洛丁的相似概念,参见前文第三章,注释35以下。
⑦ 亚里士多德,II,2113(《政治学》,1331b39)。
⑧ 参见黑格尔(1993),135。

积极功能来说,他对艺术的"感性要素"具有与柏拉图同样强烈的厌恶。黑格尔告诫我们,虽然艺术像宗教和哲学一样完全是"一种向意识显现和恢复神性本质言说的方式",[①]但艺术的真相却受到了其主题和媒介"直接的感性要素的污染与腐蚀"。[②] 因此,艺术越完美,就使这种腐蚀变得越小。换言之,"艺术作品的感性方面",只有通过默认才有权存在,就是说,"只有在它为人的心灵而存在的情况之下"才存在。[③] 它不只是要避免唤醒感官,而且必须积极地压制这样的唤醒。[④] 它必须"凭借感性的力量"[⑤]向艺术消费者发言,并制服他们的野性。

黑格尔甚至热情地要使高级感官和低级感官背后荒谬的分裂重新复活,那是康德更加缜密的思想曾经成功地躲避了的。黑格尔认为,由于艺术的感性向我们呈现的不过是"感觉的伪装",因而所谓"艺术的感性事物只涉及视觉和听觉两种认识性的感官,而嗅觉、味觉和触觉完全与艺术欣赏无关。因为嗅觉、味觉和触觉只涉及单纯的物质,和它们直接的感性特质;嗅觉只涉及空气中挥发的物质,味觉只涉及溶解的物质,而触觉只涉及温暖、寒冷、光滑等等性质"。[⑥]

对黑格尔来说,艺术在精神性与感性之间充满着张力的存在,带有一种更加普遍的在总体上穿越人类生活的断裂,即古老的"精神反对肉体的战斗"。[⑦] 据说,这种斗争从远古以来就已经"搅扰

---

① 黑格尔(1993),9。
② 同上,11。
③ 同上,40。
④ 参见同上,40—41。
⑤ 同上,53。
⑥ 同上,43。
⑦ 同上,59。

着人类的意识"。但是,只有现代文化,才把它们推演"成为最尖锐的矛盾"。① 现代文化在这里意味着康德的新加尔文主义的职责概念,人据此必须认识到一种终极的不可测知和不可达到的绝对。黑格尔抓住了这个概念的卡夫卡式的悖论性,把康德的职责界定为"意志的法律,是人凭自己自由地建立的法律,人决定要完成这职责,就依据这种职责和它必须完成的道理,就是说,他先有这是善事的信心,然后才去做这善事"。② 同样过分康德式的是,黑格尔把这种为了职责的职责的特征说成是"自然、感性的冲动,只顾自己的利益,激情以及所有这一切统称为情绪和情感的东西直接对立的"。③

然而,却存在着一种重要的差异。至少在黑格尔看来,康德提出了一种"固有的对立面",④在其中,职责的实际成就仍然是"一种服从于无限的单纯责任"。⑤ 相反,黑格尔本人更愿意看见这种"意志其感性的自然特性与精神普遍性方面固有的对立"⑥马上被解决。实际上,哲学的任务正是要表明这样一种解决是如何通过世界历史的辨证力量来完成的,如何部分得到"世界精神"、部分得到人类努力的帮助。⑦ 对黑格尔来说,这项任务不仅是"一般哲学的再次觉醒",而且也导致了艺术和美学相似的复兴。因为正是"由于这种再觉醒,美学才真正开始成为一门科学,而艺术也才得

---

① 黑格尔(1993),59。
② 同上,58。
③ 同上。
④ 同上,62。
⑤ 同上,63。
⑥ 同上,59。
⑦ 参见同上,60。

到更高的估价"。[1]

如我们所知,与这些主张相反,源于黑格尔有关艺术之辩证法哲学的各种结果,成了令人沮丧的结果。因为,假定有媒介和内容不可避免的感性组成部分,但艺术怎么可能赶上世界精神在人类历史中日益精神化的自我显现?就算艺术为了使自身适应这个过程,能够使其"感性因素"变得不重要,抹杀、清除或压制乃至根本不存在的地步。例如,随着它在古典时期之后出现,它可以离开建筑和雕塑那类世俗的、三维的媒介,转向二维的、严格的绘画视觉媒介,[2]因而使"艺术摆脱了物质在空间上所依附的感性完整性"[3]。它甚至可以进一步追求同样的精神化的趋势,把主要的重点放在音乐的"时间观念性"[4]上,并放在"诗歌之抽象的精神性"[5]上。按照黑格尔的看法,这就是在浪漫艺术中出现的情况,据说它表现了基督教"作为精神之上帝"的意义,正如古典艺术象征着在希腊人中流行的不那么复杂的神之人形化、人神同形的意义一样。然而,在这个问题上,随着艺术的"感性表象"沦为实际上"毫无价值"[6]的东西,我们也已经达到了艺术的自我消除阶段。

看来似乎是柏拉图式的对艺术的批判在庆祝它的最终胜利。艺术虽然在表面上从柏拉图的苛评中被抢救了出来,却变成了要在效法精神的努力中自杀。与此同时,美学突然高于艺术本身,要庆祝艺术在一种彻底的葬礼演说中死亡。艺术要使自身的有效性

---

[1] 黑格尔(1993),61。
[2] 参见同上,95。
[3] 同上,94。
[4] 参见同上,95。
[5] 同上。
[6] 同上,87。

第十二章 黑格尔、费尔巴哈与马克思

比基督教的真理观更长久,对于"我们现代世界的精神"[1]来说,更是如此。它已经变得与"人的绝对意识所设想出来的最高方式"[2]相矛盾。它已经成了"过去的事"。[3] 为了使我们意识到这个事实,即一门恰当的黑格尔式的"艺术科学,在我们时代比往日更加需要,往日单是艺术本身就足以提供一种充分的满足"。[4] 我们已经进入了现代美学的时代,因为黑格尔以最新的柏拉图式的方式,为其追随者提供了一种对海德格尔来说仍然是"对于西方所拥有的艺术实质的最全面的反思"。[5]

不足为奇的是,恩格斯把黑格尔的体系称为"一次巨大的流产"。[6] 原因众所周知。黑格尔仿效可以追溯到柏拉图的价值重估,已经把一切事情都颠倒了。[7] "黑格尔是一个唯心主义者……这样世界的现实联系完全被颠倒了。"[8]

对恩格斯来说,马克思的重要功绩之一就是要重新评价被重估的东西,要颠倒已经被颠倒了的东西。如恩格斯在1886年所回忆的:"这种意识形态的颠倒是应该消除的。我们重新唯物地把我们头脑中的概念看做是现实事物的反映,而不是把现实事物看做绝对概念的某一阶段的反映。"结果,"黑格尔的辩证法就被倒转过

---

[1] 黑格尔(1993),12。
[2] 同上。
[3] 同上,13。
[4] 同上。
[5] 海德格尔(1993),204;参见海德格尔(1991),I,84。
[6] 马克思和恩格斯(1972),620。
[7] 参见同上,605。
[8] 同上,620。

来了,或者宁可说,不是用头立地而是重新用脚立地了。"①

马克思在1845年的《神圣家族》里详细解释了"思辨的……黑格尔结构的秘密"。他写道:"如果我从现实的苹果、梨、草莓、扁桃中得出'果实'这个一般的观念,"

> 于是我就宣布:苹果、梨、扁桃等等是"果实"的简单的存在形式,是它的样态。诚然,我的有限的、基于感觉的理智辨别出苹果不同于梨,梨不同于扁桃,但是我的思辨的理性却说这些感性的差别是非本质的、无关重要的……具有不同特点的现实的果实从此就只是虚幻的果实,而它们的真正的本质则是"果实"这个"实体"。②

这个详实的和讥讽的例子,表明了马克思对处在最好状态之事物的改造性的批判,或者如他指出的,"无情地批判现存的一切"。③ 这位思辨的黑格尔派哲学家,如何通过把抽象的"果实"还原为真实的梨子、苹果和扁桃找到自己的道路?通过抛弃抽象,"用一种思辨的、神秘的方法来抛弃的,就是说,使人看来好像他并没有抛弃抽象似的"。④ 他告诉我们,"果实"的抽象"不是僵死的、无差别的、静止的本质,而是活生生的、自相区别的、能动的本质"。

---

① 马克思和恩格斯(1965—1973),XXI,292—293(译文据《马克思恩格斯全集》卷21,人民出版社1979年版,第337页)。

② IV,57—58(译文据《马克思恩格斯全集》卷2,人民出版社1957年版,第72页)。

③ 马克思和恩格斯(1972),8。

④ IV,58(译文据《马克思恩格斯全集》卷2,人民出版社1957年版,第72—73页)。

第十二章 黑格尔、费尔巴哈与马克思

换言之,"通常的千差万别的果实"成了"'统一的果实'的生命的不同表现":

> 在苹果中"一般果实"让自己像苹果一般存在,在梨中就让自己像梨一般存在……我们在思辨中感到高兴的,就是重新获得了各种现实的果实,但这些果实已经是具有更高的神秘意义的果实,它们不是从物质的土地中,而是从我们脑子的以太中生长出来的,它们是"一般果实"的化身,是绝对主体的化身。①

导致马克思重新估价这种哲学建构的发展充满了它本身的颠覆,因为诗和艺术是他早期之知性关注中心。作为波恩的一名学生,马克思经常出入于以伊曼努尔·盖伯尔为中心的一个诗人圈子,写作了悲剧、一部幽默小说的片段(按照劳伦斯·斯特恩和E.T.A.霍夫曼的方式)、②大量诗歌、谣曲和传奇故事,还有一些讽刺短诗。后者把黑格尔描述成一个"侏儒",③挑出他的美学作为嘲笑的特殊对象。④ 马克思作为一位要在真正的诗歌领域里发现遥远仙境的,⑤并且深信德国浪漫主义理想的诗人,对黑格尔与现状保持一致以及他那些故弄玄虚的冗词赘语感到很愤恨。如马克思模仿黑格尔的话说的:"我教授的语言已变得错杂纷纭,一片迷

---

① IV,58—59(译文据《马克思恩格斯全集》卷2,人民出版社1957年版,第73—74页)。
② 参见布卢门贝格(1994),24。
③ 里夫希茨(1967),44;罗斯(1978),67以下。
④ 参见罗斯(1978),68。
⑤ 参见I,8;布卢门贝格(1994),33。

茫的词语混合了一种魔鬼似使人困惑的方法/每个人爱怎么理解完全可以按照自己的愿望。""我给诸位揭示一切,因为我实际上什么都没有讲。"①

无论马克思在哲学上相信还是不相信,都因此在受到另一个从前的黑格尔主义者路德维希·费尔巴哈的影响之前,就已经寻找到了通向按照黑格尔的方式颠倒唯心主义形而上学的道路。②虽然如此,后者的《基督教的本质》(1841)却作为一个重要的启示打动了马克思和恩格斯。如恩格斯在1886年回忆说的:"魔法被解除了;'体系'被炸开了,而且被抛在一旁……这部书的解放作用,只有亲身体验过的人才能想象得到。那时大家都很兴奋:我们一时都成为'费尔巴哈派'了。"③马克思在1842年1月写道,他以更大的、准尼采式的强调记录了这种影响的直接性。④ 与其对自己哲学的看法相反,⑤费尔巴哈被拥戴为反基督的人。马克思写道:"基督徒们——优秀的和平庸的,有学问和没有学问,反基督教者向你们指出了真正的不加掩饰的基督教的实质……假如你们愿意明白事物存在的真相,即明白真理,你们就应该从先前的思辨哲学的概念和偏见中解放出来。你们只有通过火流才能走向真理和自由,其他的路是没有的。费尔巴哈,这才是我们时代的涤罪所。"⑥

---

① 引自罗斯(1978),67,73。
② 参见麦克莱伦(1980),86。不过,与麦克莱伦所提出的(同上,92—93)相反,没有证据表明马克思在写作自己的学位论文时就知道了费尔巴哈的《基督教的本质》。
③ 马克思和恩格斯(1965—1973),XXI,272;参见麦克莱伦(1980),93(译文据《马克思恩格斯全集》卷21,人民出版社1979年版,第313页)。
④ 有关费尔巴哈对马克思和尼采的影响的讨论,参见洛夫(1986),26以下。
⑤ 参见麦克莱伦(1980),96;不过,麦克莱伦错误地说,"只有到了1843年,马克思才创造出其灵感明显属于费尔巴哈派的某种东西"(同上,97)。
⑥ I,72。

第十二章 黑格尔、费尔巴哈与马克思

马克思在几年之中反复进行的这种称赞,似乎过度顾及费尔巴哈有些神秘的说教,缺乏术语学上的精确性,以及他对于界定和重新界定一大堆像上帝和爱那些概念的癖好。但是,费尔巴哈却提供了马克思曾经寻找过、但并没有完全达到目标的某种东西——宗教领域里价值重估的根本蓝图,那是马克思在经济学、一般意识形态和美学那样的领域里可能实现的东西。

对费尔巴哈来说,基督教和哲学起源于人的一种根本的疏离或自我分裂。① 人否认自己的身体、自己的感官和性欲,以便断定自己为上帝的有严格精神性的 *homo positivus*[译按:拉丁语"实在的人"]。他贬低在身体方面的自己,以便提升精神方面的自己。② 他否定生活的欢乐,希冀死后灵魂的欢乐。③ 用海涅最早的费尔巴哈式的话来说,基督教的基本概念是"对感性的灭绝"。④ 如费尔巴哈(再度运用黑格尔的人与精神疏离的看法)指出的,人已经与身体异化⑤了。

因此,费尔巴哈的主要努力就是通过颠倒已经被颠倒了的东西来消除异化。他所喜欢的尼采式"重新估价"(*umwerten*)的表达法是"倒转(*umkehren*)"⑥和"取代(*austauschen*)"。黑格尔的术语学为他提供了颠倒的要素。对他来说,基督教的主语(或上帝)成了谓语,而谓语(或人)则成了主语。⑦ 在追寻真理时,神谕

---

① 参见费尔巴哈(1973),75,95,223,369。
② 参见同上,310。
③ 参见同上,310—311。
④ 海涅(1963),V,31;参见费尔巴哈(1973),282。
⑤ *entfremdet*;参见费尔巴哈(1973),13,368,543;参见罗斯(1984),72。
⑥ 费尔巴哈(1973),120,199,215。
⑦ 参见同上,119—120,49 以下。

和反面真理("或伪装为它们反面的真理")必须被倒转过来。① 所谓的神学——de facto［译按：拉丁语"事实上"］是一种神秘的和错误的人学,必须被真正的人学和心理学甚至病理学所取代。② 在黑格尔必然堕入神学的那种传统哲学中,新的哲学相当于"彻底地、绝对地和毫无矛盾地把神学分解成了人学"。③

这种努力主要是使传统上断定的心灵高于物质、灵魂高于身体去神秘化。有了这种基本的设想,费尔巴哈很少进行论证。相反,他以类似于预言的方式宣布了自己的发现,或者彻底颠覆了其哲学前辈们的关键程式。"Cogitatur Deus ergo est［译按：拉丁语'神思故我在'］。"④"宗教是一种梦想,我们自己的形象在其中显得像是外在于我们自己的造物。"⑤"没有自然、人格、自我、意识就一无所是,就成了空洞的无本质的抽象……肉体是人格性的根据和主词。"⑥除了身体的秘密之外,自然的秘密是什么?

　　除了身体的存在、身体的实质之外,你们还知道什么别的存在、别的自然的实质？然而,有血有肉的身体难道不是最高、最真实和最重要的实体吗？……然而,性冲动难道不是最强大的……自然冲动吗？……因此,无论谁宣称……对肉体结合感受到的感性愉悦（Lust）是遗传之罪的结果……就只

---

① 参见费尔巴哈(1973),119—120。
② 参见同上,173。
③ 费尔巴哈(1967),107。
④ 同上,64。
⑤ 费尔巴哈(1973),347。
⑥ 同上,177。

承认了死,而不承认活的肉体。①

费尔巴哈认为自己的哲学彻底背离了旧的哲学。在他看来,传统的哲学家不断就自己的感官进行争吵,以便保护自己的抽象概念不受身体的污染,认为:"我是一个抽象的、专门进行思考的造物。身体不属于我的本质。"新哲学家则从相反的前提出发:"我是一个真实的、感性的存在。"他告诉自己说:"身体属于我的存在;不仅如此,身体在其总体上就是我的自我,它是我真正的实质。"②

后来,马克思批评费尔巴哈"沉思的唯物主义"被过度局限于宗教,没有"理解作为实践活动的感性"③并非没有道理。同时,有一些显然为这位批评家所忽视了的孤立的段落,在这些段落中,尤其是在谈到艺术时,费尔巴哈提出了要拓宽自己的路径以及对实践的原马克思主义理解。例如,按照《基督教的本质》的观点,我们所有的所谓精神力量,包括才智、独创性、幻想、情感、知觉和理性,都是文化的产物,或者更明确地说,是人类社会的产物。因此,个人的遭际和冲突产生了才智和原创性;语言的交流产生了理性;情感关系产生了各种情感、幻想和诗。④ 费尔巴哈还对传统上把圣母玛利亚描述为受到压抑之性欲的表现的说法进行了敏锐的分析。⑤

更一般地说,他提出,我们在传统上对艺术的理解必须从属于

---

① 费尔巴哈(1973),176,546。
② 费尔巴哈(1967),91。
③ V,8。
④ 参见费尔巴哈(1973),166—167。
⑤ 参见同上,65,246;费尔巴哈(1975),III,143 以下;罗斯(1984),29。

与宗教和哲学一样的价值重估。他在题为《反对身体与灵魂、肉体与精神的二元论》的文章中提出了这样一种颠覆的策略,通过首先援引然后评论当代百科全书中的"二元论"条目。他在评论中指出:"在对善和美的感受与对舌头上的甜和酸的感受之间的差别所在"。一种差别确实反驳了费尔巴哈,但很难在一方面使我们把一种感受归因于感性存在,在另一方面又归因于超感性的存在!"因为一个有教养的人的胃,真的不同于原始人的胃吗?在美的艺术繁盛的地方,烹饪艺术就没有在那里繁盛吗?"①

总而言之,唯心主义美学必须被其反面所取代。前者,如黑格尔的美学,把艺术的主题界定为心灵、绝对、神性。它只能默许艺术的感性是一种不可避免的邪恶。新的美学必须支持其反面——艺术对感官和情感的吸引力,以及它对"感性真理"的显现,在其中,正如在希腊艺术中一样,就连神性也成了感性体现和思索的对象。②

马克思对费尔巴哈的《基督教的本质》的发现(他在1842年1月底称赞该书是反基督徒的著作),与他同布鲁诺·鲍威尔的协作(在同年的早期他与鲍威尔一起寄居在波恩)的盛期相吻合。③ 马克思已经帮助鲍威尔整理出了《最后审判的号声:谴责黑格尔的无神论者和反基督教者》(1841),这部书使他对黑格尔的批判性理解变得更加锐利,同时也使他相信需要彻底重估黑格尔派的价值。因为鲍威尔的著作以间接方式所提供的正是这样一种颠覆。因此,书的作者采取了虔信派教徒的伪装,告诫他的精神弟兄,黑格

---

① 费尔巴哈(1975),IV,185。
② 费尔巴哈(1967),94;费尔巴哈(1975),IV,185—186。
③ 参见里夫希茨(1967),63。

尔的学说对宗教造成的威胁，比大卫·施特劳斯和布鲁诺·鲍威尔本人那样的新黑格尔派所造成的威胁更大。① 按照同样的理路，据说黑格尔已经成了"希腊宗教的一位伟大朋友"，正因为希腊宗教完全不是什么宗教。"他把它叫做美的宗教、艺术的宗教、自由的宗教和人性的宗教。"②

鲍威尔在《黑格尔的宗教与艺术学说》(1842)里表达了相似的观念，马克思应该把这种观念归于论述艺术的部分。③ 鲍威尔写道，基督教给真实的黑格尔留下的印象过于阴暗，基督教的上帝就像"粗暴、威吓和嫉妒之暴君"，而他的崇拜者则像"自私自利之奴隶"。对这个激进化了的黑格尔来说，唯一真正的宗教就是"艺术的宗教，人在其中崇拜着他自己"。④ 更一般地说，希腊宗教对艺术所起的促进作用，就如基督教不利于艺术一样。人对暴虐的基督教之上帝的奴性依赖，剥夺了他作为人的自由——美、艺术和形式之创造的真正的先决条件。宗教艺术否定形式，使神在一种无形对象的迷信物质性之中显现自身。⑤

在鲍威尔的著作中，没有什么观点出自马克思的贡献，除了一篇《论基督教艺术》的单篇文章以外，这篇文章后来改写成一篇"有关宗教与艺术，特别是基督教艺术"的文章。同时，马克思日益试图使自己摆脱"黑格尔的方法令人讨厌的囚禁"，试图摆脱鲍威尔奇特的"号角声"。⑥ 到1842年4月底，我们发现他撰写了两篇进

---

① 参见勒维特(1991),343以下。
② 引自里夫希茨(1967),61。
③ 参见同上,60。
④ 引自同上,61。
⑤ 参见同上,62-63。
⑥ 马克思和恩格斯(1965-1973),XXVII,400。

一步探讨的文章,一篇"与浪漫派有关",另一篇接近于一部书的篇幅,谈论"宗教艺术",正如他写信给卢格说的,这些文章已经使他把目标转移到了需要更多时间来完成的多个研究领域。① 这些成果没有哪个以手稿保存下来,更不用说付梓了。留给我们的都是一些短篇书评,都是马克思在那时和早先作为学生时正在研究的著作。②

后来论述美学和撰写文学评论的企图,仍然是同样不合逻辑的推论,但却留下了一份更加冗长的阅读书目、从马克思研究过的著作中摘录来的内容,或者页边注释、评论和马克思本人藏书中大量划了线的书籍。这些夭折了的计划包括对巴尔扎克的研究,马克思评价巴尔扎克的社会经济学洞见超过了任何别的小说家,③对海涅有关伯尔纳的著作的长篇评论,④最特别的是,为 1857 年版的《新美百科全书》撰写美学条目。⑤ 后一个计划使他重新开始通过各种百科全书以及像 F. T. 菲舍尔三卷本的《美学或有关美的科学》(1846—1857)和 E. 米勒的古代希腊美学史(1834—1837)这样的原创著作进行系统的研究。再谈 1841—1842 年,他的各种摘录已经把注意力集中在了评论宗教恐惧破坏艺术创造力上,以及

---

① 马克思和恩格斯(1965—1973),XXVII,402。
② 参见里夫希茨(1967),63 以下;参见罗斯(1984),62 以下。马克思阅读的著作包括 G. E. 莱辛的《拉奥孔》,K. W. F. 索尔格的《埃尔温》,J. J. 温克尔曼的《古代艺术史》,G. W. F. 黑格尔的《美学》,H. F. 赖马努斯《对动物本能的一般思考,和对其艺术本能的初步思考》,以及意大利和希腊艺术的著作(C. F. 冯·鲁莫尔和 J. J. 格伦德所作),一般宗教史(C. 迈纳斯所作),神话和迷信艺术(C. A. 伯蒂格、C. 德·布罗塞斯所作)等等。
③ 参见里夫希茨(1967),157—158;马克思和恩格斯(1967—1968),I,21。
④ 参见马克思和恩格斯(1967—1968),II,234;I,533,注释 158。
⑤ 参见罗斯(1984),83 以下。

集中在鲁莫尔和德·布罗塞斯评论迷信艺术受到了对象的粗劣物质性的限制上,这些评论后来被用在了资本主义社会与其商品的半宗教性关系上。[①] 到 1857 年,马克思把注意力集中在了许多思想家的美学理论建构之上,如巴托、迪博、哈奇生、荷加斯、柏克、鲍姆加登、让-保尔、祖尔策,尤其是康德。他通过爱德华·米勒也学到了由色诺芬、柏拉图和亚里士多德所提出的有关美与艺术之观念惊人全面的知识。但是,他又一次没有产生出预期的结果。关于 1857 年版的《新美百科全书》中的"美学"条目是否为马克思所撰写,存在着争论。要论证它预示了某种程度上机会主义的或反复无常的不实陈述,就马克思而言,这一点并没有得到他的任何一部真实著作的证实。

现存的百科全书条目在表面上反映出了一种先于普遍的价值重估的思想形式,那种重估到 19 世纪 40 年代中叶才开始决定马克思的全部哲学思索,包括他对美、艺术和文学的随机观察。条目陈述了"艺术作品真正的美"必定会"透露出各种观念,[而且]具有一种理想的背景"。虽然这位匿名作者抱怨说缺乏一部"全面的和令人满意的美学著作",但他却相信各种趣味的法则"能够成为一个科学的体系"。可以根据决定逻辑学和伦理学的各种法则的"同样的人类本质之基础"来做到这一点;即根据一种"由最可靠的心理学家所承认的"、对人性的三重划分——划分成"分别对应于真、善、美之观念的认识、行动和感受能力,或者知性、意志和感性"。按照人质的这种蓝图,一门美学科学"与感性"将具有"逻辑学之于知性、伦理学之于意志的同样的关系"。因此,逻辑学决定了思维

[①] 参见罗斯(1984),65 以下。

的法则;伦理学决定了行动的法则;美学决定了感受的法则。真是思想的终极目的;善是行动的终极目的;而美则是感性的终极目的。①

如我们看到的,在这方面很难有哪种观念与马克思那里的转化性的对应观念完全相佐。此外,百科全书条目的这位匿名作者没有意识到真、善、美的概念除了仅仅是一些无意义的词语之外,还必须追溯到它们在科学上有文献足征或者至少在心灵与大脑中可以想象到的根源。条目也没有意识到我们在传统上对善、真、美的理解,来自于更早的对非本质主义的评价的颠覆——与柏拉图主义和基督教的兴起有关的价值重估。

正是在这些领域里的第一个领域中,即我们的美学观的谱系学的领域里,马克思和恩格斯对一门有待阐发的、非禁欲主义的美学,作出了他们最富有成果的贡献。

---

① 《新美百科全书》(1857),158。

第十三章　马克思的尼采式的要素

> 唯有肉体的状态：内心的状态只不过是征兆和象征。
>
> X,358

> 简言之，心灵的全部进化（*Entwicklung*）也许依赖于身体。正是这种历史，发展成了更高的由身体构成的感知（*die fühlbar werdende Geschichte*）。有机体上升为甚至更高的进化。我们不顾一切地理解自然的渴望（*Gier*），是身体努力完善自身的手段。或者确切地说，正在进行的成千上万的实验，要更改身体的支撑状况、居住条件和生存方式。它的意识、伴随着的价值判断、一切快乐和不快，都是这些更改和实验的象征（*Anzeichen*）。
>
> X,655

在界定人的本质时，马克思与尼采的权力意志相对应的概念，是人有意识的劳动和生产。人在自己的生存活动中的自我意识，使他与自己的动物祖先区别开来。"动物和它的生命活动是直接同一的。动物不把自己同自己的生命活动区别开来。那是它的生命活动。人则使自己的生命活动本身变成自己的意志和意识的对象……有意识的生命活动使人直接区别于动物的生命活动。"①

就连人对这种生产力的意识,最初也是这种动物生存活动的产物。首先出现的是身体,而不是心灵——人的双脚、双腿、双臂,尤其是他的双手,人"以一种对其生存有用的形式具有了自然的物质性"。② 然后,在某个时刻,人退后一步认识到了他所取得的成就:他如何学会了重复自己的策略,逐渐获得了所谓技巧,并把它们用于自己的目的。作为最初的理论的理性行动,他开始了计算、丈量,形成了内心的概念,使它们相互联系起来,根据自己创造的情况设想出自己劳动的产物,最终按照这些预想到的"观念"形式而创造出对象。在这种意义上,如马克思在《资本论》中指出的,最蹩脚的建筑师"从一开始就比最灵巧的蜜蜂高明的地方,是他在用蜂蜡建筑蜂房以前,已经在自己的头脑中把它建成了。劳动过程结束时得到的成果,在这个过程开始时就已经在劳动者的表象中存在着,即已经观念地存在着"。③

甚至在最后这个阶段,*Homo faber*〔译按:拉丁语"制造工具的人"〕的创造性想象,他的情感,一般感性,包括他的五官感觉的功能,不断地被从一开始就产生了它们的身体劳动所形成、提炼和改变:

> 不仅五官感觉,而且所谓精神感觉、实践感觉(意志、爱等等),一句话,人的感觉、感觉的人性,都只是由于它的对象的存在,由于人化的自然界,才产生出来的。五官感觉的形成是

---

① Ⅲ,276(译文据《马克思恩格斯全集》卷 42,人民出版社 1979 年版,第 96 页)。
② 巴克森德尔和莫拉夫斯基(1973),53。
③ 同上,54(译文据《马克思恩格斯全集》卷 23,人民出版社 1979 年版,第 202 页)。

以往全部世界历史的产物。①

通过生产劳动，人的本质经历了巨大的变化。人的内心存在变成了多种冲动、欲望、愉快和反感的战场。人的五官感觉变得更加灵敏，自我意识到了的占有欲、受到驱使的快感变得更加复杂。处于所有这些精细化之核心的、对于美的审美感的发展，成了相同过程的一部分。Homo faber["制造工具的人"]变成了 Homo aestheticus[译按：拉丁语"审美的人"]。② 然而，甚至在人使美作为主要的而非次要的品质脱离了所制造出来的对象之时，后者还在不断扩大、纯化和改变他的审美感性。"艺术对象创造出懂得艺术和能够欣赏美的大众——任何其他产品也都是这样。"③强烈的色彩对比，难忘的词句转折，新颖的节奏，动人的旋律，都创造出了对相同东西更强烈的欲望，或者说只要变得陈旧了，就有改变的渴望。④

马克思在 1844 年提出的所有这些想法，迫切需要进一步的说明和扩展，但遗憾的是他并没有做好准备。这项任务落到了恩格斯的身上，恩格斯在 19 世纪 70 年代末根据达尔文等人的发现，详细阐述了其朋友的原初进化论的美学。因此，恩格斯提出，按照深思熟虑的计划和方法意识而进行的有意识的生产劳动，很可能是从海克尔的一种没有语言的猿人"阿拉里"（Alali）开始的，尤金·

---

① III,301—302(译文据《马克思恩格斯全集》卷 42,人民出版社 1979 年版,第 125—126 页)。

② 参见 III,276—277。

③ 马克思和恩格斯(1967—1968),I,117(译文据《马克思恩格斯选集》卷 2,人民出版社 1972 年版,第 95 页)。

④ 参见 III,301。

迪布瓦后来把它等同于在爪哇岛发现的爪哇猿人（*Pithecanthropus erectus*）。[1] 恩格斯在《劳动在从猿到人转变过程中的作用》(1876)一文中援引达尔文的《人类的由来》(1871)一书，推测性地描述了那个决定性的时刻，即"人用手把第一块石头做成刀子"[2]的时刻。这项本领产生于第一次劳动分工，即双手与脚和人身体的其他部分之间的分工。Homo erectus[直立人]在采取一种习惯性的直立姿势时，开始从事无数新的活动，这是任何猿直到今天都不可能进行的活动："手变得自由了，能够不断地获得新的技巧，而这样获得的较大的灵活性便遗传下来，一代一代地增加着。"[3]从另一个角度看，在人的劳动产生出意识、智力、语言和艺术创造力之前，就已经使手的技巧变得多样化了。[4] 不通过语言和智力，猿就不可能通过手工劳动进化为人。因此，手工劳动产生了比它所能产生的其他一切都更加灵巧的手。换句话说，"猿以其最粗笨的初级形式很难拥有的触觉，仅仅通过劳动的中介，才与人手本身的发展同时发展起来。"[5]

最近的研究已经对恩格斯的"没有一只猿手曾经制造过一把哪怕是最粗笨的石刀"[6]的论点产生了怀疑。推测起来，制造工具

---

[1] 参见马克思和恩格斯(1967—1968)，I, 434, 649, 注释234。

[2] 同上，I, 113／巴克森德尔和莫拉夫斯基(1973)，55（译文据《马克思恩格斯选集》卷3，人民出版社1972年版，第509页）。

[3] 巴克森德尔和莫拉夫斯基(1973)，55（译文据《马克思恩格斯选集》卷3，人民出版社1972年版，第509页）。

[4] 参见马克思和恩格斯(1967—1968) I, 114／巴克森德尔和莫拉夫斯基(1973)，55。

[5] 巴克森德尔和莫拉夫斯基(1973)，55。

[6] 马克思和恩格斯(1967—1968) I, 113／巴克森德尔和莫拉夫斯基(1973)，54（译文据《马克思恩格斯选集》卷3，人民出版社1972年版，第509页）。

在早期的原始人类和黑猩猩当中很常见。可以追溯到 150 万年前的所谓奥杜韦石器,也许是由 *Homo habilis*[能人]或更加类似猿的 *australopithecus robustus*[南方古猿粗壮种]所制造的。看来,清楚地说明了人与猿之间决定性分别的,是更加晚近得多的从严格以使用为指向的制造,向具有对于吸引力、尺度和恰当性本身的新意识的表面标记的生产的跳跃。这是在大约 3 万年前由晚期 *Homo sapiens*[智人]首先发展出来的一种感受力。①

文明和艺术的这种最早的演进是怎样与前面讨论过的价值重估联系起来的?尼采在解释相似的发展时,谈到过 *ressentiment*[怨恨]的推动力;马克思至少在其早期阶段曾经谈到过异化(*Entfremdung*)的过程。要提出这样一种类似的联系,不应忽视这两个概念在很多方面相对立的内涵。最简单地说,"怨恨"是出于压迫、自我折磨和嫉妒的报复性。它促使被压迫者颠倒了原初对善等于高贵、恶等于奴性的评价,并在颠覆了高贵性之后,把这种颠倒(善等于奴性;恶等于高贵)普遍地强加于他们从前的主人和社会之上。相反,"异化"产生于劳动分工和私有财产的出现。它最初的受害者就是被剥夺了财产的人,因为他们从事着越来越机械的劳动,越来越与自己劳动的成果相疏离。然而最终,异化并未放过任何人。异化在很大程度上像"怨恨"是无意识的一样,促使强者构想出各种道德的、宗教的、法律的、哲学的和美学的评价,虽然主要是证明现状的合理性,却作为客观的或得到神认可的真理被强加给社会。

与尼采一样,马克思不断拒绝这些仅仅是作为虚构的永恒"观

---

① 参见《哥伦比亚百科全书》(1993),1285。

念",①正因为他渴望发现它们在当代哲学和经济学理论中的世俗化的对等物。他仿效费尔巴哈,坚持认为"哲学不是别的什么,而是变成了思想的宗教",因此,正是人类本质异化的另一种方式。②他认为,就连彼埃尔·蒲鲁东也仍然陷入了亚当·斯密或大卫·李嘉图那类更加传统的经济学家异化了的意识形态化之中,他认为其《什么是财产》是在他把蒲鲁东的《贫困的哲学》隶属于他所痛斥的《哲学的贫困》③之后的划时代著作。④

尼采和马克思都强调了传统唯心主义强烈的反对身体的倾向,虽然他们还是出于不同的理由。对尼采来说,"怨恨"如果剥夺了活动的出路,就会导致最终上升到德行层面的自我羞辱(就像在柏拉图的身体的牢房的概念中显而易见的那样,我们必须使自己从那座牢房中解脱出来,以便解放我们的灵魂)。对马克思来说,在人们忘却自己的精神力量产生于身体技能之后,人与身体的异化便产生于身体劳动与精神劳动的分工,它被错误地解释为一切文化成就的主要原动力和根源。恩格斯解释了生产多样化所造成的"劳动之手最适度的生产"如何退"回到了背景",使之显得就像是人类的一切创造都首先是心灵的产物。⑤

在"异化"和"怨恨"庇护之下的真实历史,展现了惊人的相似性。对马克思和尼采来说,虽然有不同的原因,但到当时为止支配着西方意识形态的价值重估,是围绕着"古代世界之终结"而出现

---

① 参见马克思和恩格斯(1967—1968)I,91 以下;马克思和恩格斯(1972)I,351以下。
② III,328—329。
③ 参见马克思和恩格斯(1967—1968)I,221。
④ 参见 III,290 以下。
⑤ 参见巴克森德尔和莫拉夫斯基(1973),56。

第十三章 马克思的尼采式的要素

的,是由于犹太—基督教的价值观对于希腊罗马价值观的优势。马克思本人作为一个犹太人,通过追寻"真正犹太人的[犹太]教之秘密"而不是追寻"在其宗教中的犹太人的秘密",[1]提出了对这种早期价值重估的再重估。换言之,什么是"犹太教的世俗基础"?马克思回答说:"实际的需要,自利",结果,是在金钱之中很明显的"人类自我异化极为实际的表现",[2]是"以色列人嫉妒的神"。[3] 基督教并不是犹太教的对立面,它是犹太教最终的实现,并在其世俗化的形式之中返回其根源。[4] 艺术和美并没有脱离这些过程。最初的肉体实践与欣赏的主要目标,终于在观念性的术语中被误解了。艺术和美遭受了最初的价值颠覆的扭曲,那种颠覆与犹太—基督教时代的黎明及"古代世界的终结"[5]相一致,它一直延续到马克思自己的时代。

因此,马克思嘲笑了布鲁诺·鲍威尔"对费尔巴哈感性的攻击"。[6] 鲍威尔好色的清教徒主义[7]把马克思当作一个受人欢迎的例子,以表明把自身夸耀为有远见和启发性的东西,只不过以一种新的伪装呈现了旧的犹太—基督教的价值重估。因此,具有讽刺意味的是,布鲁诺·鲍威尔所坚持的批判,显示了对基督教禁欲主义的一种践履,马克思把它概括为十二条圣经引文的拼贴。[8] 不

---

[1] III,169;参见马克思和恩格斯(1972),46。
[2] III,169—170;参见马克思和恩格斯(1972),46,47。
[3] III,169—170,172;参见马克思和恩格斯(1972),46,48。
[4] III,173;参见马克思和恩格斯(1972),50。
[5] 巴克森德尔和莫拉夫斯基(1973),56。
[6] 参见 V,103。
[7] 参见 V,104—105。
[8] 参见 V,103,注释;有关此处和别处在相同段落中对圣经典故的确认,参见马克思和恩格斯(1975—1992),V,103,注释。

用说，马克思本人一心一意地支持费尔巴哈努力恢复感觉的名誉。他只是在方法上有别。因为费尔巴哈没有按其人类的和历史的总体性把感觉理解为"实践的、感性的人的活动"。① 因此，必须从根本上抓住感觉；就是说，必须通过废除包括私有财产在内的现存的社会秩序而消除异化。对"古代世界的终结"②已经作过的重估，必须再次重估。

这对艺术和美学来说同样适用。在这个领域中走向再重估的一步，已经由洛克的法国门徒孔狄亚克迈出了，他在其《人类知识起源论》中认为，"感性知觉的艺术"，"创造性观念的艺术"，感官本身，乃至灵魂，"都是经验和习惯的问题"。③ 更有影响的另一步是由歌德迈出的，按照恩格斯的看法，歌德的伟大在于他实现了"把艺术从宗教的羁绊中解放出来"。④ 歌德，以及在较低程度上的海因里希·海涅和格奥尔格·维尔特，在"表现自然的、健康的感觉以及肉体（*Fleischeslust*）之欢的感觉"⑤方面都很杰出。令人生厌的选择是小资产阶级在道德上的假正经，它时常都只是下意识的淫秽的伪装。恩格斯开玩笑说，人们在阅读诗人弗莱里格拉特的诗作时会使自己相信，"人类完全没有生殖器"。然而，再也没有谁像这位在诗中道貌岸然的弗莱里格拉特那样喜欢偷听猥亵的小故事了。63岁的恩格斯得出结论说，正当其时的是，最后终有一天，德国工人们会习惯于从容谈论他们白天和黑夜所做的各种事情，

---

① V,7；参见 V,41。
② 巴克森德尔和莫拉夫斯基(1973),56。
③ IV,129。
④ 马克思和恩格斯(1967—1968),I,561。
⑤ 同上,II,299。

第十三章 马克思的尼采式的要素

谈论那些自然的、必需的和非常惬意的事情——就像荷马、柏拉图、贺拉斯、朱文纳尔和《旧约》那样。①

除了几条讽刺性评论之外,马克思和恩格斯对康德与黑格尔的美学几乎没有说什么。② 然而,他们的总体理论建构以及一些较为特别的暗示,如他们嘲笑席勒式地从现实逃避到"康德式的理想之中",③使我们得出结论说,他们思考过美学。正如宗教、哲学或法学一样,传统美学是其时代的社会经济状况的产物,而在资本主义社会中,对一种异化了的意识的表现证明了这种现状。在这个方面尤其自私自利的是德国唯心主义思想,以及它所坚持的人的善意、无关功利和顺从于绝对律令。隐藏在这些概念背后的是德国庸人的软弱无能,因为他们善于粉饰的代言人康德,提供了他们希望思考的意识形态对等物。对马克思和恩格斯来说,《实践理性批判》比其他一切著作都更加反映了在政治上受到压迫的"上个世纪末德国各种事件的状况"。④ 毫无疑问,马克思和恩格斯是从一种相似的讽刺性的观点来看待康德的"无关功利的愉快"的。

在这里,我们不必使自己停留于有关马克思和恩格斯的理论建构的这些文字,如他们按照巴尔扎克和莎士比亚超越 *Tendenzliteratur*[译按:德语"文学倾向"]或党派写作的方式对现实主义的认可;他们对作为辩证冲突的悲剧的新黑格尔派的理解;或他们对革命之后的、共产主义社会的希望,在共产主义社会中,消除了异化的 *Homo ludens*[游戏人]与"美学"将享有充分的

---

① 参见马克思和恩格斯(1967—1968),II,299。
② 参见同上,I,468;参见 V,193。
③ 同上,I,468。
④ V,193。

Selbstbetätigung［译按：德语"自我掌控"］（或人的肉体力量与精神力量的自由游戏）。① 我们反倒要关注的是很少得到人们注意或者被不恰当地注意到的、他们对几个文本和作者的批判性解读——一种有争议的、加上戏仿性的活动，尤其是在1842—1852年期间，它们占据了马克思和恩格斯文学努力的很大部分。要提及一些属于这种"再重估的"探究的重要文本，有黑格尔的《法哲学概要》，②马克斯·斯蒂纳的《唯一者及其所有物》，③彼埃尔·蒲鲁东的《贫困的哲学》，④斐迪南·拉萨尔的悲剧《弗兰兹·冯·济金根》，⑤卡莱尔的《现代》和《现代小册子》，⑥欧仁·苏的《巴黎的秘密》，以及由施里加对那部畅销小说所做的评论。⑦

由于好几个原因，马克思对欧仁·苏的《巴黎的秘密》的解读，是他的这些分析中给人印象最深刻的篇章，是他著作中对文学文本所做的最为详细的解释，有70多页，大约占他1845年与恩格斯合著的《神圣家族》的一半篇幅。它那多分支的分析策略，首先揭露、戏仿和拆解了那部小说的意识形态潜台词，其次，揭露了布鲁诺·鲍威尔与施里加对那部小说的评论所表现出来的"思辨的美学"，⑧第三，揭露了黑格尔、康德等人美学的形而上学的或神学的

---

① 参见巴克森德尔和莫拉夫斯基（1973），22；参见马克思和恩格斯（1967—1968），I，156，484；II，322。

② 参见 III，3—129。

③ 参见马克思和恩格斯（1965—1973），III，104—436/V，117—450。

④ 马克思和恩格斯（1965—1973），IV，63—182。

⑤ 参见马克思和恩格斯（1967—1968），I，166—217。

⑥ 参见同上，I，537—576；马克思和恩格斯（1965—1973），VII，255—265。

⑦ 参见马克思和恩格斯（1965—1973），II，57—59，63—81，172—221/IV，55—57，61—77，162—209。

⑧ IV，167。

要素。

也许,最简单的一种策略就是文本分析的忠实性,它会使一切"新批评家"都感到自豪。属于这种细读的几个段落之一,出自那个 maître d'école[译按:法语"校长"]、一个罪犯和杀人犯所说的一段独白。在被主要人物盖罗尔施坦公爵鲁道夫致盲之后,"校长"发现自己被用链条拴在地窖里挨饿,让老鼠撕咬,被折磨自己的小恶棍"瘸子"和老泼妇"猫头鹰"所激怒,而"校长"原以为有人会始终支持他。然而,由于运气转变,"猫头鹰"却突然被恶毒的"瘸子"置于身材魁梧的罪犯手中。"校长"正要杀掉"猫头鹰"。但是,正如他详细向她解释的,他将通过长久的折磨过程,包括挖出她的双眼来推迟杀死她。① 马克思对这段独白的细读揭示了"全部道德上的诡辩":

> 他开头的几句话是复仇心的公开表露。他宣称要以牙还牙。他想杀死"猫头鹰",他想用冗长的说教来延长她死前的痛苦。而他用来折磨她的那一套话(简直是不可思议的诡辩!)完全是道德的说教。他硬说在布克伐尔的那一场梦感化了他。同时他又给我们揭穿了这个梦的真正的作用,他承认这个梦几乎使他发疯,而且将来也还是会使他发疯的。②

马克思的文本解读是由他与恩格斯共同具有的几个理论前提透露出来的。他们两人都喜欢一种不受意识形态模式妨碍的艺

---

① 参见 IV,181。
② IV,182(译文据《马克思恩格斯全集》卷 2,人民出版社 1957 年版,第 233 页)。

术,两个人都反对他们的一些同事更具有计划性或"倾向性"的观点和努力。① 对马克思来说,约翰·密尔顿出于同桑蚕吐丝一样的原因而创作了《失乐园》。② 卢格认为莎士比亚并不是一位戏剧诗人,因为他缺乏一个像康德的门徒弗里德里希·席勒那样的哲学体系,所以他绝对看不起莎士比亚。③ 恩格斯同意这一说法,认为在《温莎的风流娘儿们》第一幕里,比在全部德国文学中都具有更多的"生活与现实"。④

巴尔扎克代表了这种非意识形态之客观性和洞见的一个特殊情形。按照恩格斯的看法,人们从《人间喜剧》中所了解的法国现代史,比"从当时所有职业史学家、经济学家和统计学家那里学到的全部东西还要多"。⑤ 还有"他的诗歌判断中的革命辩证法"。⑥ 相似地,对马克思来说,巴尔扎克的《幻灭》准确地描绘了那个小农民日益做出的牺牲,他为了促成自己的高利贷者行善,为其付出了大量的无偿劳动。他错误地以为那些劳动没有使他付出代价,尽管事实上减少了他进行有偿劳动的可能性,因此使他越来越深地陷入致命的高利贷的蜘蛛网中。⑦ 对恩格斯来说,对这种社会政治的理解是较为使人迷惑的,因为巴尔扎克显然站在旧的封建秩序一边。因而,他的最伟大的洞见是不由自主地产生的。他的诗

---

① 参见巴克森德尔和莫拉夫斯基(1973),105 以下。
② 参见马克思和恩格斯(1967-1968),I,520。
③ 参见同上,I,390。
④ 参见同上,I,391。
⑤ 同上,I,158-159(译文据《马克思恩格斯选集》卷4,人民出版社 1995 年版,第 685 页)。
⑥ 同上,I,589;也可参见同上,I,159;巴克森德尔和莫拉夫斯基(1973),115。
⑦ 参见马克思和恩格斯(1967-1968),I,590。

歌才能促使他"不得不违反自己的阶级同情和政治偏见"。① 巴尔扎克的故事比它们的讲述者更加伟大。

同样的情况至少有时适用于欧仁·苏那样的次要作家,他在很大程度上以寓言式的直率表现出了自己的"小资产阶级的"慈善观。因此,他让自己的人物反复表达同样的观点,以表明他们在19世纪的灵魂争斗中的作用。如马克思指出的,他在自己人物的嘴上贴了一张标签(Zettel)。② 他的人物,如"刺客"(鲁道夫把他从一个杀人犯变成了一个道德化的和自我牺牲的男仆)或"校长","必须把他这个作家本人的意图(这种意图决定作家使这些人物这样行动,而不是那样行动)充作他们自己思考的结果,充作他们行动的自觉动机。他们必须经常不断地说:我改正了这一点、那一点,以及那一点,等等":

"校长"既然告诉了我们在布克伐尔的那场梦有着教人行善积德的作用,那末他就还应该向我们说明,为什么欧仁·苏把他关在地窖里。他应该表明小说作者的做法是合理的。他应该对"猫头鹰"说,你把我关在地窖里,让老鼠来咬我,害我饱受饥渴之苦,这种种做法促使我完全改邪归正了。孤独洗净了我的灵魂。③

---

① 马克思和恩格斯(1967—1968),I,159;巴克森德尔和莫拉夫斯基(1973),116。
② 参见马克思和恩格斯(1965—1973),II,174。
③ IV,182—183(译文据《马克思恩格斯全集》卷2,人民出版社1957年版,第233页)。

然而，有时候，就连苏的故事也使其讲述者"超出了他那狭隘的世界观的界限"。[1] "校长"的独白提供了适用的个案。因此，他的行为，甚至包括他早先和后来说的某些话——"对'猫头鹰'发作出来的那种野兽般的嗥叫、那种肝胆欲裂的狂怒、那种极其可怕的复仇心，是对这种道德辞令的辛辣的嘲弄。这种种表现给我们揭穿了'校长'在牢房中所产生的那些念头的性质"。[2] 这些矛盾随着"校长"的夸夸其谈而不断增加。他意识到了自己的混淆，正是"把由于'猫头鹰'落入自己掌握中而引起的'无限的快乐'宣布为自己改邪归正的标志。他的复仇心不是自然的复仇心，而是道德的复仇心"。[3]

在"校长"最终把"猫头鹰"折磨致死之前，经过了更多的同类转变。他为施虐的快感赋予了道貌岸然的、作者的情感和强硬措词，希望以更加古怪的矛盾方式从交换地位的复仇心中有所收获。在短暂地欺骗了未能成功逃脱的"猫头鹰"之后，"校长"又重新开始了自己的说教。[4] "'猫头鹰'必须听他讲他怎样一步一步地达到悔悟。"[5]

苏的作者的伪善，在使其人物认为他的道德说教的有益影响使他的狂怒平息下来之时，使它本身得到了增加。"可见，'校长'供认了他的道德愤懑不外是世俗的狂怒而已"——这使苏在其正在进行的随意解决以前的所有问题之外又增加了另一个动机的问

---

[1] IV,170(译文据《马克思恩格斯全集》卷2，人民出版社1957年版，第218页)。
[2] IV,183(译文据《马克思恩格斯全集》卷2，人民出版社1957年版，第233页)。
[3] IV,183(译文据《马克思恩格斯全集》卷2，人民出版社1957年版，第234页)。
[4] 参见 IV,183。
[5] IV,184(译文据《马克思恩格斯全集》卷2，人民出版社1957年版，第235页)。

第十三章 马克思的尼采式的要素

题。"'猫头鹰'利用适当的时机用匕首刺伤了'校长'。现在欧仁·苏可以让'校长'动手杀死'猫头鹰',而不再继续道德的诡辩了。"①他挖掉了她的双眼,然后像一头被激怒了的野兽那样怒吼着和咆哮着,杀死了"猫头鹰"。②

到此为止,马克思对"校长"的独白的细读,相当于揭示了作者的某些前后矛盾,它们导致了可以解读为对在道德观点伪装之下的残酷成性的冲动的描绘。然而,马克思的分析却没有就此停止。"校长"对"猫头鹰"所说的话里,说出了在把他原始本性从属于一种彻底的价值重估的过程中所了解到的观点。在这个方面,他和小说中的其他人物,如"刺客"和玛丽花,都被当成了鲁道夫公爵进行慈善、社会和刑罚实验的豚鼠。

这些转化(苏及其评论者施里加赞之为人道主义努力的典范,但马克思却使它们从属于一种原初的尼采式的分析),在玛丽花的故事中最为明显。我们最初见到她是一个妓女,是那个罪犯麇集的酒吧间老板娘的奴隶。然而,尽管处在极端屈辱的境遇中,她仍然保持着"人类的高尚心灵、人性的落拓不羁和人性的优美"。③马克思接着相当详细地从她在"批判的变态"之前"非批判的形象"刻画了玛丽花的特征,④她虽然十分纤弱,但立刻就表现出"朝气蓬勃、精力充沛、愉快活泼、生性灵活"。⑤她原本对善与恶的评价

---

① IV,185(译文据《马克思恩格斯全集》卷2,人民出版社1957年版,第236页)。
② 参见 IV,185。
③ IV,168(译文据《马克思恩格斯全集》卷2,人民出版社1957年版,第215页)。
④ IV,170,171(译文据《马克思恩格斯全集》卷2,人民出版社1957年版,第215,218页)。
⑤ IV,168(译文据《马克思恩格斯全集》卷2,人民出版社1957年版,第215页)。

同"善与恶的抽象道德概念"①几乎没有共同之处。与她有关的邪恶就是她的境遇。她为什么应当为此感到有罪过？玛丽花之所以善良,是因为她"用来衡量自己的生活境遇的量度不是善的理想,而是她固有的个性、她天赋的本质"。②到那时为止,她还不了解基督教的道德。我们想起,对马克思这位论述伊壁鸠鲁的博士论文的作者来说,最初的玛丽花支持前犹太—基督教的世界观和道德。"她坚决声明,'我决不哭鼻子'……跟基督教的忏悔相反,对于自己的过去,她提出了这样一条斯多葛派的同时也是伊壁鸠鲁派的人性原则,这是自由而坚强的人的原则:'到头来,做过的事情就让它过去吧!'"③就马克思强调玛丽花的人性的而不是贵族品质而言,她从一个斯多葛派的和肯定生活的异教徒转变为一个"自己有罪这种意识的奴隶",④这引人注目地遵循了一种尼采式的思路。在这方面,马克思让自己的道德谱系学从尼采式的禁欲主义的牧师已经完全控制了社会的地方开始。

如我们所想起的,尼采的禁欲主义的牧师既是产生于"怨恨"的价值重估的策划者,又是其守护者。同样,他"本身肯定有病,他肯定与一切遇难的船只和病人有着深刻的类似"。⑤ 与此同时,他"肯定也是强壮的,是他自己的主人……具有一种完整无缺的权力意志"。⑥ 结果就是半意识的伪善、曲解、病态的残忍、最重要的是报复性的一种微妙的混合。尼采写道,"除了牧师复仇的光辉之

---

① IV,169(译文据《马克思恩格斯全集》卷 2,人民出版社 1957 年版,第 216 页)。
② IV,170(译文据《马克思恩格斯全集》卷 2,人民出版社 1957 年版,第 217 页)。
③ IV,169(译文据《马克思恩格斯全集》卷 2,人民出版社 1957 年版,第 216 页)。
④ IV,174(译文据《马克思恩格斯全集》卷 2,人民出版社 1957 年版,第 223 页)。
⑤ V,372/尼采(1956),262。
⑥ V,372/尼采(1956),262。

外,其他一切光辉都消退了。"①那些"黑衣术士"②穿上朴素的、贞洁的顺从的服装,嘴唇上充满着"高尚的雄辩"和"堂皇的言辞",③设法"从各种黑色中"提取出"仁慈的白色牛奶"。④ 他们在追求自己"深刻怨恨的诡计"⑤时,喜欢"隐匿之处、秘密小道和隐秘的门",简言之,喜欢"一切隐秘的东西"。⑥ "多么虚伪,为的是不透露出这就是仇恨!"⑦然而,他们多么"渴望成为刽子手! 在他们之中有着大量报复的人物,伪装成法官,嘴里挂着'正义'这个字眼儿,就像有毒的唾沫一样"。⑧

禁欲主义的牧师如何创造出皈依者、然后再关心他们? 自然地,他们首先把自己的仇恨发泄到一切"被普遍感到是最可靠和最真实的"⑨事物上,他们"被塞满了的嘴唇准备好了把唾沫吐向一切看上去不满的人们,吐向一切高高兴兴地做着自己事情的人们"。⑩ 另一个诡计就是使那些幸福健康的人们把他们体验到的一切人类的痛苦都归于一种罪孽和罪过感。未来的皈依者准备好了谴责别人的这种不幸,并被告知:"你完全正确……某人一定在这方面有过错,但那个某人就是你自己。你本身应当受到谴责。"⑪

---

① V,267/尼采(1956),167。
② V,282/尼采(1956),181。
③ V,369/尼采(1956),259。
④ V,282/尼采(1956),181。
⑤ V,276/尼采(1956),176。
⑥ V,272/尼采(1956),172。
⑦ V,369/尼采(1956),259。
⑧ V,369/尼采(1956),259。
⑨ V,364/尼采(1956),254。
⑩ V,369/尼采(1956),259-260。
⑪ V,375/尼采(1956),264。

在皈依者们自我帮助或得到他人帮助之处,却被要求在一种强化了的悔悟、活体解剖和自我勉强的螺旋中去寻求拯救。因为如他们的看护者将告诉他们的那样,"唯有受难、疾病和丑陋"才是"真正的有福"。那些曾经如此的人们,"直到来世都将是邪恶、残忍、贪婪、不虔诚的,因而是该诅咒的和该死的!"[①]在制造皈依者时,禁欲主义的牧师加重了而不是救治了其追随者们的疾病。围绕着他的一切"就是彻底患病和完全病态的顺从"。"诚然,他随身带着安慰物和药膏,但为了治疗,他首先必须创造出病人。甚至在他减轻自己病人的痛苦时,他也要在他们的伤口上下毒。"[②]

马克思就玛丽花在其"救星"鲁道夫控制下的皈依也说过相似的话。那位公爵先是把那年轻女子变为"悔悟的罪女,再把她由悔悟的罪女变为修女,最后把她由修女变为死尸"。[③]

除了那公爵之外——第一个向玛丽花慢慢灌输"[她]地位卑下的朦胧意识"[④]的人——马克思至少谈到了《巴黎的秘密》里禁欲主义牧师的三种进一步的体现。首先,有那个"宗教的老奴"[⑤]和"可怜的教士"[⑥]拉波特,然后是那个"不幸的、患忧郁病的、信教的妇人"[⑦]若尔日夫人,最后但并非不重要的是欧仁·苏本人,他在描绘未经宗教转化的玛丽花时,短暂地"超出了他那狭隘的世界

---

① V,267/尼采(1956),167—168。
② V,373/尼采(1956),263。
③ IV,176(译文据《马克思恩格斯全集》卷2,人民出版社1957年版,第225页)。
④ IV,173。
⑤ IV,174。
⑥ IV,171。
⑦ IV,171。

第十三章 马克思的尼采式的要素

观的界限"①之后,把她交到了主人公鲁道夫的手中,以便后者照施里加那样博得"一切老头子和老太婆、所有的巴黎警察、通行的宗教和'批判的批判'"②肯定的喝彩。

尤其是那个"毫无心肝的教士"③拉波特,他预示了其尼采式的对应者的大部分特征。他"巧舌如簧",④充满着"伪善的诡辩"⑤和违反人性的残忍⑥与报复性的敌意。在开始改造玛丽花之前,"他在自己的心中给玛丽定了罪"。⑦ 他接下来的策略就是要剥夺玛丽花天然的快乐,使她感到羞耻和有罪,使她相信需要忏悔修行,要使她陷入绝望之中,以懂得自己的受罚只有靠上帝的恩典才能救赎。⑧ "教士必须使她感到自惭形秽,必须把她的自然的和精神的力量以及各种自然的赋与都化为灰烬,以便使她能够接受他所许的超自然的赋予"。⑨

这个过程是缓慢而无情的,要像致命的毒药一样慢慢对玛丽花毫无机心的善良天性起作用。可以理解,当那教士告诉她有关上帝的无限仁慈时,她还没有明了"教士这番说教的险恶的用意"。然而,教士很快就"必须打破[她]这种有违神道的错觉",⑩以便能够仅仅通过这么思考而使她自己与上帝重新结为一体。甚至在拉

---

① IV,170。
② IV,170(译文据《马克思恩格斯全集》卷2,人民出版社1957年版,第218页)。
③ IV,174。
④ IV,172。
⑤ IV,174。
⑥ 参见 IV,174。
⑦ IV,172(译文据《马克思恩格斯全集》卷2,人民出版社1957年版,第220页)。
⑧ 参见 IV,171-172。
⑨ IV,172(译文据《马克思恩格斯全集》卷2,人民出版社1957年版,第220页)。
⑩ IV,171(译文据《马克思恩格斯全集》卷2,人民出版社1957年版,第219页)。

波特和若尔日夫人几乎要完成"她的思想的宗教的转变"、使她意识到"[她的]罪孽是无限深重的"①之时,玛丽花还在不断地抗议。既然她的新的"善恶意识的觉醒"对于她"是这样的可怕",那末她为什么不让她"由不幸的命运去摆布呢"?② 虽然拉波特"教士这种巧舌如簧的诅咒"深深地刺痛了她,但她"还没有痴愚到要到天堂的永恒福祐和赦免中去寻求慰藉的地步",她大声叫道:"可怜可怜我吧,天呀! 我还这样年轻……我多么不幸呵!"③

这是一个决定性的转折点。随着拉波特控制了这个最终的猎物,"牧师的伪善的诡辩达到了极点"。他告诉玛丽花,她所受到的每一点苦难都将"在天上得到补偿"。上帝一时把她放在邪路上,"是为了以后让[她]能得到忏悔的荣誉和赎罪所应有的永恒的奖励"。④ 鲁道夫早先送给玛丽花的那个金十字架所象征着的"基督教磔刑"⑤已经完成。玛丽花成了"有罪这种意识的奴隶"。⑥

玛丽花的全部原初本性已经被彻底改变了,她的所有价值观都被颠倒了,反常了。她"对于大自然的纯真的喜爱"被变成了"宗教崇拜。对于她,自然已经被贬为适合神意的、基督教化的自然,被贬为造物。晶莹清澈的太空已经被黜为静止的永恒性的暗淡无光的象征"。⑦ 其他一切也同样如此。她"已经领悟到,她的本质的一切人性表现都是'罪孽深重'的,这些表现背弃了宗教,违背了

---

① IV,173。
② IV,173(译文据《马克思恩格斯全集》卷 2,人民出版社 1957 年版,第 222 页)。
③ IV,174(译文据《马克思恩格斯全集》卷 2,人民出版社 1957 年版,第 222 页)。
④ IV,174(译文据《马克思恩格斯全集》卷 2,人民出版社 1957 年版,第 223 页)。
⑤ IV,171。
⑥ IV,174(译文据《马克思恩格斯全集》卷 2,人民出版社 1957 年版,第 223 页)。
⑦ IV,172(译文据《马克思恩格斯全集》卷 2,人民出版社 1957 年版,第 220 页)。

真正的神恩,这些表现是离经叛道、亵渎神灵的"。① 在其他人向她表现出的关心中,"玛丽不应当把她所受到的宽恕看做同一种人类造物对她这同一种人类造物的自然的、理所当然的关系,而应当把这看做一种无限的、超自然的、超人类的仁慈和宽恕"。② 沿着马克思借自费尔巴哈有关宗教的"天才发现"③的解释思路,她"必须把一切自然的、人类的关系化为对上帝的彼岸关系"。④ 结果,她从前的斯多葛主义和伊壁鸠鲁派的"生活乐趣"被"经常不断地忧郁自责"⑤所根除了。"她的人类的爱必须转化为宗教的爱,对幸福的追求必须转化为对永恒福祐的追求,世俗的满足必须转化为神圣的希望,同人的交往必须转化为同神的交往。"⑥

最糟糕的是,玛丽花学会了颠覆自己的异教的善与恶的概念。她被迫参与了鲁道夫的灵魂争斗的歌舞杂耍表演,与那位公爵一道玩弄自我指派的天意的角色,把人们划分为善与恶,迫害"恶人",褒奖"好人";⑦或者说,她被迫把善与鲁道夫伪善的价值观名录联系起来,如"慈善"、"虔诚"和"自我克制"。⑧ 结果,玛丽花进了一座修道院,由于鲁道夫的阴谋诡计,她在那里被提升为女修道院院长。但最终,"修道院的生活不适合于玛丽的个性,结果她死了"。鲁道夫慈善的努力的真正目的达到了。他已经把玛丽花从

---

① IV,172(译文据《马克思恩格斯全集》卷2,人民出版社1957年版,第220页)。
② IV,172—173(译文据《马克思恩格斯全集》卷2,人民出版社1957年版,第220—223页)。
③ 参见 IV,93。
④ IV,173(译文据《马克思恩格斯全集》卷2,人民出版社1957年版,第221页)。
⑤ IV,174(译文据《马克思恩格斯全集》卷2,人民出版社1957年版,第223页)。
⑥ IV,175(译文据《马克思恩格斯全集》卷2,人民出版社1957年版,第223页)。
⑦ 参见 IV,205。
⑧ IV,201。

一个肯定生活、强壮和没有怨言的年轻女子,先变成了"悔悟的罪女,再把她由悔悟的罪女变为修女,最后把她由修女变为死尸"。①

鲁道夫治疗其他人的效果是相似的。正如他"让玛丽花去受教士的折磨,受自己有罪这种意识的折磨",以及"剥夺了'刺客'的人的独立性并把他贬低到看家狗的卑下地位;就像他为了使'校长'学会'祈祷',便挖了他的双眼"②一样。马克思就"折磨"所使用的德语是"*entleiben*",字面意思是"对身体的剥夺"。因为鲁道夫(化名为苏)的新的刑罚理论把精神规训置于优先于肉体惩罚的地位。它的目标主要是要规训身体,以便拯救罪犯的灵魂。苏及其主角想"把对罪犯的复仇同罪犯的赎罪及其对自身罪恶的认识结合起来,把肉体的惩罚同精神的惩罚、感官的痛苦同忏悔的非感官的痛苦结合起来。世俗的惩罚同时必须是基督教道德教育的手段"。③达到这一点的一种方法就是"充分和绝对地实施单人牢房制",④另一种是其在身体上的对等物,即像"校长"那样把罪犯弄瞎,因此使人"沉没在漆黑如夜的昏暗中"并"单独地回想[他]自己的恶行"。⑤

苏所称赞的人道主义启蒙的最新成就,利用了一些最古老的西方传统,诸如"监理会教派的单人牢房制",⑥以及"在纯基督教的拜占庭帝国"或早期德意志、法兰西和英吉利所盛极一时的致

---

① IV,176(译文据《马克思恩格斯全集》卷2,人民出版社1957年版,第225页)。
② 参见 IV,180(译文据《马克思恩格斯全集》卷2,人民出版社1957年版,第230页)。
③ IV,178(译文据《马克思恩格斯全集》卷2,人民出版社1957年版,第227页)。
④ IV,186(译文据《马克思恩格斯全集》卷2,人民出版社1957年版,第238页)。
⑤ IV,177(译文据《马克思恩格斯全集》卷2,人民出版社1957年版,第226页)。
⑥ IV,187(译文据《马克思恩格斯全集》卷2,人民出版社1957年版,第228页)。

第十三章 马克思的尼采式的要素

盲。① 在马克思看来,"为了要人改邪归正,就使他脱离感性的外部世界,强制他沉没于自己的抽象的内心世界——弄瞎眼睛,这是从基督教教义中得出的必然结论;因为根据基督教的教义,充分地实现这种分离,使人完全和世界隔绝并集中精力于自己的唯灵论的'我',这就是真正的德行"。② 隐藏在这些被颠倒了的价值观背后的是一种对人类本性的颠倒,它最早在那些使他人服从于自己可疑的治疗的人当中显现了出来。在鲁道夫的朋友黑人医生大卫弄瞎"校长"时,鲁道夫"就坐在自己那间异常舒适的私室里,穿一件长长的、黑得异常的袍子"。③ 简言之,鲁道夫是一个比他所改造的一切罪人和罪犯都要邪恶得多的真正的恶人。"他那狂热的复仇心,他那嗜血的欲望,他那不动声色的深思熟虑的盛怒,他那诡诈地掩饰自己心灵的每一种恶念的伪善,凡此种种,正是他用来作为挖出别人眼睛的罪名的那些邪恶的情欲。"④

鲁道夫神奇的治疗除了把"刺客"和玛丽花那样的受惠者送到过早出现的坟墓之外,还成就了什么?《巴黎的秘密》不幸地使他的治疗幸存下来,以他那反常的救星之镜像的行动和言谈而告结束。我们已经看到,他在对他要将其折磨致死的那个人进行道德说教时,"不仅在表面上模仿主人公鲁道夫的样子,挖出了'猫头鹰'的双眼,而且也在精神上学习鲁道夫的榜样,重复他那伪善的言辞,用假仁假义的词句来掩饰自己的残暴行为"。⑤ 不用说,这

---

① 参见 IV,178(译文据《马克思恩格斯全集》卷 2,人民出版社 1957 年版,第 228 页)。
② IV,178(译文据《马克思恩格斯全集》卷 2,人民出版社 1957 年版,第 228 页)。
③ IV,207(译文据《马克思恩格斯全集》卷 2,人民出版社 1957 年版,第 263 页)。
④ IV,209(译文据《马克思恩格斯全集》卷 2,人民出版社 1957 年版,第 265 页)。
⑤ IV,181(译文据《马克思恩格斯全集》卷 2,人民出版社 1957 年版,第 232 页)。

个镜像是歪曲了的。因为鲁道夫的精神分裂症患者的情感得到了社会的认可,因此加强了他对自我的感受。"校长"的情感却不是这样,因而他发疯了,偶尔使人想到了"在基督教的自认有罪这种意识和神经错乱之间有真正的联系"。①

"校长"最终变疯也为马克思提供了一个压抑之危险的原弗洛伊德式的例证。比方说,马克思没有使用《道德谱系学》中同样缺乏类似分析的弗洛伊德的 Verdrängung[译按:德语"压抑"]概念,而使用了更加尼采式的 asketisch übermannen["禁欲的压制"]的概念。相似性很明显。马克思认为,过多的压抑会伴随着被压抑的情感更加剧烈的爆发。"'校长'的天性通过鲁道夫的治疗只是被伪善和诡辩装饰起来,只是被禁欲般地压制下去;现在,当这种天性汹涌澎湃地冲出藩篱,造成爆发的时候,这种爆发就显得更有害更可怕。"②

总之,马克思揭示了构成苏之小说的静默的或明显的潜台词的各种道德的、宗教的和社会的评价。尤为特殊的是,他表明了鲁道夫在扮演基督教天国的救星时,③再次展现了从前的价值重估,原初的异教徒的——或者如马克思提出的——斯多葛派的和伊壁鸠鲁派的价值观,被变成了异化的、伪善的和不正当的犹太—基督教的虚假价值观,这些价值观在资本主义、资产阶级社会里得到了最终的繁盛。毫不奇怪,欧仁·苏本人作为其主人公鲁道夫的创造者,并作为其小说所提出的"人道主义的"、"社会的"和"慈善的"计划

---

① IV,184(译文据《马克思恩格斯全集》卷 2,人民出版社 1957 年版,第 235 页)。
② IV,185;马克思和恩格斯(1965—1973),II,192(译文据《马克思恩格斯全集》卷 2,人民出版社 1957 年版,第 236 页)。
③ 参见 IV,171。

的直接或间接的代言人,要从属于相似的揭露过程。

对"伪善的欧仁·苏先生"①来说,写作是一种出自他的克制的、虐待狂之报复的替代行为。他"对人的自暴自弃有僧侣般的、兽性的偏爱,以至于让'校长'跪在老泼妇'猫头鹰'和小恶棍'瘸子'的跟前,哀求他们不要离弃他"。②苏在羞辱"校长"、使"猫头鹰"感到一种波德莱尔式的"恶魔式的自满"③时,能够忘却这一事实吗?他按照相似的理路,把读者、他的"*semblable et frère*"[译按:法语"同类与同胞"]当作同谋与他自己和他的主人公鲁道夫所提出的价值观捆绑在一起。他一再要求我们要欣赏所读到的内容,要像鲁道夫和他那些贵族盟友一样欣赏"风流韵事的乐趣,让他满足猎奇、冒险和乔装的欲望,使他陶醉于自己的超群出众,使他感到神经的激动"。④

马克思对《巴黎的秘密》所做的意识形态的活体解剖的另一个被解剖者是施里加,别名为弗兰茨·齐赫林·冯·齐赫林斯基(1816—1900),他为鲍威尔的《文学总汇报》撰写了关于苏的小说的评论。施里加如果没有与欧仁·苏及其主人公鲁道夫串通一气,那就无关紧要。当鲁道夫提出一条惩罚被其未婚母亲谋杀的孩子的父亲的法律之时,他奏起了欢迎曲(*Herr Szeliga bläst Tusch*)。⑤马克思指出,施里加完全忽视了具有同样效果的英国

---

① IV,69。
② IV,180(译文据《马克思恩格斯全集》卷2,人民出版社1957年版,第231页)。
③ 马克思和恩格斯(1965—1973),II,192;英文译本有省略,参见 IV,180—181(译文据《马克思恩格斯全集》卷2,人民出版社1957年版,第231页)。
④ IV,194;参见 IV,62—63(译文据《马克思恩格斯全集》卷2,人民出版社1957年版,第247页)。
⑤ 参见马克思和恩格斯(1965—1973),II,207。马克思分析苏的《巴黎的秘密》

现行立法,或者忽视了傅立叶有关妇女解放的思想。① 相似地,这位评论者称赞鲁道夫明显不切实际的"布克伐尔的模范农场"当然是非乌托邦式的;② 他在原则上认可了鲁道夫形形色色的道德治疗法,包括把"校长"弄瞎;③ 他支持苏所提出的观点,即人间的正义通过预期其天上的正义,不仅应当奖赏善人,而且"为了使恶人生畏"而把"所预知的天怒"物质化了。④

小说家和批评家在忙于评判自己阶层的价值观和恶行或者为它们开脱时,同样都是站在一边的。苏赶紧把混血姑娘塞西莉轻易被恶人勾引解释为由她的"印第安人的血液"所引起的。"为了迎合'可爱的道德'和'可爱的交易',伪善的欧仁·苏先生不得不把她的行为说成'天生的堕落'。"⑤ 接着,施里加把达尔维尔侯爵

的方法,为恩格斯在评论卡莱尔的《现代小册子》(1850)时所采用。恩格斯在发现了卡莱尔的主人公的崇拜和泛神论的错误的同时,对他早期的《宪章运动》和《过去与现在》给予了有条件的称赞(参见马克思和恩格斯[1967—1968],I,537—564 以及各处),劝告它们的作者要按照斯特劳斯和费尔巴哈的方式研究现代德国哲学。卡莱尔显然没有接受劝告。他受 1848 年的"二月革命"的影响,开始走向相反的方向。因此,他的第一本《现代小册子》告诫 300 万英国流浪汉穷人要学会顺从、节食、忍耐和工作,否则他就会鞭笞他们,或者如有必要,就射杀他们(参见马克思和恩格斯[1967—1968],I,574—575)。对恩格斯来说,卡莱尔比马克思描述的欧仁·苏还要糟糕。他那拯救世界的愤怒,他那针对低等阶层中的最低等阶层、尤其是针对那些早已戴上了枷锁的人们的狂怒,他在第二本小册子中监督流氓无赖阶层的热情(正如第一本小册子要建立聪明人的等级一样),他为了品尝到把"恶人之中最邪恶之人"绞死的极度愉快(*Wollust*)而要追捕他们的强烈欲望(参见马克思和恩格斯[1967—1968],I,575—576),都再次使人想到了马克思笔下伪善和残酷成性的鲁道夫,尤其是这位公爵以"永恒真理"和"永恒持久的自然法则"的名义向他所判决为邪恶的人们发泄自己救世主的愤怒的方式(参见马克思和恩格斯[1967—1968],I,571)。

① 参见 IV,195—196。
② 参见 IV,199—200。
③ 参见 IV,187。
④ IV,188(译文据《马克思恩格斯全集》卷 2,人民出版社 1957 年版,第 240 页)。
⑤ IV,69(译文据《马克思恩格斯全集》卷 2,人民出版社 1957 年版,第 87 页)。

夫人和吕逊纳公爵夫人不贞的越轨行为变成了由她们没有爱情的生活所招致的不可避免的不幸事件。施里加写道,这些不忠实的婚姻的受害者"得不到内心的满足。她们没有从婚姻生活中找到爱的对象,因此就到婚姻生活以外去寻找爱的对象。"卡尔·马克思嘲笑说:"这种辩证的阐述愈适用于生活的一切场合,我们对它的功绩的评价也就应该愈高。"①

施里加的辩证阐述也举例说明了他对毫无根据的道德化和伪哲学思辨的偏好。他像那时的批评家一样,或者喜欢参与评判正在评论的小说人物,或者喜欢把他们变成自己所宠爱的观念的体现。因此,施里加作为清教徒牧师严厉地训诫了萨拉·麦克格莱哥尔伯爵夫人与主人公的不贞行为的"自私";②然后,作为思辨的神学家,他把鲁道夫解释为为了努力"拯救人类"而"实现人类本质的完美";③而把玛丽花解释成一个半两栖的人物,在她身上"'时代的普遍罪过、秘密本身的罪过'"都成了"'罪过的秘密'"。④

施里加的"美学序言"已经概述了某些更加普遍的、虽然不可救药地被混淆了的、他的"思辨的美学"⑤的前提,即表明小说超凡的事件与其永远批判性的内容之间的鸿沟($Ri\beta$),⑥正如施里加本人发掘出来的一样。现在,同样的"鸿沟"被转变成了一方面是"神类"(鲁道夫)、"各种威力和自由"的体现、"唯一的能动原则",另一

---

① 马克思和恩格斯(1965—1973),II,66—67/IV,64(译文据《马克思恩格斯全集》卷2,人民出版社1957年版,第80页)。
② 参见 IV,63。
③ IV,202(译文据《马克思恩格斯全集》卷2,人民出版社1957年版,第257页)。
④ IV,167(译文据《马克思恩格斯全集》卷2,人民出版社1957年版,第214页)。
⑤ IV,167/参见马克思和恩格斯(1965—1973),II,177。
⑥ 参见马克思和恩格斯(1965—1973),II,57/IV,55。

方面是"消极的'世界秩序'和属于它的人"①之间的反差。但是，前者怎么可能影响后者？为了不陷入一种总体上的主体与客体的二元论——以及批判（鲁道夫，神类）与僵死的群众（普通人，世界）彼此不能调和的对立面——施里加必须找到一个中介。他"不得不又承认世界秩序和群众也有几分神类的属性"，他要通过把玛丽花推断为"构成鲁道夫和世界这两者的思辨的统一"②来实现这一点。

施里加对小说"批判性"内容的描述无论如何都是牵强的和混乱的，很容易被重复为《神圣家族》要对其进行严厉批判的黑格尔的形而上学。我们已经看到了马克思如何把"'巴黎的秘密'所做的批判的叙述的秘密"（或者就这个问题而言，是"思辨的黑格尔结构的秘密"③），与把梨、苹果等等各种真正的实体变为公分母"果实"的过程进行比较，以及如何"从'一般果实'这个非现实的、理智的本质造出了现实的自然的实物——苹果、梨等等"。④把梨与苹果换成法纪与文明，把后者变成公分母"秘密"，表明了通过"秘密"（或"绝对主体"）到法纪与文明（或"实体"）到成为"这个绝对主体的'自我活动'"的活动，于是就得出了施里加基本的解释方法。通过登上真正思辨的、黑格尔的高峰，后者因此"把'秘密'变成了体现为现实的关系和人的独立主体。于是，伯爵夫人、侯爵夫人、浪漫女子、看门人、公证人、江湖医生、桃色事件、舞会、木门等等就成

---

① 马克思和恩格斯（1965—1973），II, 176/IV, 166（译文据《马克思恩格斯全集》卷2，人民出版社1957年版，第213页）。
② IV, 166（译文据《马克思恩格斯全集》卷2，人民出版社1957年版，第213页）。
③ IV, 57（译文据《马克思恩格斯全集》卷2，人民出版社1957年版，第71页）。
④ IV, 60（译文据《马克思恩格斯全集》卷2，人民出版社1957年版，第75页）。

了这种主体的生活表现"。①

马克思在仿效"黑格尔方法的基本特征"、"把实体了解为主体,了解为内部的过程,了解为绝对的人格"②方面,几乎没有丧失把这种基本的"批判性"策略漫画化的机会。一般来说,这种方法的巨大优势能使运用它的批评家通过首先给上述问题以正确的提法来解决当代的一切重要问题,那就是"批判的"观点。"如果谈到拿破仑法典,那它就会证明:这实际上是谈'摩西五经'。"这又是来源于黑格尔,他认为"一切问题,要能够给以回答,就必须把它们从正常的人类理智的形式变为思辨理性的形式,并把现实的问题变为思辨的问题"。③

然而,施里加在苏的小说中所发现的众多秘密中的另一个秘密,促使马克思表明了人通过思辨的、批判的方法,能够很容易说明人怎样成了动物的主宰。假定我们有六种动物,譬如说有狮子、鲨鱼、蛇、牛、马和哈巴狗,从这六种动物中抽象出"'一般动物'这个范畴","把'一般动物'想象为独立的存在物","一般动物""体现为狮子,就会把人撕得粉碎;体现为鲨鱼,就会把人吞下去;体现为蛇,就会用毒液伤人;体现为牛,就会用角觝人;体现为马,就会用蹄子踢人;但是,如果'一般动物'体现为哈巴狗,就只会对人吠叫,并把和人的搏斗完全变成搏斗的外观",④这很容易凭借竹杖来操纵。

---

① IV,60(译文据《马克思恩格斯全集》卷2,人民出版社1957年版,第75页)。
② IV,60(译文据《马克思恩格斯全集》卷2,人民出版社1957年版,第75页)。
③ IV,90(译文据《马克思恩格斯全集》卷2,人民出版社1957年版,第114—115页)。
④ IV,75—76(译文据《马克思恩格斯全集》卷2,人民出版社1957年版,第96页)。

如施里加这位批评家的"美学序言"所提出的,最后一个例子把我们带回到了他对苏的《巴黎的秘密》的主要诠释。其中提出的问题是,人们怎么能够调解小说在短暂的世俗内容与持久的批判性内容之间的分裂($Ri\beta$)。对马克思来说,这个问题使人想到了另一个问题,即房屋主如何把他的房屋这个"神秘的思辨和思辨的美学"的问题,同他们所讨厌的真实关系的广泛细节联系起来,通过断定"具体的、思辨的统一,即需要把房屋和房屋主集诸一身的主客体"来回答。相似地,施里加的评论,通过玛丽花而把苏的小说解释为"'真正统一的整体'、'现实的统一体'","用……神秘的主客体来代替世界秩序和世界事件之间的自然的合乎人性的联系"。而这一点又正是黑格尔所做的;那就是说,"用那一身兼为整个自然界和全体人类的绝对的主客体——绝对精神来代替人和自然之间的现实的联系"。①

无论这种评论自称具有什么进步的、先锋派的性质,都属于一种黑格尔式的"批判的神甫"、一个乡村教士、老牧师和清教徒的评论,是按"基督教改革"的精神进行的写作,要达到把"人变成幻影,人的生活变成一连串的梦境"②的效果。或者更普遍地说,按照施里加及其围绕着布鲁诺·鲍威尔的同行们的方式所进行的"批判的批判",实践了由"怨恨"所促成的总体的价值重估,或者用马克思的话来说,"把自己对世界在它之外的发展所进行的恶毒攻击,硬说成是这个世界对发展所进行的恶毒攻击"。③

---

① IV,167(译文据《马克思恩格斯全集》卷2,人民出版社1957年版,第213页)。
② IV,185(译文据《马克思恩格斯全集》卷2,人民出版社1957年版,第236页)。
③ 马克思和恩格斯(1965-1973),II,218/IV,206(译文据《马克思恩格斯全集》卷2,人民出版社1957年版,第262页)。

第十四章　海德格尔对传统美学的"破坏"

拥有存在的概念！好像它没有揭示出它在词源上最值得同情的经验的根源！因为 esse 本意指"呼吸"。当人们用它来指其他一切事物时，就把他们相信的他们在呼吸和活着的信念，通过一种隐喻，那就是说以非逻辑的方式，传递到了其他事物上，从而把他们的存在理解成了一种类似于他们自己的呼吸。即使这个词语的根本含义很快就变得模糊起来，它也足以幸存下来以便人们想象到类似于他们自身的其他事物的此在（Dasein）。

Ⅰ,847/《希腊悲剧时代的哲学》,11

我们知道费诺罗萨的种种努力，因而知道他对埃兹拉·庞德的影响，知道其影响把日本传统艺术从西方美学的盗用下解救了出来。马丁·海德格尔也曾做出过相似的努力，他在1953—1954年曾就他从前的弟子、日本艺术史家九鬼周造伯爵的教学提出过各种问题。对后者来说，日本的"风雅"（Iki）要根据"感性"（aisthēton）或感性现象来解释，它凭借其美的吸引力，通过超感觉或"概念之物"（noēton）而放射出光辉。[①] 这种特性经由

---

① 参见 XII,97。

《新约·罗马书》1:19—20、顺便摆脱奥古斯丁受"物质之美"吸引的负罪的窘境[①]而进入基督教思想。如我们回想起的,奥古斯丁同时读到圣保罗的著作和"柏拉图主义者的某些著作",使他 *per ea quae facta sunt*[译按:拉丁语"通过这些所造之物"][②]而窥见到了上帝之美,至少按照海德格尔的看法,这个说法从那时以来就支配着西方有关艺术的思想。换言之,就西方传统美学所关注的而言,艺术的感性吸引力或"感性",要根据它对于上帝、真理、善、总之是"概念之物"(*noēton*)的透明度来评判。[③] 因此,内容与形式之间的差异以这种或那种方式"为一切艺术理论和美学"提供了"最为卓越的概念基质"。[④] 因此,"感性形象(*sinnliches Bild*)"与"更高的意义(*Sinnbild*)"之间同样普遍存在着分裂,通过纯粹的"形象"(*Bild*)而成了一种"更高的意义"、象征、寓言或比喻。[⑤]

但是,这种形而上学的理论建构,真的能够恰当处理像日本的"风雅"那样的非西方的概念吗?海德格尔在1953—1954年前一直都在研究佛教和道家学说,他借助于一位中国学生翻译了《道德经》的一些章节,并且见证了《存在与时间》在日本的成功,经由对立的九鬼伯爵的努力回答了提问。要在欧洲美学、因而在一种不恰当的观念框架下从形而上学方面来确定"风雅",可能很容易遮

[①] 奥古斯丁,XXXII,745/奥古斯丁(1961),151。

[②] 参见奥古斯丁,XXXII,745:"Eramque certissimus quod invisibilia tua, a constitutione mundi, per ea quae facta sunt intellecta conspiciuntur."在这里就像在其他地方(例如 XLI,234)一样,奥古斯丁随意援引了《新约·罗马书》1:19—20 的话:"上帝已经给他们显明。自从造天地以来,上帝的永能和神性是明明可知的,虽是眼不能见,但借着所造之物就可以晓得。"[译按:原文为拉丁文]

[③] 参见 LIII,18—19。

[④] V,12/海德格尔(1993),153——有改动。

[⑤] 参见 LIII,17。

蔽东亚艺术的真正实质。①

欧洲艺术又怎么样呢？对海德格尔来说，美学所遭受的以主体为支撑的把真理界定为 adaequatio intellectus et rei［译按：拉丁语"知与物的符合"］②的限制，已经对有关存在的理解产生了影响，更为特殊的是，对笛卡尔以来有关艺术的理解产生了影响。比方说，在其晚近的变体中，如在 W. 狄尔泰的《体验与诗》里，这意味着艺术是对艺术家之体验的一种真实的呈现或者确切地说是表现。③总之，西方美学也许不只是歪曲了非西方的艺术，而且也歪曲了西方的艺术。正如海德格尔在他较为大胆的某个时刻会说的那样，那在实际上相当于一个有关艺术"本身"的误解。为了把握艺术和诗的真正实质，他在 1931—1932 年的冬季学期里告诉自己在弗莱堡的学生们说："哲学必须摆脱把艺术问题当作美学问题来提出的习惯。"④无论艺术可能成为别的什么，它都肯定不是一种"体验的表现"——因为艺术作品要使艺术家服从于其精神生活之外的身体——它也不是外在现实的一种特别详细的呈现，更不用说有什么东西显示要提供一种高尚的愉悦。⑤

海德格尔虽然急于追问传统美学，但却花了一些时间来做出一种选择。倘若西方艺术理论没有把握住艺术和诗的实质，那么这种实质到底是什么？在 1934—1935 年的冬季的一次有关荷尔

---

① 参见 XII,97；参见齐默尔曼(1996),250。
② 参见 XLVIII,230—231/海德格尔(1991)IV,120。
③ 参见 XII,122 以下。
④ XXXIV,64:"Um aber zu verstehen, was das Kunstwerk und die Dichtkunst als solche sei, muß sich die Philosophie erst abgewöhnen, das Problem der Kunst als ein solches der Ästhetik zu begreifen."
⑤ 参见 XXXIV,63—64。

德林的《日耳曼》和《莱茵河》的演讲，提出的正是这个问题。直接的回答再次罗列了艺术不是什么。如果说有什么区别的话，那就是这种否定性的罗列在范围方面扩大了。不必说，古老的观点认为，艺术的感觉成分只不过指向一种更高的意义，[1]以及伴随着的内容与形式之间的差异。海德格尔指出，后者将自身夸耀为一种"绝对的、超越时间的原则，而实际上[是]希腊语所特有的，并且只为希腊语的此在(Dasein)含义所固有的，因而是有疑问的"。[2] 紧接着有一些更为具体的诗学上的误解：

　　　　1，诗不只是一种具有意义和美的特定文辞结构。2，诗不是创作诗的心理过程。3，诗不是心理体验的语言学上的"表达"。上述一切都为诗所具有，然而它们却没有抓住诗的基本实质。[3]

　　退一步说，与这些否定性的结论相比较，海德格尔同时要努力确定依然还很模糊的艺术的真正实质。再者，它们还处在不可理解的判断与亲"国家社会主义的"花言巧语的一种混杂之中，这种花言巧语预兆性地使人想到了他于1933年5月27日发表的就职演说。[4] 那时，他曾称赞阿道夫·希特勒是一个"在德国的现实、现在与未来、德国的法律中占有一席之地"的人。[5] 此刻，他要预

---

[1] 参见 XXXIX,15 以下。
[2] XXXIX,15。
[3] XXXIX,28—29。
[4] 参见奥特(1994),162—163。
[5] 引自同上,164。

言"真正的和绝对独特的 *Führer*[译按：德语"领袖"]在其 *Seyn*[译按：海德格尔对德语"*Sein*"(在)所作的改写]之中指向偶像的领域"。① 因为"*Führersein*[译按：德语"领袖的存在"]是一种命运，是终极的'在'"。在这方面，希特勒被认为与德国未来之"在"的诗人荷尔德林属于同类。②

Kampf[译按：德语"战斗"]的概念无所不在。一个像"*Germanien*"[日耳曼]那样的诗人已经从与诗意进行斗争的战斗之中跃然而出。在这首诗中我们自己与诗歌艺术所进行的解释战斗，应当成为一场"反对我们自己的战斗"，或者是竭力避免我们陷入其中的徒劳无益的日常事务的战斗：

然而，这场反对我们自己的战斗(*Kampf*)决不是一场奇怪地、解剖灵魂般地、愚蠢地盯着我们自己；它也不是一种忏悔的"道德上的"自我警告；相反，这场反对我们自己的战斗要通过诗来进行(*der arbeitende Durchgang*)。③

更普遍地说，"诗是'在'(*Seyn*)的发生之中的根本事件"。"它为'在'奠定了基础"，这种奠基除了是"自然之武器(*Waffenklang der Natur*)的铿锵声"④之外，什么都不是。在荷尔德林的赫拉克利特式的幻想中——由埃克哈特大师所预示，由黑格尔所匹

---

① XXXIX,210: "Der wahre und je einzige Führer weist in seinem Seyn allerdings in den Bereich der Halbgötter."
② 参见 XXXIX,146; "在"在这里被拼写为 *Seyn* 而不是 *Sein*，这是海德格尔使人想到"在"的真正实质已被西方形而上学所遮蔽的方式。
③ XXXIX,22—23。
④ XXXIX,257。

敌,由尼采重新阐述——这种受 *Kampf*[战斗]支配的 *Seyn*[在]的自我显现——"在"使它本身在这个词语中产生①——指向了"西方之德意志历史之 *Dasein*[此在]的主要力量(*Urmacht*),以及它在面对(*Auseinandersetzung*)其亚洲对应物时的那种力量"。② 当海德格尔在所有这一切当中突然嘲笑那时很时髦的有关 *Volkstum*[译按:德语"民族性"]、血统和国土的流行修辞时,它是作为某种令人惊异的事情而出现的。③

从长远观点看,海德格尔澄清了自己对艺术的真正实质的感受,那不是在他对荷尔德林的两首赞美诗不恰当的沉思之中,而是在随后的1935—1936年冬季主要关注的、更新了的"质疑事物"之时。④《艺术作品的起源》最初是作为1935年11月13日的一次公开演讲而发表的,它肯定采取了同样的路径。如我们所知,这篇文章驳斥了传统的观点,即艺术的感觉具体性或者象征性地或者比喻性地指向了抽象的意义,为的是首先探究艺术作品的物性要素。因为海德格尔坚持认为,就连"多半被夸大了的审美体验也不可能传达出来",⑤事实上

> 梵高描绘一双农鞋的画,从一个画展转到另一个画展。

---

① 参见 XXXIX,257。
② XXXIX,134。
③ 参见 XXXIX,254。
④ 那次演讲最初被宣布为 *Grundfragen der Metaphysik*[《形而上学的基本问题》],随后出版时题为 *Die Frage nach dem Ding. Zu Kants Lehre von den transzendentalen Grundsätzen*[《关于事物的问题。关于康德的超越原理的理论》]。参见 XLI,253。
⑤ V,3-4/海德格尔(1993),145。

艺术作品就像出自鲁尔的煤炭和出自黑森林的原木一样被搬运着。在第一次世界大战期间,荷尔德林的赞美诗连同清洁用具一起被包裹在士兵们的行囊中。①

然而,事物又是什么?由传统形而上学提供的各种答案,造成了类似于在与艺术格斗中失败了的美学那样的困境。比方说,它们都以这种或那种方式,没有领悟到我们抓住、感受、期望使用或实际使用一支粉笔的真实意义,无论用它来做什么——把它折断,把它碾成白色粉末——仅仅通过揭示它不断变化着的"多少"而使我们躲避探寻它的"什么"(或实质)。② 更抽象地说,海德格尔区分了三种传统的"界定物性的方式",③它们全部都在为一种对艺术的美学误解设立形而上学框架的同时,遮蔽了它们真正的实体性。第一种方式,很快就被这位具有超越思想的哲学家排除了,即把事物界定为"多重感觉的统一体"。④ 在这种经验主义的观点中,事物"就是 aisthēton[感性之物]",或者是"在感性的感官中通过感觉所感知到的"东西。⑤ 对海德格尔来说,这种界定是易于误导的,因为我们始终都具有一种关于事物的概念,只要我们认出了那事物,我们就会把那概念强加于一大堆感觉,达到筛选出许多感觉的地步。他解释说:"为了听见一种毫无修饰的声音,我们必须远离各种事物去倾听,即把我们的耳朵从它们转移开,去抽象地倾

---

① V,3/海德格尔(1993),145。
② 海德格尔在其 1935—1936 年间演讲中的例子;参见 XLI,19—22。
③ V,15/海德格尔(1993),156。
④ V,15/海德格尔(1993),156。
⑤ V,10/海德格尔(1993),151。

听。"例如,我们"在屋子里听见敲门的声音,却从来没有听见听觉的感觉,或者哪怕是纯然的声音"。①

第二种"界定物性"的传统方式,试图把其对象"当作一种特性的负载者"②来把握。它具有悠久的传统,可以回溯到希腊哲学,尤其是可以回溯到柏拉图。③ 因此,每种事物都具有一个核心,*to hypokeimenon*[实体],或者说具有"某种存在于事物基础之中的东西,某种始终都已经(*immer schon*)在那里的东西"。④ 它也具有各种特征,*ta symbebēkota*[偶然],或者说一种"多重的不断变化的特质"⑤也"始终会沿着既定的核心去发现已经存在的东西(*immer auch schon*),并随同它一起出现"。⑥ 在希腊思想中强化了"实体与偶然"的二分法的,是对句子结构的同时发现。⑦ 这样,"实体"就被当成了句子的主语,而"偶然"则被当成了它的谓语。于是,真理出现在"一个谓语附加到主语上而成为一体,因此附加(*zukommend*)在句子中就被取代并被表达出来"。⑧这就提出了另一个问题。是人根据事物的结构模仿了句子结构;还是人把句子结构投射到了事物上?⑨ 是否存在着一种更深刻的根源,存在着某种无条件的东西(*ein Un－bedingtes*),⑩某种始终都已经存

---

① V,10－11;参见海德格尔(1993),152。
② V,15/海德格尔(1993),156。
③ 参见 XLI,33。
④ V,7/海德格尔(1993),148－149。
⑤ 参见 XLI,33。
⑥ V,7/海德格尔(1993),149。
⑦ 参见 XLI,43。
⑧ XLI,36。
⑨ 参见 XLI,44。
⑩ 参见 XLI,46。

在着的东西,但却被忽视了,甚至被西方思想掩盖了,一种自身引起了这种平行发展的神秘东西?无论答案是什么,第三个问题显然都指向了一个超越西方形而上学之开端和实际范围的领域。①

第三种"界定物性"的传统方式作为一种构成大多数传统本体论以及美学定势之基础的总体计划,②即形式与质料(morphē — hylē)的二分法,提出了类似于由主语与谓语之关系所提出的那些问题。换句话说,"质料与形式之结构的根源"在哪里,"在物的物性特征之中,还是在艺术作品的功效性特征之中"?③可以预言,海德格尔的答案是:既不在这一个之中,也不在另一个之中。因为两者都来自于人对人造器具(Zeug)的感受,来自某种特别接近于人类思维的东西,因为它是由文明的创造所产生的。④拿类似于梵高画作中的那一双农鞋来说。为了恰当地适合于穿它们的人,材料(皮革、钉子、线和鞋带)必须很特殊(就鞋底来说要粗壮结实却很柔韧,就上半部分而言要柔顺而不渗水,被赋予材料的形式要适合于穿鞋者的脚以及其他的、特殊的目的)。因此,甚至在希腊语中,形式与质料这一对概念也来自于"制造工具或器具的领域"。只是从那以后,它才成了"一切对艺术进行探究以及一切对艺术作品进行进一步界定的重要计划"。⑤然而,这仅仅出现在希腊人的伟大艺术"以及随之一起繁荣的伟大哲学"⑥已经开始衰落之时。

---

① 参见 XLI,46—47。
② 参见 V,12/海德格尔(1993),153。
③ V,12—13/海德格尔(1993),153。
④ 参见 V,17/海德格尔(1993),158。
⑤ XLIII,96/海德格尔(1991),I,82。
⑥ XLIII,93/海德格尔(1991),I,80。

柏拉图对存在的理解,^①即他按照事物直接的、外观或 *eidos*［爱多斯］来理解它们,^②在使形式与质料这一对概念获得对美学和形而上学的全面优势方面,是一种重要的催化剂。^③ 形式—质料的基质从中世纪的神学中接受了一种额外的推动力,因为它吸取了一种"异己"的、希腊哲学的推动力。^④ 因为按照圣经的信仰,"一切存在的总体性作为某种创造物预先呈现出来"。在托马斯主义对《创世记》的解释中,这种 *ens creatum*［受造物］成了一种"*materia*［质料］与 *forma*［形式］的统一体"。^⑤ 从那时到现在,"按照质料和形式对'事物'进行解释［并由于艺术作品的原因］,无论这种解释仍然是中世纪的,还是成为康德式的先验的,都已经变得很流行,并且成了不言而喻的"。^⑥

海德格尔试图废除这种欺骗性的不言而喻。对他来说,形式与质料的二分法并没有让事物成为"自我包容"和"稳定"的,而实际上对事物进行了一种"攻击（*Überfall*）"。^⑦ 把事物界定为"其特征的负载者"^⑧和"多重感觉",^⑨同样是如此。所有两种方式都没有揭示出事物的真正特质,却使我们"同样看不见真理的原初实质"。^⑩ 它们没有揭示出存在的真理或 *alētheia*［无蔽,真理］,^⑪却

---

① 参见 XLIII,93-94/海德格尔(1991),I,80。
② 参见 V,11/海德格尔(1993),152。
③ 参见 XLIII,94/海德格尔(1991),I,80。
④ 参见 V,15/海德格尔(1993),155。
⑤ V,14/海德格尔(1993),155。
⑥ V,15/海德格尔(1993),156。
⑦ 参见 V,11,15/海德格尔(1993),152,156。
⑧ V,9/海德格尔(1993),150。
⑨ V,15/海德格尔(1993),156。
⑩ V,57/海德格尔(1993),194。
⑪ 参见 V,21/海德格尔(1993),161。

使真理消失了。① 界定物性的传统方式没有在"什么恰当地显示其本身以及什么是最光辉的"原本意义上②揭示物性之美或 ek-phanestaton[诗的启示],却把美变成了指向更高真理的形式特征。

海德格尔似乎要说,所有这一切相当于感性的一种普遍分裂,相当于一种思维与创造、真理与美、认识与生产力的原初的整体性的分裂,它正好发生在随着希腊艺术开始衰落、像柏拉图和亚里士多德那样的哲学家们开始思考艺术之时。在此之前,艺术家和思想家都让真理放射出它的美的光辉。现在,由于哲学家坚持真理或"逻各斯"是其独有领域的权利,因而艺术家被指派了仅仅是外在外观的复制者或者像工匠一样的美的事物之创造者的角色。伟大的艺术最终退化为经验的表现或为艺术而艺术,都早已在这种最初的感性分裂中得到了预示。思维与创造间最初统一的分裂,早已在这些对艺术的早期沉思中得到了预示。

大约 300 年前出现的现代美学,必然会陷入早期对艺术与思想、美、真理和存在之间最初和谐的忽略或埋没中。同样,它也涉及"我们的整个历史",③由于它随着笛卡尔而进入到现代性之中,人的"趣味"变成了"对于存在的审判法庭"。④ 总之,正像构成了它的一个部分的形而上学一样,美学产生于对真理(alētheia)和美(ekphanestaton)那样的普通概念的重估,人们在前苏格拉底哲学家那里,如赫拉克利特、普罗泰戈拉和巴门尼德,甚至在柏拉图

---

① 参见 V,11/海德格尔(1993),152。

② XLIII,94/海德格尔(1991),I,80;参见 V,43:"Schönheit ist eine Weise, wie Wahrheit als Unverborgenheit west." 海德格尔(1993),181。

③ XLIII,97/海德格尔(1991),I,83。

④ XLIII,97—98/海德格尔(1991),I,83;参见 V,75。

和亚里士多德本人那里,都发现了它们的踪迹。

如我们所知,海德格尔在《存在与时间》的两个部分中想要以"本体论之历史在现象学上的拆解(Destruktion)"的形式,来讲述普遍的 Seinvergessenheit[译按:德语"对它的遗忘"]或对"在"的遗忘的故事。① 他没有做到这一点,与他不愿意发表《存在与时间》第一部分的第三节有关,那一节要通过思考西方形而上学未加思索的那些思想,来设置没有限定的"理解'在'和可能解释'在'的视界"。② 1972年1月海德格尔在海德堡拜访雅斯贝尔斯时决定不发表那一节。他们有关《存在与时间》的校样的争论使他相信,无论他得以在书面上就"这个最重要的章节(I,3)"写下什么,对于他的读者来说都"仍然是不可理解的"。③ 30多年之后,他回想起作出这个决定的主要理由,即他没有找到一种语言"来表达以前从来没有被言说过的东西(etwas zur Sprache zu bringen, was bislang noch nie gesprochen wurde)"。④ 尽管如此,海德格尔甚至拒绝把现存的草稿收入其遗著中。⑤

他 Destruktion[拆解]西方形而上学体系的计划,沦为了一种相关困境的牺牲品。他怎么可能在这样一种努力中成功地理解予以指示的、他所无法理解的东西? 我们在他发表于《存在与时间》(1927)前后的著作中所发现的倒是一大堆零散的评论,大意是从

---

① II,53/海德格尔(1993),87。
② II,53/海德格尔(1993),86—87。
③ XLIX,40。
④ XII,151。附在这段说明后的一条注释写道:"Zeit und Sein—das Nichtdurchkommen hier 1923 — 1926 nötigte zur Besinnung auf die Sprache und — zum Nichtveröffentlichen der zuerst entworfenen Stüke."
⑤ 参见弗雷德(1996),62。

第十四章 海德格尔对传统美学的"破坏"

希腊哲学开始并延续到现在的西方形而上学已经遮蔽了存在、真理和美的原始意义。更普遍地说,这种历史开始于"对存在的遗忘",①或者更具体的是,开始于遗忘存在与"在"的差别(Vergessenheit des Unterschiedes des Seins zum Seienden②)。这方面的主要罪人是逻各斯,它"起源于形而上学,同时又支配着形而上学",它已经把问题带到了由表示"在"的各种最初的关键词所提供的语义的丰富性被掩埋的地步。在希腊哲学中最初与时间有关的对"在"的理解的第一缕闪光(erstes Aufleuchten)或者些微的朝霞(leichte Dämmerung)之后,一切都沉入和消失在了黑夜之中,理性盲目的逻各斯在其中被黑夜所统治。③ 于是,希腊思想作为西方哲学的开端,要在这种意义上被重新解释,即原初的希腊哲学在成为开端之前就终结了,最初的开端(anfänglicher Anfang)被掩埋了。④

掩埋、掩盖(verdecken)、⑤遮蔽(verhüllen)、⑥扭曲(verbiegen)、⑦阻碍(verstellen)、⑧筑墙围住(verbauen)、⑨破坏(zerstören)、⑩窒息(erwürgen)、⑪驱逐(verschieben)、⑫挪移(ver-

---

① V,263。
② V,364。
③ 参见 XXXIV,226。
④ 参见 XL,188。
⑤ 参见 XL,188。
⑥ 参见 V,212。
⑦ 参见 XL,134。
⑧ 参见 XVII,283。
⑨ 参见 XVII,283。
⑩ 参见 XLV,100。
⑪ 参见 XVII,114。
⑫ 参见 XL,134。

lagern)、①取代(verlegen)、②拉平(einebnen)、③弄脏(verwischen)、④畏缩(verblassen)、⑤——删除(Versäumnis)、⑥遗忘(Vergessenheit):⑦海德格尔调动了一系列丰富多彩的动词、名词、半讽喻的叙述和逐渐上升的夸张法,以唤起这种积极的、虽然部分不知情的、对于最初的"在"的遗忘。alētheia[真理]原初的意义还没有被掩盖(verschüttet):如果情况是这样,那么就很容易"移开石层,扫清这个领域"。⑧它已经被罗马词语 veritas[真理,事实]的各种含义的"巨大壁垒筑墙围住"⑨了。然而,就连这种意象都很难使这个过程变得正当。"真理在其中作为 veritas[事实]、rectitudo[正确]和 iustitia[正义]所加强了的实质的壁垒",不只是遮蔽了 alētheia[真理]。⑩ 当 alētheia(真理)这个词通过对它的重新解释而变成了"一种特别坚固的建筑障碍"⑪时,它就"已经被禁闭在了那壁垒的围墙之中"。随着 alētheia[真理]被幽闭,西方形而上学丧失了艺术作为 alētheia[真理]的一种自我显现的原初意义,丧失了美或 ekphanestaton 作为一种"真理在其中实质性地敞亮的方式"的原初意义。⑫

---

① 参见 XL,134。
② 参见 XVII,283。
③ 参见 XVII,283。
④ 参见 XL,221。
⑤ 参见 XL,221。
⑥ 参见 XVII,282。
⑦ 参见 V,364。
⑧ LIV,78。
⑨ LIV,78。
⑩ 参见 LIV,79。
⑪ LIV,79。
⑫ V,43/海德格尔(1993),181。

第十四章　海德格尔对传统美学的"破坏"

海德格尔在 1936—1937 年冬季完成《艺术作品的起源》期间开始的关于尼采的第一次演讲,扩展了那篇论文对西方传统艺术理论的概括性描述。在这方面,美学在 18 世纪的出现(恰当地说)构成了西方艺术理论六个历史阶段中的第三阶段。在此之前,形成了质料与形式的二分法(第二阶段),甚至在更早(第一阶段),希腊艺术和诗歌的伟大时代并没有利用美学的理论建构,恰恰因为那时的艺术家们具有"这样一种对于知识的激情,因而他们在这种知识的清晰状态中不需要美学"。① 在黑格尔的《美学》中达到顶点的第四个阶段——"对西方所拥有的艺术的实质进行最全面的反思"②——同时标志着"伟大艺术的衰落"。③ 如我们回想起的,黑格尔本人曾经这么说过。丧失了"与表现绝对这一基本任务的直接联系"的艺术,"就其最高职能来说,对于我们现代人已经是某种过去了的东西(*ist und bleibt die Kunst nach der Seite ihrer höchsten Bestimmung... ein Vergangenes*)"。④

在 1936—1937 年有关尼采的演讲和《艺术作品的起源》的"结语"(虽然不是在论文本身中)中,海德格尔同意黑格尔的意见。伟大的艺术正在消亡,因为美学把它变成了"*aisthēsis*[感性]、感觉忧虑的对象",或者说变成了晚近被叫做的"体验"的对象。⑤ 对美学家来说,生存体验"不仅成了艺术欣赏的标准……而且也是艺

---

① XLIII,93/海德格尔(1991),I,80。
② V,68/海德格尔(1993),204;参见 XLIII,99/海德格尔(1991),I,84。
③ XLIII,99/海德格尔(1991),I,84。
④ XLIII,99/海德格尔(1991),I,84;参见 V,68/海德格尔(1993),204—205;参见黑格尔(1975a),I,11。
⑤ V,67/海德格尔(1993),204。

创造的标准"。① 对比之下,对海德格尔来说,体验更有可能成为"艺术在其中消亡的要素",即使这种"消亡出现得如此缓慢,以至要耗费几个世纪"。②

这种赞同黑格尔的意见,在海德格尔的《艺术作品的起源》及其早期著作中,使他想要优先重新评价艺术本身的性质吗?就这个问题而言,黑格尔的美学和康德的美学不应当被包括在他的主张之中,即在哲学得以达到对艺术本身的真正新的理解之前,"哲学必须摆脱把艺术问题当作美学问题来提出的习惯"?③ 假定海德格尔在写作《起源》时就已经信奉黑格尔就艺术即将到来的消亡所做出的预言,在这种情况下,他为什么要如他所做的那样选择梵高的农鞋画和C.F.迈耶尔的《罗马喷泉》作为伟大艺术的主要例证,而不是用它们来论证伟大艺术的衰落?就这些作品所要说的话,对答案来说几乎是毫无疑问的。C.F.迈耶尔的诗和梵高的画似乎使海德格尔想到了传统美学,包括康德和黑格尔美学的错误之处。④

首先,梵高和C.F.迈耶尔帮助海德格尔证明了把艺术理解为"对某种真实事物的模仿与描绘",何以应当变成一种"有幸陈旧的观点(*glücklich überwundene Meinung*)"。⑤ 尽管很久以来

---

① V,67/海德格尔(1993),204。

② V,67/海德格尔(1993),204。

③ XXXIV,64。

④ 我已经提到过海德格尔轻蔑地提及过"康德式的先验论"(参见 V,15/海德格尔[1993],156)。在《起源》里虽然从来没有真正提到过黑格尔,但宽泛地说,可以把黑格尔包括在海德格尔在总体上对这一观念的不予考虑之中,即艺术的感性具体性始终必须指向一种超感觉的真理或 *noēton*[概念之物](参见 XII,97 以下)。

⑤ V,22/海德格尔(1993),162。

第十四章　海德格尔对传统美学的"破坏"　371

mimēsis[模仿]先是以亚里士多德的 *homoiösis*[符合一致]为基础,然后在中世纪是以 *adaequatio intellectus et rei*[知与物的符合一致]为基础,但它却"被当成了真理的本质"。① 这会导致我们按照模仿的方式把艺术理解为大多数西方美学所理解的艺术吗?例如,我们是否应当认为"梵高的画描绘了一双农鞋,是因为它描绘得惟妙惟肖才成为一件艺术品的吗? 我们是否认为那幅画把真实事物描绘下来,并且把现实事物转换成一件艺术创造的产物呢?"海德格尔的回答不可能是更为斩钉截铁的"*Keineswegs*[绝对不是]"。②

海德格尔同样断然地否定了甚至更加老旧的设想,即像梵高的画作那样的艺术作品应当根据一种"再创造出事物的普遍实质"而指向某种超感觉的东西或 *noēton*[概念之物]。③ 首先,"这种普遍实质存在于哪里以及如何存在,这样,艺术作品得以与它达成一致?"④C.F.迈耶尔的《罗马喷泉》既没有提供"对于罗马喷泉的普遍实质的再现",也没有提供"对实际上存在的喷泉的诗意的描绘"。⑤ 不必说,被描绘的事物与它应该指向的所谓理想的实质之间先验的"模仿关系(*Abbildverhältnis*)"的概念,只要我们设想梵高想捕捉那双农鞋背后的某种柏拉图式理念的一双鞋,就会变得

---

① V,22/海德格尔(1993),162。
② V,22/海德格尔(1993),162;参见 V,21/海德格尔(1993),161,海德格尔在其中否定了这一设想:梵高的画作农鞋"仅仅是作为一件装置所具有的东西的较好的视觉化";以及 V,43/海德格尔(1993),181,他在这里解释了"在梵高的画作中出现的真理"的说法,他并不是说在其中"正确地描绘了附近的某种东西"。
③ 参见 XII,97。
④ V,22/海德格尔(1993),162。
⑤ V,23/海德格尔(1993),163。

更加荒谬可笑。① 最后,海德格尔也拒绝了这一理论,即一位像梵高那样的艺术家在创作自己的画时,只不过是一名正在运用其技巧的工匠,或者说,一位哲学家技师提供了具有自然主义精确性的真实摹本,表明了在亚里士多德的意义上通过完成自然尚未完成的工作,事物怎样"成为应当成为的样子"。② 艺术家是一名技师,仅仅是在希腊语 technē[技艺]或 alētheuein[真理]的原意之上,③就是说,属于"展示在隐蔽处之外同样存在着的东西"。最初,technē[技艺]"绝不表示创造行为",④不管要强迫接受什么预想的、有关被模仿或被呈现之物的更高的真实的概念、实质或写实主义的精确性。

因而,什么是伟大艺术?海德格尔在《艺术作品的起源》中的回答无疑是:梵高的画或 C.F.迈耶尔的诗并没有作为例子说明衰落中的垂死艺术,而与他经常援引的希腊神庙一样属于艺术,它们既没有"模仿任何东西(bildet nichts ab)",⑤也没有象征一种超自然的 noēton[概念之物]、⑥理念或 eidos[本质]。"一座希腊神庙应当与什么事物的什么实质相一致?谁能够断言不可能看见呈现在那建筑之中的神庙的理念?"⑦

那么,在希腊神庙中如此明显地显现出来的伟大艺术的特征是什么,它与 C.F.迈耶尔的诗和梵高的画显现出来的特征一样

---

① 参见 V,22/海德格尔(1993),163。
② 参见亚里士多德,I,340。
③ 参见海德格尔(1993),319。
④ V,47/海德格尔(1993),184。
⑤ V,27/海德格尔(1993),167——有改动。
⑥ 参见 LIII,18。
⑦ V,22/海德格尔(1993),162。

吗？迄今为止，我们只知道这个答案肯定完全走到了传统美学以及形而上学对于存在于它之下的"一切存在物的解释"的前面，传统美学和形而上学必须谈到有关"作品中的功效，质料中的资质[或者]事物中的实体（das Werkhafte des Werkes, das Zeughafte des Zeuges, das Dinghafte des Dinges）"①这样的问题。因为即使艺术作品也具有这样的 Ding[事物]和 Zeughaftigkeit[资质]，但有关后者的传统概念由于被美学所挪用，所以无法确定艺术作品真正的 Werkhaftigkeit（功效）或功效性。因此，首先有必要的是，这些"我们的前概念的障碍消失掉，当前的虚假概念被取消"。②换言之，在哲学得以确定艺术的真正实质之前，首先必须"摆脱把艺术问题当作美学问题来提出的习惯"。③

海德格尔在1931—1932年曾经如是说，在1935年底以稍有不同的形式在《艺术作品的起源》中重复了同样的要求。我们记得，那时提出了亲国家社会主义的选择，把艺术界定为在总体上受战斗支配的自我显现，尤其是属于"西方之德意志历史之此在的主要力量（Urmacht）"。④如果有什么不同的话，那么我们在《艺术作品的起源》里找到了什么新的选择？这篇论文提出，艺术作品"以它自身的方式展现了存在之'在'"。⑤梵高描绘的农鞋又一次成了海德格尔的主要例证。在其中出现的真理，并不是在"附近的某种东西被正确地描绘"的意义之上，"反倒是在那双鞋作为整体

---

① V, 24/海德格尔(1993), 164—165。
② V, 24—25/海德格尔(1993), 165。
③ XXXIV, 64。
④ XXXIX, 134。
⑤ V, 25/海德格尔(1993), 165。

存在之资质的显现"的意义之上。① 它既不是显现在某种理念的鞋或 Ding an sich[译按：德语"真实事物"]之中，也不是显现在一种真实现象照相般的相似性之中。相反，它揭示了鞋或事物如何影响我们把自己抛入(Geworfenheit)一种走向死亡的生活之中。早在《存在与时间》中，海德格尔就以鞋②为例来说明这种充满担忧的对事物的关注(besorgender Umgang)。《起源》对梵高的农鞋的冗长描述，正如对希腊神庙的描述一样，③试图捕捉到的恰恰就是让其代表自身言说的存在的特殊方式。

海德格尔接着说，梵高的画已经"言说"了，④或者说成了诗，在他的新浪漫主义的信念中，那就是在发现真理意义上的"艺术的本质"。⑤梵高的画已经以一切真正的艺术和哲学向我们言说的方式言说了——不是以实际交流的方式，而是以原初的诗意的方式。照此，"语言本身使作为存在之存在第一次开始敞亮。在没有语言之处，正如在石头、植物和动物之'在'中一样，也就没有存在之敞亮，结果就没有不存在和虚空之敞亮"。⑥ 就连"建筑和成像(Bauen und Bilden)……在言说和命名的敞亮领域里始终都在发生，并且只在其中发生"。⑦ 梵高描绘的农鞋像希腊神庙一样对我们言说。

海德格尔把艺术看成是揭示了真正的 Seyn[在]的一种诗的

---

① V,43/海德格尔(1993),181。
② 参见 II,94。
③ 参见 V,28/海德格尔(1993),167-168。
④ 参见 V,21/海德格尔(1993),161——有改动。
⑤ V,63/海德格尔(1993),199。
⑥ V,61/海德格尔(1993),198。
⑦ V,62/海德格尔(1993),199——有改动。

第十四章 海德格尔对传统美学的"破坏" 375

语言,而诗则是"进入语言的基础,就是说,存在自我显露为在世之在(das elementare Zum-Wort-kommen, d. h. Entdecktwerden der Existenz als des In-der-Welt-seins)",[①]能够使他把那些哪怕是非艺术的现象归在诗之下,那些现象以这种或那种方式在 20 世纪的艺术中找到了自己的位置。在这方面唯一的限定,就是艺术家或诗人使超越我们日常知觉计划的"在"的真实世界为我们所见或清晰可辨。出自里尔克《马尔特·劳里茨·布里格手记》的一个段落(它冗长得无法在这里援引),使海德格尔把它当作了一个例证。它描述了另外一幢被破坏了的公寓楼的内墙,根据锈蚀的下水管、破碎的墙纸和褪色的墙壁说明了它从前的房客肮脏的、充满热情的和悲剧性的生活。海德格尔的评论强调了这些现象自我揭示、像 objet trouvé[拾得的艺术品]一样的性质。里尔克所唤起的并不是对那堵墙壁诗意的曲解。相反,"他的描述仅仅就它说明和使人明白了在那堵墙上什么是'真实的',才是可能的"。[②] 换言之,里尔克的描述抓住了海德格尔通过作为一种"在世之'在'"的存在所意指的东西。[③] 它直接而清楚地说明了海德格尔在《艺术作品的起源》中通过描述希腊神庙和梵高的农鞋所唤起的东西。

这篇论文就艺术还有别的什么要说?正如海德格尔早期对荷尔德林的《日耳曼》和《莱茵河》的解释一样,他的着重点是在 Kampf[战斗]之上。直到此时,他可能更喜欢用 Streit[译按:德语"论争"]这个词来指被希特勒的自传搞得声名狼藉的那个词(Kampf),然而又完全无法避免 Kampf(战斗)。举例来说,"在悲

---

① XXIV,244。
② XXIV,246。
③ XXIV,244。

剧中",

> 新的诸神反对旧的诸神的战斗（Kampf）正在进行着。产生于人们言说中的语言学著作并没有提到这场战斗（Kampf）；它改变了人们的说法，所以现在每个活着的词语都要进行战斗（Kampf），要决定什么是圣洁和非圣洁，什么是伟大和渺小，什么是勇敢和胆怯，什么是崇高和轻浮，什么是主宰和奴役。[①]

海德格尔羞怯地又说到一个类似之物，使人想到赫拉克利特的一个片段成了悲剧的这一定义的来源。他可能正好要提到 *Mein Kampf*[译按：德语《我的奋斗》]，或者要提到得到尼采的妹妹允许的、被纳粹盗用的这位哲学家尼采。海德格尔把艺术之真的特征刻画为发生在"世界和大地的对立（Gegenwendigkeit）中的空旷地与隐蔽处之间"的斗争、战斗、争论或冲突（Streit），[②]也许避免了直接提及"西方之德意志历史之 Dasein[此在]的主要力量……面对其亚洲对应物"[③]为了霸权而进行的 Kampf[战斗]。但是，针对"国家社会主义"修辞的某些重要主题的一般引喻，仍然十分明显。因此：

> 真理作为这个世界与大地的争执被置身作品中。这种争执不会在一个特地被生产出来的存在者中被解除，也不会单

---

① V,29/海德格尔(1993),168—169。
② V,50/海德格尔(1993),187。
③ XXXIX,134。

纯地得到安顿,而是由于这个存在者而被开启出来。因此,这个存在者自身必须具备争执的本质特性。

在争执中,争得了世界与大地的统一性。由于世界开启出来,世界就对一个历史性的人类提出胜与败、祈福与诅咒、主宰与奴役的决断。①

虽然如此,海德格尔把艺术作品重新界定为产生于艺术家"心醉神迷地进入'存在'之无蔽状态"②所揭示的大地与世界、原生物质与真理之间的冲突,产生了某些富有成果的洞见。举例来说,这使他回答了他最初提出的有关事物之物性的问题,提出这个问题是试图重新评价艺术作品的功效特征。我们还记得这种失败的原因:思考事物的所有传统方式都使它从属于"把存在者的整体解释"。③ 这相当于一种猛烈进攻,它接着使理解器具(Zeug)或作品之实质变得不可能,与它使我们看不见真理的原初本质差不多。如海德格尔提醒我们的,为了规定"物的物性","无论是对性质之承载者的思考,还是对它们的统一体中的感性被给予物的多样性的思考,甚至对自为地被表象出来的质料—形式之结构的思考都是无济于事的"。④ 但是,海德格尔把艺术作品重新界定为诞生于据说改变所有这一切的大地与世界之间的冲突。它凭借一种相反的观点,能使我们从作品一面接近事物,正如后者把大地带入了世

---

① V,50/海德格尔(1993),187—188。
② V,55/海德格尔(1993),192。
③ V,57/海德格尔(1993),194。
④ V,57/海德格尔(1993),194。

界一样。①

与此同时,海德格尔对艺术的重新界定,以及对质料和事物的重新界定,无意中利用了它声称要解构的传统的核心主题。由于事物的实体性和质料的资质特征被归在了作品的存在功效之下,所以后者在概念上的尺度不只是被扩大了,而且还被赋予了普遍性的范围。它现在表示的不只是艺术家的活动,而且是一切活动,事物在其中通过 technē[技艺]的原初意义或者"展现出存在的无蔽(das Hervor－bringen der Unverborgenheit des Seienden)",根据它们在大地的遮蔽和进入它们在世界外表的无蔽而展现出来。② 然而,在所有这一切的背后,隐隐呈现出一种类似的活动的概念,自然及其现象或事物通过它而被一位最高的建筑师创造出来。在海德格尔那里新颖的东西也许是斗争、格斗③和推进,④它们围绕着艺术家的 Werk[作品]这个总体概念,但他却把这样的艺术作品的根基置于一位"最高创造者"的作品所具有的历史悠久的世系之中,它通过康德和沙夫兹博里而追溯到柏拉图的《蒂迈欧篇》。⑤ 海德格尔通过丢勒说过的一句话而接触到这一传统,丢勒预料到了自己使用 Riß[译按:德语"裂隙"]和 reißen[译按:德语"取出"]这两个词:那位画家曾说,"千真万确,艺术存在于自然中;那些能从自然中取出艺术的人,就拥有了艺术。"⑥海德格尔接着说,"在自然之中隐藏""一种裂隙(Riß)、尺度和界限,以及与此相

---

① 参见 V,57—58/海德格尔(1993),194—195。
② 参见 V,59/海德格尔(1993),196。
③ 参见 V,58/海德格尔(1993),195。
④ 参见 V,54,56/海德格尔(1993),191,193。
⑤ 参见前文第 11 章,注释 83 以下。
⑥ V,58/海德格尔(1993),195。

联系的展现能力——即艺术"。①

回想康德所说的造物主式的艺术家,他那强大的想象力"可以说创造了另一个自然",②人们想知道在《艺术作品的起源》里艺术的想象力会起着怎样的作用。当然,它一定比在康德的《判断力批判》中要强有力得多。《康德与形而上学问题》使人想到了这一点,早在1929年海德格尔就在其中明确探讨过这个问题。他那时认为,康德的想象力的先验力量值得成为第三种基本能力,起着纯粹感性和纯粹理解力这两种能力之源泉的作用。因此,它相当于康德所称的感觉和知解力这两者"未知的共同根源",据说康德仅仅部分地意识到了这种区分。③ 它是"构成本体论知识的核心"。④ 这种"纯粹创造性的想象力"甚至独立于经验,"第一次使体验成为可能"。⑤ 然而,令人惊讶的是,《艺术作品的起源》却避开了整个问题。它仅仅提出了那个有点无理的问题,即"诗的本质"是否"可能按照想象力来恰当地思考(*von der Imagination und Einbildungskraft her*)"。⑥

除了对事物和质料作了新的阐释之外,尘世与世界之间的斗争就艺术本身告诉了我们一些什么? 它"推开了"敬畏,同时也推倒了"长期为人熟悉的东西"。⑦ 在《艺术作品的起源》中毫无它经常坚持和强调的概念。

---

① V,58/海德格尔(1993),195。
② 参见前文第11章,注释84。
③ 参见III,137/海德格尔(1997),96。
④ III,127/海德格尔(1997),89。
⑤ III,133/海德格尔(1997),93。
⑥ V,60/海德格尔(1993),197。
⑦ V,54/海德格尔(1993),191——有改动。

置入作品的真理[在艺术中]冲开了阴森的东西,同时也冲倒了平凡的和我们认为是寻常的东西。在作品中开启自身的真理,决不可能根据以前发生的事情来证明或由它推导出来。过往的事情在其特有的现实性中被作品驳倒。①

在这里也存在着艺术的历史使命。艺术以一种双重推动力既指向过去,也指向未来。它凭借自身推动性的视点"位移(Verrückung)",促使我们抛弃自己习惯了的感知方式,"改变我们通常与世界和大地的关系,从此限制一切流行的行为和评价,认识和观看"。② 它通过推开未知之物,迫使我们窥见至今"尚未透露出来的阴森惊人之物的丰富性",③未来的数代人将不得不向它妥协。在这种意义上,一切伟大的艺术都是一种不断的开始和创建。就西方文化而言,这两者都第一次出现在希腊。④ 那时后来被叫做"在"的东西被设置入作品中。在中世纪和现代再次被确立为一个标准。"在各个时代都设置入了一个新的本质性的世界"。⑤

在较为狭窄、后浪漫主义意义上的现代艺术,比方说从荷尔德林开始,包括像C.F.迈耶尔、梵高和里尔克那样的人物,相当于另一次这样的设置入吗?《起源》以及他的早期著作显然提到了这一点。当然,我到处都没有意识到他把这些艺术家同黑格尔所预言

---

① V,63/海德格尔(1993),200;参见 V,56/海德格尔(1993),193。
② V,54/海德格尔(1993),191。
③ V,64/海德格尔(1993),201。
④ 参见 V,64/海德格尔(1993),201。
⑤ V,64—65/海德格尔(1993),201。

的艺术的衰落或在未来的消亡联系在一起。相反,伟大的艺术作为一种"基本行为(Stiftung)"迟早会被宣告为"在本质上是历史性的……艺术为历史建基;艺术乃是根本意义上就是历史"。① 最终,《起源》使当代艺术是否仅仅要回忆更为伟大的过去或者是否要面向新的伟大的未来的问题变得悬而未决。然而,就海德格尔的德国所关心的而言,那篇论文的最后几行显然指向了这两种可能性中的第二种。②

海德格尔对后浪漫主义艺术的看法,在完成《起源》——到1936年年底③——与他在1936－1937年间发表有关尼采的第一次演讲之间,似乎已经有了改变。如我们回想起的,后者讨论了黑格尔有关艺术即将消亡的断言,并且原则上同意黑格尔的断言。如海德格尔在其中指出的,"与占优势的美学的形成同时发生的是伟大艺术的衰落"。④ 也许,他还记得他在论文中就 C. F. 迈耶尔、梵高或里尔克所说过的话,他甚至会允许有可能的例外:

> 人们不可能……由于自 1830 年以来我们可以举出许多了不起的艺术作品而反对黑格尔……而拒绝这些陈述……这些个别的作品仅仅为了一部分人的快乐而作为作品存在的事实,并不反对黑格尔的断言,而是赞成他的断言。它证明了艺术已经丧失了自身趋向绝对者的力量,丧失了它的绝对

---

① V,65/海德格尔(1993),202。
② 参见 V,66/海德格尔(1993),203。
③ 参见 Nachweise[《后记》],V,375。
④ XLIII,98/海德格尔(1991),I,84。

力量。①

《起源》的"后记"(Nachwort)至少有一部分写于那篇论文本身"之后",②它以部分逐字逐句的方式重申了这些黑格尔式的观点以及某些出自黑格尔《美学演讲录》的引文。

[可以说]我们不能借此来回避黑格尔在上述命题中所做出的判断:黑格尔关于美学的演讲……无意否认可能还会出现了很多新的艺术作品和新的艺术运动。③

虽然如此,海德格尔的《艺术作品的起源》的"后记"看上去比起他有关尼采的演讲来不那么亲黑格尔派。它提到,黑格尔所提出的问题仍然悬而未决:

艺术对我们的历史存在来说仍然是具有决定意义的那种真理出现于其中的、一种实质性的和必要的方式,否则艺术就不再具有这种特点吗?然而,如果它再也不是如此,那么就这一点何以如此而言,仍然是一个问题。黑格尔的判断的真相尚未得到确定。④

显然,海德格尔在这个问题上一直摇摆不定。在1960年雷克

---

① XLIII,99—100/海德格尔(1991),I,85。
② V,375。
③ V,68/海德格尔(1993),205。
④ V,68/海德格尔(1993),205。

拉姆版的"后记"中的几处改写之一(在随后的几个版本和《全集》中再次被删除了)证明了这一点。其中,他解释了他所说的"生存体验也许是艺术在其中消亡的要素",①他并不是指"艺术肯定到了终点(*daß es mit der Kunst schlechthin zu Ende sei*)"。② 后者只有在"体验"不断成为最卓越的艺术的要素时,才会成为现实。因此,绝对重要的是,我们从"体验"前进到 Dasein["此在"],那就是说,前进到一种"对艺术的演进来说在总体上不同的'要素'"③——即海德格尔的论文本身一直为当代艺术提出的目标。

---

① V,67/海德格尔(1993),204。
② V,67,注释 b。
③ V,67,注释 b:"Aber es liegt gerade alles daran, aus dem Erleben ins Da—sein zu gelangen, und das sagt doch: ein ganz anderes 'Element' für das 'Werden' der Kunst zu Erlangen."

第十五章　海德格尔对尼采

> 在原始(pre－organic)条件下"思维",相当于强迫接受各种形式(Gestalten－Durchsetzen),就像在水晶中那样。我们思维中的主要事情,就是按照旧的图式(＝Prokrustes bed)有序地安排新材料,使新旧对等。
>
> XI,687－688/《权力意志》,500

> 深刻的解释。——倘若有人按照一种"较深刻的意义"而不是按照有所意图去解释一个作者的文本,那么她或他就没有解释作者,而是使他变得模糊难解。我们的形而上学家就是这样来对待自然的文本;甚至更糟。他们为了使自己的深刻解释蒙混过关,经常必须相应地先去重新安排那文本;就是说,他们破坏了那文本。
>
> II,551－552/《人性的,太人性的》,II,17

尼采对海德格尔产生的最初的影响,发生在这位29岁的 *Privatdozent*[译按:德语国家中报酬直接来自学生学费的无薪大学教师]断绝了与天主教信仰的关系、以便解答自己新的"内心对哲学的召唤"①很久之前。后来,他在自传中回忆是他在1910－1914年间②阅读了1911年新出版的尼采的《权力意志》以

---

① 引自希恩(1996),72。
② 参见I,56。

第十五章 海德格尔对尼采

及克尔凯郭尔和陀氏妥耶夫斯基著作的译本,又花了几年在弗莱堡大学"热烈追逐天主教神学教授的职位"①上,同时还在撰写论述邓斯·司各脱的《范畴学说与意义》的第二博士学位论文。我们还知道,海德格尔早期曾经迷恋过出自尼采为1886年《悲剧的诞生》第二版所作的"序言"中的一个关键词语。那篇"序言"告诉我们,"本书的主要任务和自那时以来的深切关注",一直都是"要用艺术家的眼光来审视科学,用生活的眼光来审视艺术"。②

海德格尔毕生对同样的问题的关注,部分产生于1909—1914年间他在德国各大学例行讲授的、他所认为的对尼采的话的误解。按照那种误解,各门科学必须被"艺术地进行塑造",而不是"用一种枯燥的、单调的方式来处理"。③ 在那时,完全没有一个人能够提供对尼采著作的"正确解读",因为这要求重新追问"西方哲学的基本问题"。④

这使海德格尔面临着一项三重任务:(1)重新评价海德格尔在《存在与时间》中曲解了的"在";(2)系统研究尼采的著作;(3)对艺术的本质进行澄清,海德格尔到1936年秋天才得出了这一看法。这样,如海德格尔在1936—1937年冬季学期告诉自己学生的,尼采在1886年《悲剧的诞生》的"序言"中的话,使他的演讲课程得以开始,也确定了"这种探究的方向"。⑤ 此外,从整个演讲得到了对尼采话语的恰当解释。

---

① 希恩(1996),74。
② Ⅰ,14/尼采(1956),6;XLⅢ,272/海德格尔(1991),Ⅰ,218。
③ XLⅢ,272/海德格尔(1991),Ⅰ,218—219。
④ XLⅢ,272/海德格尔(1991),Ⅰ,218。
⑤ XLⅢ,271/海德格尔(1991),Ⅰ,218。

海德格尔与尼采所进行的斗争,产生了他曾经出版过的最大部头的著作。① 从表面上看,这也使他卷入第一次深入研究黑格尔的《美学演讲录》和康德的《判断力批判》之中。对于某个仅仅在5年前还宣称为了能够把握艺术和诗、哲学必须首先摆脱根据美学来对待前者的习惯的人来说,其结果是令人惊异的。它们正好相当于一次巨大的转变。基本上重复了海德格尔早期反对美学之立场的《起源》,从来就没有提到过黑格尔的《美学》,并且也顺便抛弃了康德先验地把事物确定为对其"物性"的一种"攻击"。② 现在,在有关尼采的第一次演讲中,"一个时代是否以及如何致力于一种美学这一事实",突然被叫做"对艺术塑造那个时代的历史方式来说是决定性的——否则对它来说就仍然是无关的";③黑格尔的《美学》被称赞为"在西方传统中……是最后的和最伟大的";④而康德则被认为以一种根本的方式揭示了"美与艺术的实质"。⑤

自康德以来,促使尼采提出各种主张的正是:"一切有关艺术、美、知识和智慧的演讲都[已经]被'无关功利'的概念所污染(*vermanscht*)和玷污(*beschmutzt*)了"。⑥ 显然,海德格尔把这个评论当成了对康德的"了不起的发现"⑦的一种个人冒犯。他不知道:"那种污染在这里是指什么? 是谁武断地用微不足道的见解和庸

---

① 参见海德格尔(1976—),卷 XLIII,XLVII,XLVIII,L,部分由 D. E. 克雷尔翻译,参见海德格尔(1991),4 卷本。
② 参见 V,15/海德格尔(1993),156。
③ XLIII,92/海德格尔(1991),I,79。
④ XLIII,99/海德格尔(1991),I,84。
⑤ XLIII,128/海德格尔(1991),I,110。
⑥ XLIII,126/海德格尔(1991),I,108。
⑦ XLIII,128/海德格尔(1991),I,109。

俗的概念(*Alltagsvorstellungen und Begriffe von der Straße*)取代了一种重要的洞见并因此伪造了一切?"①对海德格尔来说,答案很明显。如他指出的:"对我们来说无法宽恕的是,让[这种]流行的对康德美学的误解继续下去。"②

与此同时,尼采被认为其境遇情有可原,他对康德的非功利之愉悦的破坏性评论,是受了叔本华的影响,是海德格尔所谓 *bêtes noires*[译按:法语"黑色禽兽",意为"最讨厌的东西"]之一。海德格尔认为,《作为意志和表象的世界》把康德的"非功利性"变成了单纯的"冷漠(*Gleichgültigkeit*)",③海德格尔冷嘲地说,这很难等同于"一种美学……哪怕是远远地与黑格尔进行比较"。"在内容方面,叔本华的盛行靠的是他所非难的作者,即谢林和黑格尔。他没有进行非难的一个人就是康德。但他完全误解了他。"④那么尼采呢?他也沦为了叔本华对康德进行"污染"⑤的牺牲品。由于这个原因,他本人的努力也被污染了(*vermanscht*),不仅是在追问美的本质方面,而且也在有关认知和真理的问题方面,尼采是通过叔本华的混乱观点来理解康德的。⑥

海德格尔接着继续解释了康德的"无关功利"这一说法的真正含义。他进行解释的方法来自于他写于1929年的《康德与形而上

---

① XLIII,128;D. F. 克雷尔有省略,参见海德格尔(1991),109—110。
② XLIII,130/海德格尔(1991),I,111。
③ XLIII,126/海德格尔(1991),I,108。
④ XLIII,125/海德格尔(1991),I,107。
⑤ XLIII,126/海德格尔(1991),I,108——有改动。
⑥ 参见 XLIII,126;后者涉及这方面的部分段落在 D. F. 克雷尔的译本中遗漏了,参见海德格尔(1991),I,108。

学问题》。他在其中揭示了康德思想中"最深刻的意图"①（康德对此只是部分地意识到了），采取了极端"扭曲那些词语的含义、它们想要表达的意思"②的形式。海德格尔有关尼采的演讲按照同样的、"破坏性的"理路，把康德对美的界定重新描述为客体的一种特质，它引起我们"纯粹无关功利的喜爱"，③因而使那客体"作为一种纯粹的客体得以敞亮出来（zum Vorschein kommen）"。④ 可以预料，海德格尔在这里所用的表达法使我们想到了《起源》，他在其中把美界定为一种"敞亮（Scheinen）"或"真理作为无蔽出现的方式"。⑤

与此同时，海德格尔忽略了这一事实，即康德在界定美的时候所使用的词语恰恰是不偏不倚的或 gleichgültig，而海德格尔则把它归之于叔本华的误读。⑥ 我们在"第三批判"里读到："为了对有关趣味的问题作出判断，我们根本不必偏向于赞同那事物的存在，而完全必需的是对它不偏不倚（ganz gleichgültig）。"⑦海德格尔的"破坏性"解读在忽略了一个方面的同时，也不适当地强调了另一个方面。因为在对合适、美和善的三种喜爱中，康德写道："只有涉及对美的趣味的喜爱，才是无关功利的和自由的，人们也许会说（könnte man sagen），在前面提到的三种情况中，那种喜爱[词语]

---

① III,230/海德格尔(1997),161。
② III,202/海德格尔(1997),141。
③ V,204 以下/康德(1987),45 以下。
④ XLIII,128/海德格尔(1991),I,110——有改动。
⑤ V,43/海德格尔(1993),181——有改动。
⑥ 参见前文注释。
⑦ V,205/康德(1987),46；参见同上较早在相同语境下使用 gleichgültig 的另一个例子，或者（V,209/康德[1987],51)康德把有关美的趣味判断的特征刻画为"在 Ansehung des Daseins eines Gegenstandes 方面的不偏不倚"。

第十五章 海德格尔对尼采 389

涉及倾向、偏好(Gunst)或尊重。"①Gunst 作为一种从属的事后想法被引入，在后来对美的界定中既没有得到阐述，也没有再继续下去。但对海德格尔来说，它却成了康德有关美的理论中的一个核心概念。照这样来解读，"对于美的态度本身"就成了"不受约束的偏好(freie Gunst)"。② 在几页之后，die freie Gunst 甚至被加上了引号，③使人想到是直接地援引自《判断力批判》、虽然就我所知是编造的。

为了进一步混淆、而不是说污染各种问题，康德的 Gunst 被说成是在实质上与尼采本人对美的评论相一致。海德格尔解释说，如果尼采要追问康德本人而不是让自己屈从于叔本华的指引的话，那么"他就不得不承认，康德独自把握住了尼采以自己的方式想要理解的有关美的决定性方面的实质"。④ 人们应当注意到海德格尔的措辞。所谓的一致并不是指康德的思想和写作与尼采的思想和写作之间的一致，而是指这两个人本身试图去理解的方式的一致，而不是在理解上的一致。作为这两种极为不同的解释动机的结果，尼采与康德就被说成了几乎在一切问题上都是一致的。对尼采来说，如果美就是那种"在大多数有地位的人身上可以看见的"或者"最有尊敬价值的"⑤东西的话，那么它恰恰就是康德表达为"美的实质"⑥的东西。当尼采说"美的存在正如与善的存

---

① V,210/康德(1987),52。
② XLIII,127/海德格尔(1991),I,109。
③ 参见 XLIII,131/海德格尔(1991),I,113。
④ XLIII,129/海德格尔(1991),I,111。
⑤ XLIV,129/海德格尔(1991),I,111;尼采,X,243。
⑥ XLIII,129/海德格尔(1991),I,111。

在一样少"①时,这种说法也"恰好与康德的看法一致"。② 海德格尔嘲讽地说:"尼采在另一个地方说……这样的'摆脱功利和自我'是愚蠢轻浮和不准确的评论;相反,它是由在我们现在这个世界存在、摆脱我们在面对异己之物时的焦虑所引起的颤栗! 在叔本华解释意义上的这种'摆脱功利',无疑是愚蠢轻浮。"③但是,海德格尔解释说,尼采的"颤栗"就是康德的"反思的愉悦"或者"在《判断力批判》第57—59节里对于美的基本态度"所意指的东西。④

尼采明确与康德的 Los-sein von Interesse und ego[译按:"摆脱功利和自我"]并置的 Los-sein von der Angst vor dem Fremden[译按:"摆脱陌生的恐惧"],可能同康德与 Lust des Genusses[快乐的愉悦]⑤形成对照的 Lust der Reflexion[反思的愉悦,既不是在第57节里,也不是在第59节里,而是在第39节里讨论的]⑥具有共同之处吗? 它们毫无关系。尼采本人毕竟没有看出这种类似性,对海德格尔来说,这个事实把他限制在了康德和德国唯心主义另一面的边界之内,据说这是他的整个时代所共有的一个边界。⑦

尼采会怎样回应海德格尔的断言呢? 首先,人们可能想象尼采会说:海德格尔对他的解读不恰当或者很糟糕,忽略了尼采的那些不对自己胃口的论点。例如,海德格尔断言,尼采在批判康德的

---

① 尼采(1968),423;参见海德格尔(1991),I,111。
② XLIII,129/海德格尔(1991),I,111——有改动。
③ 参见 XLIII,131/海德格尔(1991),I,112。
④ 参见 XLIII,131/海德格尔(1991),I,112。
⑤ 参见 V,292/康德(1987),158。
⑥ 参见海德格尔(1991),I,112,注释。
⑦ 参见 XLIII,130/海德格尔(1991),I,111。

"毫无功利"时听从了叔本华把非功利性误解①为不偏不倚——心灵的一种状态——的引导,"意志在其中丧失了活动能力,一切努力都达到了停顿的地步",一种处于"纯粹休憩、完全不想再要任何东西、全然无动于衷地漂浮"②的心态。事实上,对这种疲乏懒散,没有比尼采本人更加严厉的批评者了。对他来说,叔本华认为在美学上沉思的个人变成了毫无意志或痛苦的、纯认知主体的论点,③不得不认为那位哲学家最应受谴责的观点,尽管它被普遍过度地和错误地重复了。在其他地方,我们发现使尼采感到惊讶的是,叔本华为什么不管他"比康德多么接近于艺术……却无法逃脱康德的界定的符咒"。④ 显然,出版了《作为意志和表象的世界》的31岁的叔本华,必定以一种不同的方式比出版了"第三批判"的66岁的康德更加渴望非功利性。最明显的是,我们在这里所拥有的是一种性强迫与性萎缩之间的反差:"很少有关于[叔本华]以这种断言谈到审美沉思的效果的事情。他声称,它抵消了性欲的'兴趣'(如蛇麻素和樟脑),而他从来都不厌其烦地称赞意志的这种释放是审美状况的巨大恩惠。"⑤

然而,即使叔本华本人在如此刻画美的效果的特征方面百分之百正确,那么他由此为我们对美的普遍理解作出了什么贡献呢?无论答案如何,尼采显然是与司汤达站在一边的("与叔本华一样是一个感性的人,却更加愉快"),司汤达强调了美对自己所产生的

---

① 参见 XLIII,126/海德格尔(1991),I,108。
② XLIII,126/海德格尔(1991),I,108。
③ 参见尼采,III,454。
④ V,347/参见尼采(1956),239。
⑤ V,347-348/尼采(1956),239——有改动。

极为不同的效果。① 对司汤达来说,正如对尼采本人来说一样,"那正是意志、'兴趣'通过相关的美的刺激"。② 此外,尼采也许很容易同意海德格尔的看法,即叔本华在作出自己的解释时,误解了康德的"纯粹非功利的喜爱"。要不是他有各种理由那么说的话,那么在心理学上就比海德格尔的不同情的不予考虑更有一些狡猾。尼采认为,就美学所关注的而言,叔本华"把自己看成一个康德主义者是完全错误的"。因为,如果说有什么人"根据一种功利的动机来回应美"的话,那么那个人就是叔本华。如果不是就他的情况而言的话,这样一种动机就是"最强大的、最个人的功利,就是受折磨者要免除折磨的动机"。③

海德格尔曲解尼采关于康德和叔本华的"非功利性"的立场,形成了包括四种单独策略的更大谋略的一部分。一种策略涉及论证一切都"有赖于认为尼采的哲学是形而上学";④第二种策略是这种所谓的形而上学只有通过柏拉图、笛卡尔和康德而"在形而上学之历史的实质性语境中"⑤才有可能彻底了解;第三种策略是要表明尼采是"西方最后的形而上学者";⑥第四种策略是尼采是西方第一个为海德格尔提出关于"在"的真正本质问题铺平道路的哲学家。⑦ 对后者来说,事件的这一过程具有一种天赋使命的必然

---

① 参见 V,348—349/尼采(1956),240。
② V,349/尼采(1956),240。
③ V,349/尼采(1956),240。
④ XLVIII,240/海德格尔(1991),IV,128。
⑤ XLVIII,240/海德格尔(1991),IV,128。
⑥ XLVII,8/海德格尔(1991),III,8。
⑦ 参见 XLVII,4 以下/海德格尔(1991),III,5 以下。

第十五章 海德格尔对尼采 393

性。① 换句话说,如果我们没有认识到尼采的权力意志和永恒回归这两个主要的形而上学概念透露出了他对重估一切价值的普遍要求的话,"如果我们没有进而把这种根本性的提问方式理解为西方形而上学过程的提问方式,那么我们就绝不可能把握住尼采的哲学。我们也理解不了20世纪和未来几个世纪,理解不了我们自己的形而上学"。②

海德格尔为了实现自己的第一个目标,避开了不那么意气相投的尼采的解释者,如卡尔·雅斯贝尔斯,③以及许多把自己"毫无希望的不称职"隐藏在一种"夸张的卖弄学问"④的背后,或者就他们"在学术上的'认识论'"⑤讲一些空话的有学问的底比斯人。就他本人来说,海德格尔打算"以一种有序的方式"带领我们"经过尼采思想的整个迷宫",⑥直到进入到它的核心。这种追寻的重要目标包括发掘某些概念"隐蔽的、潜在的意义",⑦"超越尼采身上一切不可避免的当代的东西",⑧总之,不是照尼采实际所思考的那样来进行阐述,而是照他"真正想要思考"⑨的那样来进行阐述。

详细地追溯海德格尔如何追寻这些目标,与我们主要关心的问题无关,而且从某种意义上说也没有必要。毕竟,对海德格尔来说,西方哲学是形而上学的,不仅在于它遵循了柏拉图的引导,而

---

① 参见 XLVII,1/海德格尔(1991),III,3。
② XLIII,19—20/海德格尔(1991),I,17。
③ 参见 XLIII,26/海德格尔(1991),I,23。
④ 海德格尔(1991),II,63。
⑤ XLVII,33/海德格尔(1991),III,23。
⑥ 海德格尔(1991),II,97。
⑦ 同上,I,163。
⑧ 同上,I,127。
⑨ 同上,I,65。

且也在于它批判了或颠覆了形而上学。各种问题在这里完全都是不证自明的。海德格尔断言并且预示了后来被德里达所借用的一种立场,即"一切形而上学,包括它的对立面实证主义,都说着柏拉图的语言"。① 就我所知,海德格尔从来就没有解释过如何言说。相反,他仅仅重申了这个等式,似乎它就是一个不容置疑的事实,比方说,或者可以把它扩大到英国的经验主义者,扩大到现代科学,当然,也可以扩大到尼采。② 总之,对他来说,西方哲学

> 就是柏拉图主义。形而上学、唯心主义和柏拉图主义实质上是指同样的东西。它们仍然是决定性的,哪怕是在相反的运动和颠覆变得流行的地方,都是如此。在西方历史上,柏拉图已经成了原型哲学家。尼采不只是把他自己的哲学指定为对柏拉图主义的颠覆。尼采的思想过去是、现在到处都是一种单独的、经常是非常不和谐的与柏拉图的对话。③

海德格尔的学生们对这种或他的设想——即尼采完成了西方的形而上学④——的批判使人想到那个这么说的人据说是第一个开始揭示存在之真正本质的人,形而上学本身从柏拉图到尼采的整个历史都还"没有被思考过"。⑤ 按照这种观点,尼采对真理和认识的解释被认为是"西方思想最初开端的最隐秘和最极端的结

---

① 海德格尔(1993),444。
② 参见海德格尔(1991),IV,183。
③ XLVIII,297/海德格尔(1991),IV,164。
④ 参见海德格尔(1991),III,180-181。
⑤ 参见同上,IV,212,227。

第十五章 海德格尔对尼采 395

果"。① 尼采为了思考"认识和真理的结构",通过"他在权力意志思想中的作用,成了完成西方形而上学的人物"。②

虽然如此(或者确切地说由于这一点),人们却发现尼采在所有方面都是错误的。他经常使用陈腐的和言过其实的陈述,或者在表面上缺乏"概念的明晰性"。③ 更有破坏性的是,他在任何地方都没有正确地提出过真理的问题,④具有讽刺意味的是,出于同样的原因,即海德格尔称赞他是完成西方形而上学的哲学家,就是说,尼采把"在"在本质上界定为权力意志,界定为现存的永恒回归。⑤ 这就是"妨碍他走上通往思索'在'本身之路"⑥的原因,那条道路最终是由《存在与时间》开通的。在这个方面,尼采被誉为离海德格尔最近的重要先驱者的角色,而海德格尔则让自己扮演了做出走出西方形而上学之至关重要决定的第一位哲学家的角色。⑦

尼采不了解他无意中使之完成的形而上学传统,这相当于他对于自己帮助准备好了的未来缺乏判断力。他很少能够预见对真理的新的、海德格尔式的理解,正如他几乎不能洞察"传统的和根本的形而上学真理观的实质性内容"⑧一样。海德格尔就这种缺乏敏锐的洞察力列举了几个原因:尼采经历过一个实证主义的阶

---

① 同上,III,63。
② 同上,III,153。
③ 同上,I,123;参见同上,III,119。
④ 参见同上,I,143。
⑤ 参见克雷尔(1991),III,260。
⑥ 海德格尔(1991),IV,199。
⑦ 参见 XLVII,4/海德格尔(1991),III,5。
⑧ 海德格尔(1991),III,54。

段(1879—1881);①他在认识论上的偏见,或者如海德格尔所称的"在学术上就'认识论'讲空话";②尼采强调的关于形而上学问题的逻辑学和生理学的观点,或者他"在英国经验主义的束缚下被引向"③试图对"(各种范畴)如何产生于联想和思维习惯"④提供一种心理学解释。

无论如何,从"对直接认识和影响力的一种言过其实的冲动的牺牲者"那里能指望什么,而且那种冲动"使他失去了对于走他自己的道路来说必需的心灵的平和",使他转向了"一种焦虑不安的文字创作"?⑤ 人们从一位完全缺乏"在广阔的语境里按照严格的证据和推论进行思维的才能"⑥的哲学家那里能指望什么?海德格尔在原则上认可这些批评("对于从来就没有写出来的'著作'[即《权力意志》]这一事实的这样和那样的解释都是正确的")⑦的同时,却也援引它们来批评那些在总体上渴望反对尼采、指责他从来就没有完成自己的重要著作的人们。⑧ 他提出,完成的暗含意义对于一位关心权力意志的哲学家来说,实在是一个过于狭隘的概念。

与此同时,海德格尔对尼采的失败的感觉,似乎比对他的那些气量狭小的批评家同道的感觉更加具有毁灭性。海德格尔解释

---

① 参见海德格尔(1991),I,154。
② 同上,III,23。
③ XLVIII,241/海德格尔(1991),IV,129。
④ XLVIII,241/海德格尔(1991),IV,128。
⑤ 海德格尔(1991),III,11—12。
⑥ 同上,III,11。
⑦ 同上,III,12。
⑧ 参见同上。

说,就尼采的情况而言,"没有完成"不只意味着他无法完成个人的著作,而且也在于这一事实:"他那独特的思想的内在形式与这位思想家相抵触。"①这一点得到了更多的否定者和反对否定者们的注意。尼采独特思想的内在形式"也许""根本"就没有否定他。这种失败的存在"也许""只是对那些认为尼采走着自己的思想道路的人们而言",②这种相反的论点表面上是在捍卫尼采,但描画他在他的同时代人面前炫耀,因而歪曲了他真正的哲学。海德格尔虽然在表面上抵挡住了所谓恶意批评和误解尼采的人们,但他却止于描绘一幅远比他较为详细探讨的所有哲学家(如柏拉图、亚里士多德、笛卡尔、莱布尼茨、康德、谢林和黑格尔)都要负面得多的尼采及其哲学的画像。明显的目的就是要表明尼采依然徘徊在一种形而上学传统的边缘,海德格尔则认为他自己已经脱离了这个边缘;这是尼采不得不适应的一张各种观念的普罗克鲁斯忒之床(Procrustean bed),*而他却经常驳斥并且要重新评价它。海德格尔就尼采所写下的所有文字——远远超过对其他一切哲学家——使人想到了一个主要的困扰。D.F.克雷尔已经说明了,尼采"刻薄地把'在'变成""最后一缕浓缩了的现实(*letzten Rauch einer verdunsteten Realität*)",②"看来差不多单独地激发起了"海德格尔在 1936—1940 年间有关尼采的演讲的整个文集。③ 就这个故事来说,还远不止于此。

---

① 海德格尔(1991),III,12。
② 同上。
* 意为"削足适履","强求一致"。源于希腊神话中的巨人 Procrustes,他将被俘虏者拉长或截肢,以使他们与床一样长。——译注
② 海德格尔,XLVIII,316。
③ 参见海德格尔(1991),IV,182,注释。

尽管有对于反面的一切拒绝,但海德格尔仍然比尼采更加深刻地卷入他声称要解构和摆脱的形而上学传统之中。他努力要证明的反面有赖于一个主要的主张:尼采的价值重估被海德格尔概括为单纯的颠覆(Umdrehung),这导致了它宣称要达到的目的的反面。它并没有摆脱形而上学,却使他更深地陷入其中。与此同时,它使尼采看不到形而上学传统的真正本质,看不到他受惠于这种传统,看不到自己思想的真正本质。总之,尼采通过其"对希腊思想的单纯的颠覆……仅仅使他自己更加无法摆脱地卷入到对立面之中"。① 或者如海德格尔在其文章《尼采之语"上帝死了"》里指出的:

作为对形而上学的一种单纯的颠覆(bloße Umstülpung),尼采对它的反应相当于卷入到其中并不存在的形而上学之中,在这种意义上,这样一种哲学使它本身与这种形而上学的实质相背离,而作为一种形而上学,它证明了无法思考它自身的实质。②

海德格尔以尼采对柏拉图的态度作为例证。他自己难道没有说过他的哲学是一种"颠倒了的柏拉图主义(umgedrehter Platonismus)"吗?③ 然而,论证就是如此,尼采甚至没有意识到在这种程度上这种颠倒把他托付给了他所批判过的那些概念。因此,他的"先验图式的学说与柏拉图的理念学说如此接近,以至于

---

① XLVII,207/海德格尔(1991),III,113.
② 海德格尔,V,217.
③ XLIII,188/海德格尔(1991),I,154.

它只不过是对柏拉图学说的某种颠倒;那就是说,它在实质上与柏拉图的学说是一样的"。①

与柏拉图相比,尼采缺乏自我理解,这与他对柏拉图哲学的误解是一致的。与叔本华一样,他过于肤浅地论述过柏拉图的理念学说,认为他必须把自己的"理性发展(Entwicklung der Vernunft)的学说"同一种"先在的理念"区别开来。尼采对理性的解释也是柏拉图主义的,"虽然它被转换成了现代的思维"。②尼采与其他形而上学哲学家的关系陷入了同样的困境。因此,据说他"并不懂得[他]对矛盾律的解释已经"由亚里士多德"表达过了",③对于尼采的价值重估来说这是一个带有灾难性后果的疏忽。因为这意味着,尼采既没有把握住他从形而上学受到的恩惠,也没有把握住他自己立场的范围。或者拿所谓的尼采没有觉察到笛卡尔的"我思故我在"的意义来说,对海德格尔而言,它导致了尼采本人缺乏"一个单一的、一贯的关注点"④的各种努力。"尼采用身体来取代灵魂和意识,并没有改变由笛卡尔所确定的形而上学的根本立场中的任何东西。尼采只不过回避了它并把它带向了绝对没有意义的边缘——或者说带入了绝对没有意义的领域。"⑤

这把我们带回到了海德格尔对尼采的美学的批判。如我们回想起的,对后者来说,美学必须以身体为基础而不是以精神为基础。美与丑必须倒过去与人类不只是自柏拉图以来而是数千年的

---

① XLVII,182/海德格尔(1991),III,97。
② XLVII,181/海德格尔(1991),III,97。
③ XLVII,205/海德格尔(1991),III,112。
④ XLVIII,244/海德格尔(1991),IV,131。
⑤ XLVIII,247/海德格尔(1991),IV,133——有改动。

进化中最终与这些词语相联系的东西结合起来。例如,用这种谱系学的观点来看,丑最初可能与使人反感的、"有害的、危险的、值得怀疑的"东西有联系:"突然发出声音的、审美的本能(例如在厌恶之中)包含了一种判断。在这种程度上,美处于有用、有益、增强生命力的生物学价值的普遍范畴之内。"①

因此,美学"永远都与那些在生物学上的预先安排相联系……美本身就是一个妖怪(Hirngespinst),正如一切思维的能力一样"。② 如我们所回想起的,尼采的重要著作(*meines Hauptwerkes* [译按:《我的主要著作》])独立的一章要冠以 *Zur Physiologie der Kunst* [关于艺术生理学]的标题。③ 正如尼采对这些问题的思索那样,他对柏拉图的看法愈益变成了否定性的。柏拉图和苏格拉底都是"颓废的征兆",④柏拉图本人则是一个失败的、自诩的穆罕默德式的先知,⑤一个"狄奥尼索科拉克斯"(伊壁鸠鲁)或暴君的拍马屁者,⑥终身都遭到人们怨恨,⑦是一个达尔丢夫⑧和卡里奥斯特罗,⑨把他的 *pia fraus*[译按:拉丁语"善良的欺骗"]⑩强加于他的同时代人,教给他们一种完全非希腊的"对身体和美的蔑视",⑪

---

① 尼采(1968),423。
② VI,50。
③ VI,26;参见 VI,123 以下。
④ VI,68。
⑤ 参见 III,292。
⑥ 参见 V,21。
⑦ 参见 II,215。
⑧ 参见尼采(1968),234[译按:达尔丢夫是莫里哀的喜剧《伪君子》中的主角]。
⑨ 参见 XIII,293;尼采(1968),233。
⑩ 参见 XII,15。
⑪ XI,21。

一个面对现实的胆小鬼,①一个以理念论②来伪装其性欲冲动的道德上的狂热者,③把他膨胀的内心错当成了"神的咆哮",④简言之,是一幅在哲学上天真的⑤漫画:⑥一个转而反对自己的诗人,把自己过分敏感的弱点变成了对生活的否定,⑦屈从于那个卑俗的苏格拉底,⑧改变了信仰,参加了主人的奴仆反对贵族趣味的造反。⑨从那时到现在,由于奥古斯丁通过"堕落的桥梁"⑩而使柏拉图主义进入到基督教之中,道德就倒向了思想一边。⑪ 尼采"对柏拉图长久的厌恶",⑫甚至扩大到了后者被极大地吹捧为一个文体家的才能之上。柏拉图只不过造成了一种文体的混乱状态,是文体家中的第一个颓废者。⑬

在这里更要紧的是,柏拉图公开指责了艺术,得以把他同时代人的异教的"本能同 polis[译按:希腊文'城邦']、竞赛、军事功效、艺术和美"⑭分离开来。对尼采来说,早就应该重新调整这种平衡,并重新评价柏拉图原初的价值重估。柏拉图在等级上把艺术

---

① 参见 VI,156。
② 参见尼采(1968),424。
③ 参见 XIII,487。
④ XIII,292;尼采(1968),232。
⑤ 参见 XI,243;XII,11。
⑥ 参见 XII,521。
⑦ 参见 I,543;XII,116,156。
⑧ 参见 I,92;XIII,272。
⑨ 参见尼采(1968),235。
⑩ XII,580/尼采(1968),118。
⑪ 参见 XI,16;XII,259,344。
⑫ XI,37。
⑬ 参见 I,93 以下,543,631 以下;参见 VI,155。
⑭ XIII,272;尼采(1968),233。

家的地位划在哲学家甚至工匠之下,必须受到追问。① 必须恢复艺术和美在几个重要领域作为对生活的巨大促进因素②的主要作用。"主要的三个要素:性欲、陶醉、残酷——全都属于人类最古老的节日的欢乐,也全都在早期的'艺术家'那里占了优势。"③ 如果说有什么区别的话,那就是尼采一直在为他始终都敬佩的那些更个人化的特质而想起柏拉图:如他对怜悯的轻蔑,④他的独身以及最终的孤独,⑤据说他去世时枕头下面有一本阿里斯托芬的书,⑥他绝望地、虽然在很大程度上未获成功地试图在趣味和道德方面使卑俗的苏格拉底的奴隶造反带有某种高贵和优雅。⑦ 就他的学说而言,它们不再具有重要的影响。无论谁像尼采那样使自己沉浸在酒神要素之中,都不可能通过批驳柏拉图获得任何益处。⑧

还有,尽管尼采强调了在身体方面艺术和美学的反柏拉图主义的基础,但他几乎没有忽视艺术创造或审美愉悦方面的精神的和/或形式的要素。相反,他着力突出了他所喜欢的那种艺术在这两方面的重要性。与此同时,他强调这样的精神性与升华或压抑身体毫无关系。相反,优雅必须从"感性、陶醉[和]过多的动物性"⑨发展而来。形式必须起着一种单纯的、合法的、不含糊的作用,即要遏制住强化它所包含的能量,而不是起着一种观念的束缚

---

① 参见 XI,158—159。
② 参见 VI,127。
③ 尼采(1968),421。
④ 参见 V,252。
⑤ 参见 V,350,131。
⑥ 参见 V,47。
⑦ 参见 V,111。
⑧ 参见 VI,312。
⑨ 尼采(1968),435。

作用。①

其中有一种无法抵挡的生命的充实；尺度成了主宰；实际上，正是那强大的灵魂的镇静在缓缓运动，感到了与那极为活跃之物的不一致。普遍的法则，律法，得到了尊重和强调：例外反倒要被弃置不顾，细微差别要被抹去。生命牢固地、强有力地、坚定地依托于宽广和宏伟，掩藏住它的力量——这就是那种"快乐"。②

在某种程度上，人们也许会指望海德格尔能同意这种规划。难道他自己不需要一种"对于感觉的新的解释"吗？难道他不提倡一种真正尼采式的平衡吗："既不是废除感觉，也不是废除非感觉"，而是"消除""误解、反对、感觉，以及过度提升超感觉"？③ 事实上，海德格尔的诉求理解起来就像是对尼采要求"对感官经常进行更强的精神化和增殖"④的解释，按照这种解释，"我们应当感谢感官的微妙、充分和力量，作为报答，为它们提供我们在精神方面最好的东西"。⑤ 海德格尔对于重新评价感性的计划——尽管做了各种努力，但他却从来都没有付诸实施——似乎是以类似的尼采式的词语来表达的：

---

① 参见同上，444。
② 同上，433。
③ 海德格尔，XLIII, 260/海德格尔(1991), I, 209。
④ 尼采(1968)，434。
⑤ 同上，434。

新的等级制不只是希望在旧的结构秩序内部颠覆各种问题,并不是从现在开始要高估感性并鄙视非感性。它并不希望把处于最底层的东西置于最上层。新的等级制和新的价值设定意味着那种有序的结构必须得到改变。按照这种意思,对柏拉图主义的颠覆(*Umdrehung*)必定成为从柏拉图主义中转变出来的过程(*Herausdrehung*)。①

尼采还做了别的什么呢?他称赞苏格拉底和柏拉图②或者与他们的学说进行格斗的时候早已过去了。颠覆和批判已经被谱系学的重新评价所取代,各种本质主义的概念已经被本体论、认识论、语言学、道德和美学的每一个可能的领域中进化论的、心理学的和生理学的论点所替代。柏拉图由于其伪善或天真而受到嘲笑,不再是人们的关注点之所在。在尼采提出自己有关艺术和美的各种观点的地方,几乎就没有提到柏拉图。然而,对海德格尔来说,这恰恰相反。他认为,尼采"在其创造性生活的最后几年,只不过是在致力于颠覆柏拉图主义(*seine letzten Schaffensjahre drehten sich um nichts anderes als um diese Umdrehung des Platonismus*)"。③

在海德格尔看来,这些一般认为的努力混杂着一种所谓的、对于"艺术与真理之间不一致"的终身困扰:尼采在 1888 年的某个时

---

① 海德格尔,XLIII,260/海德格尔(1991),I,209—210。
② 参见考夫曼(1995),123—143。
③ 海德格尔,XLIII,187/海德格尔(1991),I,154;参见 XLIII,208:"Nietzsche hat vielleicht mit keinem Denker mehr gerungen als mit Plato, und daher... bald heftigste Ablehnung, bald höchste Bewunderung [für Plato empfunden]"。

候草草写道:"正是艺术与真理的关系,最先使我产生了兴趣:即使现在我仍处于对这种不一致的神圣畏惧之中。"① *Der Entsetzen erregende Zwiespalt zwischen Kunst und Wahrheit*[译按:德语"艺术与真理之间可怕的不一致"]:此后,尼采的这个说法像一个反复出现的主题一样贯穿了海德格尔演讲的其余部分。② 可以预料,在尼采颠覆柏拉图主义时呈现出来的"这个不平常的说法所隐含的、潜在的意义",③就是一种可怕的不一致。

为了强调自己的观点,海德格尔不出所料地援引了一个传记中的事件。尼采在最终试图"曲折摆脱"柏拉图主义未获成功时竟然发疯了。④ 海德格尔接着说,命运对于认为哲学思想可以凭借简单宣布无需历史的任何人来说,都是共同的。因为任何这样的思想家都"不为历史所需要;他将受到他绝不可能复元的打击,那种打击将彻底使他丧失判断力"。⑤ 哎呀,可怜的尼采! 竟然在徒劳地试图颠覆柏拉图主义时发疯了! 由于德里达的辩护性的评论的大意是说"海德格尔[有关尼采]的大部头著作的主题不比人们一般可能说出的东西简单多少",⑥所以这种理论在后现代批评中已经成了一种流行的理论。⑦

不幸的是,海德格尔对尼采陷入疯狂的夸大描述,再次来自对

---

① 尼采,XIII,500。
② 参见海德格尔,XLIII,199 以下。
③ 海德格尔,XLIII,200/海德格尔(1991),I,163。
④ 参见海德格尔,XLIII,251/海德格尔(1991),202。
⑤ 海德格尔,XLIII,252/海德格尔(1991),I,203;参见 XLIII,260/海德格尔(1991),I,209—210。
⑥ 德里达(1979),73。
⑦ 参见麦克尼尔(1995),171—202,尤其是 196—197。

可以弄到手的文本根据的误传。因此,海德格尔没有讨论尼采为艺术与真理可怕的不一致所做的笔记,既没有讨论整本笔记,也没有讨论这一笔记涉及《悲剧的诞生》时所作的大量类似的评论。如果从总体上来理解,这一笔记显然是把"*den Entsetzen erregenden Zwiespalt*[可怕的不一致]"确证为尼采的第一部著作致力于探讨的那种不一致,而海德格尔在援引这个说法时却经常省略了这一说明。海德格尔同样没有提到尼采在同一部笔记中把《悲剧的诞生》说成是一部"不道德的(*unmoralisch*)"著作,由于自柏拉图以来的"哲学的女巫"①而缺乏创见。相反,《悲剧的诞生》得到了这一信念的支持:"它不可能忍受真理;[而]'真理意志'早已构成了一种堕落的征兆。"②

这种与柏拉图的"真理"相对立的尼采式的对艺术的理解,甚至可以追溯到《悲剧的诞生》之前。尼采在1870年的《苏格拉底与悲剧》中认为,柏拉图以理念的真理的名义"有意粗暴地和无所顾忌地谴责艺术",具有某种病态的东西。③ 用这种明显非海德格尔式的观点来看,真理与艺术之间的可怕的不一致弥漫在柏拉图的内心里,而不是弥漫在尼采的内心里。柏拉图把自己深藏的艺术天性踩在脚下,发动了反对他自己的肉体的战争。因而,尼采提出,他借自己新发现的理念之名谴责艺术的那种严厉性,表明了他身上的最深的创伤绝不会治愈。④

艺术与柏拉图式的理念的不一致来源于病态的堕落,成了尼

---

① 尼采,XIII,500。
② 尼采,XIII,500。
③ 参见尼采,I,543。
④ 参见尼采,I,543。

采自那时以来经常重复的主张。在《悲剧的诞生》再版序言《自我批判的尝试》中,①在《看哪,这人》对这本书的讨论中,②在《偶像的黄昏》的"苏格拉底的难题"一节中,③都可以发现这一点。在尼采1888年的笔记中也透露了同早期一样的见解,即堕落促使哲学家们迷失在道德之中,因此揭示了艺术与真理之间的不一致,但是,我们只有从其整体上来理解它,而不是像海德格尔那样从语境中撕扯出其中的一部分。

诚然,尼采在草草写下自己的笔记时,也许已经想到了另一种不一致,即日神与酒神之间的不一致,这确实使他直到最后都充满着神圣的畏惧。尼采甚至更加经常地谈到它,超过了谈谈另一种不一致。日神与酒精的不一致是创造与破坏之间的"对抗性",是意欲使自身永恒的美的外表④与在最美的阿波罗式现象中达到其最高的狄奥尼索斯式狂喜的悲剧冲动之间的"对抗性"。⑤ 这种不一致的观念虽然在他的晚期著作里较为常见,但早在1870年就已经出现了,那时尼采谈到了真理与艺术或美之间的"战斗"。我们在他的《酒神世界观》中读到,再也没有比"狄奥尼索斯狂热入侵期间"更大的战斗了:"本性在其中呈现出来,以可怕的(*entsetzlicher*)明确性谈到了它的隐秘,它以一种引起[阿波罗式的]诱惑的语气,几乎使一切都丧失了其力量。"⑥因此,尼采在其1888年的笔记中以有点过度压缩的方式所谈到的东西,很可能是一种双重

---

① 参见尼采,I,12。
② 参见尼采,VI,310。
③ 参见尼采,VI,68;也可参见 V,403。
④ 参见尼采,XII,115。
⑤ 参见尼采,XII,115—116。
⑥ 尼采,I,562—563;参见 I,570—571,593 以下。

的不一致。从时间顺序上来说,第一种不一致是日神与酒神之间最初的冲突,这种斗争要靠悲剧和酒神世界观来解决;①第二种不一致是酒神原则与逻辑的/美学的苏格拉底主义之间的斗争,②它接着导致了悲剧的死亡,并导致了柏拉图以理念真理的名义来谴责艺术。在尼采的全部作品里,包括1888年的笔记,他都没有提到海德格尔所谈到的那种不一致。

倘若尼采曾经体验过这样的不一致,那么谈论这种不一致的地方再也没有比他的《有关一种错误的历史》或者《"真实世界"最终如何变成了一个寓言》更好的了。而这确实就是海德格尔根据它扭曲而来的那种陈述。对他来说,这种柏拉图主义之历史的第六个阶段,表明了"被柏拉图断定为真实存在的超感觉,不仅从较高的等级被变成了较低的等级,而且也瓦解成了非真实的和无价值的(*ins Unwirkliche und Nichtige versank*)"。③ 与这种可悲的衰落和崩溃的情节剧相比,从尼采半开玩笑的"历史"之中还能进一步得出什么? 即使在海德格尔的解读中,它也是作为一种最后时刻的向后转而出现的。

《有关一种错误的历史》——一个始终记在心里的副标题——其中的第一个阶段,完全是一个柏拉图式的阶段。"我,柏拉图,就是真理。"④第二个阶段的标志是尼采在其他地方描述的、通过奥古斯丁的柏拉图式的"腐败的桥梁"⑤被囚禁在基督教之中的错

---

① 参见尼采,I,553。
② 参见尼采,I,85,91。
③ 海德格尔,XLIII,252/海德格尔(1991),I,202——有改动。
④ 尼采,VI,80;海德格尔,XLIII,254/海德格尔(1991),I,204。
⑤ 尼采,XII,580;尼采(1968),118。

误。海德格尔如实地、敏锐地解释了第三个阶段。在早期,他注意到了尼采的抱怨,大意是说所有的传统美学都是一种"女人的美学",因为美始终都是根据接受者的体验而不是根据艺术家的体验来界定的。① 现在,他则按照尼采描述基督教的柏拉图化的方式,把注意力转向了一种相似的女性要素——真理的观念"变成了女人[sie wird Weib]"。② 同时,真理已经变成了"难以达到的,无法证实的",已经变成了一种道德"义务",一种"绝对律令"。③ 他评论说,"分离"

> 指的是通过康德哲学而达到的柏拉图主义的形式。超感性领域是实践理性的一个基本条件……诚然,超感性的可通达性通过认识受到批判的怀疑,但仅仅是为了给相信理性的指令留下地盘(um dem Glauben an die Vernunftordnung Platz zu machen)。在基督教世界图景的实质和结构方面,康德没有改变什么。④

在接着的阶段中,海德格尔相似地认可了尼采就后康德时期不得不说的东西。一方面,存在着实证主义,另一方面,存在着很多"面纱制造者"(Schleier-macher)——像费希特、谢林和叔本华那样的空头理论家,他们一直在没有被康德的批判所动摇的、或确切地说被康德的批判所巩固了的基督教神学基础上建构自己的哲

---

① 参见尼采(1968),429。
② 尼采,VI,80;海德格尔,XLIII,254/海德格尔(1991),I,205。
③ 尼采,VI,80;海德格尔,XLIII,254/海德格尔(1991),I,205——有改动。
④ 海德格尔,XLIII,255/海德格尔(1991),I,205。

学体系。① 然而,正如海德格尔对第五和第六个阶段的研究一样,他突然把自己的叙述转向了那位哲学家构思不佳的心理剧之上,即那位哲学家未能成功摆脱柏拉图主义,却在遭受了真理与艺术之间可怕的不和之后发疯了。②

尼采的措辞使人想到了一个完全不同的故事。第五个阶段在从前的各个阶段的现在时态中继续着,因此确定了它在过去所涉及过的东西。"真实世界"被认为是"一种对什么都没有用处的观念,它甚至再也没有了责任——一种观念变得毫无用处,成了多余的,结果变成了一种遭到反驳的观念":柏拉图被认为几乎是以喜剧著作的方式,展现了一种"窘困的羞涩"。③ 从自传上说,相同的阶段为尼采提供了时间以写作《朝霞》(1881)和《快乐的科学》(1882)那样的著作——("天亮;早餐;'良好的感觉'和快活重现……由一切自由的精神所唤起的精力旺盛的喧嚣")——那时,他的某种较为根本的任务仍然摆在他的面前——"'真实世界'……让我们彻底破坏它吧!"④

就第六个阶段而言,时态改变了。我们已经达到了尼采生命之中的那个时刻(约1888年),那时他写下了《有关一种错误的历史》,最初打算作为《权力意志》的导言。⑤ 各种问题不可能表述得更加清楚。随同柏拉图有关真理的错误一起,尼采也废除了它的对应物、柏拉图式的外表(*die scheinbare Welt*)。⑥ 在这个问题

---

① 参见尼采 VI,80;海德格尔,XLIII,256/海德格尔(1991),I,206。
② 参见海德格尔,XLIII,251/海德格尔(1991),I,202。
③ 尼采,VI,81;参见海德格尔,XLIII,257/海德格尔(1991),I,207。
④ 尼采,VI,181。
⑤ 参见尼采,XIV,415。
⑥ 参见尼采,VI,81。

上,就连《查拉图斯特拉如是说》及其关于重估"那些最邪恶、受到严厉批评的概念"——*Wollust*,*Herrschsucht*,*Selbstsucht*["奢侈逸乐","权力欲","自私自利"]①——的寓言,早已在过去几年里展现了出来。随着这种寓言的澄清,尼采式的价值重估,就他本人在理论上的努力所关注的而言,已经成了一个 *fait accompli*[译按:法语"既成事实"]。"奢侈逸乐","权力欲","自私自利"从深仇和怨恨的黑暗世界中获得了自身否定性的意义,它们已经被复活,倒退进了明亮的白天的智慧之中。最重要的是,这个过程并不是一个简单颠覆的过程,而是一个逐渐的、多层次的转化过程。例如,*Selbstsucht*["自私自利"]在恢复其经过充分重估的意义之前,仅仅是暂时加上了省略号的 *Selbst-Lust*["自我享乐"]。

虚构地说,《查拉图斯特拉如是说》里由那寓言使人想到的时间,在那时就是 *Morgenröthe*["朝霞"]的时刻,它是尼采出版于1881年的另一部著作的标题。根据尼采的哲学的发展,尼采于1888年所达到的"正午(*Mittag*)",仍然处在即将来临的未来。"可是,现在到来的……是伟大的正午;然后,很多事物都将展现出来。而那个推崇和祝福'自我'、并祝福自私自利的真正的先知,也说出了他所知道的东西:'看哪,它来了,它在不远处,那伟大的正午!'"②查拉图斯特拉预言要在不久的将来发生的事情,在《有关一种错误的历史》的第六个阶段里已经成了现实。"正午;阴影最短的时刻;最漫长的错误的终结;人性的最高点;查拉图斯特拉的开端。"③

---

① 尼采,IV,236。
② 尼采,IV,240。
③ 尼采,VI,81。

然而,对海德格尔来说,同样存在着未能成功摆脱柏拉图主义的企图。按照尼采自己的说法,他在过去所完成的东西,被误解成了一项依然要在未来得到解决的任务。"尼采在这里附加的第六个阶段表明,他必须向前超越他自己,超越彻底废除超感觉。"[1]

海德格尔有关尼采的第一次演讲的最后一节的导言(在 D. F. 克雷尔的译本中被省略了),甚至描绘了一幅远比这幅图画更具否定性的图画。它指出,尼采已经做到的一切,都是一种"对于感觉与超感觉的重新解释,所借助的恰恰是一种变得粗糙了的和被颠覆了的柏拉图主义":

> 因此,不是一种挣脱(*Herausdrehen*),相反!……在第六阶段里对柏拉图主义之历史的呈现,看上去像是一种挣脱,但却完全不是挣脱。相反,尼采在这里再次使自己陷入了混乱之中,并且很明确,使他自己陷入了他试图颠覆的那种最深奥的、有可能的方式之中。[2]

---

[1] 海德格尔,XLIII,258/海德格尔(1991),I,208。
[2] 海德格尔,XLIII,262。

第十六章　海德格尔、尼采与德里达

依照我对现象论和主观视角论的理解：动物意识的本质所造成的后果是，我们能够意识到的世界，成了一个仅仅是表面的和符号的世界，成了一个变成了普遍的和普通的（vergemeinert）世界；意识到的一切因此都被证明了是单调、空洞、默默相关、一般的，是一种符号，一种群体标识；与一切意识相联系的是一种巨大的根本性腐败（Verderbnis）、弄虚作假，一种制造出来的表面和普遍……在这里可以猜测到我所关注的，不是主体与客体的对立：我把这留给那些仍然陷在语法圈套（例如大众的形而上学）中的认识论者。"物自体"与现象之间的对立甚至连这也不及。因为我们"认知"到的尚不足以下此断言。总而言之，我们不具备主司认知、对于"真理"的任何器官。我们"认识到"的（或相信的，幻想出的），只不过与对于人群、我们的物种（Gattung）的利益来说可能有用的东西一样多；就连那些在这方面被叫做"有用"的东西，最终也只是一种信念、幻想，也许，这种最致命的愚蠢，将造成我们最后的毁灭。

　　　　　　　　　Ⅲ, 593/《快乐的科学》, Ⅴ, 354

与海德格尔由尼采把存在当作"正在消失的最后一缕现实"[1]而不予考虑所引起的、有关尼采的四大卷讲稿相比,海德格尔的信徒雅克·德里达在同样的问题上就不那么审慎。对德里达来说,尼采有关"*esse*[译按:拉丁语'实在']在根本上只不过意味着'呼吸'"[2]的论点,不过是一个糟糕的"语源学经验主义"[3]的例证,德里达在其他地方很少公开宣称这一点,但却轻视这种观点。

让我们先从相反的观点来看问题。首先,尼采对存在的研究是谱系学的,在这里是指返回到人类存在以前的意识的意义之上。[4] 实质上,存在代表了一种对于同一性的基本体验,因为动物会"识别"一切促进或威胁到它生存的东西;例如,一头母鹿,它可以以树叶为食,狮子也可以以树叶为食。因而,哲学上对存在的关注是一种返祖迷信,可以追溯到这样一些最早阶段的同一性与语言的出现有关的增殖的时代之前。具有讽刺意味的是,语言的出现一直都落在后面,并且妨碍了经验越来越迅速的分化。[5]

正如尼采在几个例子中提到的那样,存在在"观念"或"事物"那样的共同特性中成了最糟糕的等同物。他解释说:"我可以说到一棵树,'它是'与其他事物相比较而言的。正因为如此,我可以说'它的成长'(*er wird*)是在时间中的一个不同的点上与它本身相

---

[1] 海德格尔(1991),IV,182。
[2] 尼采,I,847。
[3] 德里达(1978),139。
[4] 有关近来对意识的讨论,参见 M. 戴维斯载于威尔逊和基尔所编文集(1999)中的文章,190—193;O. 弗拉纳根载于贝克特尔和格拉汉姆所编文集(1998)中的文章,176—185;N. 布洛克载于古滕普兰所编文集(1998)中的文章,210—219;也可参见丹尼特(1991)各处;或平克尔(1995),131 以下。
[5] 参见尼采,XI,613 以下。

比较而言的,或者说最终'它也不是'在时间里成长,例如,'它仍然不是一棵树',因为只要我把它看成是一个灌木丛"。在这种意义上,

> 各种词语仅仅是各种事物彼此之间以及与我们的关系的符号。它们在任何地方都没有触及绝对真理:"在"与"不在"这样的词语更是如此,仅仅表示了使各种事物彼此联系起来的最一般的关系……我们决不会达到各种关系之墙的背后去,比如说,通过各种词语和概念进入到各种事物(Urgrund)的某种虚构的原初基础之中。①

按照同样的理路,尼采对经验始终都已经预示了"在"的一种意义的主张不予理睬:如黑格尔所主张的"绝对早已存在,[因为]否则我们怎么可能追寻它",或者如贝内克所说的"'在'不知怎么肯定是赋予的,不知怎么对我们来说肯定是可以达到的,否则我们甚至就不可能拥有'在'的概念"。"在"的概念!例如,用语源学的术语以及拉丁语 esse["实在"]来说,它来源于人对呼吸的感觉,来源于把这种感觉投射到其他一切事物之上。②

从语源学上说,Sein["在"]作为一种先验的赋予,与因果关系、时间、空间和所谓"感性的纯粹形式(reine Formen der Sinnlichkeit)"③一样是虚幻的。在这个方面,尼采是站在休谟一边的。如果我们为了论证而保留"在"和认知这些词语,那么它们"在所有

---

① 尼采,I,846。
② 参见尼采,I,847。
③ 尼采,I,846。

方面都是最矛盾的";人类主体绝对不可能超越一切事物本身去追寻或认识它们。否则,假装,甚或与提出"为[论点]之基础辩护的基础(*nach Gründen für das Recht der Begründung zu fragen*)"①一样,都是纯粹的假定。

如果我们仿效海德格尔,把这些尼采式的举动的特征刻画为对于柏拉图最初对现实和认知之态度的典型的经验主义颠覆,那么德里达就颠覆了这些颠覆。在这方面,他与笛卡尔是一致的,笛卡尔在1638年3月的一封信里解释了"'我呼吸故我在'没有断定任何东西"这一命题。② 如德里达接着说的,因为"呼吸的意义始终都[已经]是一种对于我的思想和我的存在的附带的、特殊的确定,*fortiori*[译按:拉丁语'更何况']一般的思想和'在'"。尼采把"在"变成呼吸因此就成了一个糟糕的"语源学经验主义"的例证,它附带地偶然成了"一切经验主义的隐蔽的根源"。③ 据说它忽视了"实质,那就是说,呼吸和非呼吸所是的那种思想……[以及]在其他实体的决定之中是以一种被决定的方式"。因此,如黑格尔指出的,经验主义"始终都忘却了,它使用了应当是的词语"。④

德里达不大可能同意——黑格尔、笛卡尔、最后是海德格尔的意见。对德里达来说,海德格尔有关"'在'的问题作为涉及'在'之概念的可能性的问题,产生于对'在'的先于概念的理解"⑤的论点,已经展开了一种对话和一种不可能"不再深化"⑥的重复——

---

① 尼采,XI,442。
② 德里达(1978),139。
③ 同上。
④ 同上。
⑤ III,226/海德格尔(1997),158;德里达(1978),140。
⑥ 德里达(1978),140。

第十六章 海德格尔、尼采与德里达

正如它在德里达本人的理论建构中那样。因此,"在"之于海德格尔,就如"同一"之于德里达一样。"同一不是一个范畴,而是每个范畴的可能性。"①德里达几乎没有就他使用抽象的、深奥的和创造新词语的语言进行的理论建构的内容举出例证。然而,有关他把"在"等同于同一的这种缺乏例证,可以由海德格尔所提供的例证来补充。

海德格尔为了说明他的反尼采式的论点,即我们对一个客体的理解始终都已经预示了同一性与差异的一种意义,像尼采那样选择了一棵树——更独特的是"外面草地斜坡上一棵孤立的树,一棵特殊的桦树"。②从经验上说,这棵树也许是"色彩、色调、光线、氛围的一种复本",它"依照每天和每年的时间,也依照我们变化着的感知位置、我们的距离和我们的心情而具有不同的特征"。③虽然如此,海德格尔却声称,"它始终都是这棵'同样的'树"。而它是同样的,并非是"在我们通过比较来确定事物之后……而是从相反的方向(umgekehrt);我们对待那棵树的方式始终都已经在寻找那种'相同的东西'",④在寻找那种始终同一(das je Gleiche)。并不是我们不能觉察到景象的变化。相反:"只有我们预先(im voraus)超越了自行给予之物的当下差异,把某种并非总是自行给予的被给予者中现成的东西设定起来时,即把一种'相同者',即同一者(ein 'Gleiches','Selbiges')设定起来时,我们才可能体验到

---

① 德里达(1967b),206-207/德里达(1978),140,317,注释68。
② XLVII,178/海德格尔(1991),III,95。
③ XLVII,178/海德格尔(1991),III,95。
④ 十分有趣的是,译者D.F.克雷尔在这里滑入了那种完全后现代的"始终都已经"的公式,海德格尔在这里却满足于单纯的schon;XLVII,178/海德格尔(1991),III,95。

景象变化的那种魔力。"①

海德格尔并不满足于设想一种被动的对于同一的天生感觉（比如说，能使我们"确定"一棵桦树），甚至还断定了一种始终都在起作用的、突出的、创造性的人类心灵，在诗学上预示了以其各种范畴在经验中所遭遇的东西。他也许比德里达更富有诗意地陈述了这一点，但在实际上，他们两个人都大致同意，"在"或同一，不是作为各种范畴，对于范畴和概念来说是 sine qua non［必要的］前提。德里达感到惊讶的是："把'在'（和同一）当作范畴……这难道不是从一开始……就妨碍了人们自己的每一个决定吗？"他的回答是毫不含糊的。"实际上，每个决定都预示了'在'的思想。"②相似地，对海德格尔来说，"把一棵树断定为同一（als desselben）"，取决于我们"已经事先创造出了（vorausgedichtet）物性、构造、关系、效果、因果关系以及遇到的大小。以这种创造性创造出来的东西，就是各种范畴"。③ 因此，我们在这里真正关心的，就是创造性的想象。

让我们从一种霍布斯式的观点来看同一的问题。如我们回想起的，按照《利维坦》的观点，想象有两种，"'简单的'……如人们在想象以前曾经见过的一个人或一匹马之时……［以及］复合的，如一方面从一个人的眼界来看，另一方面从一匹马的观点来看之时，我们在自己心里构想出了一个半人半马的怪物"。④ 这两者，但尤其是简单的想象，都从属于"正在衰退的感觉"或记忆力的衰退，因

---

① XLVII,178—179/海德格尔(1991),III,95。
② 德里达(1978),140。
③ XLVII,179/海德格尔(1991),III,95。
④ 霍布斯,III,6。

第十六章 海德格尔、尼采与德里达 419

而"在看见或感受到任何事物之后,时间越长,想象力就越弱"。[①]这恰恰与海德格尔的看法相反。只要我们作出恰当的努力,那么我们在自己的心灵之眼里所能想象到的(vergegenwärtigen)东西,就被形象化成了"比现存的、即刻的感知清晰和充分得多(viel deutlicher und voller sehen als in der gegenwärtigenden, unmittelbaren Wahrnehmung)"。[②] 海德格尔根据他对柏拉图在《泰阿泰德篇》里"追问认识的本质"的说明兜了一个圈子,然后要求自己的学生暂时不管那个文本而去思考一个例子:他们穿过"黑森林",也许会来到一座著名的"费尔德山"塔前。他们也许会看着它,也许会谈论它修建于何时,谁修建的,出于什么目的。然后他们在当天或晚些时候回到家里,就像现在在演讲厅里一样,想起了那座塔,使它对自己呈现出来(Vergegenwärtigung),就像在他们看见它时实际存在着(gegenwärtig)的那样。

学生们在完成这种思想体验时,被要求忘却一切理论建构,尤其是要忘却一切心理学。据说结果是不可思议的。如此想象出来的"费尔德山"塔,据说对他们来说呈现得比实际感知时还要真实。这就是未经证实的先验论认识论的奇迹。

> 如我们所说,在我们面前突然有了那种从未打动过我们的直接的、自然的感知。然而,在我们面前所拥有的东西,不是概念、幻象、一些意象或记忆之类的内心踪迹,而是那种趋向于以这种使其本身呈现出来为方向的东西,并且一直都只

[①] 霍布斯,III,5。
[②] XXXIV,298。

以它为方向——那就是[在本体论上]呈现出来的塔本身(*es ist der seinde : Turm selbst*)。①

还有,海德格尔声称,这种想象并非必然是一种回想。相反,"回想(*Erinnern*)是想象(*Vergegenwärtigung*)的一种特殊情况"。② 虽然每一种记忆活动都必定是一种想象,但并不是每一种想象活动都是一种记忆。按照海德格尔的看法,柏拉图在把人类心灵比作"一个蜡块"③时提出过这些看法,并把后者称为"缪斯之母'回忆'的礼物"。④ 海德格尔解释说,这个礼物就是"*mnē-moneuein*[留心的]能力,那就是说,不是记忆(*Erinnerung*),不是回忆(*Gedächtnis*),而是留心(*Eingedenk-sein*)"。⑤ 他承认,人们在身体上的天性(*Leiblichkeit*),提供了我们通过它们感知现存的(*Gegenwärtigung* or *aisthēsis*)以及不存在的(*Vergegenwärtigung* or *mnēmoneuein*)事物的媒介。⑥ 但是,对海德格尔来说,这样的中介如何起作用,只可能追问人们对于使这种身体中介(*leibliche Zwischenschaltung*)成为可能之环境的解释。这正是柏拉图的比喻所关系到的一切。并不是"从生理学上努力对回忆进行解释所澄清的想象(*Vergegenwärtigung*)的实质,首先使得某种像回忆那

---

① XXXIV,298。
② XXXIV,297。
③ 海德格尔把 *ekmageion*[897:《泰阿泰德篇》,191c]翻译成了 *Masse*,而不是 *Block* 或 *Tafel*。
④ 897:《泰阿泰德篇》,191c,d。
⑤ XXXIV,295。
⑥ 参见,XXXIV,299,311;德里达(1973),103。

样的东西成为可能和必要"。①

正如从一种进化的或谱系学的经验主义的观点所理解的,感知、记忆和想象的过程,已经被完全颠倒了。想象使回忆和感觉成为可能,而不是相反。在康德那里可以看到,想象的膨胀甚至被进一步扩大了。毫不奇怪,海德格尔感到,康德没有发展出"一种纯粹创造性的想象力",这种想象力作为"纯粹直觉"和理论理性的共同根源,应当成为"首先使经验成为可能的……一切认识的先验的基础"。② 海德格尔遗憾地注意到,虽然《纯粹理性批判》的第一版试探过这样一种概念,但第二版却把它"推到"了一边。③ 因为如我们记得的,使海德格尔感兴趣的,并不是康德所说的,而是他"想要说"的,即康德没有说出来的各种"假设"和他的想法"最内在的意图",④因为他本人没有意识到或者半意识到了它们。从他那种解构的或"破坏性的"优越地位来看,康德的所有范畴,甚至连他对自我的先验的领悟,始终都已经预示了想象的一种先验的力量。用海德格尔本人的话来说,

> 然而,"我认为"始终都是一种"我认为的实体"、"我认为的因果关系"——或者确切地说,"处在"这些纯粹的统一体(范畴)之中,始终都已经是"它意味着":"我认为的实体","我认为的因果关系"等等。这个我成了各种范畴的载体,以至于在它预先的自我定向方面……[原文如此]它把它们领到[一

---

① XXXIV,299—300。
② III,133,134,134,133/海德格尔(1997),93,95,95,93——有改动。
③ 参见 III,161/海德格尔(1997),113。
④ III,201,219,230/海德格尔(1997),141,153,161。

个点上],如人们所提出的,它们可以据此统一各种调节的统一体。①

德里达用 différance[延异]及其"非同义的"替代物,如补充、pharmakon[药物]、mim–ēsis[模仿],以及由此出现的他最终的发生认识论的 point de repère[译按:法语"定位点"],取代了海德格尔的感知 Seyn[在]的想象的先验力量。② 他本人就是这样告诉我们的。他写道,pharmakon[药物]"并非一种简单的东西。然而,它也不是一种合成物,不是一种共同具有几种简单实质的感性的或经验的 suntheton[组合体]。它确实是一般的差别在其中产生出来的先在的媒介"。在这个方面,pharmakon[药物]或 différance[延异]直接类似于海德格尔所解释的康德的想象的先验力量。用德里达本人的话来说,différance[延异]"类似于随后按照哲学的决定为先验的想象所保留下来的东西,即'隐藏在灵魂深处的艺术'"。③

通过进一步的类比,德里达被导向了认可几个相关的海德格尔的主张,尽管存在着一种差异。对海德格尔来说,先于自我和各种范畴并使之成为可能的,是被先验的想象所把握到的 Seyn[在],而对德里达来说,différance[延异]据说是一种非词语和非概念(以及所具有的较为神秘的内涵)。当按照 ne plus ultra[最

---

① Ⅲ,150/海德格尔(1997),105——加括号的文字和省略号是海德格尔自己的。
② 参见Ⅲ,148/海德格尔(1997),104:"凭借一种原初的对理解之实质的揭示,它最内在的实质必定被显露了出来:对直觉的依赖。这种对存在的依赖表明了对存在之理解的理解。而这种'存在'就是在想象的纯粹力量的纯粹综合之中的存在之物和如何存在。"
③ 德里达(1981a),126。

高的]观点或使之成为可能的 différance[延异]的媒介来看之时,后者竟然达到了断言"纯粹的概念并不存在"的地步。因为"只有当我们书写时,我们才被我们自身之中的力量所书写,那种力量始终都已经注视着概念,无论它是内在的还是外在的"。① 或者说:"如果不是作为一种断言本身,那么'存在'就是一切断言的条件。"②"'先验的'这个词语在其最严格的被接受了的意义上,在其最公开宣布的'技术性'方面……意味着超越范畴的。"③

德里达在试图反驳班维尼斯特的论点时这么说过,班维尼斯特认为亚里士多德在提出他的各种范畴时"只不过想确定他所认为的语言的某些基本范畴"。④ 这种辩驳除了指出较次要的术语学和逻辑的矛盾之外,⑤还有赖于先验的决定始终都已经优先于经验的决定这一设想。德里达认为,班维尼斯特在区分"思想的各种范畴"与"语言的各种范畴"时没有考查过的东西,"就是范畴的共同范畴,是普遍的范畴化,语言范畴和思想范畴可以在其基础之上被分离"。⑥

在确定"范畴之范畴"或作为"在"的"语言与思想两者之根源"方面,有谁比亚里士多德本人对班维尼斯特的反亚里士多德的断言做出了更加有说服力的恰当回答?另外,德里达依赖于很多像威廉·冯·洪堡那样的学者,他们早在班维尼斯特之前很久就已

---

① 德里达(1978),226;参见德里达(1973),103。
② 德里达(1972),233/德里达(1982),194。这里的实际说法是班维尼斯特的,但德里达似乎把它当作了他自己的。
③ 德里达(1982),195。
④ 引自同上,180。
⑤ 参见同上,191-192。
⑥ 同上,182。

经注意到了,亚里士多德"按照严格的语言和语法范畴的关系"①确定了自己的各种范畴。与此同时,他们在这么做时并没有陷入班维尼斯特断言语言对思想的优先权的错误。还有,如班维尼斯特承认的,如果"'存在'是一切断言的条件"②的话,那么在没有先在的"'囊括一切'的对'存在'的重新范畴化"③的情况下,从语言范畴向思想范畴的转变怎么可能发生。

有些语言缺乏直接表示"在"的 esse[实在]、sein[存在]或 être[译按:法语"存在"]这样的词语,说明了什么?因此,比方说,"我很年轻"在阿尔泰语系中读做 man yas man,系动词"是"被人称代词的重复所取代。"你很年轻"——san yas san。"他很富有"——ol bay ol。这意味着说阿尔泰语的人们缺乏对"在"的感受吗?德里达的回答援引了海德格尔的说法,大意是对"在"没有感受的人们缺乏语言本身。④ 换言之,对"在"的感受是在前的,并且使语言在每个地方都成为可能,不管它们是通过像 ist[译按:德语"是"]和 Sein[在]那样的动词和名词来表达这样的"在",还是像在阿尔泰语系中那样通过重复人称代词以作为系动词的补充。

德里达在讨论"哲学话语"是否"受到语言的约束……支配"⑤这个更为普遍的问题时,让尼采说明了最初的答案,但仅仅是通过证明这个答案的致命谬误。我们被告知,尼采在说"逻辑只不过是在语言范围内的奴隶"时,陷入了可以预料的强化他试图重估之物

---

① 参见德里达(1982),188。
② 同上,195。
③ 同上,197。
④ 参见同上,199。
⑤ 德里达(1972),211/德里达(1982),177。

第十六章　海德格尔、尼采与德里达

的陷阱之中。"在他的事业最关键或'颠覆性的'时刻",他无法"逃脱再次盗用的律法",①借此他的谱系学的动机依然陷在它们在幻想颠覆形而上学话语时被迫采用的形而上学话语之中。正是那种为人熟悉的海德格尔式地剥夺了一切像尼采那样的人的资格,才"宣称哲学话语属于语言的封闭状态"。因为它们也"仍然必须在这种语言之内进行,并且与它所提供的对立面同在。按照一种可以形式化的律法,哲学始终都会为了自身而再次占用那种使之摆脱限制的话语"。②

我们似乎全都毫无希望地落入了形而上学概念紧箍咒似的潜台词的圈套之中,而那些概念则形成了我们的语言不可避免的边界线!我们似乎全都说着柏拉图式的、亚里士多德式的、笛卡尔式的、康德式的和黑格尔式的语言,而不是说着赫拉克利特式的、伊壁鸠鲁式的、培根式的、霍布斯式的、休谟式的、达尔文式的和尼采式的语言!然而,海德格尔和德里达却认为,所有这些"经验主义的"加上谱系学的哲学家,都仍然是他们以为要颠覆的那些形而上学大师们的可怜的侍从,他们反柏拉图的策略始终都已经陷入了同样的再次占有的法则之中。据说,这种困境绝对没有任何出路,除了由海德格尔和德里达自己所提出的出路之外。

> 不用形而上学的概念去动摇形而上学是毫无意义的。我们没有对这种历史全然陌生的语言——任何句法和词汇;因为一切我们所表述的瓦解性命题都应当已经滑入了它们所要

---

① 德里达(1982),177—178,177。
② 德里达(1972),211/德里达(1982),177。

质疑的形式、逻辑及不言明的命题之中。……思考"哲学外"的出口比那些以为长期以来已经以某种傲慢的方式这么做了的人通常想象的要难得多,因为这些人一般都自以为逃脱了那种话语的整体,压陷于形而上学之中。①

但是,除了在海德格尔和德里达的幻想中以外,尼采(或者就这个问题而言还有达尔文)怎样被"淹没在了形而上学里面",例如,同时却预见到了那些在今天的认知科学家中成为常识的东西?尼采认为,"在比较地思考时,一切思想、判断、感知都具有作为其前提的'同等的推断',而且还有更早的一种'制造等同'。制造等同的过程与变形虫里合并被盗用的物质的过程是相同的。"②或者如我们在一本最近的百科全书里读到的:"变形虫可以把食物(如海藻、硅藻和其他原生动物)同别的物质区分开来,并在接近植物和动物食物时运用不同的策略。"③

或者说,尼采在提出"努力为我们的需要服务而创造出各种范畴的创造力,即为我们对安全的需要,对于在符号和声音的基础上迅速理解的需要,对于各种简略的手段的需要"④的时候,被形而上学再次占有了吗?人们没有断定"在"或"延异"始终都已经优先于各种范畴,以及各种范畴优先于经验,人们也许想知道,"在"、"延异"和范畴什么时候最先出现在人类或其动物祖先的大脑之中。尼采为我们提供了一个尝试性的答案。对他来说,在"理性、

---

① 德里达(1978),280—281,284/德里达(1967b),412,416。
② 尼采(1968),273—274。
③ 《哥伦比亚百科全书》(1993),80。
④ 尼采(1968),277。

第十六章 海德格尔、尼采与德里达

逻辑、范畴的形成"中具有权威性的"就是需要"——

> 需要,并非"认识",而是出于可理解性和算计目的的归类、图式化——(理性的发展就是以造成相似、等同为目的调整、创造——每一种感觉印象都要经历同样的过程!)没有任何预先存在的"观念"在这里起作用,而功利论的事实表明,只有当我们大致看见了各种事物并制造出等同时,它们对我们来说才成了可以算计的和有用的——各种范畴只有在它们成为我们生存条件的意义上才是"真理"……在经过大量试探和摸索之后,它们[只有]通过它们的相对效用才可能奏效——[然后]到了某个时刻,那时人们把它们聚集起来,使它们作为一个整体被意识到——而那时人们要支配它们,即在那时它们具有了支配的效用——从那时起,它们被认为是先验的、超越经验的、无法反驳的。然而,它们所呈现的,也许仅仅是某个种族和物种的适合性。①

对尼采来说,在这种进化的意义上,就连我们存在的本体论意义和各种范畴,"都具有感觉的根源:来自于经验的世界。'灵魂','自我'——这些概念的历史在这里也表明了最古老的特性('呼吸','生命')——"②

然而,德里达却告诉我们说,尼采沉湎于"语源论"、③"一切经

---

① 尼采(1968),278。
② 同上,270。
③ 德里达(1982),216。

验主义的隐蔽的根源",①如我们所知,这一点接着就毫无指望地陷入了它如此傲慢地声称要拒绝的形而上学之中。就尼采对各种范畴的评论而言,德里达不屑于提及它们——只是援引了尼采的说法,即这些哲学家们,被证明了最不可能把自己从认为"根本的概念和范畴"是"形而上学确定了的事情"②的观点中解放出来。但是,尼采的谱系学的和进化论的论点又如何? 我们会以为它们凭着"经验主义的和印象式的冲动"或"经验主义的急躁",③回避了真正"理论的""(先验的、科学的、客观的、系统的等等)"论证吗?

当然,人们倒是会避免制造出这种生硬的等同。在迄今的数十年里,尼采已经成了现代和后现代思想的试金石。虽然他再三强调了他的心理学的、生理学的、生物学的、简言之经验主义的倾向,但他的大量格言警句和提示语都告诫我们,要防止把这些对于偏向的说明,误解为对海德格尔和德里达屈尊叫做的一种"庸俗"经验主义的认可。还有,海德格尔的重大努力有一个预兆性的先例,即通过忽视和怀疑尼采无可否认的经验主义的倾向,把这位哲学家强行划归到经典本体论之列。德里达两面派地避开了两方面的危险,一会儿谴责、一会儿赞美海德格尔的"普罗克鲁斯忒"[译按:意为"强求一致",参见前一章注释]的事业,或者就所涉及的各种矛盾提出一种甚至更加含糊的解决办法——那就是说,要使尼采充分暴露在海德格尔式的解读之下,最好就是揭示出尼采在风格上的特质和多样性:④因为如德里达的《马刺》所提出的,这构成

---

① 德里达(1978),139。
② 德里达(1982),179。
③ 同上,192,39,230。
④ 参见德里达(1976),19。

了那位哲学家最伟大的成就。

尽管如此,这种古怪的有关解读尼采之草案的基本议程,听起来就像一个实在太为人熟悉的注解。德里达不止一次地在解释性的回想中推翻了自己的看法之后,在努力公平对待尼采时最终确定,海德格尔的理解毕竟不是欺骗性的:"因为对别的解读来说,尼采式的破坏仍然是武断的,像一切颠覆一样,受到了它公开声称要颠覆的那座形而上学大厦的限制。在这个问题上和按照那种解读顺序,海德格尔的结论……都是无可辩驳的。"① *Plus ça change, plus c'est la même chose*.〔译按:法语"越是变化,事情就越是相同"。〕

与此同时,给予尼采的那种情有可原的环境,很难扩大到其他的经验主义者。经验主义一般来说都被简单地宣布为一种非哲学,②它唯一最突出的错误恰恰就是把它本身要么显现为哲学的,要么显示为科学的。③ 否则,德里达,或者就这个问题而言还有海德格尔,对于经验主义哲学家的关注,不管经验主义的各种论点,都是微不足道的。德里达反复论述过孔狄亚克,但大多都把自己局限于后者的语言理论上。④ 海德格尔在 1912 年勉强承认大卫·休谟是"当代哲学的教父",⑤据我所知,却从来不屑于详细讨论休谟对形而上学的挑战。甚至更明显的是他对霍布斯反复的、简短的论述。

---

① 参见德里达(1976),19—20。
② 参见同上,162;参见德里达(1978),152。
③ 参见德里达(1978),159。
④ 参见德里达(1982),311 以下。
⑤ 海德格尔,I,3。

海德格尔1927年的《现象学的基本问题》称赞霍布斯的《计算或逻辑》具有"无法超越的清晰性"[①]以及在阐明当代逻辑学方面的重要性。更晚近的评论者已经注意到了,霍布斯预想到了维特根斯坦的观点以及J.L.奥斯丁的言语—行为理论。[②] 如德里达所讨论的,班维尼斯特或许已经对霍布斯有关缺乏系动词"是"的语言的思索产生了兴趣。

霍布斯写道:"有一些民族,或者说肯定可能有一些民族,它们完全没有任何与我们的'是'这个词相应的语音,却只通过一个名词与另一个名词连接的方式形成各种命题,好像就'人是一种动物'而言,我们只说'人一种动物!'"[③]毋庸说,由此得出的各种结论,既不是德里达的结论,也不是海德格尔的结论。对霍布斯来说,这种缺乏系动词"是"具有一个明显的优势,因为它阻止人们去幻想所谓的本体论问题,或者确切地说,阻止人们"混淆源于[比方说]拉丁语'est'[译按:'是']这个词的语音,诸如'essence'[译按:'实质']、'essentiality'[译按:'本性']、'entity'[译按:'实体']、'entitative'[译按:'实体的']、'reality'[译按:'现实']、'something ness'[译按:'实体性']和'whatness'[译按:'所是']"。[④]

但是,这很难被认为是在海德格尔的"破坏性"解读中的霍布斯要论证的东西。相反,这位英国唯名论者被强行劫持来承认:系动词"是"证实了我们把两个词语(Namen)与同样的事物联系起

---

① 海德格尔,XXIV,261。
② 参见亨格兰德和维克(1981),160,注释29。
③ 霍布斯(1981),225—227。
④ 同上,231;参见III,671。

来之可能性的基础。① 在这种解读中,关键的是一个说法——"*Copulatio autem cogitationem inducit causae propter quam ea nomine illi rei imponuntur*"[译按:拉丁语,大意是"与思维相对的系动词包括了原因,因为名词在这里是加于实在之上的"]②——海德格尔在 1929—1930 年冬对霍布斯的《计算与逻辑》所作的简短得多、不那么称赞性的讨论过程中,返回到这一说法。海德格尔认为,按照霍布斯的看法,"系动词不只是词语之间单纯联结的符号,而是指出了这种联结的基础就在其中。'而它的基础就在其中吗?'因为那就是它的实质(*Sache*),在它的实质之中……在它的所是之中"。③

从霍布斯的观点中不可能进一步得出任何东西。如果他认为系动词"导致了有关原因的想法,因为那些名词是被强加在那事物之上的",④那么他的着重点就在探寻事物之中的原因的本体论谬误之上,而从中却不可能探寻到任何东西。例如,人的心灵在听见"身体是变动的"时,并不满足于仅仅说明这种可能性,还要"进一步追寻本来面目是要作为身体,还是要作为变动……要在事物之中追寻那些名词的原因",同时却忽视了诸如 *corporeitas*[身体]或 *mobilitas*[变化]这些"抽象名词""表示一个具体名词的原因,而不是事物本身"⑤这一事实。

因此,恰当地运用抽象术语应当受制于这一事实:"如果没有

---

① 参见海德格尔,XXIV,272。
② 霍布斯(1981),226。
③ 海德格尔,XXIX/XXX,477。
④ 霍布斯(1981),227。
⑤ 同上,227—229。

它们,我们就不可能推论,那就是说,不可能计算出身体的很多特性。"① 同时,对霍布斯来说,对抽象术语的误用起源于我们把特性与身体分离开来,然后让系动词"是"错误地引导我们去设想抽象名词具有一种独立的有效性——这就是缺乏这个系动词的人们不大可能陷入本体论的异常想法的原因。

"抽象的实体"、"分离的实质"这些毫无意义的语音以及类似的其他语音,出自同样的根源。还有,混淆源于拉丁语"est"这个词的语音,诸如"essence"、"essentiality"、"entity"、"entitative"、"reality"、"somethingness"和"whatness",在那些其连系词不受"是"这个词语影响的民族当中不可能被听见,但他们会受到诸如"runs"、"reads"这些形容词的影响,或者受到名词的单纯并置的影响。②

海德格尔所没有提及的东西,可以想象被德里达当作了一种"语源学经验主义"来谴责(如他对尼采等人所做的那样),说它们是"一切经验主义的隐蔽根源",是"对概念、先验推理和语言的先验视域的放弃",是忽视了它不可避免的与在场的形而上学共谋的天真幼稚的"非哲学"。③ 因为,"经验这个概念难道不总是由在场的形而上学所规定的吗"?④ 经验主义在宣称要反驳形而上学的真正过程中,难道就没有让形而上学的话语"对它本身表述为一种

---

① 霍布斯(1981),229—231。
② 同上,231。
③ 参见德里达(1978),139,151,152。
④ 同上,152。

tergo[译按：拉丁语"背后之力"]"①吗？

但是，德里达在很多场合下所援引的这种至关重要的共谋，实际上是由什么构成的呢？答案就在于他把两个不同的问题凑在了一起。

先验论者与经验论者之间的基本争论，就在观念之起源的问题上。前者断言，观念在一种非进化的意义上是先天的和先验的，它们在一种 *adaequatio rei et intellectus*[知与物符合一致]的意义上，甚至也符合事物的真正性质。经验论者却怀疑这些主张，要寻求经验的和谐系学的前提，以解释思想的机能以及形而上学家的错误幻想的出现。就先验论者和经验论者共同具有一种对于语言的代表性理解这一事实而言，人们从来就没有进行过争论，这是因为只要有关观念的起源或者它们与事物本身的"真正"性质一致仍然还是独立的问题。例如，桦树这个词指向或唤起了一种特定的树的心理概念，它在进化上是通过看见这些由难以忘记的同一性（白色树皮）所限定的细节而获得的，那种同一性标志着它不同于其他的"树"，或者换一种说法，是通过对这样一种树的了解而获得的；同时，这并不表示"在自然、人类心灵或这两者之中既定的某种东西"，就像海德格尔所说的"总是这棵'相同的'桦树"。② 用霍布斯的话来说，"在这世界上没有任何普遍的东西，只有名称"，正如"真实与虚假"严格说来是"言语的属性，不是事物的属性"③一样。这些经验主义的断言仍然陷在一种对语言的形而上学的理解中吗？

---

① 德里达(1982),39。
② 海德格尔，XLVII,178。
③ 霍布斯，III,21,23。

然而,曾经为这些问题而烦扰的人们,为什么已经使自己相信了经验主义只是把"先验哲学的概念"变成了"哲学上的天真"?[1] 对德里达来说,完全不可能认真对待经验主义对语言的理解。

  首先,人们怎么可能肯定导致了普遍意指和一种语言内部的意指的动机的经验性,而这么做又要借助于一种对形式的组织、对各种等级的分类等等?最后,在什么体系的基础之上,以及在历史上从哪里起,我们才获得并理解了——甚至在断定意义的经验性之前——经验性的意义?在这个问题上,没有任何分析会避开或者排除亚里士多德主义的裁决。[2]

最重要的是,如德里达不厌其烦地告诉我们的,经验主义由于它本身与形而上学的共谋,所以决不会解构形而上学。在他看来,这是倍加真实的,因为"向彻底的他性的突破……在哲学内部始终都采取了一种后在性或一种经验主义的形式"。[3] 受抵抗形而上学的驱使而求助于经验主义论点的思想家们,据说没有意识到促使他们这么做的就是"哲学反思的镜像本质,哲学无法铭刻下(可以理解的)外在于它的东西,除了通过盗用对它的消极意象的同化之外"。[4] 还有更糟糕的,经验主义作为一种非哲学,决不可能恰当地责问它的天真幼稚,或者用德里达的措辞来说,决不可能"被

---

[1] 德里达(1978),288。
[2] 德里达(1982),192。
[3] 德里达(1981a),33。
[4] 同上。

要求在任何法律的裁决面前出现"。[①] 因为这样一种裁决始终都必须由形而上学来进行,或者说要由迄今对它的解构来进行,那就是说,要由海德格尔和德里达那样的元形而上学的后继者来进行。

[①] 德里达(1982),39。

第十七章 "延异"、弗洛伊德、尼采与阿尔托

> 注意：比较并不是一种原创性的活动，而是制造等同！最初，判断并不是相信某物如此这般，而是希望某物必须（soll）如此这般。
>
> XII, 256

总之，我们别无选择，只有从形而上学自身内部来解构形而上学。"不用形而上学的概念去动摇形而上学，是毫无意义的。我们没有对这种历史全然陌生的任何语言——任何句法和词汇——因为一切我们所表述的瓦解性命题都应当已经滑入了它们所要质疑的形式、逻辑及不言明的命题之中。"[1] 德里达再次反复强调了同样的观点。解构是一种西西弗斯式的努力。"必须从内部着手，要从旧结构中借用颠覆的一切策略的和经济的资源，要从结构上借用它们，也就是说，如果不能把各个要素和元素分离出来的话，那么解构工作在某种程度上就始终都会沦为它自身作用的牺牲品。"[2]

我们所能确定的一切，就是这项任务令人无望的艰巨，以及

---

[1] 德里达(1978), 280—281。
[2] 德里达(1976), 24。

"不断冒重蹈它所解构之物的覆辙"①的风险。就具体的结果而言,希望非常渺茫。正如我们对这些评论的概念进行仔细而全面的阐述时那么勤勉尽责一样,"——[标明]其有效性的条件、媒介和限度,严格指明它们与允许解构的系统的密切关系",能够不断跨出形而上学的这种令人生畏的迷宫的前景,被局限于我们试图"指明这种裂隙,通过这种裂隙,可以瞥见这种封闭状态之外那难以名状的微光(designer... la faille par laquelle se laisse entrevoir, encore innommable, la lueur de l'outre-clôture)"。②

我们只可能顺便想起,解构以及它所追求的全然不可能之物,明显具有奥古斯丁式的和卡夫卡式的内涵,并利用了海德格尔式的要素。德里达已经指出了这个概念如何源自海德格尔的 *Destruktion*[译按:德语"解构"]或 *Abbau*[译按:德语"分解"],③这个概念一开始就与宗教具有浓厚的关系。海德格尔的早期演讲录,揭示了促使他最早致力于根据他自己的 *Ontochronie*[译按:"本体论编年史"]④来分解 onto-theo-ego-logy["本体论－神学－自我－逻辑"]⑤的是一些基督教的概念。在这方面,比克尔凯郭尔更重要的是,早期的基督教徒对于即将到来的天国的激动不安的期待。他们对自我(*Selbstwelt*)的前所未有的感受,随后由于古代科学和哲学的渗透而变形,并被掩埋进了基督教之中。然而,这种早期的感受偶尔会在巨大的爆发之中再度出现,如在奥古

---

① 同上,14。
② 德里达(1967a),25/德里达(1976),14。
③ 参见卡穆夫(1991),270—271。
④ 海德格尔,XXXII,144。
⑤ 参见海德格尔,XXXII,183。

斯丁、中世纪神秘主义、早期路德教和克尔凯郭尔那里一样。奥古斯丁在《忏悔录》中对时间的沉思,他的名言 Crede, ut intelligas[译按:拉丁语"信仰以便理解"],或者 inquietum cor nostrum[译按:拉丁语"我们的心灵能得到安宁"]这句话中所含的他对生活连续不断的巨大动荡的看法,都提供了各种例证。[1]

海德格尔在路德那里找到了更多的例证,那是在路德屈服于教条主义的压力之前,就像在路德之前的奥古斯丁一样。这在路德对《新约·罗马书》1:20 的评论中很明显,如我们看见的,《圣经》中的这个段落把柏拉图主义当作进入基督教的一个重要入口。[2] 像圣保罗所设想的对柏拉图主义的认可那样,那个关键句子——Invisibilia enim ipsius, a creatura mundi, per ea quae facta sunt, intellecta, conspiciuntur[自从造天地以来,上帝的永能和神性是明明可知的,虽是眼不能见,但借着所造之物就可以晓得,叫人无可推诿。]——"在教父们的著作中不断重现,表明了(柏拉图式的)从感觉世界上升到超感觉世界的方向",[3]因而扭曲了早期基督教徒对生活的感受。按照海德格尔的看法,路德的 40 篇海德堡论文中的三篇,通过重新恢复保罗原初的基督教含义,纠正了这种误解。路德判定,无论谁感知到了上帝在创世中的不可见性,都配不上神学家的称号,但他却得意起来,变得盲目和冷酷。他把善叫做恶,把恶叫做善。海德格尔从对《新约·罗马书》1:20 的这种"破坏性"解读中抽取出来的内容,虽然在实质上与那位宗教改革家的意见一致,但却更为普遍。"神学主题的原型不可能通

---

[1] 海德格尔,LVIII,62。
[2] 参见前文第 14 章,注释 3。
[3] 海德格尔,LX,281。

过一种形而上学的世界观获得。"①尽管如此,在奥古斯丁和路德那里再次被窥见的早期基督教对生活的感受,也成了青年海德格尔走向有计划的"破坏基督教神学和西方哲学"②的出发点。它同样透露出了《存在与时间》里的一些重要概念,更一般地说,透露出他"建立了堪与《圣经》"和神学"相媲美的 *Heilsgeschichte*[译按:'拯救']"。③

就解构目的论和本体论神学的一切主张而言,海德格尔,甚至尤其如此的是德里达,遵循他们自己的那种"追溯的目的论"④去回溯形而上学的历史,并限制那些直接先驱的历史作用。像海德格尔急于谴责尼采依然陷入了自己试图重估的形而上学之中一样,德里达也积极地把海德格尔归于依然陷入了他试图"解构"⑤的本体论之中。海德格尔与他所拆解的东西的部分共谋,在于他对生活"在一个在解构中存在的'时代'"⑥的感受,德里达一方面把它当作不足为信而不予考虑,在另一方面却只让它成为他个人的感受。在这里,对于哲学的普遍的非中心化,被认为"无疑是一个时代、我们自己的时代的总体性的一部分",它始终都已经"开始了表明它自身的"率先冒险,像"尼采式的对形而上学的批判","弗洛伊德式的对自我存在的批判",以及"更为彻底的海德格尔式的对形而上学、本体论神学、把'在'确定为在场的解构"。⑦

---

① 海德格尔,LX,282。
② 海德格尔,LX,135。
③ 卡普托编(1996),280。
④ 德里达(1981c),69。
⑤ 参见德里达(1982),63;德里达(1978),280。
⑥ 参见卡穆夫(1991),274。
⑦ 德里达(1978),280。

在一种意义上,德里达在谈到"所有那些解构的话语……都陷入了"①一种恶性循环时,是从一种超越尼采、弗洛伊德和海德格尔所谓的两难处境的优越地位来说的。在另一种意义上,他公开承认他自己也陷入了同样的两难处境。因此,他用他自己的"内在方式,从形而上学内部着手"("通过针对那大厦而运用在房间里可以获得的工具或石头"),与一种外在的、"无情地把自己置于外界"的、更加尼采式的方式之间做出了区分,然而仅仅是为了重申他的基本信念,即人们借助这种更加激烈的置换,终结了"比人们宣称已经遗弃的内部更为天真和更为严格的"栖居。然而,即使从内部着手,"人们也始终在某种更深的深度上,不断地冒着确认、巩固、再提升(relever)那种据说要解构之物的风险"。②

也许,更加合适的是说,德里达式的解构与其祖先海德格尔式的解构一样,实际上践履了德里达在这里所称的那种风险:解构实际上是对被尼采当作错误和陈旧而一笔勾销的各种哲学的刷新;对作为一种前所未有的元形而上学的形而上学的解构,与解构它的逻各斯中心论的和本体论神学的前辈比起来,包含了更加巨大的范围;作为一种声称始终都已经存在着的元先验论(megatranscendentalism)的解构,先于并且超越了古典意义上的先验论;作为一种对超越思想之思考的解构,认为海德格尔和德里达的形而上学前辈们完全无法进行思考——或者确切地说,他们只能以杂乱无章的、矛盾的和悖论的方式进行思考,弗洛伊德式的病人们以这些方式体验到了在神经症的奇异的扭曲之中被压抑了的东西。

---

① 德里达(1978),280。
② 德里达(1982),135。

第十七章 "延异"、弗洛伊德、尼采与阿尔托 441

作为反弗洛伊德者,海德格尔缺乏这种本体论神学之压抑的德里达式的概念,他倒是谈到了一种遮蔽、隐藏和忘却由前苏格拉底哲学家或早期基督教表明了的、最初更多以时间为导向的"在"之意义。然而,他和德里达都一致声称,这种被隐藏了的或被压抑了的"在"或"延异"的智慧,只可能根据西方形而上学的和文学的伟大文本来重新恢复,这样的智慧在其中就像一个戴着脚镣、却难于对付的囚徒一样被隐藏了,那个囚徒最终比俘获他的人们更加强壮,他使自己被囚禁的破坏性在场到处都被人们感受到了。因此,德里达把书写(它在其最大的、非字面的意义上成了"延异"的替代物)叫做"一个被贬低的、有偏向的、被压抑的、被取代的主题,然而却从它仍然受到控制的那个地方实施着持久的和强迫性的压制"。① 因此,各种矛盾、张力、疑难与不和谐的隐喻萦绕着形而上学传统的伟大文本,同时又吸引了这位解构批评家通过这些破碎的线索和裂缝,去挖掘②和释放那些闪光。例如,亚里士多德非决定性的、充满着矛盾的、对于在实质上不同于某个点上的空间中的时间的讨论,采取了一种以 *hama*["一起","突然", *simul*]这个小词为中心的"高深莫测的表达"的形式。*hama* 虽然"被存放在其文本中,隐藏着,遮蔽着",但却努力超越那文本的疑难(aporias)。正是"这把小小的钥匙,既打开了、又锁闭了形而上学的历史"。如果没有亚里士多德对它的意识,那么他就具有对那种历史之前和之后来说的 *hama* 的问题:"如果他没有说出它,他就说出了它,让它自己说出来,或者确切地说,它让他说出他所说的东西。"③

---

① 德里达(1976),270。
② 参见德里达(1981a),129。
③ 德里达(1982),56。

从前，批评家们常常担心各种谬误，但德里达和解构主义者们一般都很少有这样的顾忌。相反：在威姆萨特－比尔兹利告诫我们在解释一个文本时要防止推测作者的意图的地方，[①]德里达却不仅告诉了我们作者想说的东西，而且还告诉了我们那个戴着脚镣的囚徒迫使他说出来的东西，或者说出了对其有意识的意图的暗示。对这种无意识的意图的发掘，相当于在海德格尔那里早已为人熟知的一种解释的暴力，例如，海德格尔对康德所说的"那就是他们[真正]想要说的东西"的"歪曲"。[②] 德里达按照一种相似的理路去解构卢梭论述语言的著作时，一再告诉了我们卢梭"所说的……却并不希望说出来的"话；[③]他证明了卢梭如何进行"描述"、却没有"宣布"某种密切接触到"延异"的东西，那就是说，一种超出了他的理解的补充；[④]或者说，他向我们表明了卢梭如何不愿意指出"在其中可以创造出形而上学、但形而上学却不可能思考的那种东西"。[⑤]

德里达虽然告诫说，解构必须在没有一套"可以利用的受法则支配的程序、方法、可以接近的路径"[⑥]的情况下进行，但他却感到明显需要一种"普遍的、理论的和系统的策略"，以防止他的文本的闯入"半路陷入过度的或经验主义的试验，有时又同时陷入古典的形而上学之中"。[⑦] 那么，是什么使他要避开经验主义这个"斯库

---

① 参见亚当斯(1971)，1014－1031。
② III, 202/参见海德格尔(1997)，141。
③ 德里达(1976)，229, 246。
④ 参见同上，239, 268；参见德里达(1973)，107－128。
⑤ 德里达(1976)，167。
⑥ 卡穆夫(1991)，209。
⑦ 德里达(1981c)，68。

拉"(Scylla)①和形而上学这个"卡律布迪斯"(Charybdis)②呢？它只可能是我们的"延异"这个不屈不挠的力士参孙(Samson)，他凭借自己无法无天的任性冲破裂缝，出现在他的逻辑－男权－语音中心主义的目标之中，或者换句话说，他压制、强扭自己的俘获者的语言，使之出轨，进入到疑难、矛盾、没有觉察到的他们强迫性的心眼狭窄的供认之中。因此，解构主义探究的"系统策略"显示出了各种分歧和矛盾，比如说，靠的是释放出"柏拉图－卢梭－索绪尔以一种奇怪的'推理'……徒然努力要掌握"，③却没有恰当地使之得到控制的那些东西。

因此，德里达的"普遍的、理论的和系统的解构策略"，预示了一种同样普遍的、理论的和系统的优越地位，以及元形而上学的 X 光线照相技术，这使他能够用 X 光照射各种传统文本，以搜寻它们的作者没有描述过或没有充分意识到的那些尚未确定的张力线索和矛盾点。在某个更加海德格尔式的、就是说有命运意识的和救世主似的时刻，德里达本人就这么说过：鉴于我们时代充满着矛盾的哲学气候，有些人持续不断地梦想破解"一种真相或一种原点"，有些人则追随尼采的"超越人和人本主义"，而我们却很少有什么选择，除了"想象那种共同的基础，以及这种不可化约的差异的'延异'(*penser le sol commun, et la* différance *de cette* différance *irréductible*)"④之外。

"延异"是什么？海德格尔的改宗者认为，他们的主在这种"形

---

① "斯库拉"(Scylla)为希腊神话中吞吃水手的女海妖。——译注
② "卡律布迪斯"(Charybdis)是希腊神话中吞噬船只的海怪。——译注
③ 德里达(1981a),110。
④ 德里达(1967b),428/德里达(1978),292－293——有改动。

而上学对形而上学的沉思"①中已经达到的 ne plus ultra[最高的]极点一度是令人惊异的,那时,德里达从 1950 年代以来就开始谈论"*une interminable* différance *du fondement theorique*"[译按:法语"理论基础的无限'延异'"]。② 在 1960 年代早期,我们发现他在思考各种从属关系。例如,"延异"与上帝相比怎么样? 应当把两者等同起来吗?③ 或者说,像其他一切本体论神学的概念一样,如生命之书,上帝应当从属于"一切可能之审问的审问"。④ 这样的窘境由于《弗洛伊德与书写的场景》在 1966 年发表而化解了。这篇文章提出了本原踪迹(archi-trace)和延异的概念,运用了大量辅助性的术语,包括"逻各斯中心主义的压制"(logocentric repression)和"逻辑-表音中心主义"(logo-phonocentrism),以及即将到来的"解构的巨大努力"的预言。⑤ 在这个时刻,"延异"被说成是构成了"生存的实质",它"必须被认为是'在'被确定为在场之前的踪迹"。⑥ 在弗洛伊德的突破(*la percée freudienne*)⑦的指引下,尤其是在他的 *Nachträglichkeit*[译按:德语"附加"]和 *Verspätung*[译按:德语"延宕"]的指引下——据说这些概念"支配着弗洛伊德的整个思想,决定了他的其他一切概念"⑧——"延异"在逐步提升的夸张法的过程中把它们的领域总体化了,那种夸张

---

① XLVIII,320/海德格尔(1991),IV,185。
② 德里达(1967b),239;参见德里达(1978),161。
③ 参见德里达(1967b),22—23,221—222/德里达(1978),11,149。
④ 德里达(1978),78。
⑤ 参见同上,198,197。
⑥ 同上,203。
⑦ 德里达(1967b),296/德里达(1978),199。
⑧ 德里达(1978),203。

法不仅对西方的和非西方的各种神秘文本来说并非不熟悉,而且对柏拉图来说也并非不熟悉。它虽然独立于一切"感性的丰富性",但却是"这种丰富性的条件"。"虽然它并不存在",但它却是存在的 sine qua non[必要条件]。"它使言说与书写的清晰度成为可能——在谈话的意义上——因为它在感性与知性之间建立了形而上学的对立面。"①

神性又怎么样?至少,它的犹太教与基督教共有的、乃至西方神秘主义的变体,显然会后于"延异"。因此,德里达对阿尔托把上帝描述为"那种剥夺了我们自己的本性的东西的正确名称"②具有同感;他也对乔治·巴塔耶的"非神学"(atheology)、"非目的论"(a‑teleology)和"非末世学"(aneschatology)具有同感,尤其是因为这些概念避开了尼采式颠覆的缺陷,避开了陷入一种"否定性神学"或"超越存在的各种范畴的'超本质',一种最高存在和一种不可拆解的意义"③的缺陷。或者说,"延异"与"在"(Seyn)又怎么样?正如海德格尔在 1940 年有关尼采的最后演讲中所解释的,"在""既是绝对的空无又是最为丰富的,既是最为普遍的又是最为独特的,既是最可理解的又是最抵抗一切概念的,既是在使用中最多的又是尚未到来的,既是最可靠的又是最深不可测的(Ab‑gründigste),既是最被忘却的又是最被记住的,既是最被言说的又是最沉默寡言的"。④ 这样一种非概念,使人想起梵语的 sunyata

---

① 德里达(1976),62–63。
② 同上,181。
③ 同上,271;参见德里达(1981c),8–9,"延异"在其中被描述为"经济的概念"或本源。
④ XLVIII,329/海德格尔(1991),IV,193。

[译按:"空性"]对德里达具有强烈的吸引力,尤其是因为海德格尔认识到了"在"的终极悖论性,并把这个词语置于涂抹掉的状态之下。① 德里达的"延异"也把一种公认的过失归于海德格尔重新发现了"在者与在之间的"存在论-本体论的"差异"(*Unterschiedes des Seins zum Seienden*),② 这一点已经被西方形而上学"遗忘"了。③

然而,从早期以来,德里达也就"延异"对于"在"的"优先权"提出过自己的主张。"在"可以被人们忘却这一事实,带有过多的旧本体论的味道,它的难以言喻性带有过多的否定性神学的上帝的味道。因此,"延异"一定是那种使"在"成为可能的东西,它接着有可能使形而上学的"在"成为在场。它一定是那种始终都已经存在着的东西,是那种使始终都已经存在之物先于"在"成为可能的东西,它本身始终都已经先于各种心理范畴和感性的纯粹形式而存在着,而那种感性始终都已经使感性感知成为可能。正如这种 *ne plus ultra*[最高的]元形而上学的(非)概念一样,"延异""不仅先于形而上学,而且也延伸到超越了存在之思",因为"后者除了形而上学之外什么都没有说出来,即使它超越了形而上学,并认为它就是处于其封闭状态之内的东西"。④ 自然,"延异"的这种始终都已

---

① 参见海德格尔(1967),239;德里达(1976),18 以下。

② V,364。

③ 参见 V,364-365;参见德里达(1982),24。有关德里达在涉及"延异"问题时受惠于胡塞尔的问题,参见德里达(1978),329,注释 5:"原初的'延异'和原初的'延宕'的概念,是由胡塞尔的一个读本对我们施加的影响。"

④ 德里达(1976),143;参见德里达(1982),66:"也许,差异比'在'本身更加古老……只要人们在这里依然还能谈到本原和终结,那么这种'延异'就将是首要的或最终的踪迹。"有关"德里达对于海德格尔'肯定和否定'的态度"更为一般的、最近的讨论,参见霍布森(1998),19 以下。

经优先于"在",不可能根据任何传统的时间上的或先验的优先来思考。因此,对德里达来说,海德格尔式的"存在论－本体论的差异及其在'此在的超越'中的根据(*Grund*)","并非绝对本源性的。'延异'本身将成为更加'本源性的',但人们再也不能把它叫做'本原'或'根基',这些概念在实质上属于本体论－神学的历史"。①

不幸的是,这些观点中没有哪个能阻止读者去注意到:断定一种非本源性的根源之终极根源的不可避免的矛盾性——德里达对这种批评的回应是一种越发形式怪异的详细阐述和不耐烦。因此,他也越发对我们说"延异"不是什么,而不是说它是什么。1968年的文章《延异》罗列了关于这些否定的一份详细目录。"延异"既不是概念,也不是词语,既不是原因,也不是结果。它"与其说是静态的,不如是演变的,与其说是结构的,不如说是历史的"。它是"不可化约的非单纯的(因此, *stricto sensu*[译按:拉丁语'在严格意义上']是非本源性的)"。②"它支配不了任何东西,统治不了任何东西,并且在任何地方都发挥不了任何权威性。"它"不是种属的本体论差异的一个'种类'"。"它既不是立场(占有),也不是否定(征用)。"③它"不是,不存在,不是任何形式之在的在场……它既不存在,也不具有实质。它不是出自任何存在的范畴,无论是在场或不在场"。④

由于这种语言类似于否定性神学的语言,"即使在不能与[它]

---

① 德里达(1976),23。
② 德里达(1982),12,13。
③ 同上,22,26,注释26。
④ 同上,6。

区别的程度上",德里达都强调了"延异"的含义是"非神学的"。①由于"难以名状","延异""不是一种没有名称可以接近的不可言喻的'在':例如上帝"。② 当与"延异"进行对比时,就连"最具否定性的否定性的神学",如埃克哈特大师的神学,德里达不止一次提到它,③也"涉及脱离一种超越实存和存在、即在场的有限范畴的超实存性"。④ 例如,埃克哈特大师虽然"急于恢复上帝被拒绝了的对存在的断言",但他这么做"仅仅是为了承认他较高的、难以置信的和难以言喻的存在方式"。⑤

尽管如此,德里达的"延异"仍然相当于一种元先验论,只是比古典的先验论,比如说康德先验论要宏大。康德发展出了围绕着在根本上是加尔文主义和奥古斯丁式的本源的一种空洞的先验。就连海德格尔也试图把自己的先验论奠基于梵语的 *sunyata*[空性]之上,它被理解为"一切可能性的无形的……源泉",⑥而他本人则理解为"最空无同时又具有……丰富性"。⑦ 德里达至少在其早期把"延异"阐述为一种假定要说明一切的媒介,然而既不是植根于神秘的悖论、也不是植根于空洞的先验之中,而是植根于一种空洞的先验论之中。从不可知的上帝来看,*Ding an sich*[译按:德语"真实事物"]和"在",禁欲主义理想的终极问题标志,都退回到了一个先于我们所知一切的虚构领域之中,比如说,书写(甚至超

---

① 德里达(1982),6。
② 同上,26;参见同上,6。
③ 例如,可参见德里达(1978),71,146,271,注释 37;卡普托(1997),各处。
④ 德里达(1982),6。
⑤ 同上。
⑥ 铃木(1973),37。
⑦ XLVIII,326/海德格尔(1991),IV,192。

越了神学家们的 deus absconditus[隐蔽的上帝]、Ding an sich[真实事物]、深不可测的"在"或无穷无尽的内容的虚无)。与此同时,大多数先验的决定都晚于这种甚至更加在逐渐消失的、同时更加全面的虚无,并且因它而成为可能——一切事物——所有的综合判断、范畴和纯粹的感性形式,以及我们所谓形而上学遗产的陈旧的小玩意儿,尼采曾经把它们归于它们大多数都属于的往日迷信的存储空间——它们仍然是完全相同的,或者确切地说,都要赞美在海德格尔和德里达的追随者那里更加强有力的反驳。

用这种眼光来看,"延异"用一种终极认识论的 ne plus ultra[最高的]非原理,取代了康德的(由道德律所预设的)deus absconditus[隐蔽的上帝],认为它能说明我们所知道的一切,比如说书写。伴随着这个词语的德里达的多重拒绝,其中没有哪个——问号、括号、擦除和词语否定——能够隐藏这个事实。否则,"延异",这种元形而上学的、元先验论的 ne plus ultra[最高点],怎么可能被说成是"要指出一种构成的、创造性的和原初的因果关系",[1]怎么可能被称赞为"公开对它本身言说的原书写";[2]怎么可能相信"空间的真正开放,本体论神学——哲学——在其中创造出自身的系统和自身的历史";[3]怎么可能被宣称为"按照其语言、或任何代码、任何总的参照系统的运动,都'历史地'构成了差异的一种构造";[4]怎么可能断言"标志着我们的语言"或"同一要素"的

---

[1] 德里达(1982),9。
[2] 德里达(1976),128。
[3] 德里达(1982),6。
[4] 同上,12。

"一切对立概念的共同根源","……在其中预示了这些对立面"?[1] 否则,"延异"怎么可能在拒绝"被概括为一种严格的概念要旨"[2]的同时,影响到内在与外在、表达与非表达、代表性与文字学之间的反差?[3] 否则,它怎么可能使我们去思考、言说甚至感知我们生存于其中的世界?

德里达的答案也许试图避免对否定性神学的责难,但它无疑指向了一种否定性的先验论。因此,他怀着不耐烦和简单的旧式好斗提出:"延异"正好相当于另一种"以作为'原由'、'基础'或'本原'的踪迹为基础的本体论—神学"。[4] 他"没有不厌其烦地重复说——而我敢证明——那踪迹既不是一种原由,也不是一种基础或本原",或者说"延异"决不可能"为证明或伪装成一种本体论—神学做好准备"。[5] 确实是在不厌其烦地重复;正如德里达从来就不厌其烦地反复说:"经验主义的逻辑学的话语"只不过是对"哲学逻辑话语"[6]"对称的和整体的颠覆"。但是,他证明了吗?

德里达对艺术理论、尤其是对现代艺术理论的贡献如何? 更明确地说,德里达式的解构把古典形而上学文本重新铭刻进了"延异"的运动,以及它的非同义的替代物(诸如增补性、散播、*pharmakon*[药物],乃至模仿)之中,[7] 这在何种程度上改变了我们有限的和反感觉论的对美的传统理解? 德里达本人已经对同样的问

---

[1] 德里达(1981c),9。
[2] 同上,45。
[3] 参见同上,33。
[4] 同上,52。
[5] 同上。
[6] 德里达(1978),7。
[7] 参见德里达(1981a),139。

第十七章 "延异"、弗洛伊德、尼采与阿尔托　451

题做过太多的追问。他在 1978 年追问道:"如果可能的话,在什么条件下,人们能超过、拆解或者取代依然支配着整个这种存疑的、伟大的艺术哲学的遗产,首先是康德、黑格尔、在另一方面是海德格尔的遗产?"①

用德里达试图遵循的这些路径来判断,前景看上去确实很黯淡。倒不是他对这个主题没有付出足够的关注。他反复讨论过柏拉图和亚里士多德所说的模仿,撰写了一篇涉及范围广泛的文章来论述康德的所谓"经济模仿论"(economimesis),回到了 *La vérité en peinture*[《绘画的真相》]的相同主题,把那部书的大多数篇幅都用来讨论海德格尔的《艺术作品的起源》,海德格尔对于黑格尔的《美学》作为西方"最后的和最伟大的美学"②的敬意,为德里达本人沿着这些思路的探寻提供了线索。德里达不只一次借助于黑格尔的强有力影响,③"通过如此众多的线索把我们时代的语言结合在一起",④自然扩大到了美学领域。正如德里达的同情者保罗·德·曼在 1982 年指出的,黑格尔的《美学演讲录》对于"我们的思维方式和文学教学"的影响"依然是全方位的。无论我们是否懂得它,或者是否喜欢它,我们大多数人都是黑格尔主义者,而且还是相当正统的黑格尔主义者"。⑤

据说,这种情况对海德格尔的《艺术作品的起源》同样适用。虽然它在一个方面是"有关艺术的最后的伟大话语之一",⑥但它

---

① 德里达(1987b),9。
② 海德格尔(1993),204;参见海德格尔(1991),I,84;参见德里达(1987b),29。
③ 参见德里达(1982),119。
④ 同上。
⑤ 德·曼(1996),92。
⑥ 德里达(1987b),20。

在另一方面却仍然陷入了黑格尔式的体系①的巨大的阐释循环之中。"虽然自称走出了跨越或返回到整个形而上学或西方本体论—神学的一步",但海德格尔只不过造成了一个"良好的开端"。②按照德里达的看法,这是真实的:(1)由于海德格尔对各种对立面(如形式与质料)的追问支持了艺术的形而上学;(2)由于他在实质上对黑格尔有关未来艺术之死的预言的认可;(3)由于他不同于康德,使艺术与愉悦(*Gefallen*)相分离;(4)由于他把"西方艺术置于他的沉思的中心"。③ 在所有这些问题上,海德格尔的《起源》作为"与黑格尔在《美学演讲录》中的'重复'的不相同的、交错的、不一致的'重复'"④而给德里达以打击。德里达怀疑,海德格尔的"重复"虽然努力要"解决那些仍然使黑格尔美学保持在未被注意到的形而上学基础之上的问题",但它所实现的也许"只不过是通过更深刻地重复来澄清黑格尔式的'重复'"。⑤

但是完全没有!德里达在这么说时,只不过再次说出了通过解构可能重新证实它宣称要拆解之物所冒的持续风险。他绝不想被误解,以便海德格尔要避免去冒那种风险,因为他在逃离"斯库拉"时,可能很容易以"卡律布迪斯"而告终。换言之,"人们不惜一切代价想避免[解构的风险]时,可能也要奔向错误的出口、经验主义的闲聊、不成熟的冲动的先锋主义"。⑥

德里达从 1970 年代早期以来的散文一旦被打上了它本身的

---

① 参见同上,28。
② 同上,29。
③ 同上,30。
④ 同上。
⑤ 同上。
⑥ 同上。

一种特殊的精确标志,就已经日益达到了对"延异"的自我消除矛盾的模仿,像是一种 mise en abîme[译按:法语"进入深渊"]的先验论——就像海浪一样来回旋转,它的一切形状都受到了直接否定、重新肯定和进一步否定的泼溅,以及一种数量不断增加的、个人化的、深奥的创造新词对表面的冲击,到处都投入到了它们的波浪和泡沫的直接环境中,把亮光投入到某种表面上有意义的外形之中,但就像它的出现一样,很快就消失了。在这种波浪起伏的海市蜃楼中,只有一种在表面之下稳定持久、半隐半现的东西:强有力的绳索把创造新词的浮标系到自由漂浮的停泊点上——就像我们的存在毫无希望地陷入了一种形而上学的传统中一样,尽管有无数解构主义者不知疲倦的努力,还是会把一代又一代人带向拆散、[①]或者头脑简单却有害地要颠倒形而上学,那不过是冲向"错误出口"或者更糟冲向"经验主义闲聊"[②]的尼采主义者们所实践过的。

一位具有这些信念的思想家,怎样终于被认为是在当今所谓左翼知识分子创新的刀刃上进行运作,这是后现代主义的悖论之一。因为肯定的是,德里达从 1960 年代中期以来就在传播它们。因此,他把范围广泛的先锋派艺术运动定性为在实质上陷入了同样的陷阱。阿尔托的残酷理论是他衡量这种不予考虑的准绳,德里达论述这一主题的两篇长文中的第一篇(1965),把它说成是一种类似于海德格尔式的、甚至是原初德里达式的成就。如他指出的:"由阿尔托揭示出来的差异——或者说延缓,以及所有的变

---

① 参见德里达(1981a),65。
② 德里达(1987b),30。

异——只可能被认为是超越形而上学,走向海德格尔所说的那种'差异'——或'两重性'。"①

照这样一种成就来衡量,人们发现几乎一切都是不够格的。"新小说"的主要宣言、阿兰·罗伯-格里耶的《为了一种新小说》早在两年前就出现了,它仅仅"在一种不可动摇的传统内部进行了修正"。② 同样与值得称赞的残酷戏剧不相关的是六种先锋派的戏剧运动,它们以"我们都知道的好斗的和嘈杂的方式"③给予了阿尔托灵感。这样一种异端就是荒诞戏剧,它由于不断赋予言说以特权却没有消除古典舞台的机能而受到指责。然后有所谓的间离戏剧,及其"只能使[批评家]发笑"的"即兴表演":对德里达来说,它与尼斯狂欢节、尼琉息斯(Eleusis)秘仪一样类似于残酷戏剧。④ 在类似的轻蔑中所具有的是"对艺术和艺术家们的总动员","在警察嘲弄和镇定的目光注视下临时煽动起来的骚动",所有的意识形态戏剧都"力图传达一种内容或信息(具有政治的、宗教的、心理学的、形而上学的等等性质)",与那种装作与政治无关、同时却"多少是雄辩的、有说服力的、教学法的和受到监督的"代表一种"政治道德世界观"而不是具体化为"政治行动"的戏剧形式一样。⑤

当然,在德里达看来,没有任何这种真正的政治行动来自于布莱希特的史诗剧。他在回应阿尔托的《戏剧及其诡计》时,就 Ver-

---

① 德里达(1978),193—194。
② 同上,188——有改动。
③ 德里达(1967b),358/德里达(1978),243——有改动。
④ 参见德里达(1978),245。
⑤ 同上,244,245。

fremdungseffekt[译按：德语"间离效果"]使用了一些特别清晰的词语。他论证说，间离"只是以道德说教的主张和系统的分量奉献出了观众的不参与"。① 更一般地说，布莱希特的间离效果仍然是"欧洲艺术理想"②的囚徒。由于阿尔托较为真诚地介入，其他的所谓政治艺术运动，乃至革命性的理论建构，都相形见绌，包括超现实主义者，那些从事着自己的"懒人革命"却"屈从于共产主义"的"职业革命家"。③ 一种真正的政治革命不是来自于这种激进主义分子的业余艺术爱好，而"必须首先夺取文字的和文学界的权力"。④ 在这方面，只要阿尔托的作品在有关"柏拉图主义的前夕"⑤经由解构的后现代话语中指定了合适地位与作用的话，那么阿尔托的作品就提供了一种可能的模式。因此，整个《戏剧及其替代物》"可以被理解……为一篇政治宣言"，甚至更好的是理解为一篇"极为含糊其辞的宣言"⑥——虽然这很难说是德里达要继续做下去的。

相反，他所提出的问题是为人熟知的问题。阿尔托如何成功地"瓦解了""古典戏剧——及其搬上舞台的形而上学"，以及"将疯狂当作异己之恶的形而上学规定性"。⑦ 可以预料，在我们所知的这一切之后，阿尔托很难比别人更成功。因为一切颠覆和瓦解的

---

① 德里达(1978)，244。
② 同上。
③ 同上，328，注释37。
④ 同上。
⑤ 德里达(1981a)，107。
⑥ 德里达(1978)，328，注释37。
⑦ 同上，185，183。

企图,都遭受了在镜像中与它们试图颠覆的东西共谋的必然命运。①

毫不奇怪,德里达的阿尔托到了类似于海德格尔的尼采的地步。举例来说,德里达谈到了阿尔托本人如何为了拥有"从灵魂中拔出身体"②的力量而称赞尼采。德里达还罗列了这两位思想家之间的几个相似之处:如两者都"公开指责包含在要被铲除的形而上学内部的语法结构",两者都要废除"艺术的模仿概念,废除亚里士多德的美学"。③ 在这里,德里达有点含糊地援引了尼采在《偶像的黄昏》中对亚里士多德的净化说的谴责,④认为"艺术作为对自然的一种模仿,以一种实质性的方式传达出了净化的主题……西方艺术的形而上学因此变成了它本身"。⑤ 他以真正的海德格尔的方式,接着把阿尔托的各种观念强加到西方形而上学的"普罗克鲁斯忒之床"上,然后像海德格尔的尼采一样,继续表明阿尔托如何在颠覆形而上学的努力中失败了。

不管阿尔托的与尼采同样的方式放弃了对本体论的思索。阿尔托写道:"没有比存在更大的身体的敌人了。"形而上学家们已经把不适当的优先权完全赋予了一个抽象概念,它在观念的谱系学中是跟在身体的感觉和受本能驱使的同一性后面的。正如阿尔托指出的:"首先要生存,并遵照自己的灵魂;存在的问题只是它们的结果。"⑥然而,不用担心。阿尔托或尼采在非论辩性的意义上使

---

① 参见德里达(1978),194。
② 同上,326,注释 26。
③ 同上,184,234。
④ 参见尼采,VI,160。
⑤ 德里达(1978),332,注释 2,234。
⑥ 引自同上,246。

第十七章 "延异"、弗洛伊德、尼采与阿尔托 457

用"存在",或者不给它加上解构主义者们用于这种 *savoir faire*〔译按:法语"有意创造的"〕(在很大程度上不证自明的)引号,人们在其中总会找到各种说明。因此,海德格尔反复援引尼采的主张,即"一切重现的东西都是与存在的世界离得最近的形成的世界",[1]而德里达则援引阿尔托有计划地提倡的一种"'在'的形而上学和对生存的一种积极理解"。[2] 相似地,德里达谈到了阿尔托的"肉体的形而上学"把"在"确定成了"生存",[3]与海德格尔用同样的方式虚构了一种尼采式的权力意志的"形而上学"[4]差不多。也许会出现同样天真幼稚的术语学上的花招,它们在海德格尔和德里达的努力的核心中起着作用,即要证明尼采/阿尔托仍然被囚禁在西方古典的"本体论神学或形而上学"之中,[5]无论他们多么努力地试图逃避它。

那么,尼采和阿尔托的实际成就到底是什么? 我们回想起海德格尔告诉我们的,尼采在试图战胜柏拉图主义方面失败了,他在尝试"扭曲地摆脱它"时发疯了。[6] 德里达对阿尔托与形而上学斗争的描述很相似,除了一种传记方面的差异之外。在与福柯进行的论争中,德里达力图证明,现代对疯狂的理解是植根于海德格尔的西方形而上学传统之中的,而不是植根于"古典理性的客观主

---

[1] I,19/尼采(1968),330。
[2] 引自德里达(1978),180。
[3] 同上,179。
[4] 参见 XLIII,3 以下/海德格尔(1991),I,18 以下及各处。
[5] 德里达(1978),326,注释29。
[6] 海德格尔 XLIII,251 以下:"In der Zeit, als für Nietzsche die Umdrehung des Platonismus zu einer Herausdrehung aus ihm wurde, überfiel ihn der Wahnsinn."

规划"之中的，①他也渴望表明，阿尔托挑战了这种"把疯狂作为异己之恶的形而上学规定性"，②德里达则避免了这种诋毁，即阿尔托在试图战胜形而上学时发疯了。

诚然，这种区分由于更为普遍的修辞学策略而被降低到了最低限度。德里达在描述阿尔托的悲剧性的、不可避免的、尼采式的路径时，再三援引了海德格尔的说法。因此，阿尔托（像海德格尔的尼采一样）"强烈地决心""在同样的破坏运动之中""建构或保护"传统的形而上学，因此实现了"西方形而上学最深刻和最持久的抱负"。③ 因此，在有意破坏与无意重建之间的真正转折点上，存在着那种把颠覆转变为扭曲地摆脱形而上学的不顾一切的企图。正如所谓的"从写作的风格和样式的生气勃勃来看"④很明显的那样，海德格尔的尼采在《偶像的黄昏》的第六节《有关一种错误的历史》里达到了这个转折点："正午；阴影最短的时刻；最漫长的错误的终结；人性的最高点；查拉图斯特拉的开端。"⑤德里达注意到了阿尔托的文本中的一个相似的"曲折"(*un autre tour de son texte*)⑥正好处在那个点上，即阿尔托的破坏性努力接近于在实现"西方形而上学最深刻和最持久的抱负"时的自我破坏："通过其文本的另一次转折，一次最艰难的转折，阿尔托确认了差异的残酷的……法则；那种法则这一次……再也不是在形而上学的天真幼稚

---

① 德里达(1978)，36。
② 同上，183；参见同上，193。
③ 同上，194。
④ XLVIII,258/海德格尔(1991),I,208。
⑤ 尼采，VI,81。
⑥ 德里达(1967b),291/德里达(1978),194。

第十七章 "延异"、弗洛伊德、尼采与阿尔托 459

内部体验到的"。①

随着《声音与现象》、《论文字学》和《书写与差异》的出版,1967年这一年看来就像是德里达的 *annus mirabilis*[译按:拉丁语"重大之年"],他的大多数重要观念在这一年里都取得了丰富的成就。对这种轨迹的丰富多彩的感受,是由《残酷戏剧与再现的终结》所提供的,这是他论述阿尔托的两篇文章中的第二篇,初次发表于1966年。海德格尔的影响的痕迹依然很重——因为德里达在其中把阿尔托通过古典戏剧而对原始戏剧的"颠覆"解释为一种"遗忘",②或者说,他在其中对阿尔托"批判审美体验的非功利性"不屑一顾,这正好被说成是使人想起了"尼采对康德的艺术哲学的批判"。德里达坚持认为:"既不是在尼采那里,也不是在阿尔托那里,这个主题才一定同艺术创造中的无偿游戏的价值相抵触。完全相反。"③

然而,在这篇较早的文章里如此经常提及的海德格尔的名字,由于在后一篇文章里阙如而显得引人注目。相反,或者确切地说,尽管阿尔托明确反对精神分析,④其中还是广泛讨论到了弗洛伊德,正如在《弗洛伊德与书写的场景》和《论文字学》里很明显的那样,弗洛伊德已经日益占据了德里达的思想。⑤ 在这篇文章(最初发表于1966年夏天)中,德里达早已描述了弗洛伊德对于"在梦的

---

① 德里达(1978),194。
② 同上,236,237,240。
③ 同上,332,注释12。
④ 参见同上,242以下,332,注释9。
⑤ 参见德里达(1976),XXXVIII以下;与《残酷戏剧》里对弗洛伊德的评论比较起来,《膨胀起来的词语》里的评论是最少的。

阶段言说的从属性"[1]的评论,与阿尔托在残酷戏剧中非再现性地使用语言之间的相似之处。《残酷戏剧》把这些评论扩大到了这种地步,即弗洛伊德和阿尔托两人都预示了德里达的"原书写"(archi-écriture)或"延异",这是在他们不得不谈及在梦和"残酷"的语言之下的"书写系统"[2]之时。在《精神分析学对于科学爱好的主张》(1913)中,弗洛伊德把"梦中的再现手段"[3]比做"一种古代象形文字的手迹,如埃及人的象形文字",而阿尔托在有关残酷戏剧的《第一次宣言》中提出,"舞台语言"应当描述"出自于象形文字的灵感",[4]这两者之间的相似性确实很显著。难道是阿尔托把弗洛伊德的理论混入了他自己的理论之中?尽管如此,对德里达来说似乎值得注意的是,"他按照弗洛伊德的术语来描述残酷舞台上言说的和书写的剧本,那时一个弗洛伊德很难被阐明"[5]——而且并不是在德里达的《弗洛伊德与书写的场景》之前。

随着从海德格尔转向了弗洛伊德,德里达对阿尔托的主要任务的感受也经历了根本改变。在他努力"破坏……二元论的形而上学"[6]时,早期文章中的阿尔托(像海德格尔的尼采一样)主要是试图排挤掉我们受逻各斯支配的戏剧以及"它搬上舞台的形而上学"。[7] 对比之下,《残酷戏剧》中的阿尔托的主要关注点越过了

---

[1] 德里达(1978),218;参见同上,212。
[2] 同上,241。
[3] 引自同上,241;参见同上,220。
[4] 引自同上,241—242。
[5] 同上,241。
[6] 同上,175。
[7] 同上,185。

"再现的限制"进入到"一种绝对的和根本的场景"之中。① 因此，《戏剧及其替代物》的文本正像德里达本人的作品一样，成了各种"诱因"而不是"规则"。它们相当于一个"动摇了西方历史整体性的批判体系"，而不是"一篇有关戏剧实践的论文"。② 如我们所知，德里达所用的诱因这个词，是在古老的拉丁文 *sollicitare*[即"动摇一个整体，使整体颤抖"③]所具有的意义之上。

针对阿尔托所提出的主张并不是偶然的。在针对古典戏剧的目标时，他击中了一切都要通过再现或其孪生兄弟模仿而起作用的艺术形式——一种"普遍的结构中，每一个层次都要通过再现与其他所有层次相联系"。④ 照此，西方的古典戏剧是 *par excellence*[最卓越的]模仿艺术的形式。它成了在欧洲历史和生活的所有方面中关键因素的例证，甚至支配着"整个西方文化(其宗教、哲学、政治)"。⑤ 在"说明一种话语"时，⑥它复制了逻各斯——一切再现性的使生命加倍进入身体与灵魂、生存与精神之中的根源。简言之，古典戏剧是神学的，至少因为它的结构保存了以下要素中的任何一个：一个"作者与创造者"；一个再现了不在场的作者—创造者的文本；这种再现是借助再现者，即导演和演员，再现他自己以及"消极呆坐的观众，即旁观者、消费者、'窥淫者'"。⑦

这把德里达带回到了本章开头提出的那个关键问题。"如果

---

① 德里达(1978),234。
② 同上,235。
③ 德里达(1982),21。
④ 德里达(1978),235。
⑤ 同上,234。
⑥ 同上,236。
⑦ 同上,235。

还有可能的话,那么在什么条件下,人们可以超过、拆解或取代"①一种如此深刻地植入2000年以上的文化传统之中的艺术形式?或者更明确地说,阿尔托论述"戏剧及其替代物"的作品指出了这个方向吗?我们已经看到了德里达在《膨胀起来的词语》里的海德格尔式回答是一个有条件的否定。一方面,"[阿尔托的]话语的整个方面都破坏了一种生存于差异、异化和否定性之中的传统,而没有看出它们的根源和必然性";另一方面,阿尔托的破坏性努力"把它带回到了它本身的主题:自身的在场,统一,自我认同,自身等等"。因此,阿尔托所谓的"形而上学"无意中"实现了西方形而上学最深刻和最持久的抱负"。②

然而,阿尔托文本中的那种最终的"曲折",怎么会与海德格尔那里的尼采试图曲折地摆脱柏拉图主义如此相似?在肯定"残酷的……差异法则"的问题上,阿尔托就没有处在尼采的"形而上学的天真幼稚"之上吗?德里达晦涩的措辞方式既回避了明确的肯定,也回避了明确的否定。但是,他为人熟悉的有关形而上学实质上不可避免的论点的分量,显然是支持否定一方的。"阿尔托的文本"根本的"两重性",并没有指向形而上学之外,却需要一个"重要的同谋"来阐明"对一切瓦解性话语的必然的相关性:这些瓦解性话语必须进驻它们推翻了的结构,并在其中隐蔽一种对于充分在场、对于无差异的坚不可摧的欲望"。③

德里达的《残酷戏剧》就阿尔托的努力提出了一种比这更具有否定性的暗示。让我们耐心而警惕地仔细检查它的作者在很多场

---

① 德里达(1987b),9。
② 德里达(1978),194。
③ 同上。

第十七章 "延异"、弗洛伊德、尼采与阿尔托 463

合从自己的读者中所获得的东西。首先,根据那篇文章,阿尔托试图实现的是什么?有两个重要目标。最全面的目标是要创造一种非再现性的戏剧,它废除了再现在已经提到的各种意义上的多重形式。① 因此,倘若"残酷的再现"这种用法还有什么意义的话,那么它就必须争取"纯粹的可见性、甚至纯粹的感受性的自动呈现"。② 按照德里达的看法,阿尔托的第二个重要目标是要形成一种完全有助于这种视觉的和感觉的自动呈现的语言运用。肯定地说,语言所起的作用,不一定是在从形而上学开始以来习惯了的再现的和模仿的意义上,也不一定是在能指、所指和所指事物并置的普通用法方面被认为理所当然的意义上。阿尔托在这方面的谱系学姿态,是要返回到一个时代,"那时这个词语还没有诞生,那时表达不再是喊叫,但还不是谈论,那时重复[着重号为我所加]几乎是不可能的,连同一般的语言一起:概念与声音的分离,所指与能指的分离,发音与语法分离"。因此,阿尔托渴望一个在姿势与言说"由于再现的逻辑而被分离"之前的时代,一个在"语言起源前夕"之前的时代。③ 总之,"阿尔托的计划的深刻实质,他的历史形而上学的决定",就是"从总体上抹去重复"④的意图。

虽然我们暂时不对这种有关语言起源的假设故事的适当性作出判断,但我们在这里首先关注的是,德里达在评价、或者确切地说在重估阿尔托的事业方面的解释路径。为了显示出这种冒险的核心,我们已经强调了重复这个对于德里达分析阿尔托,以及对于

---

① 参见德里达(1978),237。
② 同上,237—238。
③ 同上,240。
④ 同上,245。

他的一般的理论建构来说很重要的词语。它是包括了"重复"(repetition)、"复述"(repeat)、"可引用性"(citationality)、"引用"(citational)、"可重复性"(iterability)和"可重复"(iterable)这个大家族中的一个,而后者是德里达所喜欢的新造词语中的另一个,这个词源于拉丁语 iter [再次],他把它与梵语的 itara [他者]或"其他"联系在一起。① 十分有趣的是,重复及其替代词的链条,在别的无情地自我取消的荒原中,如"延异"、"原书写"、"增补性"、"散播"、"药物"和"延异"等其他一些非同义的替代词语,突显为一些半肯定的概念。

因此,可重复性,又被称为转引,又被称为"引用的加倍",对任何陈述或表达来说都是启动的 sine qua non [必要条件],无论是"打赌……挑战"、使船下水,还是"嫁娶"。② 因为除了通过遵照一种可识别的代码或可重复的模式外,一种陈述或表达,比如使用语言,怎么可能被人理解?"例如,跨越语调、语音等等、最后是某种口音的经验主义的变异,我们会说,人们必须能够识别一种表意形式的同一性。"在"表意形式的这种统一性",而不是某种可重复性或"被复述的可能性"的背后,还有别的什么?③

如德里达指出的,既然相同的原则适用于"'经验'的总体性"及其先验的前提,那么可重复性的"先验性的价值或效果",可以说,由于可重复性所造成的运动,就"必然与""延异"或"原书写"的"可能性有联系",④这也是"'在'成为永恒重复之关键词的原因

---

① 参见德里达(1982),315。
② 同上,326。
③ 同上,318;参见同上,326。
④ 德里达(1982),318,316。

(*C'est pourquoi l'Etre est le maître mot de la répétition éternelle*)"。① 那么,阿尔托在希望"从总体上抹去重复"②方面,怎么可能获得成功? 鉴于德里达的先验的各种限定因素,这项事业的悖论性的不可能性,是不言而喻的。考虑到所有这些消除的企图,始终都已经要依赖于作为其 *sine qua non*[必要条件]的启动条件的可重复性,人们怎么可能消除可重复性。按照德里达的看法,阿尔托本人懂得这样"比其他一切都更好":他认为它'有待建立的'"残酷戏剧的'语法',始终都将是一种并非重复的再现的那难以接近的限度。"③

---

① 德里达(1967b),361/德里达(1978),246。
② 德里达(1978),245。
③ 同上,248。

第十八章　德里达的元先验论的"模仿"

关于艺术的起源,人们不一定要从审美情感等等开始:这些都是晚近的征兆,正如艺术家是晚近的征兆一样。相反,人类和动物都要以同样的方式寻求感性的愉快(*Lust*),并且在这种追求中都善于创造。道德起源于人类追求有用之时,也就是追求那种没有允诺任何直接的愉快或完全没有任何愉快的东西,但它们保证了对人类没有痛苦,尤其是为了一些有机体的利益。美和艺术都要追溯到间接产生的最丰富多样的感性愉快。人类已经跃过了动物交配季节的障碍,这使人类开始走上创造这些愉快的轨道。人类的很多感性愉快都是从动物(受到各种色彩刺激的孔雀,因歌唱而高兴的鸣鸟)继承(*angeerbt*)而来的。人类发明了毫不费力的劳作、游戏、没有合理目的的活动。徜徉于幻想,想象不可能的乃至荒谬之事,都会引起愉悦,因为它们是没有韵律或理性的活动。使人们的双臂和双腿动起来,是艺术冲动的胚胎。舞蹈是一种没有目的的运动。逃离厌倦是各种艺术之母。

VIII,431—432

模仿,盲目地模仿各种事物,是最典型的和最古老的人类活动……没有哪种动物像人类一样盲目地模仿。

IX,55

安托南·阿尔托写道,艺术"不是对生活的模仿"。① 德里达接着说,阿尔托像尼采一样,"想结束模仿性的艺术概念,[结束]西方艺术的形而上学在其中成为它本身的亚里士多德式的美学"。② 但是,可以预料,对德里达来说,这样一种简单的颠覆或颠倒,受到了各种不可避免的困境的困扰。他提出,"在一种突然的下降之中……颠覆模仿逻各斯论(mimetologism)……的一切企图",都只会导致"不可避免地和直接地倒退到其体系之中"。③ 更有甚者,尼采和阿尔托都只反对"模仿逻辑"(mimetology)或"洞穴存在论"(ontospeleology),把对柏拉图的各种理念的简单化化约强加给西方美学的,不是通过那位哲学家本人,而是通过柏拉图主义。他们并没有认真对待柏拉图的 *mimēsis* [模仿]——"一种可敬的力量之谜"④——他们与一种对模仿的片面解释进行角力,误解和歪曲了"双重的逻辑"。⑤ 他们所拥有的是思想家们"在柏拉图主义前夕"⑥的典型困境,如德里达按照夸张的海德格尔式的理路指出的,与柏拉图主义"在西方的黎明面前"拉上的"帷幕"一样。⑦

因此,德里达为自己选定的任务就是要重新拉开那些帷幕。德里达与尼采不一样,尼采重新评价了由柏拉图和基督教所完成的最初的价值重估,用海德格尔的话来说,德里达试图摆脱柏拉

---

① 德里达(1978),234。
② 同上。
③ 德里达(1981a),207。
④ 同上,40。
⑤ 同上。
⑥ 同上,107。
⑦ 同上,167。

图,凭借悖论性的力作,挖掘出柏拉图和其他形而上学家们更深刻的、虽然在很大程度上是偶然的意义,那些意义被隐藏在了柏拉图主义的硬壳和对它的简化之下。对德里达来说,就如对海德格尔来说一样,柏拉图主义代表了"西方哲学的整个历史,包括经常给它提供养料的各种反柏拉图主义"。① 相似地,"对文学之艺术的解释的整个历史已经变动了,被转变到了由模仿概念所展开的各种逻辑上的可能性的内部"。② 因此,作为模仿的文学"一直盛行到 19 世纪",③甚至盛行到了康德试图终结其规则之后。因为在贬低模仿方面,康德只是提倡一种更高的、在德里达式的意义上更为原创的模仿概念,它可以追溯到在浪漫主义时期复兴并广泛传播的"新柏拉图主义的 natura naturans[能动的自然]的概念"。④正如柯勒律治的《论艺术的诗歌》紧接着谢林的《论造型艺术对自然的关系》所指出的:"如果艺术家复制单纯的自然,即被动的自然,那是毫无价值的竞争!……相信我吧,你们必须把握实质,即能动的自然,它预示了更高意义上的自然与人类灵魂之间的结合。"⑤

在《经济模仿论》(1975)中,德里达声称在康德早期的《判断力批判》中发现了一些相同的见解,即使能动的自然的实际题目、"这个词语本身"在其中"从来就没有出现过"。康德也许谈到过想象是"非常有力的,可以说(gleichsam),是在它创造另一个自然之时",⑥

---

① 德里达(1981a),191;参见德里达(1981a),76。
② 同上,187。
③ 同上,139。
④ 艾布拉姆斯(1958),131。
⑤ 引自威姆萨特和布鲁克斯(1967),394——省略号为原文中的。
⑥ V,314/康德(1987),182;参见前文第 11 章,注释 84。

第十八章 德里达的元先验论的"模仿" 469

因而把谢林和柯勒律治那样的追随者引诱到了他们对能动的自然的思索之中。然而,他本人决没有沉湎于类似的理论建构。但是,不用担心。德里达一直都泰然自若,模仿在这里"并不是……两种创造物的关系,而是两种创造的关系……艺术家并不模仿自然中的各种事物,或者说,只要你愿意认为,并不模仿被动的自然中的各种事物,而是模仿能动的自然的过程……'真正的'模仿是在两个创造主体之间,而不是在两种被创造出来的事物之间"。再者,这种模仿不可避免地要受到谴责,与柏拉图对"模仿"的谴责并非不同,"它的特征始终都被刻画为奴性"。①

德里达在把海德格尔对于由能动的自然所激发起的模仿的思索强加于康德之时,他那种海德格尔式的解构的暴力,指向了其论证中的一种隐蔽的议程。用它的眼光来看,柏拉图成了承认"模仿"(mimēsis)是"类似于 pharmakon[药物]"并因此类似于 différance[延异]②的一种"令人敬畏的力量之谜"③的第一个人。接下来,按照海德格尔对康德的先验的想象力的"瓦解性"占用,康德就成了把模仿(mimēsis)从模仿论的逻辑、两千多年对其过度简单化中解救出来的第一位重要哲学家。

这种过度的简单化是由什么组成的,它是如何从柏拉图那里产生出来的?简短地说,存在着把某种最初类似于"延异"的东西,简化为一种严格的二元对立。一种"在模仿内部的内在分裂",一种 ad infinitum[无限的]"对重复本身的自我复制",④被变成了

---

① 德里达(1981b),9。
② 参见德里达(1981a),139,127,167。
③ 德里达(1981a),40。
④ 同上,191。

on[在场]与 logos[逻各斯]之间的一种简单的二元性。用德里达的话来说,"在场之物……与外表、形象、现象等等区别开来"。[①] 这样的二分导致了一种等级划分,于是在场被认为比逻各斯先在、更高、更真实、更实在,或者说,其他的一切都可以说是模仿在场。

无论这种等级划分在历史过程中是否受到了挑战甚至颠覆,比如说德马雷的挑战,他在其《诗艺》中认为,艺术创造出比它模仿之物更高的作品。在这些颠覆中仍然没有受到挑战的,就是"被模仿者与模仿者之间的绝对可区别性,以及前者对于后者的先在性"。[②] 同样不变的是在两者之间进行裁决的观点,无论是艺术被认为高于自然,还是自然被认为高于艺术。"无论这一方还是另一方更受偏爱……实际上正是这种……被模仿者的……先在,支配着对于'文学'的哲学的或批判的解释,否则就支配着文学写作的进行。这种显现的顺序,是一切显现的顺序……它就是真理的顺序。"[③]

就连海德格尔的作为一种"对被隐藏在遗忘之中的东西的去蔽"的"真理",也是由模仿的顺序决定的;否则 alētheia[无蔽]就大于并包括了被柏拉图主义普遍化了的相应计划,由此,"真理就是"事物与呈现之间的"一致……(homoiōsis[符合一致]或 adaequatio[符合一致])"。[④] 总之,在至今的整个美学史中,包括在海德格尔那里,模仿(mimēsis)都已经受到了"真理之过程的支配"。在他看来,这意味着"事物本身的呈现",它"没有任何外在,没有任

---

① 德里达(1981a),191。
② 同上,192。
③ 同上。
④ 同上。

何他者,必须被加倍……以便在其无蔽之中发光"。① 在由柏拉图主义所规定的狭义的模仿上,"模仿(mimēsis)确立了模仿者与被模仿者……之间的……一种关系,后者正是事物或事物本身的意义,是它显而易见的在场"。② 显然,德里达在寻找始终都已经先在的第三种模仿(mimēsis),并且使根据无蔽或符合一致对它的误解成为可能。他所追求的是那种"令人敬畏的力量之谜"③及其与"'延异'的真正之谜"、④"原初的重复"⑤和"生命的实质"⑥的密切关系。

他要使"模仿"与"延异"和可重复性结为一体,而不是与"模仿逻各斯论、再现、表现、模仿、说明等等"⑦结为一体,这些努力至少可以一直追溯到1967年。那一年的《论文字学》通过把卢梭论述语言的著作解构性地曲解为别的某种东西而不是它们所说的东西,从而透露出了这些联系中的一部分。卢梭就"模仿"无意中说出的东西,无意中看到的东西,或者说最多说过"没有得出结论"的东西吗?那就是"模仿,艺术的原理,始终都已经妨碍了自然的丰富性;它毫无疑问是一种话语,始终都已经被宣告了在'延异'之中存在着"。⑧ 这种原初的"模仿"与柏拉图主义的模仿之间的差别,类似于狭义笔迹学意义上的书写与一般书写之间的差别,或类似

① 德里达(1981a),193。
② 同上。
③ 同上,40。
④ 德里达(1982),19。
⑤ 德里达(1978),197。
⑥ 同上,203。
⑦ 德里达(1981c),87。
⑧ 德里达(1976),215。

于在始终都已经先在的意义上的"原书写"(archi-écriture)与使"线性的和语音的符号"[1]以及言说成为可能之间的差别。[2] 就实际的写作和模仿而言,卢梭适时地追随柏拉图通过贬低写作和绘画而谴责性地把两者等同起来。因此,如我们所知,对苏格拉底来说,在提供没有生气的和无法解释的对生动言说与真实事物的复制品方面,写作"的确类似于绘画"。[3]

在德里达看来,卢梭会"毫无保留地"同意这一见解,[4]虽然他无意中表明了比他所谴责的那些更多的写作、绘画和模仿。据称,这种情况在西方哲学传统内部是常见的。从整体上说,它相当于一出长达两千年以上的心理剧。它就像海德格尔的"在"那个不屈不挠的参孙的心理剧一样,他被我们的逻各斯中心论的传统所囚禁,由于他超常的力量和任性,他造成了悖论性的裂缝,出现在解构最终将把他从中解救出来的那座监狱里;否则,海德格尔的"在"就已经产生了一大批德里达式的囚徒的同道,如 archi-écriture [原书写]、archi-trace[本原踪迹]、mimēsis[模仿],以及德里达日益增加的、"延异"的大量"非同义的替代词";[5]或者如我们所见,海德格尔的筑墙围住、隐藏和遗忘,都已经成了一种弗洛伊德式的无意识的张力、神经症和压抑的过程——一种"被贬低的、被边缘化的、被压抑的、被取代的主题……历史,然而却从它仍然受到控制的那个地方施加持久的和无法摆脱的压制"。[6]

---

[1] 德里达(1976),109。
[2] 参见同上,142。
[3] 参见 521;《斐德罗篇》,275d。
[4] 德里达(1976),292。
[5] 德里达(1982),12。
[6] 德里达(1976),270。

第十八章 德里达的元先验论的"模仿" 473

德里达虽然承认这样的压抑最终来自柏拉图,但他也强调后者的文本,只要受到一种解构性的解读,就会让我们窥见到他试图释放的那个囚徒。这里的方法与用于卢梭的那种方法一样。它的展开是通过把那个被俘获者置于作者的话语看来要压制的一个或几个条件中,而那些条件再从这种压制之外,在那文本的逻各斯中心的表面施加它们破坏性的压力。在卢梭那里,那个难以控制的囚徒是增补,在柏拉图那里则是"药物"(pharmakon),在康德的《判断力批判》中是"边饰"(paregon)和"呕吐物"(vomit)。德里达打算在一篇单独的论文《在掷骰子的两面之间》中阐明这些联系,它要考查柏拉图"在《理想国》里对图画式的模仿的著名指控",① 以及他在总体上"极为复杂的……模仿论体系"。② 但显然,这个计划从来就没有实现。相反,我们在 1968 年的《柏拉图的药店》和 1970 年的《双重会议》中,看到了对这两个论题的更加折衷的处理。

德里达承认,"柏拉图经常怀疑'模仿',并且几乎总是宣布模仿性艺术不合格"。③ 当然,这方面最著名的例证,就是他在三种床之间所做的区分,一种床是由神创造的,第二种床是木匠根据神的模子造出来的,并且是不完美的,第三种床是木匠之床的摹本,由画家所创造,与神的床隔了两层。④ 他也注意到了在这种研究中早已涉及的、受柏拉图对图画式模仿论的重要指控影响的各种相关领域。⑤ 一个领域是一般的悲剧和诗学,⑥ 另一个领域是当代

---

① 参见德里达(1981a),137,注释 62。
② 同上,186。
③ 同上,191。
④ 参见 824;《理想国》,599a。
⑤ 参见前文第 1 章,注释 60 以下。
⑥ 参见 822;《理想国》,597e;参见德里达(1981a),138。

风景画或 *skiagraphia*[布景绘制],[1]第三个领域是在柏拉图的 *sophronisterion*[节制的牢房]中或者要被处死、或者要被洗脑的"魔法师和咒语瓶"[2]的模仿戏法,这证明是不成功的。[3] 如我们已经看到的,柏拉图对再创造的模仿论的指控,其中就包括绘画的孪生兄弟写作,在某种程度上,它比起它的同类来处于更加糟糕的情境中。因为"写下诗歌的模仿已经创造出的那种形象",就像从真正的现实"走向距离的第四个等级"。[4] 最后,还有各种语言学上的"名称",它们通过提供单纯的"事物……的相似性和形象",[5]成了接近现实的一种不可靠的手段。因此,如苏格拉底解释说的,"对各种事物的认识并不是来自于名称"。相反,各种事物"必须照它们本身来研究和考查"。[6] 简言之,德里达为我们提供了一份记录了柏拉图对于模仿的否定性倾向的引述的真正名单。

然而,它们大多都承认了,德里达急于强调说,柏拉图"并没有时时处处都在谴责'模仿'(*mimēsis*)"。[7] 尽管他不相信图画式的模仿论,但"他从来就没有把真理的去蔽、*alētheia*[无蔽]与 *anamnēsia*[回忆]的运动"[8]或对真正现实的"认识的自发恢复"[9]区分开来,它要依赖于它自身的那种"模仿"。因为这种 *anamnēsia*[回忆]包含了一种"运动……通过它,*phusis*[译按:希

---

[1] 827,832:《理想国》,602c—d,607c;参见德里达(1981a),139—140。
[2] 德里达(1981a),97。
[3] 参见 1464:《法律篇》909a。
[4] 德里达(1981a),138。
[5] 473:《克拉底鲁斯》,439a;参见 457:《克拉底鲁斯》,423a 以下。
[6] 473:《克拉底鲁斯》,439b;参见德里达(1981a),188,注释 17。
[7] 德里达(1981a),138,注释 63。
[8] 同上,191。
[9] 370:《美诺篇》,85d。

第十八章 德里达的元先验论的"模仿" 475

腊语'自然'〕没有任何外在,没有任何他者,必须被加倍……以便从它本身偏爱的地穴中出现;以便在它的无蔽之中发光"。① 更明确地用德里达的词语来说,在柏拉图那里有两种"模仿":一方面,是"糟糕的"或"怪异的"②"模仿",如在"偶像、幻觉、模拟物"③中造成的机械记忆或 hypomnesia〔译按:"记忆减退"〕;④另一方面,是"好的"或 eikastic〔译按:"似真的"〕⑤"模仿",一种精神的 graphē〔诉讼〕或 en tēi psuchēi〔为了你的生活〕的写作,⑥产生出真正的、生动的记忆或 mnēmē〔记忆〕,⑦就像包含在 anamnēsia〔回忆〕中的一样。"模仿"因此变成了一种同等的双重的可重复性,即经验的与理想的可重复性,前者为感觉的感知提供了前提,后者则提供了对于 eidos〔本质〕的启示,或者对于"按其同一性能被模仿、复制、重复"⑧之物的启示。"因此,一方面,重复就是那种倘若没有它就没有真理……以理想性的可理解的形式……但是,在另一方面,重复……是对感官来说成为可感知的可能性:非理想性。这是站在非哲学、糟糕的记忆、记忆减退、书写一边的。"⑨

是谁在这里发言?是一个德里达式的柏拉图,还是一个柏拉图化的德里达?错误地援引柏拉图的第二封信,⑩也许就是答案:

---

① 德里达(1981a),193。
② 同上,186,注释 14b—c。
③ 同上,168。
④ 参见同上,91。
⑤ 参见同上,186,注释 14。
⑥ 参见同上,154。
⑦ 参见同上,91。
⑧ 同上,111;参见同上,123:"eidos〔本质〕就是那种始终都可以作为同一而被重复之物。eidos〔本质〕的同一性和不可见性是其要被重复的力量。"
⑨ 同上,168—169。
⑩ 参见 1567:《书信 13 封》,II,314c。

"一个修饰过的和后现代化的柏拉图"。《柏拉图的药店》的如下段落甚至提出了更多的问题。受到谜一般的悖论和非创新词之外的难解新词的重压,这就是德里达日益拜占廷式的散文的特征。由于他首先杜撰了、然后详细阐述了"延异",所以他的解构性审问的各种策略,已经合并成了一种独特的技巧,同时他的有大量同义词的术语学还在不断扩展,因为德里达一直在一些作者那里,诸如在柏拉图、亚里士多德、卢梭和弗洛伊德那里,发掘可以互换的"延异"的替代词语:*pharmakon*[药物],*hama*[一起,突然],*supplement*[增补],*Nachträglichkeit*[追溯]等等。这些就是他不得不就"延异"所说的话,又被称为增补性,又被称为"药物",又被称为柏拉图那里的可重复性。

> 按照增补性的图形显示过程,这两种类型的重复彼此相关。这意味着人们不再可能把它们彼此"分开"……而只能在"药房"里区分药物与毒药、善与恶、真实与虚假、内在与外在、重要与致命、第一与第二等等。在这种原初的可逆性内部来看,"药物"都是"同样"的,正因为它不具有任何同一性。而同一则像增补一样。或者说,处在"延异"之中。①

对延异、药物、增补性和可重复性适用的,对模仿同样适用,即使实际上不是延异的一种替代物,至少类似于替代物。② 假定"模仿内部的内在划分"等同于 *ad infinitum*[无限的]"对重复本身的

---

① 德里达(1981a),169。
② 参见同上,139,169。

自我复制",①

  那么模仿就在埋没它本身时肯定了它的实质并使之更加锐利。它的实质就是它的非实质……既然（去）错被铭刻在它内部，那么它不具有任何本质；没有什么完全是它自身的。矛盾的、通过掏空自身、立刻掏空了善与恶而同自身游戏——不可确定地，模仿就类似于药物。没有任何"逻辑"，没有任何"辩证法"，能够彻底破坏它的储藏，即使各自都必须无止境地利用它，通过它来寻求自信。②

不用说，这走向了西方哲学和美学就模仿所教给我们的一切的反面。在这里，"模仿"始终都被认为晚于它所复制之物。不管自然是否如康德所认为的高于艺术，还是如黑格尔所认为的艺术高于自然，都仍然存在着"被模仿者与模仿者之间的绝对的可区别性，以及第一对第二的先在性"。③ 现在，在德里达对柏拉图的理解中，这种顺序已经被颠倒了。因此，"药物"或"一般的书写"，据说柏拉图把它们解释为"一种模仿，对生动的声音或在场的逻各斯的一种复制"，④成了"先在的媒介，一般的区别从其中产生出来，连同 eidos[本质]与它的他者之间的对立一起"。⑤ 根据他浅薄的说教的意图，柏拉图也许试图通过把好的或忠实的模仿与坏的或

---

① 参见德里达(1981a),191。
② 同上,139。
③ 同上,192。
④ 同上,185。
⑤ 同上,126。

不真实的模仿区分开,而把"*mimeisthai*[译按:'表演式模仿']的'内在'两重性"(或者"模仿者与被模仿者的关系"[①])"一分为二"。但是,他对"药物"和类似词语的悖论式的使用,道出了一种不同的内情。按照后者的看法——那就是说,如德里达所警告的,如果他的解读将"确证它本身"[②]的话——那么"药物"就"构成了"柏拉图决定反对两种模仿的原初的矛盾对立[③]和原书写[④]的"原初的媒介"[⑤]——"那种先于它、理解它、超越它的要素,绝不可能被变成它"。[⑥] 它成了"差异的'延异'",[⑦]黑格尔把这叫做"艺术被隐藏在了人类的灵魂深处",[⑧]或者在黑格尔之前的康德把它叫做"创造性的想象力",能够创造出"可以说(*gleichsam*),另一个自然"。[⑨]

柏拉图本人曾经明确阐述过这些理论吗?为了表明他所做的,德里达把《斐利布篇》38e—39e 当作自己的主要文本之一。德里达断言,这个文本"实际上没有提到模仿的名称",却通过提及"模仿内部的一种内在划分","说明了模仿的系统"。[⑩] 如我们早已看到的,这种划分类似于"对重复本身的一种自我复制;*ad infinitum*[无限的]"。那么,德里达也许会得出结论说,"始终都存在

---

① 参见德里达(1981a),186,注释 14,190。
② 同上,99。
③ 参见同上,186,191。
④ 参见德里达(1976),92。
⑤ 德里达(1981a),99。
⑥ 同上。
⑦ 同上,127。
⑧ 德里达(1982),79,注释 8;德里达(1981a),126,德里达在这里援引黑格尔所说的是"艺术隐藏在了灵魂的深处"。
⑨ 参见德里达(1982),79;V,314/康德(1987),182(参见前文第 11 章,注释 84);本宁顿和德里达(1993),272 以下。
⑩ 德里达(1981a),183。

第十八章 德里达的元先验论的"模仿" 479

着不止一种模仿……似乎正是它本身注定了要模仿或掩饰它本身"。① 使他把《斐利布篇》38e－39e 与模仿联系起来的是,柏拉图所提到的存在于我们灵魂中的两种艺术家。第一种是内在的抄写、书写,"可以说",这些词语通过把它们变成真实的或虚假的"意见和主张",从而表明了"伴随着记忆与感觉的情感"。② 当作者成为一位画家之后,他就描绘了"那些主张的图画"。③ 这就是由于记忆,"可以说"我们在自己身上看见了"那些意见和主张的"图画或意象的原因,哪怕是在最初引起它们的那些感觉处于如此遥远的过去、以致我们对它们的记忆"脱离了视觉或其他感官的活动"之后。④

苏格拉底解释了心灵在恐惧或快乐的期待时能够形成"关于未来的预料中的愉悦和痛苦"⑤的意象的原因,由此把一种变体引入思想的这种结果之中。因此,柏拉图谈到的,是投射到一种明显的心理学意义上的、被认为是"书写和描绘"想象的未来事件的期待和理解。⑥ 柏拉图在谈到"在我们的灵魂中书写词语"⑦以及随后的"书写和描绘"⑧时,两次使用了"可以说",同样,他再三强调了苏格拉底所说的话与"涉及未来的期待"⑨的关系。但是,对德里达来说却不是这样。这里讨论的主要问题完全不同,可以预料,

---

① 德里达(1981a),191。
② 1118－1119:《斐利布篇》,39a。
③ 1119:《斐利布篇》,39b。
④ 同上。
⑤ 1119:《斐利布篇》,39d。
⑥ 参见 1119:《斐利布篇》,39d。
⑦ 1119:《斐利布篇》,39a。
⑧ 1119:《斐利布篇》,39d。
⑨ 1119:《斐利布篇》,39e。

对他来说很艰难。他解释说:"困难在于认为被模仿者可能仍然与模仿者有关,认为意象可以先于模式,双重可以先于单一。"①人们想知道,有可能成为一种严格的想象性预期的心理学过程的东西,可能与一种像"模仿"的"原书写"的拟认识过程相同,始终都已经先在,并且能够使事物在常规的模仿中被复制。

德里达用于相似目的的第二个文本是《政治篇》的309c—310a,②这段文本在这里同样与这个问题相关。我们记得,他把"药物"(或产生出区别的"先在媒介")定性为康德的创造性想象力和黑格尔的"隐藏在灵魂深处的艺术"的一个先例。③ 一个所谓的、早期的类似情况,是柏拉图把一种所谓的"法宝[药物]"(纯粹知性的构想通过它来安抚真正的立法者),与一种"同神最相称的保证"(能够形成对这项颁布法律的庄严任务来说必需的美德的结合)联系起来。他在这方面所想到的,似乎又一次远离了德里达对之读解的那种矛盾。立法者和政治家怎样形成"一种基于绝对真理的见解,而那见解又被确立为一种不可动摇的信念",即相信"什么是善、正义和有益,什么是其对立面"呢?柏拉图的回答是:凭借"不同寻常的灵感"的力量,"纯粹知性的构想"或"神性的显现"。还有,这种灵感只可能出现在那些"超自然世系"的人们身上,至少只可能出现在那些"从最早开始就具有高贵天性的"人们身上。因而,这种"法宝[药物]"和"神一般的结合"形成了一个词汇链上的两个连接点,这根链条通过"这种信念"、"这种对于真理的坚定信念"、"这种馈赠"、"这种真理"、"这种结合"和"真正的信念的这种

---

① 德里达(1981a),190,着重号为作者所加。
② 参见1082—1083:《政治家篇》。
③ 德里达(1981a),126。

结合",回忆起了立法者由神所激发的"基于绝对真理的见解,而那见解又被确立为一种不可动摇的信念",即相信"什么是善、正义和有益,什么是其对立面"。相反,对德里达来说,那"法宝[药物]"和"神一般的结合"直接指向了"延异",或者指向了更早的康德的创造性的想象力和黑格尔"隐藏在灵魂深处的艺术"。因此,这就是他在谈到"法宝[药物]"和"神一般的结合"时据说他所想到的东西。在某种意义上,柏拉图思考过、甚至阐述过这种矛盾。但是,他这么做是顺便的,偶然的,谨慎的:与在美德内部对立面的结合有关,而与美德同其对立面的结合无关。①

考虑到他关于《斐利布篇》38e—39e 和《政治篇》309c—310a 的主张空洞贫乏,令人吃惊的是,《柏拉图的药店》没有对柏拉图的第三个文本《蒂迈欧篇》48e—53c 作更多的解释,该书甚至就像更为传统的柏拉图学者所作的解释一样,至少部分地屈从于德里达所追求的那种解释。② 在这里,柏拉图通过对话的主角,似乎要亲自创造一个新鲜的起点。就此范围来说,他区分了存在的两个重要领域,一个是"有知解力的和始终同一的模式",另一个是"形成的和可见的惟一的模仿模式"。此刻,他感到不得不引进第三个形成的领域,"它难以解释,几乎看不见"。这个文本进一步表达了在这种研究中的柏拉图的困惑混乱的标志。蒂迈欧在把这个第三种领域描述为"一切起源的容器,在某种意义上是保姆"之后,感到他

---

① 参见德里达(1981a),126。
② 德里达不断返回到柏拉图的 *khōra*[场所],尤其是在(1995a)87—127 中,它详细阐述了在《散播》中所提出的主张,就像在《斐德罗篇》里对那一著作的解释一样,他对"场所"的理解显得是用空前的方式,形成了一个迄今为止未被赏识的《蒂迈欧篇》的"有机论的"统一体的一部分(参见德里达[1995a],113 以下)。

必须担负起"用更加清晰的语言来表达[自己]"的"艰巨任务"。

这种努力具有一段史前史。阿那克西曼德曾经对从前把世界的起源追溯到水、火、空气、泥土那些单一元素的宇宙演化论表示不满,引进了一种较少不稳定的、但也不可判定的 archē[本原,始基],即 to apeiron[无限定]或"那种内在极大、毫无内在差别的东西"。① 蒂迈欧确定那四种元素"过于不稳定,以致无法停留于这样一些表达法之中,如把它们说成是持久的言说的'这种'、'那种'……或其他任何方式",对一种相似的不可确定的、然而却持久的媒介做出了决定,即"各种元素在其中各自成长起来,显现出来,然后衰退"。② 他同这种见解进行了斗争,"做出了另一次努力,要更加清楚地解释[他的]意思",靠的是拿这种媒介与黄金进行比较,虽然黄金的形状在金匠进行铸造时就一直处在"变化的过程"之中,但黄金在实质上仍然是相同的。③ 他接着说,同样的论点适用于"普遍的自然",④ 又被称为"一切起源的容器,某种意义上的保姆",⑤ 即在她虽然被对她进行加工之物所搅动和改变、却仍然在实质上是同一的意义之上。⑥

"当一切感觉由于一种欺骗性的理性而不在场时",各种界定和类似物才扩散为蒂迈欧所探索的那种"几乎不真实的"神秘物,才可能为人所理解,就像在梦中一样。进入其中的单纯的"身

---

① 引自柯克和拉文(1975),109。
② 1177:《蒂迈欧篇》,49e。
③ 1177:《蒂迈欧篇》,50a—b。
④ 1177:《蒂迈欧篇》,50b。
⑤ 1176:《蒂迈欧篇》,49a—b。
⑥ 参见 1177:《蒂迈欧篇》,50c。

第十八章 德里达的元先验论的"模仿"

体"①和"印象"突然间都成了"以一种奇妙和神秘的方式按照它们的模式铸造的永恒真实的相似物（mimēmata）"。这似乎暗示了某种顺序：首先是"永恒真实"，然后是"形式"或"[那些]永恒真实的相似物（mimēmata）"，最后是创造与破坏、生与死，因为这些mimēmata[相似物]"进入和退出"普遍的自然。紧接着这一点，蒂迈欧提出了另一种三重差别，相似地被命名为父亲、母亲（也可以叫做保姆、容器、普遍的自然）和儿子："首先，它处在产生的过程之中；其次，产生在它之中发生；再次，所产生出来的东西是天然创造出来的类似物。"②就那容器而提出的另一种类似物（由于《蒂迈欧篇》而使人想起人类心灵就像一块蜡烛（ekmageion），记忆把感知和观念烙印在它之上③），属于那种由"烙印在其表面上的"东西所塑造成的无形之物。④ 这种"可塑的实体"⑤接着可以与近似于没有气味的、散发出香味的"液体物质"相比拟。⑥

在简短地提出了"我们习惯于言说的知性形式"是否追逐一切"完全虚无、并且仅仅是名目的东西"的问题之后，蒂迈欧重新肯定了他对于两种自然的信念。一方面，存在着"没有被感觉感知到、只被心灵所理解到的"自然存在的、不可破坏的和"自我存在的观念"，在另一方面，存在着"另一种自然……被感觉所感知，被创造，始终处于运动中，在合适时形成，在不合适时消失，能被见解和感觉所理解"。蒂迈欧再一次为这两种自然增加了"第三种自然"。

---

① 1179：《蒂迈欧篇》，52b。
② 1177：《蒂迈欧篇》，50c—d。
③ 参见 897：《泰阿泰德篇》，191c；格思里(1987)，V，263，注释 3。
④ 1177：《蒂迈欧篇》，50e。
⑤ 格思里(1987)，V，263。
⑥ 参见 1177：《蒂迈欧篇》，50e；1178：《蒂迈欧篇》，51a—b。

这一次,它被叫做空间(khōra[场所]),它是永恒的,不允许任何破坏,为形成的一切提供了一个"席位"(ezra)。"当一切感觉由于一种欺骗性的理性而不在场时",[1]它就是一种几乎不真实的和很难"理解的"媒介。紧接着的是进一步对于宇宙起源的思索:"存在、空间和产生"现在被说成是"在天堂面前以三种方式存在着",[2]"产生的保姆"或"接收的容器"被比做一种"风选机",它从四种元素以及"表明了它们本身的模糊踪迹的……火、水、泥土和空气"之中,筛选出从前不平衡的和混乱的相互关系。只有在此之后,上帝才"用形式和数塑造了它们",把"不美好的事物"变成了"尽可能最美好的"事物。[3]

甚至自亚里士多德提出有关它的各种问题以来,《蒂迈欧篇》48e—53c 已经成了一直延续到今天的一个论争的目标,[4]而且不太可能得到解决。因为除了其他一切之外,柏拉图的扩散部分调动了各种矛盾的隐喻、明喻和论证,试图捕捉到第三种自然,除了各种观念以及对它们的模仿反映出了人们试图解答不断使他们为难的那个谜的强迫性努力之外。如果"普遍的自然"等于一种被动的、无形式的和不可见的空间(khōra)的话,那么它怎么可能在一方面"充满各种力量",[5]而在另一方面又带有"可理解性"?[6] 如果进入它的是"相似性"或"一切永恒存在的类似性"[7]而不是真实性

---

[1] 1178—1179:《蒂迈欧篇》,51c,51d,52a,52b。
[2] 1179:《蒂迈欧篇》,52d。
[3] 1179:《蒂迈欧篇》,52d—53b。
[4] 参见博伊姆克纳(1890),110 以下;格思里(1987),V,263,注释 1。
[5] 1177:《蒂迈欧篇》,50b;1179:《蒂迈欧篇》,52d。
[6] 1178:《蒂迈欧篇》,51b。
[7] 1177:《蒂迈欧篇》,50c;1178:《蒂迈欧篇》,51a。

第十八章 德里达的元先验论的"模仿" 485

本身,那么人们怎么可能解释从 eidola［原子］到 mimēmata［相似物］的转变,因为"产生的保姆"似乎提供了一种理想的媒介？或者说,那四种元素的"形式"如何被同样的保姆所接受,[1]（在上帝"凭借形式和数"[2]把秩序放进这个过程之前）如何有别于"永恒真实的相似性"[3]的各种形式？在一大堆尚未解决的各种问题中,惟一没有被追问的就是：始终都已经在对其模仿之前存在着的、[4]先于后者沉浸于"一切起源的保姆"[5]之中的永恒模式的优先性。

然而,这正是德里达要质疑的。只要支持他的论点,即《蒂迈欧篇》48e－51b 证明了柏拉图承认一种像"延异"一样的 khōra［空间］"超越一切'柏拉图式的'对立面"（如 eidola［原子］与 mimēmata［相似物］之间的对立）,指向了"原初刻写的疑难"[6],那么他就不得不把对立面曲解为柏拉图的文本。如在《蒂迈欧篇》中那样,世界的起源并没有遵循一种 eidola［原子］—mimēmata［相似物］的顺序——以及后者沉浸于"容器"或"一切起源的保姆"之中,而是相反；它成了"一种踪迹,即一种容器。它是一个母体、子宫或容器,它决不会、在任何地方都决不会以在场的形式或形式的在场出现,因为这两者早已在母亲内部预示了一种刻写。无论如何,在这方面,那种被有点笨拙地叫做'柏拉图的隐喻'的措辞的转折,都是惟一的和不可化约的手迹"。[7]

---

[1] 参见 1179：《蒂迈欧篇》,52d。
[2] 1179：《蒂迈欧篇》,53b。
[3] 1177：《蒂迈欧篇》,50c。
[4] 参见 1175－1176：《蒂迈欧篇》,48c。
[5] 1176：《蒂迈欧篇》,49b。
[6] 德里达(1981a),160。
[7] 同上,159－160。

无论如何吗？惟一的和不可化约的手迹吗？"'场所','地点',事物'在其中'出现之所,它们'据以'显现之所,'容器','母体','母亲','保姆'",德里达接着说——"所有这些表达法都使我们想到了空间,它包含了各种事物"。① "但是,稍后,它成了一个'表达的承载者'、无形的'基础'的问题,成了制造香味的人可以据以确定气味的完全没有气味的实体,成了珠宝匠可以在其上印下各种各样形状的柔软的黄金。"② 稍后吗？"容器"③与黄金④和无气味的实体⑤的比较,是跟在这些对于场所（khôra）的讨论之后的吗？⑥ 或者说,这些所谓的后来的隐喻,与其他的相比,还是"手迹"吗？

德里达艰难地前进着,没有被吓住。"这里有一个段落,超越了所有'柏拉图式的'对立面,走向了原初刻写的疑难。"德里达接着援引了《蒂迈欧篇》的48e4－49b1;50b7－50e1;51a4－51b2。⑦ 后者具有一个单一的、明显是手迹的隐喻,tupothenta［样式,典范］,来自书写的 tupos［样式,类型］或印迹,⑧如德里达通过《理想国》402d 所证明的,"除了其他许多例证之外"（它们仍然没有被命名）,它"以同样的针对性适用于书写的印迹和作为模式的 eidos［本质］"。⑨ 德里达将其本身加上括号的这个希腊词,出现在蒂迈

---

① 德里达(1981a),160。
② 同上。
③ 1176:《蒂迈欧篇》,49a－b。
④ 参见 1177:《蒂迈欧篇》,50a 以下。
⑤ 参见 1177:《蒂迈欧篇》,50e 以下。
⑥ 参见 1178:《蒂迈欧篇》,52a－b。
⑦ 参见 1176－1178:《蒂迈欧篇》。
⑧ 参见德里达(1981a),104。
⑨ 同上,112－113。

欧谈到通过"永恒真实的相似性（*mimēmata*）"在"普遍的自然"内部铸造成的"样式（*tupothenta*）"的地方。① 这个手迹的隐喻，足以提出它使整个文本"超越了所有'柏拉图式的'对立面，走向了原初刻写的疑难"吗？所援引的、谈到 *khōra*［空间］和像梦一般理解它的欺骗性之理性的《蒂迈欧篇》的 52b－c——并没有使用单一的手迹的隐喻——对柏拉图来说，证实了刻写"因此是在创造儿子的同时构成了结构性"这个结论吗？② 或者说，在同样的引述中仅仅提及 *khōra*［空间］③就保证了断言"*khōra*［空间］随着一切被分散而变大"吗？④

德里达在这里急于要对我们说的，得到了一个门徒的详细阐述。对 G.本宁顿来说，*khōra*［空间］与"药物"有关，尤其是在预示了康德创造性的想象力以及黑格尔的"隐藏在人类灵魂深处的艺术"的方面。⑤ 从"某种观点"来看，本宁顿得意洋洋地接着说，"整个德里达都已经'处在'了柏拉图之中"。⑥ 人们不可能同意这种说法，虽然很难出于相同的理由。同时，本宁顿远远不是惟一要让德里达之外的德里达走相似路线的一个人。举两个著名的例子，几年前，保罗·德·曼努力要表明，早在德里达在《论文字学》中解构卢梭之前，卢梭就已经解构了他自己。⑦ 甚至更早一些，有 J.H.米勒的《解构解构者》，这部书认为伟大的文学作品都有可能

---

① 1177：《蒂迈欧篇》，50b,c。
② 德里达(1981a)，161。
③ 参见 1178－1179：《蒂迈欧篇》，52b－c。
④ 德里达(1981a)，161。
⑤ 德里达(1982)，79，注释 8。
⑥ 本宁顿与德里达(1993)，273。
⑦ 参见德·曼(1983)，102－141——尤其是 111－141。

走在对它们进行分析的德里达式理论家们的前面,对它们自身实施"解构行为,用不着来自批评家的任何帮助"。[1]

就德里达的解构性推断的所有折中的暴力而言,他是较为谨慎的。比如说,他没有详细告诉我们柏拉图如何"思考乃至阐明"[2]像原初的"模仿"、"药物"、"空间"或"延异"那样的概念,却声称要揭示柏拉图所说的、而实际上却没有说出来的东西,通过发掘被隐藏在柏拉图的实际著作的"逻各斯中心论的'内容'"[3]之下的"意义链",[4]这是一种自《论文字学》以来为人所熟悉的海德格尔式的考古学动机。然而,解构卢梭和解构柏拉图也显示出了一种差别。同或多或少清晰地界定了的卢梭想说的话与他不知不觉说过的话之间的差距相比较,类似的差距在柏拉图那里就较小。德里达所追逐的那根隐蔽的意义链条,也许被"隐藏了,并且在一种微不足道的程度上,即使有这样的事情存在,也对作者本人隐藏了"。然而,"尽管有它的隐蔽性,尽管它可能躲过柏拉图的注意,但[它]仍然……经过了在文本中可以看见的某些可以发现的存在点"。[5]乍一看显得是偶然约束的东西,也许与所有故意设计的东西一致。虽然柏拉图没有明显展现出他的"解构者""试图逐步发掘"的那根意义链条,但他可能也在"玩弄"那种悖论性的"由'语言'施加于他的话语的各种约束"[6],因而使德里达极其渴望越过

---

[1] 米勒(1975),31。
[2] 德里达(1981a),126。
[3] 同上,158。
[4] 同上,129。
[5] 同上,129;参见同上,96:"因而,再一次,在其他情况下,柏拉图可能没有看出这些链接点,可能把它们置于了隐蔽处,或者把它们分解了。"
[6] 同上,129。

柏拉图明确的、逻各斯中心论的学说而窥见某种东西。

为了证明自己的观点,德里达致力于一种新亚里士多德式的对于《斐德罗篇》的解读,这篇论著很奇怪地与习以为常的对于这些"新的批评"实践的不屑一顾不一致。这种解读要追求一种双重目标。德里达在试图证明柏拉图没有"简单地谴责作家的活动"、确实"参与了拯救写作"[1]的同时,也打算洗刷这种对话在两千多年中被"糟糕地构成"的耻辱。[2] 正好在其开头时,存在着"柏拉图所具有的使人晕眩的影响……使他自己"在游戏中"严肃地对待游戏",[3]这种动机在想象上创造了"它的后来的报应";[4]然后,在"这种对话正好算计出的核心——读者可以计算各种路线——提出了写下语言(logography)的问题";[5]或者更一般地说,有柏拉图权威性的证明,它"立刻以顺从、反讽和明智肯定了它自身又抹掉了它自身"。[6] 总之,对于从表面上说显得是一种回想的写作的讨论,"被严格地叫做从《斐德罗篇》的一端走向了另一端"。[7] 在"差不多二十五个世纪"和无数"盲目的或非常迟钝的理解"把它理解为一种"写得很糟的"[8]对话之后,由于德里达解构性的解读,《斐德罗篇》终于恢复了它那"严格的、可靠的和精细的形式"。[9] 尽管如此,德里达的论证的大部分都停留在追踪与"药物"有密切联系的

---

[1] 德里达(1981a),67。
[2] 同上,66。
[3] 同上,67,157。
[4] 同上,67。
[5] 同上,68。
[6] 同上,67。
[7] 同上。
[8] 同上,66,67。
[9] 同上,67。

词语领域,意思为毒药和治愈两者。这种矛盾据说囊括了柏拉图在一种无限归于"延异"方面的明确的论证思路,事情就这样继续下去,这就是有可能首先造成柏拉图的二元的、逻各斯中心论的断言的原因。如果"药物"是"矛盾的",那么它就是"在这种被柏拉图终止了的对立面或差异的游戏或运动的基础之上……它就是差异的'延异'"。①

我们已经看到了,在一种先于与真正的真实隔了三层的模仿(甚至先于 *en tēi psuchēi*[为了你的生活]②的模仿,或者先于被直接"写入初学者灵魂里"③的东西的模仿)的媒介的、德里达式的意义上的"模仿",成了德里达认为要从柏拉图的话语的更深层面挖掘出来的意义链条上的另一个重要环节。如我们所发现的,"模仿"在这个层面上"类似于'药物'"。④ 苏格拉底,尤其是他以"修饰过的和现代化的"⑤姿态出现在柏拉图的对话里时,被塑造成了在表演一个类似的角色。德里达在这方面的论点对于详细的解释来说过于复杂。简单地说,苏格拉底在被叫做"药剂师"(*pharmakeus*,或巫师)时,与"毒药"(*pharmakos*,或巫师、毒害者和替罪羊)有联系,即使柏拉图从来就没有使用过这个词语,适合于德里达把苏格拉底在他的雅典同胞手中被处死描述为一种替代"一个城市的过失去赎罪"⑥的行为。换句话说,正如无法判定的"药物"必须被逐出以便为逻各斯中心论严格的二元对立留下空间——

---

① 德里达(1981a),127。
② 参见同上,154。
③ 521:《斐德罗篇》,276a;参见德里达(1981a),148;也可参见诺里斯(1987),54。
④ 德里达(1981a),139。
⑤ 1567:《书信13封》,II,314c;参见德里达(1981a),170。
⑥ 德里达(1981a),132,注释59。

第十八章 德里达的元先验论的"模仿"

样,因而"药剂师"苏格拉底及其"导致这些悲痛或减轻它们"[1]的双重礼物,也必须被排除。换言之,如果在它们最深刻的、解构性地挖掘出来的层面上来理解,柏拉图的对话把苏格拉底呈现为"延异"的一个散播者,在柏拉图本人开玩笑地提出的元先验论的意义上,又被称为"药物",又被称为"模仿"。

读者也许还记得我对柏拉图的"修饰过的和现代化的"苏格拉底的讨论,比如说,他是一个非常不同于在色诺芬那里的与他同名的人物;这个人狂热地试图颠倒和重估他那个时代流行的异教价值,麻痹、毒害和彻底搜查了那些受到其影响的人们;这个令人费解的人亲自使与他不同的、其他的、更加普通的和正直的人们变得困惑茫然;这是一个在他的时代不承认原初尼采式的卡里克利斯的真实性之前的基督教道德家;最后,苏格拉底这个天真的殉教者,就像一个被钉上十字架的异教的预兆一样,很有耐心地接受了一种不公正的惩罚。

德里达探讨的话题多半相同,但却具有完全不同的效果。它全都在这里。苏格拉底这只"刺人的牛虻",[2]使人麻木的"直接刺激的光线",[3]乃至把他间接地描绘为留下自己的刺的蜜蜂。[4] "苏格拉底的叮咬比蛇的叮咬都要厉害,因为它的痕迹侵入了灵魂"。他的话像毒蛇的毒液一样,"渗透到了身体或灵魂最隐蔽的内部,然后却带着它逃走了"。[5]

---

[1] 855:《泰阿泰德篇》,151a—b;参见德里达(1981a),154。
[2] 17:《申辩篇》,30e。
[3] 363:《美诺篇》,80a。
[4] 参见 73:《斐多篇》,91c。
[5] 德里达(1981a),118。

从一种尼采式的观点来看,如我已经努力表明的,这些特征标志着苏格拉底是 *par excellence*[最卓越的]禁欲主义的牧师。与后者一样,他是一个"极为重要的老巫师"和"有罪的名师",[1]他在渴望实现"彻底颠覆习惯的观点和价值"[2]方面,成了"被普遍感到最确定和最真实的一切事物"[3]的主要敌人;他是一只具有催眠和使人麻木之力量[4]的"发光的和危险的虫子";[5]一个灵魂的大夫,"为了治疗……必须先创造出病人来",他在减轻自己的病人的痛苦时,"竟把毒药倒在病人的伤口上"。[6] 这样,苏格拉底使一个人成了自信的、狡诈的和强有力的,就像阿尔西比亚德通过使自己感到羞耻并使自己的"灵魂完全颠倒"[7]而突然认为自己是"卑贱者中最卑贱的"之一那样,或者就像他把美诺变成"一团无能"和"困惑"[8]那样。

但是,对德里达来说,柏拉图把苏格拉底的特征刻画为充满了"动物药剂师的矛盾"[9]的"药剂师"或巫师,所达到的正好相反。"苏格拉底的'药物'丧失了活力又具有生气,使人麻痹又使人敏感,使人满足又使人苦恼",[10]它"产生的效果就像毒液,像毒蛇的

---

[1] 尼采(1956),278,277。
[2] 同上,255。
[3] 同上,254。
[4] 参见同上,271,277。
[5] 同上,252。
[6] 同上,263。
[7] 567;《会饮篇》,215e。
[8] 363;《美诺篇》,80a。
[9] 德里达(1981a),119,注释 52。
[10] 同上。

叮咬",①这一事实使苏格拉底成了一个"'药物'大师"。② 这就是把柏拉图的话语提升到它那浅薄的辩证法图谋之上的东西,而那种图谋则指向了始终都已经先于它使之成为可能的逻各斯中心的元先验论的领域。这就是使我们得以瞥见"模仿"(类似于"药物"和"延异")之深刻意义的东西,即使"模仿"作为模仿在苏格拉底实际的教诲中经受了谴责。相似地,苏格拉底之死扮演了它本身的一种殉教。那就像苏格拉底被控成了巫师或"药剂师",③必须为偷偷破坏了他使之运转起来的那些力量而死去,那些力量通过隐藏和压制体现在那种"药物"之中的更深刻的智慧,要"在西方的黎明面前拉上帷幕"。④

---

① 德里达(1981a),118。
② 同上,117。
③ 参见同上,119。
④ 同上,167。

第十九章　后现代的还是前尼采的？
德里达、利奥塔与德·曼

　　不要触碰！——有一些讨厌的人，他们没有解决问题，却使问题对于每个要解决它的人们来说变得模糊混乱起来。任何不懂得如何抓住要害的人，都应该要求他完全不要去触碰问题。

II,696/《人性的，太人性的》，II,326

　　哲学家们作为局外人的特殊立场——否定世界，敌视生活，不信任感官，非感性化——是他们至今所依赖的东西，这几乎到了被认为在本质上是哲学家的态度的地步：这首先是在哲学产生和生存于其中的那些条件里出现的状态的结果；就是说，是在哲学完全不可能长期没有禁欲的面纱和伪装、不可能长期没有禁欲的自我误解而言的范围之内。更坦率而清楚地说：迄今为止，禁欲主义的牧师已经提供了令人厌恶的和灾难性的幼虫状态的形式，哲学本身在其中得以生存和到处滑动……[原文如此]情况真的就已经改变了吗？那只华而不实的和危险的虫子，那个隐藏在毛虫之中的"精灵"，它终于由于更加阳光充足的、更加温暖的和更加光明的世界而脱掉了外壳，被释放到了光明之中吗？

V,360－361/《道德的谱系》，III,10

第十九章 后现代的还是前尼采的？德里达、利奥塔与德·曼

后现代的还是后尼采的？后现代的这个词语已经被如此过度使用，以致我们也许想用"后尼采的"来取代它，这使人想到了美国的一位重要哲学家。理查德·罗蒂写道："尤其是，看来最好的是，把海德格尔和德里达完全看成是'后尼采的'哲学家"，并且"把他们的地位置于一个对话的序列之中，那个序列从笛卡尔通过康德和黑格尔直到尼采以来"。① 然而，尼采"之后"和"以来"是在什么意义上？例如，是在海德格尔把尼采局限于最后的形而上学家的角色之中、在试图颠覆柏拉图主义方面失败并且发疯了的意义上吗，是相当于超越尼采吗？或者说，海德格尔和德里达认为理所当然的、对尼采来说产生于一种"生物学冲动"② 而不是"在"（Seyn）或"延异"（différance）那种认识论的先验论又怎么样？我们应当承认人们默许的、把尼采当作一个经验主义的非哲学家而不屑一顾，认为他天真地、好斗地攻击形而上学，把自己束缚于他试图拆解的东西之中，从来就没有对他自己的哲学立场做出恰当的理解吗？我们应当同意说，尼采由于缺乏这种所谓先验的诀窍而在任何方面都没有达到像柏拉图、笛卡尔或康德那样的祖先们的真正的哲学高度吗？假定有由海德格尔、德里达和追随他们的众多后现代批评家们所提出的这些以及相关的主张，但也许更恰当的是给后现代哲学贴上"前"尼采的标签，而不是"后"尼采的标签。

由德里达的副手保罗·德·曼所提出的"尼采的修辞学理论"，提供了一个相关的典型个案。从修辞学上说，德·曼做出了

---

① 罗蒂(1991)，1—2。
② 尼采(1968)，278。

一种半心半意的努力,试图把他本人同海德格尔强求一致的努力区分开来,他谈到了一个没有名字的人,那个人"也许容易误解地"指责"尼采对形而上学的批判……只不过是对形而上学或柏拉图的颠倒"。① 然而,在其他方面,这个例子仅仅强化了海德格尔的这一主张,即"尼采对形而上学的反抗,由于只不过是对它的颠倒(bloße Umstülpung),所以相当于卷入了完全没有出路的形而上学之中"②——除了尼采卷入了形而上学之中,就像在德·曼那里的海德格尔卷入了转喻的修辞学中一样。

就连德·曼也承认,尼采很难得用语言学的概念和隐喻来说话。然而,极少的几个例外(在1872年的重要著作《哲学家之书》、1872—1873学年有关修辞学的课程和后现代主义的尼采式的样品《论超越道德意义的真理与欺骗》之中),足以证明尼采的所谓颠倒可以按照德·曼的双重信念而被解构:(1)"取代和颠倒的整个过程"是"一个语言学的事件"(或转喻,"一切借喻语言的原型"),(2)特别解释了尼采对意识之分析并使之成为可能的是,"植根于语言的修辞学结构中"的东西。③ 根据这些信念,像"'内心世界'的现象论"这种出自《权力意志》④中的一个例子,只不过证明了尼采在试图颠倒传统的形而上学时,仍然陷入了他的颠倒所没有考虑到的东西之中,即"一种修辞学方式……无法逃脱它所谴责的修辞学的谎言"。⑤

---

① 德·曼(1974),38。
② 海德格尔,V,217;参见前文第15章,注释88。
③ 德·曼(1974),37,37,37-38,38。
④ 参见尼采,XIII,458-460。
⑤ 德·曼(1974),43。

第十九章 后现代的还是前尼采的？德里达、利奥塔与德·曼

退一步说，德·曼对尼采的价值重估的努力在总体上的不屑一顾，使我们踌躇起来。就算尼采在"'内心世界'的现象论"里谈到了一种"对时间顺序的颠倒"，但按照这种说法，与传统的设想相反，一种所谓的原因（例如，针的刺痛）晚于结果（例如，一种痛感）进入到意识中。因此，我们习惯性地颠倒了（umkehren）"原因和结果的时间顺序"，因为"结果已经从外部让它本身在我们身上留下了印象，随后作为它的'原因'而被投射出来"。① 更一般地说，我们每时每刻都在再创造的"外部世界"被抵押了，并被永远束缚于原因（Grund）的古老错误之上：我们依靠"'事物'"②的系统性组合来解释（auslegen）它。在这个文本里，除了使用了 Umdrehung[译按：德语"倾覆"、"颠覆"]和 umkehren 以外，是什么有资格使我们像德·曼提出的那样，谈到对传统形而上学的差异的一百八十度的颠倒，或者更糟的是谈到二元的固定性？陷入了这种二元思维的人，看来就是这位批评家，他在把这样的专一归咎于尼采时，在大约十几页的篇幅里十多次借助了颠倒这一概念。

尼采本人再三告诫说，要反对二元对立的谬误以及简单颠倒的陷阱。对他来说，"对立面（善、恶等等）的学说"充其量可以当作一种"教育手段，因为它使人采取了一种党派性的立场"。③ 无论尼采的价值重估的思维是否有可能诱使他陷入专一的颠倒之中，但他很快就注意到了并避免了这种危险。他在反对传统的见解时认为，各种观念比感官更加具有诱惑力。但是，这样的"逆向思维

---

① 尼采，XIII, 459。保罗·德·曼把 nachträglich[译按：德语"后来"]翻译为在后，把一种不适当的两分性的要素引进了尼采的文本。
② 尼采，XIII, 459。
③ 尼采，XII, 10。

(*umgekehrt zu urtheilen*)"也许正像它的假定的对应物一样是错误的。① 或者拿"'意志自由'来说,在其最高的形而上学的理解之中,它在那些受过一半教育的心灵里不幸地依然还具有影响力"。在尼采看来,这样一种见解正相当于原告相信"*causa sui*〔译按:拉丁语'自因'〕,也就是能够像传说中的明希豪森那样,抓住自己的头发离开虚无的沼泽而出现"。② 然而,使"意志自由"遭受颠倒(*Umkehrung*)又会怎样?那只会混淆这个问题。

  想象有人因此要识破这种著名的"自由意志"概念的粗鄙的简单性,从他的头脑中完全驱除它,而我则请求他把自己的"启迪"再向前推进一步,也把对它的颠倒(*Umkehrung*)从其头脑中驱除掉……我的意思是指"不自由的意志",它相当于错用了原因与结果。人们不应当错误地把"原因"与"结果"当作具体的存在……〔而只把它们用作〕出于名称和交流之目的的惯常的虚构——不是为了解释。③

毫不奇怪,无论何时,只要可能,尼采就试图避免单纯的颠倒的概念。相反,他谈到了一种一般的再了解的过程(*Umlernen*),④谈到了把各种概念反过去(*zurückübersetzen*),⑤转变为它们在犹太教-基督教和柏拉图主义手中最初对异教价值

---

① 参见尼采,III,624。
② 尼采,V,35。
③ V,35/尼采(1966),28-29——有改动。
④ 参见尼采,V,184;VI,180。
⑤ 参见尼采,V,169。

第十九章 后现代的还是前尼采的？德里达、利奥塔与德·曼

观的颠倒之前所意指的含义。或者说，他把他自己的努力叫做重估这种价值重估之"基础（*Grundverschiebung*）[1]"的普遍"转移"，而不是一种难以听懂的、保罗·德·曼所谓对二元对立的颠倒。在使用"完全改变"、"颠倒"、"取代"和其他一些普通名称的表达法时，谁能梦想到未来的批评家们会蓄意地把这些词语曲解为表示对固定的二元对立的颠倒呢？

因为这显然就是保罗·德·曼所要做的。尼采在《权力意志》中"对善与恶的范畴的颠倒"，使他成了这样一种"颠倒对立"[2]的另一个例证。据说结果是可以预料的。它没有把尼采导向"恢复一种平实的真理"，而是迫使他"进一步进入到修辞学错觉的复杂性之中"。而受到鼓惑的读者们却承认了他：

> 我们也许已经改变了修辞的方式，但我们却肯定没有逃脱修辞学……而这证明了：解构的过程本身就如它在[《权力意志》]中所起的作用一样，是一个更加颠倒性的过程，它重复了完全相同的修辞学结构。所有的修辞学结构，无论我们把它们叫做隐喻、转喻、交错法、进一步转喻法、换置法还是别的什么，都是基于各种替代性的颠倒，而且看来不太可能的是，除了那些早已发生的过程外，这种更加颠倒性的过程足以使事物恢复它们固有的秩序。在较早的一系列颠倒中再增加一次"颠倒"或修辞，并不会阻止走向错误的颠倒。[3]

---

[1] 尼采，V，51。
[2] 德·曼（1974），40，41。
[3] 同上，41。

500 美学谱系学

总之,尼采对西方形而上学的二元对立的颠倒,只不过相当于陷入到修辞学本身之中的一种空洞的修辞学姿态。为了最终确定这个论点,德·曼不得不把尼采强行拉到德里达式的承认上来:语言始终都已经是先在的,或者更明确地说,它使一切重估或"颠倒"的想法成为可能。在这种解读中,《"内心世界"的现象论》称为语言的东西,"是颠倒和替代的游戏在其中……产生的媒介。这种媒介,或语言的属性,因此成了替代二元对立的可能性,诸如对之后来说是之前,对后来来说是早先,对内在来说是外在,对结果来说是原因,不用考虑这些结构的真理与价值"。①

为德·曼提供了这种非尼采式的承认的、出自《"内心世界"的现象论》的那段文字,表达了某种完全不同的东西。尼采认为,内心体验时常把外在经历变成有关可能的原因的虚构,比如说,一种突然的痛感,经常会强化类似的、错误的、回忆起的有关过去的有形经历的虚构。换言之,

> "内心体验"只有在已经把一种语言(Sprache)确立为个体的理解之后……[原文如此]即把一种条件转变(Übersetzung)为对他来说更加熟悉的各种条件,才进入到我们的意识之中——;天真地指出,"理解"只意味着:能够用某种旧的和熟悉的语言来表达某种新东西。②

在使用 Sprache 这个词语时,尼采也许想到了、也许没有想到

---

① 德·曼(1974),37。
② XIII,460/尼采(1968),266——有改动。

第十九章 后现代的还是前尼采的？德里达、利奥塔与德·曼

在这个词语的恰当意义上的语言。后者被当作引进了这一陈述的例子提出来：它告诉我们，一种特殊的痛感，未必反映了发生的个别事情，倒是反映了对于某些伤害之后果的一种长久体验，包括在评价这些后果时的各种错误。[1] 尼采可能在"语言"的恰当意义上使用了 Sprache 这个词，这得到了如下例子的暗示："例如，'我感到不舒服'——这样一个判断预设了那观察者的一种巨大的和迟到的中立性——；朴素的人总会说：这个或那个使我感到不舒服——只有当他已经发现了感到不舒服的某种理由时，他才承认自己感到了不舒服。"[2]

无论默默遭受极大折磨的个体表达了还是明确用语言说出了那种体验（或者有关它的错觉），几乎都不是这里的要点。因为在这两种情况下，尼采都没有把语言当作是"取代二元对立的可能性"，[3] 或者更一般地说，没有当作是一种先在的、使感知和思想成为可能的媒介。自然，他有时谈到了某种"语言"，在其中，一种既定的感官感知被"转变"成了一种记忆中的、来自从前体验的感觉模式。[4] 相似地，他把"我们的道德判断和评价"描述为反映了"某些紧张不安的恼怒"的"一种习惯性语言"，[5] 或者把我们"所谓的意识"描述为"一种或多或少梦想家似的对于未知的、也许不可知的、却被感到的文本的注解"。[6]

但是，这些阐述充其量是隐喻性的。至于感知、语言与思想之

---

[1] 参见尼采(1968), 263—266。
[2] XIII, 459—460/尼采(1968), 266。
[3] 德·曼(1974), 37。
[4] 参见尼采(1968), 338。
[5] 尼采, III, 113。
[6] 尼采, III, 113。

间的谱系学的关系,尼采对它们毫不怀疑,从来就没有改变过自己的想法。甚至他的1873年的文章《论超越道德意义的真理与欺骗》,还把这种关系描述为一种从神经刺激向心理意象、词语的最初转变。"什么是词语?它是在神经刺激的声音中的复制品":①"首先,一种神经刺激被变成了一种意象!接着,意象在一种声音中被模仿(wieder nachgeformt)。"②他后来的著作详细阐述了一种受本能驱使和被信仰激发起来的对同一性的设想,何以先于意象的形成,却保留了同样的谱系学。换句话说,形成一种神经刺激的复制品预示了"一种'对等同的断定',而且在早期仍然是一种'制造等同'",③类似于"把被盗用的物质合并到变形虫之中的过程"。④"在细胞原质中起着支配作用的同样的同等化和有序化的力量,也在合并外部世界中起着支配作用:我们的感官感知早已成了这种同化作用的结果,相对于我们身上的一切过去来说同等化了;它们并没有直接跟随着'印象'"。⑤

我们的感知告诉我们,自我保存使我们相信什么是"真实的",而不是在某种自然主义的、更不用说在本质主义的意义上什么是真实的。我们坚持认为真实的是,我们的本能使我们所期望的东西对我们来说将是好的或者坏的。只有当我们理解了各种意象如何由此"出现在精神之中"时,我们才可能继续解释"各种词语"如何[被]"应用于各种意象"。类似地,"只有当各种词语存在着时",

---

① 尼采,I,878。
② 尼采,I,879。
③ 尼采(1968),273—274。
④ 同上,274。
⑤ 同上,273。

第十九章　后现代的还是前尼采的? 德里达、利奥塔与德·曼

"各种概念"才成为"可能",各个词语都代表着"把在某种看不见却听得见的东西之中的众多意象聚集在一起"。①

尼采远远没有断定一种"媒介,或者语言的属性"②是先在的,并且使感官的感知、概念的形成和思想成为可能,他有可能最先揭示了这样一种对"语言"的先在化是悄悄返回到了禁欲主义的理想之上。对他来说,一种"凭借感觉和思想对世界的象征化",可能"本身决不能说明感觉与思想的起源"。③ 如果有什么始终都已经存在的先在的话,至少从进化上说,它把外形和方向赋予了感知、概念的形成、语言和思想,那么它就可能是本能或权力意志。寻求这样的先在性,例如,"对一个事件的解释",就首先应当在"先于它的事件的心理意象"里去寻求,而且只有在那以后,在"继它(数学的和物理的解释)之后的各种意象"里去寻求。④

然而,德·曼没有留意这些对于他的德里达式的元先验论的前提的尼采式的批判,却发现尼采陷入了另一个陷阱。这正是那个出自《论超越道德意义的真理与欺骗》里的艺术家的缺陷,据说他像尼采本人一样,"不懂得如何向经验学习",因此"一次又一次地不断掉进同样的壕沟之中,而那壕沟却是他最先掉进去的"。⑤ 由于各种只可能猜测到的原因,德·曼把自己局限于根据"这个文本一般的色调和结构",⑥去推断那种引诱到陷阱里的过程。要证明那个直觉艺术家的愚蠢如何扩大到了那篇文章的重估的论点之

---

① 尼采(1968),275。
② 德·曼(1974),37。
③ 尼采(1968),304。
④ 同上,303—304。
⑤ 尼采,I,890。
⑥ 德·曼(1974),43。

中,并由此"把它的影响投射到其后的著作上"①以及投射到尼采本人身上,相似地被说成是超出了德·曼文章的范围,在其中"[甚至]不可能进行概述"。与此同时,人们认为足以简单地重复那些以前已经多次说明过的问题,即尼采式的价值重估被证明了"无法逃脱它所谴责的修辞学的谎言"。② 更好的还是,这样的诱入陷阱可能很容易得到用英文的"陷阱"来翻译尼采的"壕沟($Grube$)"的支持。③ 其他的问题在表面上不需要任何进一步的证据:"如果我们用尼采本人的修辞学理论所提供的修辞学意识来理解他的话,那么我们会发现,他的著作的一般结构类似于无休止地重复那个艺术家的姿态,'他没有向经验学习,总会再次掉进同样的陷阱里'。"④

德里达的《马刺:尼采的风格》出版于德·曼的《尼采的修辞学理论》发表两年之后,它在一种更加海德格尔式的基础之上恢复了各种问题。正如在早期的《论文字学》里一样,德里达告诫说:"海德格尔的巨著的论点与人们一般所承认的相比远不那么简单。"⑤他更明确地辩解道,海德格尔坚持认为必须"在一种对西方文明的不懈审问中去理解尼采"。因为对德里达来说,要"否定这样一种审问,只不过是要恢复已经接受了的各种观念"。⑥ 海德格尔曾经预言,"无论谁认为哲学思想可以通过一种简单的宣言而废除其历史,不用去了解它,那么那种宣言也将被历史废除";尤其如此的

---

① 德·曼(1974),43。
② 同上。
③ 参见同上,42。
④ 同上,45。
⑤ 德里达(1979),73。
⑥ 同上,75。

第十九章　后现代的还是前尼采的？德里达、利奥塔与德·曼

是,"他将遭到一种绝不可能从中恢复过来的打击,那种打击绝对会使他丧失判断力"。[①] 德里达显然是根据记忆引述说,"一个人遭到了历史的审判,却仍然'没有上诉'。"[②]虽然海德格尔像德里达本人一样接着走向了一种真正的曲折地摆脱形而上学,而尼采却依然停留在"概念上颠覆的……徒劳的无效举动"之中,因此被埋葬在了他自己的虚假形而上学之概念的"骨灰安置所"里。[③]

拉丁文 columbarium[骨灰安置所]使出自《论超越道德意义的真理与欺骗》中的一个重要隐喻转过来反对尼采本人。后者曾经把墓穴的概念用于收藏死者火化后之骨灰的骨灰盒,为的是把科学描述为感知的一个坟场。[④] 现在,德里达却把尼采的价值重估描述为陷入了同样的绝对抽象性,把它留给海德格尔去努力使"尼采式的操作方式进入超越形而上学和柏拉图主义的范围"。[⑤]这一点和故事的其余部分,如同从前面的文本中得知的,那就是说,德里达本人超越了"海德格尔对于尼采的前文本的理解",[⑥]很少做出努力来改变海德格尔式的反尼采的马刺的倾向,很少改变海德格尔式的反尼采的当代批评的普遍倾向。当然,这当中的大部分可能都没有引起人们的注意。

相反,例如,一部《后现代思想词典》向我们保证说,尼采"无疑是涉及后现代主义的最重要的 19 世纪的思想家"。[⑦] 然而,尽管

---

① XLIII,252/海德格尔(1991),I,203。
② 德里达(1979),75。
③ 参见同上,123。
④ 参见 Begräbnisstätte der Anschauung,I,886;参见 I,882。
⑤ 德里达(1979),81。
⑥ 同上,157。
⑦ 西姆(1998),325。

众多后现代主义者对他说了这种空口应酬的话,但后现代主义思想看来在一种经历过黑格尔、康德和柏拉图的先验论中,远比在尼采的谱系学经验主义中更加自在。据说让-弗朗索瓦·利奥塔是"'后现代'状况的第一个哲学家",①他提供了一个典型的更进一步的例子。利奥塔声称,现代以及经过延伸的后现代的"美学是一种崇高的美学",②他在表面上急于承认尼采是灵感的一个源泉。崇高,"现代艺术(包括文学)"在其中"发现了自己的动力和先锋派的逻辑……它的公理",它在日益缺乏真实性之时具有了自身的相关性,它"当然类似于尼采叫做虚无主义的那种东西"。但是,说了那么多,利奥塔却求助于一种"更加早得多"和明显较为适合的"康德的崇高主题之中尼采式的透视法学说的变调"。③ 对他来说,主要由于这个主题,"'康德'的名字立刻就标志着现代性的序幕和结尾",同样也是"后现代性的一个序幕"。④ 这一主张建立在两个重要的前提之上:(1)利奥塔对康德的"第三批判"的偏爱,超过了对另外两大批判在实质上的排斥;(2)对那部著作的一种类似于解构的解读,表面上是从德里达和海德格尔那里借来的。按照(1),"第三批判"本身就是"一件艺术作品,一件想象力的纯粹意志的产物";⑤按照(2),康德本人几乎就没有意识到这个事实。

利奥塔对可能在"社会主义或野蛮"团体的前同情者当中唤起这些提议的惊慌失措非常警觉,并在一段虚构的对话中急于解释

---

① 卡尼(1995),291。
② 利奥塔(1997),81;参见卡尼(1995),298。
③ 利奥塔(1997),77。
④ 利奥塔(1989),394。
⑤ 同上,133。

自己的观点:

> "所以,你们现在要支持康德,是吗?"
>
> "只要你愿意,但仅仅是那个写了'第三批判'的康德。不是那个概念的和道德律法的康德,而是……那个从知识和法则的疾病中恢复过来、转变到艺术与自然之异教的康德。"①

对六十六岁的康德从道德和理性主义恢复过来并皈依异教感到惊讶的读者,对于发现了揭示出这些转变的解释方法,不会感到那么吃惊。这种方法在海德格尔和德里达那里为人所熟悉:康德在提出他那种原初后现代主义的"解决崇高绘画之问题的方法"时,做得如此之"迅速,几乎没有理解到它"。按照这种后现代化了的和修饰过的康德的看法,人们不可能"表现出空间和时间之中的无限威力或绝对巨大的力量,因为它们都是纯粹的'理念'"。然而,

> 人们至少可以提到它们,或者凭借[康德]命名为一种"否定性呈现"的东西来"唤起"它们。作为再现了虚无的一种再现的这种悖论的一个例证,康德援引了禁止制作雕刻形象的"摩西律法"。这仅仅是一种暗示,但它却预示了绘画将用来试图逃避比喻之牢狱的极简主义的和抽象主义的解决办法。②

---

① 利奥塔(1989),394。
② 同上,246。

利奥塔的《答问：什么是后现代》提出了非常相似的主张。康德在其《崇高的分析》里指出了通往"在现代绘画里什么是成问题的"解决办法的道路，即"如何使存在着的某种无法看见的东西被看见"。据说，他在这么做时，是在"他把'无形式、缺乏形式'命名为不可呈现的一种可能的索引"之处：

> 他也说到了空洞的"抽象（l'abstraction）"，当想象力在寻求对无限（另一种不可呈现）的表现时经历过它：这种抽象本身就像对无限、对它的"否定性呈现"一样。他援引了这一戒律："你们不要制作雕刻形象"（《旧约·出埃及记》），把它当做《圣经》中禁止表现一切"绝对"的戒律中最为崇高的段落。为了概述一种崇高绘画的美学，几乎不需要增加这些评论。①

总之，众多现代和后现代艺术家们的努力，"如果无法使现实与隐含在康德的崇高哲学中的概念通约，那么就仍然是无法说明的"。②

像康德一样，一位早期哲学家为了把一些特别复杂的观念运用于某些对现代和后现代艺术的显现的目的而对那些观念进行推断，并没有什么错。然而，对这样一项事业的合理的关注，应当在借用资源时具有某种精确性。利奥塔在这方面充其量只是部分忠实于康德。因此，他正确地把康德的 *Formlosigkeit*［译按：德语"非正式性"］③翻译成了"*l'absence de forme*［无形式］"，④或者把

---

① 利奥塔(1982)，364/利奥塔(1997)，78。
② 利奥塔(1997)，79。
③ 参见 V,247/康德(1987)，100。
④ 利奥塔(1982)，364/利奥塔(1997)，78。

第十九章　后现代的还是前尼采的？德里达、利奥塔与德·曼

康德的 Unlust［无欲］和 Lust［欲求］[①]翻译成了"痛苦"和"愉快"。[②] 然而，已经有点疑问的，就是他用"*présentation de l'infini*［对无限的呈现］"[③]和"*présentation négative*［否定性的呈现］"[④]来描述 Darstellung des Unendlichen［译按："对一种无限的再现"］和 bloß negative Darstellung［译按：德语"严格否定性的再现"］。[⑤] 虽然 darstellen 可以在"呈现"和"再现"的意义上使用，但它的主要含义却是"人格化"、"使明显"和"直觉的"，康德无论在哪里谈到崇高，darstellen 都显然脱离了一切模仿性再现的概念。对康德来说，崇高是显现，不是在外部世界里，而只在人们的内心里。甚至在这方面，它也完全缺乏各种视觉要素，而是产生于一种对于我们的"超越感觉的天职"的"情感（*Gefühl*）"。[⑥] 康德本人解释过那种谬误，那种谬误却使利奥塔把这种总体上对于一种（然而是否定性的"再"）呈现的非再现的情感，错当成了一种"隐匿真相"或者混淆，照此，比如说，"对对象的关注（*Achtung*）被替换成了对"最终不可见的、难以理解的、因而非再现性的道德天职的"人性观念的关注"。[⑦] 人们只可能去想象康德的怀疑，即 20 世纪晚期的某个追随者如何把这种对于道德律法的关注解释成了"抽象主义的各种解决办法"，它们使现代和后现代的画家们得以"逃避比

[①] 参见 V,257/康德(1987),114—115。
[②] 参见利奥塔(1989),203。
[③] 利奥塔(1982),346/利奥塔(1997),78。
[④] 利奥塔(1982),346/利奥塔(1997),78；参见利奥塔(1989),246。
[⑤] 参见 V,274/康德(1987),135。
[⑥] V,257/康德(1987),115。
[⑦] V,257/康德(1987),114。

喻之牢狱"。①

甚至更加使人误解的是利奥塔的这一主张:康德所说的崇高的 *bloß negative Darstellung*［严格否定性的再现］,意指"在寻求对无限的表现时(*à la recherché d'une présentation de l'infini*)"由想象力所经历过的一种"空洞的'抽象'(*l'abstraction vide*)"。② 对康德来说,*Abstraktion*［抽象］很少与利奥塔在这方面心里似乎想的东西有什么关系。对他来说,它或者意指从别的某种东西之中抽取出某种东西的实践(*abstrahere aliquid*),或者意指从另一个概念中抽取出一个概念(*abstrahere ab aliquo*)。前例可以在化学家从物质里分离出液体中找到;后例可以在哲学家思考某个概念(例如一块深红色布料中的红色的色彩)时全神贯注于那个概念(色彩的红色)以排除使之显现之物(那块布料)中找到。③ 对比之下,利奥塔所说的绘画艺术特有的非再现性意义上的 *abstraction vide*［空洞的抽象］,很可能会以那种概念上的谬误而给康德以打击,按照那种概念上的谬误,*Abstraktion*［抽象］必须被"抹除干净……以免它破坏我们对知性事物的研究"。④

对康德来说,对崇高的 *bloß negative Darstellung*［严格否定性的再现］,就是他所称为的 *eine abgezogene Darstellungsart*［译按:德语"复制型的再现"］,⑤或者是被透露出来的它的道德律令清除了一切感性和感官要素的自我显现的方式;或者如康德指出

---

① 利奥塔(1989),246。
② 利奥塔(1982),364/利奥塔(1997),78。
③ 参见康德,IX,592;VIII,199。
④ 引自凯吉尔(1995),39。
⑤ 参见康德,V,275;V,274。

第十九章 后现代的还是前尼采的？德里达、利奥塔与德·曼

的,通过"它所授予的普遍原理……[实践]理性(Vernunftideen)的观念要获得对于感性的霸权地位"。[①] 它是否定性的,不是在再现性抽象的意义之上,而是在严格的否定性意义之上,我们对道德律法的关注[②]在其中起着防止"卑鄙的和堕落的冲动渗透我们灵魂"的"最好的"与"惟一的护卫者"的作用。[③] 因此,康德谈到了一种"*bloß negative Darstellung der Sittlichkeit*[严格否定性的对道德的自我展现]",[④]但不是关于一种 *bloß negative Darstellung der Erhabenheit*[译按:"严格否定性的对崇高的再现"]。

与前文所提及的问题相反,人们不一定要求助于《实践理性批判》,甚至不一定要阅读整部《判断力批判》,以找出康德式的崇高通过它的 *sine qua non*[必要条件]与我们的道德天职的关系而意识到了它本身。康德的《崇高的分析》一再强调了同样的联系。总而言之,艺术在康德有关崇高的判定之中不起任何作用。他写道,在追寻崇高时,我们不必指向"艺术作品(例如建筑、圆柱等等)",因为它们之中的形式和大小"都是由人的目的决定的"。[⑤] 这同样适用于"其真正的概念使之具有一种终极目的的自然事物(例如,具有一种已知的自然之中的限定的动物)"。[⑥] 就连"天然的自然"[⑦]在引起我们自身之中独有的崇高主体的自我显现时,这么做也仅仅是因为它唤起了一种关注(Achtung),即对我们不容置疑、

---

① 康德,V,274。
② 参见康德,V,275。
③ 康德,V,161。
④ V,275/康德(1987),135——有改动。
⑤ V,252/康德(1987),109。
⑥ V,252—253/康德(1987),109。
⑦ V,253/康德(1987),109。

最终却是难以理解的道德天职来说,那是一种严格的"否定性的愉快"。"被暴风雨用力掀起的巨大的海洋",[1]或者"无形的群山在荒野的杂乱中彼此堆积起来,带着它们的冰的棱锥",都是"恐怖的",而不是崇高。[2] 对真正的崇高的追求"只是在判断者的心里,而不是在自然对象中";[3]而这要通过上述的"隐匿真相",或者错误地用对自然对象的关注来替代对我们的道德天职的关注。[4] 这样一种谬误充其量能造成这种天职"对于可以说(gleichsam anschaulich macht)我们能直觉到的……感性的最大力量"的优越性。[5] Mutatis mutandis[译按:拉丁语"已经作了必要的修正"],我们的崇高感是由实践理性"超感觉力量(unergründliche Tiefe (des) übersinnlichen Vermögens)[6]的难以测量的深度"所唤起的,也可以说是由同样难以理解的、我们为之奋斗的道德律法所唤起的,也可以说是由 dues absconditus[隐蔽的上帝]所唤起的,它保证了所有这三者躲避直接的或间接的再现性的形式。在这种意义上,崇高的"自我显现"是"严格否定性的(bloß negative)",[7]就像"严格否定性的(bloß negative)"[8]关注(Achtung)道德律法一样,或者像它在我们心里引起的"否定性的愉快(negative Lust)"[9]一样。不必说,它是来自这种终极的和绝对的非再现性

---

[1] V,245/康德(1987),98,99。
[2] 参见 V,256/康德(1987),113。
[3] V,256/康德(1987),113。
[4] 参见 V,257/康德(1987),114。
[5] V,257/康德(1987),114。
[6] V,271/康德(1987),131。
[7] V,275/参见康德(1987),135——有改动。
[8] V,274/参见康德(1987),135——有改动。
[9] V,245/参见康德(1987),98。

对于现代与后现代"绘画中的先锋派的公理"的遥远呼唤,那种绘画致力于"凭借可见的呈现来创造出一种对于非再现性的暗示",①利奥塔却把它使人误解地回溯到了康德式的崇高。②

虽然宣布康德的崇高是后现代主义的序幕似乎是利奥塔本人的理念,但他带有那种意思的对《判断力批判》的理解,却具有明显的德里达式的根源。这方面的关键文本是1978年的《绘画的真相》中的《庞然大物》。德里达避免了利奥塔赞成"第三批判"在实质上是一部由某个"从知识和法则的疾病中恢复过来、转变到艺术与自然之异教"③的人所写的艺术作品的看法。因此,他承认:崇高惟一的否定性的愉快"与道德(Sittlichkeit)具有一种实质上的关系"。④ 但是,他指出了那么多,却很少进一步注意到这个问题。像在他之后的利奥塔一样,他没有把焦点集中在康德对崇高的无形式这类概念的用法、⑤它所唤起的否定性的愉快、⑥首要的是它的 *bloß negative Darstellung*[严格否定性的再现]⑦之上。德里达感到吃惊的是,如果"崇高不可能以任何感性形式存在",那么"这种非呈现性的东西"怎么"可能呈现它本身"。⑧ 康德可能决不会追问这样的问题,尽管他给出了像他的批评者所提供的那种答案。

---

① 利奥塔(1997),78。
② 利奥塔把后现代的崇高追溯到康德的动机,在后现代批评中已经达到了普遍的流行;参见杰姆逊(1991),36;塔比(1995),116,150。
③ 利奥塔(1989),133。
④ 德里达(1987b),130。
⑤ 参见同上,136。
⑥ 参见同上,136—137。
⑦ 参见康德,V,274。
⑧ 德里达(1987b),131。

> 它[即崇高]不适当地呈现了有限中的无限,并极端地把它的界限确定在那里。不适当性(*Unangemessenheit*)、过度性、不可比拟性都被呈现了出来,让它们被呈现出来,被竖立起来,竖立在(*darstellen*[再现])面前,就如那不适当性本身一样。呈现不适合于理性的观念,但它却在它的不适当性中被呈现出来,适合于它的不适当性。①

崇高是对于呈现的不适当性的一种悖论性的呈现;崇高是超越了康德式的 dues absconditus[隐蔽的上帝]的一种神秘的 je ne sais quoi[我不知道它是什么];崇高是一种始终都已经存在的无根源的非概念,并且能够使这种难以觉察的神性及其道德律法成为可能。崇高要作为规定的一部分而被修饰、但又是"延异"的更加非同义的替代物吗?从这里开始、并由他的门徒加以追随的动机,会使人想到同样多的东西。

保罗·德·曼对这样一种非概念(它就像柏拉图那里原初的"模仿"一样,类似于"延异")的解构性的推断,遵循了精心设计的各种策略。很自然,康德坚持把这种崇高性禁锢在他的逻各斯中心的话语之中,但他的囚徒给他的文本目标所造成的断裂和分裂,却随处可见。尤其是,《崇高的分析》充满了空白、断裂和自我强加的补充;②它"充满着辨证的复杂性";③在其中心是"一种深刻的、也许是致命的断裂或不连续性"。④"第三批判"作为一种实际上

---

① 德里达(1987b),131。
② 参见德·曼(1996),89。
③ 同上,73。
④ 同上,79。

第十九章 后现代的还是前尼采的？德里达、利奥塔与德·曼 515

自我"脱节"①的文本,在这位解构主义批评家警觉的凝视之下,很容易拆解开它神秘的、隐蔽的智慧。这个为人熟悉的童话,即那种终极的元先验论的维度超越和赶上了康德狭隘的先验论的论述,就是这位哲学家最终想告诉我们、但却没有讲出来的著名故事。

康德的"隐匿真相"成了德·曼的一个例证。他感到奇怪:"可是,这种隐匿真相,难道不是另一个先前的隐匿真相的一种镜像吗,崇高通过它而隐匿真相地断定它本身,声称凭借它自身存在之不可能性的力量而存在?"②人们借助德里达有关模仿的论述,可以轻易地说出对于德·曼的问题的答案。换言之,宣称自身是这种镜像的隐匿真相的东西,是"重复本身的一种自我复制;*ad infinitum*[无限的]";也许始终都存在着不止一种崇高,也许隐匿真相是一面奇怪的镜子,它也要反映出一种崇高对另一种崇高的取代和歪曲。③ 德·曼对相同结果的论点,再一次把焦点集中在了产生于康德之崇高的 *bloß negative Darstellung*[严格否定性的再现]的所谓悖论性之上,这将是我们先要考虑的。如果按照它们本身的条件,康德围绕着这个概念的阐述是非常一致的。他解释说,天然的自然的某些对象,通过使想象力面对它去想象无限时的无能,仅仅经过实践理性,就把我们抛回到了可以认为是我们无限的道德天职以及全能的、却难以理解的、要求它的上帝之上。康德在这么说时一再使用了 *Darstellung*[再现]一词,但绝没有不要强调:不应在直接的或间接的再现的意义上采用这个词。例如,他告诉我们说崇高与"一种(自然的)对象"有联系、"它的形象(*Vor-*

---

① 参见德曼(1996),79。
② 同上,76。
③ 参见德里达(1981a),191。

stellung)促使心灵(*Gemüth*)按照观念的一种展现去思考自然的不可接近性(*Unerreichbarkeit*)"①之时,一直在提醒我们:那些在字面上和逻辑上被接受了的观念不可能被展现出来,更不用说被再现出来。被展现(*dargestellt*)出来的,并不是再现性的,而是"在运用我们的想象力时,我们心灵的对于心灵超感觉的[道德的]天职的主体目的性(*eine Darstellung der subjectiven Zweckmäßigkeit unseres Gemüths im Gebrauche der Einbildungskraft für dessen übersinnliche Bestimmung*)"。②

从心理过程方面说,我们之道德任务的"观念的不可接近性",迫使我们"从主体上把在其总体性中的自然本身认为(*denken*)是对于某种超感觉之物的展现(*Darstellung*),我们无法从客体上使这种展现(*Darstellung*)发生"。③ 紧接着的是对于 *Darstellung* 的进一步解释:在《判断力批判》中就崇高所说的话,以完全一致的方式关系到了:(1)《纯粹理性批判》已经确定为我们完全不能认识的(更不用说再现的)*Ding an sich*[译按:"物自体"],(2)《实践理性批判》所提出的一种替代物(替代不可认识或不可呈现之物),它采取了纯粹实践理性的三个基本假设的形式,即不朽、自由和上帝。④ 实践理性由此沟通使"感性……领域"与"超感性……领域"相分离的"巨大鸿沟"的非认知的、非再现性的桥梁,⑤就崇高所涉及的而言,也使我们思考(*denken*)感性的本质是一种像基本假设

---

① V,268/参见康德(1987),128——有改动。
② V,268/康德(1987),127。
③ V,268/康德(1987),128——有改动;着重号为作者所加。
④ 参见康德,V,131。
⑤ V,175-176/康德(1987),14——有改动。

第十九章 后现代的还是前尼采的? 德里达、利奥塔与德·曼

一样的,"对于(那种[实践]理性所具有的观念的)自然本身(Natur an sich)的单纯展现(Darstellung)"。① 再一次,康德确实没有被误解:我们不可能再进一步确定这种"超感觉的观念"。虽然自然被认为展现了那种唤起我们绝对内在的崇高感,但我们只可能根据实践理性的一种基本假设来思考超感觉的自然本身,却绝不会从认知上去认识它。(Diese Idee des Übersinnlichen... die wir zwar nicht weiter bestimmen, mithin die Natur als Darstellung derselben nicht erkennen, sondern nur denken können.②)

总之,我们对于作为崇高的自然对象的审美评价,只可能通过实践理性而发生。无论什么东西使我们的想象力延伸到超出其能力,无论它是一个对象不可测量的大小还是力量,它都会在对于我们无限的道德天职的思考之中找到它适当的相关性。如康德指出的,审美判断"使想象力得到延伸……因为它是以这种情感为基础的,即心灵具有一种完全超越自然领域的才能(即道德情感),它与这种情感有关,以致我们把对象的自我显现(Vorstellung)判断为主体的目的性"。③ 当康德在紧接着的段落里再次强调了在阐述有关崇高的审美判断时实践理性必然要产生的作用之时,对相同观念的重复已经接近于强迫性的。他就不怕这种道德决定可能被使用再现性的词语误解吗,正如在利奥塔、德里达、德·曼和后现代主义批评那里普遍发生的那样?④ 甚至从实践上说,康德提出,"如果不使它与一种类似于有关道德情感的心理协调联系起来的

---

① V,268/康德(1987),128——有改动。
② 康德,V,268。
③ V,268/康德(1987),128——有改动。
④ 参见 V,268—269/康德(1987),118。

话,实际上很难想象一种对于自然中的崇高的情感"。①

当然,我如此为康德在逻辑上的一致性进行辩护,不应当被误当作试图为他的美学进行辩护或者使之复兴,而这恰恰就是利奥塔、德·曼和德里达的错误解读所要达到的。他们没有分析康德的《崇高的分析》以便拆解它所支持的观点,却大大曲解了康德美学中全然不存在的东西。接着,这又导致了一种对于解构的目标的修正,然而却是被误解了的。德·曼虽然强调了康德《崇高的分析》的修辞学的和比喻的方面,但他正像利奥塔和德里达一样,在这种努力中的主要焦点是在康德对 Darstellung[再现]这个词语的使用之上,他顺便地、但却错误地把它翻译成了"再现"。② 因此,给这位批评家以冲击的、在康德对于动态的崇高的讨论中所发现的更新了的各种难点,正如"在数学上的崇高中所遇到的对各种难点的另一种看法一样,而不是作为它们的进一步发展,更不用说它们的解决办法了"。③ 除了德·曼对那文本的曲解之外,他所谈论的是什么难点?"这一章除了引进很难用认识论的或美学的术语来说明的道德维度之外,大大不同于先前集中于感情而不是集中于理性的探究。"④在这一章里引入了道德维度吗?康德的整个美学的核心维度"很难用认识论的或美学的术语来说明"吗?

这些难点也导致德·曼在康德的文本里断定了另一个"自我脱节"的疑难,即它的所谓不合逻辑的对于 denken[思考]和 erkennen[认识]的二分。"我们如何按照这些阐述、按照与认识

---

① V,268/康德(1987),118。
② 参见德·曼(1996),77。
③ 同上,79;参见同上,76。
④ 同上,79—80。

的差别去理解'思考'这个动词呢?"①答案应当很明显,在实践理性绝不可能恰当地认识(*erkennen*)、却只能思考(*denken*)我们无限的和难以理解的道德天职的意义之上。然而,对德·曼来说却不是这样。他感到奇怪,"这种有别于认识的思考的例证会是什么呢?"似乎就像康德并没有一再告诉过我们一样。德·曼得出结论说:"*Was heißt denken*?"②"思考"到底指什么呢?

---

① 参见德·曼(1996),79。
② 同上。

第二十章　后现代对审美理想的复兴

（萨克韦尔·道丹在某个时刻说到过由"*l'habitude d'admirer l'inintelligible au lieu de rester tout simplement dans l'inconnu*"[译按：法语，大意为"习惯于崇拜某个难以理解的人而对他却一无所知"]所造成的灾难。他认为，古人不这样也能做到。）让我们设想：人们"理解了的"一切东西没有满足他们的希望，反而同他们相抵触并使他们感到恐惧。在这种情况下，更加神圣的东西逃脱了而不是被允许寻找出对此的罪过，不是在"希冀"之中，而是在"认识"之中！……[原文如此]"不存在任何真正的认识：因此——存在着一个上帝：多么新奇 *elegantia syllogismi*[译按：拉丁语"典雅的三段式推理"]。对禁欲主义理想来说是多么巨大的胜利！

V, 405/《道德的谱系》, III, 25

尼采在1887年不知道康德所谓的"战胜神学的概念机器"是否"……[已经]危害到了禁欲主义的'理想'"。他的回答是一种坚决的否定。他写道，从康德以来，"各种宗教的先验论者们……都已经具有了 *carte blanche*[署了名的白纸]"。因为康德"为他们指出了其中的秘密通道"，他们可以"满足自己的内心欲望。相似地，现在任何人都以它来反对不可知论者，那些赞美神秘和不可知的人们，连他们都崇拜那个把自身标记为他们的神的问题……禁欲主义理想多么巨大的胜利"!①

德里达的后现代主义及其对我们时代的文化风气的影响又怎么样呢？它已经危及禁欲主义的理想吗？假如已经有在前几章里说过的那些问题，但答案肯定又一次是一种坚决的否定：在"解构"西方形而上学的借口之下去修正先验论；从古老的哲学文本中发掘出来的对一种隐蔽的智慧的美化，并且借助前所未有的元先验论的(非)概念的优势开始重新使用，如在想象上被掩埋了的"延异"或"在"，却由此按照海德格尔的"本体论－神学－自我－逻辑"②或德里达的语音－男性－逻各斯中心论的传统而得以恢复。正如浏览一下任何学术书店的哲学部分，或者浏览一下我们北美的艺术系科开设的课程就可以弄明白的那样，结果都是非常明显的。柏拉图、亚里士多德、奥古斯丁、笛卡尔、康德、黑格尔等形而上学家们，什么时候享受过在最近几十年间的大流行？或者说，假定有人告诉过我们有关面对即将到来的数代人的赫拉克勒斯式的解构努力，那么有关一种持续地复兴那种传统的前景，在什么时候看上去会更好？在一次访谈中，德里达本人已经为这种有疑问的议程确立了各种实际的范围。在被问到使他的思想与柏拉图的思想区别开来的是什么时，他回答说，这些可能的差别不应该被当作"意指我或其他'现代的'思想家已经超越了柏拉图，即在成功地使包含在他的文本中的一切变得枯竭的意义之上"。"我认为，一切伟大哲学文本——例如柏拉图的、巴门尼德的、黑格尔的或海德格尔的——都仍然摆在我们面前。伟大哲学的未来仍然是朦胧的和

---

① Ⅴ,504/尼采(1956),292。
② 海德格尔,ⅩⅩⅩⅩⅡ,183。

难以捉摸的,仍然要被透露出来。迄今为止,我们只不过触及了表面。"①用一种老套的但却中肯的话来说,正在发生的事情会使在坟墓中的尼采转过身来。假如他现在还活着的话,那么他大概会注意到对禁欲主义理想的复兴②甚至比在他的一生之中都更加成功。还有,他也会注意到把这种理想重新放进一种半宗教的或直接的基督教框架里去的广泛努力。我很快将论述到斯蒂芬·戴维·罗斯的《美的礼物:作为艺术的善》,按照他的努力来判断,除了这种普遍的趋势之外,后现代的美学毫无例外。但是,在此之前,我将简短地概述这种较为精致的理论建构内含于其中的那些宗教哲学的范围。在这方面,我将把重点放在德里达的神学之上,因为它那种海德格尔式的先例已经在大量其他的研究中得到了论述。③

解构与神学之间的密切关系早已为人们注意到了。安·K.克拉克在1981年的一篇开创性的文章《奥古斯丁与德里达》里指出,对奥古斯丁来说,真理就是上帝,但对德里达来说,真理却是一种活生生的 *sans vérité*〔译按:法语"没有真理"〕。④ 一年之后,J.D.克罗山对解构与否定性神学之间的普遍关系感到惊讶,他发现,它们在句法方面非常明显地相似,然而在语义学方面却具有非常表面的差别。⑤ 这些早期文章的告诫性的语调,伴随着德里达

---

① 卡尼(1995),163—164。
② 参见 V,405/尼采(1956),292。
③ 有关的概况,参见载于圭农(1996)著作中的 J. D. 卡普托的著作,270—288。
④ 参见克拉克(1981),各处。也可参见卡普托(1997),307。
⑤ 参见克罗山(1982),39。哈特(1989),186,对克罗山的困惑的回应:"通过把难以言喻性区分为主体是超越的结果和由于主体是超越的。如果上帝被理解为超越了现象界,那么人们就不可能指望描述他,因为语言的范围被限制在现象界之中。相似地,如果'延异'能够使概念出现,那么它就不可能被概念充分地描述。"也可参见迪安(1984),尤其是 6 以下。

的强调,即解构妨碍了"与神学的每一种关系",①"延异""甚至在最具有否定性的否定性神学的秩序之中"②都是非神学的。然而,出于各种很好的理由,神学家们却不会让各种问题停息下来。对 M.C.泰勒来说,正是解构所具有的"与'神学'"的"对偶性的联系","才赋予了它'宗教的'意义"。③ 同样悖论性的是(虽然与在这里起作用的时常迷宫似的动力合拍),泰勒对于尼采的"上帝之死"的间接借用。相应地,解构被重新命名为"上帝之死的'阐释学'",它本身"为一种后现代的(非)神学提供了一个可能的出发点"。泰勒希望,它将利用"解构性的哲学","彻底破坏曾经被认为神圣的一切"。④ 这种结果理解起来就像是对德里达的主要论点、概念和 *idées fixes*[译按:法语"固定观念"]的逐点盘问一样,经常一直盘问到它们最特殊的术语为止,包括"处女膜"或"逻各斯精液"。因此,古典的有神论(要被[非]神学解构性地取代)被说成是要以这样一些东西为中心:(1)作为先验所指的上帝,(2)作为主体和个体的自我,(3)作为一种在目的论方面有意义的过程的历史,(4)作为一种逻各斯中心论之象征的圣经。它的二元的、虽然不对称的分等级的术语(泰勒提供了一个有 82 个条目的目录),必须被彻底破坏而不是被颠倒。因为单纯的颠倒"还是可能陷入冲突之对立面的二分结构之中"。⑤

这种德里达式的对(非)神学的彻底破坏的具体结果是什么

---

① 德里达(1981c),40。
② 德里达(1982),6。
③ 泰勒(1984),6。
④ 同上。
⑤ 同上,10。

呢？泰勒在此之外非常忠实地仿效了他的模式,但在这里却不得不求助于某些术语学的手法。例如,德里达的"玷污的逻辑"或者"对逻辑的玷污",①被变成了"悖论性交叉的非二元的(非)逻辑"。②"延异"(虽然没有命名)则变成了"神的背景"或"永远漫无目的的调解,所有差别都借以产生和消灭"。③"书写"在泰勒的同义词里是 archi-écriture[原书写],却冷漠地不知不觉地陷入了圣经意义上的《圣经》。④ 我猜测,后者会使人想到,我们应当把《圣经》(或者仅仅是《新约》?)理解为原书写智慧的一个宝藏。无论如何,泰勒认为,解构已经开始了一种"对于重新揭示《圣经》之书写的革命性解读",以便"词语之道当然也会成为通往各各他*的曲折之途"。⑤ 乞灵于这种术语学戏法的又一个例证是德里达的 pharmakon[药物],或"游戏:('延异'的产物)",⑥它与酒有了联系,因此与基督的血有了联系,最终与"圣餐"有了联系。"这样一种奇怪的饮剂只可能由懂得词语之魔术的医师来调制:魔术师的戏法——Hoc est corpus meum[译按:拉丁语'这是我的肉身']。在这[些]特别的词语里,医师本人显现为一种 pharmakos[毒药]"。⑦ 基督这副 pharmakos[毒药]像苏格拉底一样吗?他

---

① 德里达(1981a),149。
② 泰勒(1984),13。
③ 同上,11,117。
④ 如汉德尔曼(1982),163 以下指出的,法语的 écriture 确实具有圣经意义上的《圣经》的含义。但是,这就是像泰勒所意指的从 écriture 跳到 archi-écriture 的理由吗?
* 各各他(Golgotha),基督被钉死之地,意为受苦受难之地。——译注
⑤ 泰勒(1984),13。
⑥ 德里达(1981a),127。"延异"在这里被拼写成了差异,为了保持一致性,我已对拼写做了改动。
⑦ 泰勒(1984),117。

的 *Hoc est corpus meum*[这是我的肉身]是"延异"的最典型的表示,又称为"肉身化的词语",它就是"始终都已经刻写在永远重现的神之背景的游戏之中"的吗?① 这确实是魔术师的戏法!

虽然如此,泰勒对德里达的主要术语的(非)神学的重新描述,在很大程度上被证明了是适当的,并且是在一种双重意义之上。首先,泰勒在表面上悖论性地把解构等同于基督教的阐释学,把"延异"等同于"圣餐",指出了当某种来源甚至对德里达本人来说都仍然是隐藏着的时候,德里达的概念的重要来源。其次,它们预示了德里达后来的"转化",②这既不是泰勒、也不是别的什么人在1984年所能预见到的。正如海德格尔和康德的情况一样,在那时更有可能预料到的是,德里达隐蔽的宗教议程仍然还只是一种部分显示出来的和被承认的推动力,它始终都处在其思想的背后。③

正如被证实了的一样,由一种古怪的巧合所唤起的神学的学识,已经为我们提供了很有可能是迄今为止对于这些在1991年之前的关系中最广泛和最有洞察力的探索,即凯瑟琳·皮克斯托克1998年的《书写之后:论哲学的礼拜仪式的结果》。像泰勒一样,皮克斯托克明确地沿着德里达式的论证和术语学思路来进行理论建构;与她的先驱者一样,她对较为传统的神学采取了一种解构的态度;与他一样,她指出了"圣餐"是"延异"的一个可能的来源。也与泰勒一样,她虽然出于明显不同的原因,却写到了到那时先于德里达的一个德里达在长达十年之中的转化。她在表面上没有意识

---

① 泰勒(1984),106,118。
② 参见德里达(1993),124。
③ 到1987年,德里达注意到了海德格尔哲学中的一种隐蔽的基督教议程的现象;参见德里达(1989),110—113;也可参见扎拉德尔(1990),83—91。

到《割礼忏悔》和德里达近年中公开赞同宗教的其他著作,一直都把他当作一个没有信仰的无神论者,他虽然为我们提供了一种用来解释"圣餐"和中世纪罗马圣餐仪式的神秘的、非常适合的阐释学框架,但最终却在一些至关重要的方面失败了。对皮克斯托克来说,问题肯定不在于"延异"或德里达对符号本身的态度。相反,"德里达就符号所说到的一切",由于深刻的正确而打动了她。①因此,中世纪罗马的仪式是一件通过"差异的持久游戏"而起作用的"差异的礼物"。② 从一种相似的德里达式的观点来看,或者确切地说从一种类似的奥古斯丁式的观点来看,③三位一体的上帝"是一种永远都得到了补充的现实,始终都既'先于'它的'逻各斯',又'超越'了它的'逻各斯'"。④ 与德里达的"延异"非常相似的是,圣餐的变体是"一切意义之可能性的条件"。⑤ 类似地,"圣餐成了一切语言的基础",因为"授予圣职时所说的'这是我的肉身'……使每种符号有益的秘密的矛盾条件(确定与不确定、连续与不连续、图像的与武断的、在场的与不在场的),都达到了这样一

---

① 参见皮克斯托克(1998),265。
② 同上,213。
③ 有关奥古斯丁本人对三位一体的解释,参见麦克唐纳(1997)和载于奎因等人所编著作(1999)中的斯顿普的文章,82,253,以及奥古斯丁的《论三位一体》VI,6—8,他在其中解释了三位一体的成员彼此不同,不是由于固有的或次要的属性,而仅仅是由于相关的态度。正如奎因等人所编著作(1999),528中戴维·布朗指出的:"圣父是起联系作用的,然而又是没有关系的……圣子既起联系作用,又有关系……圣灵不起联系作用,然而却有关系。Filioque[译按:拉丁语'和子'、'关系']的重要性在于这一事实:如果没有它,人们就毫无办法区分圣子与圣灵;两者都处于一个过程的结尾,都不会主动地起联系作用。"这也解释了奥古斯丁式的背景对S.D.罗斯的基督的概念来说,成了在三位一体一般的"调解"中的"调解者"。参见罗斯(1996),224以下的讨论。
④ 皮克斯托克(1998),270。
⑤ 同上,261。

种对立的紧张程度,以至于在圣体中的面包的存在就……像一切意义之可能性的条件一样"。①

那么,德里达的理论建构的错误是什么?尽管这位哲学家的术语学很深奥,但他却没有信仰。② 因此,德里达虽然就符号说了这些恰当的话,但最终却没有给我们提供对于它的"一种可以忍受的和详尽的先验的说明"。③ 因此,他甚至悖论性地没有"达到对于'延异'的任何真正的说明"。④ 此外,他对西方形而上学传统的海德格尔式的批判,像"整个后现代的历史学的与哲学的观点"一样,对她来说似乎就像毫无目的的拳击练习一样,有一个根据拙劣地构想出来的优势却不如实叙述的对手,把一种"虚假的超越的故意不在场,当成是一种漂浮的、神秘的根源",⑤或者当成了我们在前面称为的德里达的"否定性的先验论"。⑥

尽管皮克斯托克进行了过度的普遍化,但她就某些德里达式的设想还是有一些有价值的话要说,由于各种似乎是宗教的而不是在解释方面有说服力的原因,它们在后现代的批评中已经变得很流行。我们所谓的语音中心论的传统,就是这样的一种设想,皮克斯托克在用了 42 页的篇幅分析德里达对《斐德罗篇》的解读之后,发现那种设想完全弄错了。⑦ 对她来说同样错误的是,"德里达式地和完全后现代式地设想出了一种从柏拉图到笛卡尔的、应

---

① 皮克斯托克(1998),262,263。
② 参见皮克斯托克(1998),265。
③ 同上,4。
④ 皮克斯托克(1998),4。
⑤ 同上,117。
⑥ 参见前文,第 17 章,注释 66。
⑦ 参见皮克斯托克(1998),4—46,各处。

该受到责备的'形而上学'发展的没有裂痕的线索";①"德里达坚持语言的先验的'被书写性'(writtenness)",②一种确实在形而上学方面不合适的和使人误解的概念,③与近来学术界已经确定了的有关书写、在文学上对语言的运用与认知之间的一切实际联系相反。④假定她已经意识到了这些发现(德里达及其追随者们有可能因为人们只能猜想的各种原因而忽视了它们),但皮克斯托克⑤却几乎没有麻烦地揭露了由语音中心论的主张所赋予的某些谬论。除了德里达对《斐德罗篇》的解释之外,让-吕克·南希对笛卡尔的《探索真理的指导原则》的解构,也成了她的一个例证。可以说,在南希发现了一种被压制了的"我书写,故我在"的地方,皮克斯托克却表明了笛卡尔式的主体确实"依赖于书写,尤其是要依赖于作为内在化的书写"。书写或文本性所起的作用不是作为一个被囚禁的参孙,而是作为一个不受约束的参孙,它提供了公开规定的笛卡尔式的意识结构。换句话说,书写"并不是笛卡尔式的内在化的对立面,或者说,并不是如南希含沙射影地说的它的可能性的被压制了的条件,而是与它相称的"。⑥

不必说,我试图重新追溯后现代思想中禁欲主义理想复兴的

---

① 皮克斯托克(1998),47。
② 同上,4。
③ 如我们回想起的,人们公认的他的书写、"原书写"(德里达[1976],140)或"延异"的"普遍"(同上,44)意义,虽然与作为"线性的和语音的概念"(同上,109)的书写的"狭隘"概念相反,却"开启了言说本身"(同上,128),"不仅先于形而上学,而且也超越了存在之思"。(同上,143)
④ 例如,参见古迪(1996)和(1993)、奥尔森(1998),有关对这种和相关研究领域的考察,参见福利(1997),417—434。
⑤ 皮克斯托克(1998),93,147,例如,参见坦嫩(1982)和戴维斯(1977)。
⑥ 皮克斯托克(1998),72。

托词和狡诈手段,不应当被错误地理解为认可德里达原初的各种设想,或者认可在像皮克斯托克那样的理论家们手中对它们进行采纳同时又进行批判。在我看来,后者的有效性指向了一个完全不同的方向。皮克斯托克在证明德里达式的阐释学如何使各种丰富的洞见变成了"圣餐"、"三位一体"或罗马的仪式时,不知不觉地揭示了德里达的理论建构可能的根源。此外,她无意中对一种原本"无神论的"德里达式的后现代主义潜意识的、宗教的动力的探索,也导致她揭示了德里达的某些最珍爱的设想很可能是虚假的,如所谓的我们的形而上学传统对于书写的语音中心论的蔑视。正如埃里克·哈夫洛克最先提到的,[1]这种"宏大叙事"的对立面更有可能成为论据。皮克斯托克的批判将很有希望帮助我们恢复到对于西方哲学传统的更加平稳的看法,正如皮克斯托克所发现的,柏拉图和奥古斯丁是本体论神学之精神性的两个主要的根源,或者作为选择,是一种普遍的价值重估的两个主要根源,它们在这两种设想中都延续到了今天。

按照相关的论点,德里达对柏拉图谴责"模仿"的解构性的颠倒,相似地显得是拙劣的构想。在德里达通过把原初的"模仿"归于他的"延异"之下而把它与普通的柏拉图式的模仿区别开来之处,皮克斯托克则通过传统的多数意见把我们带回到了真正出现在柏拉图的文本中的东西之上。在其中,这种对艺术模仿的谴责,无论是诗歌、绘画的模仿,甚或音乐的模仿,都明确地和绝对地[2]具有一个可能的重要例外,即柏拉图所谓的"赞颂诸神和赞扬好人"。[3] 如

---

[1] 哈夫洛克(1998),I—XI,以及各处。
[2] 参见同上,21—31,237以下,247以下,以及各处。
[3] 832;《理想国》,607a。

果从一种基督教的观点来看,柏拉图允许进入其理想国中的东西,是对诗歌和语言的一种赞颂性的运用,这两者在其中的存在都"主要地、并且最终作为对神"和善的"赞扬才惟一[具有]意义"。① 柏拉图本人并没有评论诗歌的这种虔诚的类型在现实中像什么样子。但是,他的基督教的追随者们在向自己的隐蔽的神(他以其难以理解的智慧拯救了一些人,谴责了一些人,同时又从所有人那里强求一种盲目献身的虔诚和信仰)祈祷时,却只对它非常了解。他们的祈祷就像他们在整个一生中都永远游移不定的和痛苦的历程,在这种历程中,"道路[就是]目标",②在其中,"我们的一切行动,乃至我们过去的那些行动,都没有超过那些将要发生的情况",我们被告知,一种不确定性确立了"而不是抹去了行动的可能性"。他们礼拜的祭品,或者确切地说那些对他们而言永远都"不可能的"东西,在那种永远重复的、贯穿一生的卡夫卡式的历程面前,绝不会"超出一种在夜晚唱出来的 *propemptikon*[译按:'游客的告别之歌']"。③ 毫不奇怪,在分析这些虔诚的无意识的停顿和重复时,皮克斯托克可能再次利用"礼拜式结构与德里达援引来加强所有语言的那些结构明显的相似性"。因此,罗马的仪式,在一些方面无疑会得到奥古斯丁的赞成,"被证明了因各种补充和延宕而被分裂,那些补充和延宕构成了礼拜仪式同时作为'不可能性'的可能性",虽然在那时揭示了"作为一种充分性的空无,不可能在延宕和替代的过程中显现出来"。④

---

① 皮克斯托克(1998),XIII。
② 参见同上,185。
③ 同上,222,223。
④ 同上,178。

第二十章 后现代对审美理想的复兴

如我试图提出的,这些相似性不只是"很明显"或者偶然的。相反,它们使人想到,德里达的各种主张自始至终都起源于深刻的宗教情感,他也许会对他自己否认这一点,但是它们仍然为他的思想和语言赋予了它们悖论性的间接性、推动力以及其他难以说明的超凡魅力。当然,就像始终都会出现的那样,事情很容易按照后见之明来评价。在很多年里一直都是神学的猜测游戏的一个诱因,自从 1991 年以来对一些人来说已经变成了批判性分析的诱因,对另一些人来说则成了欢欣鼓舞的断言。如我们所知,这方面的转折点是德里达向卡普托所称的他那种"类似奥古斯丁式的、略带无神论的犹太教"①的转化。突然间,有了那个因为"他自己的宗教"而"祈祷和流泪"的新"人",一个"圣雅克,荒野的神父德里达!一个隐士,一个走入荒野的人"!② 带着那些渴望追溯一路通向这种转化之足迹的神学家们——就像他逐渐改变了对否定性神学甚或神学本身的态度一样。德里达不是早在 1987 年就宣称他不相信没有"以某种方式污染否定性神学"的一切文本吗;③或者说,他不是宣称解构一旦被断言为最典型地类似于甚至"最为否定性的否定性神学",④就相当于"准备好了的自我对于这种将要到来的(venue)他者"⑤的一种批判举动吗?尽管如此,《割礼忏悔》,最初的"雅克·德里达的公开的宗教忏悔",⑥一出现就使所有相关的人们极为吃惊。奥古斯丁的疑问 *Quid ergo amo, cum Deum*

---

① 卡普托(1997),284。
② 同上,19,38。
③ 引自同上,41。
④ 德里达(1982),6。
⑤ 德里达(1987a),53。引自卡普托(1997),73。
⑥ 卡普托(1997),281。

meum amo["当我爱我的上帝时,我爱的是什么"],突然被显现为德里达的终身努力、过去、现在和未来的格言。"当我爱我的上帝时,我爱的是什么?"德里达感到惊异,并接着说:"除了把[圣奥古斯丁的]这句话翻译成我的语言之外,我还能做别的什么事情?"①

德里达容忍了与奥古斯丁的进一步的亲密关系。对他们两个来说,上帝是 deus absconditus[隐蔽的上帝],一个无法解开的秘密,但它却促使我们去解构我们认为自己都非常熟悉的东西。"它以一切名义保守着那秘密……甚至在人们以它的名义去获得真理之时……正如奥古斯丁最初指出的那样。"②像 J. D. 卡普托指出的那样,德里达的上帝"与托马斯的上帝相比,是更加奥古斯丁式的上帝"。他的名字"不是某种'神学的'存在或对象的名字",而是一个名称,用德里达的话来说,是混合着"泪水的根源"。③"'上帝'对他来说不是在神学的分析中被赋予的,而是在宗教体验中被赋予的,在对于不可能的某种激情中被赋予的。在这个问题上……德里达比宗教研究的一些占据着主教职位的人更有点接近于福音宣讲者"。④

这一切听起来都十分为人所熟悉:礼拜者在眼泪和祈祷中的自我贬低;被崇拜的上帝是一种难以理解的隐蔽的上帝;我们对他的信仰是一种毫无疑问的、盲目的虔诚,"我不知道,却必须信仰";⑤我们站稳了自己的立场,不是与那些试图去看、去理解和认

---

① 本宁顿与德里达(1993),122。参见卡普托(1997),286。
② 德里达(1995a),26。
③ 德里达(1993),118。
④ 卡普托(1997),288—289。
⑤ 德里达(1993),129。

识的人们在一起,而是与那些因眼泪而丧失了判断力的人们在一起——正如卡普托提醒我们的,这是一种"在根本上奥古斯丁式的"姿态。① 它导致了那种偶然的、卡夫卡式的晕眩感,这是一种盲目的、含泪的信仰,相信在其西西弗斯式的劳苦的不可能性之中的"混乱、深渊、荒野"②的荣耀:它是"最艰难的,但确实是不可能的"。③ 与此同时,它向我们揭示了是什么促使了德里达早期的、从开始起的解构计划。

他在解释安杰鲁斯·西里西乌斯的"*Nichts werden ist Gott werden*"["变为虚无即变为神"]之时,使人想到了同样多的东西。对他来说,这种思路把信仰的特征刻画为"最艰难的,但确实是不可能的"人类的努力。正如他用逐渐增强的悖论性的夸张法指出的,那种风格日益刻画出了他的思维方式的特征:"这种变为自我就是变为上帝——或者虚无——这就是看来不可能的事情,不只是不可能,最不可能的可能,比不可能还要不可能,似乎不可能就是可能的完全否定性的形式。"④对德里达来说,如他所称的,这种"思想",

> 似乎奇怪地为那种被叫做解构的经验所熟悉。解构远远不止是一种方法上的技巧,不是一种可能的或必要的程序……它经常被界定为那种对于不可能之(不可能)的可能性、对于最不可能的体验,它是解构与礼物、"同意"、"到来"、决定、证词、秘密等等所共有的一个条件。也许还有死亡。⑤

---

① 参见卡普托(1997),311。
② 德里达(1995a),72。
③ 同上,74。
④ 同上,42,43。
⑤ 同上,43。

这就把我们带回到了斯蒂芬·戴维·罗斯就"美学新发展的尖端"所进行的努力,按照这样一种评价来判断,无疑会有类似的努力去仿效它们。当然,罗斯的努力是最富有成果的,它试图发展出一种我所意识到的后现代美学。在出版《美的礼物:作为艺术的善》之前,他就已经再三论述过这个主题。他那部七百页的《从柏拉图到海德格尔和德里达的美学理论文选》自1994年出版以来已经发行了三版。紧接着《美的礼物》,将有约二十册书,每一册都会论述一种新的礼物。

罗斯在那种海德格尔式的宗教虔诚中的根源,尤其是在我们一直在讨论的那种德里达式的宗教虔诚中的根源,是极其明显的。他也许对海德格尔的某些主张有反感,如海德格尔把艺术局限于伟大的艺术,对斗争的强调,或者强调人类对于动物的优先性。尽管如此,罗斯的核心概念"礼物",正像他对待西方形而上学的普遍态度一样,可以追溯到海德格尔式的根源。正如他在谈及"由自然的丰富性……赋予的……由善赋予的美的礼物"[1]时不止一次地解释说的,"礼物"源于海德格尔的 es gibt[译按:德语"它给予"],它在口语中意指"存在着",但从字面上理解,如海德格尔所做的那样,它意指"它给予"。后者代表了 Seyn[在]的原初意义,它被自柏拉图以来的西方形而上学掩埋了或者囚禁了。海德格尔解释说:"在西方思想开始之时,'在'就是思想,但不是'它给予(es gibt)'本身。后者退出了,以利于它所给予的那种礼物。"[2]然而,这些都已经得到了承认,罗斯却通过把海德格尔放到他的位置上,

---

[1] 罗斯(1996),279,288。
[2] 引自同上,231,参见同上,14,244,262。

玩了那种习惯性的、解构的、胜人一筹的游戏。如果被西方形而上学遗忘了如此之久的 es gibt［它给予］"给予物""仍然要被思考"的话,那么就"既不是作为'在'……也不是作为'它'……而是作为一种丰富性的调解者的身份"。①

期待罗斯在这个时刻会引入"延异"的读者们,肯定会大为吃惊。他虽然在很多场合下对德里达表示过敬意,认为他由"延异"激发起的对于"模仿"的重新概念化是理所当然,认可他把《艺术作品的起源》理解为"一篇论述礼物的文章",②但他却故意避免了讨论德里达的关键的(非)概念。在这里,罗斯似乎又一次急于把他自己置于他的导师之上。假定德里达习惯于提出新的、非同义的"延异"的替代物,但这位弟子却明显让人感到随意做了某种进一步的对德里达本人的替代。结果就成了另一根(非)概念的链条,除了德里达式的"可重复性"③属于罗斯本人创造的新词之外:如"善"本身,"暴露","调解者","怀念","献祭","装备","中断"等等。

然而,罗斯附加到这些元先验论的概念之上的德里达式的以及较少如此的海德格尔式的主张,实在太明显了。像海德格尔的由"道"获得灵感的"在"一样,他的"善"相当于虚无;按照更加德里达式的理路,它被描述成了一份否定的目录,诸如存在既不是善、恶、超越、内在、高尚、低下、正确,也不是错误。④ 然而,像"延异"一样,善的这种否定性的、抵挡不住的非性质,是"标志着我们的语

---

① 同上,231。
② 引自同上,212。
③ 参见同上,287:"这就是我加入到德里达感到徘徊于可重复性的地方。"
④ 参见同上,2,299。

言的一切对立概念的共同根源",①如德里达指出的,或者如罗斯所想到的,是那种"使区分善与恶、对与错、正义与非正义之可能性的产生"②的东西。罗斯的"善"与西方的形而上学相比怎么样? 与"在"和"延异"一样——各自都是被那种传统所囚禁的一个不受约束的参孙——"善"始终都在动摇和破坏自己的目标,所以裂缝和裂痕在它的墙上和基础之中已经随处可见。③ 不那么可以预料的是他那种奇特的观点和解构的实践。就善而言,虽然既不可认识也不可言说,对逻各斯中心论的思维来说仍然是不可接近的,反倒是要求它自身的那种逻辑和语言。罗斯的多样性比海德格尔和德里达的多样性在修辞上更加粗糙一些,它有系统地使他的思想流动中断了,这是他在整个《美的礼物》中引人注意的方法,使人注意到他那种经常性的中断,或者更好的还是注意到对中断的中断。④

罗斯聚集支持其理论的方法,在很大程度上来自于一些时髦哲学家们的后现代经典(如柏拉图、亚里士多德、笛卡尔、康德、黑格尔,"尤其是……尼采",⑤当然,还有海德格尔、德里达、利奥塔、伊里加雷、维蒂希等人),它同样也是马马虎虎的。海德格尔和德里达在向我们揭示柏拉图、康德或卢梭确实想说、实际上却没有说

---

① 德里达(1981c),9。

② 罗斯(1996),8。

③ 参见同上,4。

④ 参见同上,2:"要说到善,就是要说到一种作为礼物给予的暴露,它并非来自于任何地方或事物……在这种意义上,要说到善就是不可能的,要确定它的限度也是不可能的。这并不是因为善是我们无法认识的某种东西,而是因为说到它是无穷无尽的中断。"

⑤ 同上,9。

第二十章 后现代对审美理想的复兴 537

出的话之前,至少还要让自己的读者们不时经过一些使人着迷的对一个特定文本的细读,而且也要通过他们令人惊异的博学来支持自己的发现。罗斯虽然肯定不缺乏后者,①但看来在很大程度上却满足于重复这种解经式的暴力的一揽子惯用法。例如,在提出尼采曾经说到艺术"给予我们世界之善、存在之善"以后,他突然以一种冷漠的事后想法告诉我们说,当然,尼采"从来就没有这么说过"。为了指出尼采想说、却从来没有说出来的话,他仅仅简单地"肯定必须在心里按照黑格尔来解读,而且按照黑格尔回想康德有关艺术终结的说法来解读,把我们引向海德格尔以来",在这种情况下,这意味着利奥塔的后现代主义主张,与处在终点的现代主义不一样,"而是处于初生的状态之中"。② 罗斯强行认为康德具有与他一样的确信,即"受到美的感召……就是一种来自善的感召",这种方法甚至更加粗暴无礼。罗斯向我们保证说:"我相信康德几乎接近于要说出这种话,即差异可以被忽视。"③对他来说,重要的不是别人说了什么,而是人们自己想要说什么,"也许用一种有点尼采式的方式",或者"按照古德曼的想法,以一种扭曲的方式"。④ 如果解构的猜测游戏变得实在太冒险的话,那么人们就可以始终求助于一种"也许",并不令人吃惊的是,在罗斯解经的辞典之中,最经常被重复的都是这个副词。⑤

---

① 尤其可参见罗斯(1993)。
② 罗斯(1996),159。
③ 同上,142。
④ 同上,88,93。
⑤ 例如,参见同上,197,在其中,"黑格尔对艺术终结的理解"被说成是复述了"一种也许是在柏拉图那里的开端,以及补充,也许还是在柏拉图那里,即艺术的终结被指出了,但决没有开始"。

除了这种对他人或者被歪曲了的或者被变平淡了的观点进行解构性的重复使用之外,①《美的礼物》还不得不提供什么,尤其是在谈到艺术和美之时?从正面说,至少在这位作者看来,就是提出了要"使艺术恢复知觉",②它从柏拉图使肉体与精神分离以来就已经丧失了。③ 然而,为了补救这种长达二十四个世纪之久、在实际上等于错误的有关艺术的概念,罗斯试图做什么呢?尼采不仅解释了这种错误的陈述,而且也提出了一种选择,但这两者都不被信任。罗斯对尼采式的"挑战"的回应(他发誓说要非常"严肃地"对待④),局限于一种对各种陈词滥调的清点,那些陈词滥调或者是由传统批评、或者是由当代批评使之流行起来的。⑤ 一种相关的策略是更加典型的后现代的。罗斯没有解释尼采对于从柏拉图到康德的传统美学及其主要代表者的批判,却宁可通过他所偏爱的一些后现代哲学家(诸如德里达、福柯、列维纳斯、伊里加雷或瓦蒂莫)的观点来评价尼采。⑥ 因此,他那长达几页的对于"什么是酒神"的高谈阔论,在他与路西·伊里加雷一起宣称"也许尼采带着一把过于沉重、过于粗糙的锤子。敲击声也太响"之时,达到了

---

① 有关另一个例子,参见同上,109,在其中,作者说到了"康德对崇高的看法,是以其他方式来表达的,那些方式被尼采看成是酒神式的"。
② 同上,86。
③ 参见同上,288。
④ 同上,5。
⑤ 诸如上帝之死,艺术作为人的真正形而上学的活动,真理作为女人,酒神等等。参见同上,155,173—192,178,186。
⑥ 参见同上,40—41,85,252,275。后现代批评家们通过一些重要的知识分子领袖的观点,诸如海德格尔、德里达、福柯、拉康和利奥塔,来看待尼采的倾向,而不是按照尼采自己的言辞来评价他,更不用说用尼采去评价后现代主义,是很普遍的。例如,可参见克雷尔和伍德(1998)、凯尔布(1990)、萨德勒(1995)和史密斯(1996)。

顶点。① 相似地,尼采酒神式的对模仿的轻蔑②被忽略了,以便为一种解构性地重构的柏拉图式的"模仿"概念留下空间,那种"模仿"类似于绝对德里达式的语源而非尼采式的语源的"延异"。在这种不可能的调解之中,平常的"模仿"与"酒神方面的'模仿'"配上了对,导致"艺术的陌生性……对'模仿'的中断"带来了"来自于善的礼物"。③ 不必说,还有一件事情是尼采本人从来就没有说过的,但是,正如罗斯本人以其特有的漫不经心所相信的,那就是尼采"隐秘的和明显有效的思想"——即"那种'模仿'是与声音对应的"。④

相似地,还有尼采的所谓要求人性返回到人本主义和十字架,这是罗斯通过吉阿尼·瓦蒂莫所完成了的一项解构的壮举。对后者来说,现存的由尼采——"我们时代第一个彻底的非人本主义思想家"——所宣布的"形而上学和人本主义的危机",应当被理解,不是被理解为一种正在进行的传统的价值重估,而是被理解为一种"*Gabe*[译按:德语'礼物'],给予和'在'的礼物"。⑤ 它应当被听说为一种"要求人性……要放纵它本身,并且让它本身听任人本主义",或者(如一本由瓦蒂莫和德里达合作编辑的论述宗教的著作所解释的)被听说为一种由希伯来基督教传统所提出的"要求征服形而上学",而且更明确地是由"从圣奥古斯丁及其对三位一体的反思"⑥开始的基督教阐释学的神学所提出的。

---

① 罗斯(1996),192。
② 例如,参见 I,107,112/尼采(1956),100,105。
③ 罗斯(1996),74。
④ 同上,85。
⑤ 瓦蒂莫(1988),32,41;参见罗斯(1996),172,173。
⑥ 德里达和瓦蒂莫(1998),88,89。

罗斯假装的与那个宣布了上帝之死的尼采结盟,他渴望否定一种明显的宗教虔诚,尤其是否定一种正统的倾向,以及针对正统宗教在政治上对待妇女、性行为、异端的不一致等等的不正确态度而爆发出来的愤慨,都是相同倾向的重要组成部分。而且在《美的礼物》中还有大量这种东西。① 然而,尽管有这一切有关不希望"重建上帝之城"②的断言,就连罗斯公开陈述过的、虽然解构性地使之现代化了的宗教联系,都非常明显。因此,他乞灵于像奥古斯丁和阿奎那那样的神学美学家,为的是分享他对美的感受,因为他们在公开指责休谟的《论趣味的标准》是一篇离间的、审判的和排他的理论建构的文章之前,就揭示了"上帝的暗示"。③ 或者说,他乞灵于基督,为的是在全面调解三位一体中起着"调解者"的关键作用,④这种调解对罗斯对美的理解来说是实质性的。因此,如我们早已看见的,礼物,*es gibt*[它给予]必须被认为是,不是海德格尔的"在","而是丰富性的一种调解者"。⑤ 类似地,美被认为是"在每个地方作为调解者而运行,把它所接触到的一切都变成……其他调解者"。⑥ 像在"圣餐"中的基督吗?否则,人们几乎不需要成为神学家就会意识到,罗斯最核心的(非)审美的概念,如"礼物"、"善"、"调解"或"献祭",无论他是在明确的宗教语境里、还是在故意否认这些联系时使用它们,⑦都是深刻的基督教的,也许不

---

① 参见罗斯(1996),2,69,127,184,185 以及各处。
② 罗斯(1996),110。
③ 参见同上,127。
④ 参见同上,224。
⑤ 同上,231。
⑥ 同上,295。
⑦ 例如,同上,2:"善……不是上帝。"

第二十章 后现代对审美理想的复兴 541

是按正统的标准,而确实是在所谓更加原初的意义之上,即在海德格尔和德里达的教诲中重新露面的原初意义之上,在那些追随他们的现代和后现代神学中重新露面的原初意义之上。

总之,我所描述为的在康德那里和康德之后对禁欲主义理想的复兴,因而可以被说成是在后现代的宗教-哲学和美学思想中上演的又一次重复。这种复兴遵循了一种为人熟悉的模式。如我们已经看见的,康德把他在很大程度上奥古斯丁-加尔文主义的、以一种难以理解的却在道德上苛求的隐蔽的上帝为中心的宗教虔诚,转化成了他所谓的批判著作的哲学体系,包括《判断力批判》在内。一种不同的下意识的宗教议程在海德格尔那里很明显,大约在他与天主教信仰绝交之时,①他在寻找他在早期基督教、奥古斯丁、早期路德以及克尔凯郭尔那里发现的存在之原初的、受时间支配的意义之时,就逐渐形成了自己新的、Destruktion〔译按:德语"解构"〕的方法。

这种共同的宗教冲动,在康德和海德格尔那里仍然是部分地隐蔽的,不是说到最后夭折了,它在德里达及其大量追随者那里却回到了原地。这是一个有点迂回曲折的故事。最初,是把各种神学概念(在很大程度上无疑是无意识地)变成了解构和"延异"的伪世俗的术语学,知识大众在寻找他们时髦地否认的一种新的宗教虔诚时,渴望仿效这种转化。然而,先锋派神学家们却渴望创新,早已开始注意到了旧神学与新哲学之间强有力的密切关系,先是强调各种重要的差异,但很快就接受了德里达继续用明显非神学的术语描述为的羽翼丰满的后现代(非)神学。最终,是德里达的

---

① 参见载于圭农所编著作(1996)中 J. D. 卡普托的文章,272。

"转化",最初是在他1991年的《割礼忏悔》中公开出来的,然后,他的努力得到了一种扩展了的宗教环境的帮助,便把他的解构主义术语重新翻译成了各种宗教概念,那些概念很有可能首先给了它们以启发。如我们早已看到的,罗斯的《美的礼物》,只不过是在我们的时代中禁欲主义理想的这种迅速传播的复兴的又一个例证。

后　记

新的基本情感:我们最终的短暂性。——从前,人们指出了人类像神一样的世系,试图获得一种庄严的人类情感。现在,这已经成了一条被禁止的道路,因为在它的入口处站着猿类,除了其他讨厌的动物之外,它们有意露出自己的牙齿,似乎要说:不要朝这个方向再走一步! 因而,人们现在尝试走相反的方向:把人类置于最优先之地位的方式必须用来证明我们的庄严和与上帝的血缘关系。哎呀,连这也变成了虚无! 在这条道路的尽头,伫立着最后的人的骨灰盒与掘墓人(以及那铭文"*nihil humani a me alienum puto*"[译按:"人所具有的我都具有"])。人类发展得(*entwickelt*)越高⋯⋯就越不可能达到更高的秩序,正如蚂蚁或蠼螋越小,就越会在它们"尘世行程"的尽头上升到与神具有的血缘关系和不朽。

III,53—54/《朝霞》,I,49

实验的时代! 达尔文的断言要得到证实——通过试验(*Versuche*)! 同样,更高的有机体的进化(*Entstehung*)来自最低等的有机体。试验必须在千百年中进行下去! 要把猿类培养成人类!

IX,508

更宽泛地说,其他批评家已经把与我相似的各种论点,普遍地扩大到了"当代人文学科"。在有的人看来,它们类似于"一座保护信仰的教堂……虔诚者被邀请到里面聚会,参加全体成员的忏悔仪式"。[1] 有人写道:"正像上帝曾经是存在的基础一样,因而我们的理论学派一般都否认它们所研究的文本的神或形而上学的基础,已经被一种先验的所指概念所取代,但绝不是被免除了,那是解读的一种底线,它证明和指引着他们的操作。"[2]也有人写道:"后结构主义通过把德里达的符号学和福柯的话语理论当作一种在其中综合索绪尔和雅各布逊陈旧的语言学、弗洛伊德陈旧的心理学和马克思陈旧的社会学的母体,已经形成了一种甚至更为复杂的修辞学体系,完全脱离了经验主义的研究,无论是进化论的研究,还是标准的社会科学。"[3]因而,还有"人本主义者不仅对'理论'的喜好,而且也有对哲学的'思辨传统'的喜好。欧洲哲学由于自身对经验主义实证的问题漠不关心,甚至对于为这些影响提供机会的论述也漠不关心,所以把自身当作一种很容易掌握的'有关知识的天才的理论'提供给学生:为了'做哲学',只要使自己完全依附于一位'思想家'——康德,黑格尔,德里达——然后通过他的或她的'体系'去理解世界(或者它的作品)。像精神分析一样,体系被安全地封闭了:它对事实的说明能力在实质上是不相干的"。[4]

如我们已经看到的,美学正在享受一场非同寻常的复兴,很难

---

[1] 斯托里(1996),201。
[2] 费尔佩林(1985),204。
[3] 卡罗尔(1995),27。
[4] 斯托里(1996),205。

与这些趋势隔绝。最近,有两本这个学科的手册可以作为例子。这两本手册都标志着正在激增的对于后现代的和相关的、经典的理论建构的依附,同时标志着一种近乎于对大量倾注于当代认知科学的美学在总体上的忽视。戴维·A.库珀等人1992年所编、1995年重印的《美学指南》,在466双栏页的一卷中仅载有戴安娜·拉夫曼的一篇文章《知觉》。四卷本的《美学百科全书》,由迈克尔·凯利所编,撰稿人达500多人,由2000页和600多篇文章组成,包含的相关文章甚至更少。正如《泰晤士报文学增刊》的评论家K.L.沃尔顿评论说的,"除了一个关于按照后结构主义对康德的理解来解释人工智能的条目之外",很少有"关于认知科学对于各种美学问题之贡献的"文章。[1] 粗略看一下两本最近的"女性主义哲学"[2]和"哲学中的女性主义"[3]的指南,以及像《女性主义眼界中的美学》、[4]《美学中的女性主义与传统》[5]和《性别与天才:走向新女性主义美学》[6]那样的著作,就可以证实同样的景象。

然而,尽管有所有这一切,但沿着前面的章节所提出的思路来重新阐述美学的前景,看起来比以前更加充满着希望。很有特点的是,这方面的主要冲动来自于各种各样的科学家,而不是来自于我们的大量患了科学恐惧症和生物学恐惧症的美学家、艺术史家、批评家和传统的哲学家们。当后者在继续坚持自己的各个学科的自主性和优越性之时,前者就已经收集了无法抵挡的证据来证明

---

[1] 《泰晤士报文学增刊》,2000年9月29日,9。
[2] 贾加尔等编(2000)。
[3] 弗里克等编(2000)。
[4] 海因等编(1993)。
[5] 布兰德等编(1995)。
[6] 巴特斯比著(1989)。

这种孤立主义的站不住脚,为把各种力量结合起来而勾画了各种策略,并且通过阐述我们可以选择的各种理论而对人文学科和社会科学进行了多种尝试。受到这些努力的激励,像上面提到的那些批评家们,正在利用男性和女性科学家同仁的成果,挑战传统的和后现代的多数人的意见。与此同时,一种新型的女性主义者或"女性主义派",[1]正在一种更加没有偏见的与生命科学的关系中重新考虑自己学科的基本设想。

这些努力已经发表了的论争成果可以装满一个小小的图书馆,很难在这些篇幅里进行概括。至少至今还很少有大部头的著作是有关美学的专门著作。然而,为了同时概述我自己对这个问题的看法,在这里做一个如下那样的简短说明,就不得不以高度精练的形式来进行。主要的著作很容易列举出来。

仿效达尔文在《人类的由来》中就性别选择所进行的理论建构,就自然美和艺术所进行的生物学进化论的理论建构,在19世纪晚期曾经有过一阵短暂的流行,但却被对于社会达尔文主义的回应以及菲利克斯·克莱的《美感的起源》(1908)所消除了。然而,即使没有这些特别的阻扰,在科斯米德斯和图比恰当地描述为"标准的社会科学模式"的力量面前,这种流行也难以为继,那种模式在此后的几十年中占据了支配地位。[2] 较早背离这种有关美学的多数人意见的,是德斯蒙德·莫里斯在1962年发表的很有勇气的《艺术生物学》,它试图证明:如果为非洲黑猩猩提供了纸、笔和

---

[1] 我所想到作者有纳塔丽·安吉尔(1999)、S. B. 赫迪(1999)、阿利森·乔利(1999)、南希·埃特可夫(1999)和海伦·费希尔(1999)。参见《镜报》30(2000),74—88。

[2] 参见巴尔科等编著作(1992),23以下。

颜料，它们就能创作出像杰克逊·波洛克的作品那样的行动绘画。按照事后的看法，莫里斯的论点主要是要证明：轶事性的证据，尤其是在没有经过彻底思考和能够实证的心理学定理的情况下所收集到的证据，几乎无法经得起严格的审查。因此，随后的控制测试发现，黑猩猩的"描绘"要适应纸张的边缘或样式，并没有追寻某种呈现的独立性，更不用说追寻再现的目的了，如果没有被打断，它们最终会让最初的轮廓淹没在胡乱的涂抹之中。[①]

对美学做出生物学进化论说明的理论基础，是由W.D.汉密尔顿的《社会行为的遗传学进化》(1964)和R.L.特里弗斯的《交互利他主义的演进》(1971)中的开创性研究所奠定的。[②] 然而，当E.O.威尔逊在1975年以"社会生物学"为标题的著作正式开创了社会生物学之时，它一开头就遭到了愤怒的指责，说它已经推翻了社会达尔文主义以及在上个世纪早期就性别选择所进行的理论建构。针对威尔逊的指控主要有两项，并且带着特有的夸大之辞，即他在描述人类的社会行为时把一种不适当的简化论运用于生物学的原因，以及他把人类的行为说成是在遗传上就被预先编好了程序。与此同时，国际"动物行为学会"认为《社会生物学》是（在1989年中）全部论述动物行为的著作中最为重要的著作，[③]而最近的《麻省理工学院认知科学百科全书》则在探讨动物和人类行为时谈到了"社会生物学革命"。[④]

美学研究对这些努力的了解很晚，但在最近几年中已经在越

---

① 参见米勒(2000)，280，以及利纳恩(1997)，各处。
② 也可参见赖特(1994)，156以下，和171以下；以及乔利(1999)，104以下。
③ 参见威尔逊(2000)，vi。
④ 参见威尔逊和基尔(1999)，783。

来越多地进行了解。两个开创性的尝试是人类学家埃伦·迪萨纳亚克的《艺术为了什么》(在1992年紧接着有她的《审美的人》),以及一本大部分与神经美学问题有关的论文集《美与大脑》(1988)。① 1992年的《适应了的心灵》包含了 G.H.奥里恩斯和 J.H.黑尔瓦根论述一种新的、环境论美学的《对风景的延伸的回应》。② 1994年,罗伯特·L.索尔索探讨了"眼睛与心灵观看和理解视觉艺术"③的方式。吸取这些科学洞见和假说的早期尝试来自于批评家 W.A.科克(1993)、J.卡罗尔(1995)和 R.斯托里(1996),而科学记者马特·里德利则在1993年的《红色女王》中全面评述了在社会生物学和性别选择框架范围内的美学思索。

但是,直到1998年,科学家们和人文学科的艺术理论家们的这种努力,仍然还很稀少,尤其是在与更加传统的美学家们在同时出版的数量远远大得多的著作进行比较之时。因此,E.O.威尔逊在那一年出版的《论契合》包含了他本人对于"各种艺术以及对它们的解释"的看法,谈到了"很小但却在成长的艺术家和艺术理论家的圈子"正在致力于他们以不同名称称为的、他们的"生物学诗学"或"生物学美学"。④ 威尔逊的预言被证明了是正确的。也是在1998年,出现了兰迪·桑希尔的《达尔文的美学》,⑤以及 N.E.艾肯的《艺术的生物学起源》,从那时以来,还有 B.库克和弗雷德里克·特纳编的《生物学诗学》(1999)、N.L.沃林等人编的《音乐

---

① 伦奇勒等人编(1988)。
② 载巴尔科等编著作(1992),555—579。
③ 索尔索(1999),1。
④ 威尔逊(1998),236。
⑤ 载克劳福德等编著作(1998),543—572。

的起源》(1999)、R.J.斯滕伯格的《创造性手册》(1999)和 S.泽基的《内在视力,对艺术与大脑的探讨》(1999)。

在我对这些努力进行我自己的简略说明之前,需要做一些告诫性的评论。举例来说,它再一次使人回想起了,如果美学通过反面,即通过过度强调它对于身体、性欲、生物学、遗传学和进化论,试图取代在传统上对它的过度知性化的话,那么任何未来的美学就不会取得成功。用尼采的话来说,一种生理学的美学,决不会取代从社会政治、女性主义、风格理论和其他"文化"观点或类似于家族类似的现象,如观念史或既定风格和样式在地理上的转移,来对美、创造性和各种艺术进行研究。有助于我们从纯粹的数量和细节方面来理解艺术的这种信息,始终都会超过比如说来自于进化心理学和神经学的信息。例如,很有趣的是得知洛维斯·科林斯在 1911 年遭受了一次打击和大脑右半球的损伤之后开始作画,为了维持自己的名声,他采用了到那时为止他都在批判的表现主义方式;康斯坦勃在绘制他的《戴德汉山谷》(1802)时的兴趣中心的转移(在正前景中有几棵树木在教堂尖塔周围形成拱顶),也许反映了由于一种同样普遍的大脑不对称所造成的人类的普遍偏好。[①] 但是,很难想象一位讲演者对这些问题有专门研究,并能引诱学生们远离其艺术史同事正在给他们讲解的幻灯片,比如说康斯坦勃早期对克劳德通过一个和谐的框架式的前景表现远景的方法的依赖,或者他那种华兹华斯式的对于乡村生活的偏爱,以及对于一种像科学一样探究"自然法则"[②]的艺术的偏爱。毫无疑问,

---

[①] 参见 J.利维载于伦奇勒等人所编著作(1988),229,235;以及沃恩(1994),194以下。

[②] 引自沃恩(1994),203;参见华兹华斯把诗歌界定为"情感的历史或科学"。柯勒律治与华兹华斯(1967),140。

我们人类的各种审美倾向是进化发展的产物,这种发展已经有了几十万、可能有几百万、也许有几十亿年之久。但是,正如它们肯定是在较晚近时才受到各种社会规范日益增加的影响一样,技术进步和普遍文明所造成的结果,在很大程度上却使它们分解了,甚至违背了这些在进化上由遗传得来的约束力。如我们早已看到的,十二音音乐,以及很多现代与后现代艺术,可能都是后者的例证。

因而,未来的美学,确切地说是此后试图颠覆从前的后柏拉图式的多数意见的美学,应当把目标放在一种尼采式的基础的转移(Grundverschiebung)之上。① 一方面,它应当保留那些自古以来有价值的东西,诸如对传统艺术理论的多重视点和解释策略,在另一方面,应当避免它的反感觉论的压制、伪善、曲解和谬论,其中很多我都在前面的章节里进行了揭露。同样要避免的是,人们对各种二分法变得精神不安,诸如自然与培育,经验论与先天论;以及就科学家对可能的进化发展的假设故事进行阐释的权利的争论感到精神不安。比如说,一种关于语言或艺术的假定起源的叙事,不应当只根据它在细节方面的百分之百的精确来判断,而应当根据它在稳定积累起来的证据框架之内的进化上的可能性来判断,而那种证据则支持在达尔文的进化论、孟德尔的遗传学和最近的分子生物学之间进行现代的综合。

让我们考察一个例子,或者确切地说是几个这种例子的逆向序列。如果一个人对文献简直不熟悉,除非通过某种宗教先验论的信条接近它,那么他就会怀疑:最近发现的大约三万年前的肖韦洞窟壁画②会把他们的生存归功于从前的 *Homo sapiens*[智人]

---

① 参见尼采,V,51。
② 参见肖韦等人(1996)。

祖先的低等才能进化而来的艺术才能,那些祖先曾经修饰过自己的石制工具,无疑也用很小的装饰品装饰过他们自己的身体;那些原始人类在某个地方沿着这条路线获得了语言;他们尚未成熟的艺术成就通过性别选择的高贵道路经历了变化,虽然是以至今还了解甚少的方式,出于一种本能的意向走向了我们所分享的美(或动物的 aisthēsis[感性]),不仅是与我们灵长类的同类一道,而且也与漫游于地球上的某些最古老的动物物种一道;大脑(人类的和动物的)协调着那些从线虫类的蠕虫那样的有机体进化而来的本能的审美特性,以及大约 300 个尚无大脑的神经元[①]的原始神经系统;这些都可以追溯到甚至更加原始的多细胞的和最终单细胞的有机体,如尼采所说的变形虫,[②]它们虽然没有神经系统,却已经可以推断或者至少可以区分它们可以"吃"的东西或可以"吃"它们的东西;或者用仔细观察过它们对于"美"或"丑"之原型的环境的霍布斯的话来说,那是为了预示着"好"与"坏"的符号。

事情的整个这种序列,就是尼采在让他的认识论从"把被盗用的物质合并到变形虫里去"[③]的过程开始之时所期望的东西;他要

---

① 参见乔姆斯基(1993),86。相比之下,环节类的蠕虫具有一个"原始的大脑或处于头部区域的……神经节群"。参见《哥伦比亚百科全书》(1993),107—108,1909—1910。
② 参见怀特菲尔德(1998),115—116。
③ XII,209/尼采(1968),274。就连附和托马斯·纳格尔这个"新神秘主义者"(麦金[1997],107)之一的、并且很可能不是我的尼采式之态度的支持者的科林·麦金,也同意在实质上相同的设想。参见麦金(1997),74:"意识不是永恒的,它具有一种历史,一种天然的起源。从前,宇宙没有包含任何意识;因而,它从各个地方蹦跳出来;而现在这个行星充满了这种物质。正如动物的身体是漫长的进化过程的产物一样,偶然的变化在其中经过了严格的自然选择的筛选,因而动物的心灵肯定在不同的生存机制方面具有一种遥远的起源,因为它们要根据能够获得的物质而起作用。眼睛逐渐形成为能够利用包含在光线中的信息的器具,它们有赖于物质既定的化学的和光学的特性;意识同样也必须为了某种很好的生物学原因而出现,要建立在有机体先前的特性之上。"也可参见麦金(1999),40。

求我们把身体当作我们探索心灵和灵魂的指南;他把美和各种艺术追溯到"我们最根本的自我保存的价值观";[1]他依靠科学向我们表明:就连这些高级现象也要受到感官、神经和大脑的约束,它们是从"寻找食物"[2]的各个物种所遇到的困难中进化而来的;最后,他坚持生命科学对于其他学科的"霸权",尤其是对于像神学、道德哲学、社会政治学、最后却并非最不重要的就是对于美学的"霸权"。[3]

除非我们断然否定这种进化的和谱系学的框架,或者在另一个极端,除非我们坚持后者到了低估文化和文明之力量的程度,否则文化与培育之间的二分法就绝不可能进入到问题的这种配置之中。假定各方都有其理由,按照各自的观点来考虑,各自都有其优先权,但从双方来看,都没有忽略在起着作用的潜在动力,而所有使自然与培育的对立陷于意识形态上的对立面的论点,都半途放弃了。同样的情况也出现在被广泛误解的经验论与先天论的二分之上。不必说,曾经广泛传播的人类心灵是一块被经验刻写的 *tabula rasa*[白板]的设想,甚或皮亚杰关于在儿童和青少年发展的各个阶段"学习"各种较为专门的能力的一般智力处理器,在这个问题上都超出了严肃的论争。它已经遭到了乔姆斯基的语言学和大脑损伤研究的全面怀疑,大脑损伤研究发现,大脑的众多专门区域的"模块"经常都要负责各种广泛的功能,诸如面部识别、深度感知、自传式记忆和社会规划。然而,就连这些现在被编入了胚胎和出生后的发展程序之中的"先天的"倾向,即遗传的或表观遗传

---

[1] XII,554/尼采(1968),423。
[2] 尼采(1968),272。
[3] 参见同上,78。

的倾向,也是在某个时候由于一种至少可以想象的有机体、它们的性伴侣、即便还有它们的环境之间在经验上的交互作用而进化来的。正如马克斯·德尔布吕克在以前某个时候指出的:"任何活的细胞都具有其祖先经过十亿年实验的经验。"[1]因此,在这种进化的经验论意义上的天生倾向,与传统哲学所提出的神的或先验既定的先天论的观念,很少有或者毫无关系,更不用说与"在"或"延异"那些有意识地反进化、元先验论的非概念有什么关系了。因此,为了现在的目的,看来最好是使这两者分开,这要通过把先验论的概念叫做"先天的"、把它的进化的对应物叫做"天生的"来做到。

就美学而言,从前者向后者的基础的转移,最恰当的是按照这样一种进化论的经验论来讨论。因此,我们要评述一种根本的转移,一、从观念的抽象到实验的可定量性,二、从精神到心灵一大脑一身体的复合体,三、从排他性到包容性,四、从超短暂性到进化的史实性。由于四和五,我们的主要焦点将从"经验论的"转向"进化论的"关注,虽然在波普尔的意义上的经验论的歪曲尺度在这里也适用,正如对系统发生学的关注和对个体发生学的关注的意识应当在从一到三的论述中无所不在一样。

因此,五将涉及这种转移,即从对于作为"始终都已经"赋予人类和只赋予人类的美与艺术的创造性的先验论的理解,转向致力于探索它们的根源,转向确定一个对另一个的可能的优先性,以及转向在这样一种优先性中建立可能的因果联系。与传统的美学家们不一样,他们大多否定美和艺术具有一种实用的功能、目的或效

---

[1] 引自霍尔姆斯·罗尔斯顿第三(1998),51。

用,我们也将探究美和艺术"为了"什么,最初是在自然选择和性别选择的框架之内,然后是在进化力量与文化力量之间日益矛盾的关系之内。这最终将把我们导入六,尝试把进化的进程从动物的感性追溯到人类的艺术创造。

让我们简洁一些吧。

一:从观念的抽象到实验的可定量性

如我们所知,传统的后柏拉图式的美学,倾向于按照观念的抽象来界定美(以及在一种次要的、虽然仍然有强烈偏向的程度上还包括艺术),如按照心理、精神和认识。柏拉图本人把"美"等同于"善"和"真"。柯勒律治把美界定为"Multëity in unity[多样统一]";[1]济慈告诉我们说:

> "美就是真,真就是美"——那就是一切
> 你们毕竟都懂得,而你们都需要懂得。[2]

科学家们对这些无法核实的概念不满,在1870年代把他们自己对美学的追问带进了实验室。G.T.费希纳开创了实验美学;H.L.F.赫尔姆霍茨为了音乐理论而探讨了音调的感觉;格兰特·艾伦提出了一种生理学的美学,尤其是与人们对于对称和色彩的反应有关;科利·马奇紧紧追随埃德蒙·柏克,探讨了与痛苦和愉快相关的美学;W.M.冯特在他设在莱比锡的实验室里为实

---

[1] 柯勒律治 XI:I,381;参见贝特(1970),375。
[2] 济慈(1956),210。

验心理学奠定了基础。甚至在"社会科学标准模式"于20世纪的大部分时间里的统治之下,美学方面的实验工作还在继续,虽然是以较小的规模;从D.E.柏林的《美学与心理生物学》(1971)、R.W.皮克福德的《心理学与视觉美学》(1972)、E.H.贡布里希的《装饰艺术心理学研究》(1979)和英戈·伦奇勒等人所编的《美与大脑》(1988)出版以来,它已经经历了一种引人注目的复苏。[1] 最近,泽米尔·泽基(1999)已经探讨了像塞尚、马列维奇和蒙德里安那样的艺术家如何"进行实验,甚至在没有意识到的情况下,理解到了有关视觉的大脑组织的某些东西"。[2]

二:从精神到心灵—大脑—身体的复合体

在传统上,美学倾向于把自然中的美、艺术以及艺术创造当作主要的精神现象,感觉因素,更不用说性欲的因素,在其中几乎没有地位:因此,所谓的"高级感官"(通常是视觉和听觉)与触觉、味觉和嗅觉这些低级的、粗俗的和易兴奋的感官之间在心理学上幼稚的区分,对柯勒律治来说已经成了一个名副其实的"深渊"。[3] 对比之下,生物学进化论的美学家们让自己关心全部的认知范围,从感觉、知觉、概念化和思想,到基本的情感、痛苦和性欲。假如他们从进化论上向前追溯,他们就有可能正好把焦点集中在那些更为基本的和"粗俗的"特性之上,包括性欲,他们的前辈对它要么是

---

[1] 也可参见N.E.艾肯以及B.库克和N.E.艾肯,均载于库克和特纳所编著作(1999),417—431,433—464。

[2] 泽基(1999),2—3。

[3] 柯勒律治 XI:I,381;参见贝特(1970),374。

轻蔑地不予考虑,要么就是以清教徒式的压制性的厌恶来对待。

主要的注意力在这里应当集中在我们的基本情感的作用之上,尤其是要集中在"愉快"(与美有关)和"反感"(与丑有关)之上。像 P. 埃克曼和 W. V. 弗里森那样的科学家,按照达尔文的建议,已经通过他们在人类面部上发现的表情而确定了它们的普遍性。因此,来自世界上完全不同的地方、不理解彼此的语言甚或不理解他们的社会和宗教习俗的人们,仍然可以通过观察彼此的面部说出他们是感到恐惧、愤怒、愉快(如借助某种美的东西),还是感到厌恶(比如说借助某种丑的东西)。① 强有力的直觉在这方面有着

---

① 载于莱肯所编著作(1999)中的 P. E. 格里菲思的文章对两者做了讨论,518。有关对最近的情感研究的描述,参见约瑟夫·勒多克斯和迈克尔·罗根、莱斯利·布拉泽斯、基思·奥特莱载于威尔逊和基尔所编著作(1999)中的文章,269—271,271—273,273—275。从更加理论的角度说,P. E. 格里菲思借助杰里·福多的《心灵的模块》提出了一种理论,以解释厌恶及其变体那类情感在遗传上被赋予的反应机制,何以不仅显得是独立于认知而运作,而且也经常与之对立的原因。按照这种看法,每一种这样的情感程序都已经在信息方面被封装了起来,而且经过了很长时间,我们的祖先才获得了人类的智力和语言。心灵与大脑模块对于被认为是令人厌恶或高兴的对象的反应——有可能是尼采所说的对于丑的和美的事物的"判断"——"起源于系统发生论上的前辈们,他们尚未具有……多方面的智力"。相反,它们提供了"相对缺乏智能的但却有效的方式,以完成某种低层次的认知过程"(P. E. 格里菲思载于莱肯所编著作[1999]中的文章,522),因而它们延续到了今天。正因为它们经常运作起来与我们"知道"的相反,所以进化才把它们保存下来。因为在我们的智力沉思可能造成延缓而使我们遭受痛苦的情况下,比如说身体的伤害甚或死亡,它们把我们从自己的智力中拯救了出来。这就是众所周知的 je ne sais quoi("我不知道它是什么")在确定我们对于美(或者丑)的判断时经常在表面上与我们的理性选择相反的可能的根源吗?

不管怎样,已经有了几次尝试,要把我们对美的感受的根源置于在进化上被决定了的情感反应机制之中。O. -J. 格勒塞尔、T. 塞尔克和芭芭拉·琴达认真接受了埃拉斯谟·达尔文的假说——它在那些柏拉图化的美学家当中大多遭到了嘲笑——即我们自己有关什么是美的特定看法产生于婴儿对于母亲乳房的体验,研究了婴儿出生后的各种经历相对于其母亲或保姆的影响,它们对于人脑偏侧性的影响(例如,由于普遍受到偏爱的握住乳房的方式),以及它们对于后来欣赏或创造艺术的意味(载伦奇勒等从所编著作[1998],257—293)。

怎样的关系,已经由一些清楚明白的婴儿们的各种照片做了记录,那些婴儿在分娩后两周到三周之内,不仅"识别"出了自己的看管者的面部表情,而且也模仿它们。[①] 在这种语境里对美学来说至关重要的是安东尼奥·达马西奥所做的神经学研究,它表明了哪怕我们最为理性的决定(因为它们至少部分出现在审美判断中),为了它们的平衡、明智和功效,如何依赖于来自于情感的不可缺少的信息。[②]

三:从排他性到包容性

在传统上,美学家们有可能进行隔离、排斥和对比,比如说审美的愉悦与烹饪的或情欲的愉悦,艺术与 *technē*[技术]或手艺,高雅艺术与通俗艺术。他们的操作是自上而下,而不是自下而上。在上 20 世纪或其他世纪中,这已经导致了一种完全割裂文化生活的精神分裂症式的分裂。比如说,那些强烈信奉传统趣味标准的人们在修整花园或装饰自己的家时,会立刻发誓不让这种老式的民间美学向上进入现代艺术博物馆。在这个时候,一种不同的、精英的美学却踢开了通过高等教育获得的、渴望炫耀博学的理解,踢开了那些一直处于潮流顶端的人们、时尚以及有些时候的谬论。同样的人们在藐视其配偶偏爱的涂在厨房墙上的彩色涂料时冒着离婚的危险,现在却不顾一切地试图在那种诡辩中胜过其同侪,似乎很少有别的诡辩像这种诡辩那样排斥那些在教育和社会地位方

[①] 参见威尔逊和基尔(1999),389。
[②] 参见达马西奥(1994)和(1999);以及特纳(2000),作为很多人都按照达马西奥的看法而获得的一个例证。

面低于他们的人。这是老鉴赏家们在现代和后现代伪装之下的征候群。阿瑟·丹托把我们艺术时代的特征刻画为"在它的自由方面如此绝对,以致艺术似乎就只是一种与它自身的概念玩无限游戏的一个名称而已",①这种刻画无意中成了大多数这种假知识分子闲谈时的一种完美格言。

有一些时代,如古代的希腊和罗马,文艺复兴,甚或浪漫主义时期,它们在那时把高雅艺术同其他较低的艺术形式区分开来是有意义的,尤其是从一种观念的优越地位来看,对此要加以讨论,例如,作为本身或别的某种东西的单纯装饰品。就这些从进化论上来说不自然的区分而言,有一些似是而非的理由。几千年来,得到语言、数学、逻辑学和基本科学帮助的人类文化,已经使人类的天性脱离了其本能的倾向。假定有文化的迅速发展,但它却大大超过了自然选择的迟缓步伐,否则自然选择就会填补上正在加宽的鸿沟,或者弥补与最初促进了文化的本能、情感和基因主体之倾向的异化。有人已经论证了,各种艺术在传统上曾经填补了那道鸿沟,靠的是把

> 一致性从它们的忠实性导向人类的天性,导向由情感指引的……心理发展的表观遗传的法则。它们达到那种忠实性凭借的是选择最有唤起能力的词语、形象和节奏,遵循表观遗传法则在情感上的指引,使正确者向前进。

---

① 引自米勒(2000),285,我也要为"精英的"或有教养者的美学与"民间的"或进化的美学的概念而感谢他。参见同上,284以下。

这可以应用于从前的艺术时期,如前面提及的那些时期,但人们不知道在某个时候艺术是否"仍然还在起着这种原初的作用",如在"高雅艺术"已经把上述消极的鸿沟,变成了无意或有意地与我们在生物学进化论上天生的审美的和艺术的倾向相对抗的战场之时——这并不是要否认这种艺术对于我们时代的适当性,也不是要否认它在进化中的作用会在未来某个时候通过后见之明向我们展现出来的可能性。正如恩斯特·云格尔多年前讥讽地指出的:"对于精神对生活的严重背叛的最好回答,就是精神对精神的严重背叛;而要成为这种爆破操作的一部分,就是要成为我们时代伟大的和残酷的愉快的一部分。"①

后现代批评家们已经对高雅艺术与低级艺术之间的差别表示了怀疑。但是,他们同时却提倡一种元精英主义的美学,要把艺术吸收进一种比从前更加难以渗透的非原创的批判话语之中,他们出于完全错误的理由已经这么做了。在与进化论美学自下而上的包容性进行比较时,他们也绝没有走到足够远。通过自然的和性别的选择,我们对自然美的欣赏成了我们与无数动物物种所共有的某种东西,这一点接着延续了无数世代,直到智人降临。对动物和相似的人类来说,这种"审美特性"②或动物的感性,对一个特定的物种来说,包括了一切携带着一种允诺了某种愉快或善之信号的东西。它可以被思考或梦想,但也可以被看见、听见、嗅到、触摸、对之示爱、被品尝、被吃或者只是为了其纯粹的外表而喜爱。正如我们在后面将稍做解释的,一种类似的自下而上的包容性应

---

① 引自威斯特里奇(1995),133。
② XII,393/尼采(1968),422——有改动。

当运用于艺术。人类的艺术才能在某些与语言本能相同的方面是普遍的。在4000年到5000年之间,[①]或者在全球已知的这段时间中,还没有发现一种单一的原始语言或最早的语言,虽然为数不多的语言也许能与英语词典的丰富性相匹敌,它们通过一种普遍的语法,都具有相同的系统性和无限的创造性。在一个有教养的欧洲或北美洲的家庭里养育一个出生于新几内亚的婴儿,她将依靠天然的智能最终会说英语、法语、芬兰语、德语或希腊语,甚至会比我们都说得好。对艺术来说也一样。卡拉哈里沙漠的布须曼人可能还不会集体创造我们中的一些人屈尊叫做"高雅"艺术的任何东西。但是,在一个自身以这样的成就而自豪的民族当中养育他们的一个婴儿,按照才能和机遇而言,那婴儿有可能做得与达利或毕加索一样,甚至做得更好。

不过,人类的艺术才能不只是在全世界是普遍的。虽然是在一种有点不同的意义上,它也要影响到人类的双手和大脑所创造出来的大多数东西。无论我们创造出来的是什么,我们都试图使它们对视觉、听觉、嗅觉、味觉、触觉或我们的性本能具有吸引力或魅力。甚至在我们尽自己的最大努力使那产物适合其特定的功能和目的之时,我们也会这么做。反过来,我们欣赏和选择的大多数人造的东西,诸如餐具、汽车、家具、房屋、绘画、一部电影、一出戏或音乐表演,不只是由于它们实用的和功能上的有效性(例如技术上的帮助、好奇心的满足、悬念、分心、放松、娱乐、教化),而且也由于它们的至少某些成分的"吸引力"。毫不奇怪,动物的感性可以通过广告被用来使消费者的买卖没有价值,或者使产品变成垃圾。

---

① 参见洛克和彼得斯(1999),554。

在另一方面，它使这一点具有意义，即自然应当使我们欣赏被证明了最适合其特定目的的东西，最美的东西也一样。

四：从超短暂性到进化的、社会的和文化的史实性

经过几十年的努力教灵长类非常基本的语言之后，事实上的不可能性使某个人发现了一个笑话。它涉及一项教猴子如何飞翔的广泛的实验。那一天到来了，研究小组的领导召开记者招待会，那时他可能被问到被急切期待着的结果。那么，猴子们学会了飞翔吗？"完全没有"，那位科学家回答说。"但它们确实肯定会到处跳来跳去。"

这个笑话使人想到了仍然被很多人所怀抱着的一种可能性。也许，语言才能和艺术才能是人类特有的，毕竟不是从进化上打下的基础。或者说，思考过去、现在和未来的能力本身怎么样，它本身使我们提出了有关短暂性和超短暂性这样的问题吗？它不是神授的或者说至少不是先验地奠定了基础的吗，即使只有在康德先验的 *Anschauungsformen der reinen Sinnlichkeit*［纯粹感觉经验的先验知觉形式］的最小限度的形式中？[1] 今天的大多数认知科

---

[1] 并不奇怪，这些先验论的关注甚至在进化论的和神经学的美学领域里都损害了有关美与艺术的理论建构。一个典型的例证是由载于伦奇勒等人所编著作(1988)、15—27 中的格雷戈尔·保罗的《美的哲学理论与对大脑的科学研究》所提供的。格雷戈尔·保罗认为，康德为最近的"20 世纪有关天生的特点和环境对于获取知识(以及一般的学习)可能具有的影响的意识形态论争"，"提供了一种令人信服的解决办法"(19)。还有，他在实质上同意康德的意见，即存在着"在审美上如何判断美的普遍有效的法则"(23—24)，并接着以所谓符合康德式的先验概念的调子断定了一种乔姆斯基

学家所给予的答案,都是干脆的和不耐烦的否定。正如杰里·福多在评论克里斯托弗·皮科克先验论的《概念研究》时指出的:"我所认识的认知科学家大多数都是爱争吵的和不虔诚的,当他们听说皮科克在解释他们的事业方面对哲学之首要地位的看法时,我不应该想出现在周围。"① 因此,语言、艺术和按照时间思维的能力,肯定都要把自己的存在归功于独特的认知才能,它是特别地、几乎是惟一地赋予人类的:只有这样,我们这个物种才被授予了这个礼物,不是由上帝或先验性授予的,而是由自然的自然选择和性别选择的进化策略所授予的。

式的"审美法则"(24)的普遍语法。这个提法在这个方面、在当代哲学中、在某种意义上并非不常见的方面,都是误导性的,它错误地把最近的认知论的天生概念,即在生物学上赋予的、在遗传上编程的以及在进化上形成的概念,等同于康德式的、非生物学的、先验赋予的先验性。乔姆斯基尽管对试图把他的那种普遍的语法解释为进化的产物存有疑虑,甚至也始终认为语言才能是从生物学上和遗传学上赋予的(参见乔姆斯基[1980],234;[1996],65;[1993],47),他还认为,语言、心灵研究和心灵与身体的问题首先是"人类生物学的一部分"。(乔姆斯基[1980],226)他写道:"心灵与身体的问题可以明白地提出来,仅仅因为我们具有一种关于身体的明确概念"(乔姆斯基[1996],142);或者说:"我们可以阐明一种方法论上的自然主义,它坚持认为,对心灵的研究就是探究自然世界的某些方面,包括在传统上被称为的内心事件、过程和状态,我们应当像做任何别的事情一样研究世界的这些方面……当我们谈到化学事件、过程和状态时,无法设想出一种形而上学的分界线,如果我们为了描述的目的而借用传统的术语的话,那么内心的领域也同样应当如此。"(乔姆斯基[1993],41—42)

更一般地说,像格雷戈尔·保罗那样的学者在为他们的、康德的先验论中的、进化论的、遗传学的、生物学的和神经学的天生概念寻求哲学上的证明时,应该与哈尔维格和霍克尔(1989),5一起考虑:"为了使现代进化论与一位无疑是非自然主义的哲学家的思想结盟,这是否是这样一个好主意。"也可参见埃滕温·麦卡恩载于古滕普兰所编著作(1994)中的文章,338—347,有几个进一步的例证,说明了当代哲学家们具有一种倾向,即由于忽视了他们的祖先(如笛卡尔、莱布尼茨、斯宾诺莎、洛克、休谟)的各种观念在其中发展的更加广泛的语境,所以错误地盗用了那些观念。

① 福多(2000),33。具有讽刺意味的是,福多对皮科克的观点表现出了引人注目的同情。

换句话说,对美学问题的研究,应当受到这种意识的指引,也应当受到这一事实的指引:即语言和艺术虽然无疑是人类所独有的,但肯定是在我们这个物种的历史的既定时间中进化的,即使那特定的时间可能从来就无法确切地知道。这同样适用于直到现在的艺术(以及语言)与人类文化最初的共同进化。就后者而言,如前面简要谈到的,追随达尔文的认知科学,已经揭示了大量与美学和艺术有关的文化史的前人类的、早期人类的动力。[1]仿效尼采的其他成果也许是探讨了由柏拉图、犹太教、基督教以及正在进行的对它们的再重估所完成了的价值重估,如本书的主要思路所提及的。

五:从先验论的独创性到进化论的根源

读者们也许已经注意到了,在讨论人类所独有的艺术创造和语言才能时,我省略了动物的感性。不必说,这样一种省略是故意的。现在的认知科学家及其同情者们以各种方式普遍不重视动物的感性,它是性别选择的主要推动力,比语言或艺术都远为深刻得多地延伸到了进化论的历史之中。对比之下,一个没有低估这一事实的人,就是《人类的由来》的作者,他把它追溯到了早期的脊椎动物,乃至节足动物[2](昆虫、千足虫、蜈蚣等)。很有特点的是,达尔文专门用了总共570页的著作来论述动物(500页)和人类(70页)中的这一现象,有将近一半的篇幅用来论述实际上的"人类的遗传"。[3]

---

[1] 也可参见米瑟恩(1996);迪肯(1997);以及塔特索尔(2000)。
[2] 参见达尔文(1979),203。
[3] 参见米勒(2000),36。

宽泛地说,在达尔文的描述中,性别选择在动物中导致了附属的(如已经证明了的,甚至是主要的)特征的出现,通常是雄性,要被它们的交配伙伴、通常是雌性所选择。一个典型的例证就是孔雀的尾巴,过去和现在的我们中的大多数人,都会毫不犹豫地在美这个词语最好的意义上把它叫做美的。孔雀的尾巴或雄鹿的鹿角,一方面被逐渐发展起来以使雄性对于雌性更加具有吸引力,另一方面又帮助雄性在占有雌性中打败它的竞争对手,这似乎也很适合传统美学所怀有的标准。至少就自然选择或"最适合者生存"而言,正如达尔文紧接着赫伯特·斯宾塞重新描述的那样,①这样的自然美看来完全是与生产的目的相反的、浪费的、没有收获的,简言之是"非功利的"。他对他的儿子弗朗西斯吐露说:"无论什么时候,我一看见孔雀尾巴的羽毛,就会使我不舒服。"②当然,这是因为它预示着他的自然选择的核心信条,而不是因为他对那迷人的诱惑物没有感觉。达尔文对自然美本身的欣赏极其深刻和广泛。他写道:"性别选择"

> 已经把最鲜艳的色彩、高雅的格调和其他装饰物赋予了雄性,有时也赋予了鸟类、蝴蝶和其他动物的两性。就鸟类而言,它们经常让雄性向雌性表演悦耳的声音,并且也对我们的耳朵表演。花朵和果实让惹人注目的鲜艳色彩与绿色的树叶形成对比,以便花朵可以很容易地被昆虫看见、造访和授粉,由鸟类传播种子。③

---

① 参见达尔文(1979),49。
② 引自米勒(2000),35。
③ 达尔文(1979),118。

他甚至大胆地提出了这一问题,即人类和动物、一直下至节足动物,为什么都会共同具有大致相同的、有关"某种色彩、声音和形式"的"美感":①

> 每个承认进化原理的人,都感到极为难以承认雌性哺乳动物、鸟类、爬行动物和鱼类可能已经具备了由雄性的美所表示出来的很高的趣味,而且它们一般都与我们自己的标准相吻合,都应当反映了最高等和最低等的脊椎动物的大脑神经细胞,是来自于这个伟大王国的那些共同的祖先。因为我们可以由此发现这种情况是如何出现的,即在各种各样、有广泛差别的动物群体中,某些心理能力是以几乎相同的方式发展起来的,并且达到了几乎相同的程度。②

尽管有达尔文的赫拉克勒斯式的努力,但部分由于它固有的理论上的问题,部分无疑是由于清教徒式的偏见,性别选择成了进化论之理论建构的回头浪子,他只是最近才终于重新回到了自己父母的家里。甚至在这种研究突然迸发出来之后,③他才得以把他自身的利益归于自己,④但进化论的美学家们在很大程度上还在继续走那条较为保险的路线,即为了适合于自然选择而不是性别选择去研究审美特性和艺术。因此,F.特纳认为,我们的"审美

---

① 达尔文(1979),118。
② 同上,206。
③ 有关一些重要的著作,参见米勒著作(2000)中的参考书目。
④ 例如,在很多当代科学家看来,身体的美要适合一种健康指示器的功能。参见同上,103以下,以及各处。

敏感性进化成了宇宙实际模式的一种指标"。① G.H.奥里恩斯有可能是第一个发现了以下现象的人,即人类表面上天生的对于某些栖居环境的审美偏好,可以追溯到我们的祖先们在非洲大草原地区的生活,那个地区还同时为食肉动物提供了保护,提供了大量的藏身之处和充足的食物;J.阿普尔顿把相似的观点与从埃德蒙·柏克以来为人熟悉的这一尝试结合在一起,即把这些对栖居环境的偏爱同与痛苦(丑)相反的愉快(美)联系起来。② 另一些人,如埃伦·迪萨纳亚克,最先提出了"完全从专业上证实了的艺术的适应性意义",③已经表明了艺术如何达到了各种各样的增强适应性的目的,诸如社会的人际关系的形成,交流,信息的流动,培养代际之间的联系纽带,各种传统的仪式体制,很好地协调我们天生的、感知的和认知的偏向,乃至宣传。④ 在直接适合于自然选择方面,由审美特性和各种艺术所提供的这些好处,无疑是存在的,但有可能是通过强化在进化上借助性别选择发展起来的在前的审美敏感性。在我看来,这也同样适用于各种艺术。

六:从动物的感性到人类的艺术创造

为了把艺术的起源追溯到对于符号交流、认知的流动性、游戏与探险、使特殊的事物和事件普遍"变得完美"的需要,人们已经提出了各种各样有价值的假说。但是,按照进化的首要地位,以及提

---

① 这些话是载于库克和特纳所编著作(1999)中 B.库克说的,11。
② 参见载于库克和特纳所编著作(1999)中的 B.库克和 N.E.艾肯的文章,435,456。
③ 载于库克和特纳所编著作(1999)中的 B.库克的文章,447。
④ 参见载于伦奇勒等人所编著作(1988)中的 I.艾布尔-艾贝斯费尔特的文章,63。

供一个把这些冲动看成是扮演了强化刺激和使之多样化的角色的普遍框架,达尔文对这种带有"不适当的、甚至作为起点"的含义的思索,不得不承认对身体的自我装饰"在为性别做展示服务方面"所起的作用,可能就是"最初的艺术",此外,"泥土、石头或木头在其中自然显现为物质的各种视觉艺术的原型……都被重新制作了、修饰了并因此'人化了'"。①

有些例证足以使人想到,人类的这种性别自我展示起源于动物的、本能的原型,它们可以远远追溯到灵长类出现之前,并且适用于除文学之外的几乎每一种人类的艺术。鸟鸣声就是一个典型的例子,②除了其地盘性防卫的功能之外,它主要用做一种性别诱惑的手段。*Drosophila subobscura*[译按:"欧洲果蝇"](或果蝇)在彼此面前很少表演舞蹈以至无法展示自己身体的威力,这提供了又一个例子。③ 或者说,雄性园丁鸟又如何,它们"建造了用花朵、果实、贝壳和蝴蝶翅膀装饰的宽大交配房",④或者说它们表演的舞蹈仪式那么引人注目,以致巴布亚新几内亚高地的某些部落男子都有意识地模仿它们。解释这些作为人类艺术之原型的例证的难题,不在于性别选择要以这些特征为目标,即它们很美,同时又要成为"毅力或持久性"的适合性指针;难题也不在于这一事实:如埃伦·迪萨纳亚克针对达尔文提出的那样,艺术在人类文明中的发展并非始终都是美的。⑤ 相反,难题在于至少要从假说上解

---

① 迪萨纳亚克(1992),66,109,111。
② 参见卡奇普尔和斯莱特(1995)。
③ 参见梅纳德·史密斯(1956);以及米勒(2000),105。
④ 米勒(2000),105。
⑤ 参见迪萨纳亚克(1992),66,112。

决，我们怎样从这种无疑在遗传上被编程了的（或本能的）动物行为模式，达到了对人类来说典型的、有可能是唯一的有意识的艺术创造。

让我们考察一下动物和人类的三种行为模式，它们非常有可能提供艺术创造从动物的感性中产生的主要途径。第一种行为模式是建造精心制作的各种建筑物，这是在R.道金斯所说的"延伸的基因型"[①]的意义之上、在动物中是在像蜜蜂（蜂房）、蜘蛛（蛛网）、海狸（筑坝）和园丁鸟（筑巢）那样的各种物种中发现的，在人类中是作为有意识的建筑鉴赏力的产物（如泰姬陵或埃菲尔铁塔）。动物的建筑最突出的例证是由上述的园丁鸟的巢穴提供的。如果用人类的条件来衡量的话，那些由澳大利亚北部的金色园丁鸟所筑的巢穴，比得上大约70英尺高、重达几吨的住所。正如G.米勒指出的：

> 大多数物种的雄性都要用苔藓、蕨类植物、兰花、蜗牛壳、浆果和树皮来装饰自己的凉亭。它们飞来飞去寻找色彩最鲜艳的自然对象，把它们带回到自己的凉亭，并按照始终如一的色彩群来精心安排它们。当兰花和浆果丧失了其色彩时，雄性们都要用新鲜的材料来替换它们……"摄政王"园丁鸟和"缎蓝"园丁鸟……搭建的通道形凉亭由两道长长的墙构成了一条有侧翼的通道。然后，它们用带蓝色的反刍出来的果实残渣涂绘自己的凉亭的内墙，有时用一卷树叶或树皮来垫着喙。这种涂绘凉亭是鸟类在自然条件下使用工具的少数例证

---

① 参见道金斯(1999)。

之一……雌性看来喜欢的凉亭都是结实的、对称的和用色彩装饰得很好的。

如果突然配备了语言的话,那么园丁鸟会开始按照一种建筑美学来谈论自己的大厦吗?肯定地,它们"在非人类的物种之中创造了最接近于人类艺术的东西"。[①]

涉及从动物的感性到艺术创造的进化发展的第二种模式,是动物的游戏以及 homo ludens[游戏人]的游戏,从弗里德里希·席勒到赫伯特·斯宾塞、西格蒙德·弗洛伊德和约翰·赫伊津哈,这已经成了有关艺术起源的理论建构在传统上所喜爱的。[②] 游戏有双重的重要性:(a)因为它有可能与戏剧和叙事有联系,(b)因为它构成了可能成为使"意向性姿态"和"心灵理论"变得精致之原因的各种行为模式的一部分。

传统的智慧认为,动物游戏的主要功能就是要把战斗技巧教给游戏者。[③] 现在我们知道了,这种功能并不适合于像老鼠那样的战斗游戏的物种,即无论如何,它都仅仅是很多游戏中的一种。

---

① 米勒(2000),268,269。
② 参见迪萨纳亚克(1992),42 以下,232,注释 4 和 5。
③ 有关这一点和下一点,参见 M. 贝科夫;D.C. 丹尼特;R.I.M. 邓巴;A. 戈普尼克;A. 怀滕和 R. 伯恩载于威尔逊和基尔所编著作(1999)中的文章。贝科夫和拜尔斯(1998);M. 贝科夫载于贝吉特尔和格雷厄姆所编著作(1998)中的文章,371—379;怀滕和伯恩(1997);切尼和塞法思(1992);迪肯(1997)。有关至今在很大程度上尚未探讨的微笑和大笑在进化上与游戏—战斗或社会游戏的关系,参见麦克尔(2000),205,219;以及韦斯菲尔德(1993),141—169。在这方面另一个有关的需要探讨的领域就是辅助语言的姿势,尤其是"象征"类型的姿势(如使人想到"我同意"的微笑),其范围从在遗传上编程的人类用以表达自己的基本情感的普遍性,到在文化上被决定的、因而"习得的"(如我们西方人习惯于水平地而不是垂直地摇头以表示不同意或不赞成)普遍性。参见麦克尼尔(2000),191 以下。

作为例证,可以举出在两条宠物狗之间交流的(元信息传递的)信号,它们发出的信号表示它们要参与的既不是战斗、交配,也不是捕食,而是游戏。这种行为意味着一种假装行动的尺度,可以与尖叫着的鸻鸟假装一只翅膀受了伤以便引诱食肉动物离开自己的幼鸟相比较。它与灵长类中的欺骗具有家族类似,那就是说,"马基雅维里式的"对于社会合作实践的探讨,如互助论和互惠的利他主义,反过来与所谓欺骗者的觉察机制具有家族类似,这种机制也形成了人类的认知能力的一部分。我们的宠物狗游戏前发出的信号因此揭示了一种值得注意的意向性姿态或观察另一个有机体的策略,似乎它是一个理性的行动者,要通过"考虑"它的"信念"和"欲望"来支配它对"行动"的"选择"。最终,它与对于自己的符号学的效果的"意识"相配合,可以同长尾黑颚猴所运用的表示特殊指示物的警示叫喊声相比,都是为了引起它们的同类注意到一只鹰,一头豹子,或一条巨蟒。

但是,这仅仅是故事的开始。由幼小的家狗、山狗和狼所进行的所谓"游戏的问候"、不断寻求的游戏,紧接着就是在事情变得无法控制时,在假装撕咬中强有力的不停摇头。此外,动物的打架游戏除了教参与者认真地打架之外,还具有很多功能。如大脑扫描所显示的,它激活了大脑的很大部分。即使在动物之中,它似乎也会解除压力并引起一般的愉快。它刺激了学习和创造。更一般地说,通过对运用在交配、捕食和反捕食的防卫中的行为模式的探讨,它起到了针对真实生活中的致命戏剧的一种无害的彩排的作用。但是,它也使游戏者对同类中的社会生活做好了准备。在这方面特别使人感兴趣的,就是普遍的"自我妨碍(个体不像真的那样狠咬或狠打他者)和角色颠倒(主导的个体让从属的个体来支配自己)"的练习活动。所有这一切都意味着动物"'理解了'一个同类的游戏意图"①的能力,相当于一种心灵理论吗?大多数调查过很多相同证据的科学家都坦率地做出了否定的回答。按照马尔克·豪泽的看法,"普遍的共同意见看来是:灵长类缺乏信念、欲望和意图——它们缺乏一种心灵理论"。② M.托马舍洛和J.考尔同意类似的意见:"没有任何可靠的证据表明非人类的灵长类能理解他者的意图或内心状态。"然而,所有这三位作者都提出了一种有关这些结论的"健康的不可知论"。③ 也许,这些完全是由于我们"软弱的方法"、"相对薄弱的……发现",④以及可悲的缺乏"对于非人类的灵长类的心灵理论严格的经验主义研究"。⑤ 无论某一天会做出什么样的努力来补救这种局面,它们都应该把焦点放在动物与人类的社会游戏和性别选择之上。在这么做时,它们也要通过心灵理论的逐渐发展来确定动物中的、而更有可能是早期 Homo sapiens[智人]中的有意识的艺术创造的起源。达尔文在大约130年前勾勒过这样一种研究计划。对他来说,性别选择显然是这一切背后的主要推动力。它通过"神经系统",已经"间接地影响到了"不仅是"各种身体结构"的"逐步发展",而且也影响到了"某些心理特质"的逐步发展。⑥

新的研究也许会使我们更加接近身体的自我装饰、接着是在艺术这个词语更加宽泛意义上的艺术之可能起源的大致日期。可

---

① 载于威尔逊和基尔所编著作(1999)中M.贝科夫的文章,781。
② 豪泽(2000),171;参见T. M.格林载于康德著作(1960)中的文章,xxiii。
③ 托马舍洛和考尔(1997),340,341。
④ 豪泽(2000),171。
⑤ 托马舍洛和考尔(1997),340。
⑥ 达尔文(1979),206。

能"用来在身体上涂抹色彩和做标记"的最早的"红色赭石和赤铁矿",可以追溯到大约30万年前;即使是最早的莫斯特人(尼安德特人)使用的黑色和红色颜料,也是用来使兽皮变成褐色的,这种"功利的"实践活动也许很容易服务于性别选择时的自我社交魅力的隐蔽目的。无论如何,用来描绘和标记的塑造成形的赭石粉笔进入使用在10万年以上,这大致是在完全被证明了的旧石器时代晚期期间"创造性的激增"之前7万年。①

但是,让我们更加仔细地考察一下这段史前史,即我们的第三种行为模式,它涉及从动物的感性向埃伦·迪萨纳亚克叫做的"也许最早的艺术"以及总体上的向"视觉艺术之原型"的转变。② 有意识地图绘、文刺或装饰自己身体的、有可能最接近人类的物种,是雄性的大赤袋鼠(Macropus rufus),它在交配季节期间会排泄一种鲜红色的物质,并用它来涂抹身体,以便吸引雌性。作为半站立的两足动物,它使用自己的前脚来达到这一目的。③ 毫无疑问,这种自我涂抹的活动是在一种本能的层面上进行的,没有得到心灵理论的支持。大多数其他动物的自我装饰活动很可能也一样。甚至像黑猩猩或猩猩(虽然一般来说不是大猩猩)那样的灵长类,它们能从镜子中认出自己来,并不懂得进行系统的面部化妆活动以吸引交配伴侣,后来却被发现(虽然是无意识的),比如说,彩色的标记被涂在了它们的眉毛的正上方和左耳朵上。

无论如何,在这里有关的是什么呢?首先,是对于自身特定的、主要是性别特征的意识,那些特征很有可能会刺激所欲求的交

---

① 参见迪萨纳亚克(1992),96。有关一种不同的估价,参见米瑟恩(1996),182。
② 参见迪萨纳亚克(1992),96。
③ 信息采集自柏林市区动物园。

配伴侣。像年轻的丹迪那样的黑猩猩,最初向一个被觊觎的雌性展示了自己勃起的阴茎,但在发现一个好斗的年长雄性出乎意料地转到角落时,很快就用双手遮住了勃起的阴茎,[1]这使人想到:这种意识属于某些动物的范围。然而,这会包括附属的性别特征,更不用说包括它们有意识的展示,以及在镜子里改进想象中的吸引交配伴侣的姿势吗?或者说,那种看来像是一种从所有这一切开始的重大跳跃又怎么样,即意识到了通过有意增强这些性别特征(比如说,通过运用一种人工取得的彩色物质),就可以激发起把交配伴侣吸引向自己的那种情感。假定有沿着这些思路已知的东西,在所涉及的非人类的物种的范围内,这似乎更进了一步。有一个由弗兰斯·德·瓦尔报道和拍摄的孤立的个案,即一个年轻的矮黑猩猩在可能采取自我美化的行动时,"把香蕉树叶垂挂在她的双肩上";[2]或者有几个猩猩把各种植物放到自己的头上,以"估计"对他者的"效果"。[3]但是,在这两种情况下,自我装饰者看来都没有下决心要使她或他自己对可能的交配伴侣变得有吸引力。为了满足这些要求,我们就必须以一种有关心灵的理论去想象一个灵长类,让她或他建立几种高度精细的以及在心理上内在化了的身体的、社会的和心理学上的预期模式,包括寻找一种彩色的物质,把它用于她或他的身体上,测试结果,应付羞辱性的失败,赢得有所准备的同伴的帮助以战胜失败等等。

恩斯特·海克尔提出:个体发生学(即一个个体的有机体的发展)概括了系统发生学(即有机体所属的那个物种进化的发展),就

---

[1] 参见德·瓦尔(1996),77。
[2] 同上,接着第 88 页的照片。
[3] 参见同上,71。

它保留了某种基本的有效性而言,[1]证实了我们的设想。因此,人类的儿童大约在两岁左右开始在镜子中认出了自己(比如说,像黑猩猩和猩猩所做的那样)。[2] 他们在两岁半时就已经开始在运用语言、特别是在运用句法方面大大超过了他们最熟练的猿类竞争者,如康茨、奇姆斯基、奥斯丁和舍曼。[3] 然而,他们距离提出一种有关心灵的理论仍然还有至少 18 个月,正如几个一流的实验所表明的那样。这使人想到了意识到并且有能力遵照他人的想法、信念和欲望行事(需要可能是最初的艺术形式),有赖于一种至少是基本的对人类语言的要求吗?语言在儿童发展中先于心灵理论这一事实,似乎使人想到了这一点。

在一直缺乏有关语言在进化上的起源的一致意见时,[4]这仍然没有给我们留下任何有关文学出现的 *terminus post quem*[译按:拉丁语"新时代之开端"]。它会与逐渐获得的心灵理论相平行,而那种理论也使人类预先倾向于在公元前 30 万年到 3 万年之间的某个时候进行精心的自我装饰吗?无论是哪种情况,史前人类的社会游戏行为,在提出这样一种理论时主要的认知动力,无疑也在促进人类独特的文学活动的逐渐发展中起过重要的作用。个体发生学又一次可以在这方面填补我们的系统发生学思索的鸿

---

[1] 有关的评价,参见载于凯勒和劳埃德所编著作(1995)中 S.J.古尔德的文章,158—165。

[2] 有关这一点和下一点,参见梅勒和迪普(1994);尤其是 114—116;M.A.加曼载于马尔姆克加尔所编著作(1995)中的文章,239—251;豪泽(2000),尤其是 163 以下。

[3] 这几个都是黑猩猩的名字。——译注

[4] 有关最近对相关过程的讨论,参见塔特索尔(2000),166 以下;赫福特等人(1998),各处;迪肯(1997),尤其是 356 以下;利基(1994),118 以下。

沟。如我们所知,所有的儿童都要"玩假装的游戏……[或者说]"从一种"非常稚嫩的年纪起"就"'让我们假装吧'","例如,他们可以假装当一名医生,试图使你相信他们具有一支皮下注射器的针头,要给你注射",①虽然他们完全意识到了真实的情况。

最近的研究已经表明,"理解到假装成一只兔子不同于真正的兔子"的能力,大约出现在三岁左右,这个年纪正是儿童渴望控制"自发的有关内心状态的交谈"(从一岁半开始)②以及讲述"初步的故事"(从两岁开始)的时候。接着,这使他们能够以一种基本的、虽然幼稚的那种戏剧性创造的形式从旁表白自己的假装游戏。后者连同他们讲述自己创作的"日益连贯的故事"的能力一起,讽刺性地在五岁左右达到了顶点,这是在儿童形成了一种充分的心灵理论之后不久。这是因为"社会化已经开始了限制发明"。③ 顺便说,这也把某种有趣的眼光投到了文学创造的连续性的性质之上。虽然我们大多数人都在不断长大成人,把随心所欲的让我们假装的游戏情节变成了一种更狭隘的担心违反事实的倾向,但文学的艺术家们却一直生活在一个自由幻想的世界里,其他人只有通过他们的帮助才有可能进入那个世界。毫不奇怪,我们愿意为了这些而给予他们报答。

让我们总结一下:如尼采所预见的和当代认知科学所证明了的,动物的和人类的感性可以追溯到生命的真正起源。如我们所知,那位哲学家把它追溯到对一种既定的有机体来说"断定为等同的"或善或恶之物,更早一些的是追溯到了一种类似于"把被盗

---

① 梅勒和迪普(1994),199。
② 参见 A.戈普尼克载于威尔逊和基尔所编著作(1999)中的文章,839。
③ 斯托里(1996),114,115。

用的物质合并到变形虫里去"的"制造等同"。① 像真与假、善与恶、美与丑那样的差别,由此"透露出了任何一种把自身同其对手分离开的牢固持久的复合体……存在与增强的某些条件"。② 尼采的总的观念最近被 D.C.丹尼特复苏了,这位哲学家因其论述"意向性姿态"的著作而知名。丹尼特引起我们去考虑"一种简单的有机体——比如说一只涡虫或一只变形虫——并非随意地经过一个实验器皿的底部,始终都会朝着器皿有丰富营养的一端前进,或者远离开有毒的一端。这种有机体在寻找善的,或者是在避开恶的——它自身的善与恶"。③ 兰迪·桑希尔在其《达尔文的美学》里做出了相似的尼采式的评论。他写道:"一切可以移动的动物,从变形虫到灵长类,都是与环境有关的美学家。"④

就当代认知科学而言,我所叙述的有关动物的感性在性别选择范围内及其之外的进化的其余部分,以及紧接着由动物游戏、相似的导致行为模式的意识所造成的心灵理论的发展与人类的艺术创造,都已经得到了十分详细的概述。因此,我们应当让尼采来说最后几句话。显然,他没有意识到"性别选择"这个词语的恰当意义。但是,就性别在"审美特性"和艺术创造的谱系学中所起的关键作用而言,他仍然具有一种坚定的"达尔文式的"感受。因此,他相当于发现了"[当]过度充满性能量时典型的大脑系统",也相当于"使之变得完美起来"。反过来说,对他来说,"每一种完美和美"

---

① X,209/尼采(1968),274——有改动。

② 尼采(1968),168。

③ D.C.丹尼特载于威尔逊和基尔所编著作(1999)中的文章,413。有关一种神经学上的讨论,参见珀维斯等人(1997),400。

④ R.桑希尔载于克劳福德和克雷布斯所编著作(1998)中的文章,55。

都是作为一种"无意识的暗示,使人想到那种令人着迷的状况以及观看它的方式——每一种完美,一切事物的美,都通过接触而重新唤醒了[这种]激发性欲的极乐。从生理学上说:……对艺术和美的渴望,[就像]一种间接的对性本能的入迷的渴望一样,要让它本身与大脑进行交流。世界变得完美了,通过'爱情'——"①对尼采来说,正如对在他之前的达尔文来说一样,"审美特性"在实质上是一种雌性的品性,②虽然它的雄性对应物是一种诞生于"性欲"和"感官享乐"的"酒神式的陶醉"。他强调,后者"在交配季节中是最强有力的"。很典型的是,他发现它竟然还在一种拉斐尔的艺术中活着,对尼采来说,"如果没有在某种程度上使性系统变得非常兴奋"的话,那么他的成就就是不可思议的。③

> 陶醉的感觉……在交配季节最为强烈:新的器官,新的成就,色彩,形式;"变得更美"是增强了的力量的结果。变得更美是一种获胜的意志、增强了的协调、所有强烈欲望的协调的表现。④

通过神经系统和大脑的发展,在这种程度上从其他方面来理解的性欲,"已经间接地影响到了各种身体结构和某些心理特质的逐渐发展",人们也感到非常想把这些话归之于尼采。

---

① XII,325—326,393/尼采(1968),422,424——有改动。
② 参见 XIII,357/尼采(1968),429。
③ XIII,294—295/尼采(1968),420,421。
④ 尼采(1968),420。

勇气,好斗,坚定不移,身体的力量和大小,各种武器,嗓子和乐器的悦耳声音,鲜艳的色彩和装饰物,全都是间接地通过这种性别或那种性别获得的,是通过运用选择、爱情和嫉妒的影响、对声音、色彩或形式方面的美的欣赏获得的。[1]

这些话不是尼采说的,而是达尔文说的,是出自那部讨论遗传的著作的结论,或者说是出自他在同一部著作中的其他地方叫做的"人类的谱系学"。[2]

---

[1] 达尔文(1979),206—207。
[2] 同上,196。

参 考 文 献

Abrams, M. H. (1958). *The Mirror and the Lamp: Romantic Theory and the Critical Tradition*. New York: W. W. Norton.
Adams, Hazard, ed. (1971). *Critical Theory Since Plato*. New York: Harcourt Brace Jovanovich.
Addison, Joseph and Sir Richard Steele (1958). *The Spectator* (4 vols.). Ed. Gregory Smith. London: J. M. Dent.
Aiken, Nancy E. (1998). *The Biological Origins of Art*. Westport, CT: Praeger.
— (1999). "Literature of Early 'Scientific' and 'Evolution' Aesthetics." *Biopoetics: Evolutionary Explorations in the Arts*. 417–31. Ed. B. Cooke and F. Turner. Cambridge: Icon Books.
Altizer, T. J. J. et al. (1982). *Deconstruction and Theology*. New York: Crossroads.
Anderson, Howard and John S. Shea, eds. (1967). *Studies in Criticism and Aesthetics, 1660–1800: Essays in Honor of Samuel Holt Monk*. Minneapolis: University of Minnesota Press.
Angier, Natalie (1999). *Woman. An Intimate Geography*. Boston, New York: Peter Davidson.
Aquinas, Saint Thomas (1964 [1267–73]). *Summa Theologiae* (60 vols.). Trans. Thomas Gilby. Cambridge: Blackfriars; New York: McGraw-Hill.
Aretino, Pietro (1967). *The Letters of Pietro Aretino*. Trans. and ed. Thomas Calderot Chubb. New York: Archon Books.
— (1993 [1527?]). *Sonetti lussuriosi (i Modi) e dubbi amorosi*. Nuova edizione integrale a cura di Riccardo Reim. Rome: Tascabili Economici Newton.
Aristotle (1991). *The Complete Works of Aristotle* (2 vols.). Ed. Jonathan Barnes. Princeton: Princeton University Press.
Arndt, Johann (1979). *True Christianity*. Trans. Peter Erb. New York, Ramsey, Toronto: Paulist Press.
Arreguí, Jorge V. and Pablo Arnau (1994). "Shaftesbury: Father or Critic of Modern Aesthetics?" *British Journal of Aesthetics* 34, 4: 350–62.
Augustine, Saint (1844–64). *Patrologiae Cursus Completus, Series Latina, Series Prima* (vols. XXXII–XLVII). Ed. J. P. Migne. Paris: *apud editorem*.
— (1947–). *The Fathers of the Church: A New Translation*. Founded by Ludwig Schopp. Washington, DC: Catholic University of America Press.
— (1959 [388–96]). *Of True Religion*. Trans. J. H. S. Burleigh. Chicago: Henry Regnery Company.
— (1961 [397–401]). *Confessions*. Trans. R. S. Pine-Coffin. Harmondsworth: Penguin.

(1984 [425-27]). *The City of God.* Trans. Henry Bettenson. Harmondsworth: Penguin.
Axtell, James L. (1965). "The Mechanics of Opposition: Restoration Cambridge vs. Daniel Scargill." *Bulletin of the Institute of Historical Research* 38: 102-11. London: University of London, Athlone Press.
Bacon, Francis (1857-74). *The Works of Francis Bacon.* (14 vols.) Ed. James Spedding, R. L. Ellis, and D. D. Heath. London: Spottiswoode and Co.
Baeumkner, Clemens (1890). *Das Problem der Materie in der Griechischen Philosophie: Eine historisch-kritische Untersuchung.* Münster: Druck und Verlag der Aschendorffschen Buchhandlung.
Barash, J. A. (1988). *Martin Heidegger and the Problem of Historical Meaning.* Dordrecht: M. Nijhoff.
— (1995). *Heidegger et son siècle: Temps de l'Etre, temps de l'histoire.* Paris: Presses Universitaires de France.
Barkow, J. H., L. Cosmides, and J. Tooby, eds. (1992). *The Adapted Mind: Evolutionary Psychology and the Generation of Culture.* Oxford: Oxford University Press.
Bartky, Sandra Lee (2000 [1998]). "Body Politics." *A Companion to Feminist Philosophy*: 321-29. Ed. A. M. Jaggar et al. Oxford: Blackwell.
Bate, Walter Jackson, ed. (1970 [1952]). *Criticism: The Major Texts* (enlarged edn). New York: Harcourt Brace Jovanovich.
Battersby, Christine (1989). *Gender and Genius: Towards a New Feminist Aesthetics.* London: Women's Press.
Baumgartner, G. (1988). "Physiological Constraints on the Visual Aesthetic Response." *Beauty and the Brain: Biological Aspects of Aesthetics:* 165-80. Ed. I. Rentschler et al. Basel, Boston, Berlin: Birkhäuser Verlag.
Baxandall, Lee and Stefan Morawski, eds. (1973). *Marx and Engels on Literature and Art.* St. Louis, Milwaukee: Telos Press.
Bechtel, William and George Graham, eds. (1998). *A Companion to Cognitive Science.* Oxford: Blackwell.
Bekoff, Marc (1998a). "Cognitive Ethology." *A Companion to Cognitive Science*: 371-79. Ed. W. Bechtel and G. Graham. Oxford: Blackwell.
— (1998b). "*Playing With Play*: What Can We Learn about Cognition, Negotiation, and Evolution." The *Evolution of Mind*: 162-82. Ed. D. D. Cummins and C. Allen. Oxford: Oxford University Press.
— (1999). "Social Cognition in Animals." *The MIT Encyclopedia of the Cognitive Sciences:* 778-80. Ed. R. A. Wilson and F. C. Keil. Cambridge, MA: MIT Press.
Bekoff, Marc and J. A. Byers, eds. (1998). *Animal Play: Evolutionary, Comparative, and Ecological Perspectives.* Cambridge: Cambridge University Press.
Bennington, Geoffrey and Jacques Derrida (1993 [1991]). *Derridabase/ Circumfession.* Chicago: University of Chicago Press.
Berlin, B. and P. Kay (1969). *Basic Color Terms: Their Universality and Evolution.* Berkeley: University of California Press.
Birke, Lynda (2000 [1998]). "Biological Sciences." *A Companion to Feminist Philosophy*: 194-203. Ed. A. M. Jaggar and I. M. Young. Oxford: Blackwell.

Blackmore, Susan (1999). *The Meme Machine*. *With a Foreword by Richard Dawkins*. Oxford: Oxford University Press.
Bleier, Ruth (1984). *Science and Gender: A Critique of Biology and its Theories on Women*. New York: Pergamon.
Block, N. (1994). "Consciousness." *A Companion to the Philosophy of Mind*: 210–19. Ed. S. Guttenplan. Oxford: Blackwell.
Blumenberg, Werner (1994 [1962]). *Karl Marx*. Hamburg: Rowohlt.
Boaz, Noel T. (1997). *Eco Homo*. New York: Basic Books.
Boethius, Anicius Manlius Severinus (1844–64). *Patrologiae Cursus Completus, Series Latina, Series Prima* (vol. LXIII). Ed. J. P. Migne. Paris: *apud editorem*.
(1989 [*ca*. 505]). *Fundamentals of Music*. Trans. Calvin M. Bower. Ed. Claude V. Palisca. New Haven: Yale University Press.
Bohatec, Josef (1966 [1938]). *Die Religionsphilosophie Kants in der "Religion innerhalb der Grenzen der bloßen Vernunft.*" Hildesheim: Georg Olms Verlagsbuchhandlung.
Böhme, Gernot (1998). "Lyotards Lektüre des Erhabenen." *Kant-Studien* 89: 205–18.
Bosanquet, Bernard (1956 [1892]). *A History of Aesthetic*. London: George Allen and Unwin.
Boulton, J. T., ed. (1958). "Introduction." Edmund Burke, *A Philosophical Enquiry Into the Origin of Our Ideas of the Sublime and Beautiful*: xv–cxxvii. London: Routledge and Kegan Paul.
Bowie, Andrew (1990). *Aesthetics and Subjectivity: From Kant to Nietzsche*. Manchester: Manchester University Press.
Brand, Peggy, Z. and Carolyn Korsmeyer, eds. (1995). *Feminism and Tradition in Aesthetics*. University Park, PA: Pennsylvania State University Press.
Brendel, Otto (1946). "The Interpretation of the Holkham Venus." *Art Bulletin* 28: 65–75. New York: Kraus Reprint Co., 1971.
Brett, R. L. (1942). "The Third Earl of Shaftesbury as a Literary Critic." *Modern Language Review* 37: 131–46. Cambridge: Cambridge University Press.
(1951). *The Third Earl of Shaftesbury*. London: Hutchinson's University Library, Hutchinson House.
Brothers, L. (1999). "Emotion and the Human Brain." *The MIT Encyclopedia of the Cognitive Sciences*: 271–73. Ed. R. A. Wilson and F. C. Keil. Cambridge, MA: MIT Press.
Brown, Dale W. (1978). *Understanding Pietism*. Grand Rapids, MI: William B. Eerdmans.
Brown, David (1997). "Trinity." *A Companion to Philosophy of Religion*: 525–31. Ed. P. L. Quinn and C. Taliaferro. Oxford: Blackwell.
Brown, Donald E. (1991). *Human Universals*. New York: McGraw-Hill.
Brown, Peter (1969). *Augustine of Hippo: A Biography*. Berkeley, Los Angeles: University of California Press.
(1988). *The Body and Society: Men, Women and Sexual Renunciation in Early Christianity*. New York: Columbia University Press.
Bunnin, Nicholas and E. P. Tsui-James, eds. (1996). *The Blackwell Companion to Philosophy*. Oxford: Blackwell.
Bürger, Peter (1983). *Zur Kritik der idealistischen Ästhetik*. Frankfurt-on-Main: Suhrkamp Verlag.

Burke, Edmund (1958 [1757]). *A Philosophical Enquiry Into the Origin of our Ideas of the Sublime and Beautiful.* Ed. J. T. Boulton. London: Routledge and Kegan Paul.
Butler, Judith (1990). *Gender Trouble: Feminism and the Subversion of Identity.* London: Routledge.
— (1993). *Bodies that Matter. On the "Discursive" Limits of Sex.* New York: Routledge.
Calvin, John (1895 [1536]). *Institutes of the Christian Religion* (2 vols.). Trans. Henry Beveridge. Edinburgh: T. and T. Clark.
— (1960 [1536]). *Institutes of the Christian Religion* (2 vols.). Trans. Ford Lewis Battles. Ed. John T. McNeill. Philadelphia: Westminster Press.
Caputo, John D. (1997). *The Prayers and Tears of Jacques Derrida: Religion Without Religion.* Bloomington: Indiana University Press.
Carlson, A. (1992). "Environmental Aesthetics." *A Companion to Aesthetics*: 142–44. Ed. D. E. Cooper et al. Oxford: Blackwell.
Carroll, Joseph (1995). *Evolution and Literary Theory.* Columbia: University of Missouri Press.
Cassirer, Ernst (1951 [1932]). *The Philosophy of the Enlightenment.* Trans. F. Koelln and J. Pettegrove. Princeton: Princeton University Press.
— (1953). *The Platonic Renaissance in England.* Trans. James P. Pettegrove. Austin: University of Texas Press.
— (1981 [1918]). *Kant's Life and Thought.* Trans. James Haden. New Haven: Yale University Press.
Castiglione, Baldassare (1959 [1528]). *The Book of the Courtier.* Trans. Charles S. Singleton. Garden City, NY: Anchor Books, Doubleday and Company.
Catchpole, C. K. and P. J. B. Slater (1995). *Birdsong: Biological Themes and Variations.* Cambridge: Cambridge University Press.
Caygill, Howard (1995). *A Kant Dictionary.* Oxford: Blackwell.
Chanter, Tina (2000 [1998]). "Postmodern Subjectivity." *A Companion to Feminist Philosophy*: 263–71. Ed. A. M. Jaggar and I. M. Young. Oxford: Blackwell.
Chauvet, Jean-Marie, E. B. Deschamps, and Christian Hillaire (1996 [1995]). *Dawn of Art: The Chauvet Cave. The Oldest Known Paintings in the World.* New York: Harry N. Abrams.
Cheney, Dorothy L. and Robert M. Seyfarth (1992). "Précis of *How Monkeys See the World.*" *Behavioral and Brain Science* 15: 135–82.
Chomsky, Noam (1980). *Rules and Representations.* New York: Columbia University Press.
— (1993). *Language and Thought.* Wakefield, Rhode Island, London: Moyer Bell.
— (1996 [1988]). *Language and Problems of Knowledge: The Managua Lectures.* Cambridge, MA: MIT Press.
— (2000). *New Horizons in the Study of Language and Mind.* Cambridge: Cambridge University Press.
Churchland, Paul M. (1996 [1995]). *The Engine of Reason, the Seat of the Soul. A Philosophical Journey Into the Brain.* Cambridge, MA: MIT Press.
Clark, Ann K. (1981). "Augustine and Derrida: Reading as Fulfillment of the Word." *New Scholasticism* 55, 1: 104–12.

Clark, Kenneth (1959 [1956]). *The Nude: A Study in Ideal Form*. Garden City, NY: Anchor Books, Doubleday and Company.
Clay, Felix (1908). *The Origins of the Sense of Beauty*. London: John Murray.
Cohen, T. and P. Guyer, eds. (1982). *Essays in Kant's Aesthetics*. Chicago: University of Chicago Press.
Coleman, F. X. J. (1974). *The Harmony of Reason: A Study in Kant's Aesthetics*. Pittsburgh: University of Pittsburgh Press.
Coleridge, Samuel Taylor (1895). *Letters of Samuel Taylor Coleridge* (2 vols.). Ed. Ernest Hartley Coleridge. London: William Heinemann.
—— (1995). *The Collected Works of Samuel Taylor Coleridge* (14 vols.). Ed. H. J. Jackson and J. Jackson. Princeton: Princeton University Press.
Coleridge, S. T. and W. Wordsworth (1967 [1798]). *Lyrical Ballads*. Ed. W. J. B. Owen. Oxford: Oxford University Press.
Colish, Marcia L. (1998). *Medieval Foundations of the Western Intellectual Tradition. 400–1400*. New Haven: Yale University Press.
Columbia Encyclopedia: Fifth Edition (1993). Ed. Barbara A. Chernow and George A. Vallasi. Distributed by Houghton Mifflin Company. New York: Columbia University Press.
Cooke, Brett. (1999). "Biopoetics: The New Synthesis." *Biopoetics. Evolutionary Explorations in the Arts*: 3–25. Ed. B. Cooke and F. Turner. Lexington, KT: An Icus Book.
Cooke, B. and N. E. Aiken (1999). "Selectionist Studies of the Arts: An Annotated Bibliography." *Biopoetics: Evolutionary Explorations in the Arts*: 433–64. Ed. B. Cooke and F. Turner. Lexington, KT: An Icus Book.
Cooke, B. and Frederick Turner, eds. (1999). *Biopoetics. Evolutionary Explorations in the Arts*. Lexington, KT: An Icus Book.
Cooper, David E. (1996). "Modern European Philosophy." *The Blackwell Companion to Philosophy*: 702–21. Ed. N. Bunnin and E. P. Tsui-James. Oxford: Blackwell.
Cooper, David E. *et al.*, eds. (1995 [1992]). *A Companion to Aesthetics*. Oxford: Blackwell.
Courtine, Jean-François (1994). "*Les traces e le passage de Dieu dans les* Beiträge zur Philosophie *de Martin Heidegger.*" *Archivio di filosofia* nos. 1–3.
Crawford, C. and D. L. Krebs, eds. (1998). *Handbook of Evolutionary Psychology: Ideas, Issues and Applications*. Mahwah, NJ: Lawrence Erlbaum.
Crawford, D. W. (1974). *Kant's Aesthetic Theory*. Madison: University of Wisconsin Press.
Crossan, John Dominic (1982). "Difference and Divinity." *Semeia* 23: 29–40.
Cummins, Denise D. and Colin Allen (1998). *The Evolution of Mind*. Oxford: Oxford University Press.
Currie, Gregory (1989). *An Ontology of Art*. Basingstoke: Macmillan in association with Scots Philosophical Club.
Curtius, Ernst Robert (1953 [1948]). *European Literature and the Latin Middle Ages*. Trans. Willard R. Trask. Princeton: Princeton University Press.
Damasio, Antonio R. (1994). *Descartes' Error. Emotion, Reason, and the Human Brain*. New York: Avon Books.

(1999). *The Feeling of What Happens. Body and Emotion in the Making of Consciousness.* New York: Harcourt Brace.
Dancy, Jonathan and Ernest Sosa, eds. (1998 [1992]). *A Companion to Epistemology.* Oxford: Blackwell.
Danto, Arthur C. (1964). "The Artworld." *Journal of Philosophy* 61: 571–84.
——— (1981). *The Transfiguration of the Commonplace. A Philosophy of Art.* Cambridge, MA: Harvard University Press.
——— (1986). *The Philosophical Disenfranchisement of Art.* New York: Columbia University Press.
Darwin, Charles (1979 [1970]). *A Norton Critical Edition,* ed. Philip Appleman. New York: W. W. Norton.
Darwin, Erasmus (1794–96). *Zoonomia; or The Laws of Organic Life* (2 vols.). London: J. Johnson.
——— (1804 [1803]). *The Temple of Nature: or, The Origin of Society.* Baltimore: John W. Butler, and Bonsal & Niles.
Dastur, Françoise (1994). "Heidegger et la théologie." *Revue philosophique de Louvain* May–August, 2–3: 226–45.
Davies, C. S. L. (1977). *Peace, Print and Protestantism. 1450–1558.* London: Hart-Davis, MacGibbon.
Davies, M. (1999). "Consciousness." *The MIT Encyclopedia of the Cognitive Sciences*: 190–93. Ed. R. A. Wilson and F. C. Keil. Cambridge, MA: MIT Press.
Davies, Stephen (1991). *Definitions of Art.* Ithaca: Cornell University Press.
Dawkins, Richard (1998). *Unweaving the Rainbow. Science, Delusion and the Appetite for Wonder.* Boston: Houghton Mifflin.
——— (1999 [1982]). *The Extended Phenotype. The Long Reach of the Gene.* Oxford: Oxford University Press.
Deacon, Terrence W. (1997). *The Symbolic Species. The Co-evolution of Language and the Brain.* New York: W. W. Norton.
Dean, William (1984). "Derrida and Process Theology." *Journal of Religion* 64, 1: 1–19.
De Man, Paul (1974). "Nietzsche's Theory of Rhetoric." *Symposium* 28, 1: 33–51. Syracuse: Syracuse University Press.
——— (1983 [1971]). *Blindness and Insight: Essays in the Rhetoric of Contemporary Criticism.* Minneapolis: University of Minnesota Press.
——— (1996). *Aesthetic Ideology. Theory and History of Literature,* Volume LXV. Ed. Andrzej Warminski. Minneapolis: University of Minnesota Press.
Dennett, Daniel C. (1991). *Consciousness Explained.* Boston: Little, Brown and Company.
——— (1996 [1995]). *Darwin's Dangerous Idea: Evolution and the Meanings of Life.* New York: Simon and Shuster.
——— (1999). "Intentional Stance." *The MIT Encyclopedia of the Cognitive Sciences*: 412–13. Ed. R. A. Wilson and F. C. Keil. Cambridge, MA: MIT Press.
Derrida, Jacques (1967a). *De la grammatologie.* Paris: Editions de Minuit.
——— (1967b). *L'Ecriture et la différence.* Paris: Editions de Minuit.
——— (1972). *Marges de la philosophie.* Paris: Editions de Minuit.

(1973 [1967]). *Speech and Phenomena: and Other Essays on Husserl's Theory of Signs*. Trans. David B. Allison. Evanston: Northwestern University Press.

(1976 [1967]). *Of Grammatology*. Trans. Gayatri Chakravorty Spivak. Baltimore: Johns Hopkins University Press.

(1978 [1967]). *Writing and Difference*. Trans. Alan Bass. Chicago: University of Chicago Press.

(1979 [1978]). *Spurs: Nietzsche's Styles/Eperons: Les Styles de Nietzsche*. Trans. Barbara Harlow. Chicago: University of Chicago Press.

(1981a [1972]). *Dissemination*. Trans. Barbara Johnson. Chicago: University of Chicago Press.

(1981b [1975]). "Economimesis." *Diacritics* 11, 2: 3–25. Baltimore: Johns Hopkins University Press.

(1981c [1972]). *Positions*. Trans. Alan Bass. Chicago: University of Chicago Press.

(1982 [1972]). *Margins of Philosophy*. Trans. Alan Bass. Chicago: University of Chicago Press.

(1987a). *Psyché: Inventions de l'autre*. Paris: Galilée.

(1987b [1978]). *The Truth in Painting*. Trans. Geoff Bennington and Ian McLeod. Chicago: University of Chicago Press.

(1989 [1987]). *Of Spirit: Heidegger and the Question*. Trans. Geoffrey Bennington and Rachel Bowlby. Chicago: University of Chicago Press.

(1993 [1990]). *Memoirs of the Blind: The Self-Portrait and Other Ruins*. Trans. Pascale-Anne Brault and Michael Naas. Chicago: University of Chicago Press.

(1995a [1993]). *On the Name*. Ed. Thomas Dutoit. Trans. David Wood et al. Stanford: Stanford University Press.

(1995b). *Point...: Interviews, 1974–1994*. Ed. Elisabeth Weber. Stanford: Stanford University Press.

Derrida, Jacques, and Gianni Vattimo, eds. (1998 [1996]). *Religion*. Stanford: Stanford University Press.

Despland, Michel (1973). *Kant on History and Religion*. Montreal: McGill-Queen's University Press.

Dickie, George (1984). *The Art Circle: A Theory of Art*. New York: Haven.

(1992a). "Art as Artefact." *A Companion to Aesthetics*: 17–19. Ed. D. E. Cooper et al. Oxford: Blackwell.

(1992b). "Definition of 'Art.'" *A Companion to Aesthetics*: 109–13. Ed. D. E. Cooper et al. Oxford: Blackwell.

(1996) *The Century of Taste. The Philosophical Odyssey of Taste in the Eighteenth Century*. Oxford: Oxford University Press.

Dionysius, the Areopagite (1975). *The Divine Names and The Mystical Theology*. Trans. C. E. Rolt. London: SPCK.

Dissanayake, Ellen (1989). *What is Art For?* Seattle: University of Washington Press.

(1992). *Homo Aestheticus. Where Art Comes From and Why*. Seattle: University of Washington Press.

Dodds, E. R. (1965). *Pagan and Christian in an Age of Anxiety*. Cambridge: Cambridge University Press.
— (1973a). *The Ancient Concept of Progress and Other Essays on Greek Literature and Belief*. Oxford: Clarendon Press.
— (1973b [1951]). *The Greeks and the Irrational*. Berkeley: University of California Press.
— (1979 [1959]). *Plato's Gorgias: A Revised Text with Introduction and Commentary*. Oxford: Clarendon Press.
Dolce, M. Lodovico (1968a [1557]). "The Dialogue on Painting." *Dolce's "Aretino" and Venetian Art Theory of the Cinquecento*: 83–195. Trans. Mark Roskill. New York: New York University Press.
— (1968b [*ca*. 1554]). "Letter of Dolce to Allessandro Contarini." *Dolce's "Aretino" and Venetian Art Theory of the Cinquecento*: 212–17. Trans. Mark Roskill. New York: New York University Press.
Donald, Merlin (1991). *Origins of the Modern Mind: Three Stages in the Evolution of Culture and Cognition*. Cambridge, MA: Harvard University Press.
Dunbar, R. I. M. (1999). "Cooperation and Competition." *The MIT Encyclopedia of the Cognitive Sciences*: 201–02. Ed. R. A. Wilson and F. C. Keil. Cambridge, MA: MIT Press.
Dunbar, Robin, Chris Knight, and Camilla Power, eds. (1999). *The Evolution of Culture. An Interdisciplinary View*. New Brunswick, NJ: Rutgers University Press.
Eco, Umberto (1986 [1959]). *Art and Beauty in the Middle Ages*. Trans. Hugh Bredin. New Haven: Yale University Press.
Edelman, Gerald M. (1992). *Bright Air, Brilliant Fire. On the Matter of the Mind*. New York: Basic Books.
Ehrlich, Paul R. (2000). *Human Nature. Genes, Cultures, and the Human Prospect*. Washington DC, Covelo, CA: Island Press.
Eibl-Eibesfeldt, Irenäus (1998). "The Biological Foundation of Aesthetics." *Beauty and the Brain: Biological Aspects of Aesthetics*: 29–68. Ed. I. Rentschler *et al.* Basel, Boston, Berlin: Birkhäuser Verlag.
Eliot, T. S. (1960 [1919]). *Selected Essays*. New York: Harcourt Brace and World.
Erb, Peter C., ed. (1983). *Pietists: Selected Writings*. New York, Ramsey, Toronto: Paulist Press.
Erigena, Johannes Scotus (1844–64). *Patrologiae Cursus Completus, Series Latina, Series Prima* (vol. CXXII). Ed. J. P. Migne. Paris: *apud editorem*.
— (1987 [*ca*. 867]). *Periphyseon: The Division of Nature*. Trans. I. P. Sheldon-Williams. Revised John J. O'Meara. Washington, DC: Dumbarton Oaks; Montreal: Editions Bellarmin.
Ernout, Alfred and Antonie Meillet (1985 [1932]). *Dictionnaire étymologique de la langue Latine: histoire des mots: quatrième édition*. Ed. Jacques André. Paris: Editions Klincksieck.
Etcoff, Nancy L. (1998). *Beauty*. New York: Doubleday.
— (1999) *Survival of the Prettiest: The Science of Beauty*. New York: Doubleday.
Faas, Ekbert (1980). *Ted Hughes: The Unaccommodated Universe. With Selected Critical Writings by Ted Hughes and Two Interviews*. Santa Barbara, CA: Black Sparrow Press.

(1984). *Tragedy and After: Euripides, Shakespeare, Goethe.* Montreal: McGill-Queen's University Press.

(1986). *Shakespeare's Poetics.* Cambridge: Cambridge University Press.

(1988). *Retreat into the Mind: Victorian Poetry and the Rise of Psychiatry.* Princeton: Princeton University Press.

(2001) *Robert Creeley: A Biography.* Montreal: McGill-Queen's University Press.

Fausto-Sterling, Anne (1992). *Myths of Gender: Biological Theories About Women and Men.* New York: Basic Books.

Felperin, Howard (1985). *Beyond Deconstruction: The Uses and Abuses of Literary Theory.* Oxford: Clarendon Press.

Feuerbach, Ludwig (1967 [1843]). *Grundsätze der Philosophie der Zukunft: Kritische Ausgabe mit Einleitung und Anmerkungen von Gerhart Schmidt.* Frankfurt-on-Main: Vittorio Klostermann.

(1973 [1841]). *Das Wesen des Christentums. Gesammelte Werke.* Vol. V. Ed. Werner Schuffenhauer. Berlin: Akademie-Verlag.

(1975). *Werke in sechs Bänden.* Ed. Erich Thies. Frankfurt-on-Main: Suhrkamp Verlag.

Ficino, Marsilio (1956). *Marsile Ficin: Commentaire sur Le Banquet de Platon.* Trans. Marcel Raymond. Paris: Société d'édition "Les Belles Lettres."

(1964–70). *Marsile Ficin: Théologic Platonicienne de l'immortalité des Ames* (3 vols.). Trans. Marcel Raymond. Paris: Société d'édition "Les Belles Lettres."

(1975–81). *The Letters of Marsilio Ficino* (3 vols.). Trans. Language Department of the School of Economic Science. London: Shepheard-Walwyn.

(1981 [1496]). *Marsilio Ficino and the Phaedran Charioteer.* Trans. Micheal J. B. Allen. Berkeley: University of California Press.

(1985 [1496]). *Commentary on Plato's Symposium on Love.* Trans. Sears Jayne. Dallas, TX: Spring Publications.

Fish, Stanley (1989). *Doing What Comes Naturally: Change, Rhetoric, and the Practise of Theory in Literary and Legal Studies.* Durham, NC: Duke University Press.

Fisher, Helen (1999). *The First Sex. The Natural Talents of Women and How They are Changing the World.* New York: Random House.

Fisher, J. ed. (1983). *Essays on Aesthetics: Perspectives on the Work of Monroe C. Beardsley.* Philadelphia: Temple University Press.

Flanagan, Owen (1998). "Consciousness." *A Companion to Cognitive Sciences:* 176–85. Ed. W. Bechtel et al. Oxford: Blackwell.

Fodor, Jerry A. (1987). *Psychosemantics: The Problem of Meaning in the Philosophy of Mind.* Cambridge, MA: MIT Press.

(2000). *In Critical Condition. Polemical Essays on Cognitive Science and the Philosophy of Mind.* Cambridge, MA: MIT Press.

Foley, William A. (1997). *Anthropological Linguistics: An Introduction.* Oxford: Blackwell.

Foucault, Michel (1984). *The Foucault Reader.* Ed. Paul Rabinow. New York: Pantheon Books.

Frede, Dorothea (1996). "The Question of Being: Heidegger's Project." *Cambridge Companion to Heidegger*: 42–69. Ed. C. Guignon. Cambridge: Cambridge University Press.

Freud, Sigmund (1990 [1913]). *Totem and Taboo*. Penguin Freud Library, 13. Trans. and ed. James Strachey. Harmondsworth: Penguin.

Fricker, Miranda and Jennifer Hornsby, eds. (2000). *The Cambridge Companion to Feminism in Philosophy*. Cambridge: Cambridge University Press.

Gallagher, C. and T. Laqueur, eds. (1987). *The Making of the Modern Body*. Berkeley: University of California Press.

Gallop, Jane (1988). *Thinking Through the Body*. New York: Columbia University Press.

Gardner, Sebastian (1996). "Aesthetics." *The Blackwell Companion to Philosophy*: 229–56. Ed. N. Bunnin and E. P. Tsui-James. Oxford: Blackwell.

Garman, Michael A. (1991). "Language Acquisition." *The Linguistics Encyclopedia*: 239–51. Ed. K. Malmkjaer. London: Routledge.

Gatens, Moira (1996). *Imaginary Bodies: Ethics, Power and Corporeality*. London: Routledge.

Gibbon, Edward (1845 [1776–88]). *The History of the Decline and Fall of the Roman Empire*. 5 vols. New York: A. L. Burt.

Gibbs, R. W., Jr. (1999 [1994]). *The Poetics of Mind. Figurative Thought, Language, and Understanding*. Cambridge: Cambridge University Press.

Gleitman, Henry (1986 [1981]). *Psychology*. New York: W. W. Norton.

Glynn, Ian (1999). *An Anatomy of Thought. The Origin and Machinery of the Mind*. London: Phoenix.

Goldenberg, Naomi (1990). *Words to Flesh: Feminism, Psychoanalysis, and the Resurrection of the Body*. Boston: Beacon Press.

Goldsmith, M. M. (1985). *Private Vices, Public Benefits: Bernard Mandeville's Social and Political Thought*. Cambridge: Cambridge University Press.

Gombrich, E. H. J. (1982). "Visual Discovery Through Art." *The Image and the Eye*: 11–39. Oxford: Phaidon.
—— (1989 [1960]). *Art and Illusion: A Study in the Psychology of Pictorial Representation*. Princeton: Princeton University Press.

Goodman, Nelson (1968). *Languages of Art: An Approach to a Theory of Symbols*. New York: Bobbs-Merrill.

Goody, Jack (1993 [1987]). *The Interface Between the Written and the Oral*. Cambridge: Cambridge University Press
—— (1996 [1986]). *The Logic of Writing and the Organization of Society*. Cambridge: Cambridge University Press.

Gould, S. J. (1992). "Heterochrony." *Keywords in Evolutionary Biology*: 158–65. Ed. E. F. Keller and E. A. Lloyd. Cambridge, MA: Harvard University Press.

Gowaty, Patricia A, ed. (1997). *Feminism and Evolutionary Biology. Boundaries, Intersections, and Frontiers*. London: Chapman and Hall.

Grean, Stanley (1967). *Shaftesbury's Philosophy of Religion and Ethics: A Study in Enthusiasm*. Athens, OH: Ohio University Press.

Griffiths, Paul E. (1990). "Modularity, and the Psychoevolutionary Theory of Evolution." *Mind and Cognition: An Anthology*: 516–29. Ed. W. G. Lycan. Oxford: Blackwell.

(1992). *What Emotions Really Are: The Problem of Psychological Categories*. Chicago: University of Chicago Press.

(1998). "Emotions." *A Companion to Cognitive Science*: 197–203. Ed. W. Bechtel et al. Oxford: Blackwell.

Gross, Paul R. and Norman Levitt (1998 [1994]). *Higher Superstition. The Academic Left and its Quarrels with Science*. Baltimore: Johns Hopkins University Press.

Grosz, Elizabeth (1994). *Volatile Bodies. Toward a Corporeal Feminism*. Bloomington and Indianapolis: Indiana University Press.

Grüsser, O.-J., T. Selke, and Barbara Zynda (1988). "Cerebral Lateralization and Some Implications for Art, Aesthetic Perception, and Artistic Creativity." *Beauty and the Brain: Biological Aspects of Aesthetics*: 257–93. Ed. I. Rentschler et al. Basel, Boston, Berlin: Birkhäuser Verlag.

Guignon, Charles, ed. (1996). *Cambridge Companion to Heidegger*. Cambridge: Cambridge University Press.

Guthrie, W. K. C. (1987 [1962–81]). *A History of Greek Philosophy* (5 vols.). Cambridge: Cambridge University Press.

Guttenplan, Samuel, ed. (1998 [1994]). *A Companion to the Philosophy of Mind*. Oxford: Blackwell.

Guyer, Paul (1979). *Kant and the Claims of Taste*. Cambridge: Cambridge University Press.

Hahlweg, Kai and C. A. Hooker, eds. (1989). *Issues in Evolutionary Epistemology*. Albany: State University of New York Press.

Haldane, J. (1994). "History: Medieval and Renaissance Philosophy of Mind." *A Companion to the Philosophy of Mind*: 332–38. Ed. S. Guttenplan. Oxford: Blackwell.

Hamilton, W. D. (1964). "The Genetical Evolution of Social Behaviour." *Journal of Theoretical Biology* 1, 2: 1–51.

Handelman, Susan A. (1982). *The Slayers of Moses: The Emergence of Rabbinic Interpretation in Modern Literary Theory*. Albany: State University of New York Press.

Hardin, C. L. (1988). *Color for Philosophers*. Indianapolis: Hackett.

Hardin, C. L. and L. Maffi, eds. (1997). *Color Categories in Thought and Language*. Cambridge: Cambridge University Press.

Hart, Kevin (1989). *The Trespass of the Sign: Deconstruction, Theology and Philosophy*. Cambridge: Cambridge University Press.

Harth, Phillip (1989). "Introduction." Bernard Mandeville, *The Fable of the Bees*: 7–43. Harmondsworth: Penguin.

Hattiangadi, J. N. (1987). *How is Language Possible? Philosophical Reflections on the Evolution of Language and Knowledge*. La Salle, IL: Open Court.

(1989). "The Physical Manifestation of Empirical Knowledge." *Issues in Evolutionary Epistemology*: 545–58. Ed. Kai Hahlweg and C. A. Hooker. Albany: State University of New York Press.

Hauser, Marc D. (2000). *Wild Minds. What Animals Really Think*. New York: Henry Holt.

Havelock, Eric A. (1998 [1963]). *Preface to Plato*. Cambridge, MA: Harvard University Press, Belknap Press.

Hayek, F. A. (1966). *Dr. Bernard Mandeville. Proceedings of the British Academy, Volume LII.* Oxford: Oxford University Press.

Hegel, Georg Wilhelm Friedrich (1955). *Vorlesungen über die Philosophie der Weltgeschichte. Sämtliche Werke, Band VIII.* (4 vols.). Ed. Georg Lasson and Johannes Hoffmeister. Hamburg: Verlag von Felix Meiner.

——— (1970). *Theorie-Werkausgabe* (20 vols.). Frankfurt-on-Main: Suhrkamp Verlag.

——— (1975a [ca. 1835]). *Aesthetics* (2 vols.). Trans. T. M. Knox. Oxford: Clarendon Press.

——— (1975b). *Hegel on Tragedy.* Ed. Anne and Henry Paolucci. New York: Harper and Row.

——— (1993 [ca. 1835]). *Introductory Lectures on Aesthetics.* Trans. Bernard Bosanquet. Harmondsworth: Penguin.

Heidegger, Martin (1967). *Wegmarken.* Frankfurt-on-Main: Vittorio Klostermann.

——— (1971). *Poetry, Language, Thought.* Trans. Albert Hofstadter. New York, Toronto: Harper Colophon Books.

——— (1976–). *Gesamtausgabe* (79-plus vols.). Frankfurt-on-Main: Vittorio Klostermann.

——— (1991). *Nietzsche* (4 vols.). Ed. D. F. Krell. Trans. D. F. Krell, J. Stambaugh, F. A. Capuzzi. New York: Harper San Francisco.

——— (1993). *Basic Writings: Revised and Expanded Edition.* Ed. D. F. Krell. New York: Harper San Francisco.

——— (1997 [1929]). *Kant and the Problems of Metaphysics: Fifth Edition.* Trans. Richard Tact. Bloomington, Indianapolis: Indiana University Press.

Hein, Hilde and Carolyn Korsmeyer (1993). *Aesthetics in Feminist Perspective.* Bloomington, Indianapolis: Indiana University Press.

Heine, Heinrich (1963). *Heines Werke* (5 vols.). Ed. Helmut Holtzhauer. Weimar: Volksverlag.

——— (1979). *Historisch-Kritische Gesamtausgabe der Werke.* Ed. Manfred Windfuhr. Hamburg: Hoffmann and Campe Verlag.

Henderson, George (1993 [1972]). *Early Medieval.* Toronto: University of Toronto Press.

Hersey, George L. (1996). *The Evolution of Allure. Sexual Selection from the Medici Venus to the Incredible Hulk.* Cambridge, MA: MIT Press.

Hillerbrand, Hans J., ed. (1968). *The Protestant Reformation.* New York: Harper Torchbooks.

Hipple, Walter J., Jr. (1957). *The Beautiful, the Sublime, & the Picturesque in Eighteenth-Century British Aesthetic Theory.* Carbondale: Southern Illinois University Press.

——— (1967). "Philosophical Language and the Theory of Beauty in the Eighteenth Century." *Studies in Criticism and Aesthetics, 1660–1800: Essays in Honor of Samuel Holt Monk*: 213–31. Ed. Howard Anderson and John S. Shea. Minneapolis: University of Minnesota Press.

Hobbes, Thomas (1966). *The English Works of Thomas Hobbes* (11 vols.). Ed. Sir William Molesworth. Darmstadt: Scientia Verlag Aalen.

——— (1981 [1655]). *Computatio Sive Logica / Logic.* Ed. I. C. Hungerland and G. R. Vick. Trans. Aloysius Martinich. New York: Abaris Books.

Hobson, Marion (1998). *Jacques Derrida: Opening Lines*. London: Routledge.
Hofstadter, Albert and Richard Kuhns, eds. (1964). *Philosophies of Art and Beauty*. New York: Modern Library.
Hogarth, William (1971 [1753]). *The Analysis of Beauty*. Aldershot, England: Scolar Press.
Holmstrom, Nancy (2000 [1998]). "Human Nature." *A Companion to Feminist Philosophy*: 280–88. Ed. A. M. Jagger and I. M. Young. Oxford: Blackwell.
Homer (1990). *The Odyssey*. Trans. Robert Fitzgerald. New York: Vintage Classics.
Horne, Thomas A. (1978). *The Social Thought of Bernard Mandeville: Virtue and Commerce in Early Eighteenth-Century England*. Basingstoke: Macmillan.
Hrdy, Sarah Blaffer (1999). *Mother Nature: A History of Mothers, Infants, and Natural Selection*. New York: Pantheon Books.
Hudson, Liam (1982). *Bodies of Knowledge: The Psychological Significance of the Nude in Art*. London: Weidenfeld and Nicolson.
Hume, David (1964). *The Philosophical Works* (4 vols.). Ed. T. H. Green and T. H. Grose. Darmstadt: Scientia Verlag Aalen.
Hungerland, Isabel C. and George R. Vick (1981). "Hobbes' Theory of Language, Speech, and Reasoning." Thomas Hobbes, *Computatio Sive Logica/Logic*: 7–170. New York: Abaris Books.
Hurford, J. R. M., Studdert-Kennedy, and Chris Knight, eds. (1998). *Approaches to the Evolution of Language*. Cambridge: Cambridge University Press.
Jackendoff, Ray (1994). *Patterns in the Mind: Language and Human Nature*. New York: Basic Books.
——— (1996 [1992]). *Languages of the Mind: Essays on Representation*. Cambridge, MA: MIT Press.
——— (1997). *The Architecture of the Language Faculty*. Cambridge, MA: MIT Press.
Jaggar, Alison M. and Iris M. Young, eds. (2000 [1998]). *A Companion to Feminist Philosophy*. Oxford: Blackwell.
Jameson, Fredric (1991). *Postmodernism, or, The Cultural Logic of Late Capitalism*. Durham: Duke University Press.
Jayne, Sears (1963). *John Colet and Marsilio Ficino*. Oxford: Oxford University Press.
Jolly, Allison (1999). *Lucy's Legacy: Sex and Intelligence in Human Evolution*. Cambridge, MA: Harvard University Press.
Johnson, David M. and Christina E. Erneling, eds. (1997). *The Future of the Cognitive Revolution*. Oxford: Oxford University Press.
Jourdain, Robert (1997). *Music, the Brain, and Ecstasy. How Music Captures Our Imagination*. New York: Avon Books.
Jung, Carl Gustav (1972). *The Spirit in Man, Art, and Literature. Collected Works of C. G. Jung*, vol. XV. Trans. R. F. C. Hull. Princeton: Princeton University Press.
Kafka, Franz (1969 [1925]). *The Trial*. Trans. Willa and Edwin Muir and E. M. Butler. New York: Vintage Books.
Kallich, Martin (1946). "The Associationist Criticism of Francis Hutcheson and David Hume." *Studies in Philology* 43: 644–50. Chapel Hill: University of North Carolina Press.

(1970). *The Association of Ideas and Critical Theory in Eighteenth-Century England.* The Hague: Mouton.
Kamuf, Peggy, ed. (1991). *A Derrida Reader: Between the Blinds.* New York: Columbia University Press.
Kant, Immanuel (1910–55). *Gesammelte Schriften.* Ed. Königlich Preußischen Akademie der Wissenschaften. Berlin: Walter de Gruyter and Co. [Akademie Edition].
 (1960a [1764]). *Observations on the Feeling of the Beautiful and Sublime.* Trans. John T. Goldthwait. Berkeley: University of California Press.
 (1960b [1793]). *Religion Within the Limits of Reason Alone.* Trans. Theodore M. Greene and Hoyt H. Hudson. New York: Harper Torchbooks.
 (1965 [1781/87]). *Critique of Pure Reason.* Trans. Norman Kemp Smith. New York: St. Martin's Press.
 (1974 [1798]). *Anthropology from a Pragmatic Point of View.* Trans. Mary J. Gregor. Dordrecht: M. Nijhoff.
 (1978 [1790]). *The Critique of Judgment* (2 parts). Trans. James Creed Meredith. Oxford: Clarendon Press.
 (1983 [1791]). *What Real Progress Has Metaphysics Made in Germany Since the Time of Leibniz and Wolff?* Trans. Ted Humphrey. New York: Abaris Books.
 (1987 [1790]). *The Critique of Judgment.* Trans. Werner S. Pluhar. Indianapolis: Hackett.
 (1992). *Theoretical Philosophy, 1755–1770.* Trans. David Walford. Cambridge: Cambridge University Press.
 (1996a [1797]). *The Metaphysics of Morals.* Trans. Mary Gregor. Cambridge: Cambridge University Press.
 (1996b). *Practical Philosophy.* Trans. and ed. Mary J. Gregor. Cambridge: Cambridge University Press.
 (1996c [1783]). *Prolegomena to Any Future Metaphysics.* Ed. Beryl Logan. London: Routledge.
 (1997 [1788]). *Critique of Practical Reason.* Trans. Mary Gregor. Cambridge: Cambridge University Press.
 (1998 [1785]). *Groundwork of the Metaphysics of Morals.* Trans. Mary Gregor. Cambridge: Cambridge University Press.
Kaplan, S. (1992). "Environmental Preference in a Knowledge-Seeking, Knowledge-Using Organism." *The Adapted Mind: Evolutionary Psychology and the Generation of Culture*: 581–98. Ed. J. H. Barkow *et al.* Oxford: Oxford University Press.
Kaufmann, Walter (1995). "Nietzsche's Attitude Towards Socrates." *Nietzsche: A Critical Reader:* 123–43. Ed. P. R. Sedgwick. Oxford: Blackwell.
Kay, Lily B. (2000). *Who Wrote the Book of Life? A History of the Genetic Code.* Stanford: Stanford University Press.
Kearney, Richard, ed. (1995). *States of Mind: Dialogues with Contemporary Thinkers.* New York: New York University Press.
Keats, John (1956). *Poetical Works.* Ed. H. W. Garrod. Oxford: Oxford University Press.
Keller, Evelyn Fox and Elisabeth A. Lloyd, eds. (1995 [1992]). *Keywords in Evolutionary Biology.* Cambridge, MA: Harvard University Press.

Kelly, Michael, ed. (1998). *Encyclopedia of Aesthetics* (4 vols.). Oxford: Oxford University Press.
Kemal, Salim (1986). *Kant and Fine Art*. Oxford: Clarendon Press.
Kemal, Salim and Ivan Gaskell, eds. (1993). *Landscape, Natural Beauty, and the Arts*. Cambridge: Cambridge University Press.
Kemal, Salim, Ivan Gaskell, and Daniel W. Conway, eds. (1998). *Nietzsche, Philosophy and the Arts*. Cambridge: Cambridge University Press.
Kennick, William K. (1958). "Does Traditional Aesthetics Rest on a Mistake?" *Mind* 67: 317–34.
Keuls, Eva C. (1978). *Plato and Greek Painting*. Leiden: E. J. Brill.
King-Hele, Desmond (1968). "Life." *The Essential Writings of Erasmus Darwin*: 13–24. London: MacGibbon and Kee.
Kirk, G. S. and J. E. Raven (1975 [1957]). *The Presocratic Philosophers: A Critical History With a Selection of Texts*. Cambridge: Cambridge University Press.
Koch, Walter. A. (1993). *The Biology of Literature*. Bochum: Brockmeyer.
Koelb, Clayton, ed. (1990). *Nietzsche as Postmodernist: Essays Pro and Contra*. Albany: State University of New York Press.
Korsmeyer, Carolyn, ed. (1998). *Aesthetics: The Big Questions*. Oxford: Blackwell.
Krell, David Farrell (1991). "Analysis." Martin Heidegger, *Nietzsche* (4 vols.): passim. New York: Harper San Francisco.
——— (1992). *Daimon Life: Heidegger and Life Philosophy*. Bloomington, Indianapolis: Indiana University Press.
Krell, David Farrell and David Wood, eds. (1988). *Exceedingly Nietzsche: Aspects of Contemporary Nietzsche-Interpretation*. London: Routledge.
Kristeller, Paul Oskar (1964a). *Eight Philosophers of the Italian Renaissance*. Stanford: Stanford University Press.
——— (1964b). *The Philosophy of Marsilio Ficino*. Trans. Virginia Conant. Gloucester, MT: Peter Smith.
——— (1969 [1944]). "Augustine and the Early Renaissance." *Studies in Renaissance Thought and Letters. Storia e Letteratura: Raccolta di Studii e Testi* 54: 355–72. Rome: Edizioni di Storia e Letteratura.
Lakoff, G. and M. Johnson (1999). *Philosophy in the Flesh. The Embodied Mind and its Challenge to Western Thought*. New York: Basic Books.
Leakey, Richard (1994). *The Origin of Humankind*. New York: Basic Books.
LeDoux, Joseph (1998 [1996]). *The Emotional Brain: The Mysterious Underpinnings of Emotional Life*. New York: Simon and Shuster.
LeDoux, J. and Michael Rogan (1999). "Emotion and the Animal Brain." *The MIT Encyclopedia of the Cognitive Sciences*: 268–71. Ed. R. A. Wilson and F. C. Keil. Cambridge, MA: MIT Press.
Lenain, Thierry (1997). *Monkey Painting. With an Introduction by Desmond Morris*. London: Reaktion Books.
Lenoir, Timothy, ed. (1998). *Inscribing Science. Scientific Texts and the Materiality of Communication*. Stanford: Stanford University Press.
Lerdahl, Fred (1988). "Cognitive Constraints on Compositional Systems." *Generative Processes in Music: The Psychology of Performance, Improvisation, and Composition*: 231–59. Ed. J. A. Sloboda. Oxford: Clarendon Press; Oxford: Oxford University Press.

Lerdahl, Fred and Ray Jackendoff (1983). *A Generative Theory of Tonal Music*. Cambridge, MA: MIT Press.

Lessing, Gotthold Ephraim (1910 [1766]). *Laocoon: An Essay Upon the Limits of Painting and Poetry*. Trans. Ellen Frothingham. Boston: Little, Brown and Company.

Levy, J. (1988). "Cerebral Asymmetry and Aesthetic Experience." *Beauty and the Brain: Biological Aspects of Aesthetics*: 219–42. Ed. I. Rentschler et al. Basel, Boston, Berlin: Birkhäuser Verlag.

Levy, Michael (1967). *Early Renaissance*. Harmondsworth: Penguin Books.

Lewontin, Richard (2000). *The Triple Helix. Gene, Organism, and Environment*. Cambridge, MA: Harvard University Press.

Lifschitz, Michail (1967). *Karl Marx und die Ästhetik*. Dresden: VEB Verlag der Kunst.

Lock, Andrew and Charles R. Peters, eds. (1999 [1996]). *Handbook of Human Symbolic Evolution*. Oxford: Blackwell.

Logan, James Venable (1936). *The Poetry and Aesthetics of Erasmus Darwin*. Princeton: Princeton University Press.

Longino, Helen (1990). *Science as Social Knowledge: Values and Objectivity in Scientific Inquiry*. Princeton: Princeton University Press.

Love, Nancy Sue (1986). *Marx, Nietzsche, and Modernity*. New York: Columbia University Press.

Lovejoy, Arthur O. (1964). *The Great Chain of Being: A Study in the History of an Idea*. Cambridge, MA: Harvard University Press.

Löwith, Karl (1991 [1964]). *From Hegel to Nietzsche: The Revolution in Nineteenth-Century Thought*. Trans. David E. Green. New York: Columbia University Press.

Lucretius (1970). *On the Nature of the Universe*. Trans. R. E. Latham. Harmondsworth: Penguin.

— (1975). *De Rerum Natura*. Trans W. H. D. Rouse. Ed. Martin Ferguson Smith. London: William Heinemann.

Lycan, William G., ed. (1999 [1990]). *Mind and Cognition: An Anthology*. Oxford: Blackwell.

Lyotard, Jean-François (1979). *La condition postmoderne: rapport sur le savoir*. Paris: Editions de Minuit.

— (1982). "Réponse à la question: qu'est-ce que le postmoderne?" *Critique* 37: 357–67. Paris: Editions de Minuit.

— (1989). *The Lyotard Reader*. Ed. Andrew Benjamin. Oxford: Blackwell.

— (1997 [1979]). *The Postmodern Condition: A Report on Knowledge*. Theory and History of Literature, Volume X. Trans. Geoff Bennington and Brian Massumi. Minneapolis: University of Minnesota Press.

MacDonald, Scott (1997). "The Christian Contribution to Medieval Philosophical Theology." *A Companion to Philosophy of Religion*: 80–87. Ed. P. L. Quinn and C. Taliaferro. Oxford: Blackwell.

Mackey, Louis (1983). "Slouching Towards Bethlehem: Deconstructive Strategies in Theology." *Anglican Theological Review* 65: 255–72.

MacMullen, Ramsay (1988). *Corruption and the Decline of Rome*. New Haven: Yale University Press.

Magliola, Robert (1984). *Derrida on the Mend.* West Lafayette, IN: Purdue University Press.
Malmkjaer, Kirsten, ed. (1995 [1991]). *The Linguistics Encyclopedia.* London: Routledge.
Mandeville, Bernard (1732). *A Letter to Dion: Occasioned by His Book Called Alciphron, or The Minute Philosopher.* London: J. Roberts.
— (1971 [1732]). *An Enquiry Into the Origin of Honour and the Usefulness of Christianity in War.* London: Frank Cass.
— (1988 [1723/28]). *The Fable of the Bees: or Private Vices, Publick Benefits* (2 vols.). Ed. F. B. Kaye. Indianapolis: Liberty Classics.
— (1989 [1723/28]). *The Fable of the Bees.* Ed. Phillip Harth. Harmondsworth: Penguin.
Marchand, E. C. (1965 [1918]). "Introduction." Xenophon, *Memorabilia and Oeconomicus*: vii–xxvii. London: William Heinemann.
Margolis, Joseph (1989a). "The Eclipse and Recovery of Analytic Aesthetics." *Analytic Aesthetics*: 161–89. Ed. Richard Shusterman. Oxford: Blackwell.
— (1989b). "Reinterpreting Interpretation." *Journal of Aesthetics and Art Criticism* 47: 237–51.
Marion, Jean-Luc (1991 [1982]). *Dieu sans l'être.* Paris: Presses Universitaires de France.
Marx, Karl and Friedrich Engels (1965–73). *Werke* (39 vols.). Institut für Marxismus-Leninismus beim ZK der SED. Berlin: Dietz Verlag.
— (1967–68). *Über Kunst und Literatur* (2 vols.). Ed. Manfred Kliem. Berlin: Dietz Verlag.
— (1972). *The Marx–Engels Reader.* Ed. Robert C. Tucker. New York: W. W. Norton
— (1975–92). *Karl Marx–Frederick Engels: Collected Works* (46 vols.). New York: International Publishers.
Maynard Smith, John (1956). "Fertility, Mating Behaviour and Sexual Selection in *Drosophila Subobscura.*" *Journal of Genetics* 54: 261–79.
McCann, E. (1994). "History: Philosophy of Mind in the Seventeenth and Eighteenth Centuries." *A Companion to the Philosophy of Mind*: 338–47. Ed. S. Guttenplan. Oxford: Blackwell.
McCloskey, M. A. (1987). *Kant's Aesthetic.* Basingstoke: Macmillan.
McGinn, Colin (1997). *Minds and Bodies. Philosophers and Their Ideas.* Oxford: Oxford University Press.
— (1999). *The Mysterious Flame. Conscious Minds in a Material World.* New York: Basic Books.
McLellan, David (1980 [1969]). *The Young Hegelians and Karl Marx.* Basingstoke: Macmillan.
McNeil, Will (1995). "Traces of Discordance: Heidegger–Nietzsche." *Nietzsche: A Critical Reader*: 171–202. Ed. P. R. Sedgwick. Oxford: Blackwell.
McNeill, Daniel (2000 [1998]). *The Face. A Natural History.* Boston: Little, Brown and Company.
Meek, Ronald L. (1976). *Social Science and the Ignoble Savage.* Cambridge: Cambridge University Press.
Meeks, Wayne A. (1993). *The Origins of Christian Morality: The First Two Centuries.* New Haven: Yale University Press.

Mehler, Jacques and Emmanuel Dupoux (1994 [1990]). *What Infants Know. The New Cognitive Science of Early Development.* Oxford: Blackwell.

Mendelssohn, Moses (1968 [1880]). *Schriften zur Philosophie, Aesthetik und Apologetik* (2 vols.). Ed. Moritz Brasch. Hildesheim: Georg Olms Verlagsbuchhardlung.

Millar, A. (1991a). "Concepts, Experience, and Inference." *Mind* 100, 4: 495–505.

—— (1991b). *Reasons and Experience.* Oxford: Clarendon Press; Oxford: Oxford University Press.

Miller, Geoffrey (2000). *The Mating Mind. How Sexual Choice Shaped the Evolution of Human Nature.* New York: Doubleday.

Miller, J. Hillis (1975). "Deconstructing the Deconstructers." *Diacritics* 5, 2: 24–31.

Mintz, Samuel I. (1970). *The Hunting of the Leviathan.* Cambridge: Cambridge University Press.

Mithen, Steven (1996). *The Prehistory of Mind. The Cognitive Origins of Art, Religion and Science.* London: Thames and Hudson.

—— (1999). "Symbolism and the Supernatural." *The Evolution of Culture: An Interdisciplinary View*: 147–72. Ed. R. Dunbar et al. New Brunswick, NJ: Rutgers University Press.

Monk, Samuel H. (1960 [1935]). *The Sublime: A Study of Critical Theories in XVIII Century England.* Michigan: University of Michigan Press, Ann Arbor.

Monod, Jacques (1970). *Le hasard et al nécessité.* Paris: Editions du Seuil.

Montaigne, Michel de (1950 [1595]). *Essais.* Ed. Albert Thibaudet. Saint Catherine, A Bruges: Librarie Gallimard.

—— (1965 [1595]). *The Complete Essays of Montaigne.* Trans. Donald M. Frame. Stanford: Stanford University Press.

Morris, Desmond (1962). *The Biology of Art.* New York: Alfred A. Knopf.

Mothersill, Mary (1984). *Beauty Restored.* Oxford: Clarendon Press.

—— (1992). "Beauty." *A Companion to Aesthetics*: 44–51. Ed. D. E. Cooper et al. Oxford: Blackwell.

Mulhall, Stephen (1990). *On Being in the World: Wittgenstein and Heidegger on Seeing Aspects.* London: Routledge.

Musiol, Marie-Jeanne (1988). *L'autre œil: Le nu féminin dans l'art masculin.* Montreal: Editions de la Pleine Lune, Aubes 3935.

Nancy, Jean-Luc (1978). "Dum Scribo." Trans. Ian McLeod. *Oxford Literary Review* 3, 2: 6–21.

Nehamas, Alexander (1985). *Nietzsche: Life as Literature.* Cambridge, MA: Harvard University Press.

Nelkin, Dorothy and Susan Lindee (1995). *The DNA Mystique: The Gene as Icon.* New York: Freeman Press.

Nelson, John Charles (1958). *Renaissance Theory of Love.* New York: Columbia University Press.

Nietzsche, Friedrich (1956 [1872, 1887]). *The Birth of Tragedy* and *The Genealogy of Morals.* Trans. Francis Golffing. Garden City, NY: Doubleday Anchor Books.

—— (1966 [1886]). *Beyond Good and Evil: Prelude to a Philosophy of the Future.* Trans. Walter Kaufmann. New York: Vintage Books.

(1967 [1872, 1888]). *The Birth of Tragedy* and *The Case of Wagner*. Trans. Walter Kaufmann. New York: Vintage Books.

(1968). *The Will to Power*. Trans. Walter Kaufmann and R. J. Hollingdale. New York: Vintage Books.

(1975 [1960]). *Joyful Wisdom*. Trans. Thomas Common. Introduction K. F. Reinhardt. New York: Frederick Ungar.

(1988 [1980]). *Kritische Studienausgabe* (15 vols.). Ed. Giorgio Colli and Mazzino Montinari. München: Deutscher Taschenbuch Verlag de Gruyter.

(1990 [1889, 1895]). *Twilight of the Idols* and *The Anti-Christ*. Trans. R. J. Hollingdale. Introduction Michael Tanner. Harmondsworth: Penguin.

(1997 [1881]). *Daybreak: Thoughts on the Prejudices of Morality*. Trans. R. J. Hollingdale. Ed. M. Clark and B. Leiter. Cambridge: Cambridge University Press.

Norris, Christopher (1987). *Derrida*. London: Fontana.

North, Helen (1966). *Sophrosyne: Self-Knowledge and Self-Restraint in Greek Literature*. Ithaca: Cornell University Press.

Oatley, Keith. (1999). "Emotions." *The MIT Encyclopedia of the Cognitive Sciences*: 268–71. Ed. R. A. Wilson and F. C. Keil. Cambridge, MA: MIT Press.

Olson, David R. (1998 [1994]). *The World on Paper: The Conceptual and Cognitive Implications of Writing and Reading*. Cambridge: Cambridge University Press.

O'Meara, John J. (1965). *The Young Augustine: The Growth of St. Augustine's Mind up to His Conversion*. New York: St. Paul Publications, Alba House.

Orians, G. H. and J. H. Heerwagen (1992). "Evolved Responses to Landscapes." *The Adapted Mind: Evolutionary Psychology and the Generation of Culture*: 555–79. Ed. J. H. Barkow *et al.* Oxford: Oxford University Press.

Oring, Elliot (1992). *Jokes and Their Relations*. Lexington, KT: University Press of Kentucky.

Ott, Hugo (1994). *Martin Heidegger: A Political Life*. Trans. Allan Blunden. London: Fontana.

Ovid (1983). *Metamorphoses*. Trans. Rolfe Humphries. Bloomington, Indianapolis: Indiana University Press.

Pagels, Elaine (1989 [1988]). *Adam, Eve, and the Serpent*. New York: Vintage Books.

Panofsky, Erwin (1969). *Problems in Titian: Mostly Iconographic*. London: Phaidon Press.

Papineau, David (1996). "Philosophy of Science." *The Blackwell Companion to Philosophy*: 290–324. Ed. N. Bunnin and E. P. Tsui-James. Oxford: Blackwell.

Paul, Gregor (1988). "Philosophical Theories of Beauty and Scientific Research on the Brain." *Beauty and the Brain: Biological Aspects of Aesthetics*: 15–27. Ed. I. Rentschler *et al.* Basel, Boston, Berlin: Birkhäuser Verlag.

Paulsen, Friedrich (1899). *Immanuel Kant: His Life and Doctrine*. New York: Frederick Ungar.

Paulson, Ronald (1974). *Hogarth: His Life, Art, and Times*. Abridged. Anne Wilde. New Haven: Yale University Press.

Pickstock, Catherine (1998). *After Writing. On the Liturgical Consummation of Philosophy*. Oxford: Blackwell.

Pinker, Steven (1995 [1994]). *The Language Instinct. How the Mind Creates Language*. New York: HarperPerennial.
— (1997). *How the Mind Works*. New York: W. W. Norton.
Plato (1973). *The Collected Dialogues of Plato*. Ed. Edith Hamilton and Huntington Cairns. Princeton: Princeton University Press.
— (1979a). *Gorgias*. Trans. Terence Irwin. Oxford: Clarendon Press.
— (1979b). *Gorgias: A Revised Text with Introduction and Commentary*. Ed. and trans. E. R. Dodds. Oxford: Clarendon Press.
Plotinus (1956 [ca. 253]). *The Enneads*. Trans. Stephen MacKenna. London: Faber and Faber.
Power, Camilla (1999). "'Beauty Magic': The Origins of Art." *The Evolution of Culture: An Interdisciplinary View*. 92–112. Ed. R. Dunbar et al. New Brunswick, NJ: Rutgers University Press.
Price, Uvedale (1971 [1810]). *Essays on the Picturesque, as Compared with the Sublime and the Beautiful; and, On the Use of Studying Pictures, for the Purpose of Improving Real Landscape*. Heppenheim, West Germany: Franz Wolf.
Purves, Dale, G. J. Augustine, D. Fitzpatrick, L. C. Katz, A.-S. LaMantia, and J. O. McNamara, eds. (1997). *Neuroscience*. Sunderland, MA: Sinauer Associates.
Quinn, Philip L. and Charles Taliaferro, eds. (1999 [1997]). *A Companion to the Philosophy of Religion*. Oxford: Blackwell.
Raffman, Diana (1992). "Perception." *A Companion to Aesthetics*: 317–20. Ed. D. E. Cooper et al. Oxford: Blackwell.
— (1993). *Language, Music, and Mind*. Cambridge, MA: MIT Press.
Regard, Mariane and T. Landis (1988). "Beauty May Differ in Each Half of the Eye of the Beholder." *Beauty and the Brain: Biological Aspects of Aesthetics*: 243–56. Ed. I. Rentschler et al. Basel, Boston, Berlin: Birkhäuser Verlag.
Rentschler, Ingo, Barbara Herzberger, and David Epstein, eds. (1988). *Beauty and the Brain: Biological Aspects of Aesthetics*. Basel, Boston, Berlin: Birkhäuser Verlag.
Ridley, Matt (1995 [1993]). *The Red Queen. Sex and the Evolution of Human Nature*. Harmondsworth: Penguin.
— (2000 [1999]). *Genome. The Autobiography of a Species in 23 Chapters*. New York: HarperCollins.
Rist, John M. (1999 [1994]). *Augustine: Ancient Thought Baptized*. Cambridge: Cambridge University Press.
Ristau, Carolyn A. (1998). "Cognitive Ethology: The Minds of Children and Animals." *The Evolution of Mind*: 107–61. Ed. D. D. Cummins and C. Allen. Oxford: Oxford University Press.
— (1999). "Cognitive Ethology." *The MIT Encyclopedia of the Cognitive Sciences*: 132–34. Ed. R. A. Wilson and F. C. Keil. Cambridge, MA: MIT Press.
Rogers, G. A. J. and Alan Ryan (1988). *Perspectives on Thomas Hobbes*. Oxford: Clarendon Press.
Rolston III, Holmes (1998). *Genes, Genesis, and God. Values and Their Origins in Natural and Human History*. Cambridge: Cambridge University Press.
Rorty, Richard (1991). *Essays on Heidegger and Others: Philosophical Papers, Volume II*. Cambridge: Cambridge University Press.

Rose, Hilary (1994). *Love, Power and Knowledge: Towards a Feminist Transformation of the Sciences.* Cambridge: Polity Press.

Rose, Margaret A. (1978). *Reading the Young Marx and Engels: Poetry, Parody, and the Censor.* London: Croom Helm; Totowa, NJ: Rowman and Littlefield.

—— (1984). *Marx's Lost Aesthetic: Karl Marx and the Visual Arts.* Cambridge: Cambridge University Press.

Rose, Mary Carman (1976). "The Importance of Hume in the History of Western Aesthetics." *British Journal of Aesthetics* 16, 3: 218–29. Worcester, England: Billing and Sons.

Roskill, Mark W. (1968). *Dolce's "Aretino" and Venetian Art Theory of the Cinquecento.* College Art Association of America. New York: New York University Press.

Ross, Stephen D. (1980). "The Work of Art and its General Relations," *Journal of Aesthetics and Art Criticism.* 38, 4: 427–34.

—— (1983). *A Theory of Art: Inexhaustibility of Contrast.* Albany: State University of New York Press.

—— (1993). *The Limits of Language.* New York: Fordham University Press.

Ross, Stephen D., ed. (1994). *Art and its Significance: An Anthology of Aesthetic Theory* (3rd edn). Albany: State University of New York Press.

—— (1996). *The Gift of Beauty: The Good as Art.* Albany: State University of New York Press.

Ruthrof, Horst (1997). *Semantics of the Body. Meaning from Frege to the Postmodern.* Toronto: University of Toronto Press.

Sadler, Barry and Allen Carlson, eds. (1982). *Environmental Aesthetics: Essays in Interpretation.* Victoria, BC: University of Victoria Press.

Sadler, Ted (1995). *Nietzsche: Truth and Redemption – Critique of the Postmodernist Nietzsche.* London: Athlone Press.

Schaff-Herzog Encyclopedia of Religious Knowledge, The New (1958–60). (13 vols.). Ed. Samuel Macauley Jackson. Grand Rapids, MI: Baker.

Schilpp, Paul A. (1960 [1938]). *Kant's Pre-Critical Essays.* Evanston, IL: Northwestern University Press.

Schmalenbach, Herman (1929). *Kant's Religion.* Berlin: Funker and Dünnhaupt.

Schultz, Werner (1960). *Kant als Philosoph des Protestantismus.* Hamburg-Bergstedt: H. Reich.

Scruton, Roger (1979). *The Aesthetics of Architecture.* Princeton: Princeton University Press.

—— (1990). *The Philosopher on Dover Beach.* New York: St. Martin's Press.

Sedgwick, Peter R., ed. (1995). *Nietzsche: A Critical Reader.* Oxford: Blackwell.

Shaftesbury, Anthony, Third Earl of (1903). *The Life, Unpublished Letters, and Philosophical Regimen.* Ed. Benjamin Rand. New York: Macmillan.

—— (1964 [1711]). *Characteristics of Men, Manners, Opinions, Times* (2 vols.). Ed. John M. Robertson. New York: Bobbs-Merrill.

—— (1968 [1711]). *Characteristics of Men, Manners, Opinions, Times* (3 vols.). Farnborough, England: Gregg International.

—— (1981). *Standard Edition: Complete Works, Selected Letters and Posthumous Writings* (6 vols.). Ed. and trans. Gerd Hemmerich and Wolfram Benda. Stuttgart-Bad Cannstatt: **frommann-holzboog.

Shakespeare, William (1974). *The Riverside Shakespeare*. Ed. G. Blakemore Evans. Boston: Houghton Mifflin.

Sheehan, Thomas (1996). "Reading a Life: Heidegger and Hard Times." *Cambridge Companion to Heidegger*: 70–96. Ed. C. Guignon. Cambridge: Cambridge University Press.

Shell Susan M. (1996). *The Embodiment of Reason. Kant on Spirit, Generation, and Community*. Chicago: University of Chicago Press.

Shepard, J. B. (1976). "The Significance of the Cartouche in Shaftesbury's Characteristiks." *English Language Notes* 13, 4 (supplement): 180–84. Boulder: University of Colorado Press.

Shepard, Roger N. and Daniel S. Jordan (1984). "Auditory Illusions Demonstrating That Tones are Assimilated to an Internalized Musical Scale." *Science* 226: 1333–34.

Shibles, Warren (1995). *Emotion in Aesthetics*. Dordrecht, Boston, London: Kluwer Academic Publishers.

Shusterman, Richard (2000). *Pragmatist Aesthetics. Living Beauty, Rethinking Art* (2nd edn). Totowa, NJ: Rowman and Littlefield.

Sibley, Frank N. (1983). "General Criteria and Reasons in Aesthetics." *Essays on Aesthetics: Perspectives on the Work of Monroe C. Beardsley*: 3–20. Ed. J. Fisher. Philadelphia: Temple University Press.

Siegfried, W. (1988). "Dance, the Fugitive Form of Art – Aesthetics as Behaviour." *Beauty and the Brain: Biological Aspects of Aesthetics*: 117–45. Ed. I. Rentschler *et al.* Basel, Boston, Berlin: Birkhäuser Verlag.

Sim, Stuart (1998). *The Icon Critical Dictionary of Postmodern Thought*. Cambridge: Icon Books.

Smith, Gregory B. (1996). *Nietzsche, Heidegger, and the Transition to Postmodernity*. Chicago: University of Chicago Press.

Sokal, Alan and Jean Bricmont (1998 [1997]). *Fashionable Nonsense. Postmodern Intellectuals' Abuse of Science*. New York: Picador.

Solso, Robert L. (1999 [1994]). *Cognition and the Visual Arts*. Cambridge, MA: MIT Press.

Stein, Edward (1992). "Evolutionary Epistemology." *A Companion to Epistemology*: 122–25. Ed. J. Dancy and E. Sosa. Oxford: Blackwell.

Sternberg, R. J., ed. (1999). *Handbook of Creativity*. Cambridge: Cambridge University Press.

Stewart, Dugald (1855). *The Collected Works*. Edinburgh: Thomas Constable and Co.

Storey, Robert (1996). *Mimesis and the Human Animal. On the Biogenetic Foundations of Literary Representation*. Evanston, IL: Northwestern University Press.

Stump, Eleonore (1997). "Simplicity." *A Companion to Philosophy of Religion*: 250–56. Ed. P. L. Quinn and C. Taliaferro. Oxford: Blackwell.

Summers, D. (1987). *The Judgment of Sense: Renaissance Naturalism and the Rise of Aesthetics*. Cambridge: Cambridge University Press.

Suzuki, Daisetz T. (1973 [1959]). *Zen and Japanese Culture*. Princeton: Princeton University Press.

Tabbi, Joseph (1995). *Postmodern Sublime: Technology and American Writing from Mailer to Cyberpunk*. Ithaca: Cornell University Press.

Tannen, Deborah, ed. (1982). *Spoken and Written Language: Exploring Orality and Literacy*. Norwood, NJ: ABLEX.
Tatarkiewicz, Wladyslaw (1970–74). *History of Aesthetics* (3 vols.). Ed. J. Harrell, C. Barrett, and D. Petsch. Trans. Adam and Ann Czerniawski, R. M. Montgomery, C. A. Kisiel, J. F. Besemeres. Warsaw: PWN – Polish Scientific Publishers; The Hague: Mouton.
Tattersall, Ian (2000). *Becoming Human. Evolution and the Human Uniqueness*. San Diego, New York: Harcourt Brace.
Taylor, Mark C. (1984). *Erring: A Postmodern A/theology*. Chicago: University of Chicago Press.
Tertullian (1984 [1931]). *Apology and De Spectaculis*. Trans. T. R. Glover. Cambridge, MA: Harvard University Press.
Thornhill, Randy (1998). "Darwinian Aesthetics." *Handbook of Evolutionary Psychology: Ideas, Issues and Applications*: 543–72. Ed. C. Crawford and D. L. Krebs. Mahwah, NJ: Lawrence Erlbaum.
Tomasello, Michael and Josep Call (1997). *Primate Cognition*. Oxford, New York: Oxford University Press.
Tooby, J. and Leda Cosmides (1992). "The Psychological Foundations of Culture." *The Adapted Mind*: 19–136. Ed. J. H. Barkow et al. Oxford: Oxford University Press.
Trivers, R. L. (1971). "The Evolution of Reciprocal Altruism." *Quarterly Review of Biology* 46: 35–57.
Tulloch, John (1966 [1874]). *Rational Theology and Christian Philosophy in the Seventeenth Century* (2 vols.). Hildesheim: Georg Olms Verlagsbuchhandlung.
Turner, F. and E. Pöppel (1988). "Metered Poetry, the Brain, and Time." *Beauty and the Brain: Biological Aspects of Aesthetics*: 71–90. Ed. I. Rentschler et al. Basel, Boston, Berlin: Birkhäuser Verlag.
Turner, Jonathan H. (2000). *On the Origins of Human Emotion. A Sociological Inquiry Into the Evolution of the Human Affect*. Stanford: Stanford University Press.
Tuveson, Ernest (1953). "The Importance of Shaftesbury." *Journal of English Literary History* 20: 267–99. Baltimore: Johns Hopkins University Press.
——— (1967). "Shaftesbury and the Age of Sensibility." *Studies in Criticism and Aesthetics, 1660–1800: Essays in Honor of Samuel Holt Monk*: 73–93. Ed. Howard Anderson and John S. Shea. Minneapolis: University of Minnesota Press.
Vaughan, William (1994 [1978]). *Romanticism and Art*. London: Thames and Hudson.
Vattimo, Gianni (1988). *End of Modernity: Nihilism and Hermeneutics in Postmodern Culture*. Trans. J. R. Snyder. Baltimore: Johns Hopkins University Press.
Virgil (1965 [*ca.* 19 BC]). *The Aeneid*. Trans. Frank O. Copley. New York: Bobbs-Merrill.
Vialou, Denis (1998 [1996]). *Prehistoric Art and Civilization*. New York: Harry N. Abrams.
Waal, Frans de (1996). *Good Natured. The Origins of Right and Wrong in Humans and Other Animals*. Cambridge, MA: Harvard University Press.

Wallin, N. L., B. Merker, and S. Brown, eds. (1999). *The Origins of Music.* Cambridge, MA: MIT Press.

Watts, Ian (1999). "The Origins of Symbolic Culture." *The Evolution of Culture: An Interdisciplinary View*: 113–46. Ed. R. Dunbar et al. New Brunswick, NJ: Rutgers University Press.

Wecter, Dixon (1938). "The Missing Years in Edmund Burke's Biography." *Publications of the Modern Language Association* 53: 1102–125.

Weisfeld, Glenn (1993). "The Adaptive Value of Humour and Laughter." *Ecology and Sociobiology* 16: 141–69.

Weitz, Morris (1956). "The Role of Theory in Aesthetics." *Journal of Aesthetics and Art Criticism* 15: 27–35.

Whiten, A. (1999). "Machiavellian Intelligence Hypothesis." *The MIT Encyclopedia of the Cognitive Sciences*: 495–97. Ed. R. A. Wilson and F. C. Keil. Cambridge, MA: MIT Press.

Whiten, A. and R. Byrne (1997). *Machiavellian Intelligence II: Extensions and Evaluations.* Cambridge: Cambridge University Press.

Whitfield, Phillip (1998 [1993]). *Evolution. The Greatest Story Ever Told.* London: Marshall Publishing.

Willats, John (1997). *Art and Representation. New Principles in the Analysis of Pictures.* Princeton: Princeton University Press.

Wilson, E. O. (1998). *Consilience: The Unity of Knowledge.* New York: Alfred A. Knopf.

—— (2000 [1975]). *Sociobiology: The New Synthesis* (25th Anniversary edn). Cambridge, MA: Harvard University Press, Belknap Press.

Wilson, Robert A. and Frank C. Keil, eds. (1999). *The MIT Encyclopedia of the Cognitive Sciences.* Cambridge, MA: MIT Press.

Wimsatt, William K., Jr. and M. C. Beardsley (1971). "The Intentional Fallacy." *Critical Theory Since Plato.* 1014–1031. Ed. Hazard Adams. New York: Harcourt Brace Jovanovich.

Wimsatt, William K., Jr. and Cleanth Brooks (1967 [1957]). *Literary Criticism: A Short History.* New York: Alfred A. Knopf.

Wind, Edgar (1968). *Pagan Mysteries in the Renaissance: Revised and Enlarged Edition.* New York: W. W. Norton.

Wistrich, Robert S. (1995 [1982]). *Who's Who in Nazi Germany.* London: Routledge.

Wittgenstein, Ludwig (1966). *Lectures and Conversations on Aesthetics, Psychology and Religious Belief.* Ed. C. Barrett. Oxford: Basil Blackwell.

Wright, Robert (1994). *The Moral Animal. Evolutionary Psychology and Everyday Life.* New York: Vintage Books.

Xenophon (1965). *Memorabilia and Oeconomicus.* Trans. E. C. Marchand. London: William Heinemann.

—— (1990). *Conversations of Socrates: Socrates' Defence, Memoirs of Socrates, The Dinner-Party, The Estate Manager.* Trans. Hugh Tredennick and Robin Waterfield. Harmondsworth: Penguin.

—— (1996). *The Shorter Socratic Writings: Apology of Socrates to the Jury, Oeconomicus, and Symposium.* Ed. Robert C. Bartlett. Ithaca: Cornell University Press.

Young, Julian (1992). *Nietzsche's Philosophy of Art.* Cambridge: Cambridge University Press.

Zarader, Marlène (1990). *La dette impensée: Heidegger et l'héritage hébraïque.* Paris: Editions du Seuil.
Zeitlin, Irving M. (1994). *Nietzsche: A Re-Examination.* Cambridge: Polity Press.
Zeki, Semir (1999). Inner Vision. *An Exploration of Art and the Brain.* Oxford: Oxford University Press.
Ziff, Paul (1953). "The Task of Defining a Work of Art." *Philosophical Review* 62, 1: 58–78.
Zimmerman, Michael E. (1996). "Heidegger, Buddhism, and Deep Ecology." *Cambridge Companion to Heidegger.* 240–69. Ed. C. Guignon. Cambridge: Cambridge University Press.

索 引

索引所标页码为原书页码,请参见中文本边码

Abelard, Peter, 亚伯拉德, 55
abstraction, 抽象, 30, 98, 136, 143, 157, 174, 175, 177, 190, 197, 201, 202, 231, 239, 278, 279, 280, 281, 304
Academies of Renaissance, 文艺复兴的学院派, 95, 97, 107
action painting, 行为绘画, 动作画派, 248, 300
adaequatio intellectus et rei, 知与物的符合一致, 200, 206, 239, 259
Adam of Fulda, 富尔达的亚当, 69, 70
The Adapted Mind (J. H. Barkow et al., eds.),《适应了的心灵》(巴尔科等编), 301
Addison, Joseph, 艾迪生, 119, 129, 130, 134
adrasteia, 阿德拉斯提雅, 44
Aeschylus, 埃斯库罗斯, 171, 172
  Oresteia,《奥瑞斯提亚》, 171, 172
aesthetic and/or ascetic Socratism, 审美的与(或)禁欲的苏格拉底哲学, 226
aesthetic disposition, 审美意向, 5, 121, 218, 222, 307, 317
aesthetic priest, 美学牧师, 118, 126, 129; 也可参见 Mandeville (曼德维尔), Shaftesbury (夏夫兹博里)
aesthetics, 美学, 1, 2, 3, 4, 5, 6, 8, 9, 10, 13, 15, 16, 18, 28, 29, 30, 41, 44, 45, 46, 47, 49, 52, 53, 54, 55, 62, 64, 66, 67, 68, 69, 70, 71, 72, 73, 74, 78, 81, 85, 87, 90, 91, 92, 93, 94, 95, 98, 99, 101, 102, 108, 110, 111, 112, 113, 117, 119, 120, 121, 122, 125, 129, 130, 131, 132, 133, 134, 135, 136, 139, 140, 147, 148, 156, 157, 158, 160, 164, 165, 169, 172, 173, 175, 176, 177, 178, 179, 180, 181, 183, 184, 186, 187, 196, 197, 199, 200, 203, 204, 205, 206, 208, 212, 215, 218, 222, 224, 226, 227, 248, 249, 251, 257, 285, 287, 293, 299, 300, 301, 302, 303, 306, 307, 316, 317; 也参见 *alétheia* (无蔽), *ekphanestaton* (诗的启示), *homoiōsis* (符合一致), *morphē-hyle* dichotomy (形式与质料的二分法); anaesthetization and deanaesthetization of, 麻木与去麻木的, 15, 16, 17, 30, 44, 68, 73, 87, 90, 91, 92, 94, 160, 178; 反艺术的倾向, 15, 16, 17, 19, 29, 30, 52, 54, 55, 68, 70, 78, 81, 85, 95, 172, 173, 174, 179; 反感觉论的~, 15, 16, 17, 30, 52, 53, 55, 68, 69, 73, 95, 139, 172, 173, 174, 178, 306; ~的派生物, 67; 环境~, 10, 316; ~与进化, 10; ~的内在化, 117; ~的废弃, 78, 81, 93, 94; ~的过度知性化, 8, 9, 10, 13, 139; 生理学, 3, 222; 亲感觉论的~, 16, 17, 28, 29, 30, 47, 49, 62, 72, 73, 81, 85, 87, 90, 98, 99, 101, 102, 108, 112, 132, 133, 134, 135, 136, 175, 178; 心理学的解释或~的简化,

73,74,87,98,112,113,117,129,130；～的约束,66,67,70,71,78,81,93,94,95,184,302；表面上的自由主义化,66,67,72,73,95,111,130；作为宗教替代物的～,117；以艺术作品为中心与以观看者(主题)为中心,72,73,99,131；也可参见 Feuerbach(费尔巴哈),Hegel(黑格尔),Mandeville(曼德维尔),Marx(马克思),Nietzsche(尼采)

Aesthetics in Feminist Perspective(H. Hein and C. Korsmeyer, eds.),《女性主义眼界中的美学》(海因和科斯迈耶编),299

aetas Kantiana,康德派哲学时代,164

affect-programs,情感程序,6,384

agathos,(目的的)善,31

agnosticism,不可知论,286

Aiken,Nancy E.,南茜·E.艾肯,301；《艺术的生物学起源》,301

aisthēsis, *aisthēton*,感性,199,202,233,302,304,307,308,309,311,312,314,316

Akenside,Mark,艾肯塞德,119

akolasia,放纵,35,37,125

alarm calls,紧急令,313

Albert the Great,阿尔贝大帝,72；《美与善散论》,72

Alberti,Leon Battista,阿尔伯蒂,90,93

Albigensians,阿尔比派,65

Alcibiades(in Plato),阿尔西比亚德(柏拉图那里的),33,37,40,270

Alcuin,阿尔昆,66

alētheia, *alētheuein*, 无蔽,真理,203,204,205,207,216,259,261

alienation,异化,177,184,185,195,251,252,255,306

alienation effect,异化的影响(效果),251

Alison,Archibald,艾利森,113,120；

《鉴赏力的本质与原理》,120；

allegory,寓言,讽喻,25,34,113,143,155,188,196,199,201,205

Allen,Grant,艾伦,305

Allgemeine Literatur – Zeitung(B. Bauer ed.),《文学总汇报》(鲍威尔编),195

Altaic,阿尔泰语系,235

Altdorfer,Albrecht,阿尔特多费,x,81,88；《命运及其女儿》,x,81,88

Althusser,Louis,阿尔都塞,11

always already,始终都已经,202,230,231,233,234,235,236,243,246,256,259,260,264,267,270,275,277,304,368；也可参见 Derrida(德里达),Heidegger(海德格尔)

Alypius,friend of Augustine's,阿利比乌斯,奥古斯丁之友的,59

ambivalence,矛盾心理,127

Ambrose,Saint,圣安布罗斯,45,65

amoebas,变形虫,5,236,276,303,316

anamnēsia,回忆,115,261

anamnesis,回忆,96

Anaxagoras,阿那克萨哥拉,21,99

Anaximander,阿那克西曼德,21,265

André,Yves-Marie,安德烈,119

Angelus Silesius,安杰鲁斯·西里西乌斯,292；"变为虚无即变为神",292

animal aisthēsis,动物的感性,1,302,304,307,309,310,311,312,316；参见 *aisthēsis*, *aisthēthon*(感性)

animal play,动物的游戏,312,316

antibody bias,反对身体的偏见(倾向),9,24,26,30,33,45,51,52,53,56,66,68,75,76,81,85,95,100,110,111,129,132,133,156,157,158,164,165,172,173,174,177,185,186,224,272,295,305,306；参见 artistic creativity(艺术创造力),Augustine(奥古斯丁),Ficino(菲奇诺),Plato(柏拉图),Ploti-

nus(普洛丁),Shaftesbury(夏夫兹博里)
Antichrist,反基督徒,120,176,178,179
The Anti—Jacobin,《反雅各宾派》,136
Anti—Platonic,反柏拉图哲学的,108,131,258
antiscientific bias,反科学的倾向,108,131,258
antisensualist,反感觉论的,9,24,26,30,33,44,45,46,51,52,53,56,66,67,68,73,75,76,81,85,95,107,110,111,129,132,133,138,156,157,158,165,172,173,177,185,186,224,248,272,295,302,305,306;参见 aesthetics(美学),Kant(康德),Plato(柏拉图),Plotinus(普洛丁)
to apeiron,无限定,265
aphorism,格言,警句,237
Apollo Belvedere,《阿波罗观景楼》,76
Apollonian,阿波罗式的,226
aporias,aporetic,疑难,悖论,243,244,260,263,267,268,285
appearance,外观,外表,现象,14,228,259
appetite,爱好,欲望,31,37,74,112,113,126,128,129,133
Appleton,J.W.,阿普尔顿,310
a priori,a posteriori,先验的,凭经验的,126,139,143,144,151,158,159,160,162,164,234,236,237,239,240
Aquinas,Saint Thomas,阿奎那,6,44,57,58,67,68,72,73,74,111,296;《神学大全》,57
Arcesilaus,阿塞西劳斯,41
archē,本原,始基,265
Archelaus,阿克劳斯,21
architecture,建筑,建筑学,50,89,95,119,123,130,151,172,174,182,312
aretē,德行,128
Aretino,Pietro,阿雷蒂诺,X,6,81,85,86,87,90,105;在美学上对莎士比亚的爱好,85;论艺术在情欲上的刺激效果,85;～论生殖器,85;《我经历过》,X,81,89
Aristo,阿里斯托,105,134;《论情爱仪式》,105
Aristophanes,阿里斯托芬,17,223
Aristotle(for use of Greek concepts,参见总索引),亚里士多德(有关希腊概念的运用),44,45,47,72,73,123,173,180,204,206,207,221,222,234,235,240,244,249,257,262,269,286,294;净化,升华,251;论诗与历史编撰的区别,45,123;《诗学》,72
Armstrong,J.,阿姆斯特朗,120
ars celare artem,"真艺术藏而不露",170
art,艺术,1,2,3,5,6,8,9,10,15,16,18,19,21,23,28,29,44,45,50,53,54,62,66,67,68,70,71,73,82,84,85,86,87,88,89,90,91,92,93,94,95,99,101,102,105,106,114,118,121,123,130,132,133,136,151,152,163,169,170,172,173,174,178,179,185,186,200,201,204,206,208,209,210,211,212,213,214,215,217,223,224,225,226,227,248,249,250,253,257,258,263,281,299,301,304,306,309,317;题材、媒介与感染力的具体美感,16,23,53,70,87,94,95,173,174,200,201;脱离肉体的,脱离现实的～,70,95;刺激情欲和增强生命的～,62,73,82,84,85,86,87,88,89,90,91,92,93,99,101,102,105,106,130,132,133,169,317;作为对经验表达的～,7,170,200,204,206,213,223;与善和真,224,225,226,227;使人健康的～,73;作为一种特殊手段的～,1;～与自然,6,123,258,263;亲感觉论的～,62,94,133,136,169;作为宗教替代物的～,118;参见 Augustine(奥

古斯丁),Feuerbach(费尔巴哈),Heidegger(海德格尔),Julian of Eclanum(埃克拉农的朱利安),Marx(马克思),Nietzsche(尼采),Plotinus(普洛丁),Shakespeare(莎士比亚),Xenophon(色诺芬)

art and nature,艺术与自然,85,121,211

art concealed in the depths of the human soul,隐藏在人类灵魂深处的艺术,234,263,264,268;参见 Derrida(德里达)

Artaud,Antonin,阿尔托,246,250,251,252,253,254,255,256,257;~模仿,254,257;~与尼采,251,252,253,254,255,257;~与本体论,252;残酷戏剧,253;有关残酷戏剧的《第一次宣言》,253;《戏剧及其诡计》,251,254

artes voluptuarae,色情艺术,99,105

arthropoda,节肢动物,309,310

artificial intelligence,人工智能,299

artistic creativity,艺术创造,8,16,17,20,22,28,29,44,53,76,81,93,94,95,96,106,108,109,113,123,134,155,162,170,180,184,185,200,204,206,210,223,226,227,250,253,257,258,277,302,304,307,309,311,312,314,316,317;~与对身体的否定,96,97;~与性欲(性行为),106,108,109,111,117,121,169,317;~与性别选择,317;参见 Ficino(菲奇诺),Shakespeare(莎士比亚)

ascent to ideal beauty,上升为理想的美,23,24,25,26,67,68,72,96,97,115,151;参见 Ficino(菲奇诺)

ascetic ideal,禁欲主义的理想,4,7,12,33,64,186,194,247,272,277,286,290

ascetic priest,禁欲主义的牧师,3,58,118,124,126,190,191,270,272;参见 Nietzsche(尼采)

associationism,association of ideas,联想主义,观念的联系,98,113,129,130,131,134,135,162,220,342

atheism,无神论,113,136,179,289,290

Augustine,Saint(for use of Latin concepts,参见总索引),奥古斯丁(有关拉丁概念的运用),x iii,2,3,4,6,8,9,33,40,41,42,44,45—63,64,65,66,67,70,71,72,73,96,97,99,100,111,145,146,147,153,155,156,165,167,199,223,227,241,242,247,286,287,289,290,291,292,296,297,330,360,380;~论美与艺术,49,50,52,53,54,57,62,71;~与身体,47,53,56,57;~作为基督教柏拉图主义者,46,47,48,49,52,54,96;~对身体的轻视,33,52,53,56,165;皈依,48,49,50,244;~与永远罚入地狱(毁灭),56,57,58,60,62,63;~与生殖器,33,61;~与埃克拉农的朱利安,59—63;~与摩尼教,47,48,50,54,165;~与模仿的艺术,52,53;~对邪恶着迷,48;~对肉体之美着迷,47,48,51,165,199;~与贝拉基主义,59;~与柏拉图,42,46,165;~与普洛丁,42;~作为说教者,58;~与命定论,59,60;~与圣保罗,49;~论作为邪恶坦途的性交,62;~与性欲(性行为),47,60,61,62;美学与堕落的神义论,50,54,55,56,57,61,62;《忏悔录》,42,47,48,49,50,51,54,62,96,242,289,292;《驳学院派》,48,49;《驳朱利安》,60;《论幸福生活》,49,52;《上帝之城》,53,145;《论基于欲望的婚姻》,60;《论秩序》,49;《论美与合适》,47,48,51;《驳朱利安的著作残篇》,60;《劝谕两篇》,49

Aurelian of Moutiers St.Jean,奥雷里安,69

Austin(chimpanzee),奥斯丁(黑猩猩),315

Austin, John Langshaw, 奥斯丁, 238
australopithecus robustus, 南方古猿粗壮种, 184
authorial hypocrisy, 作者的虚伪, 189
autobiographical memory, 自传式记忆, 303
avant-garde, 先锋派, 250, 278, 282, 297
awesomeness, 敬畏, 参见 sublime（崇高）

Bacon, Francis, 培根, 98—99, 103, 105, 111, 113, 121, 235, 321；~论美, 99；~论实在论, 98；~论身心冲突, 98；~论爱情, 99；~论柏拉图派与毕达哥拉斯派, 98；~论诗歌, 99
Baillie, J., 贝利, 120
Balzac, Honoré de, 巴尔扎克, 179, 187, 188；《人间喜剧》, 188；《幻灭》, 188
Bartky, Sandra Lee, 巴特基, 11
Basil, the Great, Saint, 圣大巴西略, 67
Bassanio (in Shakespeare), 巴萨尼奥（莎士比亚那里的）, 85
Bataille, Georges, 巴塔耶, 246
Batteux, Charles, 巴托, 120, 180；《被归为相同原理的美的艺术》, 120
Baudelaire, Charles, 波德莱尔, 195
Bauer, Bruno, 鲍威尔, 179, 185, 186, 187, 195, 198；《文学总汇报》, 195；《谴责黑格尔的无神论者和反基督教者》, 179；《黑格尔的宗教与艺术学说》, 179；《最后审判的号声》, 179
Baumgarten, Alexander, 鲍姆加登, 120, 180；《美学》, 120
bawdiness, 猥亵, 下流, 107
Bayly, Anselm, 贝利, 120, 122
Beardsley, Monroe C., 比尔兹利, 244
beauty, 美, 1, 2, 3, 5, 6, 10, 14, 23, 24, 25, 26, 27, 28, 29, 30, 31, 34, 36, 40, 43, 44, 45, 47, 48, 49, 50, 51, 52, 53, 55, 56, 57, 58, 62, 66, 67, 68, 70, 71, 72, 73, 74, 75, 76, 80, 82, 84, 85, 86, 87, 88, 89, 90, 91, 92, 94, 95, 96, 98, 99, 101, 102, 103, 106, 107, 108, 111, 112, 113, 114, 115, 117, 118, 119, 120, 121, 122, 128, 129, 130, 131, 132, 133, 134, 135, 136, 138, 139, 148, 149, 151, 152, 155, 157, 158, 159, 160, 161, 162, 163, 165, 166, 167, 169, 170, 172, 179, 180, 181, 183, 185, 190, 192, 199, 204, 205, 215, 216, 217, 218, 222, 223, 226, 249, 293, 295, 296, 300, 301, 303, 304, 305, 308, 310, 316, 335, 364, 386；艺术的~, 44, 51, 70, 71, 169, 170, 305；~与恰当, 29；脱离肉体的, 无形的, 真实的, 普遍的, 神圣的, 超凡的~, 14, 23, 24, 25, 26, 29, 34, 44, 47, 48, 52, 53, 56, 66, 67, 68, 70, 72, 73, 76, 87, 89, 91, 92, 94, 96, 98, 103, 107, 112, 115, 120, 130, 131, 133, 155, 165, 335；刺激情欲与增强生命的~, 1, 6, 47, 62, 73, 82, 84, 85, 86, 88, 89, 90, 91, 92, 94, 99, 101, 102, 103, 106, 130, 133, 134, 155, 166, 167, 199, 222；女性的, 女性气的~, 28, 66, 67, 73, 74, 80, 82, 84, 85, 86, 88, 108, 132, 133, 134, 135, 165, 166；~与适合, 308；~与善和真, 1, 25, 26, 31, 36, 48, 74, 75, 76, 92, 113, 115, 117, 118, 120, 121, 122, 128, 131, 134, 160, 161, 166, 217, 295, 304；人类身体的~, 23, 25, 26, 44, 53, 62, 66, 67, 71, 75, 76, 85, 87, 103, 386；~的内在意义, 47；自然与宇宙的~, 28, 29, 50, 51, 52, 57, 66, 67, 71, 75, 103, 148, 151, 160, 161, 162, 163, 169, 170, 199, 305, 310；~与愉悦, 29, 47, 62, 113, 131, 155；~与目的性, 29, 30, 308；~的相对性, 103, 122, 131；~与性欲(性行为), 参见 beauty（美）, erotically stimulative and life-enhancing（刺激情欲和增强生命的）; as transparent for the divine, 对神性来说显而

易见的,67,70,71,72,199;也可参见 Augustine(奥古斯丁),Bacon(培根),Burke(博克),Hegel(黑格尔),Hobbes(霍布斯),Hume(休谟),Julian of Eclanum(埃克拉农的朱利安),Kant(康德),Mandeville(曼德维尔),Montaigne(蒙田),Nietzsche(尼采),Plotinus(普洛丁),Shakespeare(莎士比亚),Xenophon(色诺芬)

Beauty and the Brain(I. Rentschler et al eds.),《美与大脑》(伦奇勒等人编),301,305

Being,在,存在,199,200,201,204,205,208,209,210,212,213,215,218,219,220,226,229,230,231,232,234,235,236,243,246,247,252,256,260,272,293,294,304,368;也可参见 Artaud(阿尔托),Derrida(德里达),Heidegger(海德格尔),Hobbes(霍布斯),Nietzsche(尼采)

la belle nature,美丽的自然,123

bellus,漂亮的,128

Bembo, Pietro,本博,91,94,97,106,107;《阿索拉尼》,97

Beneke, Friedrich Eduard,贝内克,230

benevolence,善行,仁慈,122,140,142,188

Bennington, Geoffrey,本宁顿,268

Bentham, Jeremy,边沁,125

Benveniste, Emile,班维尼斯特,234,238

Berkeley, George,贝克莱,118

Berlin, Brent,柏林,14

Berlyne, D. E.,伯林,305;《美学与心理生物学》,305

Bernard of Clairvaux, Saint,克勒沃的圣伯尔纳,70,71

Berowne(in Shakespeare),俾隆(莎士比亚那里的),107,108,109,166

best of all possible worlds,一切可能的世界中最好的,55,225

bible,《圣经》,46,47,49,54,56,67,145,186,197,199,203,242,279,292,360;《哥林多书》,56;《出埃及记》,279;《创世记》,47,67,203;Matthew,《马太福音》,54;《摩西五经》,197;《罗马书》,49,51,199,242,360

binary opposition,二元对立,259,269,274,275,276,288

bioaesthetics,biopoetics,生物学美学,生物学诗学,5,301

bioevolutionarily innate versus transcendentally nativist,生物学进化论遗传的与先验的先天论者,239

biology,生物学,1,2,5,6,11,12,14,81,140,222,237,272,300,301

bio—phobia,生物学恐惧症,11,12,299

Biopoetics(B. Cooke and F. Turner, eds.),《生物学诗学》(库克等编),301

bipedalism,两足类,183,314

birdsong,鸟语,鸟鸣声,170,257,311

Birke, Lynda,伯克,11,12

Blondel, Nicolas François,布隆代尔,119

Boccaccio, Giovanni,薄伽丘,94,105;《十日谈》,105

Bodies That Matter(Judith Butler),《要紧的身体》(朱迪思·巴特勒),10

Body,身体,5,10,11,12,13,16,17,21,23,24,25,28,30,31,33,34,44,45,46,47,48,52,53,56,61,66,68,70,71,73,75,77,78,81,85,87,89,90,91,92,93,95,96,97,98,100,101,115,124,127,128,129,138,141,143,156,158,159,164,165,173,177,178,182,183,185,186,193,222,223,233,239,251,252,254,265,270,275,289,301,303,317,326;~与心灵,13,141,177,178,182,185,222,303;~与心灵的冲突,参见 mind—body dichotomy(身心二元论);对~的轻视与厌恶,24,33,34,46,52,53,56,81,96,97,

100,115,156,158,173,222;作为被社会政治势力刻写的～,11,12;～的愉悦,101,129,177,186;作为灵魂之牢狱的～,25,31,33,34,53,81,93,96,158,185,326;～作为揭示了自然最深处秘密的神秘符码,89,90;参见 Augustine(奥古斯丁),Bacon(培根),Ficino(菲奇诺),Montaigne(蒙田),Nietzsche(尼采),Plato(柏拉图),Plotinus(普洛丁)

Boethius,波伊提乌,6,66,68,69;《论音乐的构成》,68

Boileau-Despréaux,Nicolas,布瓦洛,120

Bonaventure,Saint,圣波纳文图拉,68,73

bonobos,矮黑猩猩,315

bonus,善,品质好,合用,128

Börne,Karl Ludwig,伯尔内,180

Bosse,Abraham,博塞,119

Bouhours,Dominique,布乌尔,119

Boulton,J.T.,博尔顿,132,136

bowerbirds,园丁鸟,311,312

Boyet(in Shakespeare),鲍益(莎士比亚那里的),107

brain,大脑,9,12,164,303,305,310,317

brain lesion studies,大脑损伤研究,303

brain modules,大脑模块,9,303

Brecht,Bertolt,布莱希特,251

Brendel,Otto,布伦德尔,91

Briseux,Charles Etienne,布里瑟于格,119

Brosses,Salomon de,布罗塞斯,180

Brouwer,Adriaen,布罗威尔,122

Brown,I.H.,布朗,120

Brown,John,布朗,120

Brown,Peter,布朗,59

Bruno,Giordano,布鲁诺,98

Burke,Edmund,柏克,6,120,129,132,133,134,135,136,137,138,167,180,305,310;～论美与崇高,132,133,134,135;围绕其《探究》的论争,132,133;谱系学研究,133;～论诗歌,133,134;～论性欲(性行为),133,134,135;《对我们的崇高和美之观念的起源的哲学探究》,120,129,132,133,134,135,137;《法国大革命沉思录》,137

Butler,Judith,巴特勒,10,11;《要紧的身体》,10;《性别麻烦》,11

Cagliostro,Alessandro,conte,卡里奥斯特罗,222

Caliban(in Shakespeare),卡列班(莎士比亚那里的),96

Call,J.,考尔,313

Callicles(in Plato),卡里克利斯(柏拉图那里的),×iii,36,37,38,125,270

Calvin,John,加尔文,145,146,147,153,156,167,168;《基督教教义》,145,153

Calvinist,加尔文派,146,155,156,173,247,296,348

Cambridge,Platonists,剑桥柏拉图学派,114,116,118,119

Caputo,John D.,卡普托,291,292

caricature,漫画,讽刺文,28,92,122,126,197,223

Carlyle,Thomas,卡莱尔,187,359;《宪章运动》,359;《现代小册子》,187,359;《过去与现在》,359;《现代》,187

Carneades,卡涅阿德斯,41

Carolingians,加洛林家族,65

Carroll,Joseph,卡洛尔,301

Cartesian,笛卡尔主义者,笛卡尔哲学的,235

Cassirer,Ernst,卡西尔,119

Castiglione,Baldassare,conte,卡斯蒂廖内,91,94,97,98;《朝臣之书》,97

categories,范畴,1,12,158,159,160,170,171,172,214,222,231,232,233,234,236,237,246,247,275

catharsis,净化,升华,15,35,251
Catullus,卡图卢斯,105
causality,因果关系,130,131,139,140,142,149,152,157,158,230,232,233,248,273,274,304
Caygill,Howard,凯吉尔,165
censorship,审查,审查制度,16,18,19,21,22,40,132
Cesariano,Cesare,塞萨里亚诺,89
Cezanne,塞尚,305
Chambers,William,钱伯斯,120
Chanter,Tina,钱特,11
Charlemagne,Charles the Great,查理曼大帝,65,66
Charmides(in Xenophon),查米德斯(色诺芬那里的),29
Chauvet cave paintings,肖韦洞窟壁画,302
cheater detection mechanism,测谎仪,313
chiaroscuro,单色画,123
chimpanzees,黑猩猩,300,314,315
Chimpsky(chimpanzee),奇姆斯基(黑猩猩),315
Chomsky,Noam,乔姆斯基,11,303,385
Chomskyite linguistics,乔姆斯基的语言学,385
Christ,Jesus,耶稣基督,41,54,56,59,81,288,296
Christianity,基督教,2,3,4,7,15,40,41,42,46,48,49,54,56,58,64,81,104,140,154,155,156,167,168,174,175,176,177,179,181,185,190,193,194,198,214,227,243,258,270,287,291,296,309,319,326,327
Christian Platonism,基督教的柏拉图主义,3,41,46,47,48,49,55,60,81,96,156,165,227
Cicero,西塞罗,28,47
Clark,Ann K.,克拉克,287;《奥古斯丁

与德里达》,287
Clark,Kenneth,克拉克,90;《裸体:理想形式研究》,90
classicism,classical,neoclassical,古典主义,古典主义的,新古典主义的,76,172,174,250,252,254
Claude Lorrain,克劳德·洛兰,122,302
Clay,Felix,克莱,300;《美感的起源》,300
Cleiton(in Xenophon),克莱顿(色诺芬那里的),30
Clement of Alexandria,亚历山大里亚学派的克莱门特,41
Clement VII,pope,教皇克雷芒七世,81
Cleomenes(in Mandeville),克里奥米尼(曼德维尔那里的),121,123
Clinias,克里尼亚斯,103
Code Napoléon,《拿破仑法典》,197
cogito ergo sum,"我思故我在",140,141,222
cognition,认知,74,141,157,161,163,216,217,230,290,304,311
cognitive science,认知科学,11,14,35,236,299,308,309,316
Coleridge,Samuel Taylor,柯勒律治,7,45,130,135,136,258,304,305;高级感觉与低级感觉之间的裂隙,7,130,305;"多样统一",45,304;《论艺术的诗歌》,258;《天才批评的原理》,130
color,色彩,9,12,43,47,54,55,62,70,71,72,73,76,93,95,183,231,257,305,306,310,312,314,315,317;常识,115,123,127,132,161,164,165,197
Communism,共产主义,187,251
Companion to Feminist Philosophy(A. M. Jaggar and I. M. Young,eds.),《女性主义哲学指南》(贾加尔等编),11
Concept,概念,136,143,152,157,159,160,161,162,165,171,174,176,182,

184,199,234,236,237,239,240,245,
246,247,255,273,274,277,278,280,
282,305,306,308
concupiscentia oculorum,眼中的欲望,
66,70,96,105
Condillac,Étienne Bonnot de,孔狄亚克,
186,237;《人类知识起源论》,186
conditioned reflex,条件反射,98,113
connoisseur,鉴赏家,行家,17,26,27,69,
116,118,119,120,122,123,124,126,
127,128,129,131,132,306;参见
Hume(休谟),Mandeville(曼德维尔),
Shaftesbury(夏夫兹博里),virtuoso
aesthetics(艺术鉴赏的美学)
conscience,良心,道德心,4,142,143,
144,145,146,147,149,153,155,156,
160,164
consciousness,意识,4,141,173,175,
177,182,184,190,191,192,193,194,
222,236,244,245,273,275,290,
316,383
Constable,John,康斯坦勃,301,302;《戴
德汉山谷》,301
conversion,变化,转化,27,33,48,49,
50,115,165,167,191,288,289,297;
参见 Augustine(奥古斯丁),Derrida
(德里达),Plato(柏拉图)
Cooke, Brett and Frederick Turner,
eds.,库克等编,301;《生物诗学》,301
Cooper,David A.,et al.,eds.,库珀等人
编,299;《美学指南》,299
Copernican revolution in philosophy,哲
学中的哥白尼式的革命,171
Copernicus,Nicholas,哥白尼,171
copula "is",系动词"是",238,239
Corinth,Lovis,科林斯,301
corporeal,肉体的,参见 body(身体)
cosmetics,化妆品,化妆术,99,111
Cosmides,Leda,科斯米德斯,300
cosmos,宇宙,秩序,265

Costard(in Shakespeare),考斯塔德(莎
士比亚那里的),107
craft,手艺,工艺,29,68,127,204,223
Cranach,Lucas,the Elder,克拉纳赫,81
creativity,创造,创造性,108,113,232,
304,309,311,312,313,314,316,317;
参见 artistic creativity(艺术创造)
crede, ut intelligas,"信仰然后理
解",242
criticism,批评,94,134,145,146,151,
155,160,163,164,165,167,168,175,
178,179,190,191,195,196,197,198,
278,291,299
*A Critique of Biology and its Theories
on Women*(R.Bleier),《生物学及其
有关女性的理论批判》(布莱尔),12
Critoboulus(in Xenophon),克里托布鲁
斯(色诺芬那里的),29
Crossan,John D.,克罗山,287
Crousaz,Jean Pierre de,克鲁萨,119
crucifixion,cross,十字架上的受难,2,4,
41,145,192,270,288,295
Cudworth,Ralph,卡德沃斯,114
culinary,烹饪的,厨房的,81,115,130,
178,306
Cupid,丘比特,90,107
Curtius,Ernst Robert,库尔提乌斯,67

Dali,Salvador,达利,308
Damasio,Antonio R.,达马西奥,306
damnation,罚入地狱,毁灭,33,35,38,
40,44,55,56,57,62,63,81,146,191,
192,327;参见 eternal damnation(永远
罚入地狱,永远毁灭)
dance,舞蹈,跳舞,5,17,29,44,257,311
Dandy(chimpanzee),丹迪(黑猩猩),314
Dante Alighieri,但丁,58,320;《地
狱》,58
Danti,Vincenzo,丹提,92
Danto,Arthur C.,丹托,8,9

Darwin, Charles, 达尔文, x iii, 13, 14, 125, 135, 183, 235, 236, 298, 300, 305, 309, 310, 311, 312, 317, 319; ～论动物的美感, 309, 310; ～与孔雀尾巴, 309, 310; ～论性别选择, 310, 314;《人类的由来》, 183, 300, 309

Darwin, Erasmus, 达尔文, 6, 113, 135－137, 384; 在母亲怀里习得的美, 135, 136, 384; 出自低等感官之美的谱系学, 135, 136; 作为查尔斯·达尔文的前辈, 135, 136;《植物的恋爱》, 136;《自然的神殿：或社会的起源》, 136;《动物法则》, 136

Dawkins, Richard, 道金斯, 312

decline and death of art, 艺术的衰落与消亡, 9, 174, 175, 206, 212, 213, 249; 参见 Hegel(黑格尔)

deconstruction and/or destruction, 解构和/或破坏, x iii, 10, 11, 204, 205, 210, 216, 221, 235, 238, 240, 241, 242, 243, 244, 245, 248, 249, 250, 251, 252, 253, 255, 260, 262, 265, 269, 269, 270, 273, 275, 279, 283, 286, 288, 289, 290, 292, 293, 294, 297; 解构与神学, 242, 287, 292, 293, 294, 297; 作为翻新的解构, 243, 257, 258, 259, 260, 261, 262, 263, 264, 265, 266, 267, 268, 269, 270, 271, 284, 285, 286; 解构的双重意向谬误, 244, 279, 283, 294, 295; 解构主义胜人一筹的本事, 243, 246, 268, 293, 294, 322; 解构的或解释的暴力, 216, 217, 226, 243, 244, 258, 260, 275, 279, 294, 295; 参见 Derrida(德里达), Heidegger(海德格尔)

deilos, 恶, 坏, 31

Delbrück, Max, 德尔布吕克, 303

Deleuze, Gilles, 德勒兹, 11

delight, 快乐, 乐事, 5, 23, 25, 28, 31, 49, 73, 75, 98, 99, 121, 133, 136, 139, 157, 171, 183, 184, 257

De Man, Paul, 德·曼, x iii, 249, 268, 273, 274, 275, 277, 283, 284, 285;《尼采的修辞理论》, 273, 277

demiurge, 造物者, 造物主, 163, 211

Democritus, 德谟克利特, 21, 28, 99

Dennett, Daniel C., 丹尼特, 316

Dennis, John, 丹尼斯, 129

Derrida, Jacques (for use of Greek and Latin concepts, 参见总索引), 德里达(有关希腊和拉丁概念的运用), x iii, 7, 8, 10, 11, 12, 14, 219, 225, 229, 230, 231, 232, 233, 234－271, 272, 273, 275, 277, 278, 279, 284, 285, 286－297, 299, 371, 372, 375, 381; 始终都已经, 234, 236, 243, 246, 259, 267, 275, 282; 本原踪迹, 245, 248, 260, 267; 原文字, 原书写, 248, 253, 256, 260, 263, 264, 288; ～与奥古斯丁, 292; ～与先锋派艺术运动, 250; ～与存在, 230, 231, 232, 234, 235, 245, 247, 256; 二元对立, 259, 269, 294; ～与布莱希特, 251; 变化, 转化, 288, 289, 291, 297; ～与解构, 10, 240, 241, 243, 244, 245, 248, 249, 252, 253, 260, 268, 269, 270, 287, 290, 292, 293, 297; 延迟, 延缓, 250, 291; 延异, 10, 233, 234, 236, 243, 244, 246, 247, 248, 250, 253, 256, 259, 260, 262, 263, 264, 267, 268, 269, 270, 271, 272, 282, 286, 287, 288, 289, 291, 293, 294, 295, 297, 304; 散播, 传播, 248; 文字, 书写, 234, 244, 245; ～与经验主义, 229, 230, 231, 235, 236, 237, 239, 240, 244, 250, 272; ～与弗洛伊德, 243, 253, 260; 文字学, 248; ～与黑格尔, 249, 263, 287; ～与海德格尔, 230, 231, 234, 235, 237, 243, 246, 249, 253, 254, 259, 260, 278, 287; 隐蔽的宗教议程, 259, 288, 290, 291; 夸张法, 245, 292; 铭刻, 刻写, 240, 267, 268; 颠覆作为被形而上学所吞没之道的形而

上学，236，239，243，253，255，257；可重复性，可引用性与重复，255，256，259，260，262，263，283，294；～与康德，247，248，249，258，264，268；～与康德式的崇高，282；逻各斯中心主义的压制，244，245，261，269；逻各斯中心论，243；元形而上学与元先验论，243，245，247，248，256，277；～与模拟、模仿，254，255，258，259，261，262，263，264，271，283，291；～论模仿论逻各斯主义或洞穴存在论，257，260；～与否定性的神学，246，247，248，287，292；否定性的先验论，289；～与尼采，229，230，235，236，237，239，243，248，270，273，277，278；延异的非同义的替代物，233，244，248，256，260，262，282，294；实体的一本体论的延异，245；语音一男性一逻各斯中心论，246，286；～与柏拉图，249，258，259，260，262，263，265，266，267，268，269，287；～与柏拉图的"异在"、"非位置"，265，266，267；～与柏拉图的"模仿"，257，259，260，261，262，263，290，291；～与柏拉图主义，264，265，266，269；散文风格，237，247，248，250，255，256，258，262，292；从海德格尔转向弗洛伊德，254，260；～与苏格拉底，260，269，270，271；恳求，诱惑，241，254；超实质，超实质性，246，247；增补，增补性，244，248，256，257，262，291；trace，踪迹，参见 arche-trace（本原的踪迹）；要成为或者是"普遍实体性"的超实体性，234；超越的想象或隐藏在人类心灵深处的艺术，234；先验的所指，288；《割礼忏悔》，289，297；《庞然大物》，282；《延异》，247；《双重会议》，261；《经济模仿论》，261；《书写与差异》，253；《在掷骰子的两面之间》，261；《马刺：尼采的风格》，237，277，278；《弗洛伊德与书写的场景》，245，253，254；《论文字学》，253，260，268，277；《膨胀起来的词语》，254；《柏拉图的药店》，261，262，265；《残酷戏剧与呈现的终结》，253，254，255；《绘画的真相》，249，282；《声音与现象》，253

Derridean，德里达的，德里达哲学的，10，282，286，287，289，290，293，294，298

Descartes，René，笛卡尔，98，99，140，141，200，218，221，222，230，231，272，273，286，290，294，386；《探索真理的指导原则》，290

desensualization，非感觉化，非肉体化，10

desire，欲望，18，24，34，74，107，112，113，125，127，138，149，156，157，183，313，314，315

Desmarets de Saint-Sorlin，Jean，德马雷·德·圣索尔兰，259；《诗艺》，259

deus absconditus，隐蔽的上帝，参见 God（上帝）

devil，邪恶，魔鬼，52，61，85，114

dialectic，辩证的，辩证法，92，114，171，172，174，175，187，196，270

Dickie，George，迪基，8，9

Dictionary of Postmodern Thought（S. Sim, ed.），《后现代思想词典》（西姆编），278

didacticism，教训方法，17，18，66，263

Diderot，Denis，狄德罗，119

difference，差异，259

Dilthey，Wilhelm，狄尔泰，200；《体验与诗》，200

Dionysian，Dionysius，酒神式的，狄奥尼索斯，4，223，226，295，317

Dionysius the Areopagite，Saint，阿里奥帕吉特的圣狄奥尼修斯，66，67，70

Diotima (in Plato)，狄奥提玛（柏拉图那里的），23，24，26，103

disgust，厌恶，作呕，参见 revulsion（反感，嫌恶）

disinterestedness，无私，无偏见，3，5，74，

115,119,130,132,141,142,144,155,159,160,161,170,187,215,216,217,218,153,310,320;参见Heidegger(海德格尔)，Hume(休谟)，Kant(康德)，Shaftesbury(夏夫兹博里)

Dissanayake, Ellen, 迪萨纳亚克, 301, 311,311-312,314;《审美的人》,301;《艺术为了什么》,301

dissociation of sensibility, 感性的分离, 117,204

divided self, 分裂的自我, 26, 116, 144,177

division of labour, 劳动分工, 13, 127, 183,184

The DNA Mystique: the Gene as Icon (D. Nelkin and S. Lindee),《DNA的神秘性:作为偶像的基因》(尼尔金等),12

Dodds, E. R., 多兹, xiii,20,33,37,46

Dolce, Lodovico, 多尔斯,85,87,105;《关于绘画的对话》,85

domain specificity, 专业特性, 308

Donatists, 多纳图派, 59

Dostoyevsky, Feodor Mikhailovich, 陀斯妥耶夫斯基, 214

double predestination, 双重宿命论, 参见 predestination(宿命论)

drama, 戏剧, 28, 29, 43, 44, 54, 251, 312,316

dreams, 梦, 梦幻, 253, 254, 265, 268, 307

Drosophila subobscura, 欧洲果蝇, 311

Dubois, Eugène, 迪布瓦, 183

Dubos, Jean-Baptiste, 迪博, 119, 180

Duff, William, 达夫, 120

Duns Scotus, John, 邓·司各脱, 214;《范畴学说与意义》, 214

Dürer, Albrecht, 丢勒, 75-78, 81, 82, 83, 92, 93, 94, 99, 211; on beauty, 论美,76; on perspective, 论透视法, 76, 78;《描绘妇人的透视学者》, ix, 75, 76, 78, 82, 92;《裸体自画像》, ix, 77,83

Earl of Rochester, 罗切斯特公爵, 参见 Rochester, John Wilmot, 2nd earl of

Ebreo, Leone, 埃布雷奥, 91, 94, 97, 106, 107;《关于爱情的对话》,97

Eckhart, Meister, 埃克哈特大师, 201,247

eidola, "爱多拉"(原子), 203, 266, 267

eidos, "爱多斯"(本质), 207, 262, 263,374

ekmageion, 印迹承载者, 266

Ekman, Paul, 埃克曼, 305

ekphanestaton, 诗的启示, 203, 204, 216

eleutheronomy, 内心道德自由之原则, 158

elite aesthetics, 精英美学, 306, 307

emancipation of women, 妇女解放, 195

emblems, 象征, 标志, 90, 92

emotions, 情绪, 情感, 8, 15, 16, 17, 18, 30,31,33,37,40,75,85,87,113,118, 124,127,128,132,133,138,143,144, 157,158,161,165,167,174,178,180, 182,183,194,202,206,276,280,284, 305,306,307,384

Empedocles, 恩培多克勒, 21, 99

empiricism, 经验主义, 113, 131, 138, 139,142,164,202,219,220,231,233, 234,235,236,237,239,240,244,248, 250,262,272,304;参见Derrida(德里达)，Heidegger(海德格尔)，Kant(康德)

empiricism - nativism dichotomy, 经验主义与先天论的二分法, 302, 303

empiricist falsifiability, 经验主义的虚假性, 304

empty transcendence and/or transcendentalism, 空洞的超越和/或先验论, 142,146,147,247

Engels, Friedrich, 恩格斯, 6, 8, 175, 176, 180, 183—184, 185, 186, 187, 188, 359; 批判和讽刺文集, 187, 188; ~论费尔巴哈, 176; ~论马克思, 175; ~与性欲(性行为), 186;《劳动在从猿到人转变过程中的作用》, 183—184

ens creatum, 受造物, 203

en tēi psuchēi, 为了你的生活, 262, 269

entelechy, 圆极, 圆满实现, 生命的原理, 45, 72

environment, 环境, 10, 14

epic theatre, 史诗剧, 251

Epicurus, 伊壁鸠鲁, 43, 165, 190, 193, 194, 222, 235

epigenetic, 后成的, 渐生的, 基因以外的, 303, 307

epistemology, 认识论, 13, 14, 156, 160, 162, 164, 219, 220, 224, 229, 230, 232, 233, 236, 248, 264, 272, 276, 285, 303

Equicola, Mario, 埃奎科拉, 97, 106, 107;《论爱情的本质》, 97

Erigena, Johannes Scotus, 埃里金纳, 6, 66, 67, 69, 214;《范畴学说》, 214

eroticism, 情欲, 色情性, 62, 81, 85, 87, 90, 91, 102, 104, 105, 306

eschatology, 末世学, 25, 35, 38, 246

essentialism, 实在论, 本质论, 34, 46, 72, 89, 98, 131, 140, 163, 175, 176, 177, 181, 190, 196, 200, 203, 207, 208, 210, 211, 212, 215, 216, 217, 220, 221, 224, 239, 245, 247, 251, 276

eternal damnation, 永远罚入地狱(毁灭), 35, 40, 55, 56, 57, 58, 60, 326; 参见 damnation(罚入地狱, 毁灭)

ethics, 伦理学, 152, 155, 171, 180

etymology, 词源, 词源学, 128, 199, 228, 230, 236, 239

Eucharist, 圣餐, 288, 289, 290, 296

eudaemonism, 幸福论, 幸福主义, 158

Euripides, 欧里庇得斯, 29

Eurocentric, 欧洲中心论的, 172, 251

euthanasia, 安然去世, 158

evil, 罪恶, 邪恶, 19, 25, 26, 27, 34, 36, 37, 38, 39, 42, 43, 44, 48, 50, 55, 60, 61, 62, 98, 113, 126, 128, 129, 144, 146, 156, 157, 169, 173, 187, 190, 191, 192, 193, 194, 228, 262, 275; 参见 Augustine(奥古斯丁), Nietzsche(尼采), Plotinus(普洛丁)

evolution, 进化, 演进, 6, 10, 13, 14, 135, 136, 182, 222, 224, 233, 236, 237, 239, 277, 298, 301, 302, 304, 306, 309, 310, 315

evolution of language, 语言的进化(演进), 参见 origins of language(语言的起源)

evolutionary epistemology, 进化论的认识论, 5

evolutionary or genealogical empiricism, 进化论的或谱系学的经验主义, 13, 136, 233, 235, 237, 239, 278, 303, 304

evolutionary historicity, 进化论的历史性(真实性), 304

evolutionary psychology, 进化心理学, xiii, 13, 301

"Evolved Responses to Landscapes" (G. H. Orians and J. H. Heerwagen),《对风景的延伸的回应》(奥里恩斯等), 301

exclusionariness, 排他性; 排斥性, 304

experimental quantifiability, 实验的数量确定性, 137, 182, 304

expression, expressionism, 表现, 表现主义, 7, 301

extended genotype, 延伸的基因型, 延伸的遗传型, 312

face recognition, 颜面识别, 9, 56, 303, 306

facial expression, 面部表情, 305, 306

faith,信仰,信念,59,147,148,153,154,289,291,292

fallacy,谬误,谬论,235,238,244,274,280,281,302

fall into matter,陷入物质(事务),44

fall into sin,陷入原罪,参见 theodicy of the fall(有关堕落的神义论)

fashion,时尚,时髦,301

Faas,Ekbert,法阿斯,xii,321,340;《莎士比亚的诗学》,xii;《特德·休斯》,xii;《悲剧及其之后》,xii

Fécamp,church of,费康教堂,71

Fechner,Gustav Theodor,费希纳,305

feelings,情感,参见 emotion(情绪,情感)

feigned dissent,假装不同意,130,136,165

Félibien,André des Avaux,费利比安,119

Fell,John,费尔,114

female bosom,女性的胸部,92,103,133,134,135

feminism,女性主义,10,11,12,13,76,92,299,301

Feminism and Tradition in Aesthetics (P. Z. Brand and C. Korsmeyer, eds.),《美学中的女性主义与传统》(布兰德等编),299

Feminism in Philosophy (M. Fricker and J. Hornsby,eds.),《哲学中的主义》(弗里克等编),299

Feminist Philosophy (A. M. Jagger and I. M. Young,eds.),《女性主义哲学》(贾加尔等编),299

Fenollosa,Ernest,费诺罗萨,199

Ferguson,Adam,弗格森,126

Feuerbach,Ludwig Andreas,费尔巴哈,176,177,178,184,185,186,193,355;～论艺术与美学,178;～论人与身体和性欲的疏离,177;～论哲学与宗教,177,178,193;再重新估价,177,178,186;《反对身体与灵魂、肉体与精神的二元论》,178;《基督教的本质》,176,178,355

Fichte,Johann Gottlieb,费希特,3,171,227

Ficino,Marsilio,菲奇诺,6,8,89,91,95-97,106,107,108;～与艺术创造,96,97,108;～与奥古斯丁,96;～论美,92,96;～对身体和性欲的厌恶,96,97;～论柏拉图式的追溯,96;压制性的柏拉图主义,97

fiction,fictionality,虚构,虚构性,17,27,275

fitting,fittingness,恰当(合适),恰当性,28,134

flowers,花朵,54,310,311

Fodor,Jerry A.,福多,308,384

folk aesthetics,民间(民俗)美学,306

form and content,形式与内容,9,223,227

form-matter,形式-质料,参见 *morphē-hyle* dichotomy(形式与质料的二分法)

Förster-Nietzsche,Elizabeth,弗尔斯特-尼采,209

fortis,"弗尔蒂斯"(身心强健),128

Foucault,Michel,福柯,xiii,11,12,13,14,252,295,298;～与尼采,12,13;《尼采,谱系学,历史》,12

Fourier,Charles,傅立叶,195

Fréart de Chambray,Roland,弗雷亚尔·德·尚布雷,x,91,92,95,119;《艺术的理念,寓言》,x,91,92,95;《古代建筑与现代建筑的对比》,91,92

freedom,自由,95,140,141,142,144,145,147,149,155,156,157,158,162,163,170,176,179,274,284,306

free will,自由意志,59,114,274

Freiligrath,Ferdinand,弗雷里格拉特,186

Fresnoy, Charles Alphonse du, 弗雷努瓦, 119
Freud, Sigmund, 弗洛伊德, 194, 243, 245, 253, 254, 262, 298, 312, 372;《精神分析学对于科学爱好的主张》, 253
Freudian, 弗洛伊德学说的, 精神分析学的, 127, 135, 243, 260
Friesen, W. V., 弗里森, 305
fruit, 水果, 果实, 310, 311
Fulvia(in Mandeville), 弗尔维亚(曼德维尔那里的), 123, 124

Galileo(Galileo Galilei), 伽利略, 98
Gallienus, 伽利埃努斯, 41, 42
gardening, 园艺(学), 120, 306
Gay, John, 盖伊, 122
Geibel, Emanuel von, 盖伯尔, 176
Gender and Genius: Towards a New Feminist Aesthetics(C. Battersby),《性别与天才: 走向新女性主义美学》(巴特斯比), 299
genealogy of life, civilization and culture, 生活、文明与文化的谱系学, 2, 3, 12, 13, 31, 125, 126, 127, 133, 136, 183, 184, 222, 224, 255, 276, 317
genealogy of morals, 道德的谱系, 31, 125, 126, 127, 128, 152, 190, 252
genetics, 遗传学, 6, 8, 14, 247, 300, 301, 302, 303, 312
genitals, 生殖器, 33, 34, 61, 62, 75, 77, 85, 90, 92, 99, 100, 102, 107, 186, 314; 参见 Aretino(阿雷蒂诺), Augustine(奥古斯丁), Julian of Eclanum(埃克拉农的朱利安), Montaigne(蒙田), Plato(柏拉图)
genius, 天才, 95, 116, 120, 137, 169, 170
gentleman, 绅士, 参见 connoisseur and virtuoso aesthetics(鉴赏家与行家的美学)
geometry, 几何学, 30, 75, 76, 89, 90, 92, 93, 95, 99, 103, 110
Gerard, Alexander, 杰勒德, 120, 134
Germain d'Auxere, Saint, 奥塞尔的圣热尔曼, 73
Gibbon, Edward, 吉本, 58;《罗马帝国衰亡史》, 58
Gilpin, William, 吉尔平, 120
Giorgione, 乔尔乔内, x, 81, 86;《睡着的维纳斯》, x, 86
Giotto, 乔托, ix, 77, 78;《最后的审判》, ix, 77, 78
Glanvill, Joseph, 格兰维尔, 114
gnosticism, 诺斯替主义, 42, 43
God, 上帝, 神, 7, 18, 19, 21, 22, 27, 35, 40, 41, 42, 43, 45, 48, 49, 50, 51, 52, 53, 54, 55, 56, 57, 58, 60, 61, 62, 66, 68, 69, 71, 76, 90, 92, 93, 113, 116, 117, 127, 131, 140, 141, 142, 144, 145, 146, 147, 148, 149, 151, 152, 153, 155, 156, 160, 161, 163, 164, 167, 171, 172, 173, 174, 176, 177, 178, 179, 184, 192, 193, 196, 199, 201, 209, 210, 211, 242, 245, 246, 247, 248, 261, 264, 281, 282, 283, 284, 288, 291, 292, 296, 298, 308, 309;～作为艺术家, 43, 50, 52, 55, 56, 92, 116, 147, 261;～作为宇宙创造者与最高设计师, 43, 50, 52, 55, 57, 92, 148, 151, 163, 210, 211, 261;～作为隐蔽的上帝, 140, 153, 155, 156, 167, 247, 248, 281, 292, 296; 不可理解, 不可测知, 49, 55, 56, 58, 142, 145, 146, 153, 160, 242, 283, 291, 296;～作为最高审判者, 52, 55, 60, 145, 146, 179;～作为道德仲裁者和制定法典者, 131, 141, 148, 156, 291; proofs of the existence of, 存在的证据, 140, 147, 151, 152, 153, 155, 163; as tormentor, 作为折磨者(使人痛苦的人), 52, 55, 56, 57, 58, 60, 156, 179
Goethe, Johann Wolfgang von, 歌德,

119,135,186
Gombrich, E. H. J., 贡布里希, 8, 305;《艺术与错觉: 图画呈现的心理学研究》, 305
good and bad or evil, 善与坏或者恶, 1, 6, 14, 19, 23, 25, 27, 28, 30, 31, 37, 40, 48, 50, 60, 71, 74, 112, 113, 114, 118, 126, 128, 129, 132, 144, 150, 156, 157, 159, 160, 161, 169, 180, 181, 184, 190, 192, 193, 194, 195, 199, 216, 242, 262, 264, 275, 291, 293, 294, 296, 303, 307, 316
Goodman, Nelson, 古德曼, 8, 320
Goodman, Paul, 古德曼, 295
Gorgias, 高尔吉亚, 17
gorillas, 大猩猩, 314
Graham, Richard, 格雷厄姆, 124;《绘画艺术》, 124
graphē, 诉讼, 262
Gravettian female ivory figurines from Avdeevo, Russia,《格拉夫特时期女性象牙小雕像》, 俄罗斯阿维迪沃, X, 101
Great Chain of Being, 存在巨链, 114
Greco-Roman, 希腊—罗马, 185, 306
Gregorian Chant,《格里高利圣歌》, 69, 70
Gregory IX, pope, 教皇格里高里九世, 65
Griffith, Paul E., 格里菲斯, 384
Grosz, Elizabeth, 格罗兹, 13

Haeckel, Ernst Heinrich, 海克尔, 183, 315
hama, 一起, 突然, 244, 262
Hamilton, W., 汉密尔顿, 300;《社会行为的遗传学进化》, 300
handedness, 手性, 183, 184, 185
happenings, 即兴表演, 250
happiness, 幸福, 156
harmony, harmonious, 和谐, 和谐的, 43, 53, 69, 72, 76, 77, 115, 162
Hauser, Marc D., 豪泽, 313
Havelock, Eric A., 哈夫洛克, 290
Hayek, F. A., 海克, 126
heaven and hell, 天堂和地狱, 26, 57, 58, 60, 62, 85, 92, 112, 146
heavenly love, 超凡的 (神圣的) 爱, 58, 107
heavenly music, 超凡的音乐, 参见 music of the spheres (宇宙音乐)
Hebreo, Leon, 赫博雷奥, 参见 Ebreo, Leone (埃博雷奥)
hedonism, 享乐主义, 31, 35, 99
Heerwagen, J. H., 黑尔瓦根, 参见 Orians, G. H. (奥里恩斯)
Hegel, Georg Wilhelm Friedrich, 黑格尔, 3, 6, 9, 169, 175, 176, 177, 178, 179, 187, 197, 201, 206, 207, 212, 213, 215, 216, 221, 230, 231, 249, 263, 264, 278, 286, 287, 293, 294, 297, 362; 作为一门科学的美学, 175; 反感觉论, 9, 172, 173, 174; ～与存在, 230, 231; 范畴, 170; 艺术的衰落和死亡, 9, 174, 175, 206, 207, 212, 213, 249; 欧洲中心主义, 172, 286, 296; God, 上帝, 参见总索引; ～与历史, 171; ～与康德, 169, 170, 171, 173, 174, 297; ～论模仿, 170, 263; 艺术样式的等级划分, 172, 174; 艺术美对自然美的优越性, 169, 170; 象征的, 古典的与浪漫的, 172, 174; ～与悲剧, 171, 172, 173; 世界精神, 171, 172, 173, 174;《法哲学原理》, 187;《美学演讲录》, 169, 206, 212, 215, 249
Hegelian, 黑格尔的, 黑格尔哲学的, 175, 177, 179, 186, 187, 196, 197, 198, 206, 213, 249
Heidegger, Martin (for use of Greek and Latin concepts, 参见总索引), 海德格尔 (有关希腊与拉丁概念的运用), xiii,

7,8,10,12,14,169,175,199－240,
241,242,243,244,245,246,247,248,
249,250,251,252,253,255,258,259,
260,272,273,278,279,286,287,288,
294,295,296,297,299,304,362,367,
371,372;总是已经,202,208,231,
233;～论作为敬畏的无情开放与普通
的无情衰落的艺术,210,211;艺术的
历史使命,211,212,213;战斗与冲突,
201,208,209,210;存在,在,200,201,
204,205,208,209,210,212,213,215,
218,219,220,221,229,231,232,233,
235,246,247,260,304;解构或破坏,
20,199－213,214,216,217,219,221,
233,238,241,259,272;发展,212,
213,215;～论无偏见,215,216;尘世,
210,211;～与经验主义,202,219,
220,230,237,240;～与实在论,207,
208;～与弗洛伊德,243;～论有关艺
术和诗歌普遍错误的概念,200,201,
206,210;～与德国,201,208,209;
God,参见总索引;～与黑格尔,169,
206,212,213,215,216,221,249;～与
希特勒,201,209;～与霍布斯,232,
238,240;夸张法,205,233;论作为再
盗用的颠倒,219,221,224,228,273;
～论意象和象征,199,201;～与康德,
203,206,211,215,217,221,227,233,
244;～与语言,208,209,240;制造的
设备 203,208,210,211;有关形而上学
之形而上学的沉思,245,246,参见
metametaphysics(元形而上学),～与
记忆,233;～与模仿,200,204,206,
207,208;～与国家社会主义,201,
208,209;～与自然主义,207;～与尼
采,205,212,213,214－231,237,242,
251,252,254,272,273,278;忘却和埋
葬存在的真正意义,202,204,205,
242,243,246,258,260;～对尼采着
迷,215,221,229;本体论－神学－自

我－逻辑,242,286;本体论神学,243;
"哲学必须摆脱把艺术问题当作美学
问题来提出的习惯",200,202,206,
207,215,228;～与柏拉图,169,203,
219,221,222,225,226,227,232,233;
～与诗,200,201,208,209;1933 年 5
月 27 日就任校长的演说,201;～对肉
欲的重新解释,224;～对柏拉图主义
的颠倒或反转,289;物,物性,实体性,
201,202,203,204,208,210,211;先验
的想象,211,232,233,234;先验论与
元先验论,199,200,203,207,232;摆
脱与颠覆柏拉图主义,221,224,225,
227,228,252,253,255,258,278;西方
与感性的游离,204,242;西方的形而
上学与美学,202,203,204,205,206,
207,212,218,219;艺术作品的功效
性,203,208;《现象学的基本问题》,
238;《康德与形而上学问题》,211,
216;《尼采之语"上帝死了"》,221;《艺
术作品的起源》,201,205,206,207,
208,209,211,212,213,215,216,249,
293,362;《存在与时间》,200,204,
205,208,215,220,242

Heideggerian,海德格尔的,海德格尔式
的,10,235,237,241,245,246,250,
251,258,268,278,287,289,293,
294,296
Heine,Heinrich,海涅,140,177,180,186
Helen of Troy,特洛伊的海伦,28
Helmholtz, Hermann Ludwig Ferdinand
von,赫尔姆霍茨,305
Hera,赫拉,18
Heraclitus,赫拉克利特,21,99,201,204,
209,235
Hercules,赫拉克勒斯,123
Herder,Johann Gottfried von,赫尔德,119
heresy,异教,异端,22,42,46,48,59,62,
65,296
hermeneutics,阐释学,249,287,288,

289,290,296
Hermione(in Shakespeare),赫米温妮（莎士比亚那里的）,85
Hesiod,赫希俄德,17,18,20,34
hidden religious agendas,隐蔽的宗教议程,139,145,148,153,156,167,168,258,259,288,291
hieroglyphics,象形文字(学),253,254
high art,高雅艺术,306,307
higher senses,高级感官,参见 senses(感官)
Hipple,W.J.,Jr.,希普尔,131；《美、崇高与别致》,131
history of ideas,观念史,301
Hitler,Adolf,希特勒,201,209；《我的奋斗》,209
Hobbes,Thomas,霍布斯,6,98,112－115,116,117,118,121,122,126,129,131,232,235,238,239,240,303；～论衰退的感官或记忆,232；美、丑、善与恶的定义,113；～与想象,113,232；～论缺少系动词"是"的语言,238,239；唯名论,112,238；～与本体论,238；有关霍布斯的激烈争吵,114；《计算或逻辑》,238；《论公民》,113；《利维坦》,113,120,232；《逻辑学》,238
Hoby,Thomas,霍比,97
Hoffmann,Ernst Theodor Amaeus,霍夫曼,173,176
Hogarth,william,荷加斯,134,135,180；《美的分析》,135
Hölderlin,Friedrich,荷尔德林,200,201,209,212；《日耳曼》,200,201,209；《莱茵河》,200,209
Holmstrom,Nancy,霍姆斯特罗姆,11
home decoration,家庭装饰,306
Homer,荷马,2,17,18,29,34,132,186
homo aestheticus,《审美的人》,183
homo erectus,直立人,183
homo faber,制造工具的人,183

homo habilis,能人,184
homo homini lupus,"人对人是狼",114
homoiōsis,符合一致,206,259；参见 adaequatio intellectus et rei(知与物的符合一致)
homo ludens,游戏人,187,312
homo sapiens,智人,184,302,307,314
homosexuality,同性恋,同性恋性关系,26,97,102
honestum,诚实,121,122,128
Horace,贺拉斯,105,186,319
Horatio(in Mandeville),贺拉修(曼德维尔那里的),121,123,124
Hugh of Saint Victor,圣维克多的休,67,72
Huizinga,Johan,赫伊津哈,312
human artistic faculty,人类的艺术才能,304,307,308,309,311,316
humanities,人文学科,299,301
Humboldt,Wilhelm von,洪堡,234
Hume,David,休谟,125,131－132,164,167,230,235,238,296,344,386；～论美,131,132；～论无偏见,132；～论高贵的艺术行家和鉴赏家,131,132；《论趣味的标准》,131,132,296；《人性论》,131
Husserl,Edmund,胡塞尔,7,371
Hutcheson,Francis,哈奇生,74,119,120,129,134,180；《论美和德行两种观念的根源》,120
hyperboles,夸张(法),34,36,162,205,245,292；参见 Derrida(德里达)、Heidegger(海德格尔)、Kant(康德)、Plato(柏拉图)、Shaftesbury(夏夫兹博里)
hypocrisy,伪善,虚伪,81,103,108,167,168,190,192,193,194,195,224
to hypokeimenon-ta symbebēkota dichotomy,实体与偶然的二分法,202,262

iconoclasm debate,破坏偶像的论争,66,67
iconography,肖像画法,插图,90,115,261
idea,观念,理念,15,19,30,34,45,72,87,89,92,98,114,123,157,162,169,171,172,173,175,180,184,185,200,221,222,223,225,227,230,236,239,266,304,306
ideal,理想,2,3,4,40,52,69,76,95,176,178,180,182,183,190,207,225,226,251,262
idealism,唯心主义,理想主义,2,20,40,95,97,99,118,175,185,186,217,219,222
idealization,理想化,28,30,123
identity,同一,同一性,参见 sameness(同一,一致)
Iki,风雅,199,200
illusion,幻觉,错觉,16,30,164,192,235
imagery,形象化描述,比喻,参见 metaphorical language(隐喻的语言)
Imaginary Bodies(M. Gatens),《想象的身体》(盖滕斯),10
imagination,想象,想象力,2,56,68,99,106,113,117,132,138,148,150,158,161,162,163,164,178,183,211,232,233,234,236,257,258,259,261,263,264,268,279,280,283,284,316,368;参见 Derrida(德里达), Heigegger(海德格尔), Hobbes(霍布斯), Kant(康德)
imitation,模仿,2,4,15,16,17,19,20,30,44,45,57,116,123,154,155,170,173,206,207,208,251,257,258,259,260,261,262,263,264,265,267,269,271,276,291;参见 mimesis(模仿)
immortality,不朽,140,141,144,145,147,148,149,155,284
inclusiveness,范围,包含,304

Index librorum prohibitorum,《禁书目录》,112,113
infinite,无限的,158,162,279,283
infinite productivity of language,语言的无限生产能力(多产),307
innateness,天生,固有,5,6,9,113,115,127,169,231,239,303,304,307,311,342
inner eye of the soul,心灵的内在眼睛,47,115,165
inner sense,内在感官,69,112,113,115,129,130,140,141,152
Innocent III,pope,教皇英诺森三世,65
Innocent IV,pope,教皇英诺森四世,65
inquietum cor nostrum,"我们的心灵得到安宁",242
Inquisition,inquisitorial,探究,探究的,59,61,65,66,117
insanity,精神病,疯狂,52,68,194,225,227,251,252,272
inscrutability, incomprehensibility, ineffability,不可测知,不可理解,不可言喻,55,57,140,141,142,143,145,146,147,151,153,156,159,160,161,163,168,173,174,242,246,247,280,281,285,286,294,296
inspiration,灵感,22,68,71,81,108,136,264
instinct,直觉,本能,1,2,3,6,8,9,17,23,26,40,66,73,74,93,125,126,127,130,133,136,141,155,157,172,223,252,276,277,303,306,307,308,311,312
intellectual beauty,知性之美,参见 beauty(美)
intemperance,放纵,无节制,36,37,125
intention,意图,意向,151,152,156,182,216,244,263,313
intentional stance(D. C. Dennett),意向性姿态(丹尼特),312,313,316

inversion, reversal, 颠倒, 倒转, 颠覆, 10, 16, 27, 28, 29, 31, 33, 36, 40, 46, 47, 60, 91, 99, 121, 125, 127, 136, 156, 163, 164, 167, 170, 175, 176, 177, 178, 179, 181, 184, 185, 187, 189, 192, 194, 210, 219, 221, 224, 225, 228, 230, 235, 236, 237, 241, 246, 250, 251, 252, 253, 255, 257, 259, 260, 270, 272, 273, 274, 275, 276, 278, 288; 参见 transvaluation of values (价值重估)

inward eye, 内在的眼睛, 116

Irigaray, Luce, 伊里加雷, 294, 295

Isis, 爱希斯(埃及神话中的生育与繁殖女神), 163

Jacob of Liège, 列日的雅各布, 69

Jacquenetta (in Shakespeare), 杰奎妮妲(莎士比亚那里的), 107

Jaeger, Ernst, 耶格尔, 37

Jakobson, Roman, 雅各布森, 298

Japanese art, 日本艺术, 199, 200

Jaspers, Karl, 雅斯贝尔斯, 204, 219

Jean Paul (Johann Paul Friedrich Richter), 让·保罗, 180

je ne sais quoi, "我不知道它是什么", 113, 146, 159, 160, 282

Jesus, 耶稣, 参见 Christ (基督)

Johnson, Samuel, Dr., 约翰逊博士, 134

Judaeo-Christian, 犹太基督教的, 185, 190, 195, 246, 274

Julian of Eclanum, 埃克拉农的朱利安, 59—63, 334; ~论美和艺术, 62, 63; ~与生殖器, 61; ~论性欲(性行为), 60, 61, 62;《反驳奥古斯丁第二部论婚姻之书的荣耀》, 60;《在骚乱之际》, 60

Jung, Carl Gustav, 荣格, 169

Jünger, Ernst, 云格尔, 307

Justinian, emperor, 查士丁尼大帝, 41

just-so stories, 如此故事, 255, 302

Juvenal, 朱维纳尔, 186

Kafka, Franz, 卡夫卡, 146, 153;《审判》, 146, 153

Kafkaesque, 卡夫卡式的, 147, 174, 241, 291, 292

kakos, *deilos*, 恶, 坏, 31, 35

Kant, Immanuel, 康德, 2, 3, 4, 6, 8, 9, 14, 74, 99, 119, 132, 134, 138—168, 169, 170, 171, 173, 174, 180, 186, 187, 188, 203, 206, 211, 215, 216, 217, 218, 221, 227, 233, 234, 235, 247, 249, 253, 258, 259, 261, 263, 264, 268, 273, 278, 279—285, 286, 288, 294, 295, 296, 297, 299, 308, 319, 320, 349, 352, 362, 379, 385; 抽象, 143, 280, 281; 有关崇高感的审美判断与有关美之趣味的审美判断, 148, 149, 150, 157, 158, 159, 161, 162, 284; 审美愉悦与病理学的愉悦, 139; 二律背反, 140; 反感觉论的倾向, 141, 143, 156, 157, 158, 159, 162, 165, 166; ~与奥古斯丁, 165, 167, 168; ~论美, 参见总索引; ~与柏克, 138; ~与加尔文, 145, 146, 153, 155, 156, 167, 168, 173; 绝对律令, 138, 141, 142, 143, 157, 227; 范畴, 159, 160, 170, 171; ~与"我思故我在", 140, 141; ~与腓特烈中学, 145, 167; 常识, 161, 165; 良心, 良知, 142, 143, 144, 146, 147, 149, 153, 155, 156, 160; 隐蔽的上帝, 参见总索引; disinterested pleasure and general disinterestedness, 无关利害的愉悦与普遍的无关利害, 3, 74, 141, 142, 144, 159, 161, 165, 170, 187, 214, 216, 218; duty, 职责, 责任, 141, 142, 143, 144, 145, 147, 149, 173; and empiricism, 与经验主义, 138, 162, 164; empty transcendence, 空虚的超越, 146; ethicoteleology, 伦理学目的论, 147, 148, 149, 151, 152, 158, 161, 162; faith, 信仰, 147, 148, 153, 154, 227; genealogical forays, 谱系学

的侵袭,151,152,161;on genius,论天才,169,170;God,上帝,参见总索引;gratuitous striving,无缘由的反抗(斗争),145;hidden religious imperative of Kant's thinking and prose style,康德思想和散文体隐蔽的宗教律令,139,145,148,153,156,163,167;and Hume,与休谟,164;hyperboles,夸张(法),156,162,163,167;and imagination,与想象(力),138,148,150,158,161,162,163,211,233,234;the incomprehensible, inscrutable, unfathomable and unattainable,不可理解的、不可测知的、深奥的和达不到的,138,140,141,142,143,144,145,146,147,148,153,156,159,160,163,167,168,281,283;judgment,判断力,139,140,150,152,158,159,162,165;and Kafka,与卡夫卡,146,153,174;legalese,高深莫测的法律用语,139,144,145,157,158,164;metaphorical and allegorical language,隐喻的和比喻的语言,143,144,145,146,155,156,157;moral law,morality,道德律法,道德,141,142,143,144,145,146,147,148,149,150,152,153,154,155,156,157,158,159,161,162,163,164,166,280;physicoteleology,自然目的论,147,148,149,151,152,158,161,162,163;and postmodernist painting,与后现代主义绘画,178,179,180;practical reason,实践理性,147,148,149,152,156,157,158,159,227,281,283,284;pre-1770,pre-critical writings,1770 年以前、前批判的著作,164,165,166,167,168;prose style,散文体,139,140,153,160;pure reason,纯粹理性,147,149,158;purposiveness without purpose,无目的的合目的性,150,161,162,258,263,264,268;respect,尊重,

敬重,143,144,147,148,150,157,159,280,281,282;second maker,第二创造者,163,211;self-evident concepts,不证自明的概念,142,143;self-scrutiny,自我探究,143,144;and sexuality,与性欲(性行为),166,167;silent decade,沉默的十年,167;on the sublime,论崇高,279,280,281,282,283,284,285;subreption,偷换,隐瞒真相,280,281;superiority of natural over artistic beauty,自然美对艺术美的优越性,147,148,161,169,170,281;supersensible,超越感觉的,141,144,146,147,149,150,153,162,284;supersensible moral vocation,超感觉的道德倾向,150,280,281,284;technic or concept of nature as art,技巧或作为艺术的自然概念,151,163,169;terminological jugglery,术语的魔术(戏法),156,157,160,161;transcendent moral nature,先验的道德本质,183;transcendentalism,先验论,141,163;unfathomable artistry in the purposes of nature,自然目的不可测知的技艺,148,150,151,152,158,160;universal moral kingdom of ends in themselves,目的本身普遍的道德王国,141,146,158;《审美判断的分析》,160;《崇高的分析》,279,281,283,284,285;《把否定之重要性的概念引入哲学的尝试》,163;《布隆贝格讲演录》,164;《判断力批判》(第三批判),3,134,138,139,147,148,152,153,155,160,162,163,165,169,170,211,215,216,217,218,258,261,279,282,283,284,296;《实践理性批判》(第二批判),140,141,143,144,145,146,147,155,160,187,281,284;《纯粹理性批判》(第一批判),140,141,142,145,147,157,162,163,167,233,284;《一个精神预言家

的梦想》,164;《道德形而上学的基础》,140,141,142,143,147;《道德形而上学》,143,144,145;《对美感与崇高感的意见》,165,166,167;《论感性与知解世界的形式和原理》,165;《进步》,153;《理性自身限度内的宗教》,145,147

Kanzi(bonobo),康茨(矮黑猩猩),315
Katherine(in Shakespeare),凯瑟琳(莎士比亚那里的),108
Kay,P.,凯,14
Keats,John,济慈,304
Kell,Michael,ed.,凯尔(编)299;《美学百科全书》,299
Keynes,John Maynard,凯恩斯,125
khōra,"场所",265,266,267,268,292,375
Kierkegaard,Søren,克尔凯郭尔,214,242,297
Knight,Richard Payne,奈特,120,134,135;《对鉴赏力原理的分析性探究》,120,134
Knights Templars,圣殿骑士团,66
Koch,Walter A.,科克,301
kolazein,惩罚,37
kosmos and *kosmos psyche*,世界和世界精神,35
Krell,David F.,克雷尔,221,228
Kung San Bushmen,卡拉哈里沙漠的布须曼人,307

Lampe(in H. Heine),兰普(海涅那里的),140
language,语言,127,154,155,178,184,204,208,209,224,230,231,234,235,237,239,240,241,244,245,246,247,248,250,253,255,268,275,277,289,290,291,294,302,305,306,307,308,309,312,315
language acquisition,语言习得,307

language and thought,语言与思想,234,235,239,240,276,277
language instinct,语言本能,307
Lassalle,Ferdinand,拉萨尔,187;《弗兰茨·冯·济金根》,187
laughter,笑(声),19,57,59,129,155,169,386
laws of contradiction,矛盾律,222
Le Clere,Sébastien,勒·克莱尔,119
Leibniz,Gottfried Wilhelm,莱布尼兹,152,153,164,221
Leonardo da Vinci,列奥纳多·达·芬奇,89,90,93,135
Leontes(in Shakespeare),里昂提斯(莎士比亚那里的),85
lesbianism,女同性恋关系,26
Lessing,Gottthold Ephraim,莱辛,119,134;《拉奥孔》,134
Levinas,Emmanuel,列维纳斯,295
Lévi-Strauss,Claude,列维—斯特劳斯,92
lexicon,词典,字典,241,307
lex talionis,"以牙还牙的惩罚法",35
libertas artium restituta,"自由艺术的复兴",95
life-activity or labor,生存活动或劳作,182,183,184,257
life sciences,生活科学,299,303
linguistics,语言学,178,224,273,303,308
liturgy,礼拜仪式,69,291
Locke,John,洛克,6,116,117,129,164,186,386
logic,逻辑(学),1,110,140,180,204,205,220,226,234,235,236,238,241,278,288,294,306
logocentricity,逻各斯中心主义,243,245,260,268,269,270,282,288,294
logos,逻各斯,逻辑,204,254,259,263,289

Longaville(in Shakespeare),朗格维(莎士比亚那里的),107
Longino,Helen,朗吉诺,12;《作为社会知识的科学》,12
Longinus,朗吉努斯,120
Lorrain,洛兰,参见克劳德·洛兰
love,爱,爱情,25,26,58,72,73,87,93,96,97,103,106,107,108,111,115,128,129,133,136,138,143,166,176,183,193,196,292
Love-making,case mirror from Corinth,《做爱》,科林斯镜盘,X,102
Love, Power and Knowledge: Towards a Feminist Transformation of the Sciences(H. Rose),《爱情、权力与知识：走向对科学的女性主义改造》,12
Lucretius,卢克莱修,105,106,319;《物性论》,106
lust,贪欲,淫欲,5,26,33,34,46,60,61,62,66,67,85,87,96,99,125,129,165,189,195,217
Luther,Martin,路德,3,242,297
Lutheranism,路德教,路德教教义,146
Lyotard,Jean-François,利奥塔,8,278,279,282,284,285,294,295,379;《答问：什么是后现代》,279
lynx's eyes,锐利的目光,96

Machiavelli,Niccolò,马基雅维里,113,120,126,319;《君王论》,113,120
Machiavellian intelligence,马基雅维里式的聪明,313
madness,疯狂,参见 insanity(精神病,疯狂)
The Making of the Modern Body(C. Gallagher and T. Laqueur eds.),《制造现代的身体》(加拉格尔等编),10
Mandeville,Bernard,曼德维尔,6,120,121,122,123,124,125,126,127,128,129;～在美学上对莎士比亚的爱好,123;～论作为美学牧师的鉴赏家,122,123,124;词源学的思索,127,128,129;～论语言的进化,127;～论文明、文化与道德的谱系,125,126,127,128,129;～论爱情与性,122,128,129;～作为"曼德维尔",120;～与尼采,124,125,126,127,129;～与柏拉图的卡利克勒斯,125;～与美、宗教与性习俗的相对性,122;价值再重估,125;～与夏夫兹伯里,121,122,124,127;～论价值重估,125,126,127;～论作为社会压迫手段的艺术鉴赏,122,127,128;～《探究基督教在战争中之荣誉和用处的根源》,121,125,127;《探究道德德行的根源》,125;《蜜蜂寓言》,120,121;《探寻社会的本质》,121
Manichaeism,摩尼教,42,47,48,50,54,60,61,65,165
manufacture of consent,制造赞同,11
March,Colley,马奇,305
Marcuse,Herbert,马尔库塞,11
Margolis,Joseph,马戈利斯,8,320
Maria(in Shakespeare),玛丽亚(莎士比亚那里的),107,108
martyrdom,殉难,牺牲,32,38,39,41,42,58,81,270,271
Marx,Karl,马克思,6,8,125,175－198,298,355,359;～与收入 1857 年版《新亚美利加百科全书》的"美学"条目,180,181;～与异化,184,185,186;～论艺术与美学,180,182,183,185,186;～与布鲁诺·鲍威尔,179,185,186,187,195,198;～与查尔斯·达尔文,183;有意识的生存活动,182;批判与讽刺著作,187,188;～与说教的文学,187;～与费尔巴哈,176,178,185;任意玩弄人的身体与心理能力,187;～与黑格尔,175,176,179,196,197;～与观念、唯心主义,184,185;～与犹

太教,185;～与康德,186－187;其发展中的尼采式契机,176,182－198;～与刑法理论,195;实践,常规,182,185;亲感觉论,176－178,185,186;～论压迫,194;～作为浪漫派诗人,176;～论莎士比亚,187;改革的批判,175,179,180,185,186;～论作为一种复仇行为的写作,195;《资本论》,182;《神圣家族》,175,187,196;《哲学的贫困》,185

masochism,色情受虐狂,38,110

Mason,George,梅森,120

Master-slave relationship,主仆关系,31,32,37,38,39,125,126,184,209,210;参见Nietzsche and Xenophon(尼采与色诺芬)

materialism,唯物主义,21,178

mathematics,mathematical,数学,数学的,15,16,46,76,94,150,277,306

McGinn,Colin,麦金,383

Medici Venus,《美第奇的维纳斯》,76,85,91,92,105,106,132

medieval Roman liturgy,中世纪的罗马礼拜仪式,289

medieval theocracy,中世纪的僧侣统治,40,64,66,70,93

megatranscendentalism,超越宏大叙事,超越先验论,xiii,7,243,247,248,270,277,283,286,294,304

melody,旋律,曲调,15,23,62,72,183

memory,记忆,111,130,232,233,262,263,266

Mendel,Gregor Johann,门德尔,302

Mendelssohn,Moses,门德尔松,119,132,134

Meno(in Plato),《美诺篇》(柏拉图那里的),32,270

Mesnadière,Jules de la,梅纳迪埃,119

metametaphysics,元形而上学,240,243,246,248

metaphorical language,隐喻的语言,45,73,103,117,143,146,148,150,199,244,266,267,268,273,275,276,290

Methodists,卫理公会教徒,193

metonymy,换喻,转喻,273,275

Meyer,Conrad Ferdinand,迈耶尔,206,207,212;《罗马喷泉》,206,207

Michelangelo Buonarroti,米开朗基罗,85,87;《末日审判》,85

Miller,George,米勒,312

Miller,J. Hillis,米勒,268;《解构解构者》,268

Milton,John,弥尔顿,188;《失乐园》,188

mimēmata,相似(性),265,266,267

mimesis,mimetic,模仿,模仿的,7,15,16,19,20,53,173,207,248,249,254,255,258,261,263,280,283,291,295;参见Artaud(阿尔托),Augustine(奥古斯丁),Derrida(德里达),Heidegger(海德格尔),Nietzsche(尼采),Plato(柏拉图),Platonus(普罗丁)

mimēsis,模仿,206,233,257,258,259,260,261,262,263,264,268,269,270,271,282,290,291,293,295

mind-body dichotomy,心灵与身体的二分法,31,68,98,100,103,127,132,141,173,177,251,326

mind-brain-body complex,心灵、大脑与身体复合体,132,158,181,304

mind-matter dichotomy,心物二分法,44,75,97,125,157,173,177

minimalism,极少主义,16,279

MIT Encyclopedia of the Cognitive Sciences(R. A. Wilson and F. C. Kell, eds.),《麻省理工学院认知科学百科全书》(威尔逊等编),300

mnēmē,记忆,262

mnēmoneuein,留心的,不忘的,233

modern synthesis,现代综合,302

Mohammed,穆罕默德,222

molecular biology,分子生物学,302
Mondrian,Piet,蒙德里安,16,305
Monica,Augustine's mother,莫妮卡,奥古斯丁之母,47
Montaigne,Michel Eyquem de,蒙田,2,3,4,6,98,99—100,102—103,105—106,107,108,109,111,113,121,122,319,321;~在美学上对莎士比亚的爱好,2,3,4,99,100,102—103,105—109;~论美与艺术,103,105;~论对身体与感性轻视,100,103;~论诗歌和艺术在情欲上刺激的感染力,103,105,106;~论生殖器,99,100;~论爱情,100,103,106;美的相对性,100,103;~论自我装扮与化妆,105;~论性欲(性行为),100,103,106,109;~与《爱情论》,106
morality,道德,12,13,46,53,64,87,94,112,113,115,117,121,125,126,131,132,138,141,142,143,144,145,146,147,148,150,151,152,153,154,155,156,157,158,159,160,161,162,163,164,166,167,171,172,184,189,190,193,194,195,196,201,222,224,226,227,257,270,276,279,280,281,282,283,284,285,303
More,Henry,摩尔,114
morphē—hyle dichotomy,形式与质料的二分法,203
morphology,形态学,14
Morris,Desmond,莫里斯,300;《艺术生物学》,300
Mothersill,Mary,马瑟西尔,8
Müller,Eduard,米勒,180
Musaeus,牟希阿斯,18
music,音乐,4,5,9,15,16,22,29,30,44,52,53,62,63,68,69,70,90,92,93,94,95,105,120,170,172,174,291,305,310,317,321
music of the spheres,宇宙音乐,69,93,95
mutualism,互助论,互惠共生,313
mysticism,mystery,神秘主义,神秘性,68,72,115,146,175,176,177,196,197,202,234,242,245,246,247,250,286,289
mythology,神话(学),18,21,46,172
Myths of Gender:*Biological Theories About Women and Men*(Anne Pausto-Sterling),《性别神话:有关女人与男人的生物学理论》(安妮·波斯托-斯特林),12

nakedness,裸体,参见 nudity(裸体,赤裸)
names,名称,参见 words(词语)
Nancy,Jean-Luc,南希,290
narrative,叙事,113,126,127,173,205,227,290,302,312,316
nativism,nativist,先天论,先天论的,304
natura naturans and naturata,能动的与被动的自然,258
natural selection,自然选择,14,304,306,307,309,310,311
naturalism,自然主义,7,276
naturalistic art,自然主义艺术,7,207
nature-nurture dichotomy,自然与养育的二分法,302,303
negative theology,否定的神学,246,247,248,287,292
negative transcendentalism,否定的先验论,248,250,289
nematode(worm),线虫(蠕虫),303
neoclassical,新古典的,122,163
neologism,新词,疯子生造的词,156,161,231,250,262
Neoplatonism,新柏拉图主义,48,55,61,72,96,112,167,258
nervous system,nerves,神经系统,神经,164,276,303,310,317

neurobiology,neurology,神经生物学,神经病学,9,10,301
neurosis,神经病,260
New American Cyclopedia,《新亚美利加百科全书》,180
New Criticism,新批评,187,267
New Hegelians,新黑格尔学派,179
new novel,新小说,250
Nicole,Pierre,尼科尔,119
Nietzsche,Friedrich,尼采,XII,XIII,1—6,7,8,10,12,13,14,15,28,31,32,37,40,41,52,58,64,75,93,110,121,124,125,126,127,136,138,155,160,169,182,184,185,190,191,192,194,198,199,201,205,206,209,212,213,214,215,216,217,218,219,220,221,222,223,224,225,226,227,228,229,230,235,236,237,241,243,245,246,248,251,252,253,254,255,258,270,272—278,286,287,290,294,295,296,298,301,303,307,309,316,317,319,320,355,367,382,384;审美的倾向、冲动、本能或状态,5,6,8,14,121,126,222,307,316,317;日神式的与酒神式的,226;表面世界与真实世界,14,229;作为生命刺激物的艺术与美,1,3,75,169,218,222,223,257;禁欲主义理想,4,194,272,277,286,287,290;禁欲主义牧师,3,58,124,126,190,191,192,270,273;～与存在,29,199,221,229,230,236;～二元对立,274,275;～对美学的生物学理解,1,2,6,14,93,110,222,224,257,316;～与身体,5,13,182,222,223,273,275,276,303;～与范畴,236,237;～与因果关系,273,274;～论基督教对性爱的妖魔化,1;～与达尔文,13,14,298;上帝之死,221,287,296;～对美学和艺术的非自然化,1,4,10,155;发展,225,226,227,228;艺术与真理之间可怕的不一致,224,225,226,227;～与永远罚入地狱(毁灭)52,58;～与进化论的认识论,14,182,214,222,224,229,236,272,276,298,303,316;禁欲之美的谱系学,2;生理学的霸权,13;～与人的身体,12—13;～论模仿,257;～论作为遗传的天性,257;疯狂,精神错乱,52,225,227;～与反转(倒转),224,273,274,275,277,278;～与康德,3,6,138,155,160,215,216,217,218,286;～与语言,199,235;作为西方最后的形而上学家,218,220,272;主仆关系,31,37,126,184;对其思想的滥用,12,218,219,225;～与音乐,4,5,6;～论知觉、语言和思想,14,273,274,275,276,277;透视法学说,229,278;美学生理学,1,2,3,5,7,301,317;～与柏拉图,15,28,29,64,221,223,225,226;平等和创造平等的论断,5,29,110,214,229,236,241,276,316;怨恨,31,37,184,185,190,198;～与科学,7,13,278;～与性欲(性行为),1,12,93,218,223,317;～与性别选择,316—317;基础的转移而非反转,10,42,224,228,273,274,302,304;道德方面的奴隶造反,31,37,41,184,223;～与苏格拉底,28,29,226;反向思维,274;作为一种女性美学的传统美学,222,227,317;价值重估,31,32,37,64,126,184,185,190,218,221,222,223,228,274,278;～与瓦格纳,4,5;～与权力意志,1,5,31,110,182,190,218,220,277;～论词语和概念,230,276,277;～与色诺芬,28;《反基督徒》,138;《自我批判的尝试》,225;《悲剧的诞生》,4,214,215,225,226;《朝霞:有关道德偏见的思想》,169,227,228,298;《快乐的科学》,40,227,229;《酒神世界观》,226;《看哪,这人》,226;《快乐的科学》,40,

227,229;《道德的谱系》,2,12,31,52,155,194,272,286;《偶像的黄昏》,226,251,253;《有关一种错误的历史》,226,227,228,253;《人性的,太人性的》,214,272;《朝霞》,169,227,228,298;《"内心世界"的现象论》,273,275;《哲学家之书》,273;《希腊悲剧时代的哲学》,199;《艺术哲学》,2;《苏格拉底的难题》,226;《苏格拉底与悲剧》,225,226;《查拉图斯特拉如是说》,228;《论超越道德意义的真理与欺骗》,273,276,277,278;《偶像的黄昏》,226,251,253;《权力意志》,1,2,3,15,64,93,110,121,169,214,220,227,273,275

Nietzschean,尼采式的,1,6,13,126,129,176,177,182,190,191,194,230,235,237,243,246,252,270,295,301

nihilism,虚无主义,24,25,27,145,163

noēton,概念之物,199,207,362

to nomo adikon-to physei adikon dichotomy,"人为的罪行"与"自然的罪行"的二分法,37

nonwestern art, aesthetics, and culture,非西方的艺术、美学和文化,99,116,122,172,199,200

North, Helen,诺思,34

nothingness,无、虚无,24,25,27,140,142,143,162,176,246,247,274,279,291,292,294

novel, novelist,小说、小说家,7,187,189,195,196,197

nudity,赤裸、裸体,16,75,76,77,81,85,87,90,91,92,93,94,103,106,155

Nugent, Jane,纽金特,132

numerology,数字学,15,16,53,68,69,70,131,267

nurture,养育、培养,参见 nature-nurture dichotomy[自然与养育的二分法]

objet trouvé,"拾得的艺术品",209

obscenity,猥亵、晦淫,107,186

Oldowan stone tool industry,奥杜韦石器工业,184

on,存在、现存,247,259

ontogeny,个体发生、个体发育,5,135,136,304,315

ontology,本体论,199,203,204,211,224,232,236,237,238,239,243,246,247,252

orangutans,猩猩,136,314,315

Orians, G. H. and J. H. Heerwagen,奥里恩斯和黑尔瓦根,301,310;《对风景的延伸的回应》,301

Origen,俄利根,41,55

originality,创造力、独创性,44,45,135,178

origin of art,艺术的起源,257,302,304,309,311,312,314

origins of language,语言的起源,127,255,302,309,315

origins of life,生命的起源,316

ornamentation,装饰、装饰品,310,311,317

Orpheus,俄耳甫斯,18,115

Orwell, George,奥威尔,40;《1984》,40

Ostade, Adriaen van,奥斯塔德,122

Ovid,奥维德,71;《变形记》,71

Oxford,牛津,113

Pacioli, Luca,帕乔利,90,94

paganism,异教、异教信仰,xiii,2,3,4,41,48,49,50,51,55,60,64,73,81,132,167,190,193,194,270,274,279,282

pain,痛苦、疼痛,6,19,36,43,57,85,131,133,138,162,191,217,257,275,276,280,311

painting,绘画,9,16,19,28,30,44,45,54,55,70,76,85,90,91,92,93,94,

99,105,111,119,120,122,123,172,174,201,207,208,260,263,264,279,282,291,300,301,312,314,321
pankalia,"潘卡利亚",67
Panofsky, Erwin,潘诺夫斯基,91
pansexuality,泛性别、泛性爱,108
pantomime,哑剧,表意动作,44
parable,寓言,比喻,199,233
paradox,paradoxality,悖论,悖论性,36,38,39,62,92,95,111,246,250,256,262,279,283,291,287,288,289,292
parergon,边饰,附饰,261
Parmenides,巴门尼德,20,21,24,204,287
Parrhasius (in Xenophon),帕哈西乌斯,30
partisan writing,有偏袒的书写,187,188
passions,激情,参见 emotions(情感,情绪)
Patrizi, Francesco,帕特里齐,96
Paul, Gregor,保罗,385
Paul, Saint,圣保罗,2,40,49,54,56,145,146,147,167,168,199,242,318
peacocks,孔雀,257,309
Peacocke, Christopher,皮科克,308;《概念研究》,308
Pelagianism,伯拉纠主义,59,60
Pelagius,伯拉纠,59
Pepin the Short,矮子丕平,65
perception,知觉,感知,14,16,69,72,73,74,131,132,136,162,171,178,186,209,211,231,232,234,236,246,248,262,266,276,277,278,305,311
Perrault, Claude,佩罗,119
perspectivism,透视法学说,75,78,92,123,231,278
perversion,堕落,反常,31,40,46,48,55,58,81,95,100,124,132,180,190,192,194,195,253
Petrarch (Francesco Petrarca),彼特拉克,96

Petronius Arbiter,佩特罗尼乌斯,105;《爱情神话》,105
phantasy,幻想,参见 imagination[想象]
pharmakon, pharmakos, pharmakeus,药物、毒药；药剂师；魔术师、术士,233,234,248,259,261,262,263,264,268,269,270,271,288
phenomenology,现象学,7
philanthropy,慈善,善心,188,190,193,195
philocalia,爱美,49
photography,摄影,摄影术,208,306
phylogeny,系统发生学,系统发育,5,135,136,304,315
physiology,生理学,1,2,3,5,11,13,111,118,220,224,233,237,305,317
physis-nomos dichotomy,自然与人为的二分法,37,125,126,261
Piaget, Jean,皮亚杰,303
Picasso, Pablo,毕加索,308
Pickford, R. W.,皮克福德,305;《心理学与视觉美学》,305
Pickstock, Catherine,皮克斯托克,289,290,291;《书写之后：论哲学的礼拜仪式的结果》,289
picturesque,似画的,别致的,120,130,135
Pierce, Thomas,皮尔斯,114
Pietism,虔信派,146,167
Pietists,虔信派教徒,145,179
Pilkington, M.,皮尔金顿,120;《绅士与鉴赏家的画家词典》,120
Pindar,品达,17,18
Piombo, Sebastiano del,平波,ix,80;《圣亚加大受难》,80
piping plover,珩鸟,313
Pirithous,庇里托俄斯,18
Plato (for use of Greek concepts,参见总索引),柏拉图(有关希腊概念的运

用),ⅹⅲ,2,3,4,5,6,7,8,9,10,15—39,40,41,42,44,45,46,47,49,52,53,55,56,59,64,66,67,72,92,94,95,96,98,99,100,114,115,116,125,130,141,156,160,163,164,173,174,175,180,185,186,202,203,204,211,218,219,221,222,223,224,225,226,232,245,257,258,259,260,261,262,263,264,265,266,267,268,269,270,273,278,286,287,290,291,93,294,304,309,318,326,327,330,375;绝对的、不可理解的、不可言喻的、看不见的、真正的、不可知的美,23,24,25,26,27,30,34,35,47;洞穴的比喻,25;反感觉论,5,16,23,24,26,28,31,34,46;~论美,参见总索引;与身体,15,21,25,28,31,33,34,46,53,56;~论文学与神话的删改,18,19,21;~论审查(制度),16,18,19,21,22,40;~对模仿的艺术的谴责,3,4,15,17,19,30,45,52,53,55,173,174,223,225,226,258,261,291;皈依,转化,27,33;~与说教艺术,15,34;~与教育,15,17,18,20,22;认识论,232;末世学,35,38,40;~与生殖器,33,34;~与给诸神的赞美诗,18,19,22,291;夸张(法),25,34,36,40,266;~与幻觉,16,30;~论模仿与真理的双重脱离,15,19,20,45,53,265,267;~与律法,18,22,36,38,264;怀疑的弊病,20;操纵的神学,27;~论唯物主义者,21;~论模仿,15,17,19,20;参见总索引;~论音乐,15,16,52;~与神话,18,19;夜间会议,22,35;~论绘画和雕塑,16,19,22,263,264;有关乌托邦理想国的计划,18,20,21,32,35,40,66;~论诗的灵感,22,23;~与诗歌,17,18,19,22,23,261,291;政治努力,32,40;~与灵魂争斗,25,26;~与惩罚,22,25,26,34,35,36,37,38,40,59,116,261;哲学与诗歌之间的争吵,17;~与宗教,18,19,21,22,27,59;教导人类的科学,21;~与性欲(性行为),23,24,26;~与苏格拉底,28,30,32,33,34,35,38,39,40,46,270;苏格拉底与卡里克利斯的论争,36,37,38,125;苏格拉底的殉难,38—39,41;节欲与放纵,25,34,35,37,40;对美学的重估,16,18,23,28;~对价值的重估,2,4,16,23,31,32,33,34,36,40,41,45,46,67,125,175,270;普遍的治国之艺术,18;~论写作,260,263,264,267,269,290;《申辩篇》,38;《克利托篇》,38;《高尔吉亚篇》,ⅹⅲ,35,116,125;《大希庇阿斯篇》,29;《法律篇》,20,22,26;《巴门尼德篇》,24;《斐多篇》,25,34,38;《斐德罗篇》,24,25,26,269,290;《斐利布篇》,26,263,265;《政治篇》,264,265;《理想国》,19,25,26,37,261,267;《第二封信》,29;《智者篇》,19,20;《政治家篇》,21;《会饮篇》,23,40,96,97,103;《泰阿泰德篇》,232,266;《蒂迈欧篇》,46,67,163,211,265,266,267,268

Platonic love,柏拉图式的爱情,28,128,166

Platonism,Platonic,柏拉图哲学,柏拉图主义,柏拉图学派,柏拉图式的,2,3,28,30,38,39,41,42,44,45,46,47,48,49,50,53,54,55,56,57,67,68,72,81,87,90,91,92,94,95,96,97,98,107,108,110,111,112,114,115,128,131,134,136,156,163,172,173,174,180,199,219,221,222,223,224,225,226,227,228,230,235,242,251,252,255,257,258,259,260,265,267,272,274,278,291,301

Platonopolis,柏拉图式的城邦,42,45

play,游戏,161,162,257,312,313,316,386;参见 social play behavior(社会游

戏行为)
play bows, 游戏似的点头鞠躬, 313
pleasure, 愉悦, 快乐, 3, 6, 15, 17, 19, 20, 24, 26, 27, 28, 31, 35, 37, 43, 44, 73, 74, 99, 102, 103, 110, 119, 125, 131, 133, 135, 136, 138, 156, 157, 159, 160, 165, 167, 170, 177, 186, 187, 192, 200, 217, 249, 257, 280, 281, 282, 305, 307, 310, 313
Plotinus(for use of Greek concepts, 参见总索引), 普洛丁(有关希腊概念的运用), xiii, 41—45, 50, 53, 54, 55, 57, 62, 67, 115, 173; 反感觉论, 44; ~论美和艺术, 44, 45, 53, 54; ~对模仿的艺术的谴责, 44, 45; ~对身体的轻视, 44, 45; 陷于事务, 42; ~与诺斯替派, 42, 43; ~对邪恶的迷恋, 42, 43; ~与天意(天命), 43, 53, 54; 肉体存在的羞耻, 45; 美学的神义论, 43, 44, 54, 55, 57, 62, 67;《九章集》, 44, 50, 53, 54
Plumer, F., 普卢默, 132;《致他在牛津的侄子的信》, 132
poetry, poets, 诗歌, 诗人, 17, 18, 19, 21, 22, 23, 30, 31, 44, 51, 70, 93, 94, 99, 105, 108, 109, 111, 112, 114, 119, 135, 136, 151, 172, 174, 176, 178, 200, 201, 206, 207, 208, 209, 211, 223, 261, 291, 327
political correctness, 政治上的正确性, 296
Pollock, Jackson, 波洛克, 300
Polus(in Plato), 玻鲁斯(柏拉图那里的), 36
Polyclitus, painter and sculptor, 画家和雕塑家波利克利特, 16
Popper, Sir Karl Raimund, 波普尔, 8, 304
pornographic art, 色情艺术, 81, 89
pornography, 色情(描写, 文学, 画), 87, 92, 111

Porphyry, 波菲利, 41, 42, 45, 56
Portia(in Shakespeare), 波提亚(莎士比亚那里的), 85
Poseidon, 波塞冬, 18
postmodernism, 后现代主义, 10, 11, 12—13, 14, 225, 237, 250, 251, 272, 273, 278, 279, 280, 282, 286, 287, 289, 290, 293, 294, 295, 296, 299, 306, 307, 379, 382
post-Nietzschean, 后尼采式的, 尼采之后的, 272
post-Platonic, 后柏拉图式的, 柏拉图之后的, 3, 4, 81, 90, 110, 136, 227, 304
post-Platonic conglomerate, 后柏拉图式的混合物, 95, 98
Pound, Ezra Loomis, 庞德, 199
Poussin, Nicolas, 普桑, 122
Praxiteles, 普拉克希特利斯, 105;《维纳斯》, 105
prayer, 祈祷, 祷告, 21, 22, 193, 291, 292
predestination, 前定, 注定, 59, 60, 146
pre-Platonic, 柏拉图之前的, 参见 pre-Socratic philosophy and aesthetics[苏格拉底之前的哲学和美学]
preplay signaling, 信号发送预演, 313
pre-Socratic philosophy and aesthetics, 苏格拉底之前的哲学和美学, 15, 16, 17, 18, 21, 23, 28, 99, 204, 243
pretend action, 假装的行为(动作), 313, 316
Priapea,《普里阿佩阿》, 105
Priapus, 普里阿普斯, 87, 90
Price, Sir Uvedale, 普莱斯, 120, 134, 135
primal father, 原初的父亲, 127
prima pulchritudo, 原初的美, 52
primary and secondary sexual characteristics, 第一(主要)和第二(附属)性征, 309, 314, 315
primates, 灵长类, 183, 184, 298, 302, 308, 314, 316

primitive man, 原始人, 125, 126, 127, 128, 129, 130, 151, 152, 178, 298

Priscian, 普里西安, 128

the prisoner of metaphysics to be liberated by deconstruction, 通过解构获得解放的形而上学的囚徒, 22, 219, 243, 244—245, 252, 258, 260, 261, 268, 282, 283, 290, 293, 294

prison house of aesthetics, 美学的牢房, 108, 110, 111, 112, 113, 118, 125, 129, 130, 131, 132; 参见 *sophronisterion*[节制的牢房]

Prometheus, 普罗米修斯, 108, 116, 117

propemptikon, 游客的告别之歌, 291

proportionality, 比例, 均衡, 16, 28, 30, 47, 53, 64, 69, 70, 72, 76, 77, 87, 89, 90, 92, 93, 95, 99, 115, 134, 161

Protagora, 普罗塔戈拉, 204

Protestantism, 新教, 146

protoevolutionary, 原始进化的, 183

proto—Lawrentian, 原初劳伦斯式的, 61

proto—Nietzschean, 原初尼采式的, 6, 37, 60, 124, 125, 129, 136, 176, 182—198, 190, 270

Proudhon, Pierre Joseph, 蒲鲁东, 185, 187;《贫困的哲学》, 185, 187;《什么是财产》, 185, 187

providence, 天意, 天命, 43, 44, 50, 53, 54, 57, 61, 67, 171, 193, 194

Pseudo—Dionysius, 假狄奥尼修斯, 参见 Dionysius the Areopagite, Saint[阿里奥帕吉特的圣狄奥尼修斯]

psyche, 精神, 灵魂, 33, 35, 326

psychoanalysis, 精神分析（学）, 81, 127, 253, 299

psychology, 心理学, 24, 52, 72, 73, 74, 87, 99, 112, 113, 117, 150, 164, 177, 180, 200, 220, 224, 232, 237, 251, 264, 315

psychomachia, 灵魂争斗, 24, 25, 26, 116, 188, 193, 326, 327

pulchrum, 美, 44, 72, 73, 96, 121, 122, 128

punishment, 惩罚, 25, 35, 36, 38, 39, 40, 41, 44, 52, 55, 65, 130, 144, 193, 195; 参见 Plato(柏拉图)

puritanism, 清教教义, 清教主义, 3, 24, 33, 94, 96, 99, 100, 104, 185, 196, 198, 305, 310

Pygmalion, 皮格马利翁, 105

Pythagoras, Pythagorean, 毕达哥拉斯, 毕达哥拉斯学派的, 15, 33, 53, 68, 87, 90, 92, 98, 99

Rabelais, François, 拉伯雷, 100, 105

Raffman, Diana, 拉夫曼, 8, 299;《知觉》, 299

Raimondi, Marcantonio, 拉蒙迪, 81, 85

Ralph, Benjamin, 拉尔夫, 120;《历史绘画中之表现的学生指南》, 120

rancor, 积怨, 31, 124, 125, 128, 190, 198, 228

Raphael Santi, 拉斐尔, 317

Rapin, René, 拉潘, 119

realism, 写实主义, 30, 122, 123, 187, 209, 222

reciprocal altruism, 相互利他主义, 313

rectitudo, 正确, 正确性, 205

Red Giant Kangaroo (*Macropus rufus*), 大赤袋鼠, 314

red ochre, 红赭石, 314

reductionism, 简化论, 7, 11, 87, 257, 259, 269, 300

Reformation, 宗教改革运动, 111, 134

Regino of Prüm, 普吕姆的雷吉诺, 69

religion, religiosity, 宗教, 笃信宗教, 宗教狂, 18, 19, 20, 21, 22, 35, 41, 46, 49, 56, 104, 116, 117, 118, 121, 122, 129, 146, 147, 148, 152, 155, 160, 167, 173, 177, 178, 179, 184, 185, 186, 191, 192,

193,194,251,254,274,287,289,290,291,293,296,297,305,348
renaturalization,重新自然化,参见 retransvalution of values[价值再重估]
Rentschler,Ingo, et al., ed.,伦奇勒等人编,305,385;《美与大脑》,301,305
repentance,忏悔,190,191,192
representation, representational,呈现(的),再现(的),15,17,18,19,27,126,158,164,178,200,207,239,248,253,254,256,260,279,280,281,282,283,284,285,300
repression,压迫,压制,26,31,37,40,81,93,94,97,98,108,124,125,136,141,184,194,223,243,244,245,260,271,302,305;参见 aesthetics[美学],Ficino[菲奇诺],Mandeville[曼德维尔],Marx[马克思]
res cogitans,所思之物,140
The Resurrection of the Body (N. Goldenberg),《身体的复苏》(戈登堡),10
retransvaluation of values,价值再重估,10,60,99,108,125,136,175,185,186,187,223,224,228,258,274;参见 Feuerbach[费尔巴哈],Mandeville[曼德维尔],Shakespeare[莎士比亚]
revelation,揭露,展示,85,207
revenge,复仇,报复,31,55,124,188,189,193,194
revivals of the ascetic ideal,禁欲主义理想的复兴,10,114,185,186,284—297
revulsion, disgust, repugnance,反感,厌恶,令人厌恶,59,85,98,222,305
rhetoric,修辞学,11,21,38,209,252,273,275,277,294,298
rhythm,节奏,韵律,5,15,16,22,51,69,93,183,307
Ricardo,David,李嘉图,185
Richard of Saint Victor,圣维克多的理查德,68

ridicule, ridiculous,嘲笑,嘲笑的,26,61,70,99,115,121,122,124,134,135,160
Ridley,Matt,里德利,301;《红色女王》,301
Rilke, Rainer Maria,里尔克,209,212;《马尔特·劳里茨·布里格手记》,209,212
Robbe-Grillet, Alain,罗伯—格里耶,250;《为了一种新小说》,250
Rochester,John Wilmot, 2nd earl of,罗切斯特,114
Rohde,E.,罗德,33
Roman Empire,罗马皇帝,45,46,64,65
Roman rite,罗马习俗(惯例),289,290,291
Romano,Giulio,罗曼诺,81,85
Romanticism,Romantic,浪漫主义,浪漫主义的,172,174,176,179,208,212,258,306
Rorty,Richard,罗蒂,272
Rosaline(in Shakespeare),罗瑟琳(莎士比亚那里的),107
Ross, Stephen D.,罗斯,287,293,294,295,296,297;《从柏拉图到海德格尔和德里达的美学理论文选》,293;《美的礼物：作为艺术的善》,287,293,294,295,296,297
Rousseau,Jean Jacques,卢梭,244,245,260,261,262,268,294
Ruge,Arnold,卢格,179,188
rules,规则,法则,94,95,111,121,130,131,169,170,279,282,307
Rumohr,Carl Friedrich von,鲁莫尔,180

sadism,施虐淫,性虐待狂,85,189,190,195
sadomasochism,施虐与受虐狂,81
salvation,拯救,救世,59,196
Salzwedel,萨尔茨维德尔,×iii

sameness,同一、一致,5,110,131,214,229,231,236,239,240,241,248,252,262,276,316,344
Sansovino,Jacopo,桑索维诺,85
satire,讽刺作品,22,176
Saussure,Ferdinand de,索绪尔,245,298
Scargill,Daniel,斯卡吉尔,113,114
Scarlatti,Alessandro,斯卡拉蒂,122
Schelling, Friedrich Wilhelm Joseph von,谢林,3,171,216,221,258;《论造型艺术对自然的关系》,258
schemata,先验图式,图解,214,221,236,274
Schiller,Friedrich von,席勒,119,186,187,227,312
Schlegel, August Wilhelm von,施莱格尔,132
Schleiermacher, Friedrich Daniel Ernst,施莱尔马赫,3
Schoenberg,Arnold,勋伯格,9
Schopenhauer, Arthur,叔本华,3,23,215,216,217,218,222,227;《作为意志与表象的世界》,215,218
Schulze,J. H.,舒尔策,142,144;《道德学说导论尝试》,142
science,科学,7,8,11,12,14,16,20,21,34,40,68,108,112,117,118,127,135,137,170,174,175,180,214,219,237, 242, 278, 299, 301, 302, 305, 306,322
Science and Gender：A Critique of Biology and its Theories on Women（R. Bleier),《科学与性别：生物学及其有关女性的理论批判》(布莱尔),12
Scola Cantorum,斯科拉·康托朗姆学校,70
Scotus,Duns,司各特,参见 Erigena,Johannes Scotus(埃里金纳)
Scripture,圣经,参见 Bible(《圣经》)
Scruton,Roger,斯克鲁顿,8

sculpture,雕塑,9,16,17,28,30,44,45,85, 93, 94, 99, 104, 105, 111, 119, 172,174
second maker,第二创造者,116,117,163,258,263
Secundus,Johannes,塞康德乌斯,105；《亲吻》,105
self,自我,30,34,69,116,117,125,145,148, 156, 157, 185, 197, 233, 234, 236,256
self-control,自我控制,4,25,26,33,34,35;参见 *sophrosyne*[智慧之节制]
self-decoration,自我装扮,101,103,105,302,306,311,314,315
self-handicapping and role－reversal,自我妨碍和角色颠倒,313
self-indulgence,自我放纵,35,125,143
self-loathing, self-denial, and self-torture,自我厌恶、自我否定和自我折磨,52,125,129
self-preservation,自我保存,1, 6, 110,133,138,236,276
self-recognition,自我认识,315
self-scrutiny,自我审视,129,139,144,145,157,191,201
semantics,语义学,8,156,205,287
Semantics of the Body(H. Ruthrof),《身体语义学》(鲁思罗夫),10
semiotics,符号学,298,313
sensation,感觉,知觉,90,138,158,164,202,203,211,233,252,263,305
senses and their hierarchy,感官及其等级,7,14,15,16,17,24,29,44,47,52,56,57,66,70,71,72,74,87,90,91,92,98, 103, 108, 115, 130, 131, 133,135,136,140,144,150,167,172,173,178,183,184,186,202,224,236,274,276,284,305,307,308
sensuality,好色,耽于声色,感性,10,26,28,31,62,77,81,103,125,129,136,

索引 637

159,160,165,177,178,218,223,236,255,257,281,305
sensuousness,感觉,感受性,1,9,10,16,31,53,75,156,157,158,172,173,174,175,178,185,186,224,226,227,228,295
serenity,安详,平静,132,167
sexuality,性欲,性行为,1,10,12,17,18,23,24,26,28,29,35,47,56,60,61,62,66,67,74,76,77,81,85,90,92,93,96,97,99,100,102,105,106,107,108,109,111,121,122,128,129,130,133,134,135,165,166,167,177,178,218,222,223,257,296,301,303,305,308,311,314,317,352;参见 Augustine[奥古斯丁],Engels[恩格斯],Feuerbach[费尔巴哈],Julian of Eclanum[埃克拉农的朱利安],Kant[康德],Mandeville[曼德维尔],Montaigne[蒙田],Nietzsche[尼采],Plato[柏拉图],Shakespeare[莎士比亚]
sexual selection,性别选择,300,304,307,309,310,311,313,314,316,317
Shaftesbury, Anthony Ashley Cooper, 3rd earl of,夏夫兹博里,6,8,114—119,121,122,127,129,130,132,134,163,211,342;~与美学牧师,118;反身体的倾向,117;~论无关利害的愉悦,115,119;"自我交谈的练习",116,117,118,129;~与趣味的绅士鉴赏家或艺术名家,116,117,118,119;美学对宗教、哲学和科学的霸权,117,118;夸张(法),116;~论非物质的美,115;~与柏拉图,115,116,117,134;伪禁欲主义者,118,129;拒绝哲学、宗教和科学,116,117,118;~与第二创造者,116,117,163;《对作者的劝告》,116;《特征》,115,119;《巧智与幽默》,114,115
Shakespeare, William,莎士比亚,2,3,81,85,97,107—109,111,113,123,166,173,187,188;~论自然创造的艺术,85,123;猥亵下流,107;对后柏拉图的美学的再重估,108;文艺复兴学派讽刺作品与《爱情论》,107,108;~与性欲(性行为),3,107,108;~论作为艺术创造源泉的性欲,108;《李尔王》,173;《爱的徒劳》,107,166;《温莎的风流娘儿们》,188
shame,羞耻,羞愧,26,33,36,37,38,45,61,100,125,126,192
Sharrock, Robert,沙罗克,113
Sherman (chimpanzee),舍曼(黑猩猩),315
Shuzo Kuki, count, Japanese art historian and friend of Heidegger's,九鬼周造伯爵,日本艺术史家和海德格尔的朋友,199
Sibley, Frank N.,西布利,8
sign,符号,标记,236
signifier, signified, and referent,能指、所指与所指的对象,11,240,255
Silesius, Angelus,西里西乌斯,参见 Angelus Silesius(安杰鲁斯·西里西乌斯)
Simonides,西蒙尼德斯,18
sinfulness,有罪,罪孽,33,51,55,59,62,71,145,177,190,191,192,193,194,269
singing,唱歌,歌声,16,17,62,70,257
skiagraphia,布景绘制,16,261
slave revolt in morals,道德方面的奴隶造反,31,37,41,125,126
Smith, Adam,亚当·斯密,125,126,185
social constructionism,社会建构主义,11,12
social contract hypothesis,社会契约假说,126
Social Darwinism,社会达尔文主义,300
social play behavior,社会游戏行为,312
social sciences,社会科学,299

Socialism ou barbarie,"社会主义或野蛮"团体,279
sociobiology,社会生物学,300
Socrates,苏格拉底,xiii,18,20,21,23,25,28,29,30,32,33,34,35,37,38,39,40,41,46,99,102,103,116,125,222,223,224,225,226,260,261,263,264,269,270,288;～与耶稣基督,288;如柏拉图所描绘的,28,30,32,35,38,39,40,46;如色诺芬所描绘的～,28—30,38—39
Solomon,king of the Hebrews,所罗门,犹太人的王,54
Solon,Athenian statesman,梭伦,雅典政治家,17
Solso,Robert L.,索尔索,301
Sophists,智者,辩证家,逻辑家,17,21,31
Sophocles,索福克勒斯,171,172;《安提戈涅》,171,172
sophronisterion,节制的牢房,35,36,73,108,110,261;参见 prison house of aesthetics[美学的牢房]
sophrosyne,节制,4,25,34,35,40,44,125,141,159;参见 Plato(柏拉图),Xenophon[色诺芬]
species,物种,13,75,122,123,129,229,236,247,302,307,309,312,315
Spence,Joseph,斯宾塞,134
Spencer,Herbert,斯宾塞,14,310,312
Speusippus,西费尤斯波斯,41
Spinoza,Faruch or Benedict,斯宾诺莎,99,118
spontaneity,自发,自发性,156,157,162
Standard Social Science Model,标准的社会科学模式,300,305
Standing Rotting Pair,《站着的一对堕落者》,ix,79
Stendhal,Marie Henri Beyle,司汤达,155,218,319
Sternberg,R.J.,ed.,斯滕伯格,编,301;

《创造性手册》,301
Sterne,Laurence,斯特恩,176
Stewart,Dugald,斯图尔特,133,137
Stirner,Max,施蒂纳,125,187;《唯一者及其所有物》,187
Stoicism,斯多葛哲学,禁欲主义,67,190,193,194
stone tools,石器,302
Storey,Robert,斯托里,301
Strato,斯特拉托,105;《论肉体的结合》,105
Strauss,David Friedrich,斯特劳斯,179
Strawson,P.F.,斯特劳森,320
subject-object relationship,主体与客体的关系,171,196,197,229
subject-predicate sentence struture,主谓句子结构,169,177,202,203
sublimation,升华,高尚,223
sublime,崇高,4,6,120,122,126,129,130,132,133,138,139,146,148,149,150,157,158,162,163,169,171,211,212,278,279,280,281,282,283,284,285,379;参见 Burke[柏克],Kant[康德]
Sue,Eugène,欧仁·苏,187,188,189,190,191,193,194,195,196,197,359;《巴黎的秘密》,187,195,196,197,359
Suger,abbot of Saint Denis,苏杰,圣德尼修道院院长,71
Sulzer,Johann Georg,祖尔策,120,180;《美的艺术的一般理论》,120
Summa Alexandri,《亚历山大大全》,71,73
Summa Theologiae,《神学大全》,参见 Aquinas,Saint Thomas(阿奎那)
suntheton,组合体,234
Surrealism,超现实主义,251
survival of the fittest,最适合者生存,309
Swedenborg,Emanuel,斯韦登堡,166
symbolism,symbol,象征主义,象征,8,

40,41,64,75,90,92,101,161,172, 182,192,199,201,230,311
symmetry,对称,对称美,16,28,44,123, 134,172,305
Synods,教区议会,66,70
syntax,句法,8,139,153,202,235,241, 287,315
systematicity of language,语言的系统性,307
Szeliga(Franz Zychlin von Zychlinski),施里加,187,190,191,195,196, 197,198

tabula rasa,"白板"(说),303
Tacitus,塔西佗,128;《历史》,128
Tao Te Ching,《道德经》,200
taste,趣味,鉴赏力,17,71,115,116, 118,119,120,122,123,124,131,132, 134,138,139,148,150,158,161,162, 165,166,170,180,204,216,306,310, 349,364
Taylor,Marc C.,泰勒,287,288,289
technē,技术,技艺,207,210,306
temperance,节制,节欲,参见 *sophrosyne*(节制)
Temple frieze at Khajuraho, India,印度迦鞠罗诃神庙,X,104
Tertullian,德尔图良,57,58
Testelin,Henri(the younger),(小)泰斯特兰,119
theater of the absurd,荒诞戏剧,250
theater of alienation,间离戏剧,250
theater of cruelty,残酷戏剧,250,253, 254,255,256
theism,有神论,一神论,288
theodicy of the aesthetic,美学的神义论, 43,44,50,53,55,57,61,62,67
theodicy of the fall,堕落的神义论, 50,55
Theodosius I or Theodosius the Great,狄奥多西一世或狄奥多西大帝,45
Theodoté(in Xenophon),狄奥多特(色诺芬那里的),29
theory of mind,心灵理论,312,313,314, 315,316
Theseus,忒修斯,18
Thinking Through the Body(J. Gallop),《思考身体》(盖洛普),10
Thomas Aquinas,托马斯·阿奎那,参见 Aquinas,Saint Thomas[阿奎那]
Thomas of Citeaux,西多的托马斯,71
Thomassin,S.,托马辛,91
Thomistic,托马斯主义的,托马斯的, 203,292
Thomson,A.,汤姆森,120
Thomson,James,汤姆森,119
Thornhill,Randy,桑希尔,301,316;《达尔文的美学》,301,316
Thrasymachus(in Plato),塞拉西马库斯(柏拉图那里的),32
Titian,提香,81,84,85,90,92;维纳斯的绘画与音乐家,90;《维纳斯与阿多尼斯》,85;《维纳斯与风琴演奏者》,ix, 84,85
tolma,勇敢,42
Tomasello,Michael,托马舍洛,313
Tooby,John,图比,300
Tour,Seran de la,图尔,120;《与鉴赏力有关的感觉的和判断的艺术》,120
tragedy,悲剧,17,132,171,172,187, 209,226,261,327
transcendentalism,先验论,2,4,7,14, 19,23,70,72,94,131,140,141,144, 150,163,177,193,196,202,203,207, 211,215,232,233,234,239,243,246, 247,250,256,259,272,273,278,283, 286,288,289,290,294,298,302,304, 308,309,385
transsubstantiation,变体说,圣餐变体,289

transvaluation of values,价值重估,xiii, 2,3,4,16,23,27,31,32,34,37,40, 41,45,46,50,64,67,99,108,125, 126,129,156,175,176,177,178,179, 180,184,185,186,190,194,198,204, 218,221,222,228,242,256,258,270, 273,274,275,277,278,290,296,309; 参见 Mandeville[曼德维尔],Nietzsche[尼采],Plato[柏拉图],retransvaluation of values[价值再重估]

trattati d'amore,《爱情论》,97,106,107
Trinity,三位一体,289,290,296,380
Trivers,R.L.,特里弗斯,300;《交互利他主义的演进》,300
truth,真理,真实,真相,1,2,7,15,16, 17,19,20,23,49,58,67,71,72,118, 120,131,153,176,177,178,180,181, 184,199,200,202,203,204,205,208, 209,210,211,213,216,219,220,224, 225,226,227,228,230,232,236,239, 245,259,261,264,275,276,292,304, 305,316
tupothenta,样式,典范,267
Turgot, Anne Robert Jacques,杜尔阁,126
Turner, Frederick,特纳,310,参见 Cooke,Brett[库克]
twelve-tone music,十二音音乐,9,302

ugliness,丑,丑陋,1,5,6,14,26,27,30, 43,48,50,54,55,67,70,75,97,111, 113,131,222,303,311,316
unconscious,无意识,潜意识,1,37,118, 127,130,164,169,184,244,260, 314,317
universal grammar(Noam Chomsky),一般(普遍)语法(诺姆·乔姆斯基), 307,385
universal musical grammar(F. Lerdahl and R. Jackendoff),普遍的音乐原理

(勒达尔和杰肯多夫),9
Upper Paleolithic,旧石器时代晚期的,314
utilitarian,功利主义的,功利主义者,236
utility,实用,功利,134,304
utopia,乌托邦,18,21,23,45,66, 195,327

Valla,Lorenzo,瓦拉,94
Van Gogh,Vincent,梵高,201,203,206, 207,208,209,212,362
Vasari,Giorgio,瓦萨里,94
Vattimo,Gianni,瓦蒂莫,295,296
Venus,维纳斯,参见 Medici Venus[美第奇的维纳斯]
veritas,真理,事实,205
vervet monkeys,长尾黑颚猴,313
Villalpando,Juan Baptista,维拉潘多,95
vindictiveness,恶意,怀恨,4,31,124, 126,128,184,190,191,192,195
viola da gamba,古大提琴,90
Virgil or Vergil,维吉尔,105,106;《埃涅阿斯纪》,106;《农事诗》,105
virtue and vice,美德与邪恶,12,23,32, 43,71,93,116,121,122,134,138, 195,265;参见 psychomachia[灵魂争斗]
virtuoso aesthetics,艺术鉴赏的美学, 116,117,118,119,122,123,124,128, 132;也可参见 connoisseur[鉴赏家,行家]
virtus,美德,127,128
Vischer, Friedrich Theodor,菲舍尔, 180;《美学或有关美的科学》,180
vision(artistic and mystical),眼光(艺术的和神秘的),8,23,24,53,56,68,91, 92,170,173,211
vision(sensory modality),视觉(感觉方式),68,136,305
Vitruvian man,维特鲁威人,88—89,93,

Vitruvius, 维特鲁威, 89, 90, 92, 93, 94, 95, 119, 134;《建筑十书》, 89
void, 空无(的), 参见 nothingness(虚无)
volition, 意志, 意志力, 159, 172, 174, 180, 183, 217
Voltaire, François Marie Arouet de, 伏尔泰, 119, 168;《老实人》, 168
voyeurism, 观淫癖, 57, 76
Vulcan, 伏尔甘(火神), 106
vulgarity, 粗俗, 粗鄙, 2, 23, 35, 68, 97, 116, 117, 122, 123, 131, 161, 166, 196, 215, 223, 228, 237, 291, 305, 318

Waal, Frans de, 瓦尔, 315
Wagner, Richard, 瓦格纳, 4, 5;《帕西法尔》, 4
Wallin, N. L. et al., eds., 沃林等人, 编, 301;《音乐的起源》, 301
Webb, Daniel, 韦布, 120
Weber, Max, 韦伯, 125
Weerth, Georg, 韦尔特, 186
Weismann, August, 魏斯曼, 23
Wesley, John, 韦斯利, 120
Whitehead, Alfred North, 怀特海德, 41
Wieland, Christoph Martin, 威兰德, 119
will to power, 权力意志, 1, 31, 52, 110, 113, 127, 128, 182, 190, 218, 219, 220, 252, 277
William of Auvergne, 奥维涅的威廉, 68, 72—73
Wilson, E. O., 威尔逊, 300, 301;《论契合》, 301;《社会生物学：新的综合》, 300
Wimsatt, William K. Jr., 威姆萨特, 244
Winckelmann, Johann Joachim, 温克尔曼, 71
Wind, Edgar, 温德, 91
wit, 才智, 巧智, 112, 114, 115, 178
Wittgenstein, Ludwig, 维特根斯坦, 238
Wittig, Georg, 维蒂希, 294
Wolff, Christian von, 沃尔夫, 152, 153
words, 词语, 言辞, 156, 176, 181, 199, 208, 230, 231, 235, 238, 239, 240, 247, 261, 264, 276, 277, 288, 292, 307
Wordsworth, William, 华兹华斯, 302
Wordsworthian, 华兹华斯的, 华兹华斯式的, 302
writing, 写作, 书写, 17, 127, 234, 244, 246, 248, 253, 259, 260, 261, 262, 263, 264, 267, 269, 288, 290, 381
Wundt, Wilhelm Max, 冯特, 305

Xenocrates, 色诺克拉特斯, 41
Xenophon, 色诺芬, Xiii, 28, 29, 30, 34, 35, 38, 39, 103, 180, 270, 329;~论美和艺术, 28, 29, 30;~与主仆关系, 38—39;~论绘画中对激情的呈现, 30;~论自我控制和节制, 34, 35;~与苏格拉底, 28, 29, 30, 34, 35, 38, 39, 270;~与苏格拉底之死, 38, 39;《申辩篇》, 39;《回忆录》, 28, 29;《会饮篇》, 28

Zeki, Semir, 泽基, 9, 301, 305;《内在视力, 探索艺术与大脑》, 301
Zeus, 宙斯, 18, 19
Zeuxis, 宙克西斯, 28, 30, 76
Zola, Emile, 左拉, 7, 320;《实验小说》, 7
Zosimo, pope, 教皇佐西莫;《解释救函》, 59

图书在版编目(CIP)数据

美学谱系学/(加拿大)法阿斯著;阎嘉译.—北京:商务印书馆,2011(2017.8重印)
(新世纪美学译丛)
ISBN 978-7-100-08317-1

Ⅰ.①美… Ⅱ.①法…②阎… Ⅲ.①美学理论 Ⅳ.①B83-0

中国版本图书馆 CIP 数据核字(2011)第 069228 号

权利保留,侵权必究。

新世纪美学译丛
MĚIXUÉPǓXÌXUÉ
美 学 谱 系 学
〔加拿大〕埃克伯特·法阿斯 著
阎 嘉 译

商 务 印 书 馆 出 版
(北京王府井大街36号 邮政编码 100710)
商 务 印 书 馆 发 行
北 京 冠 中 印 刷 厂 印 刷
ISBN 978-7-100-08317-1

2011年10月第1版　开本 850×1168　1/32
2017年8月北京第2次印刷　印张 20⅜
定价:55.00元